U0178825

南海及邻域海洋地质系列丛书

南海及邻域构造地质

姚永坚 李学杰 汪 俊 等 著

科学出版社

北 京

内 容 简 介

　　南海是西太平洋最大的边缘海，在全球地质构造中独具特色。认识南海形成、演化与矿产资源形成过程，是了解西太平洋板块相互作用、大陆边缘演化的关键。本书以南海海域 1∶100 万海洋区域地质调查海量的实测数据和成果为基础，在东亚大陆边缘多圈层动力系统的框架内，从区域地质构造演化特点和海陆统筹视角，系统地展示了南海及邻域地球物理场、断裂构造、岩浆岩、蛇绿岩和蛇绿混杂岩、构造运动和构造层特征，分析了南海东、西、南不同陆缘的构造性质，在总结南海多种成因模式基础上，提出了南海及邻域构造单元划分方案和南海新的演化模式，初步指出了花东海盆 – 加瓜海脊构造与其成因机制。本书是广州海洋地质调查局历经三十年对南海及邻域地质构造的全面总结，希望能为进一步开展南海乃至西太平洋边缘大地构造研究、南海陆缘油气和天然气水合物的重要差异对比等提供宝贵的素材和理论支撑。

　　本书可供从事海洋地质和海洋环境与灾害地质研究、海洋矿产资源勘探与开发科技人员以及高等院校相关专业师生参考。

审图号：GS京（2022）1477号

图书在版编目（CIP）数据

南海及邻域构造地质/姚永坚等著. --北京：科学出版社，2023.11
（南海及邻域海洋地质系列丛书）
ISBN 978-7-03-075461-5

Ⅰ.①南… Ⅱ.①姚… Ⅲ.①南海–海域–构造地质学 Ⅳ.①P562.182.7

中国国家版本馆 CIP 数据核字（2023）第 074547 号

责任编辑：韦　沁 / 责任校对：何艳萍
责任印制：肖　兴 / 封面设计：中煤地西安地图制印有限公司

科学出版社 出版
北京东黄城根北街 16 号
邮政编码：100717
http://www.sciencep.com

中煤地西安地图制印有限公司 印刷
科学出版社发行　各地新华书店经销

*

2023 年 11 月第 一 版　开本：889×1194　1/16
2023 年 11 月第一次印刷　印张：27 1/2
字数：652 000
定价：398.00 元
（如有印装质量问题，我社负责调换）

作者名单

姚永坚	李学杰	汪 俊	徐子英
王 哲	祝 嵩	刘松峰	朱荣伟
徐 行	高红芳	彭学超	陈泓君
张江勇	黄永健	鞠 东	张向宇
韩 冰	唐江浪	殷征欣	韩燕飞
蔡鹏捷	方念乔	崔 娟	郭丽华
涂家铭			

丛　书　序

华夏文明历史上是由北向南发展的，海洋的开发也不例外。当秦始皇、曹操"东临碣石"的时候，遥远的南海不过是蛮荒之地。虽然秦汉年代在岭南一带就已经设有南海郡，我们真正进入南海水域还是近千年以来的事。阳江岸外的沉船"南海一号"和近来在北部陆坡1500 m深处发现的明代沉船，都见证了南宋和明朝海上丝绸之路的盛况。那时候最强的海军也在中国，15世纪初郑和下西洋的船队雄冠全球。

然而16世纪的"大航海时期"扭转了历史的车轮，到19世纪中国的大陆文明在欧洲海洋文明前败下阵来，沦为半殖民地。20世纪，尽管我国在第二次世界大战之后已经收回了南海诸岛的主权，可最早来探索南海深水的还是西方的船只。20世纪70年代在联合国"国际海洋考察十年（International Decade of Ocean Exploration，IDOE）"的框架下，美国船在南海深水区进行了地球物理和沉积地貌的调查，接着又有多个发达国家的船只来南海考察。截至十年前，至少有过16个国际航次，在南海200多个站位钻取岩心或者沉积柱状样。我国自己在南海的地质调查，基本上是改革开放以来的事。

我国海洋地质的早期工作，是在建国后以石油勘探为重点发展起来的，同样也是由北向南先在渤海取得突破，到1970年才开始调查南海，然而南海很快就成为我国深海地质的主战场。1976年，在广州成立的南海地质调查指挥部，到1989年改名为广州海洋地质调查局（简称广海局），正式挑起了我国海洋地质，尤其是深海地质基础调查的重担，开启了南海地质的系统工作。

南海1∶100万比例尺的区域地质调查，是广海局完成的一件有深远意义的重大业绩。调查范围覆盖了南海全部深水区，在长达20年的时间里，近千名科技人员使用10余艘调查船舶和百余套调查设备，完成了惊人数量的海上工作，包括30多万千米的测深剖面，各长10多万千米的重、磁和地震测量，以及2000多站位的地质取样，史无前例地对一个深水盆地进行全面系统的地质调查。现在摆在你面前的"南海及邻域海洋地质系列丛书"，包括其整套的专著和图件，就是这桩伟大工程的盈枝硕果。

近二十年来，南海经历了学术上的黄金时期。我国"建设海洋强国"，无论深海技术或者深海科学，都以南海作为重点。从载人深潜到深海潜标，从海底地震长期观测到大洋钻探，种种新手段都应用在南海深水。在资源勘探方面，深海油气和天然气水合物都取得了突破；在科学研究方面，"南海深部计划"胜利完成，作为我国最大规模的海洋基础研究，赢得了南海深海科学的主导权。今天的南海，已经在世界边缘海的深海研究中脱颖而出，面临的题目是如何在已有进展的基础上再创辉煌，更上层楼。

多年前我们说过，背靠亚洲面向太平洋的南海，是世界最大的大陆和最大的大洋之间，一个最大的边缘海。经过这些年的研究之后，现在可以说得更加明确：欧亚非大陆是板块运动新一代超级大陆的雏形，西太平洋是古老超级大洋板块运动的终端。介于这两者之间的南海，无论海底下的地质构造，还是海底上的沉积记录，都有可能成为海洋地质新观点的突破口。

就板块学说而言，当年大西洋海底扩张的研究，揭示了超级大陆聚合崩解的旋回，从而撰写了威尔逊旋回的上集；现在西太平洋俯冲带，是两亿年来大洋板片埋葬的坟场，因而也是超级大洋演变历史的档案库。如果以南海为抓手，揭示大洋板块的俯冲历史，那就有可能续写威尔逊旋回的下集。至于深海沉积，那是记录千万年气候变化的史书，而南海深海沉积的质量在西太平洋名列前茅。当今流行的古气候学从第四纪冰期旋回入手，建立了以冰盖演变为基础的米兰科维奇学说，然而二十多年来南海的研究已经发现，地质历史上气候演变的驱动力主要来自低纬而不是高纬过程，从而对传统的学说提出了挑战，亟待作进一步的深入研究实现学术上的突破。

科学突破的基础是材料的积累，"南海及邻域海洋地质系列丛书"所汇总的海量材料，正是为实现这些学术突破准备了基础。当前世界上深海研究程度最高的边缘海有三个：墨西哥湾、日本海和南海。三者相比，南海不仅面积最大、海水最深，而且深部过程的研究后来居上，只有南海的基底经过了大洋钻探，是唯一从裂谷到扩张，都已经取得深海地质证据的边缘海盆。相比之下，墨西哥湾厚逾万米的沉积层，阻挠了基底的钻探；而日本海封闭性太强、底层水温太低，限制了深海沉积的信息量。

总之，科学突破的桅杆已经在南海升出水面，只要我们继续攀登、再上层楼，南海势必将成为边缘海研究的国际典范，成为世界海洋科学的天然实验室，为海洋科学做出全球性的贡献。追今抚昔，回顾我国海洋地质几十年来的历程；鉴往知来，展望南海今后在世界学坛上的前景，笔者行文至此感慨万分。让我们在这里衷心祝贺"南海及邻域海洋地质系列丛书"的出版，祝愿多年来为南海调查做出贡献的同行们更上层楼，再铸辉煌！

中国科学院院士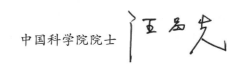

2023年6月8日

序

南海是西太平洋最大的边缘海，在全球地质构造中独具特色，其特殊性在于周缘处于板块俯冲汇聚背景下，构造环境复杂多样。认识南海形成、演化与矿产资源形成过程，是了解西太平洋板块相互作用、大陆边缘演化的关键。

《南海及邻域构造地质》专著是原国土资源部中国地质调查局实施海洋基础地质调查工程的重要成果之一，也是我国首次按照国际标准分幅开展南海管辖海域1∶100万海洋区域地质调查成果集成的重要组成部分，更是广州海洋地质调查局历经三十年对南海及邻域地质构造全面调查研究总结的成果。该专著在东亚大陆边缘多圈层动力系统的框架内，基于第一手实测地质-地球物理数据，系统地展示了南海及邻域地球物理场、断裂构造、岩浆岩、蛇绿岩和蛇绿混杂岩、构造运动和构造层，以及南海东、西、南三条不同构造性质边缘的特征，并提出南海及邻域构造单元划分和南海新的演化模式，初步指出了花东海盆-加瓜海脊构造与及其成因。南海及邻域构造地质系列成果的创新性认识可概括为如下诸点：

（1）以"地球系统多圈层构造观"和板块构造理论为指导，强调海陆统筹、多学科综合研究的理念，提出南海及邻域新的构造单元划分方案，突出反映了东亚大陆边缘中新生代的构造格局。

按照"深部控制浅部、区域约束局部、地质-地球物理-地球化学多学科结合"的原则，从区域地质构造演化特点和海陆统筹视角，表征了南海及邻域地质构造发展的特点和规律。全面梳理和总结了南海周缘陆地蛇绿岩或蛇绿混杂岩带，追踪了主要构造单元边界在海域的延伸，确定了海域构造单元和主要边界及其构造属性，编制了我国第一代基于实测数据南海及邻域构造图，突出了中生代以来东亚大陆边缘构造演化格局，提出南海及邻域新的构造单元划分方案和东亚大陆边缘板块汇聚带概念。根据地质（钻井、拖网）与地球物理、构造-岩石组合，揭示了不同构造单元基底和盖层特征，并从年代到性质讨论了加里曼丹岛北部"古南海"成因。

（2）系统刻画了南海海域主要断裂构造特征，总结了岩浆岩的类型和时空分布规律，分析了东、西、南不同陆缘的构造属性，探讨了南海的成因机制，提出新的演化模式。

依托覆盖全南海地震、重磁和海底地形地貌的解释结果，结合海域大量钻井-拖网和陆地资料，编制了南海及邻域主要断裂构造分布及分级图、喜马拉雅期和燕山期岩浆岩分布图。根据断裂发育的规模、性质和深度，将南海及邻区断裂分划为岩石圈、地壳、基底和盖层四个级别。揭示了南海燕山晚期和喜马拉雅晚期大规模强烈岩浆活动及两者岩浆活动性质和大地构造环境的差异，前者以酸性岩浆岩为主，反映了东亚大陆边缘太平洋构造域的转换叠加；后者以基性玄武岩为主，可能与南海扩张停止后的岩浆活动密切相关。通过对南海西缘走滑构造边缘、东部马尼拉俯冲构造边缘和南海南部增生-造山带的研究，形成对南海周边构造的系统认识。在此基础上，作者总结了南海多种成因模式，从印度板块、澳大利亚板块以及太平洋（菲律宾海）板块三大板块研究出发，提出了南海"弧后扩张-左旋走滑"新的成因演化模型。

（3）集成地球物理位场大数据，揭示了南海及邻域地球物理场变化特征和地壳结构不均一性，为进一步提升南海地质构造的认识提供了支撑。

系统融合了南海及邻域四十年以来的重、磁、热流的数据，形成了区域内数据质量较高的最新一版地球物理位场数据集，编制了较高精度的南海及邻区重、磁、热流场和深部地壳系列图，在重、磁、震联合建模和反演基础上，揭示了南海地壳物质组成各向异性、壳幔边界（莫霍面）起伏。地幔岩石圈物质组成不均一性，以及从陆架到洋盆不同地壳类型（陆壳、洋壳和混合壳）的空间展布特征，从地球物理位场的角度整体观察到南海海域地壳结构、深部热状态等波澜壮阔的变化，为南海区域构造新认识提供了地球物理方面的科学依据。

（4）初步研究了花东海盆-加瓜海脊构造与及其成因。台湾岛东部海域的花东海盆形成时代与构造属性争议很大，目前多数学者认为，花东海盆可能是被围闭的中生代洋壳，或属于古南海的残余。

通过新采集的地球物理资料，在地层层序对比和重、磁、震联合建模等综合研究的基础上，作者认为花东海盆与西菲律宾海盆可能是同期的产物，或属于西菲律宾海盆的一部分，加瓜海脊曾是西菲律宾海盆的转换断层带，在西菲律宾海板块往北右旋漂移的过程中，加瓜海脊受到挤压，其东侧洋壳向西曾发生短暂的俯冲作用，形成转化加压带。值得强调的是，《南海及邻域构造地质》专著是目前对南海地质构造系统归纳和总结集成的成果，凝聚了广大科技人员辛勤劳作和精细研究，尽管南海还有很多地质构造问题尚需深入研究探讨，但该专著对于进一步开展南海乃至西太平洋边缘大地构造研究、南海陆缘油气的重要差异对比提供了宝贵的素材和新的证据，具有显著的应用价值。

中国科学院院士 李廷栋

2023年3月于北京

前　言

　　地球是人类居住唯一场所，地球各圈层的物质总是处在不断运动和转化过程中，大洋和大陆板块是地球外壳岩石圈的两个基本组成部分与结构构造单元，两者相伴而生，互为转化，且都有其独立的发生、发展、消亡的循环过程。研究大洋和大陆板块之间的差异与联系，是认知整体地球的基本内容，而对洋陆交接转换过渡带——大陆边缘的研究是揭示二者成因联系的关键。大地构造学是研究大陆、大洋或某一区域岩石圈的结构、组成、演化和运动历史的一门学科，其研究需要综合地质、地球物理和地球化学等分支学科的研究成果，以了解海洋、大陆、造山带和盆地的起因和发展过程，认识岩石圈的演化规律（潘桂棠等，2009；万天丰等，2019）。大地构造学是20世纪30年代由苏联学者最先提出的，最初是建立在槽台假说基础之上的，20世纪60年代基于大西洋、太平洋等大型洋盆海底构造研究的板块构造理论诞生，才开始运用板块构造学说来重新探讨大地构造学问题。板块构造学说是对全球动力学的整体考虑，使大地构造研究从静态步入动态，从大洋到大陆及其边缘海地质研究的广泛实践已证明它是高度成功的大地构造和地球动力学理论。目前，板块构造学说虽然已盛行，然而板块运动驱动力、板块起源及板块上陆三大问题尚未解决。随着科学技术的飞速发展、人类对大陆和海洋地质调查的深入，乃至对地球深部和宇宙空间的进一步探索，大地构造研究面临的诸多问题已经难以用板块构造进行合理的解释，大地构造研究必须跨越板块构造。20世纪80年代，由大气科学界首次提出将地球各圈层作为一个整体进行探索研究，1986年美国国家航空航天局（National Aeronautics and Space Administration，NASA）首次提出了地球系统科学（Earth system science）这一概念，1997年NASA出版了 *Earth System Science: A Closer View*，标志着“地球系统科学”的起步（Johnson et al.，1997）。在地球系统科学思想的基础上，任纪舜院士于2017年提出了一个新的大地构造理论——地球系统多圈层构造观。地球系统多圈层构造观把大地构造学从以往研究地球表层的地壳构造（地槽-地台说）、岩石圈构造（板块构造）推进到研究地球整体多圈层的构造，强调深层与表层构造的密切联系，特别是深部壳-幔-核之间的相互作用；甚至把地球放在宇宙空间，考虑地外因素对地球演化的作用和影响（任纪舜等，2017，2019）。现在人们已越来越认识到地球各圈层的相互作用和运动是改变地球面貌的主要因素。

　　近百年来，我国大地构造研究薪火相传、方兴未艾，涌现了一批杰出的构造地质学家以及众多学术流派，呈现百家争鸣、百花齐放的盛况，在中国及邻区构造地质研究中取得了深刻认识和丰硕成果，为全球大地构造研究做出了突出贡献。相对而言，以黄汲清等（1977）的多旋回构造观（黄汲清，1945；黄汲清和陈炳蔚，1987）、王鸿祯等的历史大地构造观和李春昱等（1980，1982）的板块构造观（李春昱，1981）为指导思想的大地构造划分方案，是集中国地质构造之大成，在全国起指导作用，影响广泛且深远。近年来，随着人们对造山带理解的深入，发现造山带（系）往往不只存在一条蛇绿混杂带，许多学者提出了不同的模式，而基于现代构造环境并以西南太平洋和东南亚边缘海为实例，提出多岛海（洋）造山模式或多岛弧盆系构造观点解析造山带（系），逐渐取得板块构造“登陆”的一些进展，为大地构造研究提供了新的思路（潘桂棠和肖庆辉，2017；李廷栋等，2019）。

　　然而，我国大地构造学的研究长期以来一直集中于陆域，我国陆域和海域构造地质学研究存在较大的不均衡。受调查方法、调查手段和经济发展水平等因素的制约，对于面积浩瀚、地质情况复杂的中国海域，缺乏全面、系统的海域地质资料，制约了海域构造地质学研究。尽管如此，自20世纪80年代以来，在我国海域构造地质学研究方面，仍然取得了一批优秀成果。主要有1992年由刘光鼎院士主编的《中国海区及邻域地质-地球物理系列图》、2011年由张洪涛等主编的《中国东部海区及邻域地质地球物理系列图》、2015年由杨胜雄等主编的《南海地质地球物理图系》等。

经典的板块构造理论中，对于小型洋盆，如占全球边缘海总量约75%的西太平洋边缘海，由于受到周缘大型板块构造的耦合影响，动力学过程更加复杂，它们陆缘张裂到海底扩张是板块汇聚背景下的拉张过程，与经典的"威尔逊旋回"超级大陆裂解过程相比（如冈瓦纳大陆裂解形成大西洋），具有独特的张裂模式和动力学机制（丁巍伟，2021）。南海作为西太平洋最大的边缘海之一，位于特提斯构造域、太平洋构造域和印度-澳大利亚构造域的结合部位，其三面被俯冲带所围限，陆上露头和海上钻探表明，南海在中生代俯冲带背景下，于晚白垩世开始裂陷。在地质构造上，南海四周各不相同，南北是裂谷盆地的共轭边缘，西边是红河-南海西缘断裂带的转换边缘，东边是马尼拉海沟的俯冲边缘，而南部则是探索南海海底扩张前后过程的关键区域，加里曼丹岛（婆罗洲）北部的"古南海"，从年代到性质都是争论的对象，却也是现代南海得以产生的地质背景（Hall and Breitfeld，2017）。虽然南海形成历史不长、空间尺度不大，却发育多变的陆缘类型和复杂的扩张过程，是西太平洋地区具有高度变化特征海盆的典型代表（姚伯初等，1994；汪品先，2012），是研究构造演变的宝库，也是海陆相互作用的关键地区。

为此，1999年中国地质调查局启动了国土资源大调查项目。依据统一的标准系统地开展了1:100万海洋区域地质调查，到2015年实现了对我国主张管辖的南海海域全覆盖，完成了南海11个图幅的1:100万海洋区域地质调查和研究工作，是我国在南海实施的第一次大规模海洋基础调查，并获得了丰富的第一手宝贵地质、地球物理实测调查资料和数据。遵循"深部制约浅部、区域控制局部、动力驱动变形、演化决定格局"的普适性规律，在系统总结南海区域地质调查原始资料、已有成果的基础上，结合收集到的大量地质地球物理资料和最新研究成果，通过对南海及邻域区域地质、地球物理场特征、断裂构造、岩浆岩、蛇绿混杂岩、构造运动和构造层，以及南海东、西、南三条不同构造边缘的综合研究，初步形成了以"一个边缘、两次消减、三期伸展、分层控制"为核心的"东亚洋陆汇聚边缘多圈层相互作用"理论模式，并在这一理论模式的框架之下，开展了南海构造单元划分、演化过程的重建工作，探讨中生代以来南海在板块汇聚过程中构造体制的重大转折及其引发的资源与环境效应。

本书是在中国地质调查局领导下，广州海洋地质调查局历经近三十年的成果，也是目前对南海地质构造最系统的总结，凝聚了广大科技人员辛勤研究成果，并得到了国内科研部门和高等院校的协助。这些研究成果，不仅能为南海海域及邻区乃至中国东部大地构造研究、南海南北油气的重要差异提供宝贵的素材和新的证据，开辟新的思路，而且可供有关院校师生、科研院所科技工作者和爱好者参考。

本书编写分工：前言由姚永坚撰写；第一章由李学杰、汪俊撰写；第二章由汪俊、徐行、黄永健、张向宇撰写；第三章由徐子英、王哲、姚永坚、韩冰撰写；第四章由祝嵩、姚永坚、刘松峰、徐子英、陈泓君、彭学超、蔡鹏捷撰写；第五章由刘松峰、祝嵩、姚永坚、方念乔撰写；第六章由王哲、姚永坚、鞠东、韩冰、方念乔撰写；第七章由姚永坚、朱荣伟、祝嵩、徐子英、王哲、殷征欣撰写；第八章由姚永坚、朱荣伟、殷征欣撰写；第九章由李学杰、汪俊、姚永坚、王哲、张江勇撰写；第十章由李学杰、王哲、汪俊、高红芳、徐子英撰写；第十一章由李学杰、高红芳、汪俊、王哲撰写；第十二章由李学杰、姚永坚、汪俊、王哲撰写。姚永坚负责全文统稿，祝嵩、李学杰、王哲、徐子英参与部分章节统稿。全文插图由崔娟、唐江浪、韩燕飞、涂家铭、郭丽华清绘。感谢刘海龄研究员、解习农教授、施小斌研究员对本专提出的宝贵修改意见。本书获得国家自然科学基金项目（U20A20100）资助。

本书涉及南海构造地质的研究内容多样，参与编写的作者较多，书中可能存在一些观点和认识的不同，难免出现论述错漏，敬请各位读者批评指正。

著 者

2021年12月于广州

目　　录

第 / 一 / 章

南海及邻域区域地质

南海是西太平洋最大的边缘海，在大地构造位置上，处于欧亚板块、菲律宾海板块和印度-澳大利亚三大板块交汇处，其被西面、南面和东面"U"形俯冲带所围绕（图1.1）。地质历史上，曾受到特提斯、太平洋和印度-澳大利亚三大构造域共同作用，保留了大陆边缘张裂、海盆扩张和俯冲关闭的丰富信息（龚再升等，1997，2004），是研究大陆边缘演化和区域重要地质事件的关键地区。西太平洋边缘新生代经历了复杂的演化历程。太平洋板块俯冲，在东亚大陆边缘形成世界上最为壮观的海沟-岛弧-弧后盆地（沟-弧-盆）系统，也是最壮观的地震-火山活动带。

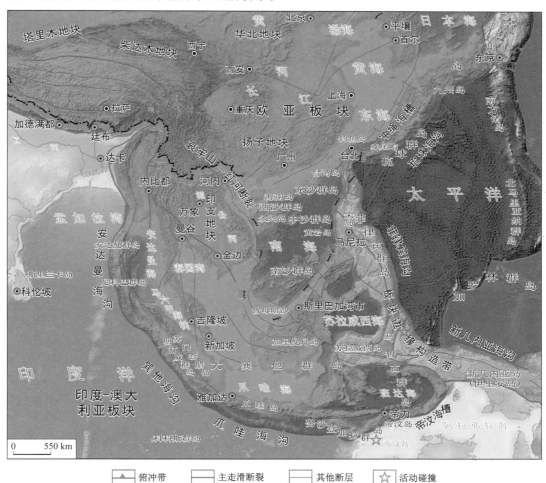

图1.1　南海及邻域区域构造背景图

第一节　区域地球物理场概况

重力（重）、磁力（磁）异常特征能够提供地壳深部结构和地球动力学组分的信息，可以较好地反映区域地质构造宏观的展布特征，对大地构造单元划分和边界识别具有一定的指导意义。

一、重力异常特征

南海及周边地区空间重力异常揭示板块或洋盆构造边界特征（图1.2）。印度-澳大利亚板块沿着安达曼-巽他海沟、爪哇海沟和帝汶海槽向欧亚板块俯冲，形成了弧状的俯冲板块"前缘隆起—海沟—弧前盆地—岛弧—弧后盆地"的沟-弧-盆体系，对应的空间重力异常表现为俯冲洋壳（印度板块）前缘的块状空间重力正异常、海沟和弧前盆地对应显著的弧带状空间重力负异常、岛弧则表现为串珠状空间重力正异常圈闭、弧后盆地表现为弧带状空间重力负异常。弧后盆地以北则是马来半岛、苏门答腊岛、爪哇岛、巽他陆架和加里曼丹（Kalimantan）岛（婆罗洲），它们与大片空间重力正异常相对应，可能与前述俯冲体系造成的大范围挤压隆升有关。

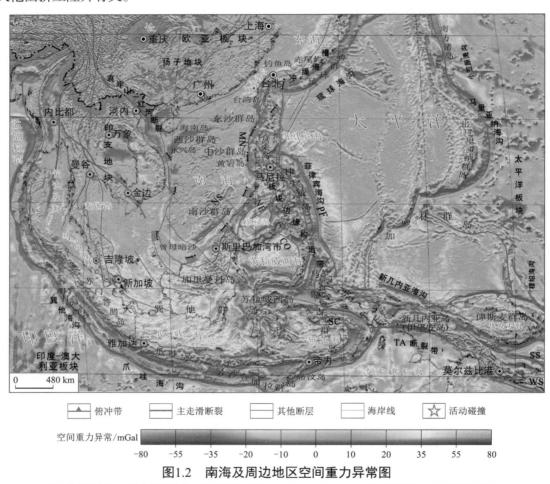

图1.2 南海及周边地区空间重力异常图

MN.马尼拉海沟；SC.斯兰俯冲带；TA.塔雷拉·艾杜纳（Tarera Aiduna）；SS.所罗门海；WS.伍德拉克海；NS.南沙海槽；NE.内格罗斯海沟；CO.哥打巴托海沟；PF.菲律宾断裂带；下同

东面，菲律宾海板块自北向南形成了琉球海沟-岛弧-弧后盆地体系、台湾弧-陆碰撞带和吕宋-马尼拉双向俯冲体系。近南北向俯冲-碰撞体系以西是西太平洋最大的边缘海盆地群，涵盖了冲绳海槽盆地、南海海盆、苏禄海盆、苏拉威西海盆和班达海盆。对应的空间重力异常亦表现出明显的构造分块特征，俯冲-碰撞体系以东的菲律宾海板块和以西的欧亚板块表现出显著的空间异常的差异。俯冲-碰撞体系以东的菲律宾海板块整体上普遍表现为整片的空间重力正异常，板块中央异常值较低，板块边缘异常值较高，可能与边缘的俯冲挤压作用有关。俯冲-碰撞体系以西的欧亚板块各边缘海盆以及相应的陆架、陆坡，乃至西侧的陆地则表现出面貌多样的空间重力异常特征。冲绳海槽和东海陆架空间重力异常与菲律宾海板块对应的异常幅值相当，异常走向与俯冲带基本一致，呈北东走向。东海陆架隆起区对应的空间重力正异常带向西南可能延伸至南海东北部，其在台湾海峡的部分由于台湾岛的碰撞隆升已不完整。再往南便是向东沿马尼拉海沟俯冲的南海海盆，南海海盆的空间重力异常值整体上低于东面的菲律宾海盆和北面的冲绳海槽。南海海盆东南面是一系列边缘海盆，包括苏禄海盆、苏拉威西海盆和班达海盆，它们之间的构造关系复杂，尤其在东缘与众多板块或地块碰撞挤压，形成接触关系复杂的板块边缘构造带，导致这一区域以南的空间重力异常剧烈变化，各海盆以及碰撞隆升区均表现为高幅值空间重力正异常，而因俯冲形成的海沟、海槽则呈现出大幅值空间重力负异常。

南海海盆以西是印支地块，向西北进入欧亚大陆腹地，包括华南地块和扬子地块，相应的空间重力异常值明显低于其东面和南面的构造活动剧烈变化区域，整体上表现为中低幅值负异常。

二、磁力异常特征

南海周边呈现复杂区域的磁力（磁）异常特征（图1.3）。西南部的印度-澳大利亚板块表现出显著的正负交替变化异常特征（磁条带），磁条带被一系列转换断层错开，反映出大洋地壳生成期间不同区域的差异性海底扩张。安达曼海沟、巽他海沟、爪哇海沟和帝汶海槽作为条带状磁异常的边界，与弧后盆地对应的负异常带区分开来。

相似的条带状磁异常类型在东面的菲律宾海板块也能找到，所不同的是板块内磁异常条带的走向变化较大，可能与菲律宾海板块在向北运动过程中的旋转有关，而西菲律宾海板块北西向磁异常条带特征并不明显。

琉球海沟、岛弧、冲绳海槽和东海陆架的磁异常高低相间，呈现出一系列北东走向的正负变化异常带，其中东海陆架上的高磁异常带可以延伸至南海北部陆架区，与该区空间重力异常高值带相似，其在台湾海峡的部分由于台湾岛的碰撞隆升已不完整。

南海北部陆缘高磁异常带以南便是西太平洋最大的边缘海盆——南海海盆，亦是上述一系列边缘海盆中唯一呈现出明显条带状磁异常的，由于边缘海盆周边构造环境的特殊性，海盆内部的磁异常条带清晰度明显低于外围的大洋板块，海盆东部磁异常变化幅度明显高于西部，可能与各自在海底扩张过程中的岩浆量差异或扩张结束后的岩浆活动差异有关。

在南海海盆东南的苏禄海、苏拉威西海和班达海均表现为高幅值块状磁异常，它们之间以负异常间隔。各海盆周缘所处的构造环境更为复杂，在东缘与众多板块碰撞挤压，形成接触关系复杂的板块边缘构造带，导致这一区域的磁异常较为零碎，异常走向不明显。南面是加里曼丹岛、苏拉威西岛和巽他陆架，相应的磁异常变化较为平缓，以中低幅值的正负变化异常为主要特征。再往西南则是爪哇岛、苏门答腊岛和马来半岛，它们对应的磁异常走向与西南面的俯冲系统走向一致，以正异常为主。

南海海盆以西是印支地块，向西北进入欧亚大陆腹地，包括华南地块和扬子地块，相应的磁异常较为宽缓，表现为大面积的块状正负变化磁异常特征。

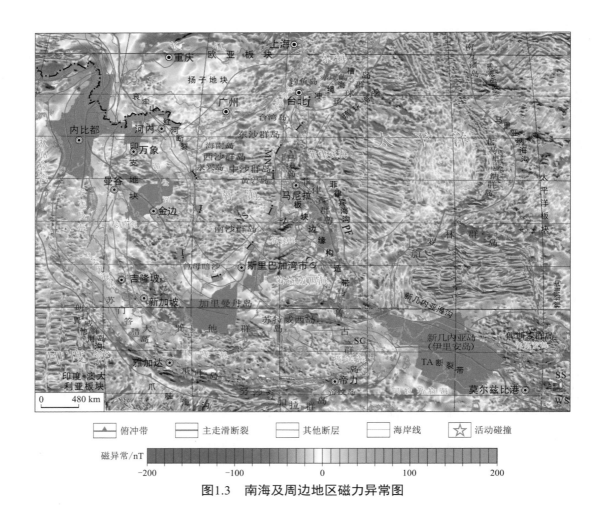

图1.3　南海及周边地区磁力异常图

第二节　周边陆地地质构造特征

南海北部为华南大陆，西部为中南半岛，东部为菲律宾岛弧，南部为加里曼丹岛与巴拉望（Palawan）岛。

一、华南大陆地质构造

华南大陆地处欧亚大陆东南、太平洋西缘，北隔秦岭–大别造山带与华北地块相望，西北以程江–木里、龙门山断裂带与特提斯构造域青藏高原相连，西南侧金沙江–马江缝合带与印支地块接触，东南为西太平洋构造区（舒良树，2012；张国伟等，2013）。华南大陆主体由扬子地块与华夏地块组成，其结晶基底为前南华纪泥砂质岩和岩浆岩（又称火成岩），经历多期变质作用。华南大陆具有复杂的地质构造演化历史，在早前寒武纪多地块构造复杂演化基础上，自中、新元古代以来长期处于全球超大陆聚散与南北大陆离散拼合的交接转换地带的总体构造动力学背景中（张国伟等，2013）。中、新生代以来在全球板块构造演化格局中，位于欧亚板块东南，三大板块结合部位（图1.4），受到西太平洋板块西向俯冲、青藏高原形成与印度–澳大利亚板块北向差异运动的多重作用。

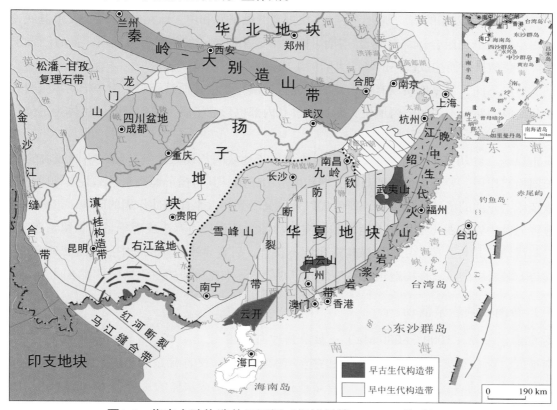

图1.4　华南大陆构造单元区划（据褚杨等，2015，修改）

（一）华南大陆构造格架

以江绍–钦防断裂带为界，华南大陆主体可分为扬子地块与华夏地块（张国伟等，2013）。

1. 扬子地块

扬子地块位于江绍–钦防断裂带以西的华南区域，具有前南华系基底，不整合上覆于南华系、下古生界及以上岩层之上，表明扬子地块是虽具不同基底但有统一盖层的大陆块体（张国伟等，2013）。

扬子地块区内部具有双重基底、双重盖层的地壳特征。基底的主要特点是：太古宇—古元古界出露稀少，结晶基底形成的陆核小，褶皱基底分布广、厚度大，具明显的非均质性。湖北宜昌地区早期结晶基底黄陵变质杂岩同位素年龄为2000～2900 Ma（潘桂棠等，2015）。中元古界大红山群之上为东川群—昆阳群，以及神农架群、打鼓石群及其相应地层。轻微变质的基底之上覆盖了厚度较大、分布较广、强烈褶皱的新元古界低绿片岩相冷家溪群及相当层位的复理石相砂板岩系。

扬子地块周缘表现为洋–陆转换过程的弧–弧、弧–陆碰撞形成统一的扬子基底。其上不整合青白口系板溪群及相当层位的浅变质岩；大约在820～780 Ma发育裂谷火山–沉积岩系和裂解的侵入岩组合；980～635 Ma受全球冰期制约，全区形成冰积和间冰期沉积，震旦纪至中三叠世形成海相稳定地台型沉积，并分成震旦纪—志留纪、泥盆纪—中三叠世两个沉积构造旋回，沉积受基底构造格局控制，陆块主体形成台地沉积或隆起，陆块四周形成被动大陆边缘沉积；晚三叠世之后转化为陆相前陆沉积。

以信阳—岳阳—长沙一线的隐伏断裂为界，扬子地块划分为上扬子地块、下扬子地块两个次级构造单元（潘桂棠等，2015）。

2. 华夏地块

江绍-钦防断裂带以东的华夏地块,存在多块古老结晶基底和中、新元古代变质-变形基底,属非克拉通的多个中小陆块群的组合体,直到晋宁I期可能才形成相对统一的华夏古微陆块,最后经晋宁Ⅱ期才与扬子准克拉通碰撞拼合而构成统一的华南大陆的组成部分。

与扬子地块不同,华夏地块没有进入新的准克拉通演化过程,而是经历了南华纪的扩张分裂,不但主体与扬子分离成为两个不同的陆内地块,而且其自身内部也形成了多个裂谷分隔的块体(王剑,2000;舒良树,2012)。

显生宙以来,经历多期构造运动,华夏地块与扬子地块间长期处于统一陆内不同陆块的状态,并引发之间长期相互作用,导致加里东期与印支期陆内造山作用,其与扬子地块东半部共同构成华南陆内造山区,改造破坏了先期的华夏地块。中、新生代以来,又受到西太平洋俯冲作用的影响,形成更复杂的复合陆缘构造区。其中以广西(加里东)运动和印支运动最为显著,前者造成南华系至志留系普遍强烈变形-变质、岩浆活动及其与上覆岩层的区域构造角度不整合,后者导致泥盆系—中三叠统普遍变形-变质岩浆活动及其与上覆岩层的区域性构造角度不整合,与西部扬子准克拉通的演化格局显著不同。

(二)华南大陆岩浆活动

1. 新元古代早期(1000~8000 Ma):板块俯冲与碰撞

华南地区,存在绍兴-(江山-)萍乡和东乡-德兴-歙县(又称赣东北)两条新元古代早期的蛇绿混杂岩带(图1.5),前者代表古华南洋的闭合带或扬子、华夏两大块体的拼合带(Guo et al.,1989),后者是江南东段九岭地体和怀玉地体的拼合带(舒良树等,1995;舒良树,2012)。这两个带岩石组合保存良好,尤以赣东北带的古洋壳岩石组合保存完整,包括蛇纹石化超镁铁岩、镁铁岩、玄武岩或细碧岩、硅质灰岩、红色碧玉岩与泥砂质复理石(舒良树,2012)。岛弧岩浆岩主要分布在江南地区,华夏地块中仅零星可见,包括I型花岗岩、流纹岩、玄武岩、安山岩、凝灰角砾岩、凝灰岩等。大规模过铝质花岗岩是后碰撞期的标志,可以代表陆-陆碰撞带的位置。沿扬子、华夏两大地块的拼合带,出露了10多个花岗质侵入体,包括浙东、皖南、浙西、赣北、桂北等,均具铝过饱和的地球化学特征,属S型花岗岩,经锆石U-Pb测年,年龄值集中于800~850 Ma(刘伯根等,1995)。

2. 新元古代晚期(800~680 Ma):大陆裂解-陆内裂谷

南华纪期间,前期已拼合的扬子-华夏联合陆块沿拼合带发生裂解。裂解导致原蛇绿混杂岩带发生位置错动。在绍兴-江山-萍乡拼合带,原蛇绿混杂岩带被一分为二。新元古代晚期的裂解导致岩浆活动,包括华夏块体东南缘裂谷新镁铁-超镁铁岩和全区分布的双峰式岩墙群。裂谷型镁铁-超镁铁岩主要分布在政和-大埔断裂带的龙泉、庆元、政和、顺昌、建阳、建瓯一带,主要岩石组合为变质的辉长岩、辉绿岩、玄武岩、长英质火山岩(又称喷出岩),常与无根的蛇纹岩、辉石岩共存,其围岩多为石英片岩、片麻岩和混合岩化片麻岩。双峰式岩墙群由辉绿岩与细粒花岗岩常以侵入岩墙的方式出现在后碰撞期过铝质花岗岩基中,形成时代为810~760 Ma,略晚于花岗岩(舒良树,2012)。

3. 早古生代:陆内造山

华夏地块志留纪花岗岩浆质活动非常强烈,岩体分布总面积超过2万km²。绝大多数属于铝过饱和的S型花岗岩,呈面型展布。经锆石U-Pb定年,30多个岩体岩浆岩锆石测年数据集中在390~440 Ma,为早志留世—早泥盆世。岩体中基本不含幔源物质,ε_{Hf}均呈明显负值,是陆内造山的产物(舒良树,2012)。扬子地块早古生代岩浆活动弱，花岗岩数量少、规模小，地层基本未受明显的变质，仅发生脆性变形。

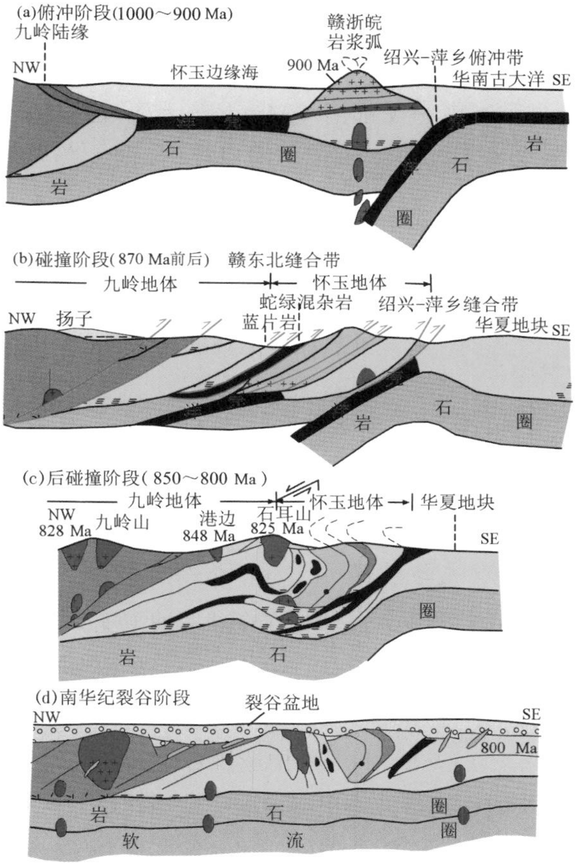

图1.5　华南地区新元古代构造演化模式图（据舒良树，2012）

4. 早中生代

早中生代，东亚境内古特提斯洋的关闭导致华南地区发生强烈的构造–岩浆作用。华南与华北两大地块沿大别山一带碰撞，形成近东西向的褶皱造山带和前陆盆地（Faure et al.，2003）。华南块体与缅泰马块体沿藏东碧土–滇西昌宁–孟连–马江一带拼合，形成印支期蛇绿混杂岩带、韧性剪切带、过铝质花岗岩带和厚达数千米的前陆盆地粗碎屑岩堆积（舒良树，2012）。

华南印支期花岗岩主要分布在湖南，其次是广西、海南、广东、江西和福建，总体呈面状分布（周新民，2003）。统计表明大约60%的印支期花岗岩为强过铝质，属S型花岗岩，其余为I型花岗岩（Sun et al.，2005）。印支期花岗岩可以分为两期，早期花岗岩形成的峰期年龄约为240 Ma，约占印支期花岗岩的10%，是在华南地壳增厚的基础上由地壳物质部分熔融而成的（Wang et al.，2007）。晚期花岗岩形成于220 Ma左右，约占90%，由后碰撞岩浆底侵作用形成的热对流触发而形成（周新民，2003）或是在碰撞峰期之后的应力松弛–伸展阶段的降压导水条件下形成的（Sun et al.，2005）。因此，早印支期花岗岩形成于挤压构造环境地壳增厚的部分熔融作用，晚印支期花岗岩形成于后碰撞伸展环境（徐先兵等，2009）

5. 晚中生代

早中生代印支期构造事件之后，东亚地区从特提斯构造域转向古太平洋构造域（Wang et al.，2012）。武夷山西缘的闽西–赣南–粤北一带，发生了陆内伸展或裂谷活动，形成沿近东西方向延伸的早、中侏罗世火山–沉积盆地群，盆内杂色玄武岩–流纹岩和气孔状碱性–偏碱性玄武岩，为中国东南部自南华纪以来最强烈的一次火山喷发活动。盆地边缘发育层状基性–超基性杂岩体和碱性花岗岩（Shu et al.，2009），其同位素测年年龄值为160～190 Ma（邓平等，2004；Shu et al.，2009）

晚中生代主要受古太平洋朝东亚陆缘的低角度俯冲的控制。通常认为古太平洋板块俯冲带位置是日本的中央构造带—台湾岛中央纵谷带—民都洛（Mindoro）岛–巴拉望岛。结果在东南沿海形成了北东向的长乐–南澳大型左旋走滑韧性剪切带，出现花岗质火山–侵入杂岩带，岩浆活动强烈（舒良树，2012）。

晚白垩世以来，俯冲后撤和新生代太平洋沿现代俯冲带的高角度俯冲（Zhou and Li，2000），导致新的海沟与日本弧之间处于拉张应力状态，东亚陆缘发生了更大规模的伸展减薄活动，形成了一系列北东—北北东向的断陷盆地群，出现碱性玄武岩和基性岩墙，岩体时代为100～70 Ma（舒良树，2012）。

（三）华南大陆的构造演化

华南大陆自显生宙以来，全球罗迪尼亚（Rodinia）与潘基亚（Pangea）超大陆拼合与裂解演化进程相吻合，主要经历了四大构造演化阶段：中、新元古代，加里东（广西）期，印支期和燕山–喜马拉雅期。

1. 中、新元古代华南大陆板块形成与裂解

中、新元古代华南构造格局的形成演化，总体是在全球罗迪尼亚大陆聚合与裂解的构造背景中发展演变的。中元古代时期，华南构造格局为多块体分离，不仅扬子与华夏分属不同块体，而且它们自身也非统一地体。在罗迪尼亚大陆汇聚过程中，于新元古代中期形成统一的古华南大陆。

扬子与华夏地区新元古代晋宁I期（900 Ma）的构造拼合应分别代表当时依然独立的扬子与华夏古微板块内部拼合、形成各自统一地块的构造事件。根据地质、地球化学与同位素年代学研究分析，华南大陆中部从皖南伏川—九岭—雪峰东缘益阳、黔阳—苗岭四堡一线断续残留蛇绿岩与相关岩浆岩，包括弧型花岗岩，同位素年龄集中于850～820 Ma，认为具有板块拼合带的基本特征（张国伟等，2013）。这表明新元古代早期1000～900 Ma分别形成的扬子与华夏两地块，于晋宁II期（850～820 Ma）沿华南中部皖南—雪峰东缘—苗岭一线碰撞拼合，并形成新元古代中晚期江南造山带（Shu et al.，2011；舒良树，2012），统一的古华南大陆板块形成。

新元古代晋宁II期形成的统一古华南大陆板块，在罗迪尼亚超大陆裂解的构造动力学背景下，在800～720 Ma期间转入伸展裂谷构造期，形成了华南浙赣湘桂为中心的南华裂谷盆地和川滇裂谷盆地并伴有相应的裂谷型岩浆活动。华南大陆的这些裂谷作用，没有形成洋盆和独立板块，最明显的是沿早先拼合的扬子–华夏大陆江绍—萍乡—钦防一线扩张再次分离，出现新的扬子与华夏两个重要地块（褚杨等，2015）。

2. 早古生代（加里东期）陆内造山作用

新元古代晚期南华纪至早古生代时期，发生了陆内扬子与华夏两地块间的相互作用，形成加里东期陆内造山，也形成华南早古生代统一的广海大陆盆地演化与构造格局。早古生代华南大陆构造属性，扬子与华夏间是否存在大洋，存在很大的争议（Wang et al.，2007；陈旭等，2010）。根据岩石与古生物等研究，认为扬子与华夏地块间无消失洋壳残存记录，两者不是裂离的板块而只是统一华南大陆内从扩张裂谷构造发展为陆内海盆所分割的两个地块（张国伟等，2013）。

3. 晚古生代（印支期）构造演化

晚古生代泥盆纪中晚期起，华南大陆处于古特提斯洋域的扩张离散期，周边再次遭遇裂解，形成甘

孜–理塘洋和墨江洋等洋盆，分离出新的中小板块。其内部则发育以峨眉山玄武岩喷发（Xu et al.，2011）和台盆扩张构造为代表的伸展构造，形成台地与槽盆相间的古地理格局。

中—晚三叠世，华南大陆整体为相对稳定的浅海环境，但周边洋盆相继关闭，形成碰撞造山带，称为印支期构造运动，包括秦岭–大别、甘孜–理塘、三江古特提斯造山带以及龙门陆内造山带，呈环绕镶边分布。该构造运动导致华南地块与华北地块拼合，构成中国大陆的主体，也标志着全球潘基亚超大陆的最终形成。

4. 中、新生代（燕山–喜马拉雅期）构造演化

印支期后，中、新生代潘基亚超大陆的裂解以大西洋的打开和太平洋的俯冲消减为标志，全球进入现代板块构造格局演化阶段。

华南大陆地处欧亚板块东南缘，受到太平洋板块、欧亚板块、印度–澳大利亚板块三大动力学体系的共同作用，尤其是西太平洋与青藏高原构成东西夹击的深部地幔和上部陆壳的强烈影响，产生板块间与陆内构造双重作用，形成现今的构造格局。

二、中南半岛及邻区地质构造

（一）中南半岛及邻区构造格架

南海西为中南半岛，北为华南大陆。中南半岛是特提斯构造域的重要组成部分，区内主要构造单元在区域上与毗邻的中国藏南–滇西地区相应构造单元相互连接和延伸（王宏等，2012）。在大地构造研究中，不同学派有着不同的构造单元划分依据。借鉴近年来前人对三江中南段–东南亚地区的大地构造划分和研究，依据区域构造演化史、构造–岩石的分布发育情况及时空属性，将中南半岛及邻区自西向东划分为七个构造单元：印度板块、那加–若开（Arakan）构造带、西缅地块、中缅马苏地块、昌宁–孟连（–清迈–庄他武里–劳勿）缝合带、兰坪–思茅地块和印支地块（图1.6）。其北部相连的是喜马拉雅构造带、拉萨地块、羌塘地块、松潘–甘孜地块和扬子–华南地块。

1. 印度板块

印度板块，北以喜马拉雅构造带为界，东隔那加–若开构造带与西缅地块相邻（图1.6）。该板块东段，自南而北分为以下构造带：喜马拉雅南坡震旦纪—古生代浅变质岩带，大部分位于尼泊尔境内；喜马拉雅主脊前寒武纪结晶岩带；喜马拉雅北坡古生代浅海沉积带，代表印度大陆的北部陆架，其北缘以拉轨岗日片麻状花岗岩穹窿与以北的陆坡分开；藏南中生代复理石混杂堆积带和雅鲁藏布江缝合带（马文璞，1992）。

印度板块自约90 Ma与非洲东部马达加斯加地块分离，年均向北漂移约15 cm，移动了2000～3000 km，印度板块为已知板块中移动速率最快的。根据构造、岩浆活动和沉积记录，可分为主碰撞、晚碰撞与后碰撞三个阶段（侯增谦等，2006）：

第一阶段，65～41 Ma，火山–岩浆作用与区域沉积记录表明，两个大陆自65 Ma前后开始碰撞，并持续至41 Ma。

第二阶段，40～26 Ma，除冈底斯南带断续发育少量高铝花岗岩外，岩浆活动主要集中于羌塘地体和青藏高原东缘，以钾质岩浆岩为主体，钠质岩系次之，碳酸岩–碱性杂岩也有发育。青藏高原东缘的大规模走滑断裂带，与陆内俯冲过程有关。

第三阶段，时代为25～0 Ma，对应于碰撞后的伸展期。主要岩浆产物是高原腹地的钾质–超钾质岩浆

岩、藏南的高铝–过铝花岗岩和高原东缘的基性火山岩系。

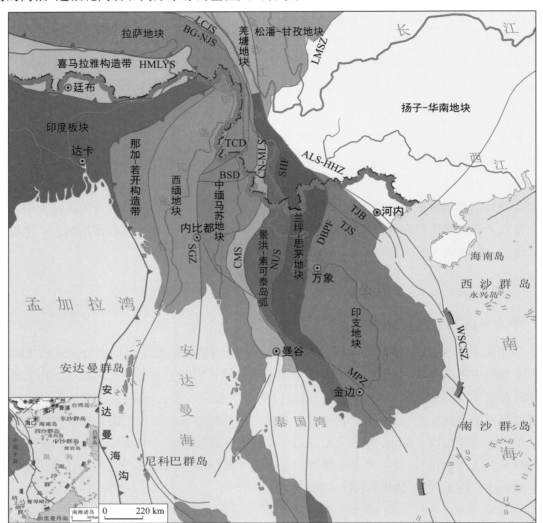

图1.6　中南半岛及周边陆地区域构造简图（据崔军文等，2006；陈永清等，2010；Metcalfe，2011；刘训等，2012；孔令耀等，2014；刘训和游国庆，2015；王宏等，2015；史鹏亮等，2015，修改）

HMLYS. 喜马拉雅缝合带；BG-NJS. 班公湖–怒江缝合带；LCJS. 澜沧江缝合带；CN-MLS. 昌宁–孟连缝合带；CMS. 清迈缝合带；NUS. 难河–程逸缝合带；DBPF. 莫边府断裂；SGZ. 怒江–实皆断裂；TCD. 腾冲地块；BSD. 保山地块；ALS-HHZ. 哀牢山–红河断裂带；LMSZ. 龙门山断裂带；TJB. 沱江地块；MPZ. 梅屏断裂带；WSCSZ. 南海西缘断裂带；TJS. 沱江缝合带

2. 那加–若开构造带

那加–若开构造带沿那加山、曼尼普尔山、钦山及若开山呈近南北向展布，通常认为是孟加拉盆地洋壳向东俯冲形成的增生楔构造（王宏等，2012），往南延伸接安达曼群岛和尼科巴群岛及更南的苏门答腊构造带。

那加–若开构造带可分为东、西两个构造单元。

西构造单元：主要为古近纪复理石建造，岩层以强烈褶皱逆冲变形为特征，叠瓦构造和逆冲推覆构造发育。在北部那加山和曼尼普尔山地区，晚侏罗世—中始新世放射虫硅质岩、含放射虫和有孔虫灰岩与蛇绿岩紧密共生，具混杂岩特征。南部若开海岸山脉带核部出露有三叠系变质基底，此带西缘的白垩系—渐新统增生楔杂岩限定了孟加拉盆地的东界。

东构造单元：主要为巨厚的三叠系和始新统—渐新统复理石建造及白垩统—古新统远洋沉积，其上被上中新统—更新统磨拉石所覆盖。沿东部边界那加断裂系南北延伸约1500 km，整个构造带都有蛇绿岩分布，是区内发育最完整的蛇绿混杂岩带。该带代表了一条经历过强烈造山作用的构造带，表现为复理石单元的大规模逆掩冲断和紧闭的褶皱，褶皱轴面及冲断面一般向东倾斜，总体走向变化于北北东—南北—北东向（王宏等，2012）。

3. 西缅地块

西缅地块呈南北向窄长条带，其北部为印度板块与欧亚板块碰撞的东构造结，西北部与拉萨地块相连，西部以那加-若开构造带与印度板块相连，东部以怒江-实皆断裂与保山地块相接，南部则没于安达曼海（图1.6）。西缅地块为中、新生代岛弧带（车自成等，2002），总体呈S形，自西向东依次为新生代那加-孟加拉国弧前拗陷、白垩纪—新生代若开岛弧及新生界实皆弧后盆地。西缅地块于中特提斯洋消减后形成（陈永清等，2010）。西缅地块，除北部甘高山出露前寒武纪变质基底外，普遍被新生代沉积所覆盖，其下可能是侏罗系和三叠系。它可进一步划分为西部盆地带、中央火山弧带和东部盆地带三个次级单元。

西部盆地带：位于中央火山弧西侧，晚白垩世—始新世具弧前裂陷盆地性质，新近纪转化为内陆断陷盆地，是缅甸最重要的新生代含油气盆地。主要由巨厚的晚白垩世和新生代沉积岩构成，构造上为一宽缓的向斜。盆地西部出露上阿尔布阶—塞诺曼阶灰岩、页岩，局部超覆于枕状玄武岩和上三叠统浊积岩之上（Mitchell et al.，2004；Acharyya，2007）；不整合上覆近10 km的坎潘阶—第四系（王宏等，2012）。

中央火山弧带：介于东部、西部盆地带之间，与东印缅山脉蛇绿混杂岩带近平行展布，发育一套从基性（橄榄粗玄岩）、中性（安山岩）到酸性（流纹岩）的晚中生代—新生代火山岩序列，可南北追踪约1200 km。中酸性浅成侵入岩则主要发育在火山弧北段敏金山脉的文多、班茂、梅扎及羌瓦一带，如班茂地区出露早白垩世末—晚白垩世初的花岗闪长岩体（K-Ar年龄为94～98 Ma，Rb-Sr等时线年龄为90～110 Ma），其侵入遭受褶皱变形的厚层状玄武质安山岩与枕状玄武岩中（Mitchell，1993）。岩石地球化学研究表明，火山岩具有岛弧型和陆缘型钙碱性岩石系列特征（Stephenson et al.，1983），并且横向上从西向东岩浆起源深度具有逐渐增加的趋势。

东部盆地带：位于中央火山弧东侧，在古近纪具弧后裂陷盆地性质（Acharyya，2007），新近纪转化为内陆断陷盆地。主要发育一套始新世—第四纪非海相沉积地层，一般上覆于变质基底之上。与西部盆地相比，东部盆地形成晚、沉积厚度小、构造变形弱（王宏等，2012）。

4. 中缅马苏地块（含腾冲地块和保山-掸泰地块）

中缅马苏（Sibumasu）地块由Metcalfe（1988）提出，用于代替以前认为源于冈瓦纳大陆的东南亚长条形地块，以晚古生代冈瓦纳生物群和晚石炭世—早二叠世冰川-海相混杂陆源沉积岩为特征。中缅马苏地块，西以怒江-实皆断裂带为界与西缅地块相隔，东以昌宁-孟连缝合带为界与兰坪-思茅地块相隔（图1.6）。

Metcalfe（2011）认为中缅马苏地块以及腾冲地块、保山地块是早二叠世从冈瓦纳大陆裂离的，与羌塘地块和拉萨地块均属基梅里大陆的一部分，后在晚侏罗世—早白垩世拼贴至欧亚大陆。该地块具前寒武纪结晶基底，震旦纪—寒武纪发育一套过渡型浊积岩建造，在中国保山地区称为公养河群，在缅甸掸邦地区称为昌马支群，主要岩性为复理石砂板岩，含火山岩、硅质岩夹层。晚寒武世以来，陆块总体进入稳定地块发展阶段，晚寒武世—三叠纪主体为稳定-次稳定型浅海相碎屑岩、碳酸盐岩沉积，形成巨厚的掸邦高原灰岩；晚中生代发育陆相红层沉积，并不整合在不同时代地层之上。构造上除陆块两侧有较强烈的逆冲和褶皱外，内部变形较弱，盖层岩石未变质（王宏等，2012）。

5. 昌宁-孟连（-清迈-庄他武里-劳勿）缝合带

该缝合带呈南北向狭窄的带状展布（图1.6），由残余基性-超基性火山岩、火成侵入岩和有关深海沉积岩组成，为一条残余蛇绿杂岩带。主要由三段组成：北段为昌宁-孟连-清迈蛇绿岩带，北起昌宁，经孟连，向南延入缅甸及泰国西部，总体近南北走向，其延伸在北部被澜沧景洪左行走滑断裂错移、在南部被梅屏左行走滑断裂带错移；中段为庄他武里蛇绿岩带；南段为马来半岛上的文冬-劳勿蛇绿岩带（沈上越等，2002）。Metcalfe（2011）认为该缝合带代表古特提斯主洋。

在泰国，茵达嫩山缝合线广泛对应于Ueno（1999）的茵达嫩山带（Ueno and Hisada，2001），以及Metcalfe（2006）、Wakita和Metcalfe（2005）的清迈缝合线。缝合线中的深海沉积包括放射虫燧石，时代从中泥盆世至中三叠世。此外，上泥盆统和下石炭统深海燧石中也发现了牙形石动物群。在泰国南部隐蔽的庄他武里缝合线中也见到晚泥盆世、晚二叠世和中三叠世放射虫燧石。茵达嫩山缝合线也包含石炭纪—二叠纪沉积在洋内火山堆之上的浅海相灰岩，含华夏动物群。依据前人研究（Metcalfe，2006；Wakita and Metcalfe，2005；Kamata et al.，2008），解释为古特提斯海山，现在构成古特提斯缝合线的一部分。一些露头可见完整的大洋板块地层，也可从混杂岩碎屑测年来恢复（Wakita and Metcalfe，2005）。大洋板块地层的一个例子是泰国清迈南部公路挖出，从枕状玄武岩往上至放射虫燧石，夹放射虫燧石和深海碳酸盐岩至深海泥岩。泰国北部茵达嫩山缝合线混杂岩的运动学，证实二叠纪—三叠纪古特提斯往北俯冲，这与文冬-劳勿缝合线所见极性一致（Metcalfe，2011）。

文冬-劳勿缝合带，位于马来半岛，近南北向展布，含深海放射虫燧石，时代从泥盆纪至晚二叠世。保留在缝合带的古特提斯大洋板块地层包括一些零星的蛇纹岩、火山碎屑岩、纹层状放射虫燧石（大洋沉积物纹理燧石）、灰岩、硅质泥岩、砂岩-页岩浊积岩和混杂岩。三叠纪Semanggol组燧石被解释为增生体上发育的后续前渊盆地（Metcalfe，1999）。古特提斯洋在马来半岛关闭比泰国的晚三叠世稍早（早三叠世）（Metcalfe，2011）。

6. 兰坪-思茅地块

兰坪-思茅地块位于昌宁-孟连缝合带（澜沧江缝合带）以东、哀牢山深变质带及难河-程逸蛇绿岩带以西（图1.6）。地块北部主体为兰坪-思茅盆地，与羌塘地块相连，连接部位为近南北向的狭长条带，南部为素可泰褶皱带。地块东侧以金沙江-哀牢山缝合带、难河-程逸缝合带为界（陈永清等，2010）。兰坪-思茅地区晚三叠世末—早侏罗世，由于受中特提斯关闭引起的造山运动的影响，下侏罗统普遍缺失；从中侏罗世开始，盆地再次下沉，除初期有短暂的海相沉积外，中侏罗统—白垩系均为一套河、湖相红色碎屑的陆相沉积；下白垩统景星组平行不整合在上侏罗统坝注路组之上，底部常见砾岩，可见冲刷面，生物组合与侏罗纪有明显区别，该平行不整合面反映了燕山运动构造事件。

7. 印支地块

印支地块为中南半岛的主体，位于中南半岛中东部，其西界为庄他武里-沙拉缴-文冬-劳勿缝合带，北界为奠边府-难河-程逸缝合带和马江缝合带。印支地块具有太古宇—元古宇结晶片岩、片麻岩基底。李春昱等（1982）推测该基底类似于扬子地块基底，主要出露于越南长山（Truong Son）山脉以南的昆嵩及柬埔寨豆蔻山脉地区。印支地块受海西运动影响，发育明显的海西褶皱带。越南南部胡志明市北绥-大叻（Da Chay）、潘切-边和之间的大叻海西褶皱带，轴向北东-南西。老挝北部-东部、泰国东北部和柬埔寨北部的黎府-碧差汶褶皱带也是海西褶皱带，伴有海西期岩体侵入（陈永清等，2010）。上三叠统以上为陆相沉积，其性质与扬子、华南等地块在环境上已经接近。上三叠统诺利阶至下白垩统为红色含膏沉积，中侏罗世—白垩纪为陆相砂、砾岩沉积并含膏盐层。三叠纪以来，印支地块又受到了多期韧性变形和高温变质作用的叠加。越南北部变质基底$^{40}Ar/^{39}Ar$矿物（白云母和黑云母）冷却平均年龄分别为245 Ma、90～120 Ma和20～35 Ma三种（Lepvrier et al.，1997），锆石U-Pb测年结果为243～258 Ma（陈宝树和王志成，2003）。

8.喜马拉雅构造带

喜马拉雅构造带，又称喜马拉雅地块或喜马拉雅造山带，是印度板块与欧亚板块陆-陆碰撞的产物，目前仍在进行的汇聚速率高达5 cm/a。喜马拉雅造山带北部边界为雅鲁藏布江缝合带，是拉萨地块的南界；南部以主边界逆冲断裂为界，构成喜马拉雅山前古近纪磨拉石盆地的北界。造山带西北部（称为西北构造结）由形成于印度-欧亚板块汇聚阶段形成的地块（科西斯坦-拉达克地块和喀喇昆仑地块）以及造山前的印度-喀喇昆仑边缘地块组成。科西斯坦-拉达克地块具有残留洋内弧岩浆岩特征，形成于中白垩世（岩浆岩年龄为90～110 Ma），于晚白垩世增生到亚洲边缘。印度板块与欧亚板块碰撞后，持续而强烈的挤压导致印度板块北部边缘发生破裂，形成一系列大型的逆冲推覆构造带，向南逆冲堆叠于印度板块北部之上。

喜马拉雅造山带以主中央逆冲断裂为界，分为南北两带，南侧称为低喜马拉雅，由前寒武纪变质岩及古生代、中生代地层组成，形成一系列向南逆掩的推覆体；北侧称为高喜马拉雅，出露两套变质岩系，下部以南迦巴瓦群为代表，为一套深度变质片麻岩、结晶片岩系，上覆以一套浅变质岩群，以聂拉木群为代表，主要为千枚岩、石英岩、结晶灰岩。喜马拉雅地区寒武系—始新统为稳定型盖层沉积，上石炭统—下二叠统为冈瓦纳冰水沉积。

雅鲁藏布江缝合带是印度板块与欧亚板块的分界线，是印度大陆在向北漂移过程中，其北侧的新特提斯洋向北俯冲消减到欧亚大陆之下，最后印度板块与欧亚板块发生碰撞的位置，沿带发育典型的洋壳蛇绿岩套剖面，代表晚侏罗世—早白垩世新特提斯洋的残余洋壳。雅鲁藏布江缝合带在印度北面呈东西向展布，在印度东北部转为北东向。该缝合带以北的西藏地区还分布有与其展布方向一致的班公湖-怒江缝合带、澜沧江-昌宁-双江缝合带、可可西里-金沙江-马江缝合带，后两者分别代表古特提斯的两个分支。澜沧江-昌宁-双江缝合带往东经滇西的昌宁-孟连缝合带、泰国的清迈和马来半岛的文冬-劳勿缝合带向南延伸，其北（东）侧为羌塘-昌都-思茅-印支地块，区内发育的晚古生代沉积、古生物群和前寒武纪基底均与扬子地块有亲缘关系，称为北特提斯；其南（西）侧是中缅马苏地块，早古生代普遍发育稳定型沉积，晚古生代（石炭纪—二叠纪）具冈瓦纳相的冰碛岩沉积及冷水动物群，具冈瓦纳亲缘性，称为南特提斯。

（二）构造边界与主要断裂带

1.金沙江-哀牢山-马江缝合带

金沙江-哀牢山-马江缝合带，西北部位于金沙江断裂带内，中部位于哀牢山断裂带内，中间在弥渡一带有缺口，东南部位于越南境内马江一带，带内残留蛇绿岩套。区域上金沙江-哀牢山-马江缝合带是古特提斯洋消减的产物。金沙江断裂带内残留蛇绿岩是兰坪-思茅地块与扬子地块的缝合带；哀牢山断裂带内残留蛇绿岩是兰坪-思茅地块与华南地块的缝合带；马江一带的残留蛇绿岩系印支地块与华南地块的缝合带。缝合带闭合时间存在东南早、西北晚的特点。

金沙江洋盆早石炭世张开，其洋壳残余包括石炭系—二叠系蛇绿岩（穿插上石炭统斜长花岗岩）、下石炭统放射虫燧石、二叠系基性火山岩、上二叠统—中三叠统浊积岩。哀牢山洋盆早石炭世之前已打开，早二叠世成洋，晚三叠世关闭。主要证据包括：蛇绿岩内辉长岩^{40}Ar/^{39}Ar法全岩年龄为339 Ma（早石炭世）；斜长花岗岩分异体的单颗粒锆石U-Pb年龄为256 Ma（早二叠世），上三叠统—碗水组不整合覆盖于蛇绿岩之上、其底部砾岩中含有蛇绿岩与铬铁矿碎屑，含有泥盆系、下石炭统、下二叠统等火山岩；弥渡县金宝山铂钯矿床附近含云母角闪橄榄岩的黑云母Rb-Sr等时线年龄为322 Ma（晚石炭世）。马江洋盆至少在中石炭世就开始消减了，早—中石炭世大规模褶皱、逆冲和推覆活动发生。中、新生代以来，印度板块与欧亚板块发生碰撞，使得金沙江-哀牢山-马江缝合带西北部受到金沙江断裂带；中南部受到哀牢山左行走滑韧性剪切带和红河右行走滑断裂带的强烈改造。但越南境内的马江一带的蛇绿岩受到的改造较弱，这可能是受难河-程逸缝合带上活化的北北东-南南西向奠边府深断裂的影响，以及由印支地块右旋造成的。

2. 澜沧江-昌宁-孟连缝合带

澜沧江-昌宁-孟连缝合带，位于北羌塘与南羌塘以及兰坪-思茅地体、景洪-素可泰岛弧与中缅马苏地体之间（图1.6），其北段为东西向羌中缝合带，中段转为南北向澜沧江蛇绿岩和昌宁-孟连蛇绿岩带（Metcalfe，2006；许志琴和张国伟，2013），向南与思茅-印支地块、中缅马苏地块之间的清迈、沙缴府（Sar Kaeo）和文冬-劳勿蛇绿岩带相连（Lepvrier et al.，2008），是青藏高原古特提斯体系中规模最大的缝合带，长达4000 km，被当作古特提斯的主蛇绿岩带，代表泥盆纪—二叠纪古特提斯主大洋的残片。思茅-印支-东马来西亚地体可能是在泥盆纪时从冈瓦纳大陆分裂出来，并向北西与北羌塘地体连接（Metcalfe，2006）。

3. 班公湖-怒江缝合带

位于南羌塘地体和拉萨地体之间班公湖-怒江蛇绿岩带（图1.6），显示为俯冲带之上（supra-subduction zone，SSZ）型蛇绿岩，代表俯冲板片之上的弧-盆体系环境（Pullen et al.，2011），年龄为167 Ma，代表了班公湖-怒江洋盆向北俯冲，洋盆闭合的时间在晚侏罗世—早白垩世（许志琴和张国伟，2013）。杜德道等（2011）调查发现，班公湖-怒江蛇绿岩带西段南侧也具有明显的富集大离子亲石元素（large ion lithophile element，LILE）Rb、Th、U、K、Pb和亏损高场强元素（high field strength element，HFSE）Nb、Ta、Ti的岛弧型岩浆岩的本质特征，指示班公湖-怒江洋盆可能存在双向俯冲的特征。由此，班公湖-怒江缝合带是晚于古特提斯，而早于雅鲁藏布江新特提斯的中特提斯缝合带。班公湖-怒江洋盆闭合形成的中—晚中生代造山带叠置在羌中古特提斯洋盆闭合造成的印支造山带之上，而雅鲁藏布江新特提斯洋盆的消减致使其俯冲上盘（拉萨地体南缘）以上侏罗统—下白垩统为主体的冈底斯岩浆岩带的形成（安第斯山型山脉），并在60～50 Ma洋盆闭合导致青藏高原的形成和喜马拉雅山的崛起（许志琴和张国伟，2013）。

4. 景洪-难河-程逸-沙缴府缝合带

景洪-难河-程逸-沙缴府缝合带，北东走向，长约800 km，介于兰坪-思茅地块和印支地块之间，代表关闭的弧后盆地，该盆地形成于二叠纪，素可泰火山弧裂离华南地块-印支地块-东马来西亚边缘。缝合线中放射虫燧石的年龄限于早—晚二叠世，而主特提斯洋的时代是泥盆纪至三叠纪（Metcalfe，2011）。构造及其他指示标志边缘盆地向西俯冲。

5. 那加-若开俯冲增生带

那加-若开俯冲增生（构造）带位于缅甸西部，呈弧形近南北走向，是晚白垩世以来印度板块往北北东斜向俯冲形成增生造山带，发育巨大的沟-弧体系，最大宽度可达230 km（王雪峰等，2013），包括褶皱增生带、弧前构造带、火山岛弧及弧后盆地等构造单元。

6. 实皆断裂带

怒江–瑞丽–实皆断裂带（简称实皆断裂带）总长在3000 km以上，是保山–掸泰地块与西缅地块的板块结合带。向南没入安达曼海，与苏门答腊右行走滑断裂相接（Morley，2002）；自实皆以北由东南向北北东呈帚状散开，规模较大的有抹谷–瑞丽–怒江断裂、八莫–盈江断裂及密支那断裂。其中，抹谷–瑞丽–怒江断裂带跨中缅两国，在我国境内的部分总体呈南北向延伸，北起贡山县丙中洛之西，向南经贡山县城，沿怒江西岸高黎贡山东麓延伸，经道街坝西转西南方向切过高黎贡山直达龙陵附近，为龙陵–瑞丽断裂所接替，至缅甸抹谷与八莫–盈江断裂、密支那断裂汇合（陈永清等，2010）。

7. 梅屏断裂带

梅屏断裂带，又称王朝断裂带、宾河–洞里萨湖断裂带，位于大叻海西褶皱带内，切过柬埔寨北部洞里萨湖盆地，呈北西西–南东东向展布（图1.6），变形作用主要发生在始新世—中新世，印度板块与欧亚板块碰撞导致印支地块和华南地块的相对运动。梅屏断裂带分割了昌宁–孟连–清迈及庄他武里蛇绿杂岩带，其沿线分布残留的蛇绿岩片。该断裂带活动结束时间约为30.5 Ma（$^{40}Ar/^{39}Ar$法；Lacassin et al.，1997）。根据Socquet和Pubellier（2005）的研究，梅屏断裂带的运动学特征表明与右行走滑的实皆断裂带是一个体系，该旋转体系产生了梅屏断裂带西侧八莫（Bhamo）盆地的张开和北东侧挤压性质的无量山褶皱带。渐新世，印度板块、印支地块的相对右旋主要体现在掸泰地块西北角的抹谷一带，此时哀牢山一带，即兰坪–思茅地块与华南地块边界，表现为左行走滑特征；中新世，左行走滑运动停止。印度板块和保山–掸泰地块之间的右行走滑表明，云南瑞丽到缅甸抹谷一带沿高黎贡山可能发生了减薄作用（陈永清等，2010）。

8. 奠边府断裂带

奠边府断裂带，北东走向，长约800 km，介于兰坪–思茅地块和印支地块之间（图1.6），表现为增生杂岩体，广泛含有二叠纪—三叠纪火山碎屑岩，结合构造和其他指示标志可揭示边缘盆地向西俯冲。

（三）中南半岛及邻区构造–岩浆岩带特征

东南亚中南半岛及邻区的构造–岩浆岩带总体上具有岩浆岩类型多、演化历程长、期次多的特点，并有成带、成片展布的规律。陈永清等（2010）基于东南亚地区编图成果，综合前人研究，归纳出八条较大规模的构造–岩浆岩带，它们是那加–若开构造–岩浆岩带、实皆构造–岩浆岩带、三塔–拉廊构造–岩浆岩带、昌宁–孟连–景栋–清迈构造–岩浆岩带、印支西陆缘构造–岩浆岩带、南海西布康–昆嵩构造–岩浆岩带、哀牢山–红河–马江构造–岩浆岩带等。

1. 那加–若开构造–岩浆岩带

那加–若开构造–岩浆岩带，近南北向展布于印度东部那加丘陵–缅甸西部若开山脉沿线的板块结合带内。该带以发育蛇绿岩为特征，由橄榄岩大岩体，以及蛇纹岩、辉长岩、闪长岩等小岩体组成，断续延伸达1200 km，宽8~15 km，以透镜体形式分布于新生代复理石层中，或作为外来岩片出现在沿线断裂带中（陈永清等，2010）。原始洋脊蛇绿岩可能形成于早白垩世，与同期深海洋壳沉积为正常接触层序，代表洋壳扩张期侵位阶段。

2. 实皆构造–岩浆岩带

实皆构造–岩浆岩带，呈大头向上的扫帚状展布于那加–若开构造–岩浆岩带以东的实皆断裂带内，主要分布于缅甸中部，南起安达曼海，北至密支那–葡萄及我国腾冲–盈江地区（陈永清等，2010）。岩浆岩体空间展布明显受到实皆走滑断裂带的改造和控制。

缅甸中南部勃固山脉西侧见有粗玄岩墙和橄榄粗玄岩岩床，主峰博巴山附近可见从基性（橄榄粗玄岩）、中性（安山岩）到酸性（流纹岩）的火山岩序列及古火山口。博巴山向北，钦敦江沿线主要为超基性、基性、中酸性小型侵入岩群及火山杂岩带；敏金山脉一带发育渐新世花岗闪长岩；实皆主断裂两侧分布晚白垩世花岗闪长岩岩基。北部南茂羌安山岩群为海相火山杂岩，其上为晚三叠世地层覆盖；温朵一带见到新生代火山岩（β_{cz}）与古生代—中生代侵入岩（γ_{miPzMz}）组成的岩浆杂岩带；弄屯岩体、朗普岩体、密支那–圭道岩体等均为古生代—中生代侵入岩（γ_{miPzMz}）、白垩纪超基性岩体（Σ_K）、岩浆杂岩带、新生代基性岩体（v_{cz}）及新生代基性火山岩（β_{cz}）共同组成的复合岩体。这种岩体可见于实皆断裂两侧。

概括起来，构造–岩浆岩带活动具有长期性，并兼有多期次多类型特点。中新世前后，北西–南东向韧性走滑伸展及其后的实皆断裂脆韧性右行走滑改造，对于区域岩浆岩构造的格局形成具有重要意义。

3. 三塔–拉廊构造–岩浆岩带

三塔–拉廊构造–岩浆岩带，介于安达曼海和泰国湾之间的半岛内，北部被梅屏走滑断裂所限，南部达文冬–劳勿缝合带，总体呈近南北走向（陈永清等，2010）。该岩浆岩带主要由S型–I型花岗岩组成，严格受断裂控制，以北东向拉廊断裂带及北西向三塔断裂带为中心，具对称分布特点，并呈共轭条带状"V"形展布。白垩纪花岗岩，年龄为65～120 Ma不等，主要分布于拉廊断裂带及三塔断裂带沿线；东西两侧为三叠纪末期—侏罗纪早期花岗岩及闪长岩（李方夏，1995）。根据最新构造年代学研究，拉廊断裂带及三塔断裂带于渐新世—中新世早期存在活动记录，呈共轭剪切样式，显然是受到了来自于西部印度板块的远程挤压作用。与此同时，东北部因他暖山地区发生伸展。但随后的实皆右行走滑运动基本终止了这种构造的抬升（18 Ma以后）。

4. 昌宁–孟连–景栋–清迈构造–岩浆岩带

昌宁–孟连–景栋–清迈构造–岩浆岩带，位于保山–掸泰地块和兰坪–思茅地块的构造结合带上，北起我国三江地区，南部止于梅屏断裂带附近。该构造–岩浆岩带呈南北走向，东西方向上近于对称分布（陈永清等，2010）。

中间带：北部昌宁–耿马–孟连一带为蛇绿混杂岩，中间南部景栋–因他暖山一带有石炭系花岗岩，芳县–清迈一带发育蛇纹岩，含有早石炭世澜沧江洋中脊扩张带信息。

两侧则发育二叠系—三叠系花岗岩及新生界侵位岩体，著名的有临沧花岗岩基、素贴山–因他暖山岩体等，在洋盆关闭过程中，南部产生上盘向西的推覆构造，这可能是造成现今清迈以南地区古缝合带未出露的主要原因；中新世早期发育大规模伸展构造，拆离断层、铲式正断层作用显著；中新世以后，澜沧–景洪断裂带和梅屏剪切带对本构造–岩浆岩带有进一步改造作用，邻近地区产生显著拖曳构造及水平面上的双重构造。现今该带上仍为地热异常区。

总之，该带是一条长期活动的、复杂的构造–岩浆岩带，保留有古生代特提斯洋壳沉积序列，并叠加了不同时期的火山弧岩浆岩，经历了洋盆扩张及关闭过程及其后伸展过程。

5. 印支西陆缘构造–岩浆岩带

印支西陆缘构造–岩浆岩带相当于李方夏（1995）定义的黎府–乌泰他尼构造–岩浆岩带，系印支地块陆核边缘海西期褶皱带新生代活化形成的复杂构造–岩浆岩带。该构造–岩浆岩带北起黎府，南至庄他武里，包括同海西期褶皱作用的辉长岩体、花岗岩体（二叠纪—三叠纪）及喜马拉雅期中新世—全新世玄武岩，多表现为复合型态。该岩浆岩带在那空沙旺–洞里萨湖之间被梅屏走滑断裂带改造（陈永清等，2010）。

6. 南海西布康–昆嵩构造–岩浆岩带

南海西布康–昆嵩构造–岩浆岩带相当于李方夏（1995）定义的长山构造–岩浆岩带及昆嵩–大叻构造–岩浆岩带。这两个岩浆岩带内有古陆核，北部的布康古陆核，南部的昆嵩古陆核。二者均受到特提斯洋消减关闭及新生代南海西部逃逸构造体系活动的影响，因此将其统一命名为南海西布康–昆嵩构造–岩浆岩带。该构造–岩浆岩带内有色金属资源十分丰富。

核部为前寒武纪布康杂岩及昆嵩杂岩，发育古元古代、中元古代片麻岩及麻粒岩；其后发育加里东期花岗片麻岩、海西期闪长岩和花岗岩（与印支地块西缘一致）；中三叠世，安山–流纹岩发育较广；燕山期，发育花岗岩；新生代上新世、全新世发育溢流玄武岩，并有伸展型变质核杂岩构造。布康核杂岩呈北北东向展布，与红河断裂带、南海西缘断裂带的右行走滑及梅屏剪切带的左行走滑具有关联性。

7. 哀牢山–红河–马江构造–岩浆岩带

哀牢山–红河–马江构造–岩浆岩带，北以红河断裂带为界，南以马江缝合带为界，北西西–南东东向展布于华南地块、扬子地块与印支地块的结合带上，包括哀牢山变质岩带及范士板杂岩带。古元古代发育有最古老的范士板杂岩，约2300～2030 Ma。前寒武纪—始新世超基性岩、基性岩、中酸性岩岩体发育。

从以上对边界构造及构造单元的论述可以看出，该构造–岩浆岩带大地构造背景比较复杂。哀牢山–马江缝合带曾为古特提斯洋一支。新生代以来先后受哀牢山左行韧性走滑剪切带及红河右行剪切带改造。

第三节　西太平洋边缘构造带

西太平洋边缘最为特征的构造是沟–弧–盆体系，其核心之一是边缘海。边缘海的成因长期以来一直是地学界关注的焦点，最为接受的观点是弧后扩张说，如冲绳海槽、日本海等。南海作为西太平洋边缘最大的边缘海，其成因一直存在争议（Tapponnier et al.，1982；Briais et al.，1993；Li et al.，2015；Sun et al.，2018，2019；汪品先和翦知湣，2019）。虽也曾认为是菲律宾岛弧的弧后扩张盆地（郭令智，1983），但经过深入研究之后，发现菲律宾岛弧是后来随着菲律宾海板块北移的结果，南海显然不是菲律宾岛弧的弧后扩张产物。同样，南海东南侧的苏禄海和苏拉威西海的成因也存在较大的争议，尽管通常认为苏禄海是弧后盆地，但存在苏拉威西海往西俯冲和古南海往南俯冲两种截然不同的观点（Rangin and Silver，1991；Rangin et al.，1999）。西太平洋边缘海成因仅从各边缘海本身难以取得完整的认识，必须从整个大陆边缘构造出发，开展系统研究。

一、西太平洋边缘北段沟–弧–盆体系

西太平洋边缘北段沟–弧–盆体系，从堪察加半岛至台湾岛，延绵达5000 km，总体呈北东分布，是太平洋板块、菲律宾海板块向西北俯冲的结果。从北往南，俯冲带大致可以分为三段：千岛海沟俯冲带、日本海沟–南海海槽俯冲带和琉球海沟俯冲带。

（一）千岛海沟–岛弧–弧后盆地体系

太平洋板块沿日本海沟和千岛海沟的俯冲，导致其弧后扩张，形成日本海和鄂霍次克海。鄂霍次克海

只有千岛海盆属洋壳，规模小，水深为3200~3300 m（郝天珧等，2001），没有明显的磁条带，其东北部可能为拉伸减薄的陆壳（Baranov et al.，2002）。千岛海盆没有深海钻探，其扩张时间争议很大。Kimura（1986）认为千岛海盆形成与日本海同时；Baranov等（2002）认为其扩张始于晚渐新世早期，持续至晚中新世早期。

鄂霍次克海盆北部有古新世和始新世的沉积记录，西部地堑及其他一些次盆可能充填始新世地层（Worrall et al.，1996）。鄂霍次克海渐新世—早中新世的裂谷历史可能与日本海相似（Jolivet et al.，1994）。古地磁资料支持可能在中始新世（或更早）沿西鄂霍次克断层右旋走滑变形，并持续至早中新世（Weaver et al.，2004），之后海盆进入裂后阶段（Xu et al.，2014）。

（二）日本海沟-岛弧-弧后盆地体系

日本海被认为是西太平洋最典型的边缘海之一，与日本岛弧及日本海沟-南海海槽构成完整的海沟-岛弧-弧后盆地系统（李瑞磊等，2004；图1.7）。日本海仅东北部的日本海盆深海区为洋壳（Jolivet et al.，1994）。大洋钻探计划（Ocean Drilling Program，ODP）的ODP794、ODP795和ODP797钻孔钻遇玄武岩，年龄为18~25 Ma（Tamaki et al.，1992），因无法确定是否达到基底，仅可提供初始扩张的最小年龄（Nohda，2009），且没有令人信服的扩张轴和确切的磁条带模型，其扩张年龄与扩张方式仍有不同的认识和争议，但主流观点认为是太平洋板块俯冲导致弧后扩张的结果。一些学者认为日本海盆的裂谷作用始于始新世（Filatova，2004），而被广泛接受的是裂谷作用主要始于渐新世（30 Ma或35 Ma；Xu et al.，2014）。

日本岛弧由不同时期的构造单元组成。通常认为，30 Ma前古日本位于亚洲大陆边缘，随后开始形成大陆裂谷（Wakita，2012）；25 Ma，日本盆地和千岛盆地开始张开。约20~15 Ma，东北日本逆时针旋转，而西南日本顺时针旋转，致使日本海以"双开门"形式张开（Martin，2011）。中中新世（15 Ma），伊豆-小笠原岛弧与本州岛弧碰撞致使日本海扩张停止（Wakita，2012），之后总体进入裂后期。

（三）琉球海沟-岛弧-弧后盆地体系

琉球海沟、南海海槽俯冲带，从台湾岛延伸至九州岛，全长约1500 km。台湾岛东北菲律宾海板块沿琉球海沟俯冲于欧亚板块之下。菲律宾海板块沿北西305°方向高倾斜俯冲于琉球岛弧之下（Seno，1977），导致冲绳海槽弧后扩张，并使琉球海沟后退（Sibuet and Hsu，2004）。冲绳弧后海槽往西增生导致台湾褶皱逆冲带东北挤压构造出现拉张（Teng et al.，2001），在台湾岛东北形成变形前缘，延伸至其东北海域（Ustaszewski et al.，2012）。

根据海底探测和岛弧-陆地地质调查等资料分析，认为琉球海沟、琉球岛弧和冲绳海槽是一个统一的活动构造系统，冲绳海槽是琉球岛弧的弧后盆地，是菲律宾海板块向西北俯冲的结果，形成于中—晚中新世（Honza and Fujioka，2004），是西北太平洋边缘最年轻的盆地。冲绳海槽地壳属减薄的陆壳（Hirata et al.，1991），其厚度从北部九州附近的27~30 km往南至台湾附近减薄至15 km以下（Iwasaki et al.，1990）。三维P波速度结构表明，冲绳海槽的扩张主要因为菲律宾海板块的斜向俯冲以及俯冲板块的大量脱水作用所致（Wang et al.，2008）。

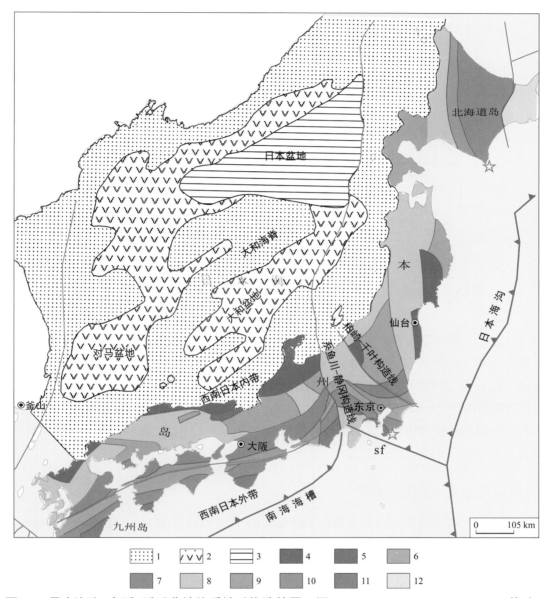

图1.7 日本海沟-岛弧-弧后盆地体系地质构造简图（据Martin，2011；Wakita，2012，修改）

1.陆壳；2.过渡壳；3.洋壳；4.古生代深成-变质岩体；5.二叠纪增生体；6.侏罗纪增生体；7.侏罗纪低压变质带；8.白垩纪花岗岩、火山岩；9.侏罗纪高压变质带；10.白垩纪增生体；11.新生代增生体；12.白垩纪—新近纪变质带

二、台湾弧-陆碰撞带

台湾岛是世界上最新、最典型的碰撞造山地区之一，在大地构造上位于菲律宾海板块和欧亚板块的交汇处，同时位于琉球海沟俯冲带和菲律宾俯冲带的枢纽部位。欧亚大陆在这里被撕裂，南部欧亚大陆边缘及南海沿马尼拉海沟俯冲于菲律宾岛弧之下，北部菲律宾海盆洋壳沿琉球海沟俯冲于欧亚大陆之下（图1.8）。

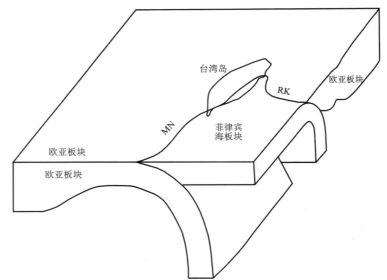

图1.8 台湾弧–陆碰撞带三维示意图（据Sibuet and Hsu，2004，修改）

MN.马尼拉海沟俯冲带；RK.琉球海沟俯冲带

大约16 Ma之前，俯冲带从菲律宾群岛的东侧移至西侧，形成马尼拉海沟俯冲带（Lallemand et al.，2013）；之后，吕宋岛弧成为洋内弧（Sibuet and Hsu，2004）。北吕宋火山岛弧以8.2 cm/a的速度沿310°向欧亚板块移动（Yu et al.，1997），最终于5～4 Ma与欧亚大陆边缘碰撞（Ustaszewski et al.，2012），导致台湾岛隆升。作为晚中新世之后弧–陆碰撞的产物，台湾造山带是地球上最活跃、最年轻的山脉之一，是与菲律宾海板块和欧亚板块碰撞的结果，北部已经碰撞造山（图1.9），南部正在斜向碰撞，再往南为洋壳俯冲（Wintsch et al.，2011）。

三、菲律宾岛弧系–双向俯冲带

菲律宾岛弧系，北起台湾岛，南至马鲁古（Molucca）海，长约1500 km、宽100～400 km，为菲律宾海板块与欧亚板块间的活动构造带，由复杂的岛弧、陆块及双向俯冲带组成（图1.10、图1.11）。与北部的沟–弧–盆体系不同，该段板块边界要复杂得多，其东界为东吕宋海沟和菲律宾海沟俯冲带，西界是马尼拉海沟、内格罗斯海沟和哥打巴托海沟俯冲带。地震震中资料证实在吕宋岛弧东、西两侧均存在贝尼奥夫（Benioff）带，深度约200 km，倾斜方向相对（Hall，2002）。

该构造带以东的菲律宾海形成于始新世—早渐新世，其西侧，北部从始新世开始往西沿东吕宋海沟往西俯冲，而南部的菲律宾海沟形成较晚，从上新世开始，俯冲倾角约30°，最大俯冲深度不超过200 km（Hickey-Vargas et al.，2008）。

该构造带以西，由北至南依次为渐新世—中新世南海、早—中中新世苏禄海和中始新世苏拉威西海。南海从中新世开始沿马尼拉海沟往东以8 cm/a速率俯冲于菲律宾岛弧之下（Bowin et al.，1978），倾角约50°，最大深度为250 km。苏禄海和苏拉威西海洋壳从上新世开始分别沿内格罗斯海沟和哥打巴托海沟往东俯冲。

菲律宾活动带是晚中生代以来形成的交错叠加的岩浆弧（Deschamps and Lallemand，2002）以及蛇绿岩，与周缘边缘海在年龄上各自对应，它们之间可能具有亲缘或演化关系，由中、新生代多次汇聚、碰撞、拼接而成，是火山弧、蛇绿岩碎块和大陆碎块组成的集合体。主要构造事件包括：早—

中中新世巴拉望微陆块与菲律宾岛弧的弧-陆碰撞（Karig，1983），中新世开始并于上新世停止的卡加延（Cagayan）火山弧与巴拉望微陆块的弧-陆碰撞，晚中新世桑义赫（Sangihe）弧与哈马黑拉（Halmahera）弧的弧-弧碰撞（Aurelio et al.，2013），以及约6.5 Ma开始且持续进行的吕宋岛弧与欧亚大陆的弧-陆碰撞（Huang et al.，2000）。

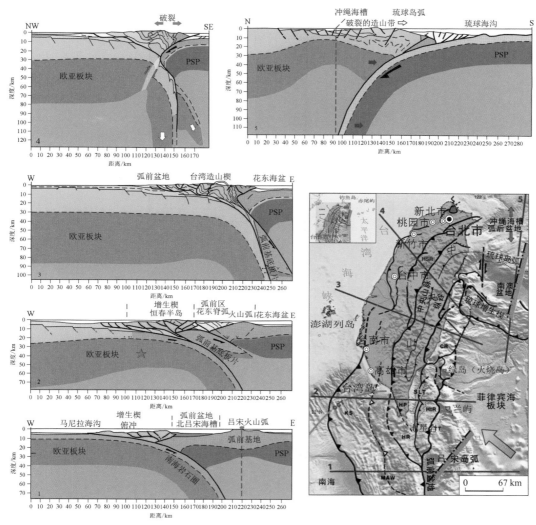

图1.9　台湾岛及邻区构造地貌与剖面图（据Molli and Malavieille，2011，修改）

右下为台湾岛及邻区构造地貌图，剖面图从南往北显示造山带的演化。PSP.北吕宋火山岛弧；CR.海岸山脉；SLT.南纵谷海槽造山盆地；HP.恒春半岛；HR.恒春海脊；HtR.花东海脊；KS.高平斜坡；TT.台东海槽；MAW.马尼拉增生楔

菲律宾群岛中间分布着巨大的左旋走滑菲律宾断层。以该断层为界，菲律宾群岛东部和西部属于不同的大地构造单元，东部为岛弧区主体，而西部属欧亚大陆的范畴，其地层发育特征更类似于南海地区（Yu et al.，2013）。

这些岛弧主体为新生代地层，白垩纪地层仅限于东菲律宾群岛，主要为火山岛弧成因，含蛇绿岩基底（Hall，2002）。菲律宾群岛演化历史极其复杂，既有走滑运动又有俯冲作用，其历史至少到白垩纪。菲律宾岛弧往南终止于马鲁古海碰撞带。

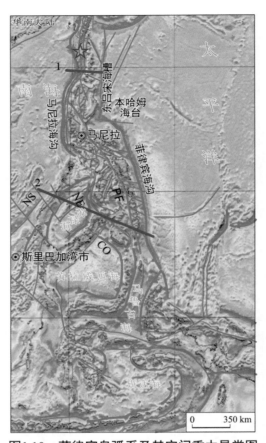

图1.10 菲律宾岛弧系及其空间重力异常图

NS.南沙海槽；NE.内格罗斯海沟；CO.哥打巴托海沟；PF.菲律宾断裂带；1、2.剖面编号及位置

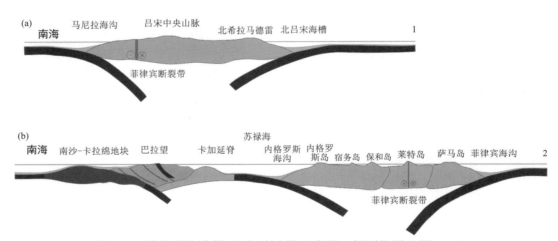

图1.11 菲律宾构造带-双向俯冲带示意图（剖面位置见图1.10）

四、马鲁古海与哈马黑拉弧、桑义赫弧

马鲁古海两侧相向的哈马黑拉弧和桑义赫弧为活动汇聚带（图1.12、图1.13），汇聚速率达10 cm/a（Hinschberger et al.，2005）。马鲁古海板块往东下插于哈马黑拉弧之下，往西下插于桑义赫弧之下（McCaffrey，1982），形成反U形双向俯冲汇聚带（图1.13）。地震活动表明，俯冲于哈马黑拉弧之下的岩石圈板片长达200～300 km，形成和达–贝尼奥夫带（Wadati-Benioff zone）；而在桑义赫弧之下和达–贝

尼奥夫带至少可识别至600 km（Hall，2002）。层析成像表明，桑义赫板片可达1500 km深的下地幔，推测其形成时代早于渐新世（Rangin et al.，1999）。与桑义赫俯冲带不同，哈马黑拉俯冲带形成时代较晚，为晚中新世（Lallemand and Liu，1998）或早上新世，俯冲深度较浅。根据俯冲板片的长度以及俯冲板片的挤压缩短，Rangin等（1999）推测马鲁古海俯冲消亡的岩石圈可能达1750～3500 km，因此它应是太平洋与印度洋之间较大的洋。

马鲁古海洋壳已基本全部消失，哈马黑拉弧与桑义赫弧已于晚上新世开始碰撞（Leo et al.，2012）。在马鲁古海北部，哈马黑拉弧已完全被桑义赫弧前所覆盖，形成碰撞杂岩（Hinschberger et al.，2005）。

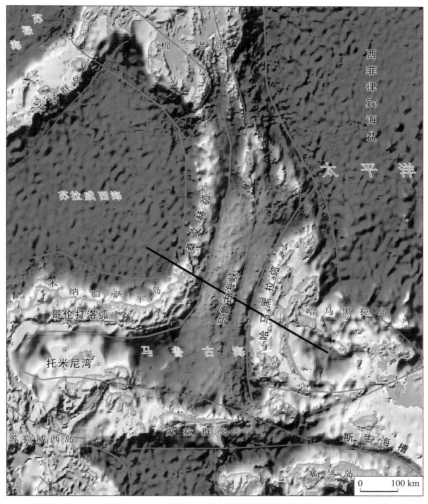

图1.12　马鲁古海及邻区构造简图

图1.13　马鲁古海双向俯冲示意图（剖面位置见图1.12）

五、新几内亚沟弧系

马鲁古海峡往东南为新几内亚–所罗门构造带，该带走向北西西，是太平洋板块、澳大利亚板块及欧亚板块共同作用的结果。构造十分复杂，既有不同阶段的俯冲、碰撞，也有大规模的走滑以及弧后的扩张。该构造带北部以新几内亚海沟、马努斯海沟与加罗林板块及太平洋板块为邻；南部包括斯兰俯冲带和塔雷拉·艾杜纳（Tarera Aiduna）断裂带等，与澳大利亚板块为邻（图1.14）。

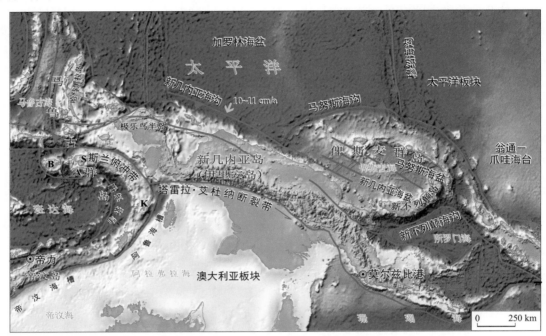

图1.14　新几内亚沟弧系构造简图

（一）斯兰俯冲带

斯兰俯冲带沿布鲁岛、斯兰岛至卡伊群岛北缘呈弧形分布（图1.14）。现在认为斯兰岛以及布鲁岛、帝汶岛为古生代—新生代的澳大利亚大陆边缘（Audley-Charles et al.，1979），可能沿古班达海东缘转换断层增生到班达弧。在复杂的构造演化中发生了大规模旋转（Pubellier et al.，2004）。

斯兰岛南侧的安汶火山岛弧活动始于5 Ma（Honthaas et al.，1999），据此推测斯兰俯冲带始于晚中新世。根据地震活动特征，认为俯冲板片达500 km深，对应于汇聚方向板块长度约700 km（Hinschberger et al.，2005）。该俯冲带往东与塔雷拉·艾杜纳断裂带相连。GPS研究表明（Kreemer et al.，2000），鸟头岛与斯兰岛之间在高速汇聚，在斯兰海槽鸟头岛俯冲于斯兰岛之下，鸟头岛现在随太平洋板块在运动。

（二）班达海与班达弧

班达地区海盆包括北班达海、南班达海和韦伯海，其成因与形成时间长期存在争议（Hall，2002）。早期认为是中生代的残余（Pigram and Panggabean，1984），但新近的地球化学与地质年代学数据认为，南班达海是年轻的弧后扩张盆地（Honthaas et al.，1998）。Hinschberger（2001）对古地磁异常重新解释，认为其年龄为3～6 Ma。南班达海扩张终止于班达弧与澳大利亚北缘在帝汶岛的碰撞（Hall，2002）。对北班达海盆所知甚少，热流观测及拖网表明，该盆地下伏晚中新世弧后玄武岩地壳

（Hinschberger et al.，2005）。

韦伯海槽，位于南班达海盆东侧，最大水深约7400 m，是世界上最深的非俯冲盆地之一。其形成时代应为晚上新世至更新世，是弧前环境拉伸形成的最新盆地。Hinschberger等（2005）推测韦伯海槽形成于3～1 Ma，是澳大利亚-班达弧汇聚和班达弧弯曲导致的弧后扩张的结果。

现在的班达弧由火山内弧和无火山外弧组成，外弧岛弧主要为二叠纪至第四纪的沉积岩、变质岩和少量火山岩。内火山弧自晚中新世开始活动（Honthaas et al.，1998）。外弧岛屿是亚洲陆源的外来体，新近纪被逆冲到澳大利亚陆源之上。

在班达海南侧，澳大利亚大陆边缘与班达的弧碰撞在上新世开始呈斜向碰撞，碰撞时间由东向西迁移（Hall，2002）。最东端，澳大利亚大陆岩石圈长达400 km已俯冲至阿鲁海槽之下（Packham，1996），主体部分约150～250 km已俯冲消减，而西端帝汶岛地区，澳大利亚板块的岬角已经与班达弧碰撞（Hinschberger et al.，2005）。

（三）新几内亚俯冲带

新几内亚俯冲带是太平洋-加罗林板块往南向澳大利亚板块斜向俯冲汇聚的结果，形成与弧-陆碰撞相关的连续构造事件。在新几内亚-澳大利亚板块与太平洋-加罗林板块之间的汇聚速率为10～11 cm/a，方向为248°（DeMets，1995）。

新几内亚造山带形成时间存在争议。裂变径迹年龄表明，新几内亚岛的大部分隆升很新，大部分裂变径迹年龄记录隆升始于10 Ma，部分地区始于5 Ma（Hall，2002）。如果将现在澳大利亚板块与太平洋板块的运动速率外推至10 Ma，那么对应的汇聚量达1000 km。GPS测量（Kreemer et al.，2000）显示，现在一部分汇聚被新几内亚岛弧缩短、一些小板块间的走滑及俯冲所容纳（Hall，2002）。

南部的塔雷拉·艾杜纳断裂带，是澳大利亚北部海域洋壳向太平洋边缘岛弧俯冲的俯冲带，于早中新世澳大利亚北部与新几内亚岛弧南部出现弧-陆碰撞，形成蛇绿岩。因此该板块边缘也形成双向俯冲带。随着菲律宾海板块和太平洋板块的运动，塔雷拉·艾杜纳断裂带产生明显左旋位移。

（四）俾斯麦海-所罗门海-伍德拉克海

介于北部俾斯麦岛弧、所罗门岛弧与南部新几内亚岛弧之间的有俾斯麦海、所罗门海和伍德拉克海（图1.14）。其中所罗门海最老，而俾斯麦海和伍德拉克海均很新。

所罗门海分别往北、往南俯冲，大部分已消亡（Hall，2002），残余部分只有少量保存不好的磁异常。根据磁条带特征，所罗门海盆给出两个时代，一是39～36 Ma，另一是34～28 Ma（Joshima and Honza，1987）。早的年龄对应于新几内亚岛弧与澳大利亚大陆的碰撞，推测在两者合并后不久形成该海盆。这些表明所罗门海盆可能形成于始新世末或渐新世初至晚渐新世（Honza and Fujioka，2004）。

由于太平洋板块往北西西方向运动，现在的澳大利亚板块与太平洋板块边缘地区主体为左旋走滑的斜向汇聚带，新几内亚岛以北、以东，俾斯麦脊和伍德拉克脊剪切张开，沿板块边界形成剪切拉张盆地。俾斯麦海形成于4 Ma，以长转换断层与短扩张段为特征（Taylor，1995），沿转换断层的地震活动十分频繁。转换断层西端进入巴布亚新几内亚的塞皮克（Sepik）盆地，其走滑运动连接到塔雷拉·艾杜纳断裂带，尽管处于弧后位置，被认为是大型左旋走滑断层导致扩张形成盆地的典型例证（Pubellier et al.，2004）。

伍德拉克海张开过程复杂，始于约6 Ma（Taylor et al.，1999），随后往西发展，扩张中心方向随之改变，同时盆地东端出现俯冲。

第四节　菲律宾海板块

菲律宾海板块是地球第十大岩石圈板块，面积约5.4×10⁶ km²（Bird，2003），以欧亚板块、太平洋板块和印度–澳大利亚板块为界（图1.15）。其板块演化是中生代以来影响西太平洋的大规模板块重组的重要组成部分。Hall等（1995）认为，菲律宾海板块是理解西太平洋构造演化的关键。

东界，太平洋板块俯冲于伊豆–小笠原岛弧和马里亚纳岛弧之下；北部，菲律宾海板块沿南开和琉球海沟俯冲于日本西南和欧亚板块之下；西部，沿菲律宾海沟俯冲于菲律宾群岛之下；东南，加罗林板块沿帕劳海沟和雅浦海沟俯冲于菲律宾海板块之下。

菲律宾海板块分为古新世—渐新世西菲律宾海盆、渐新世的帕里西维拉（Parece Vela）海盆及中新世以来的马里亚纳海槽（Hickey-Vargas et al.，2008）。以九州–帕劳海脊为界，以西为西菲律宾海盆，具较清晰的磁条带，呈近东西向（Hilde and Lee，1984），以东为四国海盆和帕里西维拉海盆。四国海盆和帕里西维拉海盆东界为伊豆–小笠原岛弧和马里亚纳岛弧。西马里亚纳脊和马里亚纳岛弧之间为马里亚纳海槽。

Hall等（1995）对古地磁进行综合的研究，认为新生代菲律宾海板块旋转不连续；50（或55）Ma至40 Ma，顺时针旋转50°；40～25 Ma，没有明显旋转；25～5 Ma，顺时针旋转34°；5～0 Ma，顺时针旋转5.5°。

一、西菲律宾海盆

西菲律宾海盆是菲律宾海板块最老的大型盆地。该盆地北部琉球海沟俯冲于欧亚板块之下，东部俯冲于东吕宋海沟和菲律宾海沟之下（图1.15）。东部的九州–帕劳海脊，是古新世—始新世伊豆–小笠原–马里亚纳（IBM）岛弧的一部分，随四国海盆和帕里西维拉海盆的扩张、裂离而成。根据磁异常的解释，西菲律宾海盆中央是扩张中心的位置，大致位于盆地中央裂谷，活动时间为60～36 Ma（Hilde and Lee，1984）。初期，西菲律宾海盆与苏拉威西海盆可能一起扩张（图1.16），扩张近南北向（Sdrolias et al.，2004）。43 Ma出现重要的运动改变，磁条带24（56 Ma）至20（46 Ma），转换断层呈北东–南西走向；磁条带19（43 Ma）至13（33 Ma），转换断层呈南北向，表明运动受太平洋板块运动方向影响而改变（Hilde and Lee，1984）。

古近纪初，西菲律宾海盆东北大东海脊区（包括奄美海台、大东海脊和冲大东海脊）是与东摩罗泰海台和哈马黑拉–哇格乌岛屿相邻。随西菲律宾海盆的扩张，两者分离，大东海脊区被解释为残余弧（Tokuyama et al.，1986）和大陆碎块（Nur and Ben-Avraham，1982），因此其时代应比西菲律宾海盆老。

西菲律宾海盆东北的奄美–大东省，包括奄美高地、大东脊、冲大东脊和大东盆地。对奄美高地进行拖网取样，岩石由各种岩浆岩，包括玄武岩至安山岩，以及沉积岩和变质岩组成（Shiki，1985）。奄美高地英云闪长岩中角闪石⁴⁰Ar/³⁹Ar测年为112～117 Ma，时代为早白垩世（Hickey-Vargas，2005）。根据两个站位玄武岩和英云闪长岩岩石和地球化学特征，认为奄美高地是残余海岛弧（Hickey-Vargas et al.，2008）。

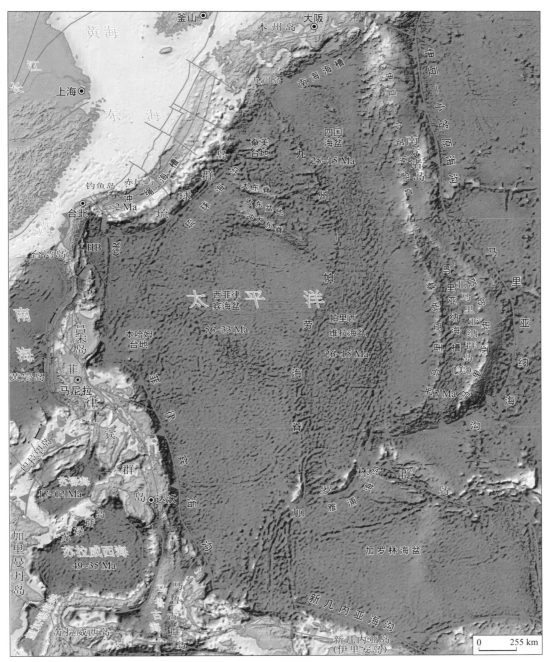

图1.15 菲律宾海及周边地区构造简图

HB.花东海盆；GR.加瓜海脊

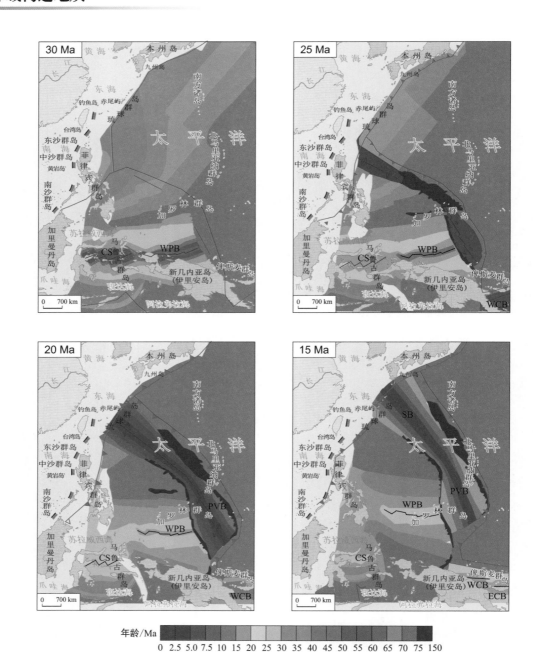

图1.16　菲律宾海板块各海盆演化及其年龄确定示意图（据Sdrolias et al.，2004，修改）

带箭头的红线为俯冲带。SB.四国海盆；PVB.帕里西维拉海盆；WPB.西菲律宾海盆；CS.苏拉威西海；ECB.东加罗林海盆；WCB.西加罗林海盆

二、四国盆和帕里西维拉海盆

四国海盆总体走向北北西，南半部海底地形崎岖，起伏高差可达1 km；北部较平缓，水深从北部的4000 m，向东南加深到6000 m，中央有一列海山链。四国海盆深海钻探计划（Deep-Sea Drilling Program，DSDP）的DSDP443孔在约470 m处钻遇斜长石–橄榄石玄武岩、隐晶质枕状玄武岩，其K-Ar法年龄为17.2 ± 3.2 Ma，这些玄武岩被认为是盆地扩张晚期和扩张后的脊外火山活动形成的。火山岩为中中新统深色泥质岩、火山灰、超微化石白垩和钙质白垩，以及上新统和第四系深色泥质岩、火山灰、超微化石软泥。该海盆已确定有对称磁条带，显示为近南北向，扩张时代为25～12 Ma（Chamot-Rooke et al.，1987）。四国海盆的地壳结构很接近正常大洋地壳，莫霍面（Moho）位于海平面下12 km。

帕里西维拉海盆，总体走向近南北，平均水深为5000 m，海盆中央有一条宽20～30 km的裂谷带，称为帕里西维拉裂谷，由许多不连续的海渊组成，被认为是一条废弃的扩张中心。帕里西维拉海盆西半部地形崎岖，起伏高达1000～2000 m；东半部平坦，但沉积层下的基底也同样是起伏不平的。海盆内可鉴别出一些低幅度磁条带。DSDP449孔位于海盆西缘，在111 m处钻到了晚渐新世的斜长石和橄榄石斑晶枕状玄武岩，上覆的是晚渐新世至现代的深海黏土、放射虫软泥以及超微化石软泥。钻井和磁异常表明，帕里西维拉海盆年龄为17～30 Ma（Mrozowski and Hayes，1979）。海盆的地壳结构是正常洋壳，表明四国海盆和帕里西维拉海盆形成于菲律宾海板块不旋转时期（28～25 Ma）至顺时针旋转时期（Sdrolias et al.，2004）。

Okino等（1994）将四国海盆和帕里西维拉海盆的弧后扩张分为几个阶段：30～27 Ma，裂谷阶段，出现缓慢拉张；随后27～23 Ma，帕里西维拉海盆扩张中心往北，而四国海盆扩张中心往南发展；23～20 Ma扩张中心相连，以相对较高的速率，四国海盆和帕里西维拉海盆一起扩张；20～19 Ma，扩张发生改变，转向现在板块方向的北东向，形成新的扩张系统，以较低的速率持续至15 Ma（Hall，2002）。

三、九州–帕劳海脊

九州–帕劳海脊位于菲律宾海盆中部，近南北向展布，贯穿全区，全长约3000 km、宽约90 km，是西侧的西菲律宾海盆及东侧的四国海盆和帕里西维拉海盆的分界（图1.15）。该海脊在地貌上可分为北段的九州海脊和南段的帕劳海脊，南北两段海脊的连续性好，脊顶水深达3700～4000 m，中段是断续的海山，脊顶水深下达5000 m。海脊东侧较陡，坡脚常为凹地，水深可达4000～5000 m；西侧较缓，水深可达5000 m（李常珍和李乃胜，2000；Kobayashi，2004；张洁等，2012）。北面在南海海槽处向日本列岛俯冲（Ark et al.，2009）。DSDP在该海脊上实施了两个钻探：DSDP448和DSDP296，DSDP448孔位于中段，在海底下超过330 m钻到了玄武质火山岩及粗粒火山碎屑角砾岩，玄武岩的年龄测定为34 Ma；DSDP296孔位于海岭北端，底部为渐新世的火山砾凝灰岩和火山质砂岩。

九州–帕劳海脊的构造演化与菲律宾海板块的演化密切相关。65～45 Ma期间，菲律宾海板块以中央断裂带为扩张中心，西菲律宾海盆发生近南北向海底扩张。在距今43 Ma左右，太平洋板块运动方向发生变化，由北北西向（相对于热点运动方向）变为北西西向，由于板块俯冲方向的改变，使得太平洋板块西缘的走滑带被转变成了俯冲带，并伴随着强烈的弧后岩浆活动，形成了老的伊豆–小笠原岛弧（Takahashi et al.，1998）。Cosca等（1998）根据ODP和DSDP在伊豆–小笠原–马里亚纳岛弧和九州–帕劳海脊处钻探所得岩石沉积物的$^{40}Ar/^{39}Ar$测年，认为老的伊豆–小笠原–马里亚纳岛弧形成于47～45 Ma。

35～31 Ma期间，老的伊豆–小笠原岛弧就已完全形成。29 Ma左右，菲律宾海板块开始向西北运动（3.5 cm/a），并发生顺时针旋转。伊豆–小笠原–马里亚纳岛弧向东后退，四国海盆和帕里西维拉海盆开始近东西向的弧后扩张。老的伊豆–小笠原–马里亚纳岛弧开始发生裂解，成为残留弧（Ark et al.，2009；张洁等，2012）

26 Ma左右，扩张逐步向北推进。四国盆地的扩张略晚于帕里西维拉海盆（30 Ma），也即九州–帕劳海脊从南段先开始与老的伊豆–小笠原岛弧开裂，整体上南部早于北部。四国盆地由北向南逐步扩张，在23 Ma时，扩张中心延至帕里西维拉海盆的北界（24°N），并与帕里西维拉海盆的扩张共同作用。22 Ma九州–帕劳海脊完全与老的伊豆–小笠原–马里亚纳岛弧分离。

19 Ma，四国海盆和帕里西维拉海盆联合扩张作用结束，帕里西维拉海盆的扩张轴顺时针转动，九州–帕劳海脊的裂离方向由原来的东西向转变为南西–北东向。

15 Ma左右，菲律宾海板块基本不再转动，四国海盆和帕里西维拉海盆扩张停止，现今九州–帕劳海脊残留弧基本形成。菲律宾海板块开始西向运动，并俯冲于吕宋–菲律宾岛弧与琉球岛弧之下，形成了琉球海沟和菲律宾海沟。菲律宾海板块与欧亚板块的相对运动方向在10～5 Ma左右改变为北西西向（Hall et al.，1995）；在6 Ma左右，马里亚纳海槽由于太平洋板块北西西向的运动而开始扩张，并逐步形成弧后盆地；在约5 Ma时，沿南海海槽的部分俯冲停止（Ark et al.，2009）。

四、马里亚纳–小笠原海沟、岛弧及弧后盆地

马里亚纳–小笠原岛弧的拉张，北部以弧内裂谷为特征，南部张开成年轻的马里亚纳海槽。这里自8 Ma以来，形成活动扩张脊。古地磁资料表明（Taylor，1984），小笠原群岛形成于早新生代赤道附近，向北漂移过程顺时针旋转约30°。这也得到日本中部伊豆半岛资料的证实，在伊豆半岛，小笠原岛弧西北端与日本岛弧碰撞。位于西菲律宾海盆和大东脊的DSDP钻孔（DSDP292和DSDP445；Karig，1975；Klein et al.，1980）的古地磁测量显示新生代向北漂移，少量旋转，再次证实该结果。根据Seno和Maruyama（1984）研究，结合其他资料约束，菲律宾海板块平均向北漂移速率为8 cm/a。

马里亚纳岛弧南部（雅浦和帕劳海沟）形成菲律宾海板块与加罗林板块的边界。往东与太平洋板块–加罗林板块边界为穆绍海沟，加罗林板块俯冲于太平洋板块之下。Weissel等（1978）认为太平洋板块–加罗林板块沿附近的旋转极逆时针旋转。加罗林板块的磁异常条带确定其年龄为29～34 Ma。磁条带的不对称表明，部分洋壳消失，往南俯冲于新几内亚岛弧，往北俯冲于加罗林脊之下。McCabe等（1982）提出古近纪、新近纪北加罗林脊与马里亚纳岛弧南部渐进碰撞，导致现在的岛弧南部弯曲的模式。

西马里亚纳脊的DSDP451孔揭示，海底下约930 m的井底是晚中新世的斑状玄武岩，其上是近900 m的晚中新世的海底火山灰、凝灰岩、气孔火山碎屑角砾岩。岩石化学研究表明，它们与钙碱性玄武岩和安山岩有亲缘关系。Scott和Kroenke（1981）推定，西马里亚纳脊的大量岛弧火山活动约开始于距今20 Ma，延续到距今9 Ma。

马里亚纳岛弧的裂开作用发生于距今9～5 Ma。马里亚纳海槽是一个正在扩张的边缘盆地，盆地两侧以边界断裂为界，形状似月牙，其宽度在中部为250 km，平均水深约4 km，盆地西部海底起伏不平，沉积厚度很薄，东部因堆积了来自西马里亚纳脊的火山碎屑沉积，地形较平坦，但沉积物下基底起伏类似西部。

马里亚纳海槽的DSDP453孔在约460 m处钻遇粗粒辉长岩–变质玄武岩质的杂屑角砾岩，它们大部分已变质为绿片岩相，岩浆岩化学成分与西马里亚纳脊上的DSDP451孔及马里亚纳海沟内壁上的DSDP460、DSDP461孔类似。DSDP453孔的岩浆岩基底可能是海槽裂开早期侵位的，其上是上新世至现代的火山碎屑浊积层。

西马里亚纳脊有一排岛屿，由始新世和中新世的火山岩及新近纪末期的灰岩组成，西侧以断崖和活火山链与海槽相隔。古地磁工作证实此海脊南部发生过50°～60°顺时针转动，该海脊从古近纪初期以来为浅地形。DSDP在脊上打了两个孔，仅钻及更新世的粗粒火山砂。在弧前区，DSDP458孔位钻到了厚125 m的小笠原岩（高镁安山岩或玻安岩），其下是基性岩浆岩（属岛弧拉斑玄武岩系列），基底之上是早渐新世（以火山灰为主）至中中新世的超微化石白垩。

第五节　西太平洋边缘新生代构造演化

　　东南亚的大部分岛弧形成始于古近纪，少量岛弧始于晚中生代。日本岛、华南大陆、巽他群岛和新几内亚岛弧西部形成于伊泽奈奇（Izanagi）板块、库拉-太平洋板块、新特提斯洋和印度板块，这些板块当时占据了太平洋和印度洋的位置。

　　Hall（2002）认为，区域构造演化的三个重要时期：约45 Ma、25 Ma和5 Ma。这些时间，板块边界与板块运动出现明显变化，可能与主碰撞事件有关。45 Ma的重组可能与印度板块和欧亚板块碰撞，还有重要的太平洋板内事件，以及始新世大量的玻古安山岩的岩浆活动有关。最重要的新生代板块边界重组出现在约25 Ma。新几内亚岛弧被动边缘与东菲律宾-哈马黑拉-南加罗林岛弧系碰撞。澳大利亚大陆边缘，在鸟头岛地区开始与苏拉威西岛边缘碰撞。翁通-爪哇海台与美拉尼西亚弧碰撞。这些碰撞导致主要板块边界在25～20 Ma出现改变。25 Ma开始，东亚的构造事件受到太平洋板块运动的驱使。澳大利亚板块往北运动导致一些块体的旋转并增生至东南亚。5 Ma的板块运动和边界改变，原因不明，可能是太平洋板块运动改变，台湾岛的弧-陆碰撞，或太平洋边缘其他边界的改变，如菲律宾海。

一、晚白垩世东菲律宾-大东岛弧的形成

　　晚白垩世至古近纪初，东南亚东缘有两条线性边界，一条为日本-加里曼丹岛（日本-华南-加里曼丹岛弧），另一条为沿苏门答腊-爪哇（巽他岛弧和东菲律宾-大东岛弧；Honza and Fujioka，2004）。该格局得到欧亚板块东缘，从日本岛、华南大陆、越南南部至加里曼丹岛南部白垩纪侵入岩呈带状分布的佐证（Honza and Fujioka，2004）。

　　根据古地磁数据，加里曼丹岛南部白垩纪以来逆时针旋转了近90°（Haile et al.，1977；Fuller et al.，1991，1999）。白垩纪，加里曼丹侵入岩最接近太平洋一侧（Honza et al.，2000）。加里曼丹岛南侧，沿大东脊和东菲律宾形成东菲律宾-大东海沟。跨喜马拉雅（冈底斯）岛弧，巽他岛弧的向西延伸，随新特提斯洋和印度板块一起向北运动（McCourt et al.，1996）。直到中白垩世，澳大利亚大陆与南极洲没有相对运动，构成澳大利亚-南极板块。晚白垩世开始，澳大利亚板块开始缓慢裂离，古新世末快速漂移（Royer and Sandwell，1989），据大东脊年龄推测，菲律宾海-印度板块的一部分，在始新世发生碰撞，之后东菲律宾-大东海沟俯冲结束。冲大东脊，印度板块南部与澳大利亚板块北部之间的洋脊，北移与东菲律宾-大东海沟东缘碰撞。随着东菲律宾-大东岛弧俯冲结束，菲律宾-大东地块开始向太平洋运动，在北侧形成新的反向俯冲带——九州-帕劳海沟。九州-帕劳岛弧向北运动的结果，西菲律宾海盆大约于52 Ma在冲大东脊南侧开始张开（Honza and Fujioka，2004）。

　　古新世，伊里安爪哇Auwewa组火山和沉积岩分布表明，古新几内亚岛弧沿太平洋板块与澳大利亚板块边界向西延伸。与该弧对应，晚期也形成弧后盆地，在其东南部，62～56 Ma期间珊瑚海盆地张开（Maruyama et al.，1989）。

二、始新世—中新世菲律宾海板块的旋转

　　始新世西太平洋以西菲律宾海盆的形成为特征，伴随着九州-帕劳岛弧向北东运动（Honza and Fujioka，2004）。九州-帕劳海沟往南可追踪至与西菲律宾海盆形成有关的转换断层，该断层在始新世转为俯冲带（Honza，1991）。哈马黑拉岛留在菲律宾一侧，没有随大东脊北漂。西菲律宾海盆的扩张轴，

中始新世北西向转为东西向（Hilde and Lee，1984）。

早始新世，加里曼丹岛东缘（现在的西北）形成俯冲带，晚始新世俯冲作用停止后隆升（Hutchison，1996；Honza et al.，2000）。在加里曼丹岛，太平洋板块俯冲的停止被解释为俯冲带东侧西菲律宾海盆和苏拉威西海盆形成的结果。加里曼丹岛的逆时针旋转使其西北形成很厚的增生体。加里曼丹岛东部早—晚始新世同裂谷期沉积表明，望加锡海峡开始张开（Moss，1998），此时北苏拉威西岛弧可能位于苏拉威西岛弧北缘。

苏拉威西海盆形成于始新世（Weissel，1982），该海盆形成后没有与加里曼丹岛西北分离。棉兰老（Mindanao）岛西部现在不属于苏拉威西海盆，沿该区的俯冲作用表明，它是因哥打巴托的俯冲而从该海盆分离出来的。在哥打巴托俯冲带形成前，棉兰老岛西部可能靠近苏拉威西海盆。苏拉威西海盆的形成可能与印度–澳大利亚板块向北东漂移导致新俯冲带的发育有关。由于东、北和南侧的俯冲，苏拉威西海盆现在已经变小（Honza and Fujioka，2004）。

西巽他岛弧在整个新生代一直活动，而东巽他群岛始新世尚未形成（Hamilton，1979；McCourt et al.，1996）。早或中渐新世，与北新几内亚陆块碰撞之后，苏拉威西海沟东侧，中新几内亚岛弧称为古北新几内亚岛弧形成，与包括中造山带反向朝南俯冲带有关（Dow and Sukamto，1984；Pigram and Symonds，1991）。西菲律宾海盆在渐新世初停止扩张（Hilde and Lee，1984），南九州–帕劳岛弧形成，随后往南发展（Honza and Fujioka，2004）。加罗林海盆早—中渐新世形成于太平洋一侧（Altis，1999），刚开始时，加罗林盆地可能与东南向的加罗林岛弧有关，但盆地逆时针旋转，并往北东漂移。

中新几内亚海沟与南新几内亚海沟碰撞时，出现了新的反向西美拉尼西亚海沟（Honza，1991），沿其一侧，所罗门海盆开始形成。根据磁异常条带，所罗门海盆给出两个时代（Joshima and Honza，1987），一是39～36 Ma，另一是34～28 Ma。早的年龄对应于新几内亚岛弧与澳大利亚大陆的碰撞（中部造山带），推测在两者合并后不久形成该海盆。后期海盆规模更大（Honza et al.，1987）。这些表明所罗门海盆可能形成于始新世末或渐新世初至晚渐新世。菲律宾群岛阶段性的岛弧火山活动（Sajona et al.，1997），表明在西菲律宾群岛的西南部形成新俯冲带，导致苏拉威西海盆消减，俯冲结果为加里曼丹岛和苏拉威西海盆的逆时针旋转。

四国海盆和帕里西维拉海盆（西马里亚纳脊）晚渐新世开始张开（Okino et al.，1994），同时所罗门海盆和加罗林海盆停止张开。

中中新世晚期，四国海盆和帕里西维拉海盆扩张结束，渐新世末或早中新世日本海盆开始张开。Otofuji和Matsuda（1984）根据古地磁资料，认为15～14 Ma西南日本岛顺时针旋转。但其他学者对日本海盆磁条带的研究，认为形成时间略早（Isezakia，1986）。Kaneoka（2010）解释，日本海盆基底岩石年龄为17～24 Ma。日本海盆的张开与右旋走滑运动有关，说明海盆形成与旋转的时间不同（Jolivet et al.，1994）。日本海盆张开时间为25～14 Ma（Honza and Fujioka，2004）。

南海在早中新世末停止扩张，南海海槽、琉球海沟和吕宋海沟在中中新世形成，从该阶段菲律宾海板块的旋转速率推测，其俯冲速度应较慢。北巴拉望岛弧南部与加里曼丹岛碰撞导致岛弧极性反转，形成巴拉望海沟。苏禄海盆开始扩张与巴拉望海沟形成有关，其南部形成苏禄海沟。另外，晚中新世或上新世，北巴拉望地块开始与西菲律宾岛弧碰撞（Marchadier and Rangin，1990）。

中中新世，西哈马黑拉岛弧和桑义赫海沟分别形成于西菲律宾海盆南部和苏拉威西海盆南部。马鲁古海盆俯冲于桑义赫海沟之下，使其与苏拉威西海盆分开。这些海沟的形成可能与东苏拉威西岛弧和西苏拉威西岛弧碰撞有关。东西走向的桑义赫海沟可能沿北苏拉威西岛弧延伸，成为北苏拉威西岛弧与西苏拉威西岛弧边界的南北向构造，地震层析成像揭示该边界的存在（Hafkenscheid et al.，2001）。哈马黑拉岛弧在白垩纪末、早始新世和渐新世火山作用活跃，中中新世以来再度活跃（Hall et al.，1995）；白垩纪末和始新世，哈马黑拉岛弧火山作用可能由太平洋或印度–澳大利亚板块俯冲引起；中中新世之后，沿西菲律宾海沟和哈马黑拉海沟向东北俯冲（Honza and Fujioka，2004）。

中新世末，澳大利亚大陆边缘与班达弧的碰撞，在东苏拉威西岛弧至新几内亚岛弧西部出现左旋转换断层。所罗门海盆受到沿特罗布里恩岛弧分布的俯冲带消减，该俯冲带及海盆南部中中新世开始火山作用活跃。往西，晚中新世开始，安达曼海盆张开（Honza and Fujioka，2004）。

三、上新世菲律宾海沟的形成

晚中新世至早上新世，南海洋壳往东沿马尼拉海沟俯冲于菲律宾群岛之下，并导致台湾岛与华南大陆的碰撞（Teng，1990；Sibuet and Hsu，2004），马尼拉海沟往南延至卡加延脊（Hinz et al.，1994）。晚上新世，哥打巴托脊开始慢速俯冲。冲绳海槽的初始裂谷形成于上新世（Letouzey and Kimura，1986；Sibuet et al.，1998），2 Ma以来其南部扩张加速。上新世，南海沿巴拉望岛和沙捞越（Sarawak）西北出现轻微俯冲（Tongkul，1991）。

南部，马鲁古海盆向两侧俯冲，东部俯冲于哈马黑拉岛弧，西部俯冲于桑义赫岛弧之下，形成倒"V"形俯冲板片，西侧板片较长。根据该区基底蛇绿岩和火山岩的研究，哈马黑拉岛东西碰撞发生在更新世（Hall et al.，1991），所罗门海盆和马鲁古海盆分别沿其北部和西部边缘碰撞。向西沿哈马黑拉海沟下插的板片，在北部连接棉兰老岛和哈马黑拉岛（Lallemand and Liu，1998）。然而尚需更多资料，方可确定碰撞时间，如阿玉（Ayu）海槽张开时间。依据地震层析证据（Hafkenscheid et al.，2001），采用哈马黑拉岛弧向东俯冲的简单模式（Honza and Fujioka，2004）。

苏拉微板块向西沿苏拉–索龙左旋断层运动（Fortuin et al.，1990），该运动导致斯兰岛弧弯曲（Audley-Charles，1986）。苏拉微板块与苏拉威西岛弧中部碰撞，导致该运动停止。苏拉–苏朗断层运动停止后，北苏拉威西岛弧北部形成北苏拉威西海沟。特罗布里恩岛弧与新几内亚岛弧碰撞，形成除东缘外的北部山脉。马努斯盆地和伍德拉克盆地形成于上新世，与新几内亚俾斯麦岛弧的形成有关。马里亚纳海沟和小笠原拗陷形成于该阶段的晚期（Taylor et al.，1990），约3.5 Ma之后（Yamazaki et al.，1993）。

根据以上结果，Honza和Fujioka（2004）重建了晚白垩世以来东南亚岛弧及弧后盆地的形成历史（图1.17），线段代表活动时间，如日本岛弧从晚白垩世开始活动，中新世后分段，成为东北（Tohoku）岛弧、日本西南岛弧和琉球岛弧。日本海盆形成于晚渐新世至中中新世。东菲律宾–大东岛弧古新世从迅达岛弧漂移，晚古新世停止活动，反转形成九州–帕劳岛弧。九州–帕劳岛弧与西菲律宾海盆形成有关；中渐新世之后，四国海盆和帕里西维拉海盆形成，该岛弧发展为伊豆–小笠原岛弧和马里亚纳岛弧。

以上构造重建揭示东南亚弧后形成的一些基本因素。东南亚边缘海盆的张开初始为碰撞所触发，如西菲律宾海盆与大东岛弧碰撞，致使始新世初西菲律宾海盆张开；中新几内亚岛弧与南新几内亚岛弧碰撞导致渐新世初所罗门海盆张开；东苏拉威西岛弧与西苏拉威西岛弧碰撞形成马鲁古海盆；桑义赫岛弧与东苏拉威西岛弧碰撞在早中新世形成班达海盆；特罗布里恩岛弧与北新几内亚岛弧碰撞使得马努斯海盆张开，北巴拉望岛弧与北加里曼丹岛碰撞，使得晚中新世至早上新世苏禄海盆张开。

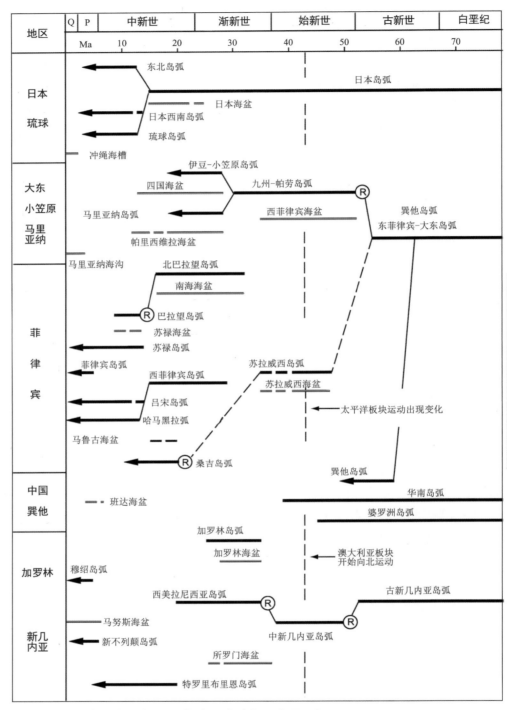

图1.17　东南亚岛弧与弧后盆地形成时代示意图（据Honza and Fujioka，2004）

粗线表示岛弧活动时间，斜线连接表示分支活动，带箭头表示持续活动，细线表示弧后盆底扩张时间。Ⓡ表示碰撞导致岛弧极性反转

第 / 二 / 章

南海及邻域地球物理场特征

海洋地球物理探测是认识海洋和开发海洋的一种重要手段。重、磁、热流测量作为海洋常规的地球物理勘探手段，已被广泛应用于海洋资源能源、环境与地质灾害、国防军事和地球系统科学研究等领域。20世纪80年代以来，广州海洋地质调查局在南海及邻域采集处理了大量船测重、磁、热流站位数据，为深入地认识南海海洋区域地质构造及海洋油气资源远景提供了区域方面的基础资料。

第一节　南海及邻域重力异常特征

一、重力数据来源

南海及邻域所用重力异常数据来源包括：

（1）1987～2014年，广州海洋地质调查局采集的船测剖面重力异常数据约27.3万km，经整体交点差调平后，交点均方根差为1.27 mGal[①]。

（2）美国国家数据中心发布的全球卫星重力异常数据（Sandwell and Smith，2009），网格分辨率为$1' \times 1'$。

船测重力异常数据主要布设在南海海盆和台湾岛以东、以南的海域，陆地、南海南面巽他陆架、加里曼丹岛、苏禄海、苏拉威西海和菲律宾海南部等区域以卫星重力异常数据为补充。两者经融合后的数据形成南海及邻域空间重力异常平面等值线图。空间重力异常经水层简单布格改正和地形改正后得到布格重力异常。

二、重力异常基本特征

南海及邻域空间重力异常（图2.1）和布格重力异常（图2.2）有以下明显特征：

（1）空间重力异常值在-240×10^{-5}～320×10^{-5} m/s²的范围内变化，研究区异常最大值区位于苏拉威西海东北面吕宋岛弧区和台湾岛中央山脉，最大值为320×10^{-5} m/s²，异常最小值区位于台湾岛东北面琉球海沟和吕宋岛弧两侧海沟区域，最小值为-240×10^{-5} m/s²。研究区整体上空间重力异常形态与地形正相关，地形高对应空间重力异常高，地形低对应空间重力异常低。布格重力异常形态则与地形呈镜像关系，异常值在-120×10^{-5}～620×10^{-5} m/s²的范围内变化，研究区异常最大值区位于苏拉威西海盆中央区域，最大值为620×10^{-5} m/s²，异常最小值区位于华南大陆桂西北区域，最小值为-120×10^{-5} m/s²。

（2）空间重力异常类型多样。有高幅值低频率正异常，主要分布在南海北部陆坡、东部次海盆、中沙海台、礼乐滩等区域；线性正异常带主要有南海西缘南北向正异常带、琼东南盆地西北缘和南沙海槽东南缘到巴拉望岛一带的北东向正异常带和苏禄海中部北东向正异常带；局部正异常极值区零星分布，主要与海山及岛礁对应；负异常的极值区主要分布于海沟和海槽区，如马尼拉海沟、西沙海槽及琼东南盆地、中建南盆地、南沙海槽和苏禄海东南缘区域；宽缓变化负异常区，连片分布于北部湾盆地、莺歌海盆地和珠江口盆地西北部等区域；宽缓变化正异常区，连片分布于巽他陆架和东部次海盆。

---

① 1 mGal=1×10⁻⁵ m/s²。

（3）重力异常区，北部以琼东南盆地至台湾海峡盆地一线北东向正异常带为界，南部以南沙海槽东南缘到巴拉望岛北东向正异常带为限，南海西缘南北向正异常带为西部边界，马尼拉海沟南北向负异常带为东部边界。从几何形态上看呈菱形，以东部次海盆残留洋中脊为轴，分为南北两部分，整体上南部异常值高于北部。

（4）重力异常的走向较为多样，主要有北东向、近南北向、北西向和近东西向。北东走向异常广泛分布于南海北部陆架、南海北部陆坡、东部次海盆、南沙群礁、南沙海槽和苏禄海等区域；近南北走向异常主要有南海西缘正异常带和南海东缘马尼拉海沟负异常带；北西走向异常主要分布于南海西北部的莺歌海盆地区域和南海西南部的巽他陆架区域；近东西走向异常最少，仅零星分布于南沙群礁、盆西海岭和东部次海盆等局部区域。

图2.1　南海及邻域空间重力异常平面等值线及分区图

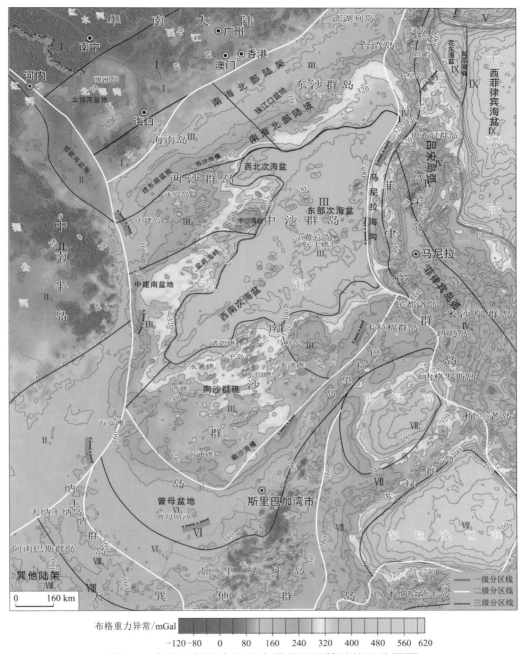

布格重力异常/mGal

−120 −80　0　　80　160　240　320　400　480　560　620

图2.2　南海及邻域布格重力异常平面等值线及分区图

三、重力异常分区

根据研究区重力异常的整体分布特征，结合相关的地形、地貌、地质构造等资料，将重力异常划分为九个异常区，分别为华南异常区（Ⅰ）、印支异常区（Ⅱ）、南海异常区（Ⅲ）、吕宋-菲律宾沟弧异常区（Ⅳ）、琉球异常区（Ⅴ）、曾母-加里曼丹-巴拉望异常区（Ⅵ）、苏禄-苏拉威西异常区（Ⅶ）、巽他陆架异常区（Ⅷ）和西菲律宾海盆异常区（Ⅸ）。

（一）华南异常区（Ⅰ）

华南异常区（Ⅰ）划分为三个异常亚区：桂西异常亚区（I_1）、华南沿海-近海异常亚区（I_2）和海南岛异常亚区（I_3）。

桂西异常亚区（I_1）的空间重力异常幅值变化幅度中等，异常值为$-50 \times 10^{-5} \sim 50 \times 10^{-5}$ m/s²，研究区空间重力异常高值大多与山脉对应，山谷则呈现负异常；布格重力异常以负值为主，向东南逐渐增大至出现正值异常，异常值为$-120 \times 10^{-5} \sim 80 \times 10^{-5}$ m/s²，异常走向与地形走向基本一致，以北西走向为主，局部发育北东走向异常。

华南沿海-近海异常亚区（I_2）的空间重力异常西低东高，异常值为$-50 \times 10^{-5} \sim 60 \times 10^{-5}$ m/s²，从北向南异常面貌逐渐平缓；研究区布格重力异常以正值为主，异常值为$-30 \times 10^{-5} \sim 120 \times 10^{-5}$ m/s²。异常走向以北东向为主，局部异常圈闭较为发育。

海南岛异常亚区（I_3）的空间重力异常中部高、周缘低，中部变化幅度大，周缘变化平缓，异常值为$-40 \times 10^{-5} \sim 70 \times 10^{-5}$ m/s²，研究区空间重力异常高值大多与山地对应，负异常主要分布在西部近海；研究区布格重力异常全部为正值，异常值为$10 \times 10^{-5} \sim 120 \times 10^{-5}$ m/s²。异常走向在西部为北北西向，海南岛则发育有北东向和北西向异常圈闭。

（二）印支异常区（II）

印支异常区（II）划分为三个异常亚区：莺歌海异常亚区（II_1）、越东异常亚区（II_2）和越南南部海域异常亚区（II_3）。

莺歌海异常亚区（II_1）的空间重力异常以负异常为主，异常值为$-50 \times 10^{-5} \sim 30 \times 10^{-5}$ m/s²，异常由西北向东南逐渐升高，整体变化平缓；研究区布格重力异常以正值为主，异常值为$-10 \times 10^{-5} \sim 100 \times 10^{-5}$ m/s²。重力异常走向以北西向为主，局部发育近南北走向圈闭。

越东异常亚区（II_2）的空间重力异常变化幅度较大，异常值为$-170 \times 10^{-5} \sim 140 \times 10^{-5}$ m/s²，研究区空间重力异常值呈现中部高、东西两侧低的分布特征；研究区布格重力异常的分布格局与空间重力异常分布格局相反，异常值呈东西两侧高、中部低的分布特征，异常值为$-180 \times 10^{-5} \sim 120 \times 10^{-5}$ m/s²。重力异常走向以北西向为主，局部发育北东走向圈闭。

越南南部海域异常亚区（II_3）的空间重力异常变化平缓，以低幅值正异常为主，异常值为$-20 \times 10^{-5} \sim 40 \times 10^{-5}$ m/s²；研究区布格重力异常全部为正值，异常值为$100 \times 10^{-5} \sim 150 \times 10^{-5}$ m/s²。重力异常走向在北部边缘以北东向为主，在东部边缘以近南北向为主，其余区域异常走向不明显，多发育团块状异常圈闭。

（三）南海异常区（III）

南海异常区（III）划分为七个异常亚区：北部陆坡异常东部亚区（III_1），北部陆坡异常西部亚区（III_2），南海海盆异常亚区（III_3），中、西沙异常亚区（III_4），中建南异常亚区（III_5），南沙异常亚区（III_6）和礼乐异常亚区（III_7）。

北部陆坡异常东部亚区（III_1）的空间重力异常值为$-40 \times 10^{-5} \sim 50 \times 10^{-5}$ m/s²，研究区异常整体变化较平缓，以低幅值正异常为主，负异常仅分布在盆地、凹陷和邻近马尼拉海沟区域。研究区正异常的最大值区位于台湾浅滩南部海域，最大值为50×10^{-5} m/s²，负异常的最小值区位于台西南盆地东南部边缘与马尼拉海沟邻近海域，最小值为-40×10^{-5} m/s²。研究区布格异常值全部为正，异常值为$100 \times 10^{-5} \sim 290 \times 10^{-5}$ m/s²，异常值由西北向东南逐步增大。重力异常走向在西部和北部为北东向，在东部台西南盆地，区域异常走向为近南北走向。

北部陆坡异常西部亚区（III_2）的空间重力异常值为$-50 \times 10^{-5} \sim 20 \times 10^{-5}$ m/s²，研究区异常整体变化较平缓，异常幅值南负北正，研究区异常最小值区位于琼东南盆地，最小值为-50×10^{-5} m/s²，异常最大值区位于琼东南盆地北面隆起区域，最大值为20×10^{-5} m/s²。研究区布格异常值全部为正，异常值为$90 \times 10^{-5} \sim 380 \times 10^{-5}$ m/s²，异常值由西北向东南逐步增大。重力异常走向主要为北东向，在台湾岛西部及近海重力异常走向为近南北走向。

南海海盆异常亚区（III₃）的空间重力异常值为$-80 \times 10^{-5} \sim 140 \times 10^{-5}$ m/s²，研究区异常整体变化较平缓，异常值多在$-30 \times 10^{-5} \sim 40 \times 10^{-5}$ m/s²变化，以低幅值正异常为主，负异常仅分布在海盆边缘、西南次海盆残留扩张中心和海沟等区域，海山对应的异常值较高，研究区异常最大值区位于东部次海盆的黄岩岛，最大值为140×10^{-5} m/s²，异常最小值区位于东部次海盆东南部的马尼拉海沟边缘，最小值为-80×10^{-5} m/s²。研究区布格异常值全部为正，异常值为$260 \times 10^{-5} \sim 500 \times 10^{-5}$ m/s²，研究区异常整体变化较平缓，异常值多在$350 \times 10^{-5} \sim 450 \times 10^{-5}$ m/s²变化。西北次海盆和东部次海盆的异常走向主要为北东东向，西南次海盆异常走向主要为北东向，东部次海盆局部异常圈闭较为发育。

中、西沙异常亚区（III₄）的空间重力异常值为$-40 \times 10^{-5} \sim 90 \times 10^{-5}$ m/s²，研究区局部异常较为发育，异常幅值正负相伴生，研究区异常最小值区位于中沙海台西北面，最小值为-40×10^{-5} m/s²，异常最大值区位于中沙海台，最大值为90×10^{-5} m/s²。研究区布格异常值全部为正，异常值为$120 \times 10^{-5} \sim 400 \times 10^{-5}$ m/s²，异常值由西向东呈阶梯式增大趋势。重力异常走向以北东向为背景，西部广乐隆起区域呈南北走向，西沙群岛和中沙海台周边区域多发育北东东向局部异常圈闭。

中建南异常亚区（III₅）的空间重力异常值为$-50 \times 10^{-5} \sim 60 \times 10^{-5}$ m/s²，研究区局部异常较为发育，异常幅值正负相伴生，研究区异常最小值区位于盆西海岭北部，最小值为-50×10^{-5} m/s²，异常最大值区位于西南次海盆西南面裂谷区域，最大值为60×10^{-5} m/s²。研究区布格异常值全部为正，异常值为$160 \times 10^{-5} \sim 410 \times 10^{-5}$ m/s²，异常值由西向东呈增大趋势。重力异常走向较为复杂，西部邻近南海西缘断裂带附近区域呈南北走向，中建南盆地区域重力异常走向有北东向和近东西向，盆西海岭的局部异常圈闭较发育，异常走向有北东向和北西向。

南沙异常亚区（III₆）的空间重力异常值为$-60 \times 10^{-5} \sim 100 \times 10^{-5}$ m/s²，整体上以正异常为主，局部异常较为发育，研究区异常最大值区位于郑和群礁区域，最大值为100×10^{-5} m/s²，异常最小值区位于南沙海槽，最小值为-60×10^{-5} m/s²。研究区布格异常值全部为正，异常值为$170 \times 10^{-5} \sim 430 \times 10^{-5}$ m/s²，异常值变化较为频繁，异常走向较复杂，西北部和东南部异常以北东走向为主，西南部异常走向有北西向，中部岛礁区异常走向有北东向、近东西向和近南北向。

礼乐异常亚区（III₇）的空间重力异常值为$-20 \times 10^{-5} \sim 90 \times 10^{-5}$ m/s²，整体上以正异常为主，研究区异常最大值区位于礼乐滩区域，最大值为90×10^{-5} m/s²，异常最小值区位于礼乐滩北缘，最小值为-20×10^{-5} m/s²。研究区布格异常值全部为正，异常值为$180 \times 10^{-5} \sim 380 \times 10^{-5}$ m/s²，异常值由礼乐滩向深海盆增大，异常走向以北东走向为主。

（四）吕宋-菲律宾沟弧异常区（IV）

吕宋-菲律宾沟弧异常区（IV）划分为三个异常亚区：马尼拉海沟异常亚区（IV₁）、吕宋岛弧异常亚区（IV₂）和菲律宾异常亚区（IV₃）。

马尼拉海沟异常亚区（IV₁）的空间重力异常以负异常为主，异常变化幅度大，异常值为$-200 \times 10^{-5} \sim 300 \times 10^{-5}$ m/s²，仅在台湾岛和菲律宾岛弧邻近区域呈正值；研究区布格重力异常以正值为主，异常值为$-10 \times 10^{-5} \sim 390 \times 10^{-5}$ m/s²。重力异常走向以近南北为主，局部发育近东西走向和北西走向异常。

吕宋岛弧异常亚区（IV$_2$）的空间重力异常变化幅度巨大，正负异常相伴生，异常值为$-220\times10^{-5}\sim260\times10^{-5}$ m/s^2；研究区布格重力异常全部为正值，异常值为$20\times10^{-5}\sim430\times10^{-5}$ m/s^2。重力异常走向在北部（大致以马尼拉海沟所在纬度为界）以近南北向为主，南部以北西向为主，与岛弧及海沟走向一致，局部发育北东走向异常圈闭。

菲律宾异常亚区（IV$_3$）的空间重力异常变化幅度巨大，异常值为$-200\times10^{-5}\sim310\times10^{-5}$ m/s^2，正负异常相伴生，异常面貌复杂；研究区布格重力异常全部为正值，异常值为$40\times10^{-5}\sim500\times10^{-5}$ m/s^2。重力异常走向主要有近南北向和近东西向（苏拉威西海以南岛弧），局部发育北东走向异常圈闭。

（五）琉球异常区（V）

琉球异常区（V）在研究区仅占很小一部分，研究区的空间重力异常较为简单，异常值由北往南呈阶梯状下降，在$-170\times10^{-5}\sim130\times10^{-5}$ m/s^2，研究区空间重力异常正值与琉球海沟东部海山对应，其余海域则呈现负异常，异常走向与地形走向基本一致；布格重力异常全部为正值，异常值为$80\times10^{-5}\sim160\times10^{-5}$ m/s^2。重力异常等值线主要表现为近东西走向。

（六）曾母-加里曼丹-巴拉望异常区（VI）

曾母-加里曼丹-巴拉望异常区（VI）划分为两个异常亚区：曾母异常亚区（VI$_1$）和加里曼丹-巴拉望异常亚区（VI$_2$）。

曾母异常亚区（VI$_1$）的空间重力异常呈月牙形展布，异常变化较缓，以正异常为主，异常值为$-10\times10^{-5}\sim120\times10^{-5}$ m/s^2；布格重力异常全部为正值，异常变化范围为$0\sim170\times10^{-5}$ m/s^2。重力异常走向在西部为北西向，在东部为北东向。

加里曼丹-巴拉望异常亚区（VI$_2$）的空间重力异常呈弧形带状展布，异常值为$-20\times10^{-5}\sim160\times10^{-5}$ m/s^2，西段和东段异常变化较缓，中段加里曼丹岛至巴拉望一带异常变化幅度大；布格重力异常以正值为主，异常值为$-20\times10^{-5}\sim300\times10^{-5}$ m/s^2。重力异常在西段无明显走向，在加里曼丹岛异常走向较杂乱，在加里曼丹岛以北异常，走向以北东向为主。

（七）苏禄-苏拉威西异常区（VII）

苏禄-苏拉威西异常区（VII）三个异常亚区：苏禄海盆异常亚区（VII$_1$）、苏拉威西海盆异常亚区（VII$_2$）和海盆边缘异常亚区（VII$_3$）。

苏禄海盆异常亚区（VII$_1$）的空间重力异常变化幅度较大，正、负异常相间，异常值为$-70\times10^{-5}\sim150\times10^{-5}$ m/s^2；布格重力异常全部为正值，异常值为$150\times10^{-5}\sim450\times10^{-5}$ m/s^2。重力异常走向以北东向为主，与整个苏禄海盆的展布方向一致。海盆内部局部发育北西走向异常圈闭。

苏拉威西海盆异常亚区（VII$_2$）的空间重力异常变化幅度相对较缓，异常值为$-90\times10^{-5}\sim100\times10^{-5}$ m/s^2，整体以正异常为主，仅在海盆边缘出现负异常带；布格重力异常全部为正值且异常幅值高，异常值为$270\times10^{-5}\sim610\times10^{-5}$ m/s^2。重力异常在海盆北部边缘呈北东走向，在海盆南部边缘呈近东西走向，在海盆西部边缘呈近南北走向，在海盆东部边缘呈北西走向和近南北走向。

海盆边缘异常亚区（VII$_3$）的空间重力异常变化幅度大，整体以正异常为主，异常值为$-50\times10^{-5}\sim190\times10^{-5}$ m/s^2；布格重力异常全部为正值，异常值为$110\times10^{-5}\sim400\times10^{-5}$ m/s^2。重力异常走向较复杂，主要有近南北走向和北东走向。

（八）巽他陆架异常区（Ⅷ）

巽他陆架异常区（Ⅷ）划分为两个异常亚区：巽他异常亚区（Ⅷ$_1$）和古晋异常亚区（Ⅷ$_2$）。

巽他异常亚区（Ⅷ$_1$）的空间重力异常变化平缓，全部为低幅值正异常，异常值为$10 \times 10^{-5} \sim 50 \times 10^{-5} \mathrm{m/s^2}$；布格重力异常亦全部为正值，异常值为$130 \times 10^{-5} \sim 170 \times 10^{-5}$ m/s^2。重力异常整体以北西走向为主。

古晋异常亚区（Ⅷ$_2$）的空间重力异常变化平缓，整体以正异常为主，异常值为$-10 \times 10^{-5} \sim 100 \times 10^{-5}$ m/s^2；布格重力异常全部为正值，异常值为$60 \times 10^{-5} \sim 170 \times 10^{-5}$ m/s^2。重力异常整体以北西走向为主，东部发育近东西走向异常圈闭。

（九）西菲律宾海盆异常区（Ⅸ）

西菲律宾海盆异常区（Ⅸ）划分为两个异常亚区：花东海盆异常亚区（Ⅸ$_1$）和西菲律宾海盆异常亚区（Ⅸ$_2$）。

花东海盆异常亚区（Ⅸ$_1$）的空间重力异常幅值变化大，异常值为$-170 \times 10^{-5} \sim 120 \times 10^{-5}$ m/s^2，海盆中央为正异常区，海盆周缘为负异常带。研究区加瓜海脊正值异常等值线呈南北走向，正值异常带东侧存在一条近南北走向的负值异常带。布格重力异常全部为正值，异常值为$0 \sim 540 \times 10^{-5}$ m/s^2，异常等值线走向在北部边缘为近东西向，在西部边缘为北西向，在东部边缘为近南北走向。

西菲律宾海盆异常亚区（Ⅸ$_2$）的空间重力异常幅值变化较大，异常值为$-170 \times 10^{-5} \sim 60 \times 10^{-5}$ m/s^2；布格重力异常全部为正值，异常值为$50 \times 10^{-5} \sim 600 \times 10^{-5}$ m/s^2。重力异常等值线大体与水深等值线平行展布，异常走向在北部边缘为近东西向，在西部边缘为近南北向，海盆内部多发育团块状异常，局部发育北东走向线性异常。

第二节　南海及邻域磁异常特征

一、磁异常数据来源

南海及邻域所用磁异常数据来源包括：

（1）1987～2014年广州海洋地质调查局采集的船测磁异常数据约27.3万km，经整体交点差调平后，交点均方根差为3.58 nT；

（2）航磁资料，网格分辨率为$1' \times 1'$；

（3）美国国家数据中心发布的全球磁异常数据集EMAG2（Maus et al.，2009），网格分辨率为$2' \times 2'$。

船测磁异常数据主要分布在南海海盆和台湾岛以东、以南海域；南海北部陆地、海南岛、西沙群岛、中沙海台和中南半岛部分区域，船磁数据缺失，用航磁资料补充；南海南面巽他陆架、加里曼丹岛、苏禄海、苏拉威西海和菲律宾海南部等区域以全球磁异常数据作为补充。三者经融合后的数据形成南海及邻域磁异常平面等值线图。另外，在越南西部、加里曼丹岛和吕宋岛弧部分区域数据缺失，磁异常数据缺失区域以零值填充。

二、磁异常基本特征

综观南海及邻域整个磁场图景（图2.3），具有下列基本特征：

（1）磁异常幅值变化范围大，变化范围在−620～390 nT。整体上，东部次海盆、南海北部陆坡、南海北部陆架、苏禄海和苏拉威西海区域的磁异常幅值及变化较为显著，表现出明显的线性展布特征；其余区域仅显示局部零星的高幅值异常。具体来说，在东沙以东的南海东北部海域和礼乐滩附近区域，发育低幅值正负宽缓变化异常，这类异常幅值小（一般小于100 nT），且变化平缓，次级异常少发育。而在东沙–中沙西南、西沙东北、纳土纳（Natuna）群岛等区域，均存在大型体高值正异常，幅值高、宽度大、延伸长，呈近东西或北东向展布，在研究区中特别醒目。海南岛东北、东南，北部湾，越东，以及南沙海槽等区域，明显具有以负异常为主、局部异常少的磁场面貌。此外，还有与火山口、火山锥，或与玄武岩磁性不均匀有关，在平面等值线图上展现为等值线密集，或形态浑圆，或正负急剧变化的小形体异常等。

（2）磁异常显示的磁场强度具有从北部陆坡向南部深海盆、西部向东部增强的总趋势。由北部陆坡–海盆的宽缓平静变化的磁异常，向南，经低幅值、小形体正负变化的过渡带，进入南海海盆的正负剧烈变化异常区。深海盆区异常呈高幅值、高强度、陡梯度变化，局部异常极为发育，磁场面貌显得越来越复杂。由北部陆坡–海盆向东，进入西菲律宾海盆区，为剧烈变化异常带，局部异常相当发育。

（3）磁异常走向主要有北东向、北东东向、东西–近东西向、北西向、北西西向以及南北向等。这些异常方向显然是研究区地质构造发展的真实记录，客观地反映了研究区基底构造走向、断裂带的展布方向及岩体的长轴方向。基本上揭示了它们与地质构造之间的密切内在联系。

（4）正负频繁交替变化的磁异常。在磁异常平面等值线图上，异常长轴近线性展示的条带状磁异常，主要分布在东部次海盆、苏禄海盆和苏拉威西海盆，以东部次海盆特征最为显著。东部次海盆的条带状磁异常长轴以北东东向或近东西向为主，这些异常在平面等值线图上呈正负相间条带排列，异常值为200～400 nT，宽度为20～30 km，延伸可达数百千米；梯度很陡，最大达40 nT/km。西南次海盆发育一组北东走向的条带状磁异常，其延伸长度较大，可达400～500 km但分布范围较小，异常变化幅值也较东部次海盆小；苏禄海盆和苏拉威西海盆的条带状磁异常宽度较大、波长较长，异常长轴以北东向为主。

三、磁异常分区

根据研究区磁异常的整体分布特征，结合相关的地形、地貌、地质构造等资料，将磁力异常划分为九个异常区，分别为华南异常区（I）、印支异常区（II）、南海异常区（III）、吕宋–菲律宾沟弧异常区（IV）、琉球异常区（V）、曾母–加里曼丹–巴拉望异常区（VI）、苏禄–苏拉威西异常区（VII）、巽他陆架异常区（VIII）和西菲律宾海盆异常区（IX）（图2.3）。

（一）华南异常区（I）

华南异常区（I）划分为三个异常亚区：桂西异常亚区（I_1）、华南沿海–近海异常亚区（I_2）和海南岛异常亚区（I_3）。

桂西异常亚区（I_1）的磁异常幅值变化平缓，频率低，整体以正异常为主，异常值基本在−30～50 nT。磁异常走向以北西向为主，局部发育北东走向异常圈闭。

华南沿海–近海异常亚区（I_2）的磁异常幅值变化相对较大，频率低，整体以正异常为主，仅在沿海区域局部发育负异常圈闭，异常值基本在−130～50 nT。磁异常走向以北东向为主，局部发育近东西走向和北西走向异常。

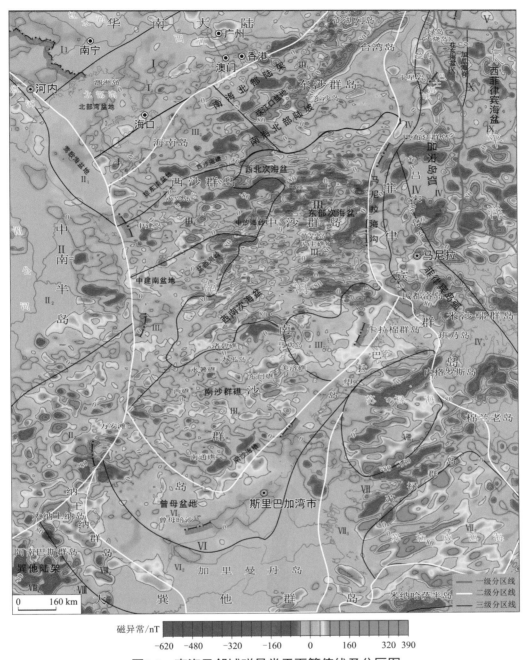

图2.3　南海及邻域磁异常平面等值线及分区图

海南岛异常亚区（I$_3$）的磁异常幅值变化较缓，频率低，正负异常相间，异常值多在-30~50 nT，仅在研究区西南发育幅值达150 nT左右的正异常圈闭。磁异常在海南岛内走向不明显，在海南岛西南面发育北西向异常。

（二）印支异常区（II）

印支异常区（II）划分为三个异常亚区：莺歌海异常亚区（II$_1$）、越东异常亚区（II$_2$）和越南部海域异常亚区（II$_3$）。

莺歌海异常亚区（II$_1$）的磁异常幅值变化极为平缓，频率低，整个区域内仅分布几条稀疏的等值线，异常值基本在-10～50 nT，是整个南海磁异常最平静的区域，磁异常走向不明显。

越东异常亚区（II₂）西部磁异常数据缺失，其东部的磁异常幅值变化相对较大，频率中等，正负异常相间，异常值基本在-110～70 nT，磁异常最大值和最小值均位于该区中部地区，磁异常以近东西走向为主。

越南部海域异常亚区（II₃）的磁异常幅值变化幅度比越东异常亚区（II₂）大，频率中等偏高，正负异常相间，异常值多在-230～170 nT。磁异常走向较为多样，主要有北西走向、北东走向和近东西走向。

（三）南海异常区（III）

南海异常区（III）划分为七个异常亚区：北部陆坡异常东部亚区（III₁），北部陆坡异常西部亚区（III₂），南海海盆异常亚区（III₃），中、西沙异常亚区（III₄），中建南异常亚区（III₅），南沙异常亚区（III₆）和礼乐异常亚区（III₇）。

北部陆坡异常东部亚区（III₁）的磁异常以一统暗沙-东沙-台湾西部北港的高值正异常带最为醒目，该带宽约80～100 km，异常值为50～250 nT。以该异常带为界，其西北和东南侧的磁异常面貌特征截然不同，北部的磁异常幅值高，异常变化幅度大频度高，异常值范围为-190～250 nT，磁异常等值线长轴走向以北东向为主，局部显示近东西走向和北西走向异常圈闭；南部的磁异常幅值低，异常变化宽缓频度低，异常值为-30～70 nT，是南海东北部陆缘的"磁平静区"，局部有中低幅值正负伴生异常分布，在等值线图上表现为正负相伴的椭圆形圈闭，异常等值线总体走向为北东向和北东东向，局部有北西向，如尖峰海山北面的正负相伴的椭圆形圈闭。

北部陆坡异常西部亚区（III₂）包含了琼东南盆地、西沙海槽和神狐隆起区域，磁异常幅值和变化频度中等，正负异常相间，异常值为-170～150 nT，磁异常走向以近东西向为主，与西沙海槽走向一致，局部显示北西走向异常。

南海海盆异常亚区（III₃）普遍显示正负交替变化条带状线性磁异常（简称"磁条带"），西北次海盆、东部次海盆和西南次海盆的磁异常幅值、频率和异常走向差别较大。西北次海盆的异常主体为高幅值大型正异常，幅值在150 nT左右，宽度一般为70～90 km，在等值线图上表现为块状圈闭，北东走向。在高幅值大型体正异常背景下，其间展布一条中低幅值、近东西走向的负异常带。东部次海盆的磁异常以近东西走向正负交替变化的磁条带为主，异常值为-330～310 nT，其北部的磁异常变化相对较缓，表现为中高幅值的小形体正负变化异常，幅值为-100～180 nT，但大部分异常幅值小于100 nT；而南部的磁异常是南海范围内磁异常变化最为剧烈的区域，正负异常交替剧烈变化，磁异常条带的连续性较好，由海山、断裂、岩浆活动等因素引起的局部异常发育，在等值线图上表现为异常展布延伸的轴向经常与北西向、北东向或南北向的构造线相互断错或扭曲。西南次海盆的磁异常条带呈北东走向，幅值相对较小，在海盆西南部磁异常条带特征不明显，异常幅值为-40～150 nT。

中、西沙异常亚区（III₄）涵盖了中沙群岛、西沙群岛的所有岛礁以及西部的广乐隆起，研究区的磁异常面貌较为复杂，异常值为-190～230 nT，频率中等偏上，局部异常圈闭发育，研究区异常展布的总体轴向为近东西向，但也有北西向和北东向异常。

中建南异常亚区（III₅）多表现为中等幅值，变化较宽缓的磁异常，异常值多为-90～70 nT，仅在研究区东北部，中沙南海槽区域表现为高幅值的大型正异常圈闭，磁异常幅值高达310 nT。磁异常在中建南盆地及邻区表现为北西西走向，在中沙南海槽附近表现为北东东走向。

南沙异常亚区（III₆）的磁异常面貌较为复杂，研究区异常值大部分在-70～70 nT变化，除双子群礁和中业群礁一带为-110～-50 nT的醒目负异常之外，异常变化较宽缓，局部有一些大于70 nT和小于-70 nT

的异常分布，磁异常走向较杂乱，有近东西向、北西向和北东向，磁异常往东向南沙海槽宽缓变化负异常区渐变过渡。南沙海槽区的磁异常变化非常宽缓，异常总体走向为北东向。

礼乐异常亚区（III$_7$）的磁异常多表现为中低幅值、变化宽缓的异常，是南海南部陆缘的"磁平静区"，异常值多在$-70\sim70$ nT，仅在研究区东北部邻近南海东部次海盆区域显示高幅值正负变化异常。

（四）吕宋-菲律宾沟弧异常区（IV）

吕宋-菲律宾沟弧异常区（IV）划分为三个异常亚区：马尼拉海沟异常亚区（IV$_1$）、吕宋岛弧异常亚区（IV$_2$）和菲律宾异常亚区（IV$_3$）。

马尼拉海沟异常亚区（IV$_1$）位于南海海盆区与吕宋岛之间的海域，涵盖马尼拉海沟至吕宋海槽的近南北向条带。磁异常面貌较其西侧的南海东部次海盆的磁异常宽缓许多，异常值在$-70\sim130$ nT，由于马尼拉海沟至吕宋海槽的近南北向条带过窄，磁异常整体走向不明显，局部显示近南北走向异常。

吕宋岛弧异常亚区（IV$_2$）的磁异常多表现为中高幅值、中等频率的异常，异常值多在$-190\sim170$ nT，在局部显示高幅值的正负异常圈闭，异常幅值高达±300 nT。研究区磁异常走向多样，有近东西向、近南北向和北东向。

菲律宾异常亚区（IV$_3$）的磁异常中等幅值、中等偏低频率，异常值多在$-150\sim150$ nT，在局部显示高幅值的正负异常圈闭，异常幅值高达±330 nT。研究区磁异常走向多样，有近东西向、近南北向和北东向。

（五）琉球异常区（V）

琉球异常区（V）在研究区仅占很小一部分，研究区的磁异常幅值变化平缓，频率低，正负异常相间，异常值基本在$-0\sim70$ nT。磁异常走向有北东向和北西向。

（六）曾母-加里曼丹-巴拉望异常区（VI）

曾母-加里曼丹-巴拉望异常区（VI）划分为两个异常亚区：曾母异常亚区（VI$_1$）和加里曼丹-巴拉望异常亚区（VI$_2$）。

曾母异常亚区（VI$_1$）的磁异常面貌延续了其北面南沙海槽磁异常幅值低、频率低的特征，异常值基本为$-30\sim70$ nT。磁异常走向在其西部不明显，东部主要显示为北东向。

加里曼丹-巴拉望异常亚区（VI$_2$）的南部磁异常数据缺失，仅在巴拉望岛一带有数据显示。磁异常频率中等偏低、异常值中等，多为$-130\sim90$ nT。巴拉望岛东北面海域的磁异常面貌延续了礼乐滩区域低幅值和低频率的特征，应属于南海南部陆缘"磁平静区"的一部分。研究区磁异常走向以北西为主。

（七）苏禄-苏拉威西异常区（VII）

苏禄-苏拉威西异常区（VII）划分为三个异常亚区：苏禄海盆异常亚区（VII$_1$）、苏拉威西海盆异常亚区（VII$_2$）和海盆边缘异常亚区（VII$_3$）。

苏禄海盆异常亚区（VII$_1$）的磁异常幅值高、频率高，异常值多在$-150\sim150$ nT，在局部显示高幅值的负异常圈闭，异常幅值高达-290 nT。研究区磁异常走向以北东向为主，局部亦显示近东西走向和北西走向异常。

苏拉威西海盆异常亚区（VII$_2$）的磁异常幅值高、频率高，异常值多在$-50\sim130$ nT，在局部显示高幅值的负异常圈闭，异常幅值高达-250 nT。研究区磁异常走向以北东向为主，局部亦显示近东西走向异常。

海盆边缘异常亚区（VII₃）有部分磁异常数据缺失，该区的磁异常幅值高、频率高，异常值多在-110～90 nT，在局部显示高幅值的负异常圈闭，异常幅值高达-370 nT。研究区磁异常走向以北东向为主。

（八）巽他陆架异常区（VIII）

巽他陆架异常区（VIII）划分为两个异常亚区：巽他异常亚区（VIII₁）和古晋异常亚区（VIII₂）。

巽他异常亚区（VIII₁）的磁异常幅值高，频率中等偏高，异常值多在-190～170 nT，局部显示幅值高达-610 nT正异常圈闭。研究区磁异常走向多样，主要有北西向和北东向。

古晋异常亚区（VIII₂）有部分磁异常数据缺失，该区的磁异常幅值中等、频率中等偏低，异常值为-110～150 nT。研究区磁异常走向以北西向为主。

（九）西菲律宾海盆异常区（IX）

西菲律宾海盆异常区（IX）划分为两个异常亚区：花东海盆异常亚区（IX₁）和西菲律宾海盆异常亚区（IX₂）。

花东海盆异常亚区（IX₁）的磁异常幅值中等，频率中等偏低，异常值为-150～130 nT。研究区磁异常走向以近东西向为主，加瓜海脊海域存在近南北走向正异常带。

西菲律宾海盆异常亚区（IX₂）的磁异常幅值中等偏高，频率中等偏低，异常值多在-150～150 nT，局部显示幅值高达250 nT正异常圈闭。研究区磁异常走向以北西向为主，局部显示北东走向异常。

第三节　南海及邻域重、磁异常综合解释

根据重、磁场特征，结合研究区的地质构造和围区的岩石物性资料，对重、磁异常场作定性及定量的综合分析。在此基础上，利用南海及邻域反射和折射地震资料，推测研究区重、磁异常的地质成因以及相关重要地质问题。

一、南海及邻域岩石物性

（一）岩石密度及岩石密度界面

岩石密度差异是引起重力异常的重要因素，密度参数是解释重力异常的主要依据。

海水的密度为1.03×10^3 kg/m³。沉积盆地新生代沉积层的平均密度为$2.02 \times 10^3 \sim 2.35 \times 10^3$ kg/m³。南海及邻域前新生代的岩石密度见表2.1。地震资料显示南海及邻域地层存在三个明显的密度界面：①海水层与新生界之间的密度分界面，该密度分界面的上下密度差一般大于1.0×10^3 kg/m³；②新生界与中生界之间的密度分界面，该密度分界面的上下密度差一般为$0.1 \times 10^3 \sim 0.4 \times 10^3$ kg/m³；③中生界与前中生界之间的密度分界面，该密度分界面的上下密度差为$0.1 \times 10^3 \sim 0.3 \times 10^3$ kg/m³；④下地壳密度取2.8×10^3 kg/m³；⑤莫霍面以下密度取3.07×10^3 kg/m³，反演剖面深度取30 km。

表2.1　南海及邻域岩石密度表（据王家林等，1997；邱燕和温宁，2004）

岩石类型	时代	密度值/(10^3 kg/m³)		地区
		变化范围	平均值	
珊瑚贝壳砂岩	Q	—	1.75	西沙群岛
珊瑚贝壳砂砾岩		2.34～2.44	2.40	
杂色砂岩	E	—	2.24	海南岛福山凹陷
红色砂泥岩	K	—	2.58	临浅 2 井
砂岩、变质砂岩	J	2.56～2.80	2.69	北尖岛、荷包岛
砂岩	D	2.55～2.65	2.69	三角岛
	S	2.58～2.84	2.60	荷包岛
灰岩	C	—	2.71	海南岛白沙县
云母石英片麻岩	J	2.78～2.85	2.81	北尖岛
混合岩	T—K	—	2.70	海南岛
	T—J	2.59～2.67	2.63	闽东沿海陆地
		2.69～2.82	2.74	内伶仃岛
火山角砾岩	Q	—	2.79	西沙群岛
英安质凝灰熔岩		2.73～2.82	2.77	三门岛
各类凝灰熔岩	J	2.56～2.70	2.63	
各类凝灰岩		2.47～2.67	2.60	闽东沿海陆地
流纹岩			2.44	
安山岩	K		2.63	
英安岩			2.59	
长英岩	J	2.58～2.71	2.65	三门岛
玄武岩	Q	2.70～2.80	—	雷琼地区
	N	2.78～2.85	2.80	闽东沿海陆地
大洋玄武岩	N	2.50～2.60	—	南海中部海山
大洋玄武岩	E—N	2.6～2.8	—	南海中央次海盆 U1431 井
石英斑岩	J	2.58～2.64	2.62	大三门岛
花岗岩	$\gamma_5^{3(1)}$	2.58～2.69	2.60	闽东沿海陆地
		2.54～2.61	—	惠阳、恩开地区
		2.56～2.74	2.66	珠外岛屿
	$\gamma_5^{2(3)}$	2.56～2.62	—	惠阳、恩开地区
		2.63～2.75	2.68	珠外岛屿
	$\gamma_5^{2(2)}$	—	2.62	恩开地区
		2.52～2.88	2.70	三灶岛、担杆岛
	$\gamma_5^{2(1)}$		2.61	惠阳地区
			2.76	珠外岛屿
黑云母花岗岩	$\gamma_5^{2(3)}$	2.57～2.61	2.60	
石英闪长岩	$\delta o_5^{2(3)}\sim\delta o_5^{3(1)}$	2.73～2.79	2.76	闽东沿海陆地
花岗闪长岩	$\gamma\delta_5^{2(3)}\sim\gamma\delta_5^{3(1)}$	2.62～2.83	2.69	
	$\gamma\delta_5^{2(1)}$	2.75～2.82	2.78	内伶仃岛
混合花岗闪长岩	$\gamma\delta m_5^{2(3)}$	2.61～2.65	2.63	
闪长岩	$\delta_5^{2(3)}\sim\delta_5^{3(1)}$	2.81～2.88	2.83	闽东沿海陆地
辉绿岩	γ_6	—	2.99	
	γ_4	2.92～2.98	2.95	大沥岛

（二）岩石磁性

20世纪80年代，广州海洋地质调查局与美国拉蒙特研究所合作开展的"维玛"号第36航次在南海海盆内拖网获得中南海山、珍贝海山和玳瑁海山的玄武岩样品，并测得其磁化率和剩余磁化强度。其中，玳瑁海山在东部次海盆北部，珍贝海山和中南海山位于东部次海盆残留扩张轴上。从实测数据看来，这个区域的岩石磁性具有感磁弱、剩磁强的特点，海山剩磁与感磁Q值为27。玳瑁海山磁化率（κ）为$80 \times 10^{-3} \sim 200 \times 10^{-3}$ SI，剩余磁化强度（Jr）为2200×10^{-3} A/m；珍贝海山磁化率为$130 \times 10^{-3} \sim 200 \times 10^{-3}$ SI，剩余磁化强度为2800×10^{-3} A/m；中南海山玄武岩风化样磁化率为$30 \times 10^{-3} \sim 60 \times 10^{-3}$ SI，剩余磁化强度小于100×10^{-3} A/m（表2.2）。综合大洋钻探计划（Integrated Ocean Drilling Program，IODP）的IODP349航次在东部次海盆U1431井和西南次海盆U1433井中钻遇玄武岩层，U1431钻孔大洋玄武岩层，上段的磁化率为2100×10^{-3} SI，下段的磁化率为2300×10^{-3} SI，磁化率变化范围较大，为$300 \times 10^{-3} \sim 2300 \times 10^{-3}$ SI（表2.2）。

另外，收集了南海及邻域附近及南海围区的岩石磁性资料（表2.3），其特征归纳如下：

（1）各时代的沉积岩（不包括火山碎屑岩），基本无磁性，磁化率一般在$0 \sim 50 \times 10^{-3}$ SI。

（2）各时代的变质岩一般为无磁性-弱磁性，但有些变质岩的磁性较强，如黑云母角闪质的斜长片麻岩为800单位，角闪岩磁性更大，为2000单位，混合花岗闪长岩为$400 \times 10^{-3} \sim 600 \times 10^{-3}$ SI。此外，接触变质岩的磁性与接触带远近有关，距离近，磁性增大。

（3）火山岩的磁性变化大，由酸性到基性，铁磁性矿物含量逐渐增加，磁性逐渐由弱到强。一般以玄武岩磁性最强，安山岩次之，凝灰岩呈弱磁性或无磁性。玄武岩除具有很强的感磁外，还有很强的剩磁，如安山岩的剩余磁化强度为500×10^{-3} A/m，与感磁值之比为1∶1左右，而玄武岩可达$2000 \times 10^{-3} \sim 4000 \times 10^{-3}$ A/m，与感磁值之比为11∶6左右。其中凝灰岩的磁性变化大，磁化率为$40 \times 10^{-3} \sim 2400 \times 10^{-3}$ SI。

（4）侵入岩的磁性与时代及岩性有关。分布于南海北部沿海陆地及岛屿上的印支期及燕山第一、四、五期花岗岩一般无磁性，燕山第二、三期花岗岩具有弱磁性，磁化率为349×10^{-3} SI，剩余磁化强度为279×10^{-3} A/m。侵入岩由超基性—基性—中性—酸性磁性逐渐变弱，一般超基性岩（如橄榄岩）和基性岩（如辉长岩）磁性最强，而中性岩和酸性岩具弱磁性或无磁性。

（5）南海海盆玄武岩磁性主要由其剩磁所引起。据分析，南海海盆海山玄武岩为碱性玄武岩，或是介于拉斑玄武岩和碱性玄武岩之间的过渡型玄武岩。

（6）西沙群岛西永一井下部钻遇混合岩化副片麻岩，测定的剩余磁化强度最大值为$80 \times 10^{-3} \sim 90 \times 10^{-3}$ A/m，为弱磁性。北尖岛上的变质砂岩有$0 \sim 300 \times 10^{-3}$ A/m的不均匀磁性，其中大部分小于50×10^{-3} A/m。

由上可见，能引起局部磁异常的地质体，主要是燕山第二、三期侵入和具磁性玄武岩。花岗岩、火山岩、玄武岩以及古老变质岩，均可能形成磁性基底。但华南沿海地区由于构造变动复杂，岩浆活动具多期性，不同构造部位存在明显差异，致使整个区域难以确定统一的磁性界面。

表2.2　南海及邻域海山玄武岩拖网取样磁性表（据姚伯初等，1994）

取样地点		磁化率（κ）/10^{-3} SI	剩余磁化强度（Jr）/(10^{-3} A/m)	平均年龄/10^6 a	备注
位置	地理坐标				
玳瑁海山	116°59′ E，17°37′ N	$80 \sim 200$	2200	13.95	样品未风化，表层有薄锰结壳
珍贝海山	116°30′ E，14°58′ N	$130 \sim 200$	2800	9.7	样品未风化，表层有薄锰结壳
中南海山	115°35′ E，14°00′ N	$30 \sim 60$	100 以下	3.5	样品全部风化质地疏松，表层有锰结壳，磁性极弱，不具代表性
U1431E	116°59.9903′ E，15°22.5380′ N	上段 2100，下段 2300，$300 \sim 2300$	—	—	拉斑玄武岩

表2.3　南海及邻域岩石磁性表（据王家林等，1997；邱燕和温宁，2004）

岩石类型	时代	岩石名称	块数	磁化率（κ）/10⁻³ SI		剩余磁化强度（Jr）/(10⁻³ A/m)		采样地点
				变化范围	平均值	变化范围	平均值	
沉积岩	N—Q	珊瑚礁、砂岩、泥岩、页岩、砾岩	3524	0～30	—	—	0	南海北部沿海陆地及岛屿
变质岩	J—Pz₁	变质砂岩、板岩、片岩、片麻岩	421	0～2940	—	0～8920	—	南海北部沿海陆地及岛屿
火山岩	N—Q	玄武岩	—	—	1031	—	—	越南大叻地区
	N		480	50～5870	1038	630～48700	4825	南海北部沿海陆地
	N		3	30～200	117	100～2800	1700	玳瑁海山、珍贝海山、中南海山
	Mz		—	300～500	—	500～4000	—	菲律宾
	K₁	中酸性火山岩	6	—	500	—	—	海南岛
		中基性火山岩	12	950～4650	—	—	—	海南岛
	K—J	安山岩、安山玢岩	186	0～19230	—	116～68072	—	南海北部沿海陆地及岛屿
		安山岩	—	—	4070	—	—	马来西亚
		凝灰岩	780	0～14294	—	0～160000	—	南海北部沿海陆地及岛屿
	Pz₁—2	凝灰岩	—	无磁性	—	弱磁性	—	越南南部陆地
	K—J	流纹岩、流纹斑岩	161	0～1240	—	0～11900	—	南海北部沿海陆地
侵入岩	γ₅	花岗岩	—	8～15	—	—	—	菲律宾、马来西亚
			—	—	1138	—	—	越南南部陆地
			4479	0～3450	349	0～2500	279	南海北部沿海陆地及岛屿
	γδ₅	花岗闪长岩	2527	0～11450	820	0～42269	5408	南海北部沿海陆地及岛屿
		石英闪长岩	367	100～6590	1033	90～1590	461	南海北部沿海陆地及岛屿
			—	—	92	—	—	马来西亚
		闪长岩	—	—	2741	—	—	越南南部陆地
	δ₅	闪长岩	183	250～8080	2457	226～289600	761	—
	γ₅	辉长岩	—	110～32400	3313	850～52400	2060	—
			—	—	50	—	—	马来西亚
		橄榄岩	—	48～11178	最大 Q 值可达 7.78			菲律宾

二、重、震联合建模

重力异常是岩石圈范围内各界面密度差异的综合反映，如空气与陆地地形之间、海水与海底地形之间、沉积地层与结晶地壳之间、下地壳与上地幔之间的密度差异，可以解释重力异常图上的大部分异常。

地形对空间重力异常的贡献最大，两者呈正相关关系，即地形高对应空间重力高异常，地形低对应空间重力低异常。经简单布格改正和地形改正后得到布格重力异常，两种异常之间形态的变化显示了地形的重力异常响应。除地形以外，沉积地层厚度、莫霍面深度、地壳厚度，以及地壳的横向差异亦对重力异常有贡献。

为综合分析南海及邻域重力异常成因，在研究区选取了GXM130、GXML220、ZSM280、ZJHY560、

ZJL80和CFT六条测线（图2.4）进行重、震联合反演。

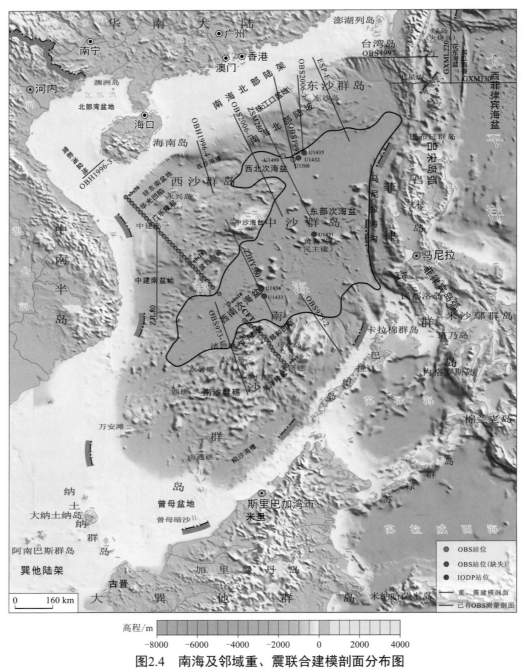

图2.4　南海及邻域重、震联合建模剖面分布图

黑色圈闭线为洋陆边界（continent-ocean boundary，COB）

（一）初始模型设计

重、震联合建模采用的初始模型：水层由实测的测深资料控制，沉积基底面由多道反射地震解释剖面控制，两者形态在拟合过程中基本保持不变；基底以下分为地壳层和上地幔，两者分界莫霍面形态参考全南海的莫霍面深度反演结果，在拟合过程中必要时予以小幅修正。

（二）岩石密度参数

重、震联合建模主要参考南海及邻域的岩石密度资料（表2.1）：

（1）海水层密度取1.03×10^3 kg/m³。

（2）在沉积盆地中，新生界密度差范围为$2.0 \times 10^3 \sim 2.35 \times 10^3$ kg/m³；中生界密度差范围为$2.35 \times 10^3 \sim 2.55 \times 10^3$ kg/m³；前中生界密度差范围为$2.5 \times 10^3 \sim 2.6 \times 10^3$ kg/m³。

（3）地壳层密度范围为$2.6 \times 10^3 \sim 2.9 \times 10^3$ kg/m³。

（4）上地幔密度取$3.0 \times 10^3 \sim 3.1 \times 10^3$ kg/m³。

（5）各时代岩浆岩的密度值接近，一般为$2.55 \times 10^3 \sim 2.75 \times 10^3$ kg/m³。

（三）重、震联合建模结果

1. GXM130测线重、震联合建模结果

GXM130测线（图2.4），自西向东跨越了马尼拉增生楔、吕宋海槽、花东海盆、加瓜海脊和西菲律宾海盆等构造单元，测线长630 km。重、震联合建模结果见图2.5。

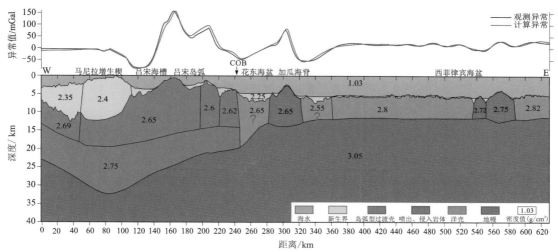

图2.5　GXM130测线重、震联合建模结果图（剖面位置见图2.4）

1 g/cm³=1×10³ kg/m³

沿测线空间重力异常值以中低幅值正负异常为主（$-20 \times 10^{-5} \sim 30 \times 10^{-5}$ m/s²），变化较平缓；吕宋海槽至加瓜海脊一线异常变化剧烈，变化幅度在$-90 \times 10^{-5} \sim 160 \times 10^{-5}$ m/s²。

测线0～80 km，与马尼拉增生楔相对应，水深变浅，增生楔沉积增厚，地壳增厚，三者叠加的重力效应相互抵消，表现为空间重力异常的平缓变化。

测线80～240 km，地形变化复杂，横跨吕宋海槽和吕宋岛弧，对应的空间重力异常变化幅度为沿测线最大，变化幅度在$-90 \times 10^{-5} \sim 160 \times 10^{-5}$ m/s²。重力异常资料正演模拟表明，该段莫霍面开始抬升，地壳开始减薄，沉积地层仅在局部区域发育，岛弧的地形起伏控制了重力异常的变化。

测线240～360 km，进入深海盆，横跨了花东海盆、加瓜海脊及东侧凹陷。重力异常资料正演模拟表明，莫霍面在花东海盆底部抬升至最浅约15 km附近，花东海盆底下地壳密度为2.65×10^3 kg/m³，加瓜海脊对应的地壳密度为2.65×10^3 kg/m³，均与陆壳上地壳密度值相当，加瓜海脊东侧凹陷底下地壳密度为2.55×10^3 kg/m³，小于平均地壳密度，远小于东面西菲律宾海盆的洋壳密度。

测线360～630 km为西菲律宾海盆，是典型的大洋深海盆，水深大多在6000 m以上，地壳厚度约5 km，

地壳密度在2.8×10³ kg/m³左右，海底山对应的地壳密度稍低，在2.72×10³～2.75×10³ kg/m³。

2. GXML220测线重、震联合建模结果分析

GXML220测线（图2.4），由南往北跨越了花东海盆，延伸至琉球沟弧体系，测线长320 km。重、震联合建模结果见图2.6。

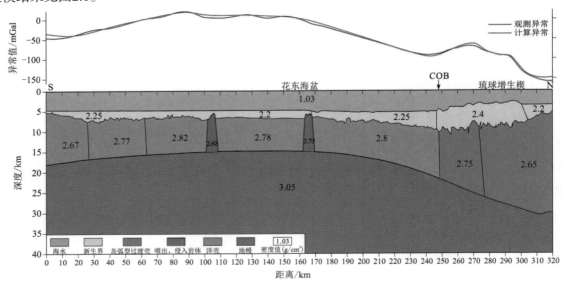

图2.6 GXML220测线重、震联合建模结果图（剖面位置见图2.4）

沿测线空间重力异常值以低频变化的负异常为主（–150×10⁻⁵～10×10⁻⁵ m/s²）。

测线0～250 km，在花东海盆范围内，水深接近5000 m，地形平缓，沉积地层厚度在1～2 km，厚度横向变化较小，莫霍面在花东海盆中心约100 km附近抬升至最浅至17 km附近，后开始下沉，应与西菲律宾海板块在琉球海沟的北向俯冲有关，重力异常的变化趋势主要由莫霍面起伏控制，局部异常变化由海底地形和壳内岩石横向密度差异导致。

测线250～320 km，进入琉球俯冲带，水深变浅，沉积由于俯冲挤压增厚，莫霍面快速下沉，相应地壳快速增厚，导致空间重力异常呈快速下降趋势，局部由于增生楔地形而变化，异常变化幅度在–150×10⁻⁵～–50×10⁻⁵ m/s²。

3. ZSM280测线重、震联合建模结果分析

ZSM280测线（图2.4），自西北向东南由南海北部陆坡进入西北次海盆和东部次海盆，全长近500 km。重、震联合建模结果见图2.7。

测线0～100 km为南海北部陆坡，地震剖面上解释了巨厚的新生界，最大厚度达13 km以上，莫霍面上隆至18 km，莫霍面形态与沉积基底形态呈镜像关系。这种地壳结构对应的空间重力异常为长波长的负异常，显示了地壳拉张减薄伴随着地堑发育的构造过程。

测线100～180 km为南海北部陆坡与西北次海盆的过渡带，沉积地层减薄，地壳加厚，相应的空间重力异常整体上升，局部侵入的岩体则造成空间重力异常的局部峰值。

在测线150 km附近，地形由快速加深趋向稳定，莫霍面急剧抬升后趋向稳定，对应的空间重力异常亦由正异常迅速转变为负异常，这是被动大陆边缘特有的重力异常现象，称为重力边缘效应，这和陆壳的断陷沉降和低密度沉积覆盖有关。空间重力异常的负异常边缘与洋陆边界（continent-ocean boundary，COB）相对应，自此向南进入洋壳区域。

测线150～240 km为西北次海盆洋壳区域，空间重力异常逐渐上升转为正异常，这应该和莫霍面的隆升以及洋壳物质高密度紧密相关。

测线240 km往南为东部次海盆洋壳区域，空间重力异常继续上升，这和莫霍面的继续隆升有关，局部有海山出露海底或侵入沉积地层的岩体造成局部的高空间重力异常。

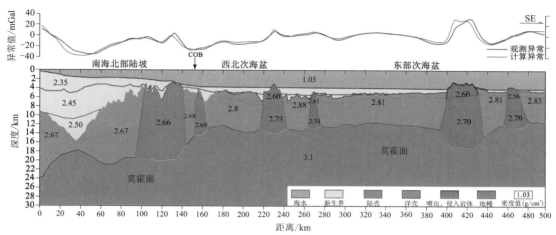

图2.7　ZSM280测线重、震联合建模结果图（剖面位置见图2.4）

4. ZJHY560测线重、震联合建模结果分析

ZJHY560测线（图2.4），从西北的中沙海台西侧向东南布设，测线在图幅内部分位于西南次海盆，横跨海盆的残留扩张脊，测线长492 km。重、震联合建模结果见图2.8。

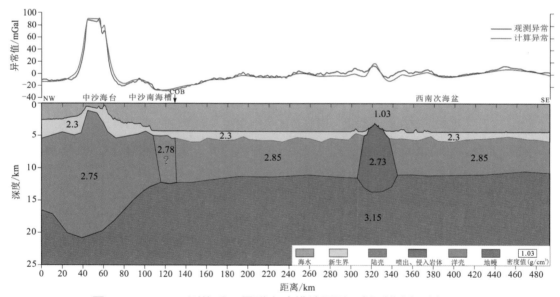

图2.8　ZJHY560测线重、震联合建模结果图（剖面位置见图2.4）

沿测线空间重力异常，除中沙海台显示高幅值正异常以外，其余区域的空间重力异常变化平缓，异常幅值主要在-20×10^{-5}～20×10^{-5} m/s^{2}范围内波动，自西向东整体上呈微微上升的趋势。

测线0～110 km处于中沙海台区域，空间重力异常大致与地形相对应，中沙海台两侧的斜坡区域水深浅于南侧的南海海盆，前者对应的重力异常值却普遍低于后者，拟合结果表明，这种异常现象与两者对应的地壳类型不同有关，前者对应低密度的陆壳，地壳密度为2.73×10^3 kg/m^3，后者对应洋壳，地壳密度为2.8×10^3 kg/m^{3}以上。而且中沙海台下方地壳厚度明显增厚，最大厚度达20 km，显示典型的"山根"特征，这符合地壳均衡挠曲原理。

测线110～490 km为中沙南海槽和西南次海盆区域，水深在4000 m以上，是地形平坦的深海平原地貌，空间重力异常多在0上下波动，波动范围低于20×10^{-5} m/s^2，表明地壳处于均衡状态。沿测线沉积地层厚度大多在1km以内，莫霍面起伏较平缓，深度在10～12 km范围内变化，自西北向东南显示微微抬升的趋势。相应的地壳厚度在5～8 km范围内变化，自西北向东南显示微微减薄的趋势。另外，测线310～350 km处对应小型海山，从平面图上看，该海山位于测线东面海山的西部，理论上该段测线对应的实测重力异常受东面海山影响，测线下方对应的海山结构更多反映了东面海山的特征。海山密度2.73×10^3 kg/m^3，明显低于南北两侧的洋壳密度2.85×10^3 kg/m^3。

5. ZJL80测线重、震联合建模结果分析

ZJL80测线（图2.4），测线由南往北跨越了中建南盆地大部分区域，测线长440 km。重、震联合建模结果见图2.9。

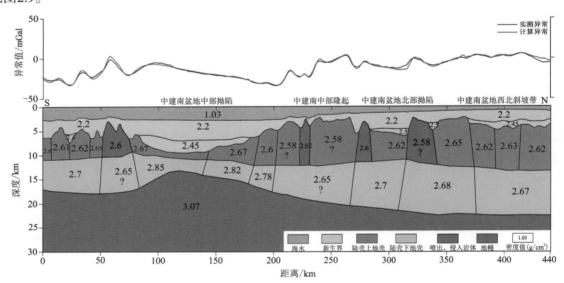

图2.9　ZJL80测线重、震联合建模结果图（剖面位置见图2.4）

沿测线空间重力异常值以负异常为主，以250 km附近为界，南段以中低幅值负异常为主，异常值为-40×10^{-5}～5×10^{-5} m/s^2，北段以低幅值异常为主，异常值为-10×10^{-5}～10×10^{-5} m/s^2，在零值附近呈正负变化异常，说明该区域基本达到了重力均衡状态。

测线0～80 km处于中建南盆地中部拗陷的南部区域，沉积地层厚度普遍在4 km左右，沉积基底起伏较大，莫霍面深度在17 km左右，起伏平缓，空间重力异常呈波浪状上升，沉积基底起伏应是其主要控制因素。

测线80～250 km处于中建南盆地中部拗陷区域，跨越了拗陷的沉积中心，沉积地层最厚达7 km以上，其空间重力异常的波谷并未与沉积基底相对应，进而形成"U"形异常，却呈现出卧倒式"Z"形异常形态，即异常值在100 km附近达到波峰（-5×10^{-5} m/s^2）后，且异常值近线性减小至波谷（-35×10^{-5} m/s^2），尔后台阶状上升至另一波峰（-3×10^{-5} m/s^2）。显然，该段空间重力异常特征的主要控制因素并非沉积基底形态，拟合结果表明，拗陷中心深层沉积密度可达2.45×10^3 kg/m^{3}左右，可能为前新生界；拗陷基底以下壳内岩石密度在2.67×10^3～2.85×10^3 kg/m^3，明显高于其南、北邻区，南侧壳内岩石密度在2.6×10^3～2.7×10^3 kg/m^3，北侧壳内岩石密度更小，在2.58×10^3～2.65×10^3 kg/m^3。另外地壳厚度在拗陷中心区域的快速减薄，沿拗陷中心两侧增厚。因此，该段空间重力异常特征可能是以上三个因素共同控制的结果。以中建南盆地中部隆起

为界，其北侧250～350 km为中建南盆地北部拗陷区域，水深逐渐变浅，莫霍面深度逐渐加深，沉积地层厚度在2～5 km，空间重力异常形态与沉积基底形态高度相关，推测厚沉积和沉积基底形态成为控制该段空间重力异常特征的主要因素，而水深变浅和莫霍面变深两者的重力效应相抵消。

测线350～440 km处于中建南盆地西北斜坡带，水深变化平缓，莫霍面深度亦变化平缓，沉积地层厚度在3～4 km，空间重力异常在0上下小幅波动，地壳达到均衡状态。

6. CFT测线重、震联合建模结果分析

CFT测线（图2.4），自西北向东南跨西南次海盆及两侧陆缘，调查内容包括海底地震（OBS）、长排列多道地震和重、磁，测线长超过1000 km（汪俊等，2019）。

在多道地震数据解释沉积基底的约束下，建立了跨西南次海盆的地壳初始速度模型，根据49个OBS站位初至波震相拾取走时数据与初至折射波理论走时对比，经15次初至波迭代反演，均方根走时差为152 ms，χ^2为1.32，15次迭代计算后的均方根走时差和χ^2趋向稳定，除少量深部震相还存在明显拟合偏差外（8 s以下），大部分拾取震相走时和理论计算走时吻合较好，最终反演结果见图2.10(a)，根据该速度模型计算的射线传播路径和射线分布密度见图2.10(b)。

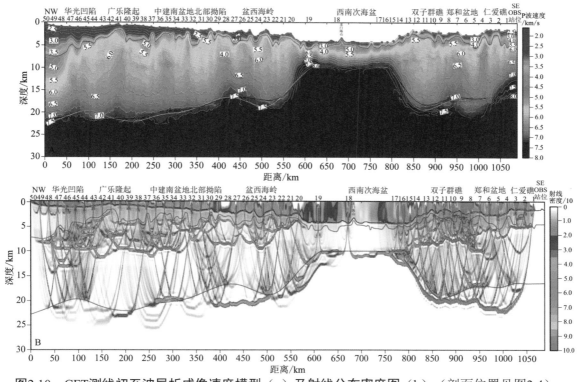

图2.10　CFT测线初至波层析成像速度模型（a）及射线分布密度图（b）（剖面位置见图2.4）

模型中实线为界面分界线

最终速度模型包含了两种速度变化成分，一种是自上而下速度逐渐递增的部分，另一种是壳内速度的横向变化。基底面以上部分速度自上而下由1.7 km/s逐渐递增至4.0 km/s，南侧陆缘的速度增速较北侧陆缘快。基底面以上部分速度横向变化不显著；基底面以下，莫霍面以上部分，速度自上而下由4.5 km/s递增至7.5 km/s，相比速度纵向变化，速度横向变化更显著，低速异常和高速异常出现频繁，相应地在该部分10 km以浅区域初至折射波密集传播[图2.10(b)]。在西南次海盆，尤其是海盆中部，由于OBS测站分布较少，初至折射波射线密度较低，最终速度模型仍大致保持了初始速度模型的速度分布情况。

以多道地震地层解释数据、OBS速度结构数据为约束，建立了CFT测线重、震联合模型（图2.11）。

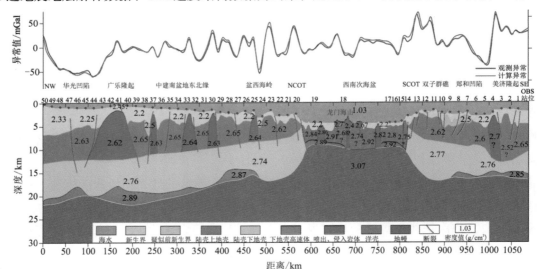

图2.11　CFT测线重、震联合建模结果图（剖面位置见图2.4）

NCOT北洋陆过渡带；SCOT南洋陆过渡带

测线0～150 km为琼东南盆地西南缘的华光凹陷，沉积地层厚度在5 km左右，最厚达7 km以上，新生界的密度为$2.25 \times 10^3 \sim 2.33 \times 10^3$ kg/m³，略高于邻近区域的新生界密度，可能是巨厚沉积导致深层压实作用不断增强，提高了新生界整体密度；新生界基底下方的上地壳密度为2.63×10^3 kg/m³，略低于邻近区段的中地壳密度，推测基底以下可能还发育前新生界，降低了中地壳的整体密度；莫霍面深度在22～24 km，地壳厚度为22～23 km。该段重力异常表现为低频中型负异常，巨厚新生界应是引起重力异常的主要因素。

广乐隆起在地震剖面上显示为基底隆起，可能由下方的大型岩浆岩侵入有关，岩体密度为2.62×10^3 kg/m³，略低于周边中地壳密度，重力异常表现为局部相对高异常。

测线180～280 km为广乐隆起东南和中建南盆地东北缘，水深向东南逐渐加大，新生界减薄，基底整体逐渐隆升，莫霍面亦逐渐抬升，地壳随之减薄，重力异常表现为中频中低值异常特征，指示水深加深和莫霍面抬升的重力效应大致相互抵消。

测线280～550 km为盆西海岭，水深不断加深，地形较复杂，莫霍面加速抬升，重力异常变化幅度加大。在450 km附近有两个地形凸起，东南侧浅于西北侧，对应的基底凸起亦是东南侧高于西北侧，但重力异常却表现反常，即东南侧异常峰值小于西北侧异常峰值，导致东南侧基底凸起下方密度（2.5×10^3 kg/m³）远小于邻近上地壳密度，与前新生界密度相当，地震剖面显示该处曾发生剧烈的构造变动，大断距正断层活动可能导致东南侧地块下沉，同时形成西北侧的断崖，进而使得前新生界在近海底发育，而东南侧凹陷底部的前新生界被深埋。测线500 km东南进入西南次海盆北缘洋陆过渡带（COT），海水加速变深，陆壳迅速减薄，重力异常仍显示陆壳特征。

测线550～800 km为西南次海盆，除海盆中央的海山，水深在4000 m以上，是地形平坦的深海平原地貌，莫霍面整体抬升至10 km附近，呈现中间高两侧低的特征，地壳厚度在5～7 km，剥离沉积地层，该海盆西北缘最薄的结晶地壳约3 km厚，地壳密度在$2.67 \times 10^3 \sim 2.92 \times 10^3$ kg/m³，横向变化大，整体明显高于两侧的陆壳，呈现出明显的洋壳特征。最为显著的密度异常出现在海盆残留扩张脊中央海山和其两侧裂谷，密度下降至2.67×10^3 kg/m³附近，中央的海山密度更小，低至2.4×10^3 kg/m³，这种异常特征与南海东部次海盆残留扩张脊的异常特征明显不同，可能与大西洋扩张中心异常特征类似。

测线800～900 km为南沙群礁的双子群礁附近，水深快速变浅，莫霍面急剧加深至17 km附近，地壳厚度约15 km，整体地壳厚度明显小于北部陆缘相同水深区域（盆西海岭西北缘地壳厚度约20 km），这可以解释在水深相近的情况下，双子群礁附近重力异常却高于北部陆缘任何一处的现象。

测线900～950 km为郑和凹陷一部分，水深加大，莫霍面深度基本保持平稳，重力异常明显降低，可能与沉积地层的厚度分布有关，该段新生界厚度加厚，且可能保留有前新生界。

测线950 km至线尾部分包括郑和凹陷和美济礁隆起，郑和凹陷的重力异常开始快速降低，异常形态与新生界基底高度相关，应该与该凹陷新生界厚度加厚至2 km以上密切相关。郑和凹陷以东以南，重力异常急剧增大，后逐渐降低，拟合结果表明，该凹陷东南缘基底可能由基底下方高密度岩浆（密度2.7×10^3 kg/m³明显大于邻近上地壳）上涌控制。与基底高密度物质相邻的是密度仅为2.52×10^3 kg/m³的低密度物质，尚无法推测该低密度物质的岩性，需后续工作展开进一步分析。

本次CFT测线重、磁、震联合建模工作主要有两个比较重要的发现：

1）下地壳高速体

CFT测线的初至波层析成像速度模型[图2.10(a)]显示在西北部陆缘的华光凹陷、广乐隆起、盆西海岭区域，以及在南部陆缘的下地壳，甚至在西南次海盆的洋壳区下部均有7.0～7.5 km/s的高速层出现，与之对应，在上述区域的OBS数据也拾取到了视速度略低于8 km/s的震相。我们认为测线上南北两侧陆缘与海盆区下地壳高速体成因不同，其西北部和南部陆缘下地壳高速层可能与南海自新生代早期以来强烈的地壳拉张、海底扩张期间的来自深部岩浆底侵作用的结果，与南海东北部陆缘下地壳高速体成因相同。而西南次海盆洋壳区下部高速层，推测可能是蛇纹石化的地幔橄榄岩或下地壳辉长岩有关。

南海西部陆缘地壳强烈地减薄，地幔减压熔融，断裂深入地壳甚至地幔，这些地质过程必然破坏原先的地壳结构，地壳物质和地幔物质熔融混合，因此导致陆缘下地壳高速层的出现。

在西南次海盆深海盆区，地壳厚度较薄，介于3～5 km（图2.11），指示西南次海盆为慢速海底扩张，其动力主要表现为构造伸展作用，岩浆供应量匮乏，导致地壳厚度变化大，局部剧烈减薄，断裂发育，海水易于下渗导致地幔而发生橄榄岩蛇纹岩化蚀变。

2）龙门海山

龙门海山位于西南次海盆残留扩张脊的中央裂谷中，占据方圆20 km左右的区域范围，高出周边海底约1400 m，CFT剖面以北西-南东走向横穿其上方，18号OBS站位落在海山西北侧山脚附近。反射地震剖面成像显示该海山的杂乱反射特征，与海盆中其他海山无异，其特别之处在于对应的空间重力异常相对邻近区域是一个显著的波谷（图2.11）。二维重力模型正演拟合结果显示该海山及其下方的地壳密度仅为2.4 g/cm³，各种模型拟合方案均显示该海山及其下方的地壳对应2.3～2.4 g/cm³的低密度（Wang et al.，2017），远低于西北面长龙海山链和东南面飞龙海山链对应的密度，后两者对应的密度值为2.7 g/cm³和2.67 g/cm³（图2.11）。沿CFT剖面的沉积地层密度在2.2～2.5 g/cm³[图2.10(b)]，龙门海山及其下方的地壳密度值显然落在沉积地层的密度区间内。

龙门海山及其下方地壳的低密度结构指示其不是正常的岩浆侵入和喷发形成的海山，而可能是密度值低于沉积物的物质，如海水与地壳乃至地幔物质的混合物质。类似密度的海山物质在伊豆-小笠原弧前南部的Higashi海山和Hahajima海山被发现（Miura et al.，2004），被解释为与板块俯冲相关的蛇纹岩海山，重力模型拟合密度为2.46 g/cm³。另外ODP195航次在马里亚纳弧前S. Chamorro海山钻孔获取的样品为蛇纹石泥，被解释为与板块俯冲相关的蛇纹岩泥火山（Fryer et al.，2006）。龙门海山是否也由蛇纹岩泥火山组成有待后续进一步探测研究。

三、南海及邻域地壳结构

南海的深部地壳结构探测始于20世纪80年代。早期一般利用声呐浮标进行探测（金庆焕，1989），由于声呐浮标探测深度较浅，因而大多数探测未能到达莫霍面的深度，导致所解释的地壳结构特征非常有限。随着科学技术的发展，深部地壳探测手段逐渐更新，如1985年南海中美第二阶段调查获得的双船扩展反射–折射地震调查剖面（D2）（姚伯初等，1994；Nissen et al.，1995）数据用于研究南海海区的地壳结构取得较好的效果，其他如海底地震仪（OBS）、海底水听器（OBH）等技术手段也广泛应用（表2.4）。

同时，也可以利用地壳与上地幔之间的显著密度差，利用重力异常数据反演莫霍面的相对深度和形态变化，并以上述深地震探测结果为约束，获得南海及邻域连续的莫霍面深度信息，藉此讨论南海及邻域地壳结构。

表2.4　南海莫霍面深度地震探测结果统计表（含OBS、OBH、ESP、声呐浮标站位）

编号	测线名	台站数量/个	参考文献
1	ESPc	2	
2	ESP-e	10	Nissen et al.，1995
3	ESPw	6	
4	OBS1993	15	Yan et al.，2001
5	OBS1995	6	Kirk et al，2005
6	OBH1996-4	10	Qiu et al.，2001
7	OBS2001	11	Wang et al.，2006
8	OBS863/2003	5	王嘹亮等，2004
9	OBS2006-1	13	吴振利等，2011
10	OBS2006-2	12	张涛等，2012
11	OBS2006-3	14	阮爱国等，2009；卫小冬等，2011
12	OBS973-1	18	丘学林等，2011
13	OBS973-2	15	阮爱国等，2011
14	OBS973-3	8	吕川川等，2011
15	OBH2008	4	Franke et al.，2008
16	南海声呐浮标	29	金庆焕，1989
	总计	191	—

（一）莫霍面深度反演

莫霍面深度反演工作基于完全布格重力异常（图2.2）资料，由浅及深，从已知到未知的思路进行严格、合理的改正处理，然后反演推算南海的莫霍面形态。利用南海及邻域最新的沉积基底埋深数据（图2.12），计算并剥离沉积层重力效应，获取研究区剩余布格重力异常（图2.13），尝试各种位场分离方法（延拓、低通滤波和小波分解等方法）提取深部重力异常，并与以往地震测深资料（表2.4）进行相关性计算，最终选取了剩余布格重力异常的上延15 km结果，通过Parker迭代反演方法计算区域莫霍面深度起伏，根据区域内以往地震探测结果调整莫霍面平均深度以及数字滤波参数，以获得尽可能逼近真实的区域连续变化莫霍面深度数据（图2.14），迭代反演最终重力异常偏差均方差4.6 mGal。

　　南海及邻域莫霍面深度变化特征与剩余布格重力异常的变化趋势基本一致。整体上，莫霍面在研究区自北部华南大陆、西部印支地块向东南的南海海盆、西菲律宾海盆、苏禄海盆和苏拉威西海盆逐渐抬升，从最深42 km抬升至最浅6 km。

图2.12　南海及邻域海区沉积基底埋深图

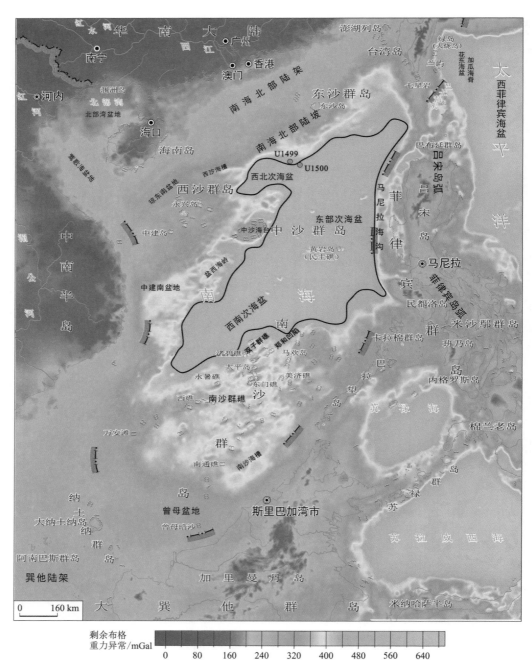

图2.13　南海及邻域剩余布格重力异常图（经沉积层重力效应改正后的布格异常）

64

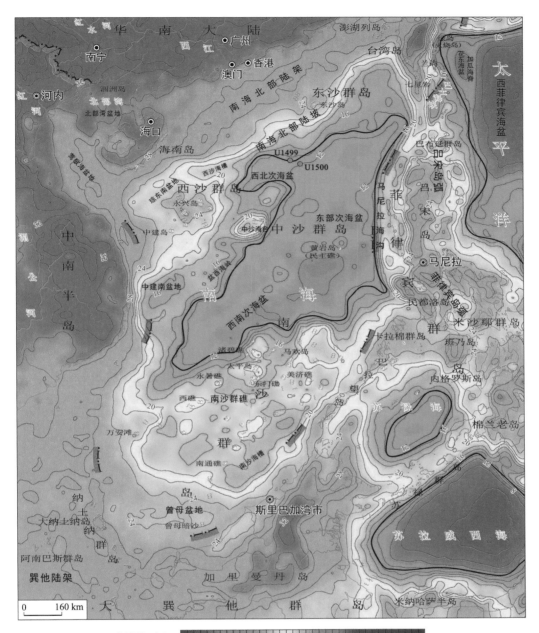

莫霍面深度/km

6　8　10　12　14　16　18　20　22　24　26　28　30　32　34　36　38　40　42

图2.14　南海及邻域莫霍面深度图

图中黑实线为南海海盆洋陆边界（COB）

（二）洋陆边界（COB）

在地形图上（图2.4），水深由陆坡向海盆迅速加深，进入深海平原，深海平原靠陆坡一侧在空间重力异常图（图2.1）上大都与空间重力异常负值带相对应。从重、震联合建模结果看，从陆坡进入深海盆，水深迅速增大，空间重力异常值也随之快速下降，然而，当水深变化平缓，进入深海平原，空间重力异常值反而开始上升，与之对应的是地壳块体密度的增大和莫霍面的抬升，如GXM130测线240 km附近由增生楔跨过西菲律宾海盆的陆洋边界（图2.5），ZSM280测线150 km附近由南海北部陆坡跨过西北次海盆北部陆洋边界（图2.7），ZJHY560测线130 km附近由中沙海台及中沙南海槽跨过西南次海盆北部陆洋边界（图2.8），CFT测线分别在560 km和780 km附近跨西南次海盆北部和南部陆洋边界（图2.11），水深快速增加进入深海平原，空间重力异常值先降后升，即空间重力异常正负伴生的"重力异常边缘效应"，对应的地壳密度突增或莫霍面迅速抬升。按照"重力异常边缘效应"在空间重力异常图的分布特征，结合南海东北部IODP367、IODP368、IODP368X钻井约束（图2.4），可勾勒出南海海盆洋陆边界（COB）（图2.14）。

莫霍面深度减去地形便是地壳厚度，再减去沉积厚度可得所谓的结晶地壳厚度（图2.15），结晶地壳厚度图客观地展示了研究区各构造单元地壳厚度的横向变化特征。

根据空间"重力异常边缘效应"勾勒的洋陆边界（COB），其在剩余布格异常图（图2.13）上表现为异常值逐渐增大并趋向稳定的边界；同样，在结晶地壳厚度图（图2.15）上也反映为地壳厚度逐渐减薄并趋向稳定的边界，尤其是结晶地壳厚度可直观地刻画洋陆边界（COB）的位置。从磁异常图（图2.3）可看该界线较好地圈定了南海海盆磁异常条带的范围。

（三）地壳类型与结构

综合重、震联合建模结果、莫霍面深度图、结晶地壳厚度图和南海以往的深地壳探测剖面，讨论南海及邻域地壳类型与结构。

基于南海及邻域莫霍面深度和结晶地壳厚度变化特征，以莫霍面抬升梯度最大的区域为界限，可将南海及邻域地壳分为三大类型：洋壳（I类）、陆壳（II类）和过渡壳（混合壳）（III类）。

1. 洋壳（I类）

研究区洋壳主要分布在南海海盆、西菲律宾海盆、苏禄海盆和苏拉威西海盆，洋壳在莫霍面深度图上表现为深度变化平缓，从海盆边缘的12 km左右普遍抬升至8 km左右，莫霍面最深区域位于西菲律宾海盆西南部的海底高原，最深达15 km，而莫霍面最浅区域在苏拉威西海盆，小于6 km。洋壳厚度从10 km左右减薄至6 km左右，地壳厚度最薄之处位于苏拉威西海盆，小于4 km。

南海海盆洋壳分为西北次海盆、东部次海盆和西南次海盆三个部分，莫霍面整体上自边缘向残留扩张脊抬升，莫霍面深度自海盆边缘的12 km抬升至10 km以内，在残留扩张脊及大型海山下方，莫霍面下沉至12 km以上，地壳厚度增厚至10 km左右。

ZSM280测线中北段（图2.7）自西北向东南贯穿西北次海盆，重、震拟合结果显示，西北次海盆的洋壳密度值为2.8×10^3 kg/m³。

OBS2006-1测线180～330 km区段处于西北次海盆范围内（图2.16），速度结构模型显示其地壳以中部基底隆起为轴对称分布（吴振利等，2011）。海盆莫霍面深度为12～13 km，地壳厚度不足10 km。

东部次海盆的地壳结构厚度具有中轴厚两侧薄的特点，海盆南部地壳厚度整体比海盆北部稍薄，莫霍面深度在10～15 km，地壳厚度在6～12 km，地壳最薄区域位于海盆东北部。ZSM280测线南段自西北向东南穿过东部次海盆，重、震拟合结果表明，东部次海盆北部的洋壳密度（除海山外）变化范围2.8×10^3～2.88×10^3 kg/m³，海山对应的地壳厚度明显增厚，具有"山根"效应，地壳厚度最大达13 km，密度明显较周边洋壳小，密度变化范围2.56×10^3～2.73×10^3 kg/m³。

CFT测线（图2.11）跨越西南次海盆，重、震拟合结果显示该海盆包括沉积层在内的洋壳厚度约5～7 km，呈现中间厚、两侧薄的特征，最薄处在海盆西北缘，厚度仅为3 km左右（不包括约2 km的新生界厚度）。洋壳密度横向极不均匀，大致呈现海盆南北缘洋壳密度低、中部密度高，中心密度最低的趋势，尤其是位于残留扩张脊西南中央的龙门海山密度最低，仅为2.4×10^3 kg/m³，而且海盆南北两侧还发现了7.0～7.6 km/s的下地壳高速层。

ZJHY560测线东南段（图2.8）的重、震拟合结果显示，洋壳的密度为2.85×10^3 kg/m³。海山对应的地壳厚度明显增厚，具有"山根"效应，地壳厚度最大达9 km，且密度明显较周边洋壳小，海山对应的地壳密度为2.73×10^3 kg/m³。

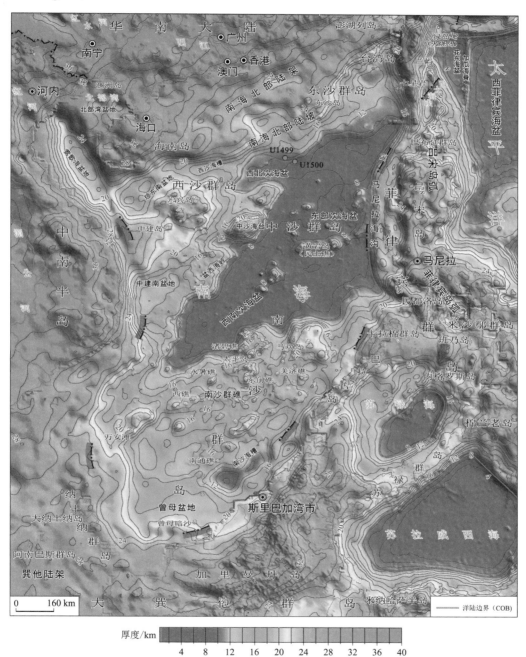

图2.15　南海及邻域结晶地壳厚度图

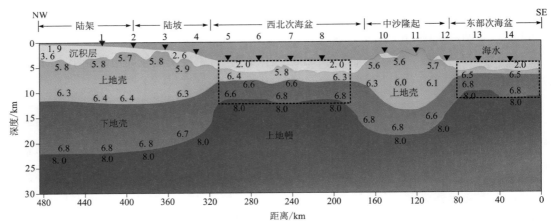

图2.16　OBS2006-1测线解释的速度结构模型图（据吴振利等，2011，修改；剖面位置见图2.4）

图中数字表示该点附近的平均P波速度，单位为km/s，下同

研究区西菲律宾海盆洋壳整体上自西部边缘向东抬升，莫霍面深度从西南部边缘的15 km左右抬升至小于6 km，地壳厚度自12 km减薄至4 km，莫霍面最深区域位于海盆西南部的海底高原，最大深度约15 km，莫霍面最浅区域位于加瓜海脊东面，最小深度约6 km。花东海盆呈南北走向展布，莫霍面深度由西北向东南逐渐抬升，为20～10 km，地壳厚度6～16 km；GXML220测线（图2.6）南北向跨越花东海盆，重、震拟合结果显示，花东海盆的洋壳密度比南海东部次海盆低，变化范围在2.67～2.8×10³ kg/m³。加瓜海脊亦呈南北向展布，其地壳厚度加厚至8～10 km，西侧地壳厚度为6～8 km，结晶地壳厚度约6 km，东侧地壳厚度为4～6 km，结晶地壳厚度为3～5 km，东侧地壳比西侧更薄；西菲律宾海盆的莫霍面深度变化相对比较平缓，莫霍面深度为9～11 km，地壳厚度范围4～6 km，结晶地壳厚度为3～5 km，呈现周缘薄、中部厚的特征。GXM130测线东段（图2.5）自西向东跨越花东海盆和加瓜海脊，进入西菲律宾海盆东部区域，重、震拟合结果显示，花东海盆、加瓜海脊及其东侧地壳密度低，密度值仅为2.65×10³ kg/m³，西菲律宾海盆东部区域的地壳密度相对较高，密度值在2.72×10³～2.82×10³ kg/m³。

苏禄海盆的洋壳区域局限在海盆中央，莫霍面深度为12～10 km，地壳厚度为8～6 km。苏拉威西海盆的洋壳厚度自周缘向中央减薄，相应地，莫霍面自周缘向中央抬升，莫霍面深度为12～6 km，地壳厚度为8～2 km。

2. 陆壳（II类）

陆壳占据研究区大部分区域，按照地壳厚度30 km和15 km可进一步划分为正常陆壳、减薄陆壳和超薄陆壳。正常陆壳主要分布在华南大陆、海南岛、印支地块和加里曼丹岛，莫霍面深度和地壳厚度均在28～40 km。

减薄型和超薄型陆壳在南海陆缘分布最广，厚度不均，与南海海盆扩张前后地壳伸展、周缘板块俯冲挤压密切关系。减薄形陆壳主要分布在南海陆架、上陆坡、陆坡岛礁及台地区域，而超薄地壳主要分布在南海北部和西部下陆坡区。

南海北部陆架、中沙海台、西沙群岛区域、礼乐滩和巽他陆架的水深较浅，地壳厚度在22～28 km，莫霍面深度在24～28 km，经历地壳伸展后，比正常陆壳稍薄，上方发育了2～6 km厚的沉积地层。

双船扩展排列东部ESP-e剖面（图2.17）、OBS2006-3剖面（图2.18）和OBS1993剖面（图2.19）的北段均处于南海北部陆架范围内，速度结构模型显示，北部陆架的莫霍面深度在24～30 km，较重力反演结果稍深，地壳厚度在22～28 km，向南逐渐减薄，变化较缓。三条剖面均解释了下地壳高速异常，速度值在7.0～7.6 km/s。

ZJHY560测线西北段（图2.8）穿过中沙海台西侧，重、震拟合结果显示，中沙海台的地壳增厚明显，厚度达20 km以上，地壳密度为2.75×10³ kg/m³，高于地壳平均密度。

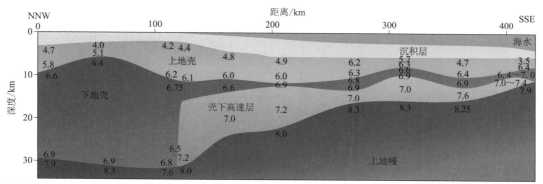

图2.17 ESP-e剖面数据解释的速度结构模型图（据Nissen et al.，1995，修改；剖面位置见图2.4）

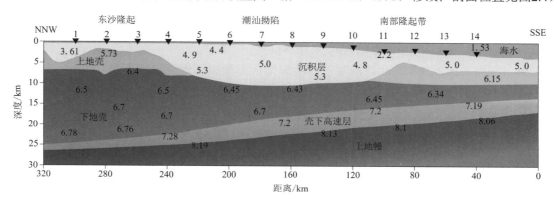

图2.18 OBS2006-3剖面解释的速度结构模型图（据阮爱国等，2010，修改）

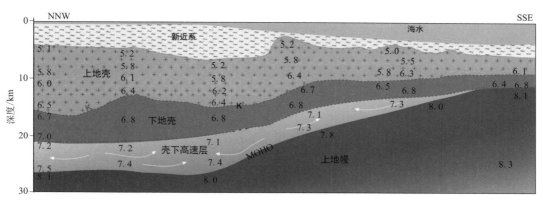

图2.19 OBS1993剖面数据解释的速度结构模型图（据阎贫和刘海龄，2002，修改；剖面位置见图2.4）

ZJL80测线北段（图2.9）位于西沙群岛区域西南部，重、震拟合结果显示，西沙群岛区域西南部的地壳厚度在20 km左右，地壳密度在2.62×10³～2.68×10³ kg/m³。

OBS973-2剖面南段（图2.20）穿过礼乐滩东侧，速度结构模型显示，北部陆架的莫霍面深度在24 km左右，较重力反演结果稍深，地壳厚度约22 km，厚度稳定。未解释下地壳高速异常。

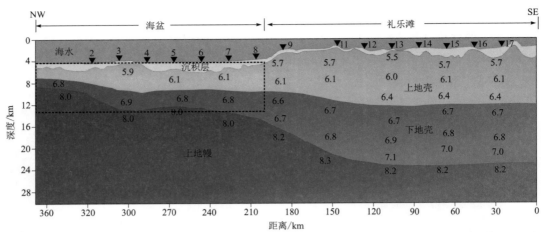

图2.20　OBS973-2剖面解释的速度和地壳结构剖面图（据阮爱国等，2011，修改；剖面位置见图2.4）

ZSM280测线西北段（图2.7）自西北向东南贯穿南海北部陆坡，地震剖面上解释了巨厚的新生界，最大厚度达13 km以上，莫霍面上隆至18 km，莫霍面形态与沉积基底形态呈镜像关系，剥去沉积地层后地壳厚度最小约2 km，地壳密度为$2.67 \times 10^3 \sim 2.69 \times 10^3$ kg/m³。

OBH1996-4剖面（图2.21）北北西向穿过西沙海槽，海槽中部地壳厚度不足10 km。在海槽中部莫霍面深度15 km，向两侧明显加深，但未解释下地壳高速异常。

OBH1996-3剖面（图2.22）北东向跨越莺歌海盆地，所测得的最深部速度仅为3.8～4.1 km/s，在卫星测高重力异常和已知的地层厚度数据的约束下拟合得到地壳结构模型。模型显示莺歌海盆地的沉积基底埋深达16～17 km，即上覆沉积层厚度为16～17 km；沉积层之下的地壳厚度仅8 km，最薄为5～8 km，对应的莫霍面深度为21 km。

ZJL80测线（图2.9）南北向穿过中建南盆地，重、震拟合结果显示中建南盆地中心发育厚达6 km以上的沉积层，莫霍面上隆至15 km以浅，莫霍面形态与沉积基底形态呈镜像关系，剥去沉积地层后地壳厚度最小约5 km，地壳密度为$2.6 \times 10^3 \sim 2.85 \times 10^3$ kg/m³。

ZJHY560测线西北段（图2.8）穿过中沙南海槽，水深在4000 m以上，是地形平坦的深海平原地貌，地壳厚度为5～6 km，变化平缓，地壳密度为2.78×10^3 kg/m³，明显大于平均的陆壳密度，小于正常洋壳密度。

GXML220测线北段（图2.6）进入琉球增生楔，重、震拟合结果显示莫霍面迅速下沉，地壳厚度快速增厚，从25 km左右快速增厚至30 km以上，地壳密度为$2.65 \times 10^3 \sim 2.75 \times 10^3$ kg/m³。

3. 过渡壳（混合壳）（Ⅲ类）

过渡壳或混合壳，是指典型陆壳物质、洋壳物质或深部地幔物质混杂的地壳，在南海及邻域包含了：①南海海底扩张初期陆壳破裂，新生洋壳形成时与陆壳接触的过渡带，对应的地壳类型称为洋陆过渡壳；②沿着汇聚型大陆边缘，大洋岛弧与陆壳之间挤压碰撞造山，新的地块形成，其中混杂了陆壳物质和大洋岛弧物质，对应的地壳称为岛弧型过渡壳。

研究区洋陆过渡壳主要分布在南海海盆洋壳边缘小范围区域，而岛弧型过渡壳则广泛分布。琉球岛弧、台湾岛东部–吕宋岛弧、菲律宾岛弧、巴拉望岛和苏禄岛弧等，因俯冲挤压、走滑、伸展作用形成一套增生杂岩、岩浆弧以及微陆块等，属岛弧型过渡壳，地壳厚度变化大，厚度范围在12～32 km，莫霍面深度在14～32 km。

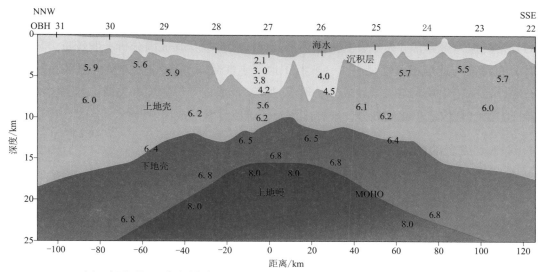

图2.21　OBH1996-4剖面解释的西沙海槽速度结构模型图（据吴振利等，2011，修改；剖面位置见图2.4）

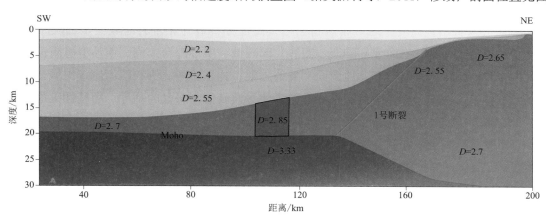

图2.22　卫星重力资料反演莺歌海盆地OBH1996-3剖面地壳结构模型图（据Wu et al.，2009，修改；剖面位置见图2.4）

图中*D*为密度，单位为g/cm^{-3}

　　OBS1995剖面（图2.23）和GXM130测线西段（图2.5）自西向东跨越台湾恒春半岛南面增生楔区域，GXML220测线北段（图2.6）由南往北进入琉球增生楔区域，沉积地层挤压堆积，地壳厚度从25 km左右快速增厚至30 km以上，地壳密度在$2.6 \times 10^3 \sim 2.75 \times 10^3$ kg/m^3，属岛弧型过渡壳。

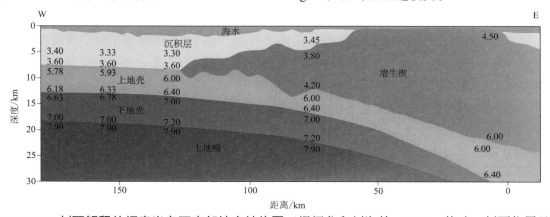

图2.23　OBS1995剖面解释的恒春半岛西南部地壳结构图（据阎贫和刘海龄，2002，修改；剖面位置见图2.4）

四、磁异常成因综合分析

与重力异常类似，磁异常亦是综合各地质因素而形成的位场，其成因分析一般较重力异常成因分析更为复杂，其分布特征与地形相关性很小。一般沉积地层磁性微弱（表2.3），从沉积基底开始，壳内各种成因的岩石磁性特征变化较大，与岩性成分、形成时间、形成地理位置均有关系。本书尝试通过磁异常的不同位场转换方法结合构造单元的划分，解释南海及邻域磁异常的成因。

（一）浅部火成岩的磁异常响应

磁异常变化特征对火成岩的响应比较显著。南海及邻域处于低纬度地区，磁异常受斜磁化影响较严重，磁异常与埋藏磁性体往往很难一一对应。磁异常解析信号模是关于三个方向的一阶导数的模，它的最大优点就是能够较精确刻画磁源体的位置和边界，而且一般不受磁倾角变化的影响，另一个优点是对浅部火成岩体具有很好的刻画能力（李春峰和宋陶然，2012）。因此，通过计算研究区磁异常资料的解析信号模（图2.24），了解埋藏较浅磁源体的分布，解析信号模低值代表磁源体埋藏相对较深；反之，解析信号模高值代表磁源体埋藏相对较浅。

从计算结果可以看出，研究区磁异常解析信号模高值分布最为显著的区域在东部次海盆，其次分布在西北次海盆、西南次海盆、南海北部陆架、南海北部陆坡、中沙海台南面、西沙群礁附近、西菲律宾海盆、吕宋岛弧中部、苏禄海盆、万安盆地南面、巽他陆架、礼乐滩西北侧和西南侧等区域。东部次海盆、西南次海盆、西菲律宾海盆和苏禄海盆的磁异常解析信号模高值与海盆的基性、超基性火成岩有关；南海北部陆架、南海北部陆坡的磁异常解析信号模高值可能与南海扩张开始以前和扩张初期的岩浆活动有关；中沙海台南面和西北次海盆西面的磁异常解析信号模高值可能与陆缘裂谷拉张有关；吕宋岛弧的磁异常解析信号模高值可能与俯冲有关的岛弧火山活动有关。

除了部分数据缺失区域外，研究区磁异常解析信号模低值主要分布在南海东北部陆缘、南海南部礼乐滩附近以及莺歌海盆地、曾母盆地等沉积巨厚区，可能与磁源埋藏较深有关。

（二）磁异常源相对深浅分析

位场向上延拓具有压制异常浅部干扰，突出深部异常信息的功能。随着向上延拓高度的增加，异常的浅部信息不断减少，深部异常源的信息得以体现。

南海及邻域磁异常向上延拓不同高度（10 km、20 km、30 km、50 km和100 km）后的结果（图2.25），经对比发现南海及邻域磁异常所反映的场源分布有以下特点：

（1）随着向上延拓高度增加，磁异常的整体格局有所改变，磁异常面貌由复杂变简单，磁异常走向亦由多种走向北东—北北东、北西、近东西和近南北向，逐渐转为以北东—北北东向为主。

（2）经向上延拓计算，对南海及邻域各种走向的磁异常源相对深浅做简要分析，北东—北北东走向的磁异常在各延拓高度的磁异常图上均有显示，分布范围广，分布在南海海盆大部分区域、苏禄海盆和苏拉威西海盆等区域，这表示北东—北北东走向磁异常在上述区域由浅及深均有反映，是南海最为显著的构造走向。北西走向的磁异常亦在不同延拓高度的磁异常图上均有显示，延拓高度在20 km以内时，北西走向磁异常在华南大陆、南海北部陆坡、南海西南陆缘和巽他陆架均有响应，随着延拓高度增加至30 km、50 km和100 km，南海海盆内的北西走向磁异常消失，而西北部华南大陆和西南部巽他陆架区域仍显示北西走向磁异常。近东西走向磁异常在南海海盆东部最为常见，随着磁异常延拓高度增加，南海海盆近东西走向磁异常逐渐不显示，转变为北东东走向磁异常；近南北走向磁异常主要分布在南海西缘断裂带、南海东缘马尼拉海沟–岛弧区域和西菲律宾海盆的加瓜海脊等区域，随着延拓高度增加至20 km以上，近南北走向磁异常逐渐在研究区不显示。

以上分析表明，北东–北北东走向磁异常反映了研究区最为优势的构造走向，该走向的磁异常源由浅至深均有分布，表明北东–北北东走向在一定程度上与基底及深部地壳构造走向密切相关。

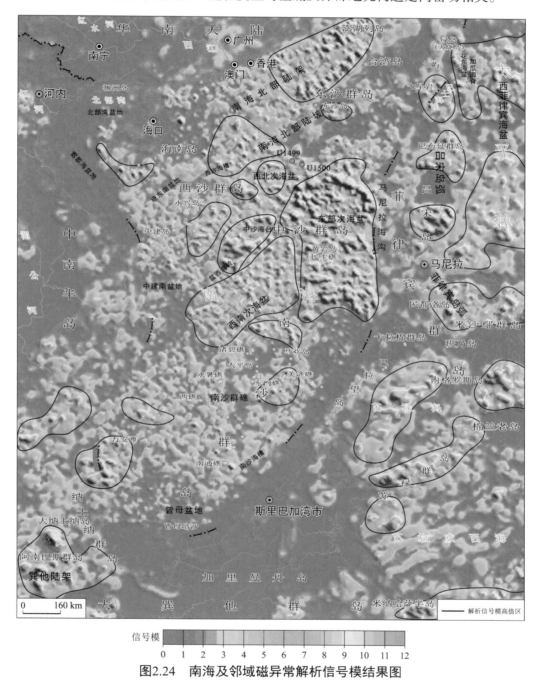

图2.24 南海及邻域磁异常解析信号模结果图

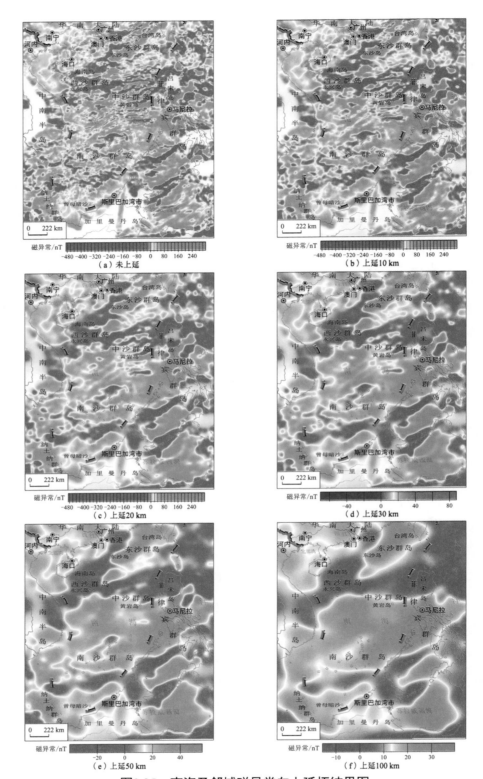

图2.25 南海及邻域磁异常向上延拓结果图

（三）重点磁异常现象综合分析

在南海及邻域磁异常等值线图（图2.3）上有不少表现显著或学术讨论较多的磁异常现象，如南海海盆表现显著地正负变化线性磁异常（"磁异常条带"）和南海北部陆缘高磁异常带。

1. 南海海盆磁异常条带

磁异常等值线图（图2.3）和磁异常平剖面图（图2.26）均显示了南海深海盆范围内正负交替变化的线性磁异常，被称为"磁异常条带"，一直被作为南海海底扩张成因的主要证据（Briais et al.，1993；姚伯初等，1994）。

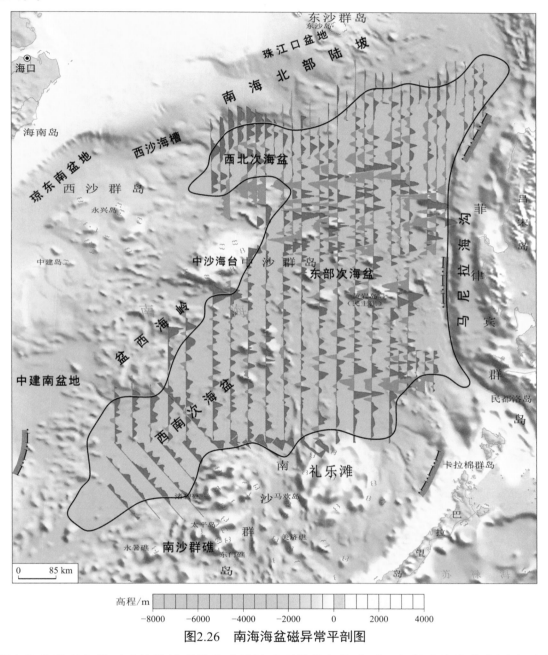

图2.26 南海海盆磁异常平剖图

东部次海盆的磁条带无论从线性磁异常连续性或磁异常幅值来看，都是南海海盆范围内最为显著的（图2.26、图2.27），海盆中央海山链以北海山、海丘群发育，呈北东东向展布，一般与高幅值磁异常相对应，并破坏了原有正负规律变化的线性磁异常条带，这些海山、海丘群可能是海盆扩张停止后岩浆活动的产物，错断或扭曲了原有的线性磁异常条带的面貌。西南次海盆的磁异常幅值相对较小，明显的磁异常条带仅分布在海盆东北部，西南部的线性磁异常不明显。建模结果显示其异常成因与海底扩张期间新生洋壳在冷却固结时保存的不同磁化方向的剩磁有关。

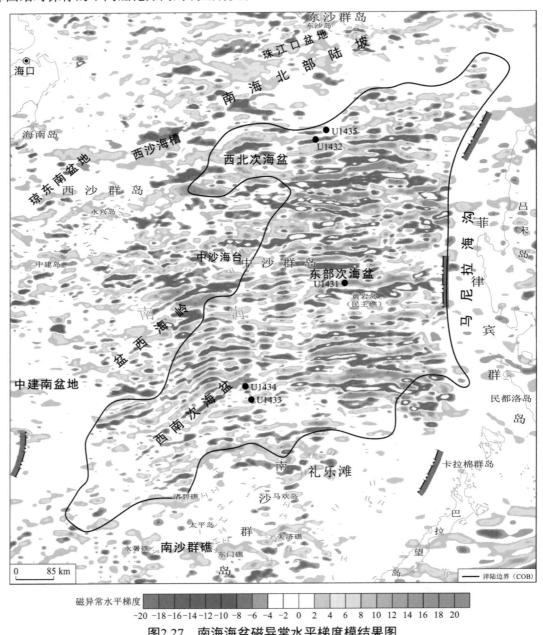

图2.27　南海海盆磁异常水平梯度模结果图

2. 南海北部陆缘高磁异常带

南海北部陆缘高磁异常带，异常值在80～250 nT变化，异常整体走向为北东–南西向，在空间位置上自番禺低隆起开始，经东沙群岛一直延伸至台湾岛西部的北港隆起附近，延绵近800 km、宽80～100 km，十分醒目（图2.28）。它是南海北部陆架与南海北部陆坡构造带之间的分界线。

对磁异常进行解析信号模计算，在一定程度上可避免因低纬度地区斜磁化影响导致的磁异常峰值位置相对磁源位置向南偏离（李春峰和宋陶然，2012）。经计算后，发现南海北部陆缘磁异常解析信号模高值带位置相对高磁异常带位置向北偏移（图2.29）。

从解析信号模计算结果中圈出解析信号模高值圈闭，投至磁异常等值线图上，用不同颜色线表示磁异常峰值与解析信号模峰值不同的对应关系。其中，红色椭圆标定位置代表解析信号模峰值与磁异常负值峰值对应；蓝色椭圆标定位置代表解析信号模峰值与磁异常正值峰值对应；而玫红色椭圆标定位置代表解析信号模峰值与磁异常峰值位置偏离（图2.29）。因此，推测高磁异常带是多种不同磁源体叠加的结果，磁源体很可能分多期次形成。

将高磁异常带的空间位置投至空间重力异常图（图2.30）上，可发现磁异常解析信号模高值带位置与空间重力异常相对高值带位置具有较好的相关性，前者大都分布在后者范围内，而且两者位置大致与基底隆起带（番禺低隆起、东沙隆起和澎湖隆起）相对应（图2.31）。

跨越高磁异常带的深地震速度剖面（图2.31；Nissen et al.，1995a；Yan et al.，2001）显示，基底隆起与相对高速异常对应。其中，OBS973速度剖面（Yan et al.，2001）显示基底隆起以下的中、下地壳速度范围为5.2～6.8 km/s，下方下地壳高速层（7.2～7.4 km/s）；OBS2006-3速度剖面显示基底隆起以下的中、下地壳速度范围为5.7～6.7 km/s，下方下地壳高速层（7.28 km/s）；ESP-e速度剖面（Nissen et al.，1995a）显示基底隆起以下的中、下地壳速度范围为4.2～6.7 km/s，下方未解释下地壳高速层；再往东北方向，台湾岛西部的澎湖–北港隆起带的宽度和形状与高磁异常带有明显的相关性，速度结构剖面显示在10 km深度附近速度为6～6.5 km/s（Cheng et al.，2003），下地壳的速度大于6.5 km/s（Cheng，2004）。

南海北部深地震探测剖面解释结果发现，南海东北部存在下地壳高速层（v_p大于7.0 km/s，小于8.0 km/s；Nissen et al.，1995a；Yan et al.，2001；McIntosh et al.，2005；Wang et al.，2006），但以西，呈北西–南东向穿过南海北部陆坡、西北次海盆、中沙北海隆的OBS剖面（OBS2006-3；吴振利等，2011），以及近南北向跨西沙海槽的OBH1996-4剖面（Qiu et al.，2001）均未解释下地壳高速层。由此可见，南海北部陆缘下地壳高速层的分布可能仅限于珠二拗陷、珠三拗陷以东区域（OBS2006-3以东区域），而高磁异常带向西南方向的延伸亦终止于白云凹陷附近。在南北方向上，下地壳高速层既分布在高磁异常带正下方，也出现在高磁异常带东南面，以后者为主（图2.31）。因此，高磁异常带与下地壳高速层并无显著的对应关系。

考虑到南海北部陆缘的地质现象，包括：①从华南大陆到南海北部陆架、南海北部陆坡的陆壳减薄，即地壳平均厚度从37 km减薄至20 km左右（图2.15）；②从东海经台湾海峡，一直延伸至南海北部陆缘的一系列呈北东向展布的裂谷盆地（图2.12）；③在东沙隆起和澎湖隆起（Lin et al.，2003）等裂谷边缘亦发育有神狐组（古新世—早始新世），但缺失晚白垩世地层，说明晚白垩世地壳抬升持续的时间较长，不同地区后期开始接受沉积的时间存在差异；④南海在始新世末开始海底扩张。

可以推断，新生代期间南海北部整体处于地壳伸展背景下发生了抬升隆起。Lin等（2003）在对台湾岛西部平原及西部、南部海域进行区域沉降史研究时，发现在渐新世期间（37～30 Ma），澎湖隆起和台湾海峡盆地等古近纪裂谷盆地边缘出现强烈的地壳抬升（伴随铁镁质岩墙侵入和热变质作用），直接导致澎湖隆起中始新世—早中新世（47～21 Ma）地层缺失（最大约4500 m），并将这期陆缘地壳抬升运动解释为在陆缘张裂向大陆漂移转换期内（37～30 Ma），强烈的张裂活动在裂谷底下引发了短暂的、小尺度的地幔对流。该对流导致了大陆破裂和最初的海底扩张（～32 Ma），在陆缘形成显著的渐新世破裂不整合面（BU），伴随强烈的岩浆活动造成喷出火成岩体和底侵火成岩体侵位在洋陆分界处附近。

Ludmann和Wong（1999）在对东沙海域高分辨率地震资料精细解释后发现，由主要的不整合面标定晚中新世以来有两期快速侧向抬升事件，一期发生在中—上新世，另一期发生在下—中更新世，认为这些抬升事件是由岩浆构造事件引起的，而岩浆构造事件与中国东部和台湾在5～3 Ma和3～0 Ma的两期主要碰撞事件有关。

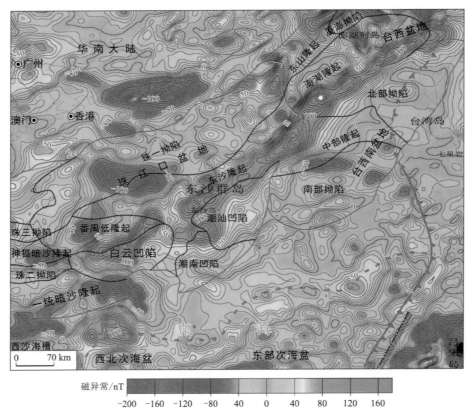

图2.28 南海北部磁异常等值线图及构造区划简图（构造区划简图据李平鲁和梁惠娴，1994，修改）

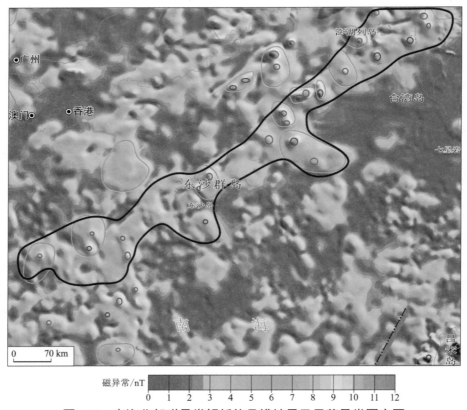

图2.29 南海北部磁异常解析信号模结果及显著异常圈定图

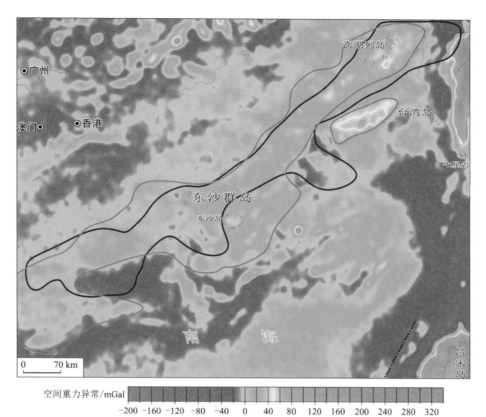

空间重力异常/mGal

-200 -160 -120 -80 -40 0 40 80 120 160 200 240 280 320

图2.30　磁异常解析信号模高值带位置与空间重力异常相对高值带位置的对应关系图

黑色线为磁异常解析信号模高值带位置

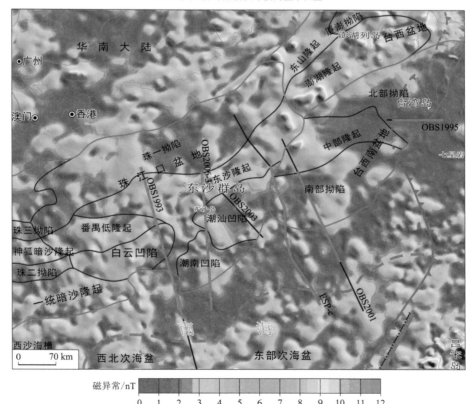

磁异常/nT

0 1 2 3 4 5 6 7 8 9 10 11 12

图2.31　磁异常解析信号模高值带位置与基底隆起带的对应关系图

棕色线段为深地震探测剖面位置，橙色部分是下地壳高速体分布范围基于上述资料综合分析，结合中国东南陆缘中生代以来地质背景的认识，推测南海北部陆缘高磁异常带可能主要由渐新世南海扩张开始以前和扩张初期的岩浆活动引起，并叠加了上新世以来台湾碰撞造山运动的影响。

五、断裂及构造走向的重、磁异常响应

重、磁异常对区域构造走向及深大断裂具有较好的指示作用。其中，重力异常是岩石圈内各种地质作用结果的综合反映，包括地表及海底地形走向、沉积地层内的地层错断、基底构造走向和中下地壳乃至地幔岩石圈内的大规模错断。然而，距离观测面越近，构造行迹在重力异常的反映越明显，构造规模越大，在重力异常上的反映越显著；磁异常则对岩浆活动比较敏感，沿断裂侵入的岩浆岩体在磁异常图上大多有所反映。

为了在平面上更加突出断裂展布的重、磁异常响应，选取了上延10 km的南海及邻域重、磁异常，分别进行了Tilt梯度计算（王想和李桐林，2004），得到南海及邻域布格重力异常Tilt梯度图（图2.32）和磁异常Tilt梯度图（图2.33），其中连续性较好的线性异常被解释为断裂，在重、磁异常图上均有响应。为此，在南海及邻域大致追踪了四组主要断裂带，分别为北东-北北东、北西、近南北和近东西走向断裂（图2.32、图2.33）。

北东—北北东走向断裂：在重力异常场和磁异常场的Tilt梯度图上，北东—北北东走向断裂是研究区发育最为普遍的构造走向，主要发育在南海陆架-陆坡、陆洋转换带，以及南沙群礁、南沙海槽、巴拉望岛、苏禄海和苏拉威西海，尤其在南海海盆和南海南北陆缘发育最多。

北西走向断裂：在重力异常场和磁异常场的Tilt梯度图上，北西走向断裂的普遍程度仅次于北东—北北东走向断裂，主要发育在华南大陆、印支地块、北部湾盆地、莺歌海盆地、西沙海槽、中建南盆地、南沙群礁和巽他陆架等区域。在南海海域北西走向断裂时与北东—北北东走向断裂相伴而生。

近南北走向断裂：在重力异常场和磁异常场的Tilt梯度图上，近南北走向断裂主要发育在南海西缘断裂带、南海东缘马尼拉海沟-岛弧区域和西菲律宾海盆的加瓜海脊等区域，断裂数量较少。

近东西走向断裂：在重力异常场和磁异常场的Tilt梯度图上，近东西走向断裂在研究区发育较少，仅出现在中南半岛陆地东部和东部次海盆等局部区域。东部次海盆东侧近东西走向线性异常被称为磁条带，其中部分可能并非断裂在磁异常图上的反映。

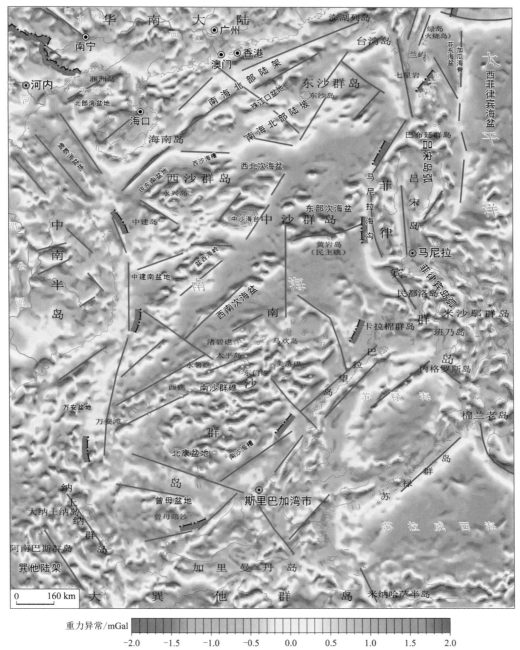

图2.32　南海及邻域重力异常Tilt梯度及断裂推断图

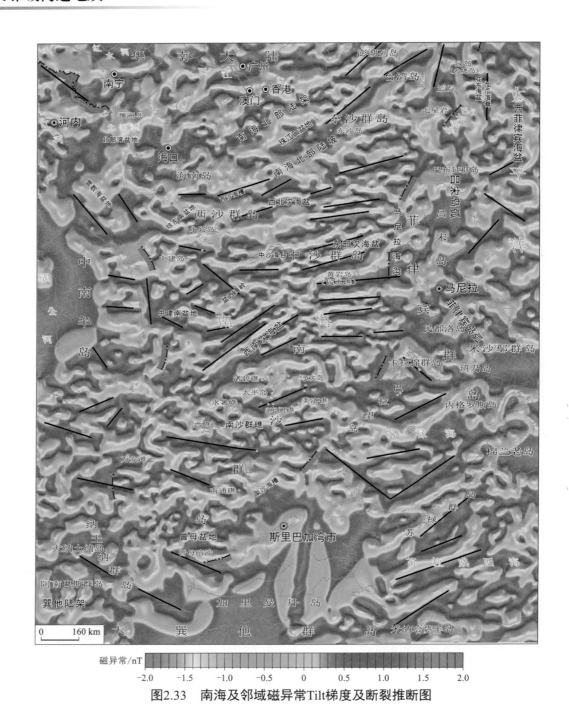

磁异常/nT

-2.0　-1.5　-1.0　-0.5　0　0.5　1.0　1.5　2.0

图2.33　南海及邻域磁异常Tilt梯度及断裂推断图

第四节　南海大地热流特征

海底热流是地球内部热过程在海底的直接显示（徐行等，2017）。它不仅包含着海底温度空间分布、地球各圈层中的热状态及其圈层之间能量平衡的热信息，而且也是开展热史和地球动力学研究的基础依据。南海作为西太平洋最大的边缘海之一，经历了岩石圈拉张、破裂、海底扩张到后期的俯冲、碰撞的复杂演化过程，保留了边缘海形成过程中所有的地质现象。因此，开展南海的大地热流特征及其构造研究对于认识岩石圈结构演化、岩浆活动及其相应的动力机制等地质科学问题显得尤为重要。

南海的大地热流探测及其研究工作始于20世纪70年代（Anderson et al.，1978；钱翼鹏，1982；Taylor and Hayes，1982；Nissen et al，1995；姚伯初，1995）。前期大地热流测量数据主要集中在南海南、北部陆缘的大陆架上（李雨梁和黄克明，1990；饶春涛和李平鲁，1991），深水海盆和大陆坡的测量数据较少。近二十年来，随着我国深水油气和天然气水合物资源勘探、海洋区域调查工作不断推进，南海海域地热学研究工作逐渐向深水陆坡和海盆区拓展，积累了第一手海底热流资料，为全面认识南海海底热流的空间变化特征，深入开展海洋天然气水合物和油气地质中的应用研究、探讨海域深部地质构造及其地球动力学等基础地质问题提供了可靠的科学依据。

一、数据收集和整理

地温场信息与地球重、磁、电和放射性等属性的地球物理场一样，包涵着丰富的地球科学信息。在海洋地热学研究中，地温场的主要地热参数有海底温度、海底沉积物和岩石的热导率、生热率、地温梯度和热流密度值（或热流值）。

（一）海底热流探测技术与方法

海底热流数据主要的采集方法有两种：①通过海底沉积物的原位地温梯度和热导率测量，用傅里叶定理换算得到热流密度值；其中，海底热流探测技术与方法可分为李斯特（Lister）型和尤因（Ewing）型两类装置。②通过石油探井或科研探井的温度测量和岩心热导率测量获得地热参数。探井的测温方式也分两类：平衡温度测量和井底温度测量（BHT）；这些方式均利用探井的测温数据，结合相应井段岩心样品的热导率值，利用布拉德方程计算热流密度值。在探井和尤因型原位热流探测的两种方式中，岩心热导率值均需在室内使用热导率仪测得的。

（二）数据来源

南海的海底热流数据选用范围在104°～127°E，0°～25°N之内。数据来源有以下几个部分：①20世纪80年代，由广州海洋地质调查局钱翼鹏教授通过CCOP组织收集整理的南海及其邻域的热流数据一批，约429个；其中南海深水海盆的36个探针数据来自东南亚地热流编图成果和相关文献（Anderson et al.，1978；Taylor and Hayes，1982），周缘大陆架的钻孔热流数据来自国内外石油公司。②广州海洋地质调查局与美国哥伦比亚大学拉蒙特海洋研究所于20世纪80年代在南海北部联合采集三条探针热流剖面，共155个地热流数据。③中国科学家在ODP1148和IODP349、IODP367、IODP368航次中的钻井热流测量数据10个。④台湾学者在台西南盆地采集的地热流数据14个（Shyuet al.，2007）。⑤越南学者在越南沿海地区地热资源勘探研究中发表的地热流数据50个（Tran，2012）。⑥南海西部和北部海域石油钻井地热流数据40个（何丽娟等，2001；米立军等，2009）。⑦广州海洋地质调查局自2004年起在南海北部陆坡、南部陆坡以及南沙的岛礁区、海盆区独立采集的海底原位地热流数据729个，部分数据来自科研项目（徐行等，2005，2017，2018）。⑧收集国际地热流委员会的全球热流库（http://www. heatflow.und.edu/index2.html）和东南亚地热流数据库（http://searg.rhul.ac.uk/current_ research/heatflow/index.html）中的相关信息，经筛选之后，选用其中数据114个。在本书中，参与数据统计的海底地热流数据共1541个（图2.34）。

（三）数据整理和分析

每个海底热流数据均包含了来自地球深部热源作用的"传导热"和海底表层流体产生的"对流热"两部分信息。当表层流体影响小的时候，来自深部热源的热传导信息在测量数据中占主导；而当表层流体影响大的时候，反映深部地温场特征的测量信息被严重扰乱。表层流体干扰程度较强烈的测量结果会导致热流密度值严重偏离正常的地温场背景值。又因大地热流变化是反映岩石圈拉张减薄和活动程度的重要指标，在本项研究过程中力求减少表层流体的干扰成分，凸显出与深部地质相关的地热流特征信息；因而，在数据整理和分析过程中主要采用两种方法：①通过分区统计分析方式，求算平均热流密度值及其标准差，以及最大值和最小值等；②依据各区的地质构造特点，绘制热流密度趋势图。通过地热流数据的统计与分析，力求客观、准确地反映出深部地球科学信息及其在空间的分布规律。

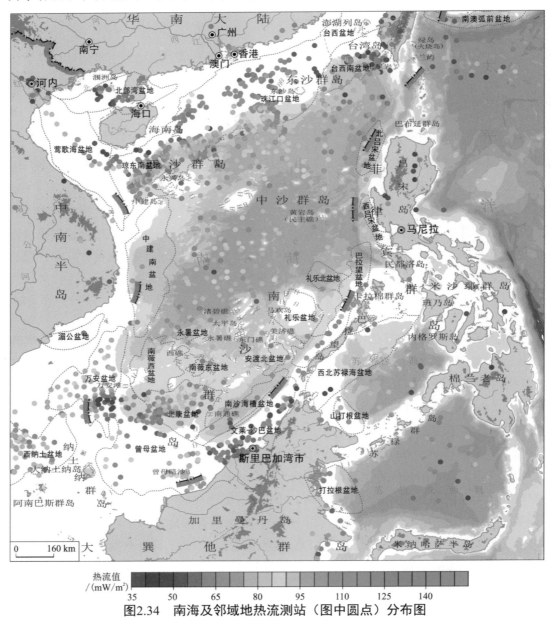

图2.34 南海及邻域地热流测站（图中圆点）分布图

二、南海及邻域地热流特征

南海地质构造存在着复杂性和多样性，大陆边缘和盆地构造演化受深部热活动影响大，以盆地作为基本单元，对南海及邻域地热流特征进行平面分区与研究。分区依据：根据断裂系统、新生代盆地、地壳结构和构造属性的空间展布特点，将地热流特征划分为南海北缘、南海西缘、南海南缘、南海东缘、南海海盆和其他海区六个区域。其中，主要断裂依据地震剖面解释，结合地球物理场特征确定其延伸、性质和活动性。深海海盆的洋陆边界（COB）确定参照了地形地貌和地球物理特征（李春峰和宋陶然，2012）。

通过对南海及其周缘的实测地热流数据（图2.34）的分区统计分析，绘制南海的大地热流趋势图（图2.35），较系统揭示研究区热流密度值在空间的变化特征。

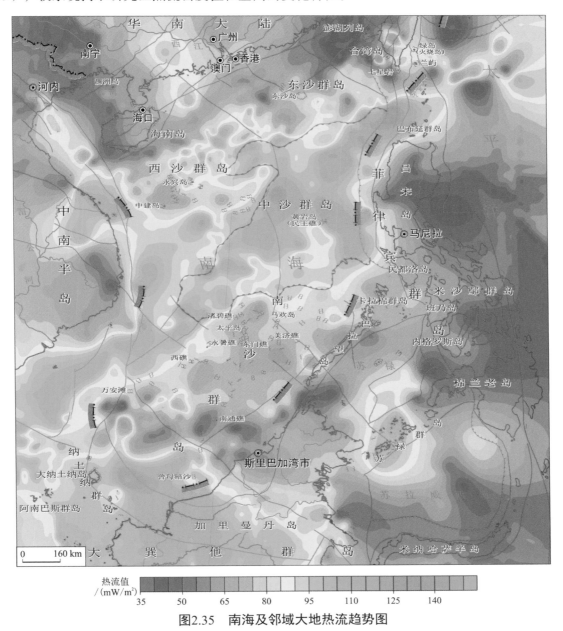

热流值/(mW/m²)

35　　50　　65　　80　　95　　110　　125　　140

图2.35　南海及邻域大地热流趋势图

（一）南海北缘

南海北缘，东为台西南盆地和台湾海峡盆地的东侧，西接南海西缘断裂带，南以洋陆边界（COB）为界，包括南海北部陆架和陆坡。该区域自晚中生代以来经过了多期次的张裂和热沉降活动，发育了台西南盆地、台湾海峡盆地、珠江口盆地、琼东南盆地和北部湾盆地等大中型含油气盆地为主体的伸张大陆边缘。通过对南海北部陆缘510个地热流数据统计，结果表明该区域地热流测量值范围在21～225.9 mW/m²，热流密度平均值为79.8 ± 21.52 mW/m²（图2.35）。其中，台西南盆地的地热流数据112个，热流密度平均值为77.9 ± 34 mW/m²；珠江口盆地的地热流数据341个，热流密度平均值为79.3 ± 19.2 mW/m²，反映了南海东北部陆缘的热流密度值集中在60～85 mW/m²范围内（图2.36）；南海西北部琼东南盆地的地热流数据278个，热流密度平均值为83.8 ± 17.2 mW/m²；北部湾盆地的地热流数据35个，均为钻探数据，热流密度平均值为61.68 ± 7.3 mW/m²。

热流密度值的空间变化趋势显示，南海北部陆缘总体上呈西高东低特征（图2.35）。东沙隆起附近测点稀少，且热流值相对较低，而神狐—一统暗沙断裂带附近呈现出高热流区带。在东部，从北西陆坡往南东的深水海盆方向热流值逐渐增高；在西部，沿着西沙海槽和琼东南盆地，两侧的热流密度值较低，而中心地带的热流值高。此外，在琼东南盆地和西沙海槽海域中存在着多处"范围小""热流值异常高"的聚集点。

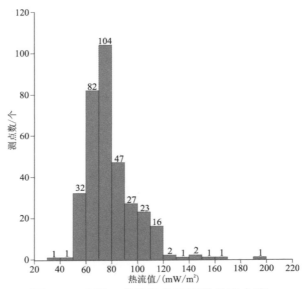

图2.36 珠江口盆地地热流测站的直方图

（二）南海西缘

南海西缘指沿着南海西缘断裂带两侧的陆架和陆坡区，由北向南涵盖了莺歌海盆地、中建南盆地、万安盆地和湄公盆地，以及中西沙岛礁区、盆西海岭区和部分的西南巽他大陆架（图2.35），是新生代走滑-伸展为主的大陆边缘。由于该海域为敏感区，热流探测工作仅限于112°E以东的深水海域。108°E以西的浅水区地热流探针测量数据和钻井数据基本来源于国外数据库。统计结果，莺歌海盆地的热流密度平均值为119 mW/m²；中南建盆地的热流密度平均值为89 mW/m²；湄公盆地的热流密度平均值为63 mW/m²；中西沙岛礁区和盆西海岭区46个数据统计，其热流密度平均值为74.9 ± 24.7 mW/m²。

南海西缘走滑断裂以西的热流特征：①南海西缘走滑断裂带总体上呈高热流特征。②在西缘走滑断裂带的北部，莺歌海盆地的地热流值向西和西北方向快速递增，向东南逐步降低；沿南海西缘断裂两侧分布的沉积盆地中，莺歌海盆地的地热流值最高，万安盆地（图2.37）次之，而湄公盆地最低（图2.35），热流特征呈北高南低的态势。

南海西缘走滑断裂以东的热流特征：①从北往南，整体呈现高低热流相间分布特征（图2.35），呈现盆地热流高，稳定陆块热流低的格局，即琼东南盆地、中建南盆地、西南次海盆西南裂谷–万安盆地热流值相对较高，而海南岛、西沙陆块、中沙陆块、盆西海岭和盆西南海岭热流值变化复杂。②西沙陆块北侧向西沙海槽和琼东南盆地，热流值逐渐增高，与琼东南盆地靠海南岛南侧遥相呼应，其西侧呈高热流状态。③从西北次海盆沿着中沙海槽，直至中建南盆地中部拗陷存在着一条高热流带（图2.35），它将西沙陆块、中建南盆地与中沙陆块、盆西海岭和盆西南海岭区分成两大区域。④中沙海台、盆西海岭和盆西南海岭呈现北东–南西向排列，表现出中心位置热流值低而边缘地带热流值相对高的特征。

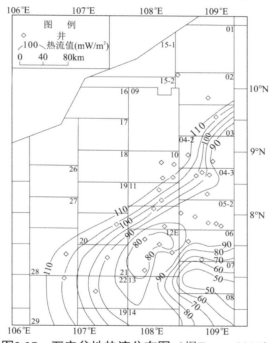

图2.37　万安盆地热流分布图（据Tran，2012）

（三）南海南缘

南海南缘指南海海盆洋陆过渡带以南的海域，包括曾母盆地、北康盆地、南薇西盆地、南薇东盆地、南沙海槽盆地、文莱–沙巴（Sabah）盆地、礼乐盆地、巴拉望盆地、安渡北盆地、礼乐北盆地及相邻的南沙群礁陆架和陆坡海域，晚中生代以来是一个伸展–俯冲–碰撞复合且复杂的大陆边缘。该海域整理了230个地热流测点的数据，其中浅水海域的热流数据均来源于国外石油公司的钻井资料和越南学者相关成果，深水海域的探针热流数据共66个，广州海洋地质调查局在该海域测量数据占70%。

各个盆地分区统计结果，曾母盆地65个测点地热流数据，平均值为90±18 mW/m²。其中，深海区10个探针测站，热流密度平均值为62±9 mW/m²，6个测点来自广州海洋地质调查局采集。北康盆地共21个测点数据，热流密度平均值为66.1±25.7 mW/m²，广州海洋地质调查局测点16个。文莱–沙巴盆地75个测点，热流密度平均值为61.7±11.0 mW/m²，均为钻探测井数据。南沙海槽盆地8个数据，热流密度平均值为68.3±8.4 mW/m²，均为探针测量数据。北巴拉望盆地的地热流数据34个，热流密度平均值为75.9 ± 16.4 mW/m²，均为探井的测量数据。巽他大陆架上地热流数据共计77个，热流密度平均值为92.6 ± 16.2 mW/m²，均为探井热流测量数据。南沙群礁包含南薇西盆地、永暑盆地和礼乐盆地在内的海域，有27个探针热流数据，其热流密度平均值为62.8 ± 24.2 mW/m²。

南海南缘地热流数据的统计结果揭示：①西南部陆架的卢帕尔（Lupar）断裂具有高热流值。②西南部曾母盆地浅水区和巽他陆架海域的地热流相对较高，巴拉望盆地次之，曾母盆地深水部分、北康盆地、南沙海槽盆地和南沙群礁的地热流值较低，文莱–沙巴盆地最低（图2.35）。③靠近西南次海盆海域的地热流值较高。④深水海区多个探针热流测点数据离散，剔除与平均值偏移较大的离散点之后，统计后的热流密度平均值接近70 mW/m²。

（四）南海东缘

南海东缘，包括吕宋群岛、马尼拉海沟和部分台西南盆地海域。该区域是欧亚板块与菲律宾海板块的俯冲汇聚带，构造活动强烈，地震、火山活动频繁，马尼拉海沟地震活动表明其俯冲作用仍在继续。

收集马尼拉海沟31个数据，其热流密度平均值为34.1 ± 12.9 mW/m²。其中，广州海洋地质调查局采集数据9个，这些数据分布在马尼拉海沟西侧。其中，南段东侧的数据个别测点呈高热流异常值（图2.35）。此外，收集到吕宋群岛地区的钻井地热流数据17个，其热流密度平均值为50.8 ± 13.8 mW/m²。该区域的测点稀疏，其热流密度的平均值比较低。

南海东缘的热流密度值总体比较低，但有个别高异常值偏移背景值，又因数据稀少，难以区分马尼拉海沟区北、中和南段各自的地热流特征和空间变化规律。

（五）南海海盆

1. 热流特征

南海海盆由东部次海盆、西北次海盆和西南次海盆组成，目前地质–地球物理资料均证实为洋壳，是整个南海地壳及岩石圈最薄的海域。南海海盆的地热流测量统计结果（图2.38），东部次海盆的地热流数据112个，热流密度平均值为88.6 ± 17.0 mW/m²；西南次海盆的地热流数据74个，热流密度平均值为95.4.6 ± 13.6 mW/m²；西北次海盆的地热流数据15个，热流密度平均值为92.8.6 ± 14.4 mW/m²，总体上，南海海盆绝大多数的测点数据热流密度值在70～120 mW/m²范围之内。

南海海盆的热流密度值明显高于相邻陆缘；其中三个次海盆的热流密度值统计结果表明：西南次海盆平均值最高，西北次海盆次之，东部次海盆相对较低（图2.35）。西北次海盆和西南次海盆的热流密度异常值相对较少，但在东部次海盆扩张中心纬度附近，靠近马尼拉海沟海域地热流测点的数据普遍很低。

2. 热流与洋壳年龄关系

根据李春峰和宋陶然（2012）识别的南海海盆的磁条带年龄，将在海盆磁条带位置的海底热流测点，参照Parsons和Sclater（1977）的热流–年龄经验关系$Q(t)=472.34t^{-1/2}$（式中，Q为热流，mW/m²；t为洋壳年龄，Ma）的理论曲线进行对比。从东部次海盆和西南次海盆中不同构造单位中选取了85个海底热流测点，绘制了热流密度值与洋壳关系图（图2.39）。总体上，海底热流随洋壳的年龄增加呈逐渐降低，但大多数测点低于理论预测拟合值，这种现象是洋壳年龄较年轻的普遍现象。通常，年轻海盆在扩张停止之后，岩石圈结构的不均匀性，后期的岩浆活动依然活跃。洋壳冷却过程中表层裂隙众多，地下水热循环也十分活跃。这些流体活动干扰深部的热传导过程。多个热流密度值为低异常值的测点主要分布在海盆扩张中心附近，但高异常值测点大多数聚集在靠近海盆边缘的COB处。

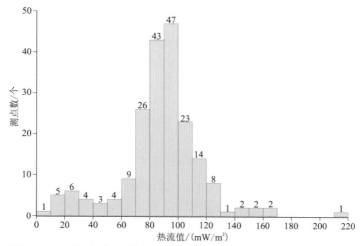

图2.38　南海海盆区地热流测点直方图（据徐行等，2018）

最新的IODP349航次大洋钻探和深拖磁测成果表明（Li et al.，2014，2015），东部次海盆的扩张时代为33～15 Ma，西南次海盆的扩张时代为23.6～16 Ma。西北次海盆扩张年龄，利用IODP367、IODP368航次最新的钻探成果，在井震标定和约束下，重新解释了穿过西北次海盆的二维多道地震剖面，通过地热流最新调查数据和计算结果，认为西北次海盆扩张时间可能为28.0～23.5 Ma。

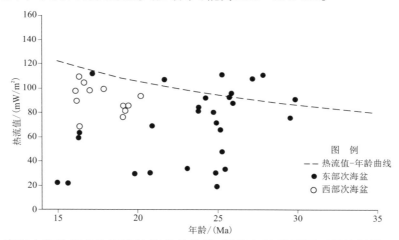

图2.39　南海东部次海盆和西南次海盆的热流-洋壳年龄关系图（据徐行等，2018）

（六）其他海域

其他海域指西菲律宾海盆、苏禄海和苏拉威西海。除西菲律宾海西北部海域部分为广州海洋地质调查局实测海底热流数据外，其余海域均为收集的海底热流数据。

1. 菲律宾海盆

收集和整理菲律宾海盆的地热流数据共为28个，其中广州海洋地质调查局采集的地热流数据为17个，这些测点主要分布在花东盆地相邻海域和加瓜海脊东侧，其平均热流密度值为65.9 ± 31.3 mW/m^2。靠近西菲律宾海盆西北端的热流密度值相对较低，与其所处菲律宾海板块沿菲律宾群岛东部边缘俯冲带的西北端位置相对应。又由于西菲律宾海盆宽广，其西侧的热流数据稀少，因而该统计数据仅能反映西菲律宾海盆西北部的热状态。

2. 苏禄海

苏禄海由西北苏禄海盆地、卡加延火山脊和东南苏禄海盆组成，收集地热流数据21个，其中东南苏禄海盆热流数据6个，为探针测量，其热流密度平均值为88.9±4.5 mW/m²；西北苏禄海盆地钻井热流数据15个，其热流密度平均值为63.5±20.0 mW/m²。整体上，卡加延火山脊和东南苏禄海盆呈现高热流特征（图2.35）。

3. 苏拉威西海

苏拉威西海地热流数据50个。其中，分布在西南苏拉威西岛33个地热流数据的平均值为77.8±17.5 mW/m²。位于深水海盆地热流数据17个，热流密度平均值为69.3±16.6 mW/m²。苏拉威西海测点的热流密度平均值低于苏禄海和南海海盆（图2.35）。

三、地热流特征及其地质意义

通过对南海及邻域中大量地热流数据的统计分析，揭示了其地热流特征，进而刻画其深部热状态、热结构以及岩石圈拉张减薄程度，为南海形成演化动力学模式建立提供第一手科学依据。

南海及邻域地热流特征在空间分布上具有明显区域性和局部的不均一性。在总体上，南海海盆、东南苏禄海盆和南海南缘西南侧呈高热流状态，南海西缘、南海北缘、南海南缘东南侧和苏拉威西海盆次之，南海东缘和菲律宾海为最低。在局部海域，如北部陆坡西侧、中西沙岛礁区和南沙岛礁区中的热流值空间变化十分复杂；由北往南还发育西沙海槽-琼东南盆地的华光凹陷、西北次海盆-中沙陆块北-中建南盆地的中部拗陷和南海海盆扩张脊-万安盆地东侧三条北东-北北东向展布的高热流带（图2.35）。

（一）海盆区

南海海盆处于高热流背景中，其热流密度平均值明显高于周缘，说明其扩张停止时间不久，局部依然受后期的岩浆活动影响。与南海"菱形"海盆的地形地貌特征一致，沿着海盆的长轴方向，一条高热流值带呈北东-南西向展布，两侧具有明显的不对称性，受海盆拉张减薄和边界条件差异等影响所致。南海海盆各个次级单元大多数测点热流密度值空间变化趋势符合热流密度高低与海盆年龄新旧的对应关系（图2.39）。统计南海三个次级海盆单元中海底热流值测点的平均值，西南次海盆的热流值最高，西北次海盆次之，东部次海盆相对要低。这也反映了海盆的扩张方向和次序是由东北向西南"渐进式"扩张。

南海海盆现今地温场处于非稳态环境之中。由于海盆内的沉积相对较薄，裂隙发育，深部的热传导过程易受海底地下水的热循环影响，海盆区热流测点出现多个高异常值和低异常值，推测为受不同类型的地下水热循环影响所致。在西南次海盆的扩张中心内，多个测点呈现了低热流值，与盆地的中心位置以拉张为主有关（图2.34）；而西南次海盆和东部次海盆边缘的部分测点出现高热流异常点，与挤压作用有关。在东部次海盆扩张中心纬度附近，靠近马尼拉海沟，出现了一些地热流测点的热流密度值很低现象，究竟是地下水热循环所致，还是代表了其他地质构造活动影响，有待进一步研究。

（二）陆缘区

南海陆缘呈现北部拉张伸展、东部俯冲-挤压、西部走滑-拉张、南部拉张-挤压并存的特点。由于各陆缘的构造格架和演化方式不同，其热流密度在空间上的变化特征迥异。

南海北缘，热流密度平均值为79.8±21.52 mW/m²，热流密度在空间变化具有"东西分块，南北分带"特征。纵向上，由陆架区向海盆方向，热流密度值呈增加趋势（图2.35）；横向上，西部的琼东南盆地及其陆坡区的地热流密度值要高于东部的珠江口和台西南盆地。这反映出南海北缘受伸展减薄控制作用之外，西部的晚期岩浆活动也相对活跃；神狐——统暗沙断裂带呈现的高热流区对应了一个高磁、高密度和高导区，推测与中南礼乐断裂在南海北部延伸的深部岩浆活动密切相关；东沙陆块附近的低热流区对应是相对稳定的地块。由于南海北部陆缘受北东-南西向和北西-南东向两组断裂活动差异控制，尤其是中——新生代多次张裂伸展作用，导致了南海北部岩石圈拉张减薄，表现出地壳结构横向非均质性，热流密度的空间变化大，但总体空间变化趋势与深部结构起伏具有良好的对应关系。

南海西缘，受印支地块挤出和古南海俯冲-拖曳、南海扩张两种不同应力场的影响，南海西缘断裂带两侧的地热流特征存在着明显差异性（图2.35）。在西侧，整体上具有南北两端高中间低的特点，即北部莺歌海盆地和南部万安盆地的热流密度值较高，介于80～100 mW/m²，尤其在万安断裂带附近呈现热流密度值高，而且变化复杂，由于万安盆地中部拗陷处于西南次海盆北东向扩张脊的西南裂谷延伸线上，其东南部与一系列北西向走滑断裂，如卢帕尔断裂和廷贾断裂等交汇处多方向的强烈走滑-拉张应力场作用有关。沿着断裂带热流密度值由北向南降低，可能是西缘断裂带走滑活动向南部逐步减弱的结果。在东侧，热流密度值在空间上呈现高低相间的特点，并发育三条北东或北北东向的高热流密度带，由北往南分别为琼东南盆地-西沙海槽高热流密度带、西北次海盆西南端-中沙海槽-中建南盆地中南部高热流密度带、西南次海盆西南裂谷-万安盆地西北部高热流密度带。琼东南盆地-西沙海槽高热流密度带南北两侧的热流密度相对较低，呈对称关系，整体反映了琼东南盆地和西沙海槽受到以北北西-南南东向拉张应力场的作用。西北次海盆西南端-中沙海槽-中建南盆地中南部和西南次海盆西南裂谷-万安盆地西北部两条北北东向高热流密度带，推测存在着两条北东-南东向的断裂带或裂谷带，它们分别被西沙海隆、中沙北海隆、中沙海台、盆西海岭和盆西南海岭区所分割，这些稳定的陆块均表现中心部位热流密度值低、周缘高。西缘断裂带东侧复杂变化的热流特征是南海多期次海底扩张和南海西缘走滑活动共同作用下，致使该区域岩石圈被不均匀拉张减薄，地壳肢解破碎同时又叠加后期岩浆活动的结果。

南海东缘，其低热流特征与其构造背景对应。①由于海沟是物质、能量循环的下沉区，热流从东部次海盆区的高热流急降为马尼拉海沟和弧前盆地的低热流区。②俯冲带中的局部高热流特征是流体干扰还是该区域深部物质上涌所致有待于进一步验证。

南海南缘，从西向东，以卢帕尔断裂、廷贾断裂、巴拉巴克断裂和马尼拉俯冲带为界，各个区块的大地热流具有明显的分段性。在廷贾断裂的西南侧，包括卢帕尔断裂走滑带及其巽他大陆架海区呈高热流状态，热流密度的平均值高于90 mW/m²，该区段对应着走滑拉张的构造背景。廷贾断裂和巴拉巴克断裂之间的南沙海槽盆地和文莱-沙巴盆地的热流较低，这一区段是已经停止的古南海向加里曼丹岛俯冲消亡处。在巴拉巴克断裂带与马尼拉海沟之间，北巴拉望盆地的热流密度比礼乐盆地等西北侧的构造盆地要高一些。北巴拉望盆地对应的陆块不仅在深部构造特征与周缘陆块之间有明显差异，而且在接触关系也有所不同。它在中新世期间与菲律宾弧发生碰撞过程，东南部的苏禄盆地仰冲在其之上，其东侧的马尼拉海沟是至今依然活动的南海俯冲消亡处南端。

总体而言，南海及其邻域均处于高热流环境下。与海盆的地形地貌特征一致，沿着海盆的扩张中心方向，高热流值带呈北东-南西向展布，两侧具有明显的不对称性，受海盆扩张速率、构造-岩浆-热液相互作用和边界条件差异等影响所致。统计南海三个次级海盆单元中海底热流值测点的平均值，西南次海盆的热流值最高，西北次海盆次之，东部次海盆相对要低。海盆周缘的热流值空间分布特征复杂。南海北缘处于多期次不均匀的拉张减薄状态下，总体西高东低，从陆坡向海盆逐渐增高。东缘的低热流状态对应着所处在俯冲带的位置上；南部东西侧不同的热流状态对应了处于不同构造位置上；西缘西侧高热流特征由北向南逐渐降低，反映受走滑断裂活动程度在减弱；西缘东侧复杂的热流变化特征是岩石圈被拉张减薄的基础上又叠加了岩浆活动的响应。

（三）其他构造单元

菲律宾海盆和苏拉威西海均属于新生代早期形成的海盆，相应的岩石圈经过了长期的热松弛之后，相对的大地热流值受影响比较小。据ODP124航次钻探资料，苏拉威西海盆年龄为中始新世早期，因而其测点的热流密度平均值低于苏禄海盆和南海海盆，同时也说明了其海盆年龄也比较早。菲律宾海盆属于菲律宾海板块向西部俯冲的海区，其热流密度值相对较低，对应着菲律宾海板块向台湾岛、琉球群岛俯冲的位置。卡加延脊将苏禄海分为西北苏禄海盆和东南苏禄海盆两个次级海盆，水深较浅的西北苏禄海盆是沙巴–巴拉望地块的一部分，是一个弧后盆地；水深较大的东南苏禄海盆所呈现高热流特征，对应着一个残留的中新生代海盆，其扩张形成时段为20～15 Ma。

第 / 三 / 章

南海及邻域断裂构造

第一节　断裂的概念及分级

断裂是指两侧岩石发生显著位移的破裂面或破裂带，其规模可从厘米级到数千千米级。区域上，板块或地块间的汇聚碰撞或相对运动形成的断裂带通常成为相邻构造单元的边界。

根据现有的海域地震剖面及重力、磁力等基础地质调查资料，按照断裂构造的规模、切割深度、产状及其在区域地质构造演化中的作用，将南海及邻域断裂级别划分为四级：I级岩石圈断裂、II级地壳断裂、III级基底断裂及IV级盖层断裂。

I级岩石圈断裂：指板块边界，切穿岩石圈，规模巨大，通常在重、磁特征上有显著显示。南海及邻域发育四条I级断裂：琉球海沟俯冲断裂带、东吕宋–菲律宾海沟断裂带、台湾西麓前锋断裂和马尼拉–内格罗斯–哥达巴托俯冲断裂带，其中马尼拉–内格罗斯–哥达巴托俯冲断裂带和东吕宋–菲律宾海沟断裂带，分别构成欧亚板块与菲律宾岛弧汇聚带、菲律宾岛弧汇聚带与菲律宾海板块的构造边界，琉球海沟俯冲断裂带构成琉球岛弧汇聚带与菲律宾海板块的构造边界。

II级地壳断裂：指缝合带或碰撞带或走滑带，其标志包括：①沿此地带地史上发生过聚敛或者走滑作用，构成板块间边界；②超基性岩带、混杂岩带沿此带分布；③延伸数百至上千千米；④具低温、高压变质带；⑤为深源地震活动带。南海及邻域II级主要断裂包括：红河断裂带、南海西缘断裂带、卢帕尔断裂、廷贾断裂、巴拉望北线断裂、美济礁断裂带、乌鲁根断裂、台东纵谷断裂、北吕宋海槽西缘逆冲断裂和加瓜海脊东缘断裂。

III级基底断裂：指切割深度大、延伸长，具长期活动性的数条断层组成的破碎带。标志有：①作为区域地质构造单元或盆地的边界；②延伸长度及断距较大，并控制两侧岩相及厚度；③沿此带常表现为重力梯度带或磁异常带，并有中、酸性岩浆侵入；④两侧构造线方向及形变截然不同，沿此带常有动力变质现象，为地球物理分区界线。南海及邻域III级断裂包括：中南–礼乐断裂带、莲花山断裂带、闽粤滨海断裂带、曲尺–箸浓断裂和菲律宾断层等15条。

IV级盖层断裂：指规模相对较小的断层，主要切断盆地盖层，作为控制盆地内次级单元间边界，或为某一主干断裂的伴生断层。南海及邻域IV级断裂数量繁多，主要断裂包括：广乐隆起东断裂、中建南盆地控拗断裂、中沙海槽西北断裂、安渡北盆地北控拗段断裂、礼东断裂、西南次海盆洋陆边界断裂、南海海盆洋中脊断裂带、中沙地块南部断裂、南沙海槽北缘断裂、九章盆地南控拗西段断裂、九章盆地南控拗东段断裂、南沙海槽盆地南控拗断裂、礼乐盆地南控拗断裂、吕宋–冲绳断裂带、北吕宋海槽西缘逆冲断裂。

按照上述分级方案，对南海海域及邻区的断裂进行了分级标示，其中主要的I级断裂有四条、II级断裂有10条、III级断裂有15条（图3.1，表3.1）。

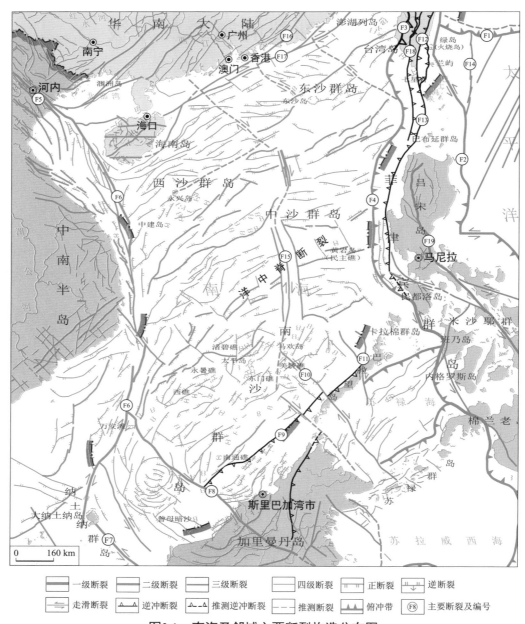

图3.1 南海及邻域主要断裂构造分布图

F1.琉球海沟俯冲断裂带；F2.东吕宋–菲律宾海沟断裂带；F3.台湾西麓前锋断裂；F4.马尼拉–内格罗斯–哥达巴托俯冲断裂带；F5.红河断裂带；F6.南海西缘断裂带；F7.卢帕尔断裂；F8.廷贾断裂；F9.巴拉望北线断裂；F10.美济礁断裂带；F11.乌鲁根断裂；F12.台东纵谷断裂；F13.北吕宋海槽西缘逆冲断裂；F14.加瓜海脊东缘断裂；F15.中南–礼乐断裂；F16.莲花山断裂带；F17.闽粤滨海断裂带；F18.曲尺–荖浓断裂；F19.菲律宾断裂；F20.南海北部洋陆边界断裂；F21.西南次海盆北部洋陆边界断裂；F22.南海南部洋陆边界断裂；F23.南海海盆洋中脊断裂带；F24.神狐–一统暗沙断裂；F25.西沙海槽断裂；F26.中沙地块南部断裂；F27.南沙海槽北缘断裂；F28.南沙海槽南缘断裂；F29.巴拉巴克断裂

表3.1 南海及邻域主要断裂划分表

断裂名称	编号	级别	断裂性质	走向	倾角/(°)	倾向	延伸长度/km
琉球海沟俯冲断裂带	F1	I	逆冲断层	东西	40～60	北	520
东吕宋－菲律宾海沟断裂带	F2	I	俯冲断层	南北－北西	40～60	南西西	1800
台湾西麓前锋断裂	F3	I	逆冲断层	北东	70～80	南东	280
马尼拉－内格罗斯－哥达巴托俯冲断裂带	F4	I	俯冲断层	近南北	40～60	东	1000
红河断裂带	F5	II	走滑断层	北西	40～50	南西	1000
南海西缘断裂带	F6	II	走滑断层	近南北	30～50	近东	1500
卢帕尔断裂	F7	II	挤压断层	北东	30～50	南西	700
廷贾断裂	F8	II	挤压断层	北西	30～50	南西	750
巴拉望北线断裂	F9	II	走滑断层	北东	5～10	南东	400
美济礁断裂带	F10	II	右旋走滑断层	北西	70～80	北东	280
乌鲁根断裂	F11	II	右旋走滑断层	北北西	60～70	北东	280
台东纵谷断裂	F12	II	逆冲断层	北东	70～80	南东	300
北吕宋海槽西缘逆冲断裂	F13	II	逆冲断层	近南北	70～80	东	330
加瓜海脊东缘断裂	F14	II	正断层	近南北	40～50	东	300
中南－礼乐断裂	F15	III	转换/走滑断层	近南北	70～80	东西	1700
莲花山断裂带	F16	III	走滑断层	北东	30～50	南东	750
闽粤滨海断裂带	F17	III	走滑断层	北东	60～70	南东	950
曲尺－茗浓断裂	F18	III	逆冲断层	北北东－南北	75～80	东	300
菲律宾断裂	F19	III	走滑断层	北北西	30～50	南西	900
南海北部洋陆边界断裂	F20	III	正断层	北东	30～50	南东	150～300
西南次海盆北部洋陆边界断裂	F21	III	正断层	北东	60～70	南东	500
南海南部陆陆边界断裂	F22	III	正断层	北东－北东东	30～70	北西	600～700
南海海盆洋中脊断裂带	F23	III	正断层	北东	75～85	南东	80～110
神狐－一统暗沙断裂	F24	III	走滑断层	北西	40～60	南东	600
西沙海槽断裂	F25	III	正断层	北东	30～50	北西	420
中沙地块南部断裂	F26	III	正断层	东西	60～70	南	50
南沙海槽北缘断裂	F27	III	正断层	北东	40～50	南东	840
南沙海槽南缘断裂	F28	III	逆断层	北东	20～40	北西	450
巴拉巴克断裂	F29	III	走滑断层	北西	40～50	南西	800
广乐隆起东断裂		IV	正断层	北东	70～80	南东	200
中建南盆地控拗断裂		IV	正断层	北东	30～40	南东	100～130
中沙海槽西北断裂		IV	正断层	北东	60～70	南东	30～50
安渡北盆地北缘断裂		IV	正断层	北东	30～50	南东	150
礼乐盆地南控拗断裂		IV	正断层	北东	20～50	北西	60
礼东断裂		IV	右旋走滑断层	北西	70～80	北东	100

第二节 南海断裂体系及特征

南海及邻域在构造演化历史中，经历多期次、多地块拼合，在不同时期的古应力场及碰撞拼接中形成了性质复杂的断裂构造。南海及邻域断裂极为发育，不同方向、不同规模、不同性质和不同深度的断裂均有分布。断裂总体以近南北向、北东-北东东向和北西向为主，不同区域断裂分布密度和走向有所差异（图3.1，表3.1）。

南海及邻域东西、南北的构造格局主要受其周缘发育的边界深大断裂控制。南海及邻域发育的边界深大断裂主要有：南海北部的闽粤滨海断裂带，南海西部的南海西缘断裂带，南海东部的马尼拉-内格罗斯-哥达巴托俯冲断裂带和东吕宋-菲律宾海沟断裂带，南海南部的巴拉望北线断裂，以及南海海盆内部的中南-礼乐断裂带。这些分隔不同地壳属性单元的深大断裂通常具有复杂的断裂组合形式。此外，南海发育众多控制各构造单元内部的隆起和盆地的次级断裂，这些次级断裂切割深度相对较浅，其形成与演化通常受到区域格架断裂的影响。

整体上，南海北部主要发育伸展断裂系，断裂主要呈北东-北东东和北西向为主，北西向断裂错断北东向断裂，北东-北东东向断裂呈拉张特征，北西向的断裂呈走滑性质。南海南部北侧是与南海北缘相似的被动边缘，与现今南海的扩张有关，主要表现为张性或张扭性断层，断裂以北东向为主。南海南部南侧与古南海的消亡和碰撞有关，发育挤压逆冲和走滑两种类型的断层，断裂主要呈北东和北西向。南海西缘断裂沿印支地块东侧延伸，与印支地块向东南挤出逃逸作用、古南海向南俯冲-拖曳和西南次海盆扩张密切相关，具走滑活动性质，主要为走滑断层，以及派生的张性和张扭性正断层，断裂带北段主要呈北西向，中段呈近南北为主，南段呈北西向的马尾状。南海东缘是典型的沟-弧构造体系，为南海洋壳被动俯冲于菲律宾岛弧和菲律宾海板块之下形成的新近纪逆冲断层为主，局部发育张扭性断层，断裂带主要呈近南北向。南海海盆内部的中南-礼乐断裂带是三大次海盆的边界，南北具有明显分段特征，主要呈北北西向分布，断裂带早期为转换断裂，晚期有走滑特征。

第三节 主要断裂特征

南海及邻域主要发育29条I级、II级和III级断裂带（图3.1，表3.1），本节重点介绍I级、II级断裂带和重要边界（III级）断裂带。其中，红河断裂带（F5）、南海西缘断裂带（F6）及卢帕尔断裂（F7）见第八章第二节。各地震反射界面：T_g为海底基底界面，T_7为早渐新世中期的界面，T_6为晚渐新世顶界面，T_5为早中新世的顶界面，T_3为中中新世的顶界面，T_2为晚中新世的顶界面，T_1为上新世的顶界面（即第四纪的底界面）。

一、I级断裂

（一）琉球海沟俯冲断裂带（F1）

琉球海沟俯冲断裂带（F1）从日本的伊豆半岛延伸到我国的台湾岛，呈北东走向，根据其演化特征划分为两段：北段是日本南海海沟俯冲带，南段是琉球海沟俯冲带。琉球海沟俯冲带是欧亚板块与菲律宾海板块的板块边界，南自台湾岛，北至九州帛琉海岭，绵延1500 km。整个琉球岛弧及大部分弧前地区处于拉张状态，仅在西南端出现北东东-南西西向的挤压构造。琉球海沟俯冲带在重、磁异常上有明显反映。

多道地震剖面显示，琉球海沟俯冲断裂带（F1）断面浅部高陡，深部延伸归并至琉球褶皱冲断带底板滑脱断层（图3.2）。该俯冲断裂带南侧是花东海盆和西菲律宾海盆，发育近水平沉积地层，地震波组清晰、连续，显示其未发生强烈变形。该断裂带北侧为琉球褶皱冲断带，其内部发育密集陡立断层，且各断层夹持紧闭褶皱，褶皱两翼地层较陡，平面上近平行展布的强烈的褶皱和断裂变形表明琉球逆冲断层的发育受到强烈挤压作用。

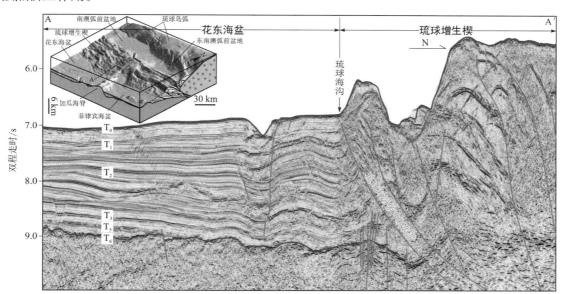

图3.2 琉球海沟俯冲断裂带地震剖面反射特征图

（二）东吕宋-菲律宾海沟断裂带（F2）

东吕宋-菲律宾海沟断裂带（F2）南北延伸长，约1800 km。该断裂带有较明显的分段特征，可分为三段，北段为北吕宋岛弧东缘逆冲断裂，呈近南北向展布；中段为花东海盆西南缘断裂，呈北西向展布；南段为东吕宋海槽-菲律宾海沟俯冲带，为菲律宾海板块的东界。

北段，北吕宋岛弧东缘逆冲断裂呈近南北向位于北吕宋岛弧与花东海盆之间（22.5° N以北），延伸长约120 km。地震剖面显示，该逆冲断裂断面陡峭，断裂上升盘区域挤压变形强烈（图3.3），褶皱宽度5 km，指示海底高地-北吕宋岛弧与花东海盆之间相向位移。该断裂东侧花东海盆基底向东掀斜，上覆地层向东缓倾，台东峡谷西侧的浅部地层沿滑脱层向东发生重力滑动，形成重力滑块。

中段，花东海盆西南缘断裂呈北西向沿花东海盆西南缘展布，延伸长度约170 km，倾向北东，倾角为70°～80°，为切穿基底的大型张性断裂（图3.4）。花东海盆西南缘断裂两侧地形及构造特征差异明显，其西南侧为吕宋岛弧，东北侧为花东海盆，多道地震剖面显示两者高差为1.0～2.0 s（双程走时，下同）。花东海盆西南缘地层发育完整，T_g～T_0界面近水平，未显示强烈变形，表明花东海盆西南缘断裂早期对沉积控制作用强，晚期继承性发育，对沉积控制较弱。吕宋岛弧与花东海盆西南缘断裂之间地层变形倾向北东的单斜构造，表明花东海盆西南缘边界断裂的发育与吕宋岛弧岩浆作用密切相关。

南段，东吕宋海槽-菲律宾海沟俯冲带为菲律宾海板块的东界。菲律宾海板块的洋壳沿着该海沟正在向西俯冲，该俯冲带伴有逆冲断层以及反映汇聚作用的浅地震和中等深度的地震，并确定了小于150 km深度的俯冲岩石圈板片（在棉兰老地下长约200 km）从菲律宾海沟向西南俯冲。吕宋海槽和菲律宾海沟约在18°N处被一条近东西向的左行转换带连接（图3.1）。

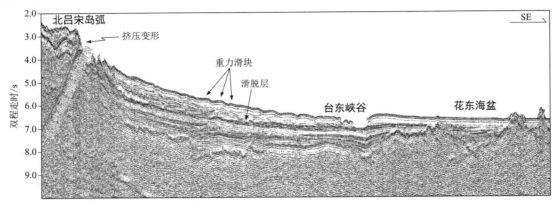

图3.3　北吕宋岛弧东缘逆冲断裂地震剖面特征图（据McIntosh et al.，2005）

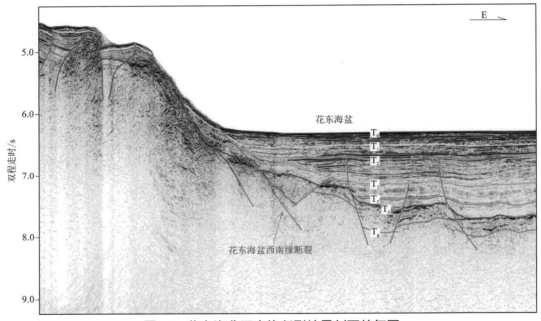

图3.4　花东海盆西南缘断裂地震剖面特征图

（三）台湾西麓前锋断裂（F3）

台湾西麓前锋断裂（F3）位于西部麓山带与海岸平原之间（图3.1），呈北东走向、南东倾向，由一系列褶皱与逆冲断层构成，从北往南包括新庄断层–彰化断层–九芎坑断层–木屐寮断层–六甲断层–后甲里断层等。断裂带内岩石破碎，由破碎泥岩和不规则砂岩岩块组成，局部有断层泥，含有高角度向东南倾斜的小型断层或裂面，上、下盘有伴随断层而发育之褶皱，较老岩层逆冲到较新岩层之上，擦痕资料也显示为高角度逆冲断层。总体上，断裂在地表附近倾角较陡，可达70°～80°；而在深部则变缓，为40°～50°。西部麓山带出露地层大都为渐新世到更新世地层，为后张裂层序，地层以新近纪碎屑状沉积岩为主，多属浅海相至海陆过渡相沉积环境。所有沉积岩的层序自渐新世—中新世—上新世—更新世大致为连续沉积。

东部麓山带地层逆断层和褶皱较发育，受到明显的挤压；西部海岸平原基本未受到挤压的影响。总体为西倾的逆断层，现在还具有活动性。该断裂带往南延伸经过海沟的底部，经俯冲前缘，是俯冲增生楔与洋壳的分界。

（四）马尼拉-内格罗斯-哥达巴托俯冲断裂带（F4）

马尼拉–内格罗斯–哥达巴托俯冲断裂带（F4）位于南海、苏禄海和苏拉威西海的东部，是一条巨型俯冲断裂带，按照其构造演化的特征，可分为三段，北段为马尼拉俯冲断裂带，中段为内格罗斯俯冲断裂带，南段为哥达巴托俯冲断裂带，这三条断裂带都属于欧亚板块东缘的俯冲带。

1. 北段马尼拉俯冲断裂带

地形上，该俯冲断裂带表现为一系列近南北向延伸的岛弧和沟槽区，并且呈现出反"S"形构造（图3.1），以深海沉积和较低的空间重力异常为特征（图2.1）（Bowin et al.，1978；Liu et al.，1998；Hsu et al.，1998）。在吕宋岛西侧马尼拉俯冲带凸向南海，而在台湾岛与吕宋岛之间的区域是凹向南海的，这样的几何形态与世界上其他大洋海沟凸向海的轴向几何形态完全不同。马尼拉增生体由南向北逐渐加宽，该俯冲断裂带轮廓到21°N附近已不清楚，由南向北也逐渐由俯冲演变为台湾造山带的初始碰撞（Kao et al.，2000）。

南海IODP349、IODP367、IODP368和IODP368X大洋钻探已证实，马尼拉俯冲断裂带西侧火山岩基底属洋壳性质，基底向南或东倾斜，总体上向海沟方向加深，这与Yeh和Chen（2001）的研究结果一致。海沟充填物从北向南逐渐减薄，根据Ku和Hsu（2009）的研究，在靠近台湾的北部地区，海沟充填物的底界面明显被抬升，表明地壳（岩石圈）发生了弯曲变形。

纵向上，马尼拉俯冲断裂带整体上具有南北向分段特征，可分为北、中、南和民都洛四段。北段断裂带表现为俯冲前缘的板状东倾正断层及增生楔上的叠瓦状高角度逆冲断裂组合特征（图3.5）。中段断裂带主要由俯冲前缘上东倾的铲状正断层、海沟处的走滑断层及增生楔上的高角度逆冲断层组成（图3.6）。南段断裂带主要由俯冲前缘海山上控凹小正断层及增生楔上的逆冲断裂组成（图3.7）。民都洛段断裂带主要由俯冲前缘上发育的大量东倾板状正断层，夹有部分逆冲断层，走滑作用强烈（图3.8），表明马尼拉俯冲作用基本结束。

总体上，马尼拉俯冲断裂带主要受控于一系列南北向近平行分布且角度相似的逆冲断层及俯冲前缘一系列正断层组成，主要活动时期为新生代中晚期，近代仍在活动之中。

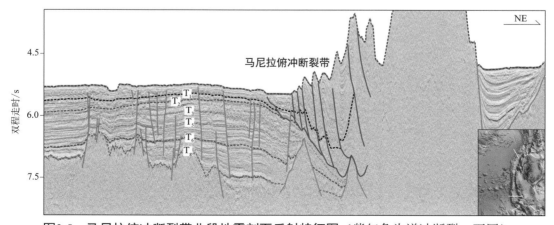

图3.5 马尼拉俯冲断裂带北段地震剖面反射特征图（紫红色为逆冲断裂，下同）

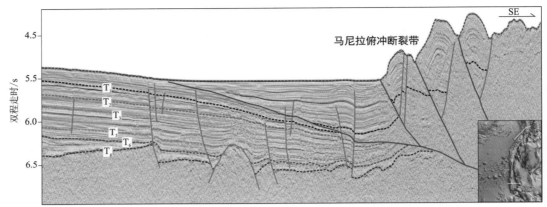

图3.6　马尼拉俯冲断裂带中段地震剖面反射特征图

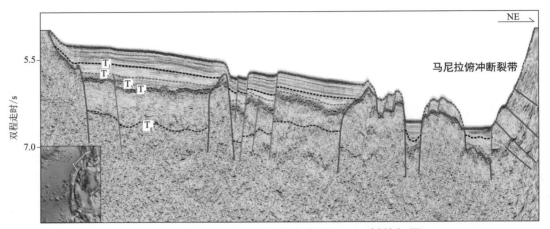

图3.7　马尼拉俯冲断裂带南段地震剖面反射特征图

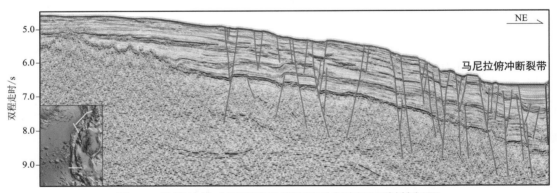

图3.8　马尼拉俯冲断裂带民都洛段地震剖面反射特征图

2. 中段内格罗斯俯冲断裂带

中段为内格罗斯俯冲断裂带，是苏禄海盆地俯冲于内格罗斯岛弧下，俯冲过程开始于中新世。内格罗斯俯冲断裂带与马尼拉俯冲断裂带不连续延伸，中间被巴拉望海岭隔断，巴拉望海岭大约于中新世停止活动。

3. 南段哥打巴托俯冲断裂带

南段为哥达巴托俯冲断裂带，位于棉兰老岛西南侧，海洋地震反射证明该断裂带有新的俯冲产生，这新的俯冲过程使哥达巴托俯冲断裂带和内格罗斯俯冲断裂带被不活动的苏禄海岭分开，苏禄海岭正向西棉兰老移动。

二、II级断裂

（一）廷贾断裂（F8）

廷贾断裂（F8）在加里曼丹岛上沿廷贾河发育，向海域也基本延坡折带处发育，截止于南沙海槽西南侧，是南沙地块与曾母地块的分界线，同时南海西南现代海岸坡折区的形成和廷贾断裂的发育具有一定相关性。该断裂整体呈北西走向，长达750 km，并控制了曾母盆地和北康盆地的沉积构造特征，其两侧表现为不同走向的断裂系统，以东北康盆地为北东—北北东向断层系统，以西曾母盆地为北西西—北西向断层系统，在地震剖面上局部表现为呈负花状组合样式，体现右旋走滑特征（图3.9）。基于南海及邻域莫霍面深度图（图2.13）、结晶地壳厚度图（图2.14）以及重力异常Tilt梯度及断裂推断（图2.32），廷贾断裂为切穿地壳的深大断裂，属于基底式的走滑断裂，形成于渐新世甚至更早。该断裂活动可划分为两个主要阶段：渐新世—中中新世的右旋活动阶段和晚中新世后的左旋活动阶段。

（二）巴拉望北线断裂（F9）

巴拉望北线断裂（F9）呈北东走向、南东倾向，延伸长度为400 km，是南沙地块与卡加延脊之间的缝合线，可与西南部的南沙海槽对比，它们代表了古南海由西向东逐渐俯冲消亡的过程。巴拉望北线断裂位于中南巴拉望褶皱逆冲带的锋缘断裂处，该锋缘断裂是这套逆冲断裂系的底滑脱面，在增生楔的底部与尼多（Nido）灰岩的顶界面重合，局部地区尼多灰岩沿着逆冲断层上冲至增生楔内部（图3.10）。在深部结构上，空间重力和布格重力异常图（图2.1、图2.2）、空间重力异常向上延拓图（图2.32）和莫霍面深度图（图2.14）上均有明显反映，为北东向线性的阶梯带，该断裂两侧重力异常特征不同，在深部地壳类型与结构也存在差异，是一条大断裂。

（三）美济礁断裂带（F10）

美济礁断裂带（F10）整体呈北西走向、倾向北东，延伸长度为280 km，分隔礼乐盆地和九章–安渡北盆地，也是南沙海槽与北巴拉望海槽的分界线，其控制了古近系的沉积。该断裂带由一系列的地堑、半地堑、地垒、半地垒等复杂构造组成。平面上，该断裂带表现为直线型或曲线型位移带；地震剖面上，深部由相对狭窄、近于直立的主位移带组成，向上分叉张开，重新组合成辫状散开的断裂带，表现为右旋走滑特征（图3.11）。该断裂带形成于新生代早期。在重力和磁力异常图（图2.1～图2.3）上，断裂带两侧重、磁异常特征明显不同，反映为一条深大断裂带。

（四）乌鲁根断裂（F11）

乌鲁根断裂（F11）位于南海东南部礼乐滩东南，呈北北西走向，延伸长度约280 km，是分隔中南巴拉望岛和北巴拉望岛的一条走滑断裂。该断裂两侧基底性质不同，以西中南巴拉望岛是由于古南海向卡加延弧之下俯冲所形成的逆冲增生楔的一部分；以东北巴拉望岛上出露的大部分地区是褶皱变形强烈的晚白垩世碎屑岩，以及三叠纪、侏罗纪变质岩和沉积岩，具有陆壳性质。该断裂向北可能延伸至东部次海盆，作为北巴拉望微陆块与礼乐微陆块的分界，在新生代南海海底扩张漂移期，可能是各个微陆块之间相对运动或区域应力场所引起的。该断裂在重力和磁力异常图（图2.1、图2.3、图2.32）上也有反映，在中南巴拉望区域的磁力异常为北东东—近东西向，而在北巴拉望区域的磁力异常以北东向为主。

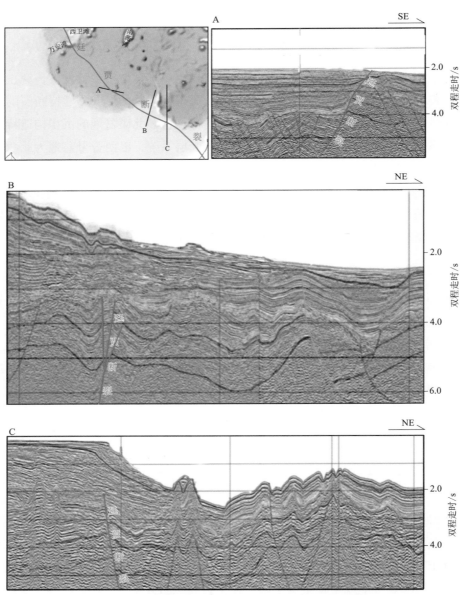

图3.9　廷贾断裂位置及地震剖面反射特征示意图

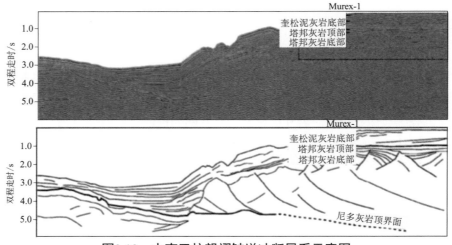

图3.10　中南巴拉望褶皱逆冲断层系示意图

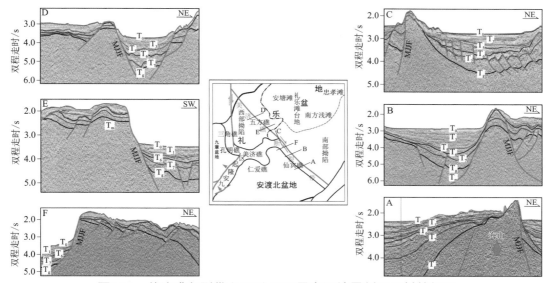

图3.11　美济礁断裂带（MJJF）平面展布和地震剖面反射特征图

MJJF.美济礁断裂带

（五）台东纵谷断裂（F12）

台东纵谷断裂（F12）位于花莲至台东，两端均入海，约呈北东70°走向，为向东南倾斜的具左旋性质的逆冲断层，是菲律宾海板块与欧亚板块间缝合带的断层。纵谷中广泛发育第四纪冲洪积层、冲积层，因被掩盖，而主要表现为隐伏断层。在地表上成一系列活动构造地形特征，如压力脊、反斜阶地、断层崖或断层线崖等；在遥感影像图上表现为线状构造带。仅在局部地区，如富里富池桥鳖溪南崖可见断层露头，为利吉混杂岩向西逆冲到河阶砾石层之上；在光复乡自强附近，断层上盘的砾岩向西逆冲至冲积层上，砾岩内的断层带宽度超过680 m，断面呈高角度向东倾斜，为逆冲断层兼具左旋性质。

（六）北吕宋海槽西缘逆冲断裂（F13）

北吕宋海槽西缘逆冲断裂（F13）呈近南北向沿北吕宋海槽西缘展布，向北延伸过程中向东偏移至花东海脊东缘，延伸长度约330 km。北吕宋海槽西缘逆冲断裂南段（21°N以南）包括一系列高陡逆冲断层，调节海底高地-恒春海脊与北吕宋海槽相向位移，断层逆冲一方面造成北吕宋海槽西缘地层向东掀斜，另一方面导致断层上盘的北吕宋海槽西缘T₃以下地层发生明显褶皱变形（图3.12）。北吕宋海槽向北延伸收窄为台东海槽，分隔花东海脊和吕宋岛弧，狭窄的台东海槽下伏北吕宋海槽西缘逆冲断裂北段（21°N以北）。McIntosh等（2005）推测恒春半岛以东向东逆冲的北吕宋海槽西缘逆冲断裂北段逆冲至弧前基底之上，弧前基底顶部的密集地震也证明此处发生的断裂作用，估算断层向深部延伸大致对应6 km/s速度等值线，即弧前基底，该等值线向西横向延伸至约170 km处倾向发生反转，标志弧前基底与消减的欧亚板片基底于此处相遇。

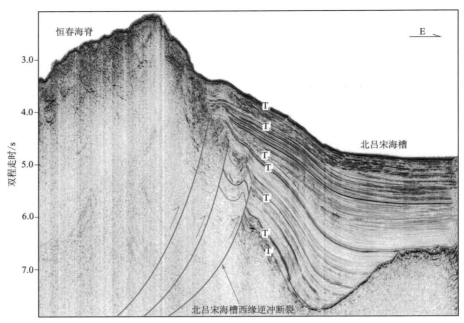

图3.12　北吕宋海槽西缘逆冲断裂地震剖面特征图

（七）加瓜海脊东缘断裂（F14）

加瓜海脊东缘断裂（F14）呈近南北向沿加瓜海脊东侧展布，延伸长度约300 km，宽约10 km，由一系列东倾正断层组成，构成西菲律宾海盆西缘边界断裂。加瓜海脊东缘断裂两侧地形及构造特征差异明显（图3.13），其西侧为高耸的加瓜海脊及花东海盆，其东侧为西菲律宾海盆，地震剖面显示两者高差为1～2 s；临靠加瓜海脊东缘断裂的西菲律宾海盆西缘地层发育完整，T_g～T_0界面近水平，未显示强烈变形，相对而言，夹持于断裂带内部的地层向东缓倾，可能受到岩浆作用影响。加瓜海脊东缘断裂分支断层倾角为60°～70°，平面展布呈雁列式展布，表明加瓜海脊构造演化可能具有走滑运动特征。

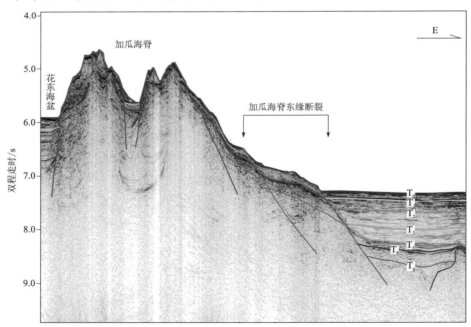

图3.13　加瓜海脊东缘断裂地震剖面特征图

三、重要边界断裂

（一）中南-礼乐断裂（F15）

中南-礼乐断裂（F15）位于南海海盆中央，是协调西北次海盆与东部次海盆、西南次海盆与东部次海盆之间相对运动的大断裂，在南海形成演化的动力学机制中起了关键性作用。

前人利用多种方法对中南-礼乐断裂的走向、性质进行了研究与探讨，但由于南海海盆整体的调查程度低，重力、磁力、地震资料质量欠佳且局限稀疏，导致对该断裂带的具体位置、走向、断裂性质等至今仍有分歧（Taylor and Hayes，1982；Briais et al.，1993；姚伯初，1995；李家彪等，2011；Li and Song，2012；Li et al.，2014；Barckhausen et al.，2014；Sibuet et al.，2016；Ruan et al.，2016；黎雨晗等，2017；Sun et al.，2019），且深浅部结构剖析甚不清楚。我们在前人研究基础上，利用最新采集的深反射多道地震剖面，结合重力、磁力及地形等地质与地球物理资料，系统厘定了中南-礼乐断裂在南海海盆中的时空展布特征，刻画了该断裂带的内部构造变形，剖析了其发育时期及断裂性质，揭示了该断裂带的深部结构。该研究对于认识南海海底扩张方式及其构造演化史将具有重要意义。

中南-礼乐断裂（图3.14～图3.20）在南海海盆中由北至南具有明显的分段性（图3.14；徐子英等，2019）。北段（西北次海盆与东部次海盆北部之间）宽25～30 km，北延于珠江海谷西侧（115.5°E，18.7°N），南消失于中沙地块东北侧（116°E，17.2°N；图3.17），主要呈北北西向延伸，其内部断裂对早中新世及以前的地层具有控制作用，表现为正断层，主控断裂沿大型海山和侵入岩体分布（徐子英等，2021）。南段（西南次海盆与东部次海盆位置）宽约60～80 km，由中沙海台东侧向礼乐地块西侧呈北北西向展布，主控断裂沿中南海岭呈北北西向分布。根据重力异常特征，推测该断裂带在南北两段的过渡区总体呈北北东向展布（图3.20）。断裂主要发育于渐新世到中中新世时期，晚中新世为继承性活动，到上新世就基本停止活动。该断裂早期为转换断裂，晚期有走滑特征。深部结构上，北段，地壳厚度上，东部次海盆洋壳厚1.7～1.8 s，西北次海盆洋壳厚1.9～2.2 s，进入中南-礼乐断裂，洋壳厚约1.75 s，因此西北次海盆洋壳厚度最厚，东部次海盆次之，断裂凹陷最薄；沉积物厚度上，西北次海盆最薄，东部次海盆次之，断裂凹陷最厚（图3.15、图3.16）。南段，地壳厚度上，西南次海盆洋壳厚1.0～1.6 s，东部次海盆洋壳厚约1.8 s，中南-礼乐断裂内洋壳约1.7 s，因此西南次海盆地壳厚度最薄，断裂凹陷次之，东部次海盆最厚；沉积物厚度上，西南次海盆沉积物总厚度明显小于东部次海盆沉积物总厚度，断裂内沉积物最厚（图3.18、图3.19）。该断裂在地震剖面上断穿沉积基底至上地壳反射面（图3.15、图3.16、图3.18、图3.19），结合南段西南次海盆与东部次海盆磁异常的解析信号模结果（图3.21）和沿主控断裂发育的海山的岩浆来源分析，及断裂对次海盆东西两侧的沉积厚度和洋壳厚度具有明显的控制作用，推测中南-礼乐断裂至少是一条地壳级断裂，甚至可能断穿岩石圈。断裂发育与南海多期次扩张密切相关。

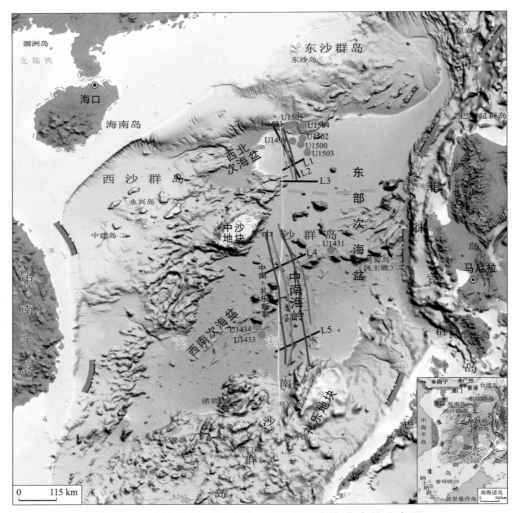

图3.14　南海地形图及中南-礼乐断裂在海盆中的分布图

黄色实线是姚伯初（1995）的研究结果；红色虚线是Ruan等（2016）的研究结果；橙色虚线是Sibuet等（2016）的研究结果；紫色实线是Franke等（2013）和Barckhausen等（2014）的研究结果；粉色虚线为Sun等（2019）的研究结果；蓝色和红色实线为徐子英等（2019，2021）的研究结果；蓝色实线为断裂宽度范围；红色实线为主控断裂

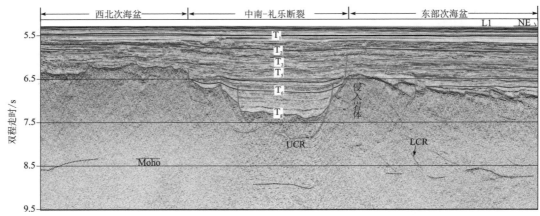

图3.15　中南-礼乐断裂北段L1剖面地震反射特征图（据徐子英等，2021；剖面位置见图3.14）

红色粗线为主控断裂；UCR为上地壳反射界面；LCR为下地壳反射界面

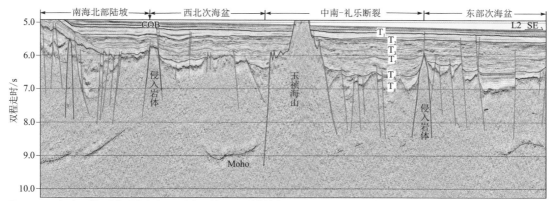

图3.16　中南-礼乐断裂北段L2剖面地震反射特征图（据徐子英等，2021；剖面位置见图3.14）

红色粗线为主控断裂

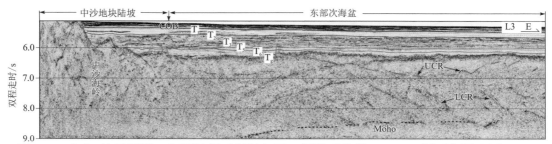

图3.17　中南-礼乐断裂L3剖面地震反射特征图（据徐子英等，2021；剖面位置见图3.14）

UCR为上地壳反射界面；LCR为下地壳反射界面

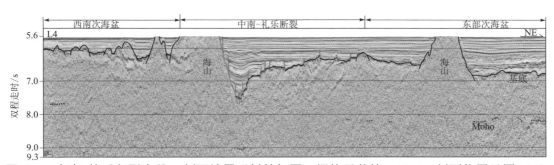

图3.18　中南-礼乐断裂南段L4剖面地震反射特征图（据徐子英等，2019；剖面位置见图3.14）

红色粗线为主控断裂

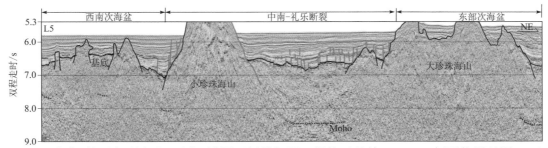

图3.19　中南-礼乐断裂南段L5剖面地震反射特征图（据徐子英等，2019；剖面位置见图3.14）

红色粗线为主控断裂

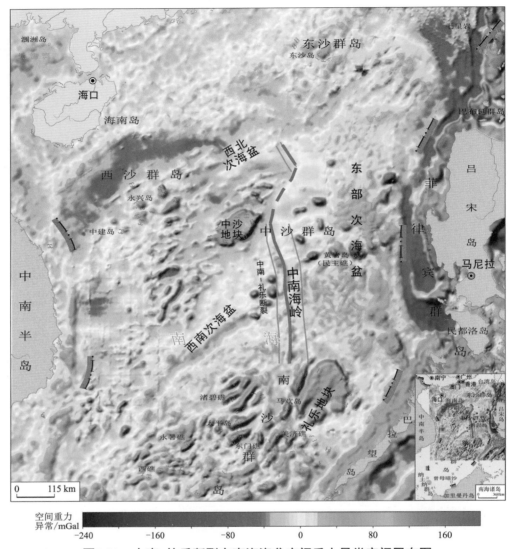

图3.20　中南-礼乐断裂在南海海盆空间重力异常空间展布图

蓝色实线为断裂宽度范围；红色实线为主控断裂位置；红色虚线为推测断裂位置

（二）莲花山断裂带（F16）

莲花山断裂带（F16）是华南陆缘重要的北东向构造带，主要发育在陆区（图3.1），控制着广东省最重要的锡铜多金属成矿带。该断裂带内涉及100多条断裂，其中主干断裂可识别出五段：第一段为深圳-惠阳断裂，自惠阳淡水至深圳市、香港一带；第二段惠阳-五华断裂为西断裂带，走向为30°～50°，倾向北西，倾角为40°～85°；第三段惠阳-丰顺断裂为东断裂带，走向为40°～50°，倾向南东，倾角为40°～70°；第四段新庵-丰顺断裂为其中变形比较突出的一段；第五段为平海-海丰断裂。

莲花山断裂带内广泛发育糜棱岩带-糜棱岩化带-压碎角砾岩带和片理带、劈理带，主要发育于燕山期花岗岩或侏罗纪火山岩中，局部切割晚古生代地层。在惠阳淡水一带，断裂控制了晚白垩世—古近纪惠阳盆地。该断裂带是重要的岛岩构造，中生代以来，尤其是中侏罗世以来，中酸性岩浆发生了多次裂隙式多中心的间歇性喷发，接着是岩浆的侵位，构成完整的喷发、侵入旋回。该断裂带有漫长的多旋回的活动历史，其控制了晚古生代剥蚀和沉积的空间分布，东侧是粤东隆起区，提供了物质来源，西侧是永梅-惠阳拗陷带，是物质的沉积空间，推测其起源于加里东运动，形成于印支运动，此后，活动频繁，大致可分为五期，以燕山期活动最为强烈，表现在压剪性–张剪性的反复交替，反映了地壳应力作用的紧缩与松弛的交替发展过程。

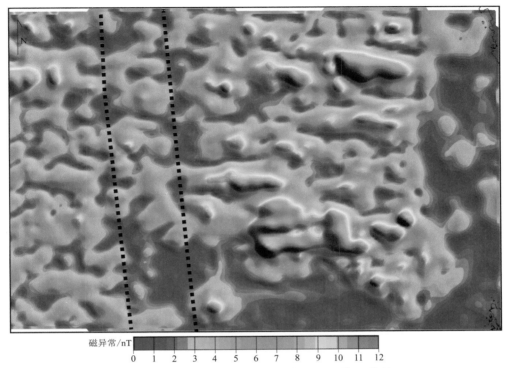

磁异常/nT

0　1　2　3　4　5　6　7　8　9　10　11　12

图3.21　南海海盆磁异常解析信号模示意图（据徐子英等，2019）

黑色虚线为磁异常解析信号模过渡区，即中南–礼乐断裂

（三）闽粤滨海断裂带（F17）

闽粤滨海断裂带（F17）是历史上多次强震的发震构造，近期弱震密集分布，沿断裂带历史上曾多次发生7级以上大地震，是东南沿海滨外一条强活动断裂带。闽粤滨海断裂带是南海北部陆缘的一条重要断裂带，是华南陆区正常型陆壳与南海减薄型陆壳的分界（赵明辉等，2001；夏少红等，2008；曹敬贺等，2014；熊成等，2018），控制了华南沿海的主要中–强地震活动，是华南沿海滨外一条大型的活动断裂带和地震带（徐辉龙等，2010），是南海北缘构造的重要边界。

闽粤滨海断裂带大致沿30～50 m水深线呈平行于海岸线的弧形展布，北起福建的东引岛和海坛岛，经台湾海峡、广东南澎列岛、红海湾口、担杆列岛，延伸入海南岛东部海域，总长度超过1000 km。该断裂带西北侧为大陆地形顺势延伸的水下岸坡区，地势起伏变化大，陆连岛、陆连沙嘴发育，岛链、礁岩星罗棋布，水下谷地、洼地交错，新生代沉积分布不连续，厚度一般不超过200 m；其东南侧岛礁消失，地势平坦，普遍为新生界覆盖，厚度一般超过500 m。表层取样资料表明，此带还是大陆沿岸泥类沉积物（北侧）与滨–浅海砂类沉积物（南侧）的重要分界线。

前人主要利用重、磁、OBS及少量地震剖面对该断裂带进行了许多研究，但对其构造走向、发育位置、断裂性质、形成时代及深部结构特征等构造特征还存在较大争议（曾维军，1991；刘以宣和詹文欢，1994；冯志强等，1998；姚伯初，1998；吴进民，1998；陈汉宗等，2005；夏少红等，2008，2010；徐辉龙等, 2010; 程世秀等, 2012; 曹敬贺等, 2014)。但这些研究与讨论所基于的重、磁资料分辨率较低, 地震剖面数量有限且品质不太高, OBS测线也只有两条。从而导致到目前为止, 学术界对该断裂带的具体位置、走向、延伸长度、宽度等都还不是非常清晰, 存在分歧。由于缺乏全区域覆盖该断裂带的高精度地震剖面及重、磁等资料, 也鲜少有人对该断裂带的内部变形特征进行详细刻画。闽粤滨海断裂带是否具有分段性? 其分段特征如何? 其内部的构造变形特征怎样? 其深部结构又是怎样? 这些谜底的解开, 对我们解读南海构造演化史及华南沿海地区减震防灾都具有非常重要作用。

本书研究通过最新采集的覆盖闽粤滨海断裂带的地震剖面及重、磁资料, 系统地对该断裂带的具体走向、构造位置、分布范围及内部构造变形特征进行了整体性剖析, 厘定了该断裂带的具体走向、构造位置、分布范围(图3.1、图3.22), 刻画了该断裂带的内部构造变形特征, 揭示了其深部结构。

闽粤滨海断裂带整体呈北东走向, 位于南海北部陆架的浅水区域, 分隔南海北部陆缘与华南地块。该断裂全长约850 km、宽约10～24 km, 内部发育有许多小断裂, 断裂主要倾向南东, 为正断层。该断裂带具有明显的分段特征, 根据断裂形态及其对沉积的控制作用, 可将该断裂带分为三段。

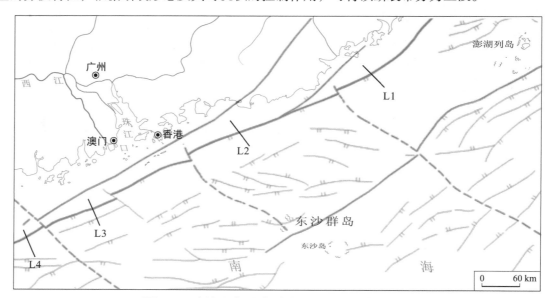

图3.22　南海北部闽粤滨海断裂带平面分布图

断裂带北段宽约24 km, 主断裂面呈陡倾板状发育, 断层倾角达70°～80°, 内部破碎带小断裂较发育, 断距较少。主断裂对沉积控制作用强, 断裂垂直断距随着地层由新到老逐渐增大。主断裂北西侧为陆架台地, 沉积物厚度薄, 约100 m厚; 进入主断裂东南侧沉积物陡增变得巨厚, 厚度达700～1000 m, 沉积中心靠近断裂侧发育, 沉积物由沉积中心向海侧隆起区呈层状超覆发育(图3.23)。

断裂带中段宽约21 km, 该段断裂及沉积物发育特征发生转变, 无控凹主断裂, 断裂带内部各断裂呈阶梯状由北西侧陆架向南东侧海域发育, 断裂垂直断距小。各断裂呈阶梯状对沉积进行控制, 但控制作用相对弱, 沉积物由陆向海由薄向厚呈扇形状发散发育(图3.24、图3.25)。

断裂带西段宽约18 km, 沉积及断裂特征有发生变化, 主控断裂对沉积控制作用增强, 断裂呈铲状发育, 沉积特征与东段相似, 断裂北西侧为陆架台地, 沉积层总体薄, 但比东段沉积厚度大, 断裂东南侧沉积物突然增厚, 沉积物在海侧主要呈水平层状发育, 断裂带内部小断裂较发育, 但对沉积没有控制作用(图3.26)。

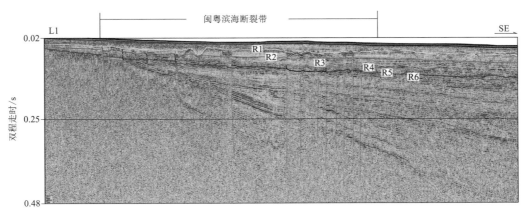

图3.23　闽粤滨海断裂带北段L1剖面地震反射特征图（红色粗线为主控断裂，剖面位置见图3.22）

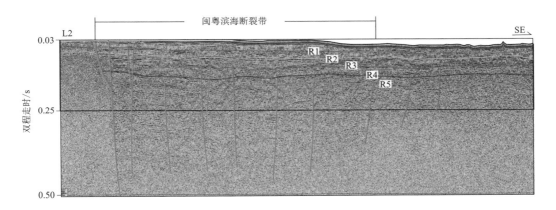

图3.24　闽粤滨海断裂带中段L2剖面地震反射特征图（红色粗线为主控断裂，剖面位置见图3.22）

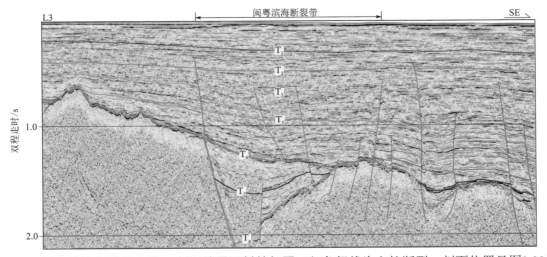

图3.25　闽粤滨海断裂带中段L3剖面地震反射特征图（红色粗线为主控断裂，剖面位置见图3.22）

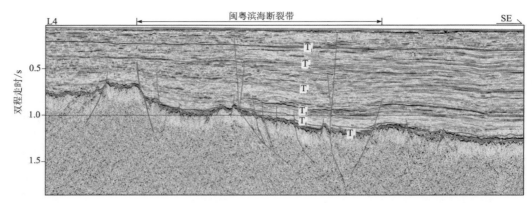

图3.26　闽粤滨海断裂带西段L4剖面地震反射特征图（红色粗线为主控断裂，剖面位置见图3.22）

该断裂带在空间重力上也有明显反映，断裂带位置空间重力异常表现为正的串珠状，断裂两侧表现为负异常（图3.27），重、磁场向上延拖后均显示该断裂为深大断裂，方向求导显示该区域存在一系列的北东东向小断裂，推测为主断裂带的伴生断裂。

重、震联合反演结果（图3.28）揭示在测线80 km左右，重力异常由高值变为低值，随后又缓慢上升。磁力异常上也存在突变，由低值向高值快速上升。莫霍面埋深也由陆侧的29 km缓慢抬升至海区的26 km左右。下地壳密度也由2.78×10^{-3} kg/m³降为2.75×10^{-3} kg/m³。地壳由正常陆壳向减薄陆壳过渡，故推测该区域为闽粤滨海断裂带的发育位置，它是华南陆区正常型陆壳与南海减薄型陆壳的分界断裂。

综上分析可知，闽粤滨海断裂带主要呈北东走向，断裂带全长约850 km、宽10～24 km，内部发育有许多小正断裂，断裂主要倾向南东，部分倾向北西，断裂带具有明显的分段特征。该断裂带在空间重力上表现为正的串珠状，断裂两侧表现为负异常，重、磁场向上延拖后均显示该断裂为深大断裂。该断裂带位置莫霍面埋深由陆侧的29 km缓慢抬升至海区的26 km左右。下地壳密度由2.78×10^{-3} kg/m³降为2.75×10^{-3} kg/m³。地壳由正常陆壳向减薄陆壳过渡，故推测该断裂带是华南正常型陆壳与南海减薄型陆壳的分界断裂。

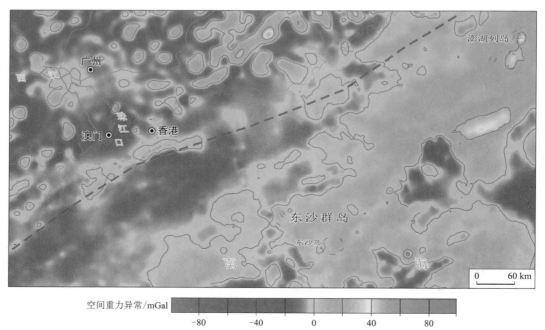

图3.27　闽粤滨海断裂带在空间重力异常图上的平面展布示意图（红色虚线为闽粤滨海断裂带位置）

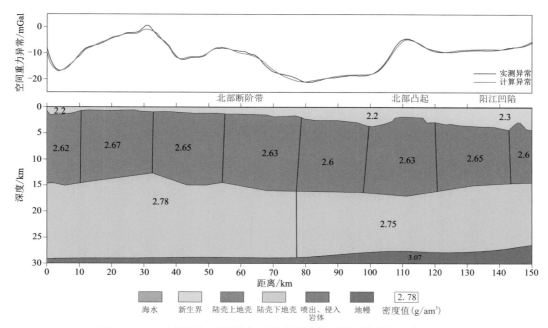

图3.28　L4剖面重、震联合反演结果图（剖面位置见图3.22）

（四）曲尺-荖浓断裂（F18）

曲尺-荖浓断裂（F18）位于雪山山脉西侧，纵贯台湾全岛，控制中央山脉中较老的古近纪浅变质岩与西部较新的新近纪未变质地层的分布，即断裂东侧（上盘）为十八重溪组、白冷组、水长流组、毕禄山组、礼观组、庐山组等板岩系，西侧（下盘）则为南港组、南庄组、桂竹林组等，是台湾最重要的断裂之一。该断裂可分成三段，研究区为中段及南段。

中段称为水长流断裂，位于南投县信义、高雄县梅山、桃源一带，总体呈向东凸的弧形，走向北东、南北及北西向，倾向东，断面陡峻。沿断裂有多处温泉点分布，曾发生过6.5级地震。

南段称为荖浓断裂或潮州断裂，从高雄县荖浓、六龟向南延至枋寮后，转南东直插恒春半岛南端。走向大部分为南北向，倾向东，倾角为75°～80°，长约125 km。六龟至枋寮一带，断裂东侧的庐山组直接与西侧第四系接触，明显控制第四系沉积盆地的边界；断裂西侧的冲积扇，南北成串，也反映断裂对冲积扇的严格控制；在高雄宝来附近，屈尺-荖浓断裂东侧有玄武岩出露，厚度为50～100 m，呈东北-西南向断断续续延伸约10 km，可能是该断裂活动的证据之一。沿断裂及其两侧尚发育北东、北西两组次剪裂面及小规模的东西向断裂。在重力图上，显示出南北走向的重力异常密集梯级带，梯度值从1×10^{-5}～2×10^{-5} m/(s²·km)突增至5×10^{-5}～7×10^{-5} m/(s²·km)。

Biq认为屈尺-荖浓断裂是一条重要的边界断层，属于高角度上冲断层，具有左旋性质，并指出这条断层不仅由北而南贯穿台湾岛，而且可能是太平洋西缘的一条大断层。何春荪 [1]也提出屈尺-荖浓断裂是西部麓山丘陵与中央山脉板岩带的边界断层，是一条主要的上冲断层，向下延展可能切穿基底。但Suppe（1984）认为屈尺断层的深部是一个低角度逆断层。Huang等（2000）认为中央山脉西侧荖浓断层为碰撞前的板块边界。

（五）菲律宾断裂（F19）

菲律宾断裂（F19）几乎切割了整个菲律宾活动带，它是一条由断层崖、河流左旋错开，与断层平行

---

① 何春荪，1982，台湾地体构造的演变（台湾地体构造图说明书）。

的山脊和狭长的槽地等在内的年轻地貌特征所限定。从吕宋岛到棉兰老岛延伸超过1200 km（图3.1），其断裂规模与加利福尼亚州圣安德烈亚斯断层相近。断层的两个主要区段是邦多克半岛与棉兰老岛之间的中段和吕宋岛上的北段。中段断裂特征为单纯的左行走滑和高度的地震活动，产生的构造有挤压脊和半岛，这些特征仅存在于断层西南部，它们呈半花朵状构造，同与此断层垂直的缩短有关。菲律宾断层北段表现为逆冲特征。在吕宋岛，断层由西北–东南向朝北弯成南北向，并分成几段。只有最西部的一段似乎是活动的，菲律宾断层南延部分不清楚。该断层年龄不早于上新世，为2～4 Ma。

（六）南海北部洋陆边界断裂（F20）

南海北部洋陆边界（COB）断裂（F20）位于南海北部的海盆洋陆过渡带位置，主要分布在西北次海盆和东部次海盆北部，呈北东走向。重力和磁力异常水平梯度模图（图2.32、图2.33）显示，该断裂位置存在北东向的线性异常，推测为一深大断裂。

平面上，该断裂规模大，在西北次海盆洋陆过渡带区域总体延伸长100～150 km，东部次海盆洋陆过渡区延伸长150～500 km（图3.1）。断层性质为正断层，倾向南东，主要向海盆倾斜。地震剖面上，断裂切穿了基底，断裂活动时间较长，从基底一直持续到第四纪；断裂断距大，垂向断距达300～500 m，对洋陆过渡区的沉积控制作用强，断裂沿海山或岩体一侧发育，表明该断裂与火成岩体的形成具有相互制约作用。断裂由西向东也存在明显差异，在西北次海盆段，断裂倾角相对较陡，断穿基底至中上地壳（图3.29）。在西北次海盆与东部次海盆交界的荔湾凹陷中段，由于岩石圈超减薄，地壳表现超强伸展，断裂倾角较缓，甚至可能断穿至莫霍面（图3.30）。东部次海盆段，断裂倾角夹于中段和西段之间，比西段缓，比中端陡些，断裂至少断穿至上地壳，甚至可能断穿至莫霍面（丁巍伟，2021）。在莫霍面反射界面之上还存在一定厚度的强反射面，推测为下地壳高速体的界面厚度，该厚度由陆向海逐渐变薄直至海盆区消失（图3.31）。

南海北部洋陆边界断裂在东西段不同的发育成因有可能与岩浆体的侵入和下地壳的高速体出现有关。西段的洋陆边界大断裂倾角陡，没有断穿莫霍面，推测可能与下地壳高速体不发育，地壳拉伸减薄相对东侧弱有关。而东段断裂倾角缓并断穿莫霍面，可能与大量岩浆侵入和下地壳高速体存在使地壳减薄更厉害有关。

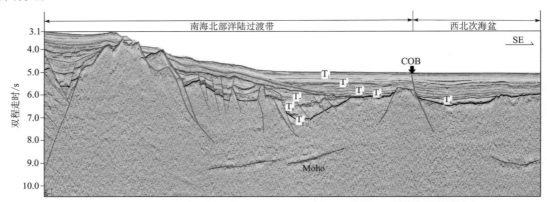

图3.29　南海北部洋陆过渡带西北次海盆侧深大断裂地震剖面特征图

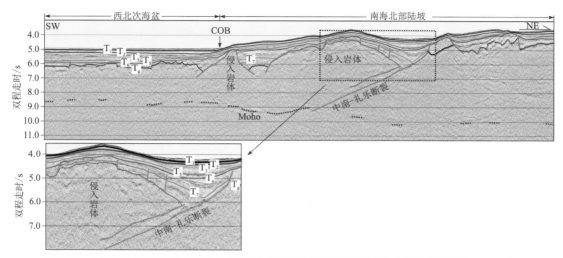

图3.30　南海北部洋陆过渡带中段深大断裂地震剖面特征图（据徐子英等，2021）

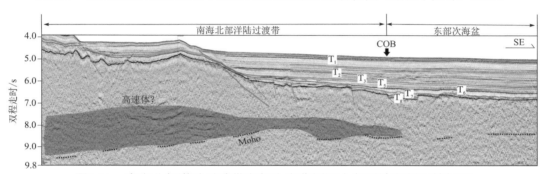

图3.31　南海北部洋陆过渡带东部次海盆侧深大断裂地震剖面特征图

（七）西南次海盆北部洋陆边界断裂（F21）

西南次海盆洋陆边界断裂（F21）主要沿西南次海盆北部延伸，其北西侧为盆西海岭大海山，南东侧为西南次海盆。该断裂规模大，平面上延伸长约500 km，常常与岩体相伴。剖面上，其切穿了基底，断裂活动时间较长，从基底（T_6）一直持续到第四纪；断裂断距大，垂向断距达300～500 m，对西南次海盆的沉积与构造控制作用强（图3.32、图3.33），并沿海山或岩体一侧发育，表明该断裂与火成岩体的形成具有相互依伴关系。重、磁异常水平梯度模图也显示该断裂处存在线性异常，推测为一深大断裂。

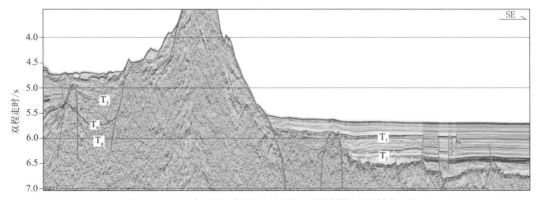

图3.32　西南次海盆洋陆边界断裂地震剖面特征图

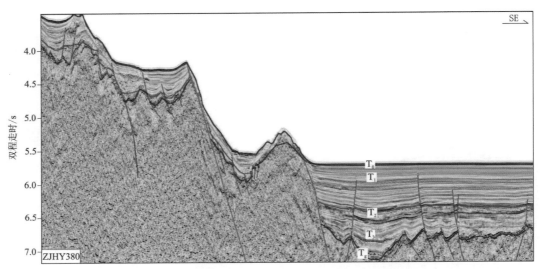

图3.33　西南次海盆洋陆边界大断裂地震剖面特征图

（八）南海南部洋陆边界断裂（F22）

南海南部洋陆边界断裂（F22）主要位于南海海盆南缘，南沙群岛的北侧（图3.1）以中南-礼乐断裂为界，可分为东、西两段，分别对应东部次海盆和西南次海盆南部洋陆边界断裂。

平面上，该断裂规模大，整体呈北东—北东东向展布，总体延伸长约600～700 km。断层性质为正断层，主要向海盆倾斜，倾向北西。重力和磁力异常水平梯度模图显示该断裂位置存在明显的弧形线性异常（图2.32、图2.33），推测为一深大断裂。

地震剖面上，断裂切穿了基底，断裂活动时间较长，从基底一直持续到第四纪。断裂断距大，垂向断距达300～500 m，对洋陆过渡带的沉积具有明显控制作用。东段断裂由南部礼乐滩陆缘向东部次海盆呈阶梯状翘倾发育（图3.34），呈半地堑构造样式向海发育，断裂主要控制了渐新世—早中新世（T_g～T_5）的沉积发育。该洋陆过渡区侵入岩体较发育，侵入岩体主要对T_g～T_5的地层界面有牵引，后期地层基本没有影响，因此推测侵入岩体主要发育在早中新世以前。断裂与侵入岩体的发育时期基本相同，都发育在早期，断裂主要沿侵入岩体一侧发育，表明洋陆过渡带的断裂与岩体的形成具有相互影响作用。莫霍面（Moho）在东部次海盆位于8.0～8.5 s，地壳厚约1.4 s。在洋陆边界处莫霍面抬升至8.0 s左右，此处地壳最薄，地壳厚约1.0 s。随后进入礼乐滩陆缘，莫霍面逐渐由8.0 s下降至9.2 s。洋陆过渡区结晶地壳厚8～10 km，综合断裂、岩体发育特征和莫霍面变化特征，认为东部次海盆南部洋陆过渡区在早期存在明显的超伸展减薄。

与东部次海盆北部洋陆过渡带相比，南部北部洋陆过渡带未见到下地壳高速体（阮爱国等，2011；丘学林等，2011），地壳内部反射不明显，但早期岩浆侵入较发育。该洋陆过渡区断裂的发育推测与大量岩浆侵入和地壳超拉伸减薄密切相关。

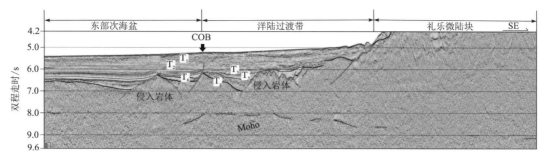

图3.34　东部次海盆南部洋陆过渡边界断裂的地震剖面特征图

（九）南海海盆洋中脊断裂带（F23）

南海海盆洋中脊断裂带（F23）贯穿了东部次海盆和西南次海盆残留扩张脊两侧，为张性正断裂，主控断裂向扩张脊中心倾斜，可分为西南次海盆段和东部次海盆段（图3.35）。东部次海盆断裂带每段长50~60 km、宽15~20 km，主体呈近东西走向。西南次海盆断裂带每段长30~50 km、宽10~15 km，主体呈近北东走向。南海海盆洋中脊断裂带控制了海盆洋中脊两侧的沉积及扩张后期海山的发育，断裂主要发育于晚渐新世到中中新世时期，晚中新世以后为继承性活动（图3.36、图3.37）。该断裂带在空间重力异常表现为条带状的低值负异常，断裂两侧表现为正异常（图3.38）；磁异常在西南次海盆表现为低值正负异常，东部次海盆表现为高值负异常（图3.39）。重、磁场向上延拓后均显示该断裂为深大断裂，其发育机制受控于东部次海盆的近东西向和西南次海盆北东向扩张作用。

图3.35　南海海盆洋中脊断裂带平面分布图（红色粗线为南海海盆洋中脊断裂带）

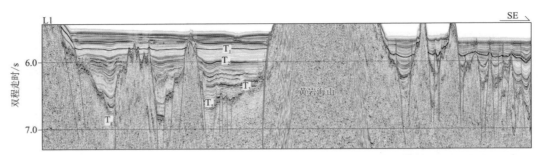

图3.36 南海海盆洋中脊断裂带在东部次海盆黄岩海山链两侧的地震剖面反射特征图

红色粗线为南海海盆洋中脊断裂带,剖面位置见图3.35

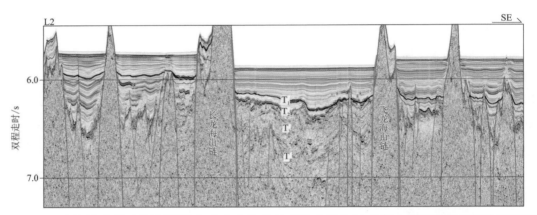

图3.37 南海海盆洋中脊断裂带在西南次海盆长龙海山链和飞龙海山链两侧地震反射特征图

红色粗线为南海海盆洋中脊断裂带,剖面位置见图3.35

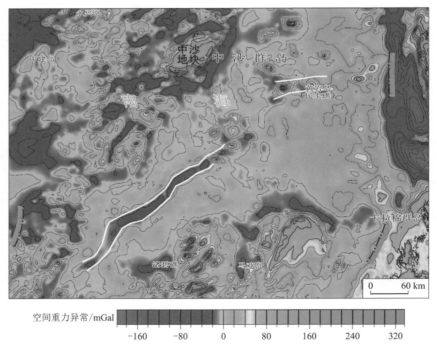

空间重力异常/mGal

-160   -80   0   80   160   240   320

图3.38 南海海盆洋中脊断裂带在空间重力异常图上的展布示意图(白色实线为南海海盆洋中脊断裂带)

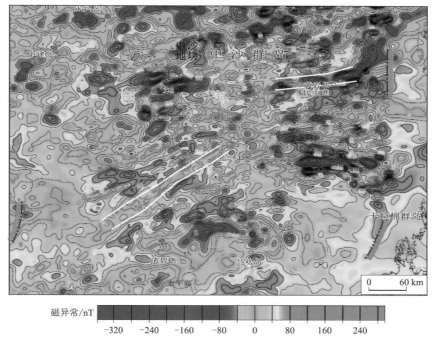

图3.39　南海海盆洋中脊断裂带在磁异常图上的展布示意图（白色实线为南海海盆洋中脊断裂带）

（十）神狐－一统暗沙断裂（F24）

珠江口盆地内发育多条北西向断裂，将珠江口盆地切割为东西分块，其中神狐－一统暗沙断裂（F24）是珠二拗陷与珠三拗陷的一条重要分界线。该断裂沿云开低凸起呈北西向分布，为左旋走滑断裂，重、磁特征研究表明该断裂为中生代隐伏的深大断裂（陈汉宗等，2005）。断裂规模较大，平面上延伸长约500～600 km。地震剖面上，断裂控制了早期凹陷沉积（T_g～T_6）发育（图3.40），后期主要呈继承性发育，该断裂为一构造变换带，宽约45 km，推测断裂主要发育于晚始新世—渐新世。空间上，该走滑断裂与深大断裂重合，构成了北西向地壳尺度垂向强变形带（张远泽等，2019）。

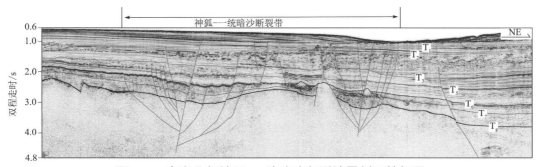

图3.40　南海北部神狐-一统暗沙断裂地震剖面特征图

（十一）西沙海槽断裂（F25）

西沙海槽位于水深1200～3000 m区域，总长约420 km，呈近北东东-东西向分布，西侧为琼东南盆地，东侧为西北次海盆。地形上由西向东倾斜发育，海槽里发育一条明显的深切中央峡谷。西沙海槽沉积厚约4 km，中部莫霍面抬升，地壳减薄至8 km，两侧地壳结构特征相似，呈对称分布，表现典型裂谷特征，表明海槽两侧在张裂前属同一地块，下地壳高速体不发育（丘学林等，2001）。西沙海槽里热流值较高，推测与莫霍面隆升、断裂发育、晚期岩浆活动以及基底起伏等有关（徐行等，2006）。有学者认为该海槽是一条古缝合带（姚伯初等，1994），最新研究认为它是一条新生代裂谷（丘学林等，2001；Lei and Ren，2016）。

西沙海槽断裂主要分布在海槽两侧，分为北缘和南缘断裂，北缘和南缘断裂呈近东西—北东东向对倾发育，断裂延伸长度约300 km，表现为正断层性质，断裂为地壳级断裂（姚伯初等，1994），甚至断穿至莫霍面，为岩石圈级断裂（Lei and Ren，2016）。南缘海槽南北缘的断裂与重力负异常等值线近似平行，在重力异常上表现为明显的高值负异常特征，在重力和磁力异常梯度上也具有明显的近东西—北东东向特征（图2.32、图2.33）。

西沙海槽南缘和北缘断裂在东西两端特征既有相似性也存在差异，相似性特征为主控的北缘和南缘断裂都断穿了沉积基底，控制了早期断陷期和拗陷期的发育，断裂大都发育在T_6界面以下，T_7界面及以下层位的断距较大，大部分断裂至T_6界面基本停止活动，少部分断裂继承性发育至T_3，海槽内发育有少量侵入岩体，断裂呈非对称性发育（图3.41、图3.42）。

差异性表现在，东端的南缘断裂控制了沉降中心的发育，规模大，断裂从基底一直断穿至第四系，断距巨大，达2000 m不等，断裂发育时间从始新世一直活动至第四纪。北缘断裂规模小，主要发育在早期，对沉积控制作用弱（图3.40）。在西端，北缘断裂规模大，呈铲状发育，控制了沉降中心，断裂可能断穿至莫霍面（Lei and Ren，2016），而南缘断裂发育弱，对沉积没有明显控制作用（图3.42）。

西沙海槽南缘和北缘断裂发育的不同特征成因与地壳超伸展减薄位置有关，西端地壳减薄最厉害位置靠近北缘断裂，东端地壳最大减薄位置迁移至南缘断裂，这也是西沙海槽南缘和北缘断裂非对称性发育的主要成因，与此同时，中央峡谷也有北侧向南侧迁移。根据断裂T_7界面（32 Ma）以下断距较大，T_6界面（23.8 Ma）断裂基本停止活动，而且洋陆过渡带的断裂也具有相似发育特征，大都在T_6界面停止发育。推测西沙海槽地壳超伸展减薄的动力来源与南海的扩张有关，西沙海槽断裂的早期发育与南海的初期扩张有关，南海扩张对西沙海槽断裂影响一直持续至23.8 Ma。

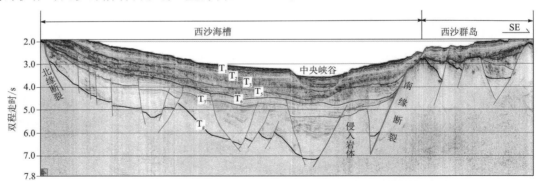

图3.41　西沙海槽东端南缘和北缘断裂地震剖面特征图

（十二）中沙地块南部断裂（F26）

中沙地块南部断裂（F26）主要发育在中沙地块南部与西南次海盆和东部次海盆交界位置。通过对中沙地块南部地震剖面的精细刻画，结合重力、磁力与地形等地球物理资料，厘定了中沙地块南部断裂的空间展布和洋陆边界展布，揭示了断裂发育时期、内部构造形变特征及深部地壳结构，探讨了断裂的成因机制（徐子英等，2020）。

中沙地块南部断裂带南部整体呈近东西向，东北部整体呈北东向，主要发育有四组深大正断裂，由北向南明显表现阶梯状向海倾斜发育特征（图3.43～图3.46）。深部结构上，从西北向（中沙地块下方）

东南（海盆）延伸，地壳性质由减薄陆壳向洋陆过渡壳再向正常洋壳发育变化，从中沙地块陡坡至其前缘海域的明显负异常区为洋陆过渡带，在重力由高值负异常上升到海盆的低值正、负异常的边界为洋陆边界（COB）。莫霍面埋深从中沙地块下方的26 km快速抬升到海盆的10～12 km（图3.47）。根据中沙地块南部陆缘岩浆发育少，规模小且发育时期为扩张后期，断裂向海倾斜且以前缘铲状深大断裂为界与洋壳区分开，认为中沙地块南部陆缘构造属性为非火山型被动大陆边缘。该断裂带主要发育于晚渐新世到中中新世，晚中新世为继承性活动期，上新世末才停止活动。断裂早期发育与南海东部次海盆近南北向扩张有关，后期遭受挤压变形，与菲律宾海板块向南海的北西西向仰冲有关。

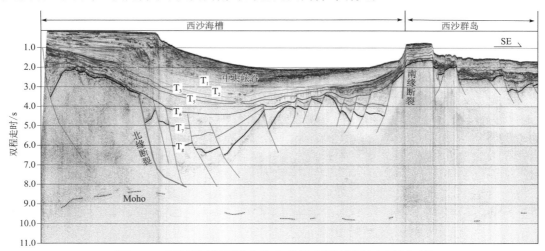

图3.42 西沙海槽西端南缘和北缘断裂地震剖面特征图

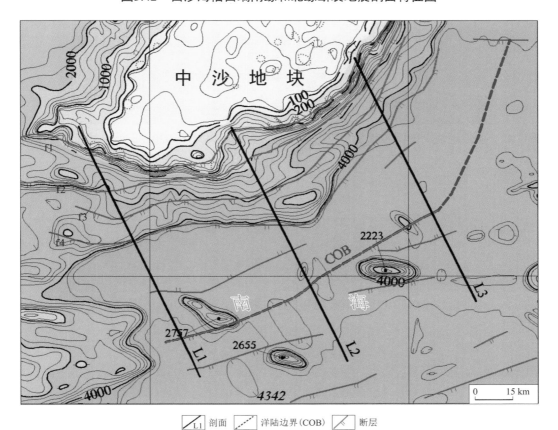

图3.43 中沙地块南部地形、断裂平面分布及剖面位置图（单位：m；据徐子英等，2020）

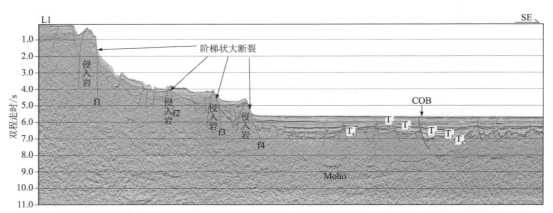

图3.44　中沙地块南部L1剖面地震反射特征图（据徐子英等，2020；剖面位置见图3.43）

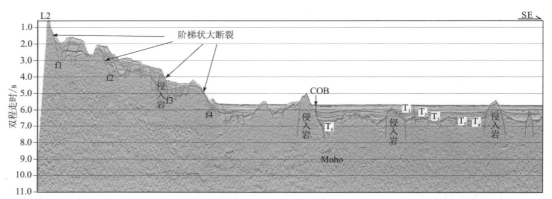

图3.45　中沙地块南部L2剖面地震反射特征图（据徐子英等，2020；剖面位置见图3.43）

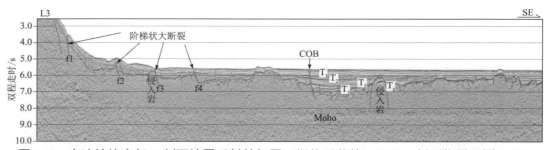

图3.46　中沙地块南部L3剖面地震反射特征图（据徐子英等，2020；剖面位置见图3.43）

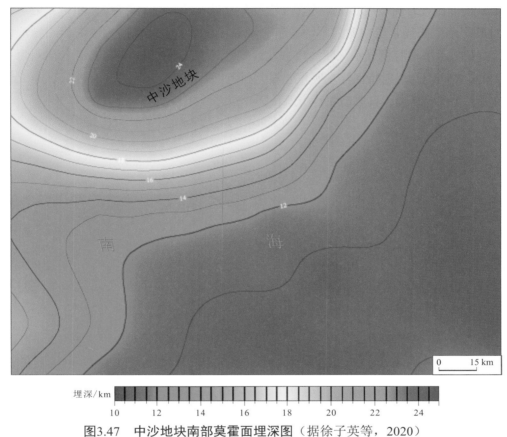

图3.47　中沙地块南部莫霍面埋深图（据徐子英等，2020）

（十三）南沙海槽北缘断裂和南沙海槽南缘断裂（F27、F28）

南沙海槽断裂分为南沙海槽北缘断裂（F27）和南沙海槽南缘断裂（F28），控制了南沙海槽盆地的沉积，整体呈北东走向。南沙海槽北缘断裂呈排状倾向北西，为正断层，控制了凹陷的发育；南沙海槽南缘断裂倾向北西，主要呈叠瓦状逆冲断裂特征（图3.48）。断裂平面展布300～450 km，重力异常特征表现明显的低值异常，重力异常梯度呈明显的北东向高值展布（图2.32）。结晶地壳厚度上可见，南沙海槽存在北东向的较薄地壳，地壳厚6～10 km，推测该区地壳呈超减薄特征（图2.15）。

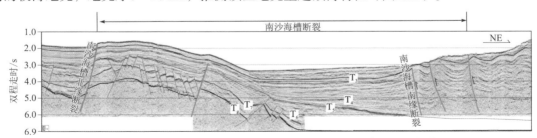

图3.48　南沙海槽北缘断裂和南沙海槽南缘断裂地震剖面特征图

（十四）巴拉巴克断裂（F29）

巴拉巴克断裂（F29）位于巴拉巴克岛与邦吉（Banggi）岛之间，发育于新生代，呈北西向延伸，长约800 km。该断裂带在重力和磁力异常分布图上有明显反映（图2.1、图2.3），布格重力异常水平梯度大（图2.2），且断裂两侧磁异常走向明显不同，东北侧磁异常总体呈北东向，西南侧磁异常大致呈近东西向。重力和磁力异常水平梯度模显示该断裂位置发育线性异常（图2.32、图2.33），推测为一深大断裂。地震剖面上反映断裂两侧的反射特征存在明显差异，西南（上盘）地层层序整齐平直，东北侧（下盘）地层掀斜，并切割了北东向断裂，具典型左行走滑特征。

第/四/章

南海及邻域岩浆岩

南海及邻域岩浆岩分布广泛，主要发育于南海及周缘的广东、广西、海南岛、台湾岛、中南半岛、加里曼丹岛、菲律宾群岛，时代从前吕梁期至喜马拉雅期均有出露。最老的岩浆岩出现在中南半岛的太古宙黑云母花岗岩、紫苏花岗岩和辉长岩。最新的现代岩浆岩海陆均有发现，陆区为菲律宾群岛火山喷发形成的现代火山岩。南海海区岩浆岩以燕山期和喜马拉雅期为主，燕山期以中酸性侵入岩占优势，并发育晚燕山期的酸性–基性火山岩（喷出岩），它们广泛分布南海陆缘，尤其南海北部最强烈。喜马拉雅期岩浆活动剧烈，以基性岩浆岩（火成岩）为主，遍布整个南海海区，整体上海区岩浆活动比陆区稍晚。根据地壳发展阶段及其构造成因的差异，结合岩石同位素年龄，将南海及周缘岩浆作用划分为前寒武纪基底形成期（包括前吕梁期、吕梁期和晋宁期）、加里东期—印支期、燕山期和喜马拉雅期等岩浆作用时期。

第一节　前寒武纪结晶基底和岩浆岩

南海邻域结晶基底分布局限，主要出露在中南半岛（印支地块）的昆嵩微陆块和长山微陆块，华夏地块武夷山地区、云开地块以及海南岛，时代从太古宙到新元古代。

一、印支地块

昆嵩微陆块位于中南半岛东部，是印支地块内部最古老的部分，结晶基底主要由太古宇和元古宇组成，太古宇下部为镁铁质麻粒岩、变质基性火山岩，中部为镁铁质–硅铝质过渡特征斜长片麻岩，上部为硅铝质花岗岩；元古宇为斜长片麻岩、（辉长）角闪岩、夕线石片岩及由混合花岗岩组成的变质花岗岩层（王宏等，2015）。昆嵩微陆块最早形成于太古宙，发育昆嵩群硅镁质麻粒岩、结晶片岩及大量混合岩[含英云闪长岩–奥长花岗岩–花岗闪长岩（tonalite-trondhjemite-granodiorite，TTG）岩系]，成为古洋壳上漂浮的零星陆壳。太古宙基底与上覆古元古界呈构造接触，发育古—中元古代火山–沉积岩系（绿岩建造），经新元古代构造运动普遍受到混合岩化作用，变质程度达角闪–麻粒岩相，形成元古宙结晶基底（王宏等，2015）。

长山微陆块南部与昆嵩微陆块以色潘–三岐结合带（缝合带）相隔，在南部华特山发育有前寒武系，下部为元古宙混合岩化角闪岩夹黑云斜长片麻岩、结晶片岩；上部为新元古代—早寒武世变质岩。长山微陆块形成稍晚，早期物质主要为元古宙—早寒武世角闪岩、结晶片岩、石英岩、片麻岩及混合岩等中高级变质岩，构成地块结晶基底（王宏等，2015）。

印支地块中元古代和新元古代岩浆活动分布于红河、马江、昆嵩等地区，岩浆岩系列一般由镁铁岩开始，以大中型酸性侵入体至小型碱性岩侵位结束，年龄值有两期，早期镁铁岩及英闪岩年龄为1368～1716 Ma，晚期高铝碱性花岗岩年龄为625～713 Ma（吴良士，2012）。

二、华夏地块

华夏地块是中国古陆块群中组成、结构和岩浆再造作用最为强烈的大地构造单元之一，在长期的地壳演化过程中，经历了多期岩浆活动和构造运动。前寒武纪基底少量出露于武夷山（八都群、麻源群、龙泉群、马面山群）、云开大山（高州杂岩）和海南岛（抱板群、琼中杂岩）等地区，主要为一套中高级变质的表壳岩系（斜长角闪岩、麻粒岩、变粒岩、长英质片麻岩等）及元古宙花岗岩组成的变质岩浆杂岩。

武夷山地区基底可分为两套变质岩系，下部为闽西北的麻源群和浙西南的八都群，上部为福建马面山群和浙江龙泉群、陈蔡岩群，两套变质岩系均经历了角闪岩相到麻粒岩相变质作用。出露的岩浆岩包括龙泉淡竹岩体（1875 Ma；汪相等，2008）、三枝树花岗岩（1860 Ma；刘锐，2009）、武夷山南部A型花岗岩（1795～1796 Ma）、闽西北建宁天井坪斜长角闪岩（1766 Ma）等。

云开地块基底下部为中-深变质的高州表壳岩或天堂山群，上部为中-浅变质的云开群，但不同单元的划分存在模糊和分歧，有学者认为两类地质单元的原岩具有相同或相似的物质组成，形成时代没有明显差异，为新元古代—早古生代，二者主要表现为变形-变质程度的差异。云开地区信宜贵子地区出露新元古代（1031～948 Ma）斜长角闪岩，但以往认为属云开前寒武纪基底的片麻状花岗岩，形成时代应为早古生代加里东期。

海南岛前寒武纪基底为中元古代抱板岩群，位于海南岛西部，下部为戈枕村组，上部为俄文岭岩组，属深变质表壳岩，时代为1550～1430 Ma（许德如等，2007），构成了海南岛的结晶基底。而海南岛最古老的变形-变质花岗岩为片麻状（二长）花岗岩和片麻状混合花岗闪长岩。片麻状（二长）花岗岩主要分布于二甲、尧文农场等地，岩体侵入抱板群中，属S型的钙碱性花岗岩，受戈枕韧性剪切带影响是产生韧性变形的主要原因，岩石的U-Pb年龄为1420±36 Ma，时代为长城纪末。片麻状混合花岗闪长岩主要分布于抱板至戈枕一带，属S型的钙碱性花岗岩，U-Pb同位素年龄为1397±64 Ma，时代为长城纪末期。

第二节　加里东期岩浆岩

南海及邻域加里东运动产生了大量的早古生代花岗岩，主要分布于华夏地块武夷-云开山带、海南岛昌江和中南半岛长山褶皱带。海区在北部湾盆地流沙凸起的WAN10井1741.00～1871.87 m处钻遇古生代的深红色粗晶花岗岩[①]。

一、武夷-云开造山带

华夏地块早古生代武夷-云开造山带呈北东走向，北以江绍-萍乡-郴州断裂为界，南以政和-大浦断裂为界，包括武夷山、南岭和云开大山地区，延伸到海南岛，记录了华南大陆显生宙以来最强烈的一期构造热事件，之后又经历了多期构造运动强烈的叠加改造。武夷-云开造山带主要以泥盆系和前泥盆系不整合，早古生代大量的花岗质岩浆作用、少量火山岩和强烈的变形、高级变质作用为特征。近年来，随着华南加里东期造山过程的深入研究，在岩浆岩方面，一些早古生代火山岩和基性岩陆续被发现和报道，如粤北韶关地区高镁玄武岩-安山岩-英安岩、云开地区高镁玄武岩-安山岩-英安岩系、洋中脊玄武岩（mid-ocean ridge basalts，MORB）型基性火山岩以及辉长岩侵入体（彭松柏等，2016）、鹰扬关火山岩、粤西龙川、闽中大康、赣中松溪辉长岩（Zhang et al.，2016）、武功山辉长岩、浙江陈蔡地区基性岩、扶溪苏

---

① 赵汉卿，梁经喜，1979，南海北部湾地区湾5井完井地质总结报告，茂名石油工业公司南海石油勘探指挥部。

长岩（Xu and Xu，2017）。此外，少量I型花岗岩也相继被识别出来，如猫儿山–越城岭岩体、泰山岩体（Huang et al.，2013），一些I型花岗岩中伴生暗色微粒包体，如板杉铺岩体、张家坊岩体、万洋山岩体等，其中板杉铺岩体具有典型的埃达克质岩石的特征。

二、海南岛

中国地质科学院宜昌地质矿产研究所在1：5万昌江县幅、邦溪幅地质调查中，首次发现并圈出了加里东期的花岗岩体，称为保梅岭单元。

保梅岭单元分布在昌江县城北保梅岭北坡，周围为海西–燕山期（287～137 Ma）花岗岩侵入体，岩石类型为中粗粒黑云母正长花岗岩，显弱片麻状构造，$^{207}Pb/^{206}Pb$同位素年龄为343～410 Ma，平均年龄为369 ± 2.9 Ma，据此可知，保梅岭岩体形成时间不会晚于369 Ma，应在410～369 Ma，为加里东期。

三、长山褶皱带

长山微陆块介于南部色潘–三岐缝合带与北部马江缝合带之间，长山微陆块和两侧缝合带统称为越南–老挝长山褶皱带。长山褶皱带南部会东（Huoi Tong）出露花岗岩杂岩体，主要分布于越南广南省，其闪长岩–花岗闪长岩侵入经历了475 Ma和415～410 Ma两个时期，为辉长岩（含辉长辉岩、辉长苏长岩和辉长辉绿岩），目前杂岩体年龄定在早中古生代。玻里坎赛一带产志留纪花岗岩，同时在昆嵩一带产钙碱性花岗–花岗闪长岩类（450～400 Ma）。晚奥陶世—早志留世钙碱性弧火山–侵入岩表明在古印支地块和扬子地块之间存在一个原马江洋（原特提斯洋的一部分；王宏等，2015）。

第三节　海西–印支期岩浆岩

海西–印支期进入了古特提斯洋演化阶段，古特提斯洋的俯冲–闭合及印支地块与扬子地块、华夏地块碰撞造山作用，产生了大量的陆缘弧型、岛弧型和碰撞型岩浆岩，主要分布于云开–南岭地区、海南岛、中南半岛和南海海域（图4.1，表4.1）。

一、云开–南岭地区

晚古生代以来，广西和广东西部岩浆活动渐渐沉寂，海西期岩浆活动重心移至桂东南–粤西岩浆分区，以中酸性岩浆活动为主。泥盆纪侵入岩以潭布岩体和金垌岩体群为主要代表，均位于桂东南–粤西岩浆分区（广西壮族自治区地质矿产局，1985）。潭布岩体岩性为黑云母二长花岗岩，Rb-Sr等时线年龄为356 ± 14 Ma，相当于晚泥盆世。金垌岩体群主体岩性为（片麻状）细粒黑云花岗闪长岩以及片麻状–弱片麻状中细粒黑云二长花岗岩。岩体被三叠纪花岗岩侵入，又侵入奥陶系，锆石U-Pb法同位素年龄为358～371 Ma。

石炭纪，岩浆侵入活动基本发育于吴川–四会断裂带内，云浮、高要、信宜、阳春、高州等地可见，且伴有不同程度的韧性剪切变形，主要岩性包括二长花岗岩和二长花岗斑岩，均具强烈的糜棱岩化，呈不规则长条状小岩株产出（广东省地质矿产局，1988）。

南海及邻域构造地质

海西期，云开地区地壳处于相对稳定阶段，火山喷发活动趋于微弱状态，主要为间歇的火山喷发和溢出，喷出岩以正常碎屑岩中夹层的表现形式分布于从化、肇庆、桂平、钦州等地，在桂中南构造–岩浆岩带、桂东南–粤西构造–岩浆岩带和粤中构造–岩浆岩带均有分布。

广西和广东西部地区二叠纪侵入岩的发育与灵山–藤县断裂、廉江–信宜断裂的活动关系密切，以岩体或岩株状态产出于上述断裂带内部，分布在兴业县、容县、平南县、藤县、高州市、信宜市等地。桂中南构造–岩浆岩带的灵山–藤县断裂带内，早二叠世为中细粒（斑状）堇青黑云花岗闪长岩，晚二叠世为中粗粒斑状含褐帘角闪钾长花岗岩、中细粒含褐帘石角闪二长花岗岩、多斑状含褐帘石花岗斑岩。锆石U-Pb法同位素年龄为286 Ma，K-Ar法年龄为258 Ma。岩体侵入年龄采用前人数据Rb-Sr等时线年龄为247 Ma，为晚二叠世—早三叠世。

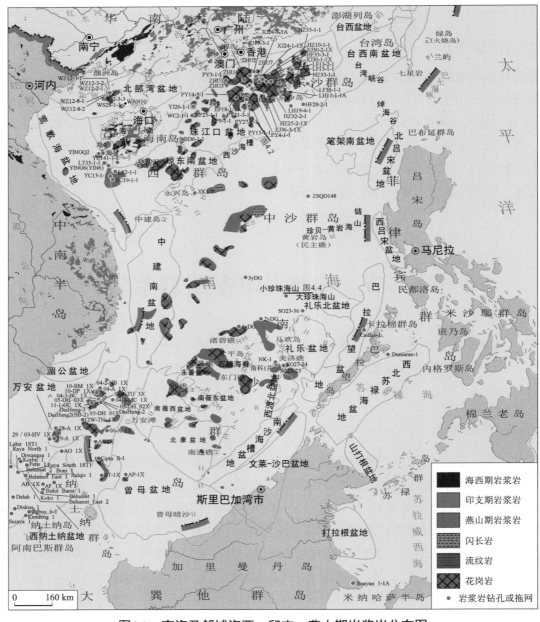

图4.1　南海及邻域海西、印支、燕山期岩浆岩分布图

广西和广东大部分地区印支期岩浆活动不十分强烈，以花岗质侵入岩产出，规模都较小，活动重心西移至桂中南岩浆分区的六万大山–十万大山一带，仍以中酸性侵入为主。早三叠世岩浆侵入发生于六万大山–大容山隆起区，分布于六万大山、大容山、大隆一带，岩体为一套二长花岗岩类，以含董青石、夕线石、红柱石以及紫苏辉石为特征，包括中细粒斑状董青黑云二长花岗岩、中粒（斑状）董青黑云钾长花岗岩、含董青石花岗斑岩等，属含董青石过铝花岗岩类K-Ar年龄为255 Ma、272 Ma。广州南沙出露黄山鲁岩体，西淋冈花岗岩锆石U-Pb年龄为244 Ma。中三叠世岩浆活动沿灵山–藤县断裂带分布于防城区、钦北区、北流市、罗定、德庆一线，侵入岩侵入最新地层为南洪组，同位素年龄为230～250 Ma。

在江山–绍兴（江绍）断裂和政和–大埔断裂之间的华夏地块内，出露一些三叠纪（231～172 Ma）A型花岗岩和晚二叠世—早三叠世（254～242 Ma）正长岩，显示了伸展构造环境（Wang et al.，2005；Sun et al.，2011；Zhao et al.，2013）。

二、海南岛

海南岛海西期和印支期形成完整的侵入序列，从镁铁质岩演化成中性岩、中酸性和酸性岩类，60%以上岩性为二长花岗岩。花岗岩成因类型有I型、S型及A型三种，以I型成因的为主。岩体时代除震旦纪至志留纪尚未发现有侵入岩外，长城纪、泥盆纪至白垩纪都有侵入岩分布，尤以二叠纪最发育，分布面积最广泛。

1. 海西期

晚泥盆世正长花岗岩主要是黑云母正长花岗岩，产于昌江县保梅岭一带，具中粗粒它形粒状结构。岩石的地球化学属富硅、富碱，反映它是一次热事件中较晚的侵入体。成因类型属S型的钙碱性花岗岩。岩体的锆石逐层蒸发法年龄为369 ± 29 Ma，被早二叠世的中粗粒巨斑状黑云母二长花岗岩侵入，时代为晚泥盆世，属加里东晚期非造山花岗岩。

晚石炭世闪长岩布于军营村一带，受军营–红岭断裂带控制，呈北东向长条状，K-Ar法年龄为293 Ma（岩石矿物发生蚀变，年龄数据偏新），时代为晚石炭世。

现有年代学数据表明，海南岛经历了多期构造–热事件，以昌江—琼海一线为界，其南北两侧地质和地球物理特征明显不同，沿该界线在军营、大溪桥、合盛和屯昌等地断续分布有变基性、超基性岩（如科马提质岩、阳起石片岩和绿帘钠长片岩等），它们与奥陶系、志留系和石炭系碎屑岩一起构成复杂的构造混杂岩带。屯昌晨星农场的石炭系有一套透镜状、似层状以浅变质基性火山岩为主的火山–沉积岩组合，属于钙碱性粗安–安山岩与流纹岩组合，与下古生界碳质云母长英质片岩、石英片岩互层分布，并与海相碎屑岩一起构成岛弧环境的沉积–火山岩系组合。

二叠纪侵入岩包括二叠纪黑云母二长花岗岩、早二叠世侵入岩和晚二叠世侵入岩。这个时期的侵入岩既受北东向构造控制，也受东西向与北东向两组构造的联合控制。

二叠纪黑云母二长花岗岩分布于东方市冲俄，属S型的钙碱性花岗岩。

早二叠世侵入岩是一个超单元的岩石组合。以成分演化为特征，从早到晚依次为辉长辉绿岩、闪长岩、石英正长岩、石英闪长岩、英云闪长岩、花岗闪长岩、角闪石黑云母二长花岗岩，分布于志仲–通什、三更罗–乐来以及仁兴–七坊北面一带，属I型的钙碱性–碱钙性系列的侵入岩。巨斑状角闪石黑云母二长花岗岩和花岗闪长岩的同位素年龄分别为272 Ma（U-Pb）和287 Ma（Rb-Sr），其中花岗闪长岩被年龄为257.5 Ma（U-Pb）的晚二叠世中粗粒斑状角闪石黑云母二长花岗岩切割，时代为早二叠世形成于碰撞前破坏性板块边缘的构造环境。

晚二叠世侵入岩是由成分演化的七个单元组成的超单元，从早到晚依次为辉长岩、闪长岩、石英二长岩、英云闪长岩、花岗闪长岩、角闪石黑云母二长花岗岩、黑云母正长花岗岩，分布于海头–大成、昌城–十月田–雅星、广坝一带以及三更罗–乐来等地，属I型的钙性–钙碱性系列的侵入岩。同位素年龄值中粗粒巨斑状角闪石黑云母二长花岗岩为250 Ma（U-Pb）、257 Ma（U-Pb），花岗闪长岩为252 Ma（Rb-Sr）、260 Ma（U-Pb），石英二长岩为251 Ma（Rb-Sr），闪长岩为307 Ma（Rb-Sr）（侵入鹅顶组，年龄数据偏大），时代为晚二叠世，认为该超单元形成于陆块间的俯冲环境（即A型俯冲）。

2. 印支期

海南岛印支期（包括部分海西期）中酸性花岗岩分布面积超过8000 km²，占全岛花岗岩面积的68%。印支期岩浆岩包括早三叠世岩浆岩、中三叠世岩浆岩、晚三叠世岩浆岩和三叠纪黑云母正长花岗岩。它们主要受近东西向和南北向的两组构造控制。集中分布于南坤园褶皱带–潭爷断陷构造带的两侧及五指山、南好、三亚、东岭等褶皱构造带中。

早三叠世岩浆岩，包括（斑状）黑云母正长花岗岩、（斑状）黑云母二长花岗岩、角闪石黑云母二长花岗岩、黑云母花岗岩、黑云母正长花岗岩、花岗斑岩、角闪石黑云母石英正长岩和角闪石黑云母正长花岗岩等。其中，分布于海南岛中北部的琼海地区（斑状）黑云母正长花岗岩和（斑状）黑云母二长花岗岩，形成时代在250～230 Ma，通过岩石学、岩石地球化学以及锶、钕同位素示踪等一系列分析表明，琼海地区三叠纪花岗岩形成于区域性挤压碰撞环境。而分布于万宁市角闪石黑云母石英正长岩和角闪石黑云母正长花岗岩，属幔源分异型的碱性花岗岩，石英正长岩同位素年龄为233±28 Ma（Pb-Pb），正长花岗岩为217.5 Ma（Rb-Sr），时代为早三叠世，认为形成于造山后拉张环境。

中三叠世岩浆岩，包括（角闪石）黑云母正长花岗岩、黑云母正长花岗岩、（角闪石）黑云母二长花岗岩和黑云母二长花岗岩。其中，分布于金波农场、雅加大岭南面（角闪石）黑云母正长花岗岩，属I型的钙碱性系列花岗岩，同位素年龄为230.1 Ma（Rb-Sr），时代为中三叠世，认为形成于造山后阶段的构造环境。

晚三叠世岩浆岩，包括闪长岩、（角闪石）黑云母二长花岗岩和碱长花岗斑岩。

三叠纪黑云母正长花岗岩，广泛分布于尖峰岭地区，属S型的钙碱性花岗岩。同位素年龄为208.4 Ma（U-Pb）、232.8 Ma（U-Pb），时代为三叠纪，系板块碰撞后地壳隆起的结果。

三、中南半岛

海西期岩浆活动以喷发为主，规模不大，并以基性与超基性岩为主，主要分为海西早期和晚期两期。早期相当于晚泥盆世至早石炭世，岩性主要为透镜状、囊状苏长岩、辉长岩及安山岩，以及少量辉石岩、玄武岩、安山质凝灰角砾熔岩等火山岩，分布在中北部万荣、川圹、琅勃拉邦地区，主要为一套陆缘弧–岛弧火山岩系（王宏等，2012）。海西晚期相当于中—晚二叠世，岩浆活动较强烈广泛，中酸性侵入岩极为发育，岩性主要为黑云母钾长花岗岩、黑云二长花岗岩、花岗闪长岩、英云闪长岩、石英二长岩等，伴生大量同期中酸性基性火山岩，分布于琅南塔、浪勃拉邦、力荣、万象班敦及桑怒等地带，形成于陆缘弧岛碰撞环境（王宏等，2012）。

印支期岩浆侵入活动规模较大，主要与马江缝合带和色潘–三岐缝合带的闭合有关，分为俯冲相关的超镁铁质、镁铁质岩浆岩带和碰撞相关的花岗闪长岩带。俯冲相关的超镁铁质、镁铁质岩浆岩带在黑水河、马江裂谷带中有橄榄岩、辉长辉绿岩呈岩体或岩墙状侵位，并与辉长–闪长岩及玄武岩共生，这些超镁铁质-镁铁质岩具有蛇绿岩套特征，时代属晚二叠世至早三叠世。碰撞相关的花岗闪长岩带多为大型岩基，在昆嵩、大叻一带均呈典型岩体分布，主要由闪长岩、花岗闪长岩及花岗岩组成，属富钠钙-碱系列，K-Ar法和Rb-Sr等时线年龄在220～360 Ma，时代为早石炭世至早三叠世（金庆焕，1989）。

四、南海海域

印支期岩浆活动在南海海域分布局限，可能主要分布在南海西北部海域，钻井揭示以花岗质侵入岩产出，北部湾盆地年龄为晚二叠世，莺歌海盆地和琼东南盆地年龄为晚三叠世（表4.1），可能是古特提斯洋向北俯冲消亡导致印支地块与扬子-华夏地块碰撞的结果。

近年，中国科学院南海海洋研究所在南沙礼乐滩西南海域实施的南科1井（NK-1）钻遇英安岩，经锆石U-Pb和$^{40}Ar/^{39}Ar$测定的年龄为晚三叠世（218～217 Ma；表4.2），首次在南沙海域发现印支期火山岩，而且英安岩具有较高的总碱含量（K_2O+Na_2O=7.39wt%～8.42wt%）和较低的CaO含量（1.87wt%～3.38wt%），与江山-绍兴断裂和政和-大埔断裂之间的华夏地块内A型花岗岩具有地球化学亲缘性，其中较高Zr饱和温度（806～855℃）、FeO^T/MgO值（5.22～7.48）、Zr+Nb+Ce+Y含量（530～680 ppm）和10000×Ga/Al值（2.40～2.94），以及较低A/CNK值（0.86～1.04）。英安岩的原始岩浆是由中-下大陆地壳古老玄武岩物质部分熔融而成。南沙地块晚三叠世英安岩和华夏地块三叠纪A型花岗岩（裂谷或稳定大陆板块内部的岩浆）形成于华南大陆边缘的拉张环境（Miao et al.，2021），推测与古太平洋俯冲作用相关。

第四节　燕山期岩浆岩

燕山期，受古太平洋向欧亚大陆之下俯冲的影响，南海及邻域岩浆活动强烈且广泛分布，以中、酸性花岗岩为主，主要分布在南海陆缘以及周缘广西与广东、海南岛、中南半岛、加里曼丹岛、菲律宾群岛等陆域。火山岩主要分布在南海陆缘以及周缘广西与广东、海南岛、中南半岛、台湾岛（后期发生变质）等地区。燕山期岩浆岩普遍存在陆壳组分参与，成分多属酸性、中酸性。根据地层发育、岩浆活动和构造特征，可分为燕山早期（燕山一期至三期为晚三叠世—侏罗纪）和燕山晚期（燕山四期为早白垩世，燕山五期为晚白垩世）。

一、陆区

燕山早期侵入岩主要分布在广西与广东、海南岛、菲律宾群岛等陆区，而火山岩主要分布于广西与广东陆区。燕山晚期侵入岩广泛分布于广西与广东、海南岛、中南半岛、加里曼丹岛、菲律宾群岛等陆区，而火山岩主要分布在中南半岛、广西与广东、台湾岛等陆区。

（一）广西与广东

1. 侵入岩

燕山期侵入岩可划分为五期。燕山一期包括三叠世的闪长岩类、花岗岩类和辉长岩和早侏罗世的二

表4.1 南海北部印支-燕山期侵入岩的钻孔和拖网数据统计表

编号	位置		终孔（或钻孔）深度/m、钻穿厚度/m	基底岩性	同位素测年/Ma、地质时代	所属盆地或构造单元		数据来源
	经度（E）	纬度（N）						
WZ12-3-1	108°59′49″	20°45′36″	1490.00	偏火山碎屑岩	98±14（U-Pb）	北部湾盆地		Cui et al.，2021
WZ12-2-1	108°54′07″	20°46′15″	3075.00	花岗岩	晚二叠世			邱燕等，2016
WZ12-3-2	108°58′45″	20°45′46″	1786.24	花岗岩	晚二叠世			
WZ12-3-3	109°01′52″	20°45′18″	1536.40	花岗岩	晚二叠世			
WZ12-8-1	108°55′15″	20°43′54″	1335.00	花岗岩	晚二叠世			
WZ12-8-2	108°59′55″	20°44′21″	1352.00	花岗岩	晚二叠世			
WAN10	109°37′30″	20°19′57″	1741.00～1871.87	深红色粗晶花岗岩	古生代			赵汉卿和梁经喜[1]
WS28-1-1	109°34′32″	20°16′58″	1666.00	花岗岩	晚白垩世			邱燕等，2016
YINGQ2	108°33′18″	18°23′18″	683.40～689.40	黑云母花岗岩	90.41～95.51	莺歌海盆地		何家雄等，2008
海2	108°41′56″	18°29′04″	143.09	花岗岩	白垩纪			
海3	108°43′31″	18°24′32″	312.25	花岗岩	白垩纪			
LT35-1-1	108°46′21″	18°01′48″	1715.00	花岗岩	224±2			
YC13-1-1	109°00′31″	17°30′51″	3822.19	花岗岩	194～226			
YC19-1-1	109°06′42″	17°23′04″	5120.70	花岗闪长岩	白垩纪？			
Y8	—	—	—	花岗岩	224±2			尤龙等，2014
样品1	—	—	—	花岗岩	253±3.4 Ma（U-Pb）	琼东南盆地	乐东陵水凹陷	康晓音等，2022
样品	—	—	—	花岗岩	228.9±1 Ma（U-Pb）		松南低凸起	杨计海等，2019
SS-8-1-1	—	—	2952.00～2970.00	花岗岩	250 Ma（U-Pb）			
YING9	110°17′57″	18°04′54″	2850.00	花岗岩	156～185、106.9	琼东南盆地松涛凸起		邱燕等，2016
QH36-2-1	111°51′12″	19°07′17″	1251.00	花岗岩	前新生代？	珠江口盆地	珠三拗陷琼海凸起	
WC2-1-1	112°14′20″	19°50′59″	3594.00～3641.30	黑云母闪长岩	118		珠三拗陷文昌凹陷	
YJ23-1-1	112°48′31″	20°24′40″	1865.00～1874.50	花岗闪长岩	47～55		珠三拗陷阳江凹陷	
KP9-1-1	113°29′06″	19°49′15″	1662.00～1774.00	碎裂花岗岩	153±6		神狐隆起	李平鲁等，1998
EP25-1-1	113°07′20″	20°17′24″	3164.00	花岗岩	晚白垩世		珠一拗陷恩平凹陷	邱燕等，2016
EP18-1-1A	113°59′10″	20°32′07″	3448.25	A型花岗岩	100.38±1.46			李平鲁等，1998
					94.38±1.89			
				花岗岩（γ）	100.5±1.7（K-Ar）			邱元禧等，1996
HF28-2-1			3942.00～3943.60	碎裂花岗闪长岩	109.25±2.4（K-Ar）		珠一拗陷海丰凸起	李平鲁等，1999

① 赵汉卿，梁经喜，1979，南海北部湾地区湾5井完井地质总结报告，茂名石油工业公司南海石油勘探指挥部。

续表

编号	位置 经度（E）	位置 纬度（N）	终孔（或钻孔）深度/m、钻穿厚度/m	基底岩性	同位素测年/Ma、地质时代	所属盆地或构造单元		数据来源
HZ35-1-1	—	—	2218.90	碎裂石英闪长岩	105（K-Ar）	珠一坳陷惠州凹陷	珠江口盆地	李平鲁等，1999
HZ32-1-1	—	—	2791.00	碎裂花岗岩	88.5±3.6（K-Ar）			
HZ25-2-1X	—	—	3196.40	碎裂花岗岩	99.80±1.53（K-Ar）			邱元禧等，1996
XJ17-3-1	—	—	2122.00～2124.00	花岗岩	79.2±2.8（K-Ar）	珠一坳陷西江凹陷		李平鲁等，1999
XJ24-3-1AX	—	—	4318.00～4319.00	碎裂花岗岩	98（K-Ar）			
XJ24-1-1X	—	—	3851.00～851.50	花岗岩	84（K-Ar）			
XJ17-3-1	—	—	2122.00～2124.00	碎裂花岗岩	79.2±2.8（K-Ar）			
LF2-1A	—	—	2480.00～2483.50	碎裂二云母花岗岩	100.38±1.46（K-Ar）	珠一坳陷陆丰凹陷		
			2480.00～2483.50		94.83±1.89（Rb-Sr）			
ZHU1	—	—	1846.00～1847.00	花岗岩	73～76（K-Ar）	珠一坳陷		
ZHU2	—	—	2379.00～2380.00	黑云母花岗岩	70.5（K-Ar）			
ZHU5	—	—	3261.80～3262.30	花岗斑岩	75（K-Ar）			
ZHU3	113°36′11″	21°00′32″	3150.30	花岗闪长斑岩	69～70.5			邱燕等，2016
ZHU4	114°16′21″	21°13′29″	3203.50、21.90	粗粒黑云母花岗岩	75			
ZHU7	114°45′30″	21°21′17″	3664.50、18.50	花岗岩（γ）	晚白垩世			
SH2-1-1	—	—	3641.20	黑云角闪闪长岩	118（K-Ar）	番禺低隆起		李平鲁等，1999
PY3-1-1	114°26′09″	20°58′31″	3192.00	花岗岩（γ）	90.7±3.3（K-Ar）			
PY21-3-1	114°22′38″	20°27′48″	4068.00～4019.50	碎裂黑云母花岗岩	89.83±1.32（K-Ar）			
PY27-1-1	114°29′34″	20°12′24″	3607.00～3609.00	石英二长岩	118.9±2.1（K-Ar）			
PY16-1-1	114°59′33″	20°25′32″	2375.50、13.50	苏长岩	—			
PY20-1-1	—	—	3856.00、57.00	黑云母花岗岩	—			
PY4-1-1	—	—	3160.00	花岗岩（γ）	130±5（K-Ar）			邱元禧等，1996
PY14-5-1	114°12′51″	20°39′59″	3164.00	花岗岩	晚白垩世			邱燕等，2016
			3788.00、29.00					
PY15-1-1	114°24′22″	20°33′33″	4401.50、78.50	A型花岗岩	89.8			
LH1-1-1A	114°44′16″	20°44′54″	1836.50	碎裂花岗闪长岩	90.62±1.49（K-Ar）	东沙隆起		李平鲁等，1999
			1822.00～1837.50		72.78±1.37（Rb-Sr）			
LH19-4-1	116°07′59″	20°12′24″	3068.50	闪长岩	早白垩世			邱燕等，2016
LH21-1-1	115°21′35″	20°28′21″	2779.00	闪长岩	前新生代？			
LH18-1-1	116°56′11″	20°35′30″	1838.00、36.50	—	前新生代？			
LH18-2-1	116°57′21″	20°30′09″	1864.00、20.30	—	前新生代？			
DS7-1-1	116°06′21″	20°40′51″	1333.00、40.70	—	前新生代？			
LF35-2-1	—	—	2443.50	闪长岩	195.0±2.2（U-Pb）	潮汕坳陷		Zhu et al.，2021
LF35-4	—	—	2472.30	花岗岩	196.4±1.4（U-Pb）			

续表

编号	位置		终孔（或钻孔）深度/m、钻穿厚度/m	基底岩性	同位素测年/Ma、地质时代	所属盆地或构造单元		数据来源
	经度（E）	纬度（N）						
LF35-1-1	116°42′06″	21°03′31″	1423.00～1500.00	花岗岩、花岗闪长岩	198±1（U-Pb） 195±3（U-Pb）	珠江口盆地	潮汕拗陷	Xu et al.，2017
XY1	112°20′36″	16°50′29″	1251.00～1384.60	花岗岩脉	68.9（Rb-Sr）	西沙群岛		孙嘉诗，1987
XK1-1	112°20′50″	16°50′45″	1260.00～1262.00	花岗岩	107.8±3.6（U-Pb）			朱伟林等，2017
XK1	116°42′06″	21°03′31″	1262.80～1268.20	碱长花岗岩和二长花岗岩	144～158（U-Pb）			修淳等，2016
SO49-16、SO49-36	—	—	—	闪长岩、辉长岩	140～150（K-Ar）	中沙浅滩及北部大陆坡坡脚		龚再升等，1997
				斜长花岗岩	126.63±2.02（K-Ar） 119.32±1.91（K-Ar）	中沙浅滩东端		金翔龙，1989

表4.2　南海中南部及海盆印支-燕山期侵入岩的钻孔和拖网数据

编号	位置		终孔（或钻孔）深度/m	基底岩性	同位素测年/Ma、地质时代	所属盆地或构造单元	数据来源
	经度（E）	纬度（N）					
WT-67	—	—	3552.30	碎裂黑云母花岗岩	108±3	湄公盆地（九龙盆地）	吴进民和杨木壮，1994；周蒂等，2005
WT-91	—	—	3540.80	黑云母花岗闪长岩	149±5		
WT-810	—	—	3411.80	角闪石黑云母花岗闪长岩	135±4		
WT-402	—	—	3594.10	黑云母花岗岩（微碎裂岩）	108±4		
Dragon-3	—	—	3548.30	黑云母微斜长石花岗岩	159±5		
Dragon-9	—	—	2597.00	黑云母花岗岩（碎裂岩）	178±5		
Tamdao	—	—	3391.50	浅色斑状石英闪长岩	97±3		
BB-2	—	—	2805.70	角闪石花岗闪长岩	109±5		
BB-3	—	—	3533.10	角闪石花岗闪长岩	105±5		
09-BH 00002X	107°59′50″	09°45′50″	3294.00	花岗岩	晚白垩世或更老		HIS，2019
15G-1x	108°21′46″	10°25′29″	2925.00		古近纪		邱燕等，2016
15C-1x	108°18′14″	09°58′01″	3276.00				
29-A 1X	106°48′03″	06°58′54″	1610.00		晚白垩世马斯特里赫特期	万安盆地（南昆山盆地）	HIS，2019
06-A 1X	108°52′38″	07°17′21″	4215.00	花岗岩	晚白垩纪		
05-DH 02X	106°21′22″	04°55′07″	2836.00		白垩纪或更老		
10-DP 1X	108°41′14″	08°29′14″	2492.00		晚白垩世马斯特里赫特期		
04-A 1X	108°48′46″	08°37′33″	2462.00		晚侏罗世		
05-DH 03X	108°37′51″	08°29′58″	3758.00	辉长岩	晚侏罗世		

续表

编号	位置		终孔（或钻孔）深度/m	基底岩性	同位素测年/Ma、地质时代	所属盆地或构造单元	数据来源
	经度（E）	纬度（N）					
28-A 1X	106° 52′ 01″	07° 23′ 50″	1594.00	闪长岩	白垩纪	万安盆地（南昆山盆地）	HIS，2019
28-A-1X	106° 52′ 01″	07° 23′ 50″	1504.00	石英闪长岩	前新生代？		邱燕等，2016
DaiHung-3	108° 38′ 09″	08° 29′ 51″	3720.00	花岗闪长岩	105±5		邱燕等，2016
DaiHung-2	108° 41′ 24″	08° 29′ 10″	2836.00	花岗闪长岩	109±9	万安盆地（南昆山盆地）	邱燕等，2016
DaiHung-1	108° 38′ 41″	08° 27′ 12″	3352.00	花岗闪长岩	前新生代？		
DaiHung2BB2	108° 37′ 59″	08° 25′ 59″	—	花岗闪长岩	109±5		
DaiHung2	—	—	3685.00	花岗岩	燕山期的前白垩纪		周蒂等，2005
Dua-12-B-1X	108° 16′ 03″	07° 30′ 01″	3889.00	花岗岩	前新生代？		邱燕等，2016
Dua-12-C-1X	108° 01′ 20″	07° 31′ 17″	3587.00	花岗岩	前新生代？		吴进民和杨木壮，1994；邱燕等，2016
Dua-1X	108° 25′ 44″	07° 26′ 22″	4013.00	花岗岩	白垩纪(K)？		邱燕等，2016
CIPTA-B	108° 32′ 55″	06° 18′ 13″	3274.00	花岗闪长岩	前新生代？		
AT-1X	108° 38′ 53″	05° 29′ 06″	1785.00	花岗闪长岩	80±2.4		吴进民和杨木壮，1994
	108° 38′ 53″	05° 29′ 06″	1768.00	黑云母花岗闪长岩			
AS-1X	108° 25′ 27″	06° 50′ 52″	1726.00	黑云母角闪石花岗闪长岩	129±7		
	—	—	1728.00	花岗闪长岩、闪长岩			周蒂等，2005
两兄弟群岛	—	—	—	花岗岩	70±3		
AP-1X	109° 37′ 00″	05° 31′ 01″	4199.00	花岗闪长岩	79.3±4.7	曾母盆地	邱燕等，2016
	109° 37′ 00″	05° 31′ 01″		深成岩	—		吴进民和杨木壮，1994
Non-name-1	109° 29′	1° 57′	—	花岗岩	75±5		
Non-name-2	109° 43′	1° 37′	—	花岗岩	75.6±4		
Cipta B-1	108° 32′ 55″	06° 10′ 13″	3306.00	闪长岩	白垩纪	东纳土纳盆地（曾母盘地西部）	HIS，2019
Belumut 2	105° 39′ 47″	05° 30′ 45″	1536.00	花岗岩	白垩纪	马来盆地	
Belumut 1	105° 38′ 18″	05° 31′ 39″	1519.00				
Delah 1	108° 30′ 09″	10° 13′ 00″	2990.00	花岗岩	白垩纪或更老		
Gabus 6-1	105° 48′ 39″	04° 00′ 19″	1370.00	花岗岩	白垩纪	西纳土纳盆地（珀纽次海盆）	
Bukit Barat 1	106° 21′ 22″	04° 55′ 07″	1832.00		晚白垩世马斯特里赫		
AO 1X	107° 05′ 42″	06° 27′ 59″	2009.00				
AF 1X	106° 48′ 01″	05° 12′ 21″	3095.00		晚白垩世马斯特里赫特期		
AB 1X	106° 21′ 10″	05° 08′ 17″	2787.00				

续表

编号	位置		终孔（或钻孔）深度/m	基底岩性	同位素测年/Ma、地质时代	所属盆地或构造单元	数据来源
	经度（E）	纬度（N）					
Bukit Barat 1	105° 03′ 25″	03° 57′ 38″	1832.00	花岗岩	晚白垩世马斯特里赫特期	西纳土纳盆地（珀纽次海盆）	HIS，2019
Seraya 1	108° 19′ 17″	08° 51′ 06″	1902.00				
Kelong 1	105° 10′ 50″	04° 36′ 42″	2278.00	岩浆岩			
Ga-bus-6	—	—	1301.50	云母角闪石英二长岩	110		金庆焕，1989
DK-52-2	115° 55′ 54″	12° 43′ 33″	—	花岗闪长岩	123-115（Ar-Ar） 127-122（U-Pb）	东部次海盆南部小珍珠海山	Xiao et al.，2019
1yDG	114° 04′ 00″	11° 29′ 00″	—	细粒黑云母花岗岩	109.7（Ar-Ar） 114.2（K-Ar） 120（U-Pb）	西南次海盆南部洋陆过渡带	邱燕等，2016
2yDG	114° 56′ 36″	11° 47′ 00″	—	花岗岩	早白垩世晚期		
			—	斜长花岗岩	159.1±1.6、157.8±1.0		
3yDG	114° 20′ 00″	13° 28′ 00″	—	花岗闪长岩	早白垩世晚期	西南次海盆	
S08-18-2/4	114° 56′ 32″	11° 47′ 01″	—	斜长花岗岩	159.1±1.6（U-Pb）	西南次海盆南部洋陆过渡带	鄢全树等，2008；Yan et al.，2017
S08-18-4					157.8±1.0（U-Pb）		
S08-32-1/3	114° 04′ 36″	11° 28′ 19″	—	二长花岗岩	153.6±0.3（U-Pb）		
S08-32-3					127.2±0.2（U-Pb）		
NK-1	—	—	—	闪长岩	177	礼乐滩西南	苗秀全等，2021
				辉绿岩	124		
			1200.00～2020.00	镁铁质侵入岩	—		
SO23-23	115° 52′ 00″	09° 54′ 00″	—	橄榄辉长岩及流纹凝灰岩	晚三叠世—早侏罗世	礼乐盆地	Areshev et al.，1992
SO27-24	115° 49′ 59″	09° 52′ 59″	—	蚀变闪长岩及流纹质凝灰岩	中三叠世?	礼乐滩西南	
SO23-36	116° 34′ 48″	12° 06′ 00″	—	多孔玄武岩（角闪岩?）	146	礼乐滩西北	Kudrass et al.，1986
Dumaran-1	119° 56′ 22″	10° 19′ 36″	2043.00	超基性岩（σ）	晚白垩世	西北巴拉望盆地	邱燕等，2016
			2033.00	蛇纹石化橄榄岩	早白垩纪?		Schluter et al.，1996

说明：同位素年龄均采用 K-Ar、⁴⁰Ar/³⁹Ar、Rb-Sr 等时线、U-Pb 法测定。IHS. 美国能源部为石油和天然气行业提供的资讯服务。

长岩类、花岗闪长岩类和花岗岩类。晚三叠世侵入岩以萝岗、鹤山复式岩基等为代表，佛山西淋冈花岗岩 Rb-Sr 等时线年龄为203 Ma，⁴⁰Ar/³⁹Ar 年龄为217 Ma，U-Pb 年龄为206 Ma。广东东部以酸性岩浆侵入为主，早侏罗世在博罗龙华早期侵入的细中粒斑状黑云母二长花岗岩下方，开始了第二次岩浆侵入，细粒黑云母二长花岗岩内残留了晚三叠世侵入的花岗岩。

燕山二期侵入岩主要分布在广西的百合、西山，广东的清湖、广平、棋杆等，为幔源型过碱性花岗岩类岩石。广平、西山、马山、清湖岩体偏碱性，岩性主要为辉绿玢岩、正长岩、二长岩、闪长岩、辉石岩等，呈岩株产出，多以北西–南东向展布。清湖岩体以二长岩和闪长岩为主体岩性，闪长岩LA-ICP-MS年龄为162±2 Ma。

燕山三期岩浆活动广泛发育在合浦铁山港—陆川—北流—藤县一线以东范围，桂东南–粤西构造–岩浆岩带侵入岩受控于廉江–信宜韧性剪切带活动形成的塘蓬复式岩基和受控于北海–梧州断裂带与罗定–悦城大断裂活动形成的杨梅、长岗顶、大坡、官墟、广宁，主要为黑云母花岗岩，年龄为135～145 Ma。

燕山四期分布在粤东、粤西等地，主要为二长花岗岩和黑云母花岗岩，年龄为89～137 Ma。

燕山五期岩浆侵入活动较为沉寂，侵入体多呈小岩株、岩株、岩枝产出，零星分布，规模小，主要为花岗斑岩、石英斑岩等，年龄为66～97 Ma（广东省地质矿产局，1988）。

综上，广东广西燕山期超基性、基性岩体出露很少，而中、酸性侵入岩出露广，主要为黑云母花岗岩、闪长岩、石英二长岩、角闪石岩、正长岩、辉绿玢岩、花岗斑岩、石英斑岩等。燕山晚期岩浆岩面积大、种类多，从中性岩至碱性岩，从深成至超浅成都有发育，花岗岩在时空分布、岩石组合和地球化学性质上，不同于燕山早期，以粤东沿海地带最为集中。

2. 火山岩

广西与广东西部燕山早期火山活动受限于吴川–四会断裂带，主要位于该断裂带以东区域，为中基性–中酸性–酸性喷发序列，属陆相喷发，普遍受区域性断裂构造控制，组成北海–梧州、恩平–新丰等中生代火山构造喷发带。燕山一期火山活动极为微弱，二期火山岩分布空间上和三期具有一定的继承性。

燕山晚期，火山活动中心迁移至吴川–四会断裂带以西区域，基本以中酸性岩浆喷发为主，规模胜于早期。燕山四期对应早白垩世，仅在粤中火山亚带发育，在广州市河南五凤村、旧凤凰一带白鹤洞组岩性为流纹斑岩、英安斑岩等，属潜火山相。燕山五期为晚白垩世，为一套硅铝质过饱和中–酸性高钾钙碱性系列岩石组合，大部分属轻稀土富集型，可分出火山喷发–沉积相、爆发相、火山碎屑流相、涌流相、空落相、溢流相、喷溢相、火山口–火山颈相、侵出相、次喷出岩相等10种岩相。三丫江组流纹英安岩LA-ICP-MS的U-Pb年龄为100 Ma和102 Ma，水汶盆地碎斑熔岩全岩Rb-Sr等时线年龄为87.4 Ma，广西博白玄武质安山岩K-Ar年龄为99.8±2.4 Ma（贾大成等，2003）。广东东部火山活动发源于河源喷发带，尔后向西波及、向东增强，西部层位偏下、东部层位偏上，由西北往南东具由老而新逐渐迁移的规律。早中侏罗世火山喷发旋回主要在莲花山带以西出现，晚侏罗世—早白垩世火山喷发旋回主要分布在莲花山带以东；破火山仅出现在沿海，层状火山见于中部，而火山穹窿是莲花山带以西的主要火山类型，单个火山规模由沿海向内地亦逐步变小；火山岩爆发相主要发育于沿海，溢流相主要见于内地，而爆发+喷溢相则见于两者之间；沿海带以流纹岩为主，莲花山带为流纹岩+英安岩，内陆带为安山岩+流纹岩。

总之，燕山期为广东火山活动最强盛时期，早期为海相中基性火山活动，晚期为陆相中酸性火山活动，受断裂控制，呈北东向带状分布，组成吴川–四会、恩平–新丰、河源、莲花山、潮安等主要的中生代火山构造喷发带，以中酸性为主，包括熔岩类、火山碎屑熔岩类、火山碎屑岩类、沉火山碎屑岩类和火山碎屑沉积岩类，以及次火山岩类，主要发育在粤东地区，具有由西北向东南、由老到新逐渐迁移的规律。广西晚白垩世火山岩分布较广，大部分集中在桂东南及桂南一带红色盆地内，以酸性熔岩和火山碎屑岩为主，部分为中性、中酸性火山岩，普遍受区域性断裂构造控制，组成博白–岑溪、灵山–藤县等中生代火山构造喷发带。

（二）海南岛

1. 侵入岩

海南岛侏罗纪侵入岩出露面积相对较少，仅622.57 km²，占海南岛侵入岩总面积的4%，主要分布于昌江、文昌、琼中、陵水、保亭等地，属I型或S型的钙碱性或钙性花岗岩。早侏罗世花岗岩为角闪石黑云母二长花岗岩和黑云母正长花岗岩；中侏罗世花岗岩包括黑云母二长花岗岩、黑云母正长花岗岩和黑云母碱长花岗岩；晚侏罗世由三种成分不同的侵入岩组成的超单元，侵入先后依次为黑云母辉长岩、闪长岩、角闪石正长岩，属幔源分异型的碱钙性岩系，辉长岩、闪长岩和正长岩同位素年龄分别为151.9 ± 0.3 Ma（Rb-Sr）、157 ± 14 Ma（Pb-Pb）和151 ± 0.3 Ma（K-Ar），时代为晚侏罗世，形成于拉张环境。

早白垩世侵入岩，从早到晚依次为细粒黑云母角闪石石英二长闪长岩、中细粒黑云母角闪石花岗闪长岩、中细粒斑状黑云母角闪石二长花岗岩和细粒斑状黑云母正长花岗岩，分布于雅亮–高峰–南林一带，岩体总体呈南北向，属I型的钙碱性–钙性系列，花岗闪长岩、二长花岗岩均侵入岭壳村组火山岩，后者同位素年龄为115.5 Ma（Rb-Sr），时代为早白垩世。

晚白垩世侵入岩为成分演化的一个超单元，从早到晚由细粒辉长辉绿岩、粗中粒黑云母角闪石石英二长闪长岩、中粒角闪石黑云母花岗闪长岩、角闪石黑云母二长花岗岩和黑云母正长花岗岩构成，分布于千家地区，呈不完整的环套状，属I型的钙碱性系列，岩体侵位于六罗村组、报万组，辉长辉绿岩、花岗闪长岩及二长花岗岩的同位素年龄分别为97 Ma（K-Ar）、94.4 ± 0.2 Ma（Rb-Sr）和82.5 Ma（U-Pb）。

海南岛白垩纪侵入岩还有辉长岩脉、闪长岩脉、花岗斑岩脉等，主要沿南北向及北北东向裂隙充填，时代归属不明。

总体上，海南岛白垩纪岩浆活动非常强烈，形成了大量的侵入岩。其中，最著名的岩体有保城杂岩体、屯昌杂岩体、千家杂岩体和吊罗山杂岩体等，出露总面积约3757.98 km²，占海南岛侵入岩总面积的23%（李孙雄等，2017）。

2. 火山岩

海南岛中生代火山岩主要出露广泛，大致可以划分为陆相火山盆地和陆相火山–沉积盆地，陆相火山盆地有牛腊岭火山盆地、同安岭火山盆地、五指山火山盆地、洛基火山盆地和旺商火山盆地，出露面积约970 km²，约占全岛陆域面积2.85%；陆相火山–沉积盆地有白沙盆地、阳江盆地、王五盆地、雷鸣盆地、乐安盆地等，在正常沉积岩中夹有火山角砾岩、凝灰岩等。主要岩石类型为玄武岩、玄武安山岩、英安岩、流纹岩、流纹质角砾（凝灰）熔岩、凝灰岩、沉凝灰岩，火山岩相为喷溢相、爆发空落相、火山碎屑流相、爆溢相、喷发沉积相、火山颈相、侵出相、潜火山相（李孙雄等，2017）。

（三）中南半岛

1. 侵入岩

燕山早中期，中南半岛东部的越南岩浆活动强烈，侵入岩从酸性至基性均有出现。在Song Da带侏罗纪—早白垩世岩浆岩侵入作用以花岗岩为主（尤龙等，2014），而东南部秀丽、大叻大型裂谷断陷中发育成群的辉长橄榄岩、辉长岩、苏长岩、辉长辉绿岩、闪长岩及花岗斑岩组成的岩侏、岩墙侵位，侵入体同位素年龄为130～178 Ma。大叻早—中侏罗世的班敦（Bandon）岩系，发育以花岗岩类为主的三期侵入杂岩，包括定光（Dinkuan）–安克罗特（Ankroet）岩系（150～130 Ma）、卡岭（Deo Ca）岩系（100～90 Ma）和潘朗（Phanrang）岩系（70～60 Ma）（吴进民和杨木壮，1994）。

燕山晚期，越南南部地区在早期花岗岩带或变质岩带中分布有二云花岗岩、白云花岗岩、浅色花岗岩、白岗岩，呈岩墙、岩脉状贯入，属硅、铝、碱饱和系列，年龄为60～100 Ma。在大叻活动大陆边缘普遍存在晚中生代钙碱性岩浆作用的产物，德保乐（Deo Bao Loc）和芽庄（Nha Trang）序列包括卡岭闪长岩-花岗闪长岩-花岗岩。丹阳（Don Duong）序列包括安克罗特黑云母花岗岩-淡色花岗岩。安克罗特花岗岩为中粒花岗结构，中粗粒似斑状黑云母花岗岩为灰白、浅灰色，中粗粒和残斑结构和块状构造，半自形粒状结构的颗粒基质，且侵入了La Nga Fmde的沉积物。定光-安克罗特-卡岭的花岗闪长岩和丹阳长英质岩浆岩，Rb-Sr等时线年龄为85～96 Ma，U-Pb年龄为93.4～96.1 Ma，时代为晚白垩纪。定贯（Dinh Quan）-卡岭杂岩体系列的花岗岩体普遍存在于中波（Trung Bo）中部、南波（Nam Bo）以及大叻地区，辉长岩-闪长岩和闪长岩呈深灰色，有超过25%的彩色矿物，在岩石中不规则分布，中粒或细粒，块状构造，发育许多侏罗纪变质沉积物的捕房体，Rb-Sr等时线年龄为92～109 Ma（Tran and Vu，2011），$^{40}Ar/^{39}Ar$年龄为104±2 Ma（Nguyen，2001），为早白垩纪。

2. 火山岩

中南半岛燕山期钙碱性火山岩有安山岩-英安岩-流纹英安岩组合和流纹英安岩、流纹岩。此外，越南Song Da带的秀丽盆地内发育侏罗纪—早白垩世玄武岩、粗面岩、安山岩和火山碎屑岩（尤龙等，2014）。安山岩-英安岩-流纹英安岩组合，在不同地层中的中酸性火山岩均有描述，如德保乐（Nguyen，1977）和芽庄或隆平混杂岩带（Tran and Vu，2011）。火山岩组合的$^{40}Ar/^{39}Ar$和Rb-Sr等时线年龄为100～129 Ma（Nguyen，2001）。在越南芽庄采集到了新鲜的安山岩样品，形成年龄为85.11±1.04～87.61±1.11 Ma。越南东南部大叻地区存在晚侏罗世—白垩纪敦兹永（Donzyyong）火山岩，包括安山岩、英安岩和流纹岩及凝灰岩，厚达2000 m以上（吴进民和杨木壮，1994）。流纹英安岩和流纹岩在大叻构造体系的边缘地区，主要分布在丹阳-大叻、Ta Nang、Luy河上游和Long Song河地区，丹阳长英质火山岩分为喷出相、溢出相、火山颈相和次火山岩相，同位素Rb-Sr等时线、K-Ar法年龄为76～100 Ma，主要形成于晚白垩世。

（四）加里曼丹岛

在加里曼丹岛西北部古晋带，三叠纪岩浆岩主要包括基性的Serian火山岩、中酸性Jogoi花岗闪长岩和零星的杂岩体。Serian火山岩在西沙捞越和西北加里曼丹岛形成一条山脉（Pimm，1965），地球化学数据指示其为高钾-钙碱性安山岩或变质玄武岩，代表活动大陆边缘或岛弧环境相关的岩浆岩（Peccerillo and Taylor，1976；Breitfeld et al.，2017）。测得Jogoi I型角闪石花岗闪长岩中的两组岩浆锆石U-Pb年龄分别为208.3±0.9 Ma和约240 Ma（Breitfeld et al.，2017）。西南加里曼丹岛的施瓦纳（Schwaner）山，其西北部出露有三叠纪至侏罗纪I型岩浆岩，这些岩浆岩被认为可能与古太平洋俯冲相关（Breitfeld et al.，2017，2020；Hennig et al.，2017）。

加里曼丹岛燕山期出露的岩浆岩主要分布在加里曼丹岛西北部、中部，以及沙捞越西南边界，特别是西南部施瓦纳山岩基，其东西长500 km以上、南北宽200 km，主要为花岗闪长岩和英闪岩，年龄在77.4±1.7～130.2±2.8 Ma（Williams et al.，1988）。基于U-Pb锆石原位测年，Li等（2015）确定了施瓦纳山的闪长斑岩年龄为82.1±1.7 Ma和78.7±2.3 Ma，属I型钙碱性系列（Hutchison，1989），与俯冲活动相关。在施瓦纳山西南面另一个岩基，由花岗岩和含钠长石的碱性花岗岩、正长岩组成，K-Ar年龄范围为86～91 Ma，与俯冲后的地壳伸展有关。在施瓦纳山的北部，沿卢帕尔线零星地分布白垩纪岩浆岩，岩体自Sambas向西延伸到东加里曼丹岛沿海的Mangkaliat地区，形成一个岩浆带，岩体主要为长英质花岗、花岗闪长岩和少量的二长花岗岩，地球化学研究表明这些花岗岩主要为俯冲性质的I型花岗岩，其次为S型花岗岩，年龄为74.9～80.6 Ma，表明侵位时间较短（Amiruddin，2009）。

周蒂等（2005）将施瓦纳山白垩纪I型钙碱性花岗岩与越南南部及华南东部的花岗岩进行对比，认为侏罗纪—白垩纪时期中酸性岩浆活动，可能代表了晚中生代东亚陆缘火山岩带的南段。

（五）菲律宾群岛

燕山期岩浆岩在北巴拉望岛上主要以两类石英二长深成岩为代表，它们切穿了古老的沉积岩和变沉积岩。未测得这些深成岩的放射性年龄，推测这些岩石与民都洛变质岩内的侵入岩时代一样，为晚三叠世到早侏罗世（Holloway，1982）。

菲律宾群岛前古近纪花岗岩类零星分布在北巴拉望岛和北棉兰老岛，多沿前侏罗纪大陆基底边缘产出，岩体规模较小，以闪长岩为主（吴良士，2012）。晚白垩世，巴拉望岛出露花岗岩，卡普斯分布花岗岩和石英闪长岩（铃木和尉元，1989）。

（六）台湾岛

台湾岛燕山期变质火山岩主要位于中央山脉东翼，为大南澳杂岩中的火山岩，岩性主要为绿片岩，其次为角闪岩等。大南澳杂岩的太鲁阁变质岩带（长春岩组）中的变质火山岩主要呈厚层或薄层透镜体，原岩为基性熔岩或火山碎屑岩，可能为大洋拉斑玄武岩。原岩中火山碎屑锆石年龄为93～103 Ma（黄长煌，2017）。太鲁阁带北部苏花高速公路旁产出的变质安山岩，化学成分类似于现代大洋岛弧型中钾钙碱性安山岩，热电离质谱仪（thermal ionization mass spectrometer，TIMS）的锆石U-Pb不和谐曲线下交点年龄为85±2 Ma（张开毕等，2017）。

二、海区

南海陆缘燕山期岩浆岩分布广泛且活动强烈，尤其南海北部陆缘、西部陆缘与华南大陆和中南半岛沿海陆域具有相同的岩浆-沉积-构造体系，受古太平洋和特提斯洋的影响，主要发育花岗质火山-侵入岩。钻井揭示，从南海北部珠江口盆地、北部湾盆地、莺歌海盆地、琼东南盆地、中西沙地区到西部万安盆地、湄公盆地、曾母盆地以及南沙群岛形成一条北东-南西向的岩浆岩带，以中酸性侵入岩和钙碱性喷出岩为主，年龄为69～198 Ma（图4.1，表4.1～表4.3），主要形成于晚侏罗世—白垩纪，构成了南海新生代沉积盆地基底。从岩浆活动时间上看，岩体整体向南、向东变新，尤其是早、晚白垩世的岩浆活动最为强烈。目前，主流观点认为这条岩浆岩带与华南大陆广泛分布的侵入岩和火山岩具有地球化学联系，表明在中生代时期南海陆缘与华南大陆的岩浆岩存在着一定的来源关系（Li et al.，2018；Xiao et al.，2019；Zhu et al.，2021；Cui et al.，2021；Miao et al.，2021），形成与中侏罗世—白垩纪中期印支地块、华南大陆东南缘特提斯洋和库拉-太平洋板块向欧亚板块之下俯冲作用有关的一条中生代的岩浆弧。

表4.3　南海燕山期喷出岩的钻孔和拖网数据统计表

编号	位置		终孔（或钻孔）深度/m、钻穿厚度/m	基底岩性	同位素测年/Ma、地质时代	所属盆地或构造单元	数据来源
	经度(E)	纬度(N)					
Y6	108°56′29″	17°55′15″	2132.10～2222.40	安山岩	68.24	莺歌海盆地	何家雄等，2008
				凝灰质砂岩	97.21		

续表

编号	位置		终孔（或钻孔）深度/m、钻穿厚度/m	基底岩性	同位素测年/Ma、地质时代	所属盆地或构造单元		数据来源
	经度(E)	纬度(N)						
YX32-1-1	109°17′45″	18°02′59″	680.00	安山岩	白垩纪？	莺歌海盆地		何家雄等，2008
Y5	—	—	—	凝灰质砂岩	97.21			尤龙等，2014
YC14-1-1	109°12′48″	17°41′22″	3158.00	英安流纹岩	82.8±1.7	琼东南盆地		何家雄等，2008
LS2-1-1	110°07′10″	17°55′10″	2769.00	安山玢岩	93.92			
BD6-1-1	111°51′30″	18°56′10″	2133.00	火山集块岩	87			
WC8-2-1	112°09′53″	19°43′47″	2682.00	流纹斑岩	前新生代？	珠江口盆地	文昌凹陷	邱燕等，2016
YJ26-1-1	112°17′36″	20°12′19″	1700.00～1702.00	流纹斑岩	89.2±1.58（K-Ar）		阳江凹陷	李平鲁等，1999
KP6-1-1	113°51′25″	19°50′13″	2728.00、28.70	凝灰角砾岩	前新生代？		神狐隆起	邱燕等，2016
XJ34-3-1	114°30′06″	21°00′32″	3296.00、4.00	火山集块岩	78.5±3.2		西江凹陷	
LF13-2-1	116°02′37″	21°37′57″	3280.00	安山岩	晚白垩世		陆丰凹陷	
HZ33-2-2	115°27′21″	21°15′42″	2455.50、14.50	安山岩	前新生代？		惠州凹陷	
HZ32-4-1	115°13′03″	21°05′19″	2740.00、11.00	花岗岩或火山碎屑岩	前新生代？			
CM-1X	109°38′17″	14°16′22″	500.00	玄武岩	早中新世末—中中新世早期	南海西部陆架		Anh et al.，2017
04-B-1X	108°58′20″	08°37′40″	2442.00	火山岩	白垩纪	万安盆地		邱燕等，2016
					燕山期的前白垩纪			周蒂等，2005
04-B-2X	108°53′26″	08°37′38″	2593.00	火山岩	白垩纪			邱燕等，2016
Terubuk-1	—	—	2563.60	安山质变质熔岩	169±7	西纳土纳盆地		金庆焕，1989
Af-1x	—	—	3048.00～3094.90	喷出岩	92.4			
Tara-1	119°04′01″	11°26′39″	2166.80	火山凝灰岩	—	北巴拉望盆地		Schluter et al.，1996
Batas-1	118°55′42″	11°20′18″	2432.30	火山角砾岩	—			
Cadlao-1	118°59′47″	11°19′14″	3191.20	凝灰岩	晚侏罗世			
Boayan 1-1A	118°33′34″	10°40′09″	3095.20	火山岩	—			
Cacnipa-1	118°35′51″	10°38′53″	2775.80	火山岩	位于下中新统灰岩之下			
Albion Head-1	117°47′13″	09°31′05″	3776.50	火山碎块	—	南巴拉望盆地		
SO23-23	115°52′00″	09°54′00″	—	橄榄辉长岩及流纹凝灰岩	早侏罗世—晚三叠世	礼乐滩		Kudrass et al.，1986
				橄榄石辉长岩与流纹岩				Areshev et al.，1992

续表

编号	位置		终孔（或钻孔）深度/m、钻穿厚度/m	基底岩性	同位素测年/Ma、地质时代	所属盆地或构造单元	数据来源
	经度(E)	纬度(N)					
SO27-24	115° 49′ 59″	09° 52′ 59″	—	蚀变闪长岩及流纹质凝灰岩	中三叠世？	礼乐滩	Areshev et al., 1992
SO23-36	116° 34′ 48″	12° 06′ 00″	—	多孔玄武岩（角闪岩？）	146		
NK-1	—	—	2020.20、1485.00～1705.00	英安岩	218±2 或 217±2（U-Pb） 217±10（Ar-Ar）	礼乐滩西南	Miao et al., 2021

注：同位素年龄均采用 K-Ar、⁴⁰Ar/³⁹Ar、Rb-Sr 等时线法测定。

（一）南海北部陆缘

统计分析结果表明，南海北部陆缘燕山期岩浆活动频繁，以大规模的中−酸性岩浆岩为主，超过 70 口钻井（约占 90%）钻遇燕山期花岗岩类，岩性主要为花岗岩，其次为花岗闪长岩、闪长岩、石英闪长岩、石英二长岩等，年龄在 69～198 Ma（表 4.1、表 4.2），以燕山晚期（白垩纪）为主，岩浆岩一般沿基底断裂侵入或喷发，并受基底断裂控制（李平鲁和梁惠娴，1994；李平鲁等，1999；陈长民等，2003）。地质地球物理资料表明，燕山期侵入岩大多分布在珠江口盆地、琼东南盆地、中−西沙隆起区等海区（图 4.1）。南海北部陆缘钻井钻遇中生代硅质−中性侵入岩和火山岩可能形成于大陆岛弧环境。

1. 珠江口盆地

燕山期，珠江口盆地岩浆活动频繁，酸性与中酸性岩浆岩成片聚集，相互交织状分布盆地内。中酸性岩浆岩多呈岩株、岩墙产出，且规模相对较大，走向主要以东西向、北东向为主，钻井证实主要分布于东沙隆起及其周缘、番禺低隆起、珠一拗陷、珠三拗陷起和潮汕拗陷等构造单元（表 4.1、表 4.3），岩性以花岗岩为主，其次是花岗闪长岩、黑云母花岗岩、二长花岗岩、石英二长岩、闪长岩、苏长岩、安山岩、安山玢岩、流纹岩、流纹斑岩、凝灰岩和集块岩，而且岩性的空间分带性不明显。珠江口盆地花岗岩和花岗闪长岩经 K-Ar 法和锆石 U-Pb 法测年可分为三期，以晚白垩世（105～69 Ma）为主，其次为早白垩世—晚侏罗世（153～118 Ma），早侏罗世（198～195 Ma）仅分布在潮汕拗陷北部（表 4.1）。

珠江口盆地早期勘探研究中钻遇古近纪基岩的 50 多口钻井揭示，燕山期中酸性岩浆岩占 90% 左右（刘安和吴世敏，2011）。王维等（2015）统计珠江口盆地钻遇基底的近百口钻井岩性及同位素定年资料，对珠江口盆地基底的岩性及年代进行了厘定，发现变质岩基底主要分布于珠三拗陷与神狐隆起。珠一拗陷基底及东沙隆起区以中生代岩浆岛弧为主，发育中生代花岗岩、玄武岩、安山岩与流纹岩，仅揭示少量低级变质的砂岩与板岩。

珠江口盆地花岗岩主要成分：石英含量为 25%～35%，钾长石含量为 30%～40%，普遍高岭土化和绢云母化，斜长石含量为 15%～25%，次生蚀变主要有绢云母化、钠长石化和黝帘石化，次要矿物主要有黑云母，含量为 3%～10%，其绿泥石化部分褪色或转变为无色云母，副矿物为锆石、磷灰石、榍石、磁铁矿、钛铁矿、磷钇矿等。花岗闪长岩矿物成分：斜长石含量为 35%～55%，普遍绢云母化石英含量为 15%～25%，角闪石棕色，蚀变后变绿，沿裂隙蚀变成绿泥石、绿帘石、榍石，黑云母局部绿泥石化、绢云母化，有些被后期钠长石交代形成溶蚀边，角闪石、黑云母等暗色矿物含量在 20% 左右，钾长石多高岭土化和绢云母化，含量小于 8%。石英二长岩含有矿物成分：钾长石含量为 40%，斜长石含量为

30%～35%，石英含量为10%～15%，黑云母含量为5%，副矿物有榍石、磁铁矿、磷灰石、锆石，蚀变矿物有绢云母、钠长石、绿泥石、斜黝帘石等。

地震剖面显示燕山期岩浆岩体（图4.2），靠近东沙群岛及附近的侵入体主要呈岩株和岩墙侵入，在地震剖面上反映该时期形成的岩浆岩体一般位于新生代沉积基底之下（图4.3），主要为花岗岩和流纹岩，属晚侏罗世—早白垩世（李平鲁等，1999），对应燕山三期和燕山四期。盆地中部岩体磁异常表现出缓慢变化特征，异常幅度小，幅值变化为−40～60 nT，而燕山期花岗岩为弱磁性−中等磁性，密度较小，磁异常是低值变化异常，对称的正异常或伴生异常，幅值变化为−50～150 nT，重力异常是低值负异常（−20～−5 mGal），该区岩体磁异常符合中酸性岩体的磁场变化特征。

珠江口盆地的大部分岩浆岩均与基底断裂相伴相生，其生长方向与断裂走向紧密相关。中酸性岩浆岩在时空分布上具有由西向东变新的特征。这些中酸性侵入体的形成与古太平洋板块向欧亚板块俯冲有关。潮汕拗陷北部三口井（LF35-1-1井、LF35-2-1井和LF35-4井）钻遇早侏罗世（195～198 Ma）镁质花岗岩、花岗闪长岩，具有I型岩石地球化学特征，其成因与幔源熔体相关，认为是南海东北早侏罗世残留岩浆弧的一部分（Xu et al.，2017）。晚白垩世（103～92 Ma）东南沿海带的A型花岗岩常与钙碱性花岗岩共生，表明其形成与古太平洋板块向西俯冲有关的弧后伸展环境。

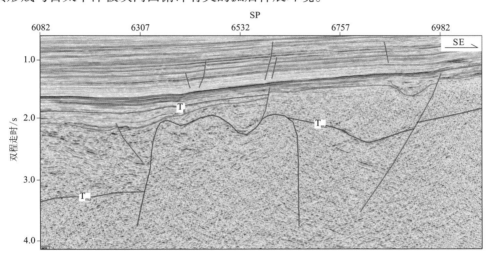

图4.2　珠江口盆地东沙群岛燕山期岩墙状岩体图（剖面位置见图4.1）

SP. 炮号，下同

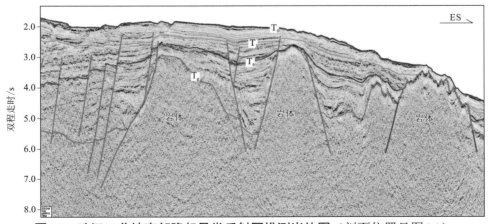

图4.3　珠江口盆地南部隆起异常反射区推测岩体图（剖面位置见图4.1）

左侧为燕山期岩体

2. 莺歌海盆地、琼东南盆地和北部湾盆地

南海西北部钻井揭示，莺歌海盆地东部、琼东南盆地中部燕山期侵入岩以花岗岩为主，其次为花岗闪长岩（图4.1，表4.1），喷出岩主要晚燕山期中酸性的安山岩、流纹岩（表4.3）。

莺歌海盆地侵入岩年龄为90.41~95.51 Ma等（何家雄等，2008）。Y6井2222.40 m处安山岩年龄为68.24 Ma，YC14-1-1井3158.00 m处英安流纹岩年龄为82.8±1.7 Ma，均形成于晚白垩世（邱燕等，2016）。

琼东南盆地松涛凸起及松南低凸起均有岩浆侵入，其中松涛凸起YING9钻遇花岗岩，K-Ar同位素测年的年龄为106.9 Ma和156~185 Ma（邱燕等，2016），表明莺歌海盆地和琼东南盆地大套花岗岩侵入体主要形成于白垩纪时期。琼东南盆地莺东斜坡Y5井凝灰质砂岩年龄为97.2 Ma，时代为早白垩世（尤龙等，2014）；LS2-1-1井2769.00m处安山玢岩年龄为93.92 Ma，时代为晚白垩世（邱燕等，2016）。

北部湾盆东部海域推测存在近20个呈北东、北东东向（个别为北西向）带状展布的隐伏花岗岩体，其数量由东北至西南呈逐渐减少的趋势，明显受到北东东向断裂带的控制。根据磁异常特征，推测这些岩体仍属于印支－燕山期花岗岩，这些隐伏岩体的存在，不仅说明北部湾东部海域为强烈的燕山期岩浆活动所波及，而且也成为深大断裂延伸到北部湾的间接证据。

3. 西沙和中沙群岛

目前钻井和拖网揭示，西沙群岛和中砂群岛燕山期岩浆岩的性质存在差异。西沙群岛宣德环礁石岛的西科1井（XK1）和永兴岛西永一井（XY1）均揭示燕山期侵入花岗岩（图4.1，表4.1），但由于测试手段不同，花岗岩形成时代不同，分别为晚侏罗世、早白垩世和晚白垩世，可能代表多期次岩浆活动的结果。而中沙群岛拖网采集中–基性的闪长岩、辉长岩和酸性的斜长花岗岩，为晚侏罗世。

西沙群岛西科1井（XK1）在井深1257.52 m处钻遇由片麻岩和花岗岩组成的结晶基底，1262.80~1268.02 m层段为肉红、灰白色碱长花岗岩和二长花岗岩，其锆石的Th/Pb值介于26~32，岩性为I型花岗岩，锆石U-Pb法年龄为144~158 Ma，形成于晚侏罗世。而XK1锆石Y-U/Yb图解指示，西沙基底花岗岩主要是壳源岩浆的结晶产物，其岩浆源在一定程度上受到了幔源组分的影响，形成于活动陆缘构造环境下，在成岩时代上可与华南燕山期花岗岩进行对比，反映出由古太平洋板块俯冲机制诱发的燕山期岩浆活动对华南大陆和南海地区产生了广泛的影响（修淳等，2016）。XK1-1井在1260.52~1262.72 m样品为浅灰色花岗岩，矿物晶体粗大，具典型的花岗结构，其锆石U-Pb年龄为107.8±3.6 Ma，形成于早白垩世（朱伟林等，2017）。

西沙群岛永兴岛西永一井（XY1）在井深1251.00 m处变质岩基底后期侵入花岗岩体，同位素Rb-Sr等时线法测得的年龄为68.9 Ma（孙嘉诗，1987），时代为晚白垩世。花岗质成分常呈条带状或透镜体顺着黑云母的片麻理方向贯入。

中沙群岛浅滩及北部大陆坡坡脚上，SO49-16和SO49-36采样点拖网获得闪长岩和辉长岩，年龄为140~150 Ma，为晚侏罗世（龚再升等，1997），而在中沙浅滩东端获得的斜长花岗岩（金翔龙，1989），尚未定年龄。

（二）南海西南部陆缘

大量钻井揭示，南海西南部陆缘燕山期岩浆活动非常强烈，主要分布在湄公盆地、万安盆地、曾母盆地西部、西纳土纳盆地及附近岛屿等区域（图4.1，表4.2、表4.3），以白垩纪花岗岩、花岗闪长岩和闪长岩中酸性侵入岩为主，年龄在70±3~178±5 Ma，局部发育安山质喷出岩，它们不仅共同构成了南海西南缘新生代沉积盆地的基底，而且也是中国东南燕山期岩浆岩的延伸。

南海西南陆缘，湄公盆地12口钻井显示，在2500.00~3600.00 m处主要钻遇黑云母花岗岩、花岗岩和石英闪长岩，年龄介于97±3~178±5 Ma，形成于中侏罗世—晚白垩世，以早白垩世为主。万安盆地20口钻井在1500.00~4000.00 m处主要钻遇花岗岩和花岗闪长岩、闪长岩，年龄介于70±3~129±7 Ma，主要形成于白垩纪，见有晚侏罗世辉长岩。马来盆地三口钻井在1500.00~3000.00 m处钻遇白垩纪或更老花岗岩。

巽他陆架区，曾母盆地西部和西南部拉奈隆起四口在3300.00~4200.00 m处主要钻遇花岗岩和花岗闪长岩、闪长岩，年龄介于75±5~79.3±4.7 Ma，主要形成于晚白垩世。西纳土纳盆地九口井在1300.00~3100.00 m处主要钻遇花岗岩、石英二长岩，年龄介于75±5~79.3±4.7 Ma，主要形成于晚白垩世马斯特里赫特期。

在万安盆地和西纳土纳盆地局部发育火山岩、安山质喷出岩，年龄分别为92.4 Ma、169±7 Ma，主要形成于白垩纪、中侏罗世。

综上所述，南海西部陆缘以燕山期晚期花岗闪长岩和花岗岩中酸性侵入岩为主，具有多期岩浆活动，以早白垩世和晚白垩世岩浆活动最强烈，由北往南变新趋势。

（三）南海南部陆缘和南海海盆

1. 南海南部陆缘

有限的钻井和拖网揭示，南海南部陆缘燕山期岩浆活动较强烈，酸性–中性–基性岩浆岩均有分布，以花岗岩、闪长岩和流纹岩、凝灰岩等中酸性侵入岩和喷出岩为主，见辉绿岩和辉长岩，成分比较复杂。

西南次海盆东南部洋陆过渡带拖网获得1yDG测站（水深约3000.00 m）和2yDG测站（水深约2800.00 m）的花岗岩样品（表4.2）。其中，1yDG测站岩石为花岗结构（半自形粒状结构），晶粒粒径多在0.1~1.5 mm，主要矿物含量为斜长石约45%、石英约35%、黑云母约10%、钾长石约8%，副矿物主要有榍石、锆石、磁铁矿等，总量约2%，为二长花岗岩。2yDG测站岩石为中粒花岗结构，块状构造，主要造岩矿物为斜长石（55%）和石英（25%），且含有一定量（20%）的角闪石和黑云母，副矿物可见榍石、磷灰石和磁铁矿，为斜长花岗岩。根据样品的SiO_2含量，1yDG测站为酸性岩浆，2yDG测站为中性岩浆，二者均为准铝质到弱过铝质岩石（A/CNK=0.92~1.08，平均为1.01）。2yDG测站样品$(La/Yb)_N$值更高，为17~19.7，为轻稀土极度富集型，样品的δEu介于0.8~0.9，具有弱负铕异常的特征，构造环境判别指示这些花岗岩具火山弧特征（鄢全树等，2008）。1yDG测站的花岗岩样品Ar-Ar年龄为109.7 Ma，K-Ar年龄为114.2 Ma，离子探针锆石年龄为120 Ma，时代为早白垩世（邱燕等，2008）。1yDG测站的锆石年龄为153.6±0.3 Ma，2yDG测站两个样品的LA-ICP-MS锆石U-Pb年龄分别为159.1±1.6 Ma和157.8±1.0 Ma，形成于晚侏罗世，且两个测站的样品年龄值相近，推测它们均属华南东部中生代花岗岩带的组成部分，为晚侏罗世构造–岩浆热事件的产物（鄢全树等，2008）。

礼乐滩西南海域南科1井（NK-1）钻遇闪长岩形成于早侏罗世（约177 Ma），辉绿岩形成于早白垩世（约124 Ma），闪长岩和辉绿岩以岩脉或岩墙的形式侵入晚三叠世的英安岩（苗秀全，2021），反映该地区燕山期至少发生了两次不同性质的岩浆侵入。此外，在南沙美济礁和仁爱礁两侧陡壁上（SO23-23站、SO27-24站）获得了蚀变闪长岩及蚀变橄榄辉长岩、流纹质凝灰岩（Kudrass et al.，1986）。

燕山期喷出岩主要分布在西北巴拉望盆地、美济礁和仁爱礁西侧、仙娥礁一带。西北巴拉望盆地Cadlao-1井在3191.20 m处钻遇晚侏罗世火山凝灰岩。仙娥礁以南SO27-70拖网海山上取得了红色和绿色的块状流纹岩，其基质中含有斜长石大斑晶和稍小的钾长石斑晶，大部分斑晶都以绢云母次生生长的方式发生了严重蚀变，长条绿泥石集合体组成波状层理，其中有一些明显属单斜辉石残晶，这种蚀变斑状流纹岩样品中流纹岩含钾长石斑晶，K_2O含量为3.55%～4.43%，$Al_2O_3/(K_2O+Na_2O)<1$，属高钾钙碱性序列（周蒂等，2005）。美济礁和仙娥礁的流纹岩、闪长岩和辉长岩也可能属于这一运动的产物（刘建华，1994）。

综上所述，南海南部陆缘中生代岩浆活动强烈，酸性–中性–基性岩均有分布，以花岗岩、闪长岩、流纹岩、凝灰岩等中酸性侵入岩和喷出岩为主，钻井和拖网揭示岩浆活动时间主要为晚侏罗世—白垩纪，并经历了多期的岩浆活动，可能是晚中生代期间中国东南弧岩浆的一部分。

2. 南海海盆

在东部次海盆南部小珍珠海山拖网获得花岗质岩石（图4.4），锆石U-Pb定年与角闪石–钾长石$^{40}Ar/^{39}Ar$定年表明，小珍珠隆起的花岗质岩石于早白垩世（127～122 Ma）结晶，其冷却速率为55～64°C/Ma，表明侵位过程中存在快速的地壳抬升（Xiao et al.，2019）。此外，这些样品的K/Rb、K_2O/Na_2O值，以及Th、U和稀土元素（rare earth element，REE）含量的变化范围很大，表明角闪石、辉石和磷灰石等含水交代相极有可能存在于交代地幔楔中。因此，这些花岗质岩石为钙碱性，与华南大陆边缘晚中生代的岩浆具有地球化学亲缘性。它们的同位素组成相对一致，都具有相对富集的Sr-Nd-Pb同位素、类似地幔的亏损的锆石O同位素和中等的锆石Hf同位素。同时，它们还具有高的SiO_2含量和中等的$Mg^{\#}$，以及高度相关的且远高于演化的岩浆Cr、Ni含量。这些地球化学特征表明小珍珠海山的岩浆是由交代地幔楔低级部分熔融所形成的熔体和下弧地壳部分熔融所形成的熔体混合而成，而最有可能产生这些岩浆的构造过程，是下弧地壳的拆沉过程（Xiao et al.，2019）。这些花岗质岩石的成因为南海地区晚中生代岩石圈的变形与演化过程提供了新的认识。

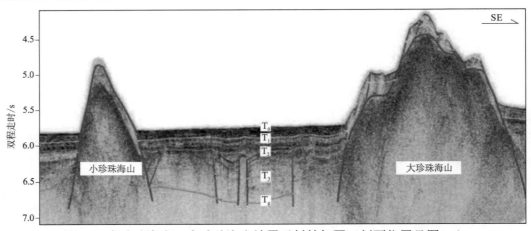

图4.4　小珍珠海山、大珍珠海山地震反射特征图（剖面位置见图4.1）

（四）南海邻区菲律宾海

在西菲律宾海盆北部冲大东海岭东南端，于4000.00 m左右水深处拖网采集到绿岩化的安山岩、玄武岩、安山玄武岩，以及凝灰岩和中性成分的熔结凝灰岩状岩石。这些岩石被粗玄岩和辉长岩类的岩墙和岩株状岩体所贯穿，粗玄岩和辉长岩类都具有类似的次生变化特征。根据成分和蚀变性质，这些火山岩和辉长岩类颇类似于日本研究者在大东海岭许多地段采获的岩石，后者K-Ar法年龄为82～85 Ma。

第五节　喜马拉雅期岩浆岩

南海及邻域喜马拉雅期的岩浆岩分布广泛，主要出露在南海、华南沿海、中南半岛及台湾–吕宋岛弧、加里曼丹岛等地区（图4.5），在岩性和时空分布上与中生代岩浆岩不同，一般为多期次、间歇性的喷发活动，主要为中基性岩类，以玄武岩为主，是我国东南沿海新生代玄武岩最发育的地区，也是环西太平洋新生代火山岩带的重要组成部分。南海及邻域新生代岩浆岩从喜马拉雅早期的含中酸性岩向喜马拉雅后期的基性岩转变；在空间上，具有从周缘陆地向南海迁移的趋势（如三水盆地→白云凹陷→海盆），南海及邻域岩浆活动呈现由隆起区向四周减弱之趋势。南海陆缘东侧为多岩浆型，向西变为少岩浆型（孙珍等，2021）。

根据南海钻井（包括IODP）、拖网和地震剖面解释结果，结合重、磁异常和陆缘岩浆时空分布特征，按南海海盆扩张阶段，将喜马拉雅期岩浆活动分为三个期次：扩张前（>32 Ma）、扩张期（32～16 Ma）和扩张期后（<16 Ma）（徐义刚等，2012），南海以扩张期后的岩浆作用最为强烈。

一、南海扩张前

目前研究表明，南海扩张前（>32 Ma）的岩浆活动主要分布在南海陆缘和华南沿海一带，以双峰式火山岩为基本特征。古近纪火山活动范围比较集中的地区仅见于广东三水、河源和连平等盆地、南海北部陆缘；新近纪—第四纪火山活动范围比较集中的地区是南海、雷琼地区、越南南部、台湾岛–吕宋弧、加里曼丹岛等地区。

（一）陆区

1. 广西与广东

华南大陆地区目前尚未发现喜马拉雅期的花岗岩，这可能与壳内熔融（重熔）层至新生代已基本固结有关，新生代的岩浆活动主要为基性岩浆的喷溢或侵入（尹家衡等，1991）。华南沿海发育众多喜马拉雅期的基性岩脉，岩性主要为辉绿岩、辉长岩以及煌斑岩等，脉体一般沿断裂贯入，常见切割燕山晚期花岗岩体的基性岩脉群（邱燕，2006）。粤东麒麟火山岩筒沿北西向断裂带线形分布，其周缘为喜马拉雅期辉绿、辉长岩岩脉，Ar-Ar年龄为35 ± 0.4 Ma（Huang et al.，2013），发育大量幔源包体，其与洋岛玄武岩（ocean island basalts，OIB）型相同或相似，均为地幔来源。

陆相火山活动主要集中在广东三水、连平和河源等裂谷盆地，分布零散、规模小，有喷溢相、爆发相、喷发–沉积相，以及火山通道相、潜火山相等，含熔岩类、火山碎屑岩类和次喷出岩类，主要岩性为玄武岩、安山岩、英安岩、粗面岩、流纹岩和凝灰岩，以偏碱性为主，呈现玄武岩–长英质双峰式火山岩系（Chung et al.，1997），K-Ar年龄为43～64 Ma，时代为古新世到中—晚始新世。

2. 台湾岛

台湾岛新生代早期岩浆作用以火山喷发活动为主，一般为中心式喷发类型，主要为安山质（少部分玄武质）熔岩和碎屑岩。澎湖列岛西南端的花屿岛安山质熔岩，锆石裂变径迹年龄为65 ± 3 Ma，流纹岩岩脉锆石裂变径迹年龄为61 ± 2 Ma，平林晶屑凝灰岩锆石U-Pb（LA-ICP-MS）年龄为38.8 ± 1.0 Ma（张开毕等，2017），台西平原之下北港高区王功组的玄武质凝灰岩K-Ar年龄为53.5 ± 2.7 Ma。

3. 中南半岛

中南半岛东部喜马拉雅期发生强烈的板内岩浆活动，古近纪包括侵入上部地壳的花岗岩、花岗正长岩，以及喷发的粗面岩等，年龄为30～52 Ma。越南Song Da晚白垩世—古新世侵入岩零星分布，以二云母花岗岩、浅色花岗岩为主（尤龙等，2014）。

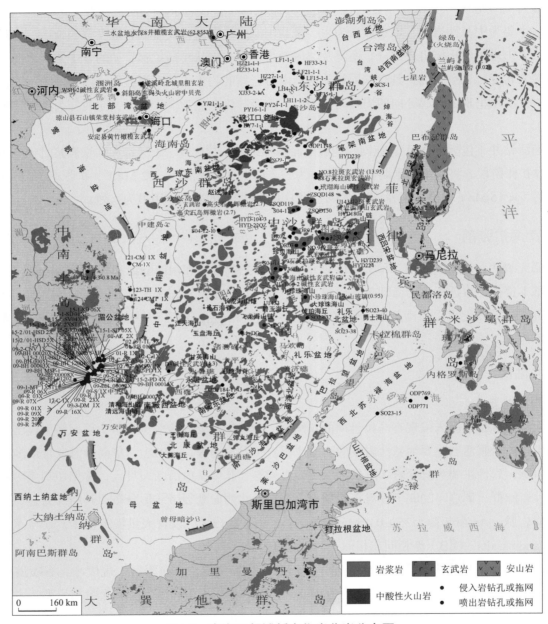

图4.5　南海及邻域新生代岩浆岩分布图

4. 菲律宾群岛

菲律宾群岛古近纪花岗岩类主要分布在吕宋岛西部、东部沿海地区。吕宋岛西部沿海地区的花岗岩类主要位于晚始新世至早渐新世蛇绿岩带中，受前中新世向西倾斜的逆冲断裂构造控制，其中以三描礼士（Zambales）山较发育，主要为辉石石英闪长岩和角闪石英闪长岩。在北部伊罗戈有较为特殊的奥长花岗岩。吕宋岛东部沿海地区花岗岩类年龄为36～49 Ma（始新世），大部分侵入受向西倾斜的逆冲断裂构造控制的火山岩带中，其中以帕拉南至巴莱尔一带最集中，主要岩性为石英闪长岩和二长岩，其次是在棉兰老岛东部达沃及三宝颜一带，岩体侵入白垩纪至始新世玄武岩和深海至半深海沉积岩层中，岩体规模不大，多为花岗闪长岩，其中达沃岩体年龄值最大，为60 Ma，在波利略（Polillo）岛、卡坦端内斯（Catanduanes）岛、萨马（Samar）岛、班乃（Panay）岛、宿务（Cobu）岛也有零星分布。班乃岛东南古马拉斯（Guimaras）群岛的闪长岩年龄为59 Ma，宿务岛中部花岗闪长岩年龄为59.7 Ma（吴良士，2012）。

5. 加里曼丹岛

从加里曼丹岛新生代的岩浆作用以钙碱性为主，大都和俯冲作用有关，从北东向西，通过加里曼丹岛中部和西部到达沙捞越，岩浆活动分为早期始新世酸性火山活动、中期晚渐新世—中新世安山质–流纹质钙碱性火山岩浆活动、晚期上新世—更新世玄武岩浆活动三期，形成玄武质熔岩和岩墙（赵财胜等，2003；丁清峰等，2004）。

古近纪岩浆岩主要出露在米里带南部，包括出露在Arip背斜侧翼的火山岩以及出露在Bukit Piring地区的花岗岩类，花岗岩与火山岩同属于高钾钙碱性系列，应该来自同一岩浆源，锆石U-Pb年龄为38～50 Ma（Hennig et al.，2017），解释为俯冲结束后伸展作用相关的岩浆岩（Hutchison，1996）。此外，古晋带古近纪的山间盆地中始新世火山岩断续发育。

（二）海区

钻井揭示，南海北部陆缘在扩张之前（断陷期）发育多期的火山活动，珠江口盆地和粤东地区零星分布有少量始新世到早中新世的火山岩。古新世早期—始新世，岩浆活动主要发育在珠江口盆地隆起区，岩浆活动规模较小，跨度仅数千米，以中、酸性火山岩为主，含安山岩、英安岩、流纹岩和凝灰岩，K-Ar测年为57～49 Ma；始新世中期到渐新世，以基性玄武岩和中性喷出岩为主，主要见于东沙隆起北部、惠州凹陷南部、开平凹陷及裂谷盆地内（表4.4～表4.6）。其中，珠江口盆地最为集中的岩浆活动时间段为43～41 Ma，对应始新统上、下文昌组分界面（庞雄等，2021）。在岩性上，珠江口盆地断陷内的岩浆岩以拉斑质的基性岩浆喷出为主，部分为英安质、安山质火山岩，属于钙碱性岩系（邹和平等，1995；张斌等，2013）。在深水区白云凹陷和荔湾凹陷发育始新统文昌组上段到恩平组，恩平组沉积晚期到珠海组沉积早期普遍发育岩浆活动（Zhou et al.，2018；Zhang et al.，2020；庞雄等，2021），多口探井岩心薄片观测凝灰质和火山碎屑。陆丰22洼陷东西两侧的隆起上钻遇了42.7 Ma和41.4 Ma（锆石U-Pb）的火山岩（灰白色凝灰岩），钻井底部钻遇了100 m厚的文昌组沉积期玄武岩，地震表现为高阻抗强振幅反射（庞雄等，2021）。珠江口盆地玄武岩Pb同位素组成具有Dupal异常特征（邹和平等，1995）。

南海北部湾盆地乌石16-1-1钻井流沙港组二段2695.50～2738.00 m、乌石16-1-2井流沙港二段2911.00～2936.00 m钻遇了基性侵入岩（辉长岩）[1][2]。虽然乌石凹陷两个钻井的辉长岩并没有同位素年龄发表，但是根据其侵入地层和区域岩浆岩的岩性特征，推测其为喜马拉雅期古近纪侵入。此外，德国太阳号调查船23航次在南沙危险滩上23KD采集到渐新世—中新世碳酸盐之下的火山岩和辉长岩，表明该处于古新世至始新世（喜马拉雅早期，即南海扩张前）可能存在岩浆活动。

---

[1] 陈实，陈保国，1982，南海北部湾盆地乌16-1-1井完井地质、试油总结报告，石油工业部南海石油勘探指挥部。
[2] 陈实，陈保国，1983，南海北部湾盆地乌16-1-2井完井地质、试油总结报告，中国海洋石油总公司南海西部石油公司。

表4.4 南海北部喜马拉雅期喷出岩的钻孔和拖网数据统计表

编号	位置 经度（E）	纬度（N）	终孔（或钻孔）深度/m、钻穿厚度/m	基底岩性	同位素测年/Ma、地质时代	所属盆地或构造单元		数据来源
XJ33-2-1A	114°18′00″	21°06′36″	4868.50~4887.00	玄武岩	24.3±1.3	珠江口盆地	西江凹陷	李平鲁和梁慧娴，1994
LF1-1-1	116°03′00″	21°54′00″	3324.00~3455.00	流纹质凝灰岩	32±1.4 或 33.6±0.7		陆丰凹陷	阎贫和刘海龄，2005
LF1-1-1			3445.40~3455.00	凝灰岩	33.58±0.7 或 32.0±1.4			李平鲁和梁慧娴，1994
LF15-1-1	116°29′24″	21°27′36″	2166.50	玄武岩	45.1±1.63			邱燕等，2016
LF21-1-1	116°22′12″	21°24′00″	2223.00~2446.00	流纹质凝灰岩	49.33			阎贫和刘海龄，2005
F14	—	—	—	玄武岩	文昌组下段的上部 T84			庞雄等，2021
F22	—	—	底部之上100.00（厚度）	火山岩（灰白色凝灰岩）	42.7 或 41.4 (U-Pb)；文昌组			
HZ21-1-1	115°18′36″	21°19′12″	4480.00~4696.00	玄武岩	41.1		惠州凹陷	阎贫和刘海龄，2005
HZ27-1-1	115°24′00″	21°21′36″	3016.00~3066.00	安山岩	57.1±2.5			阎贫和刘海龄，2005
PY16-1-1	114°51′00″	20°28′48″	2384.00~2387.00	含长石玄武岩	41.2±2		番禺低隆起	李平鲁和梁慧娴，1994
LH11-1-2	115°48′00″	20°46′12″	1800.00	英安岩	27.2±0.6		东沙隆起	李平鲁和梁慧娴，1994
LH4-1-1	115°30′00″	20°51′00″	1672.00~1813.00	玄武岩	27.17±0.55		潮汕坳陷	阎贫和刘海龄，2005
LH4-1-1			1669.00~1979.00	英安岩、凝灰岩	43.15±0.7			阎贫和刘海龄，2005
LF35-1-1	116°42′06″	21°03′31″	1370.00~2300.00	玄武岩	30~40		白云凹陷	何家雄等，2008
LF35-1-1			1369.00~2376.00	玄武岩	36~118			邱燕等，2016
BY7-1-1	114°00′00″	19°39′00″	3500.70	玄武质熔岩层	35.5±2.78 (K-Ar)			李平鲁和梁慧娴，1994；陈长民等，2003；阎贫和刘海龄，2005
BY7-1-1			2752.00	凝灰岩（火山碎屑岩）	17.6±1.8			
BY7-1-1			2429.00	玄武岩	17.1±2.5			
BY7	—	—	—	玄武安山熔岩	35.5			庞雄等，2021

续表

编号	位置 经度（E）	位置 纬度（N）	终孔（或钻孔）深度/m、钻穿厚度/m	基底岩性	同位素测年/Ma、地质时代	所属盆地或构造单元	数据来源
H29	—	—	2755.00～2810.00	凝灰岩	38.8±0.5 （U-Pb）	白云凹陷	
			3200.00～3240.00	玄武岩	43.3±0.7 （U-Pb）		王友华等，2011
LW3-1-1	115°24′00″	19°54′00″	2746.00～3458.00	砂泥岩夹层含火山岩	珠江组	荔湾物陷〔珠江口盆地〕	阎贫等，2001
ODP184-1143	113°16′48″	09°21′36″	—	凝灰岩、火山灰	<2	南海北部洋陆过渡带	阎贫和刘海龄，2005
ODP1148	116°34′12″	18°50′24″	3249.00	英安质凝灰岩	<1		
ZF-1	116°09′36″	19°19′48″		流纹英安岩	18.61±4.88	尖峰海山	李兆麟等，1991
ZFF-1、ZFF-2			—	粗安质浮岩	—		
SCS-1	119°12′00″	21°10′00″	—	碱性玄武岩	21±0.2	台湾西南海域浦元海山	Wang et al.，2012
SCS-2-3			—		22.1±0.2		
SO49-27～30	—	—	—	流纹质熔岩		中沙浅滩东北端礁基	金翔龙，1989

表4.5　南海南部喜马拉雅期喷出岩、侵入岩的钻孔和拖网数据统计表

编号	位置 经度（E）	位置 纬度（N）	终孔（或钻孔）深度/m	基底岩性	同位素测年/Ma、地质时代	所属盆地或构造单元	数据来源
CM-1X	109°38′17″	14°16′22″	500.00	玄武岩	早中新世末期—中中新世早期	南海西部陆架	Anh et al.，2017
15-A1X	107°58′03″	10°04′42″	3095.00				
17-C1X	107°44′31″	09°29′25″	3380.00	花岗岩	古新世世坦尼特期	湄公盆地（九龙盆地）	HIS，2019
02-C1X	108°30′09″	10°13′00″	4510.00				
Malong 5G-17-1	104°48′18″	04°35′50″	1645.00	岩浆岩		登古尔岛（马来盆地）	
Malong 5G-17-2	104°48′03″	04°36′58″	1618.00				邱燕等，2016
AY-1X	109.46889	5.6188889	3731.40	火山集块岩	54.6±2.7	曾母盆地	
	109°28′08″	5°37′08″	2811.00	火山集块岩	54.6±2.7		吴进民和杨木壮，1994

续表

编号	位置 经度（E）	位置 纬度（N）	终孔（或钻孔）深度/m	基底岩性	同位素测年/Ma、地质时代	所属盆地或构造单元	数据来源
SO23-37	116°37′12″	12°04′48″	—	气孔状玄武岩	0.4	礼乐盆地西北部	Areshev et al., 1992
SO23-38	118°18′00″	11°43′48″	—	橄榄玄武岩	0.5	礼乐盆地西北部	Areshev et al., 1992
SO23-40	118°49′12″	12°21′00″	—	气孔状斑晶玄武岩	2.7	礼乐盆地东北部	Areshev et al., 1992
SO23-15	119°22′12″	8°10′12″	—	斑状安山岩	14.7±0.6	礼乐盆地东南部	Kudrass et al., 1986
SO27-70	115°20′10″	9°18′38″	—	蚀变斑状流纹岩	—	礼乐盆地西南部	Kudrass et al., 1986

表4.6 南海海盆喜马拉雅期喷出岩的钻孔和拖网数据统计表

编号	位置 经度（E）	位置 纬度（N）	终孔（或钻孔）深度/m，钻穿厚度/m	基底岩性	同位素测年/Ma、地质时代	所属盆地或构造单元	数据来源
SO9-1	115°07′02″	18°17′59″	—	粗面岩	23.29±0.22	西北次海盆 双峰海山	Li et al., 2015
SO9-2					23.8±0.18	西北次海盆 双峰海山	Li et al., 2015
S8	116°59′00″	17°37′00″	—	石英拉斑玄武岩	14.1±1.14 （K-Ar）	珍贝海山	王贤觉等，1984
					13.8±1.03 （Ar-Ar）	珍贝海山	王贤觉等，1984
					13.95	珍贝海山	金庆焕，1989
					9.7	珍贝海山	金庆焕，1989
QZ02	117°07′23″	17°36′02″	19.00（厚度）	碱性玄武岩	20～26 （Ar-Ar）	东部次海盆	邱华宁等，2016
QZ03	117°07′20″	17°36′15″	12.00（厚度）	碱性玄武岩	20～26 （Ar-Ar）	东部次海盆	邱华宁等，2016
QZ05	117°05′02″	17°38′49″	10.00（厚度）	碱性玄武岩	20～26 （Ar-Ar）	东部次海盆	邱华宁等，2016
QZ06	117°05′06″	17°38′54″	100.00（厚度）	碱性玄武岩	20～26 （Ar-Ar）	东部次海盆	邱华宁等，2016
CB-2	—	—	—	拉斑玄武岩	38±1.2	宪北海山	李兆麟等，1991
CB-5	—	—	—	拉斑玄武岩	15.26～22.9 （K-Ar）	宪北海山	王贤觉等，1984；李兆麟等，1991
S04-11	116°05′57″	16°20′37″	—	碱性玄武岩	7.91±0.19 （K-Ar）	宪北海山	鄢全树等，2008

续表

编号	位置 经度(E)	位置 纬度(N)	终孔(或钻孔)深度/m、钻穿厚度/m	基底岩性	同位素测年/Ma、地质时代	所属盆地或构造单元	数据来源
ZSQD148	116°48′00″	16°42′00″	—	碱性玄武岩	22.9±0.42 (K-Ar)	芜北海山	李兆麟等, 1991
ZSQD148				包体二辉橄榄岩	15.26±0.26 (K-Ar)	芜北海山	李兆麟等, 1991
HYQZ6-02	—	—	—	火山角砾岩	87.21±2.17 (Ar-Ar)	芜北海山	李兆麟等, 1991
ZSQD119	116°17′24″	16°23′24″	—	气孔状伊丁玄武岩	12.4±0.21 (Ar-Ar)	石星海山	广州海洋地质调查局, 2016
ZSQD150	116°43′48″	16°06′36″	—	气孔状拉斑玄武岩	15.04±1.61 (Ar-Ar)	芜南海山	广州海洋地质调查局, 2016
DR01	116°10′48″	15°45′00″	—		11~6		金庆焕, 1989
DR02	115°57′36″	15°18′00″	—		11~6		金庆焕, 1989
S04-12-10				碱性玄武岩	4.78±0.11 (K-Ar)	东部次海盆 涨中海山	鄢全树等, 2008
S04-12-11				碱性玄武岩	5.74±0.13 (K-Ar)	东部次海盆 涨中海山	鄢全树等, 2008
S04-12-18	113°09′33″	15°34′19″	—	碱性玄武岩	5.18±0.17 (K-Ar)	东部次海盆 涨中海山	鄢全树等, 2008
S04-12-20				碱性玄武岩	4.76±0.12 (K-Ar)	东部次海盆 涨中海山	鄢全树等, 2008
S04-12-21				碱性玄武岩	4.94±0.11 (K-Ar)	东部次海盆 涨中海山	鄢全树等, 2008
HYD-104-3	116°10′54″	15°33′48″	—		6.67±0.03 (Ar-Ar)		广州海洋地质调查局, 2016
HYD-66DG	115°16′12″	13°40′48″	—		7 (Ar-Ar)		邱华宁等, 2016
DR03	116°12′36″	14°57′00″	—	粗玄岩	8~6		Wang et al., 1990
No.9	116°30′00″	14°48′00″	—	石英拉斑玄武岩	9.5±0.92 (K-Ar)	珍贝海山	王贤觉等, 1984; 李兆麟等, 1991
No.9				石英拉斑玄武岩	9.9±1.4 (Ar-Ar)	珍贝海山	王贤觉等, 1984; 李兆麟等, 1991
HYD-22QZ	116°31′05″	15°01′26″	—	碱性玄武岩	8.26±0.03 (Ar-Ar)		广州海洋地质调查局, 2016
HYD-22QZ				碱性玄武岩	9 (Ar-Ar)		广州海洋地质调查局, 2016
HYX13	117°12′00″	15°10′12″	—	玄武岩	7.94±0.06 (Ar-Ar)	黄岩西海山	黄小龙等, 2015
9DG	117°04′59″	15°13′59″	—	粗面玄武岩	7.77±0.49 (K-Ar)	黄岩海山	王叶剑等, 2009

续表

编号	位置 经度（E）	位置 纬度（N）	终孔（或钻孔）深度/m、钻穿厚度/m	基底岩性	同位素测年/Ma、地质时代	所属盆地或构造单元		数据来源
HYD239	118°32′38″	15°24′26″	—		8.98±0.18（Ar-Ar）	东部次海盆	黄岩海山	广州海洋地质调查局，2016
HYD180a	117°22′43″	15°08′36″	—	碱性玄武岩	7.83±0.06（Ar-Ar）	东部次海盆	黄岩海山	
HYD224	118°11′40″	15°15′49″	—	碱性玄武岩	7.88±0.01（Ar-Ar）			
HYD66-2	115°16′22″	13°40′44″	—		8.29±0.06（Ar-Ar）			
S04-14-1	115°23′04″	14°02′21″	—		6.33±0.20		中南海山	鄢全树等，2008
V36D10	115°35′24″	14°00′00″	—		3.49±0.58（K-Ar）	东部次海盆	中南海山	Taylor and Hayes，1982
振华海山	116°30′00″	14°48′00″	—	橄榄拉斑玄武岩	9.7		现为元积海丘	金翔龙，1989
D1	111°58′12″	13°22′12″	—	碱性玄武岩	—	西南次海盆西北侧	长风海山	Bellon and Rangin，1991
D3	111°10′12″	09°57′00″	—		4.3	西南次海盆	刘切海山	
U1431	116°59′59″	15°22′32″	—	拉斑玄武岩	15±0.2	东部次海盆	残留扩张脊北侧	Tejada et al.，2014
U1433	115°02′51″	12°55′08″	—		17.5	西南次海盆	残留扩张脊南侧	Anthony，2015
DK-52-1	116°32′58″	12°54′11″	—	火山玻璃	0.95（Ar-Ar）	东部次海盆	大珍珠海山	邱华宁等，2013
Ilog-1	122°38′14″	10°12′04″	1676.00	砾岩火山岩	中中新世？	苏禄海		Schluter et al.，1996
ODP771	120°40′47″	08°40′41″	304.10	火山碎屑	17.8	苏禄海		
ODP768	121°13′10″	08°00′02″	1268.50	凝灰岩	早中新世晚期	苏禄海		
ODP769	121°17′41″	08°47′08″	376.90	凝灰岩和火山泥石流	早中新世晚期	苏禄海		
ODP767	123°30′12″	04°47′30″	786.60	玄武岩	其上中始新世黏土岩	苏拉威西海		

注：同位素年龄均采用 K-Ar、$^{40}Ar/^{39}Ar$、Rb-Sr 等时线法测定。

古近纪侵入岩在地震剖面中展示连续、强振幅反射（图4.6、图4.7），它与其顶、底板围岩大多平行，接触面较平坦，向边部渐渐变薄，以至尖灭；其两侧或附近均有断裂的存在，断裂为岩脉的形成提供岩浆通道，岩浆经断裂向上，侵入比较薄弱的沉积岩层中形成。

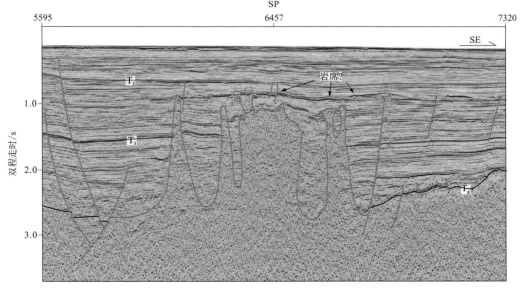

图4.6　珠江口盆地陆坡区岩浆侵入体地震反射特征图（剖面位置见图4.5）

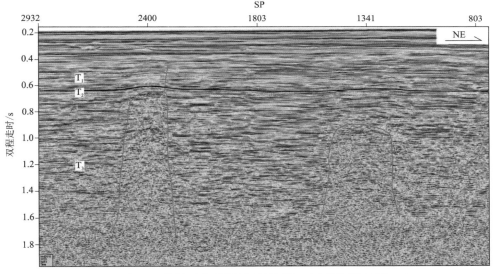

图4.7　珠江口盆地陆架区侵入岩体图（剖面位置见图4.5）

二、南海扩张期

（一）陆区

南海扩张期岩浆活动在南海周边的分布非常少见，至今只有在粤东的韭菜地和普寨等地发现了碱性玄武岩，年龄为20.2±0.1 Ma和20.8±0.1 Ma（Huang et al., 2013），台湾西北部碱性玄武岩年龄20～23 Ma（Chung et al., 1995）。

晚渐新世到中中新世，西北加里曼丹-卡加延一带岩浆活动相对重新活跃，东段主要有玄武安山岩，西段为英安岩、安山岩、花岗闪长岩、闪长岩等，但规模相对较小，似乎不足以构成与古南海俯冲伴生的火山岩带（李三忠等，2012）。

（二）海区

钻探和拖网揭示，南海扩张期岩浆活动在南海海盆、北部陆缘和东南部陆缘有所发现，岩浆活动时代约15～26 Ma，岩性主要为碱性玄武岩、粗面岩、流纹岩为主，且南海东部陆缘同扩张期岩浆喷发多于西部陆缘（孙珍等，2021）。

1. 南海海盆

目前，南海扩张期岩浆活动仅出现在东部次海盆北部玳瑁海山和宪北海山，以及西北次海盆双峰海山。玳瑁海山玄武质角砾岩年龄约为16.6 Ma（Yan et al.，2015），浅钻获得玳瑁海山四个不同标高玄武岩，$^{40}Ar/^{39}Ar$法年龄为20～26 Ma，从山腰向上年龄逐渐变年轻，表明玳瑁海山是在海底扩张过程中多次喷发形成，具有碱性玄武岩的地球化学特征，为洋岛玄武岩（OIB）型（图4.8～图4.11）（邱华宁等，2013）。宪北海山碱性玄武岩中含二辉橄榄岩包体，普遍低硅高碱，标准矿物中出现少量霞石。玄武岩K-Ar法年龄为15.26 ± 0.26 Ma和22.9 ± 0.42 Ma，二辉橄榄岩包体K-Ar法年龄为87.27 ± 2.17 Ma（梁德华和李扬，1991；李兆麟等，1991）。鄂全树和石学法（2007）认为宪北海山玄武岩属于板内碱性玄武岩，是地幔柱演化的产物。东部次海盆玄武岩成岩温度为960～1230℃，其碱性玄武岩中有两种单斜辉石，斑晶单斜辉石温度为920℃，压力为8.8亿Pa；单斜辉石温度为1018℃、压力为1.55亿Pa。宪北海山两个二辉橄榄岩包体单个辉石温压计计算的温度、压力分别为CBB-1单斜辉石1116～2121℃、22.42亿～22.47亿Pa；斜方辉石1110℃、26.79亿Pa，两者温度相当一致，且和橄榄石熔浆平衡温度一致，压力稍有偏差。杨蜀颖等（2011）指出宪北海山包体的ΣREE丰度接近原始地幔值，玄武岩及其包体为原始上地幔物质经局部熔融形成的岩浆，其难熔的残余物质形成包体。

南海西北次海盆双峰海山SO9-1和SO9-2粗面岩年龄分别为23.29 ± 0.22 Ma和23.8 ± 0.18 Ma，形成于渐新世晚期（Li et al.，2015；谢安远等，2017）（表4.3）。北部陆坡区的尖峰海山拖网样品获得流纹英安岩（ZF-1）和粗面安山质浮岩（ZFF-1、ZFF-2）。流纹英安岩（ZF-1），表面黑褐色，内部浅绿色，由斜长石微晶、火山基质及少量聚斑石英组成；粗面安山质浮岩（ZFF-1、ZFF-2），为灰白、浅褐色浮岩，由斜长石、普通辉石斑晶及火山基质组成，总体属中性岩体，可能这两种岩石为中、基性岩浆分异作用的产物。尖峰海山的矿物包裹体类型为非晶质熔融包裹体，多见于斜长石中，以二相和三相包裹体为主，在长石、辉石斑晶中也偶见固体包裹体，成岩温度为880～1140℃，同位素年龄为18.61 ± 4.88 Ma（李兆麟等，1991）（表4.3）。

2. 南海北部

在珠江口盆地内钻遇了渐新世到中新世玄武岩，形成了规模大小不等的一系列岩体，具有多次喷发的现象，且岩浆活动由北向南呈减弱趋势（李平鲁和梁惠娴，1994；阎贫和刘海龄，2005；夏少红等，2017）。白云凹陷东西两侧表现为串珠状岩浆活动，推测是沿西部和中部两条北西向断裂上涌的结果，时代较早，为裂陷中晚期和裂后初期的火山活动。珠一凹陷LH11-1-2井钻遇钠质粗面岩（有称玄武岩），年龄为27.17 ± 0.55 Ma（李平鲁和梁惠娴，1994；阎贫和刘海龄，2005）。台湾西南海域浦元海山附近拖网获得的碱性玄武岩样品SCS-1和SCS-2-3，$^{40}Ar/^{39}Ar$定年为早中新世分别是21 ± 0.2 Ma和22.1 ± 0. 2 Ma（Wang et al.，2012；夏少红等，2017）。

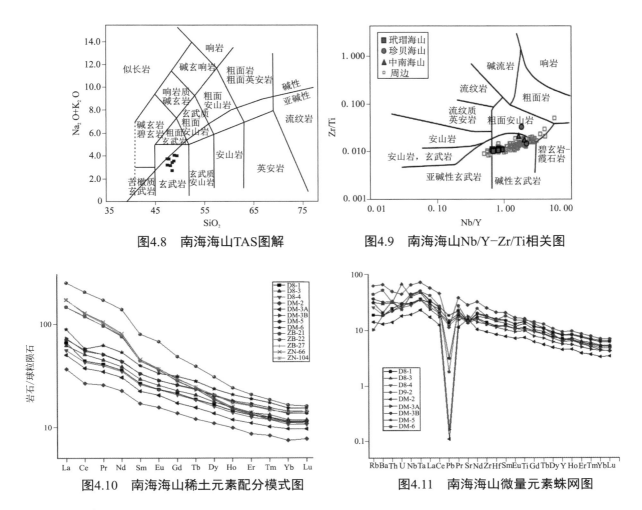

图4.8 南海海山TAS图解　　　图4.9 南海海山Nb/Y–Zr/Ti相关图

图4.10 南海海山稀土元素配分模式图　　图4.11 南海海山微量元素蛛网图

3. 南海南部

南海东南部海域晚渐新世岩浆活动较活跃，发育玄武岩、安山岩和流纹岩等大规模的中基性火山岩。西北巴拉望陆架一口井中发现K-Ar测年为22 Ma的流纹岩（Holloway，1982；阎贫和刘海龄，2005）。乌鲁根走滑断裂带北部是火山岩的一个发育区，以火山岩脉、玄武岩熔岩流及广泛的岩浆侵入作用为特征，火山活动时期为渐新世到中中新世。其东北端含石英较多，为玄武安山岩或英安岩，化学成分也以钙碱性为主，K-Ar年龄变化较大，SO49-59为22～26 Ma，SO49-55为11～20 Ma（Kudrass et al.，1986）。

三、南海扩张后

南海喜马拉雅晚期（晚中新世—第四纪）的岩浆活动与燕山期及喜马拉雅早期截然不同，属岩浆活动高峰期，主要集中在南海、中南半岛东南部、雷琼地区、台湾–吕宋岛弧等地区，由碱性玄武岩和拉斑玄武岩组成的玄武质火山岩系，以基性碱性玄武岩为主，少数为拉斑玄武岩，具有OIB地球化学特征，源于DM-EM2之间的混合地幔源区，显示Dupal同位素异常（徐义刚等，2012）。在南海海区该期岩浆活动强烈、规模大且分布广泛，记录了南海演化以及相关深部过程的重要信息，也反映岩浆物质来源加深。南海喜马拉雅晚期岩浆活动，早期沿拉张断裂大规模溢流式喷发，形成石英拉斑玄武岩及橄榄拉斑玄武岩，为南海及周边火山岩主要的岩石序列，之后为中心式喷发，形成碱性橄榄玄武岩及碧玄岩。据越南陆区及南海海盆拖网样品分析，岩石类型具有由石英或橄榄拉斑玄武岩向碱性玄武岩演变的趋势（Lee et al.，1998）。

（一）陆区

1. 海南岛琼北地区

资料表明，喜马拉雅期岩浆岩在海南岛的分布以琼北地区为主。琼北地区第四纪玄武岩浆活动强烈，从更新世至全新世共有四期大的火山喷发，多次大规模喷发形成的玄武岩总面积达3600 km²，喷发活动特点既有小型的中心式喷发，也有大规模的面状溢出。岩性主要为石英拉斑玄武岩、橄榄拉斑玄武岩、橄榄玄武岩、碱性橄榄玄武岩和碧玄岩等（曾广策，1984；陈文寄等，1992）。

根据新版的海南省1∶50万地质图，琼北1∶5万地质图以及部分火山岩K-Ar年龄和热释光年龄结果，综合以往琼北火山地貌、火山岩地层和年代学等资料，将出露于地表的琼北新生代火山岩从早到晚分为六期：蓬莱期（中新世）、金牛岭期（上新世）、多文岭期（早更新世）、东英期（中更新世）、道堂期（晚更新世）、雷虎岭期（全新世）。其中，多文岭期是琼北火山岩分布规模最大的一期，溢流式熔岩形成大面积玄武岩被，主要分布在临高多文、琼山云龙、文昌东路、琼海到定安之间的大路、黄竹等地，形成西、东、南三大片熔岩被，火山岩以石英拉斑玄武岩和橄榄拉斑玄武岩为主，K-Ar年龄多集中在0.77～2.11Ma（汪啸风等，1991）。雷虎岭期全新世火山岩，形成典型的中心式火山群，地貌上构成地势较高的熔岩堆积台地，这套快速结晶的火山岩所有样品均含Hy（＞5%），不出现Ne，属于拉斑玄武岩。

2. 中南半岛

晚新生代，越南中南部、老挝南部、泰国南部呵叻高原、柬埔寨中东部和东南部发育大量的晚新生代火山岩（丛峰，2017）。越南内地火山活动广泛，形成了玄武岩熔岩盖层。越南中部和南部玄武岩常常在空间上超过100 km，厚达几百米，面积约2.3万km²（Hoang and Flower，1998），玄武岩的K-Ar和$^{40}Ar/^{39}Ar$同位素年龄为6.3～16.7 Ma、2.11～3.96 Ma、0.92～1.8 Ma和0.37～0.68 Ma，对应于新近纪—更新世（Tran and Vu，2011）。越南主要可分为三个岩浆活动阶段：16～10.5 Ma，岩性主要为石英拉斑玄武岩；8～5 Ma，岩性由石英拉斑玄武岩逐渐过渡到橄榄拉斑玄武岩；上新世到第四纪，以碱性–强碱性玄武岩为主（Lee et al.，1998）。中南半岛东南部喜马拉雅期玄武岩主要是裂隙喷发，多数具有辉绿结构，为现代断裂活动的反映（邱燕和温宁，2004）。

3. 台湾岛

台湾岛喜马拉雅期火山岩主要分布在台湾东部的海岸山脉、兰屿和绿岛，为都峦山组中的角闪安山岩、辉石安山岩、玄武岩等和大港口组中的凝灰质砂岩。此外，在台湾西部宝来附近庐山组中有玄武岩质火山岩产出。海岸山脉喜马拉雅期火山旋回是以角闪安山岩或辉石角闪安山岩开始，经过若干次辉石安山岩和玄武岩喷溢，最后为角闪安山岩和玄武岩喷出。火山活动间歇式进行，开始以区域性喷发为主，后期渐变为局部性喷发。兰屿地区火山岩仍以安山岩成分为主，属低钾至中钾钙碱性系列；小兰屿安山岩则SiO_2、K_2O较高，属于中钾钙碱性系列岩石。台湾-吕宋岛弧的形成是欧亚板块与菲律宾海板块聚合并发生俯冲和碰撞的结果，它由台湾岛南部到吕宋岛北部的数十个大小不等的火山岛构成。Yang等（1996）把台湾-吕宋岛弧大致分成台湾、巴士和北吕宋段，由北向南、自西向东火山年龄显示年轻化的趋势，台湾段的岩浆作用始于早中新世，止于晚中新世到早上新世。在台湾小兰屿获得了0.02 Ma的最年轻岩石年代；在巴士段发育中新世–上新世—更新世火山活动，岩性从玄武岩到英安岩；在北吕宋段广泛分布着中新世和上新世的火山活动，有的地方还有第四纪的岩浆活动。周蒂等（2005）研究认为晚喜马拉雅期菲律宾群岛发育大规模的火山活动，以安山岩或玄武安山岩为主，在吕宋岛南部也发育一些火山活动，岩性以安山质熔结凝灰岩为主，时代为更新世。总之，从台湾南部至吕宋岛西部都见有早中新世火山岩，岛弧东部主要是晚中新世至第四纪火山岩，岛弧岩性主要以中性安山岩为主。

4. 菲律宾群岛

菲律宾群岛新近纪花岗岩类与古近纪基本相同，仍然主要在吕宋岛与棉兰老岛，但产出特点与古近纪花岗岩类不同。吕宋岛新近纪花岗岩类主要在岛中部的中央山脉，东、西沿海地区几乎缺失，中央山脉地区岩体有一定规模，基本上呈南北向分布。棉兰老岛新近纪花岗岩类分布较广，其东部达沃、南部哥打巴托、西部三宝颜以及中部中央山脉均有产出，但岩体规模有限，比较分散，其中以中央山脉一带相对较为集中，主要受断裂控制，以花岗闪长岩与花岗岩为主，马林杜克岛（Marinduque）、塔布拉斯（Tablas）岛、保和（Bohol）岛亦有零星出露。北巴拉望岛花岗岩体主要分布于卡波阿斯（Capoas）半岛上，称为卡波阿斯花岗岩，为I型黑云母花岗岩，其锆石年龄为15 Ma，$^{207}Pb/^{235}U$平均年龄为13.4 Ma（阎贫和刘海龄，2005）。卡波阿斯花岗岩包含几个小的岩体，侵入北巴拉望陆块的基底岩石中，最大的岩体出露在侧翼，位于卡波阿斯山的顶部。关于卡波阿斯花岗岩的侵入时代，De Villa认为是早始新世，BMG认为是晚侏罗纪，UNDP的放射性K-Ar测年认为是早渐新世。MMAJ-JICA[1] K-Ar测年认为侵入时代是晚始新世到早渐新世。Encarnación和Mukasa将该花岗岩年龄定为13～15 Ma。

菲律宾群岛的火山活动始于新近纪，延续至今。火山岩的分布与闪长岩、花岗岩带基本一致，以中性喷发岩为主，有角斑岩、安山岩、玄武岩、凝灰岩和凝灰角砾岩等。菲律宾群岛第四纪火山活动十分强烈，特别是在吕宋岛中部与南部、棉兰老岛中部与西部、内格罗斯岛北部以及比科尔半岛。自上新世以后，火山活动逐渐增强，大约在中—晚更新世达到高潮，并以中酸性至中基性岩喷发与溢流为主，主要岩性为安山岩、粗玄岩和英安岩。晚更新世以后，火山活动范围与强度都有所减弱，并以中基性至基性岩溢流为主，主要岩性为玄武岩、橄榄玄武岩等，其中以棉兰老岛中部与西部最集中，玄武岩流分布面积可达万余平方千米，并有多处活动火山口。吕宋岛马荣活火山至今还时有喷发（吴良士，2012）。北巴拉望岛卡波阿斯山东部、泰泰（Taytay）城的东南部，分布一些玄武岩流（Manguao湖玄武岩；Aurelio and Peña，2010）。Manguao湖玄武岩样品为5 Ma。这些年轻玄武岩的起源仍旧还不明确，尽管一些作者认为其可能与南海扩张期后广泛的玄武质岩浆有关（Tu et al.，1992）。菲律宾矿业局发现民都洛岛有渐新世到中新世的砾岩玄武土、页岩和礁灰岩地层，夹有基性到中性熔岩流和火成碎屑岩，年代定为上新世到全新世，推测这些喷出岩反映了民都洛岛以西马尼拉海沟南端的形成（Holloway，1982）。

5. 加里曼丹岛

加里曼丹岛东北沙巴地区，中新世之后形成的中酸性岩分布在达夫耳湾（Davel Bay）和基纳巴卢山（Gunung Kinabalu）。基纳巴卢山岩体的岩性为黑云母花岗岩和角闪石花岗岩，中粗粒的斑状闪长岩侵入超基性岩中，未见有定向排列，斑状结构，斑晶为斜长石和角闪石，两者均自形排列，由斜长石、石英、黑云母组成，斑晶中的斜长石发育十分明显的环带结构，显示了十分稳定的形成环境。

（二）海区

1. 南海海盆

南海扩张期后，岩浆活动剧烈，分布范围广泛，以海盆残留扩张脊为中心，岩浆作用向四周陆缘扩

---

① Metal Mining Agency of Japan，Japan International Cooperation Agency (MMAJ-JICA). 1988. Report on the mineral exploration: mineral deposits and tectonics of two contrasting geologic environments in the republic of the Philippines e Palawan VeVI area，West Negros area and Samar IeIIII area，Report Submitted by MMAJ-JICA to the Republic of the Philippines，347.

展，沿扩张脊及两侧发育一系列规模宏大的海山链，如珍贝-黄岩海山链、长龙海山链、飞龙海山链等。海山链两侧有同方向的海山和海丘，北侧以海山为主，如涨中海山、宪南海山；南侧主要以海丘为主，山体小，相对高差几十到几百米不等，远离扩张脊的大珍珠海山、小珍珠海山岩体规模相对较小。在南海尤其海盆及陆坡区，星罗棋布的火山岩体大多沿断裂向上刺穿甚至直达海底，形成高差不同和规模大小不一的海丘或海山。

在地震剖面上，南海东部次海盆的黄岩海山、珍贝海山、中南海山、龙南海山、长龙海山链的火山岩体呈尖峰状，其顶界穿越地层界面T1，使之上隆，并刺穿海底，为喷发岩体，岩体顶界面双强轴反射明显，岩体边界较清晰（图4.12～图4.15），而在南海西部陆架区和南部南沙群岛发育未出露海底的火山岩体，如大珍珠海山、雄南海山（图4.16），但南海西部广义地堑钻遇中新世碱性玄武岩（Fyhn et al.，2013）。

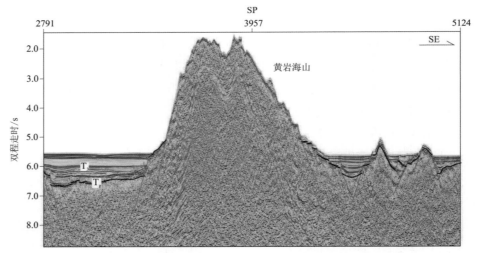

图4.12　东部次海盆黄岩海山地震反射特征图（剖面位置见图4.5）

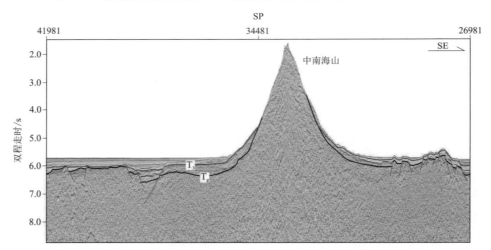

图4.13　东部次海盆中南海山地震反射特征图（剖面位置见图4.5）

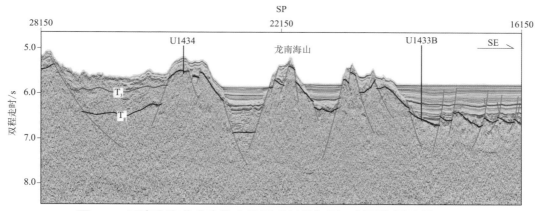

图4.14　西南次海盆龙南海山地震反射特征图（剖面位置见图4.5）

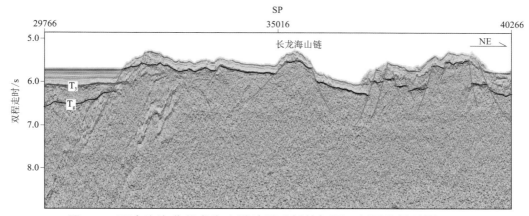

图4.15　西南次海盆长龙海山链地震反射特征图（剖面位置见图4.5）

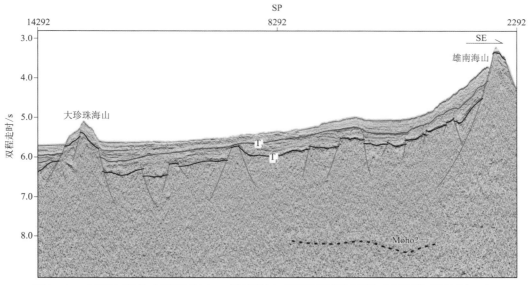

图4.16　东部次海盆大珍珠海山、雄南海山地震反射特征图（剖面位置见图4.5）

　　碱性玄武岩：南海海盆的涨中海山、珍贝海山和中南海山，Ar-Ar法测定的年龄在7~9 Ma（邱华宁等，2013），其中涨中海山年龄稍年轻些，为7 Ma，表明这些海山或海山链是在海底扩张终止后岩浆活动形成的。这些海山，除珍贝海山一个样品落在"粗面安山岩"外，其他的岩石地球化学性质均属OIB型碱性玄武岩（Dung and Minh，2017），排除了残余MORB岩浆成因的可能性（邱华宁等，2013）。在南海海盆部分海山拖网，其玄武岩年龄在3.5～13.9 Ma（王贤觉等，1984；金庆焕，1989；李兆麟等，1991；Tu et al.，1992；鄢全树等，2008），表明成岩年龄为中中新世及以后。

中南海山碱性玄武岩初始$^{87}Sr/^{86}Sr$值为0.703，轻稀土相对富集，无Eu负异常（金庆焕，1989），其斑晶为橄榄石和次透辉石，基质为含斜长石微晶的玄武玻璃，橄榄石和辉石晶体内还见固体包裹体和非晶质熔融包裹体，固体包裹体主要是早期结晶的一些尖晶石、橄榄石和磷灰石矿物微晶，非晶质熔融包裹体主要为多相熔融包裹体，成岩温度为1155～1185℃、形成压力为13.57亿Pa，岩浆来源深度为29～44 km，已超出该区莫霍面的深度范围，表明岩浆来源于上地幔软流圈（王贤觉等，1984；李兆麟等，1991；鲍才旺和薛万俊，1993）。

拉斑玄武岩：珍贝海山主要发育石英拉斑玄武岩，斑晶含顽火辉石和次透辉石，在水深3116.00 m处取得的岩石样品呈深灰色，表面有一薄层铁锰质结壳沉积，块状构造，含有较多形态不规则的大气孔。稀土元素含量均较高，微量元素中Sr和Rb含量相对较高，样品测年分别为9.5±0.92～9.9±1.4 Ma、9.1±0.2～10±2 Ma（王贤觉等，1984；鲍才旺和薛万俊，1993；杨蜀颖等，2011）。宪南海山ZSQD150站位玄武岩表面为黑色，断面呈褐色，气孔构造发育，硬度较大，为气孔状拉斑玄武岩，Ar-Ar年龄为15.04±1.61 Ma。石星海山ZSQD119站位为气孔状伊丁玄武岩，具气孔状构造，拉斑玄武结构，Ar-Ar年龄为12.4±0.21 Ma。

2. 南海西北部

北部湾地区与海南岛琼北地区一样，以碱性玄武岩为主。北部湾盆地内基性火山岩广泛分布，以中新世—第四纪占主导，火山岩岩性构造组合以拉斑玄武岩–碱性玄武岩为主，岩性主要为橄榄玄武岩、辉石玄武岩、气孔状玄武岩、粗玄岩，少量橄榄霞石岩和玻基橄榄岩。整个涠洲岛及斜阳岛为早—中更新世（1.42～0.49 Ma）溢流玄武熔岩造成。

雷琼拗陷区火山活动形成的岩石类型包括火山熔岩类、火山碎屑岩类和沉火山碎屑岩类。区内玄武岩来自苦橄质的超基性岩浆，来源上地幔。第四纪雷琼盆地为陆相基性喷发，早期为裂隙式喷发，晚期以中心式喷发占优势，常见保存完好的火山锥体，空间分布明显受断裂带控制。地球化学特征属于苦橄质至玄武质之间的过渡类型，多数为钙碱质到弱碱质，为大陆板内玄武岩。

夏少红等（2017）把北部湾地区出露的碱性玄武岩分为5.4～2.7 Ma和第四纪两个期次。雷琼地区火山活动分为16.7～11.7 Ma（石英拉斑玄武岩）、约6.6 Ma（石英拉斑玄武岩）、6～4 Ma（碱性玄武岩）以及小于1 Ma（碱性玄武岩）等四个期次。

3. 南海西部

最新研究表明，南海西侧陆缘扩张后岩浆喷发作用比东部陆缘多（孙珍等，2021）。

西沙群岛的高尖石岛是第四纪更新世后期火山喷发作用产物，整个西沙珊瑚礁区除高尖山岛为火山成岛外，其余均为碳酸盐岛。根据岩层倾向分析，当时的喷发中心在高尖石岛的东北方，岛上分布的火山碎屑岩具玻璃基质，碎屑成分一致，玻基辉橄岩块与玻基胶结物之间界限并不清晰，似乎是熔岩喷出后，在水下流动成岩的后期，因逐渐堆积露出水面，急剧冷凝并受摩擦而产生碎裂作用形成的流动碎屑岩，在其邻近海底，有火山喷口或由熔岩组成的海底丘，高尖石岛的玻基辉橄岩Rb-Sr等时线年龄为2 Ma（业治铮等，1985；韩宗珠等，2017）。

西沙群岛的东岛浮岩样品为棕褐色，块状构造，气孔状构造十分发育，属于中性火山岩，SiO_2含量为60%，化学组成相当于粗面岩；具有斑状结构，斑晶主要为斜长石、单斜辉石和少量橄榄石，基质为玻璃质；富集高度不相容元素（Rb、Ba、K、PB、U、Th），富集轻稀土元素，贫重稀土元素，明显亏损高场强元素（Nb、Ta）（韩宗珠等，2017）。黄岩海山在水深3348.00 m处样品9DG粗面玄武岩K-Ar法年龄为7.77 ± 0.49 Ma，属于晚中新世火山作用的产物（王叶剑等，2009）。

4. 南海南部

南海南部ODP184航次发现更新统火山灰，含英安–流纹质凝灰岩及玻璃，1143井位样品年龄小于2 Ma，越往上火山灰越多，反映更新世以来火山活动增强，或者是因为火山玻璃的化学不稳定性使老的火山灰蚀变（阎贫和刘海龄，2005）。取自礼乐滩北坡斑状玄武岩（SO23-37、SO23-36），北巴拉望岛岸外的两座孤立海山（SO23-38、SO23-40）以及卡加延海岭–苏禄海的迈安德礁（SO23-15）。含橄榄石、单斜辉石和斜长石的多孔玄武岩（SO23-40）K-Ar法定年为2.7 Ma（表4.3），已由紧接锰结壳之下的玄武岩孔隙中的晚上新世软泥间接证实。^{10}Be在3～5 mm厚锰结壳的分布状态表明锰的沉积是在2.3 ± 0.5 Ma前开始的（Kudrass et al.，1986）。礼乐滩北侧高度多孔的含橄榄石玄武质火山灰在上新世碳质软泥团块（SO23-37）上和角砾岩（SO23-36）中呈熔壳形式产出。由于玄武质火山砾的玻质边缘仅保存于夹在软泥基质中的那部分火山灰中，因而可能由滑塌引起的半固结软泥与火山碎屑物的混合必然是在火山喷发后不久就发生。这种橄榄玄武岩K-Ar年龄为0.4 Ma，表明火山喷发大大晚于软泥的沉积。从礼乐滩以东海山上取到的几块橄榄玄武岩（SO23-38，水深为1356.00～1610.00 m）的K-Ar年龄也与之相似，为0.5 Ma。所有玄武岩均具有含少量橄榄石和单斜辉石斑晶的冷却结构基质（Kudrass et al.，1986；表4.3）。

安山岩：卡加延脊有拖网获得的火山岩样品，西南端为玄武安山岩，钙碱性，在卡加延海岭的迈安德礁（SO23-15）于9300.00 m水深处取得了两小块含斜长石、单斜辉石斑晶及少量橄榄石斑晶的安山岩。这两块安山岩虽然是迄今从卡加延海岭火山岩基底上首次取得的岩样，但Hamilton（1979）就报道过迈安德礁以南的火山碎屑岩。这两块岩石中一块纯属安山岩，另一块局部覆有一种推测由海底风化形成的风化壳。这些安山岩的K-Ar年龄为14.7 ± 0.6 Ma，属于中中新世早期（表4.3），含斜长石斑晶、斜辉石和橄榄石，与从卡加延脊的另一个海底山打捞上来的早—中中新世碳酸盐沉积物（SO23-9、SO23-10）的年龄一致（Kudrass et al.，1986）。ODP769站和ODP771站位于卡加延火山脊的两侧，穿透了一个无浊积物薄的沉积区。火山岩和火山碎屑岩立刻被包含早中新世晚期至早—中中新世放射虫的褐色黏土岩覆盖。这个时间代表了卡加延脊火山活动以及东南苏禄海的盆地扩张活动的停止时间。火山作用后有两个沉积旋回，即早中新世—中中新世初的火山碎屑沉积和中中新世—晚更新世的深海结核、碳酸盐沉积。南海西南部湄公盆地分布渐新世安山岩。

其他杂岩：DSDP钻井和拖网证实西菲律宾海盆基底玄武岩的存在。在中央断层带，拖网采集到蛇绿岩系的岩石，在该断层的西北端的水深约6 km处，DSDP293孔在上新世浊流沉积之下揭露了拉斑玄武岩角砾岩和变质达低级角闪岩相的辉长岩。这些岩石可与吕宋岛三描礼士蛇绿岩组合对比，为早—中始新世。在西菲律宾海盆北部冲大东海岭东南端，于4000.00 m左右水深处拖网采集到绿岩化的安山岩、玄武岩、安山玄武岩，以及凝灰岩和中性成分的熔结凝灰岩状岩石。所有这些岩石被粗玄岩和辉长岩类的岩墙和岩株状岩体所贯穿，粗玄岩和辉长岩类都具有类似的次生变化特征。角闪片岩、透闪片岩和透辉石–绿泥石片岩的年龄为49 Ma。在中央断层带，拖网采获镁尖晶石–橄榄石–斜长石玄武岩，而在其北面15 km，平行于中央断层的断裂带，拖采到镁质和镁铁质枕状玄武岩，及少量粗玄–玄武岩。DSDP447孔底部是一段183.00 m厚的玄武岩流与枕状熔岩交替出现的岩层，该层为夹有中渐新世凝灰岩的火山碎屑角砾岩所覆盖，而在DSDP290孔底部为早渐新世或晚始新世的砾岩。

南海海山和相邻陆地火成岩的地球化学研究表明，南海扩张后的玄武岩主要呈现OIB型的特点（王贤觉等，1984；朱炳泉和王慧芳，1989；Tu et al.，1992；Hoang and Flower，1998；贾大成等，2003；李昌年等，2005；杨蜀颖等，2011；邱华宁等，2013）。在时间上，最早一期的岩浆活动和南海扩张结束的时间大致一致，最晚一期的岩浆活动在晚中新世——第四纪，该期岩浆活动最强烈达到顶峰。空间上，从陆区向海区追踪，海区的火山活动比陆区更强烈，南海从北向南的岩石年龄总体上逐渐变年轻，反映南海岩浆活动具有从北向南迁移的趋势。新近纪期间，南海及相邻陆地以大面积溢流玄武岩为主，南海玄武岩年龄为15 Ma至现今，其分布尺度、厚度和化学成分多样，早期以拉斑玄武岩、晚期以碱性玄武岩喷发为主，为板内岩浆活动的结果。

第六节　南海岩浆作用成因探讨

南海地处东亚大陆边缘，中生代以来，南海及邻域岩浆作用主要受控于欧亚板块和太平洋板块相互作用深–浅部构造的地质过程。南海岩浆活动主要以燕山期和喜马拉雅期为主，岩浆岩的分布、岩石组成和形成时代的变化规律，反映了大陆边缘性质、板块边界位置和俯冲板片形态的时空演化过程。本节重点对南海燕山期和喜马拉雅期岩浆作用成因进行探讨。

一、燕山期岩浆作用成因

印支运动之后，中国东部大陆主要地块完成拼合，已形成统一的整体。前人研究认为早侏罗世存在一个岩浆宁静期，火山活动和岩浆侵位较少，对应构造体制的转换，即由特提斯构造域转变为环太平洋构造域。南起加里曼丹岛西南，向北穿过中南半岛东部和南海与中国东南沿海火山岩带相接，再向北经过朝鲜南部到达日本群岛，这条绵延4000 km的巨大钙碱性火山岩带与沿欧亚大陆东南边缘的大规模俯冲有关（周蒂等，2005）。

华南地区东南沿海地区分布大面积的晚侏罗世——早白垩世高钾钙碱性火山–侵入岩，宽度超过1000 km，岩浆活动的时间主要集中在180～150 Ma、145～130 Ma、110～90 Ma，可分为燕山早期和燕山晚期两期（贾丽辉，2018）。两期侵入–火山岩浆岩具有以下特征：①燕山早期活动大陆边缘并没有发育广泛的岩浆活动，以岛弧和板内岩浆作用为主；②燕山晚期岩浆活动较强烈，伴有大量A型花岗岩、双峰式火山岩、碱性岩、基性岩墙和埃达克质岩等；③岩浆活动主要表现为向海和沿海北东向年轻化；④物质组成上，在壳幔相互作用的过程中，幔源贡献比例则具有由陆向海和沿北东向逐渐增加的特征。基于以上岩浆岩物质组成及时空分布特征，前人提出了大量的古太平洋俯冲机制模型，如平板俯冲、板片撕裂、洋脊俯冲和俯冲转向等模型，但各个俯冲机制模型都存在局限性，只能解释部分地质观测，具有很大的局限性（贾丽辉，2018）。

近期研究结合岩浆岩成矿规律提出了以下较合理的综合成因模式（图4.17；贾丽辉，2018）。燕山早期，古太平洋板块（伊泽奈奇板块）为低角度平板俯冲，在局部发生板片撕裂、熔融作用[图4.17(a)]，随后发生大面积的板片撕裂，导致幔源物质上涌，发生壳幔相互作用，地壳重熔形成花岗质岩浆[图4.17(b)]。燕山晚期，板片后撤，致使大规模的岩石圈伸展、减薄，软流圈物质大量上涌，幔源岩浆不仅提供了热量熔融地壳基底岩石，也会有幔源物质和壳源岩浆发生了岩浆混合[图4.17(c)]。在约135 Ma，古太平洋板块运动发生转向，导致华南地区东南缘俯冲由斜向俯冲逐渐过渡到平行大陆边缘走滑，造成更加强烈的伸展作用，形成了拉分盆地和A型花岗岩[图4.17(d)]。由于晚中生代南海地区的岩浆作用与华南地区该时期岩浆作用密切相关，东南沿海燕山期岩浆成因可为南海岩浆岩成因提供借鉴。

　　南海北部珠江口盆地燕山期岩浆岩侵入，从北西向南东，具有时代逐渐变晚和侵入作用逐渐增强的趋势，以晚期为主，规模不大，以浅层多见。地球化学特征具有明显的分带性，呈北东方向展布，大体上与华南陆区政和–大埔断裂向南部海域延伸有关，西部近陆区为壳源型（S型）花岗岩，东部近海区主要是过渡同熔型（I型）花岗岩，具有火山弧、板内与同构造碰撞带花岗岩的特征，属大陆边缘活动带中、晚期的产物，与东南沿海岩浆岩相似，受古太平洋板块平板俯冲、板片撕裂、板片后撤及俯冲转向等动力机制的影响（李平鲁等，1999）。

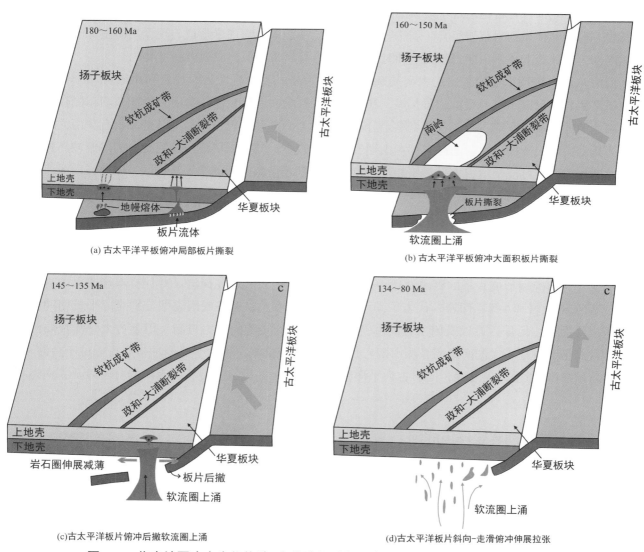

(a) 古太平洋平板俯冲局部板片撕裂

(b) 古太平洋平板俯冲大面积板片撕裂

(c) 古太平洋板片俯冲后撤软流圈上涌

(d) 古太平洋板片斜向–走滑俯冲伸展拉张

图4.17　华南地区晚中生代构造–岩浆演化过程示意图（据贾丽辉，2018，修改）

　　南海西北部海域和海南岛钻遇或出露有燕山早期和燕山晚期花岗岩。海南岛燕山早期，早、中侏罗世岩浆岩以S型钙碱性花岗岩为主，晚侏罗世出现闪长岩、辉长岩等幔源岩浆岩；燕山晚期，早白垩世出露花岗闪长岩、二长花岗岩等I型钙碱性花岗岩，并有A型花岗岩、埃达克岩和基性岩墙，暗示更强烈的壳幔相互作用，形成于伸展构造环境（贾丽辉，2018）。西沙群岛基底获得晚侏罗世角闪斜长片麻岩，后期被早白垩世二长花岗岩侵入（朱伟林等，2017）。中沙群岛获得晚侏罗世闪长岩、辉长岩和早白垩世花岗岩（龚再升等，1997）。西沙群岛和中沙群岛各自发现的两期岩浆岩，从岩石类别和形成时代上均可用板片撕裂和板片回撤的成因机制解释。

南海南部在中南半岛湄公河三角洲至纳土纳岛的陆架区，新生代沉积盆地的基底内发现大量燕山期花岗岩类，时代主要为晚侏罗世至白垩世，以晚白垩世为主。在西南次海盆洋陆过渡带获得了燕山早期中、晚侏罗世花岗岩和花岗闪长岩，早白垩世花岗闪长岩、闪长岩、花岗岩等。在南海海盆南部小珍珠海山获得早白垩世富Nb基性岩和埃达克质岩花岗闪长岩。北巴拉望岛上的岩浆岩以两类石英二长深成岩为代表，根据地层切割关系，形成时代可能为晚三叠世到早侏罗世（Holloway，1982）。加里曼丹岛施瓦纳山岩基，岩性以石英闪长岩和花岗闪长岩为主，也有辉长岩和苏长岩，主要形成于早白垩世，属典型的I型钙碱性系列。北部古晋带也出现小规模的燕山期岩浆活动，而西部地区出现晚白垩世辉长岩-闪长岩-花岗闪长岩一套钙碱性系列岩浆岩组合（周蒂等，2005）。燕山期南海尚未形成，现今南海南部陆架位于华南地区南部，该地区上述燕山期岩浆类型和时代与东南沿海岩浆相似，成因机制可类比。

南海东部台湾燕山期岩浆岩为大南澳杂岩中的火山岩，主要岩性为绿片岩和角闪岩，原岩可能为大洋拉斑玄武岩，形成于晚白垩世（黄长煌，2017），说明晚白垩世台湾东部沿大南澳杂岩东侧存在古太平洋板块的俯冲。菲律宾前古近纪花岗岩零星分布于北棉兰老岛和北巴拉望岛，其基底具有华南大陆陆缘性质，为华南大陆裂离的陆块。南海东部燕山期岩浆记录较少，其原因可能与马尼拉海沟的俯冲岛弧岩浆作用的改造相关，也可能暗示古太平洋俯冲带的位置位于现今南海南部陆架周缘地区，后期被南海海底扩张作用改造，不容易识别。

总体上，南海燕山期岩浆作用与华南地区、海南岛燕山期岩浆作用成因、机制可对比。燕山早期，早、中侏罗世花岗岩以S型钙碱性花岗岩、二长花岗岩为主，主要由幔源底侵提供热量，壳源物质熔融形成；晚侏罗世开始出现I型花岗岩和基性岩墙群，此时壳幔相互作用加强，不仅有能量的传递，而且有物质的交换。燕山晚期形成大量的钙碱性I型闪长岩、花岗岩闪长岩和花岗岩，并伴有双峰式火山岩、埃达克岩、富Nd玄武岩和A型花岗岩，代表了其形成于伸展环境。以上各成因类型分别对应平板俯冲局部和大面积板片撕裂、板片后撤以及俯冲方向由斜向俯冲过渡到走滑的动力机制。但是古太平洋板块俯冲带的位置目前仍不清楚，根据南海周缘燕山期岩浆弧带的分布推测，古太平洋俯冲带有可能位于台湾东部-中南半岛东缘-加里曼丹岛北缘，同时古太平洋俯冲带遭到大陆边缘张裂、古南海的打开以及新南海打开的改造。

二、喜马拉雅期岩浆作用成因

南海扩张前（>32 Ma）陆缘的张裂始于晚白垩世，于始新世达到顶峰。晚白垩纪以来，南海陆缘以拉伸盆地形成火山喷发、基性岩脉（岩墙）侵位为标志的张裂作用非常强烈。在岩浆活动方面，白垩纪—古近纪既有喷出也有侵入，而晚新生代主要表现为火山喷发。晚白垩世以来基性岩浆活动的中心有向东南大陆边缘和南部边缘迁移的趋势，在三水、连平、河源、雷琼、珠江口形成火山盆地（徐义刚等，2012），即南海及邻域中新生代火山岩从在空间上具有从周缘陆地往南海迁移的趋势（如从三水盆地→白云拗陷→海盆），而南海海区岩浆活动呈现由隆起区向四周减弱之趋势。

广东沿海有关岩脉的岩石化学成分主要相当于亚碱性系列的玄武岩-玄武安山岩类。茂名盆地白垩纪—古新世火山岩主要属于亚碱性系列的流纹岩-英安岩-安山岩类；而三水盆地古新世—始新世火山岩主要是由碱性系列的玄武岩与粗面岩或由玄武岩与亚碱性系列的流纹岩组成双峰式类型。据研究，三水盆地的古近纪火山岩普遍具有轻稀土元素（light rare earths element，LREE）富集的特点，玄武岩与粗面岩、流纹岩都不显示Nb、Ta亏损，但长英质岩石总体上有更高的REE丰度，并具明显的负Eu异常（Chung et al.，1997），反映三水盆地火山岩可能来自相同的岩浆源，分异作用对双峰式岩系的形成起重要影响。而河源、连平的古近纪玄武岩–安山岩–英安岩表现微弱的负Eu异常，英安岩并显示Nb、Ta亏损，说明可能存在不同程度的地壳同化混染作用。晚新生代以来火山岩的SiO_2不饱和程度和原始岩浆成分相应增高，反映岩浆来源逐渐加深和岩石圈逐渐拉裂伸展的构造环境。南海扩张前双峰式岩浆的形成与岩石圈拉张环境中双层对流岩浆房有关（Chung et al.，1997）。

IODP349、IODP367和IODP368航次在南海北部洋陆过渡带附近和海盆区钻探，以及海山浅钻和拖网获得岩石样品的年代学和岩石地球化学研究表明，南海扩张期岩浆活动以南海海盆为中心，主要形成大洋拉斑玄武岩（MORB）以及少量碱性玄武岩（OIB）。基于获得了南海两个海盆钻孔玄武岩岩心的主、微量元素和Sr-Nd-Pb-Hf同位素数据，发现西南次海盆扩张期玄武岩具有富集型洋中脊玄武岩（E-MORB）特征，而东部次海盆同时存在富集型和亏损型洋中脊玄武岩（N-MORB）（图4.18），二者洋壳地球化学组成具有明显的差异。在Sr-Nd-Pb-Hf同位素组成上，两个次海盆都属印度洋型地幔（地球化学上称为Dupal异常），且存在明显的组成差异，揭示南海的西南次海盆和东部次海盆具有不同的地幔演化史（Zhang et al.，2018）。

南海扩张期后产生大量的碱性洋岛玄武岩，其成因可能与东南亚环形俯冲带引发的地幔物质上涌有关（Lin et al.，2019；Li et al.，2020；图4.19）。东南亚环形俯冲带东西分割太平洋和印度洋，南北衔接澳大利亚大陆和亚洲大陆，在东、西、南三个方向上分别被菲律宾海板块、印度板块和澳大利亚板块俯冲，形成了一个巨大的环形俯冲汇聚系统[图4.19(a)]。研究发现，东南亚环形俯冲系统是地球表面岩石圈物质向深部循环的巨大"黑洞"，形成了全球独特的超级汇聚中心；东西两侧的俯冲板片以高角度俯冲，穿越了地幔转换带，而南侧俯冲带穿越了地幔转换带后，平躺于下地幔；东南亚环形俯冲系统具有独特的岩浆响应机制，不仅形成了靠近俯冲带的岛弧岩浆，还有大量的远离俯冲带或与俯冲带作用间接相关的板内岩浆或弧后盆地玄武岩（Li et al.，2020）。

南海域及邻区岩浆岩的分布特征表明，不同海域岩浆岩的分布和深度存在较大差异。岩浆岩沿主要断裂带分布，断裂活动的规模决定了岩浆作用的强度。长期活动的大型张性断裂和走滑断裂切割深度大，形成深部熔体上涌的通道，其附近往往形成浅层–超浅层侵入岩或喷出岩。南海下部上地幔上涌，导致在下地壳形成高速层（岩浆房），岩浆沿着深部断裂运移到地表喷出形成海山[图4.19(b)]。岩浆源区（OIB）特征，可能是岩浆在形成过程中受壳源物质交代，或者在岩浆上升过程中与地壳物质发生混染。然而单纯的地壳混染很难达到南海、海南岛碱性玄武岩的富集程度（梅盛旺和任钟元，2019）。扩张期后南海及邻域碱性玄武岩的富集可能由于环形俯冲板片携带沉积物进入地幔，发生流体交代和沉积物、板片的熔融造成。

南海域及邻区岩浆岩的分布特征反映了构造活动时代、强度和区域应力场对岩浆作用的影响。中—新生代以来，南海处于欧亚板块、太平洋板块和印度–澳大利亚三大板块的结合部位，且位于特提斯构造域的东缘，构造–岩浆作用更为复杂。总的来看，南海及邻域中—新生代岩浆作用具有由陆向海逐渐迁移的趋势，这与太平洋板块的俯冲后撤以及古南海板块的俯冲消亡、南海板块的扩张相吻合。但是局部异常的上地幔活动，导致了新生代晚期板内岩浆作用的发生。南海陆缘东侧为多岩浆型，向西变为少岩浆型。东西差异除与伸展速率有关，可能还与东侧陆缘发生了板缘破裂，而西侧陆缘发生了板内破裂有关（孙珍等，2021）。南海喜马拉雅期岩浆岩是区域构造综合作用的结果，它们包括大陆裂谷、板块俯冲、海底扩张、走滑断层运动，以及印支地块部分旋转和软流圈上升（图4.20）。区域性构造伸展和断层作用形成了岩体。喜马拉雅期南海及邻域岩浆岩分别与伸展、俯冲+碰撞、俯冲、挤压、伸展+冷却+沉降有关（Zhu et al.，2022）。

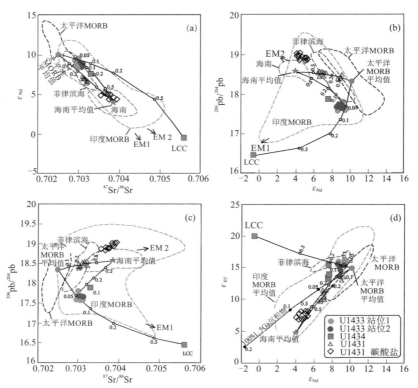

图4.18　$\varepsilon_{Nd}-^{87}Sr/^{86}Sr$、$^{206}Pb/^{204}Pb-\varepsilon_{Nd}$、$^{206}Pb/^{204}Pb-^{87}Sr/^{86}Sr$和$\varepsilon_{Hf}-\varepsilon_{Nd}$同位素相关图
（据Zhang et al.，2018）

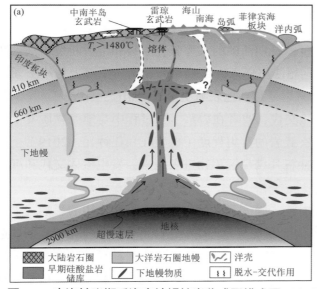
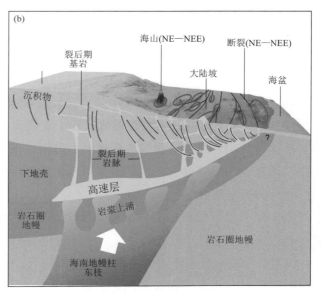

图4.19　南海扩张期后海南地幔柱岩浆成因模式图（a）及南海岩浆岩形成模式图（b）（据Fan et al.，2017，修改）

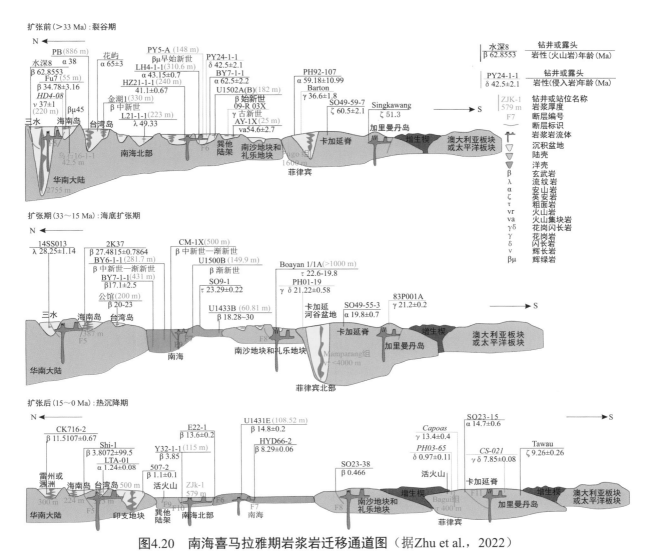

图4.20　南海喜马拉雅期岩浆岩迁移通道图（据Zhu et al., 2022）

岩浆从上地幔侵入下地壳，形成岩浆房，上部的岩床、岩株、岩墙等岩体提供熔融的岩浆，裂谷期发育的断层为岩浆提供上涌的通道

第 / 五 / 章

南海周缘蛇绿岩及蛇绿混杂岩

第一节 蛇绿岩与混杂岩

一、蛇绿岩

(一)蛇绿岩的概念及演变

蛇绿岩(ophiolite)作为一种特殊类型的岩石组合,是确定板块边界、俯冲-碰撞缝合带的关键标志,是追寻消失大洋的最重要证据,是探测地球深部地质作用的窗口,也是现代板块构造理论创立的重要地质基础,其成因、形成构造背景以及地球动力学意义一直是构造地质学家和岩石学家高度关注和研究的热点问题(Pearce et al., 1984;Moores, 2002;史仁灯, 2005;Dilek and Furnes, 2011;张进等, 2012;吴福元等, 2014)。对蛇绿岩的研究从最初的观察描述单一的矿物学、岩石学及其时空关系开始,到随后的逐渐认识到蛇绿岩为一套超镁铁质岩石和镁铁质岩石组合,再到不断深入认识到其与大陆隆升、海底扩张、板块构造以及造山运动等全球构造的地球动力学过程紧密相连,蛇绿岩的定义随着研究程度的不断深入,也发生了很大的变化。近年来,国内外的地质学家在总结前人研究的基础上,对蛇绿岩的定义进行了多次总结和更新,提出了被学界广泛应用的定义:蛇绿岩是古大洋岩石圈上地幔和洋壳的块体,后在运移过程中,被构造肢解和侵位、混杂堆积,残留于大陆造山带内,在岩石单元组合上可与现代大洋岩石圈进行对比,保存了大量古大洋岩石圈、古大地构造的信息,是研究洋-陆转化、缝合带演化的主要窗口(张旗和周国庆, 2001;史仁灯, 2005;Dilek and Furnes, 2014)。

蛇绿岩是一套大洋岩石圈的岩石组合,从顶部到底部由以下五个基本岩石单元组成:①深海-半深海远洋沉积岩,主要为薄层硅质岩、泥页岩以及少量灰岩;②镁铁质火山-超镁铁质堆晶岩,主要为层状、块状辉长岩,以及橄榄岩、橄辉岩、辉石岩;③超镁铁质地幔岩,主要为方辉橄榄岩、二辉橄榄岩和纯橄岩,通常具蛇纹石化。此外,主要伴生岩石矿物类型有与纯橄岩伴生的豆荚状铬铁矿和斜长花岗岩等(Dilek and Furnes, 2011;张进等, 2012;吴福元等, 2014;图5.1)。

对蛇绿岩的认识经历了近两个世纪的时间,其过程十分曲折(Dilek, 2003)。蛇绿岩(ophiolite)一词来源于希腊语"ophi"和"ophis",即英文中的"snake"和"serpent",也就是中文"蛇"的意思,用来描述具有绿色斑状结构外貌的岩石,这种岩石因为遭受剪应力作用略带绿色、斑纹状和发亮的外貌近似于蛇的表皮,看起来像蛇一样;实际上是岩石发生蛇纹石化的结果。蛇绿岩一词最早由法国矿物学家Alexandre Brongniart在1813年研究意大利北部蛇绿岩时提出,用来指代混杂岩中的蛇纹石。随后,他又于1821年重新使用蛇绿岩一词来指代出露于阿尔卑斯-亚平宁山脉的一套岩浆岩(包括超镁铁质岩石、辉长岩、辉绿岩和火山岩)(张进等, 2012)。后来Steinman于1906年定义蛇绿岩是一种基性超镁铁质岩,并在1927年进一步完善了蛇绿岩的定义,认为蛇绿岩是一套主要由橄榄岩(蛇纹岩)、辉长岩、玄武岩和深海沉积岩组成的"岩套"(Dilek, 2003),并发现蛇绿岩中橄榄岩、辉长岩、辉绿岩和玄武岩来自于同一岩浆源区,是发生结晶分异作用而形成的不同岩石单元。这一研究发现,促使了Steinman进一步对蛇绿岩概念的定义和发展,即蛇绿岩为变质橄榄岩、辉长岩、细碧岩、辉绿岩及其与这些岩石有关系的其他岩石单元,并认为其为在成因上具有一定联系的岩石组合。新的定义表明蛇绿岩中不同组成部分之间具有紧密的关系，后被学界认为是蛇绿岩研究发展史上的经典理论之一，即著名的"Steinman三位一体"。

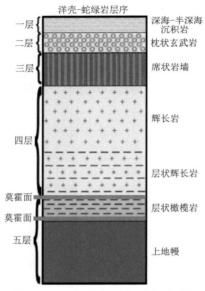

图5.1　蛇绿岩岩石组合概念图

1972年，美国地质学会召开了具有里程碑意义的彭罗斯（Penrose）会议，该会议以塞浦路斯（Cyprus）的特罗多斯山（Troödos）的蛇绿岩为典型剖面，提出的蛇绿岩定义包含了完整蛇绿岩剖面所含的岩石类型。1998年，第二次美国蛇绿岩彭罗斯会议上进一步强调了蛇绿岩定义与其成因和形成构造背景无关，同时也提出，蛇绿岩的定义应扩展包括其上下出现的岩石。之后，蛇绿岩的定义被进一步扩大化，甚至提出狭义蛇绿岩与广义蛇绿岩，这导致蛇绿岩的内涵发生了重大变化。蛇绿岩研究工作的积累表明，塞浦路斯的特罗多斯山、阿曼的塞迈尔（Semail）、土耳其的Kizildag和加拿大的岛屿湾（Bay of Island）是世界上岩石层序最为完整的蛇绿岩，然而，它们在全球蛇绿岩中所占比例不到1%。因此，绝大多数人认为，岩石层序不完整的蛇绿岩都是构造肢解的结果。

（二）蛇绿岩分类

20世纪80年代以前，许多学者认为绝大多数蛇绿岩形成于洋中脊（mid-ocean ridge，MOR）（Moores and Jackson，1974；Kidd and Cann，1974；肖序常等，1978）。但是随着地球科学技术的发展、深海钻探计划（DSDP）的实施、大洋钻探计划（ODP）的开展以及世界各地蛇绿岩研究的不断深入，越来越多的资料表明保存在造山带中的大多数蛇绿岩形成于俯冲带之上（SSZ；岛弧、弧前和弧后盆地等）环境（Pearce et al.，1984；Pearce，2003）。

蛇绿岩可形成于威尔逊旋回各个阶段，可产出于不同的大地构造环境，如大陆边缘型蛇绿岩、洋中脊型蛇绿岩、地幔柱型蛇绿岩、火山弧蛇绿岩、俯冲带之上蛇绿岩、远离洋中脊–海沟蛇绿岩（弧后）。蛇绿岩的划分方案较多，应用最广泛的是Pearce等（1984）的洋中脊（MOR）型和俯冲带之上（SSZ）型的岩石构造成因分类。

近年来，Dilek和Furnes（2011，2014）根据不同类型蛇绿岩的岩石构造成因特征，又将蛇绿岩细分为与俯冲有关和与俯冲无关两大类，其中与俯冲无关的蛇绿岩又分为大陆边缘（continental margin，CM）型、洋中脊（MOR）型、地幔柱（mantle plume，MP）型三种基本类型，俯冲有关的蛇绿岩又分为俯冲带之上（SSZ）型、火山弧（volcanic arc，VA）型两种基本类型。

二、混杂岩

（一）混杂岩的研究历史与定义

混杂岩（mélange）最早于1919年由英国地质学家Edward Greenly提出，用于描述北威尔士Mona杂岩中遭受构造强烈破坏的Gwna群千枚岩-砂岩组合（Greenly，1919）。但直至30余年后，Bailey和McCallien（1950，1953）将其用于描述土耳其Ankara和意大利北亚平宁Ligurian构造混杂岩，以及Gansser（1955）将其用于描述伊朗蛇绿混杂岩，这一概念才再次出现。

20世纪60年代，Hsü（许靖华）在加利福尼亚佛朗西斯科杂岩的研究过程中，重新启用了混杂岩的概念，很好的解释了地层与构造之间的相互矛盾（Hsü，1968）。Hsü（1968）认为混杂岩是一套可做地质填图的岩石组合，是由构造作用形成的内部无序并遭受普遍剪切的细粒基质夹不同尺度的外来和原地地块的组合。混杂岩不是一种岩石地层单位，由沉积作用和重力作用形成的野复理石（wildflysch）、破碎地层（broken formation）和滑塌堆积（olistostrome），不属于混杂岩的范畴，破碎地层和混杂岩应该是正常地层遭受构造作用强度的两个极端产物。从此，混杂岩的成因和演化研究受到广泛重视。

混杂岩广泛出现于全球增生型和碰撞型造山带，通常具有岩块（时代、成因、来源不同）夹基质（泥质、砂质或蛇纹质）的特征，内部高度地层间断和构造混杂，特别是以断层构造接触将岩浆岩、沉积岩和外来基性-超基性岩块构造并置形成（Hsü，1968；Dewey，1977；张克信和陈能松，1997；Kusky et al.，1997，2013；Cawood et al.，2009；Festa et al.，2010，2012；张克信等，2014）。混杂岩是描述性而非继承性术语，需用于描述且可填图（1∶25万或者更小尺度），如定义为具有内部破碎和混杂的岩块夹于普遍变形（很少不变形）的基质中（Silver and Beutner，1980；Raymond，1984；Cowan，1985）。然而，关于混杂岩定义的争论和讨论在世界各地对混杂岩和相关岩石单元进行将近半个世纪的广泛研究后仍在继续（Hsü，1968；Cowan，1974，1985；Suzuki，1986；Rast and Horton，1989；Şengör et al.，2003；Camerlenghi and Pini，2009；Festa et al.，2010，2012；Vannucchi and Bettelli，2010；Wakabayashi and Dilek，2011；Ogata et al.，2012；Wakita，2015）。

1973年，我国构造地质学家李春昱首次对西秦岭混杂岩进行系统研究。但是，中国地质学家在20世纪90年代前几乎未开展针对造山带混杂岩的专题填图工作，在地质图中通常把蛇绿混杂岩简单的表示为镁铁质侵入岩，并不能全面反映出蛇绿岩和增生杂岩的实质，缺乏对基质夹岩块混杂结构以及岩块来源（洋壳、陆壳，原地、异地）的认识。90年代初期，中国地质学者在造山带地区发现，经典的岩石地层规律对混杂岩地质填图和研究并不适用，先后提出了杂岩（吴浩若和潘正莆，1991）、非史密斯地层（殷鸿福等，1998；张克信等，2001，2014）、构造地层（罗建宁，1994；陈克强和汤加富，1996）等概念来区分传统的地层。在混杂岩带填图过程中，依据构造岩片作为混杂岩基本填图单位、非史密斯地层和构造地层的思想，将混杂岩划分为多个岩片或超岩片的形式简单表达。

经过近三十年的研究，我国混杂岩研究也取得了一批重要成果，极大地改变了造山带变质地层成层有序的传统认识，代表性的如张克信和陈能松（1997）的东昆仑造山带非史密斯地层区构造混杂岩填图方法；Xiao等（2004，2010）的中亚造山带混杂岩构造运动学解析方法；李继亮（2004，2009）、潘桂棠等（2008）系统总结了混杂岩带研究中大地构造相分析方法和识别标志；张克信等（2014，2015，2016）强调大洋板块地层的识别在俯冲-增生-碰撞造山混杂岩研究中的重要性。

（二）混杂岩的分类及研究意义

混杂岩既可以形成于汇聚板块边缘，也可以形成于被动大陆边缘、大陆裂谷、陆内挤压变形带等不同构造环境（Silver and Beutner，1980；Raymond，1984；Festa et al.，2010，2012）。Festa等（2010，2012）在对比全球混杂岩形成、就位构造环境与现代大地构造环境的基础上，结合其形成过程，将混杂岩形成环境主要划分为六种类型：伸展构造（extensional tectonics）、被动大陆边缘（passive margin）、走滑构造与转换断层（strike-slip tectonics）、汇聚大陆边缘与洋壳俯冲（convergent margins、oceanic crust subduction）、陆-陆与弧-陆碰撞（continent-continent、arc-continent collision）和陆内变形（intracontinental deform）。

形成于俯冲带并由洋壳物质构成的混杂岩通常被称为俯冲混杂岩（subduction mélange）（Cowan，1985），又可分为增生杂岩和蛇绿混杂岩两类（Gansser，1974；Wakita，2015）。增生杂岩主要由大洋岩石圈上部沉积地层序列组成，蛇绿混杂岩主要由大洋岩石圈下部岩浆岩地层序列组成，它们分别代表"彭罗斯"蛇绿岩套岩石单元层序在俯冲带位置的破坏与重组的过程，其结构和组成共同记录了大洋板片消亡过程和大陆地壳增长方式，详细研究增生杂岩和蛇绿混杂岩的内部结构与组成特征，可为古大洋演化历史和造山带构造格架恢复提供重要信息（闫臻等，2018）。

增生杂岩（accretionary complex）或增生楔（accretionary prism/wedge），形成于汇聚板块边缘，位于大陆边缘弧或岛弧与海沟之间，是俯冲过程中（洋-陆、洋-洋俯冲体系）中被刮擦下来的远洋沉积物、大洋板片残片和海沟浊积岩在上覆板块前端共同堆积形成的、以逆冲断层为边界的楔形地质体（Karig，1975），主要由复理石和海山块体组成，也包括蛇绿岩和高压变质块体。

在陆-陆、弧-陆碰撞等地质作用过程中，蛇绿岩常常被肢解而散落于造山带中，并与沉积岩和变质岩相互参杂，沿板块缝合带断续分布，这些蛇绿岩表现为未剪切蛇纹化橄榄岩、火山岩、硅质岩和高级变质岩块体分布于剪切蛇纹岩或沉积岩（复理石）基质中，具有混杂岩的典型特征，Gansser（1974）和Cleman将该组合定义为蛇绿混杂岩。Shervais等（2011）将以蛇纹岩为基质的蛇绿混杂岩定义为蛇纹岩混杂岩，认为其形成于洋底转换断层和俯冲带。蛇绿混杂岩的基质可能为复理石或蛇纹石，也有少量蛇绿岩相对缺乏复理石和蛇纹岩基质，主要是由彭罗斯蛇绿岩层序中不同块体构成，且块体间通常为少量被剪切破碎块体的碎屑。

日本地质学家Isozaki等（1990）在研究日本西南地区晚二叠世—晚白垩世增生杂岩及放射虫化石时代的基础上，提出了大洋板块地层学（oceanic plate stratigraphy，OPS）的概念，其为大洋盆地地层的理想层序，指大洋地壳在洋中脊扩张中心形成到在海沟位置发生消亡并最终全部进入俯冲带这段时间内形成的基本地层序列，自下而上依次为洋中脊型玄武岩、远洋-半远洋沉积物和海沟陆源碎屑流沉积。Wakita（2015）对大洋板块地层学重新定义，并将英文表述改为"ocean plate stratigraphy"，泛指具有大洋板块基底包括边缘盆地在内的各种大地构造背景洋盆内的地层，指由大洋地层在洋中脊形成开始到最终完全在海沟消亡这段时间内，洋壳基底之上形成的火山岩和沉积岩地层序列构成，并明确指出，大洋板块地层是洋底的理想地层序列，可以通过混杂岩或古增生杂岩的原岩来重建，而在陆壳基底上发育的活动大陆边缘弧后盆地，以及大洋板块俯冲过程中俯冲或仰冲板块边缘断离出来的微陆块体并不是OPS的范畴（Robertson，1994；Taylor，1995；Barr，1999）。OPS概念模型为造山带俯冲杂岩原始层序重建提供了理论依据，其中古生物化石时代的精细研究以及远洋沉积到陆源碎屑沉积的时间跨度，都可以限定大洋板块寿命和洋壳沉积作用持续时间。因此，通过对造山带中增生杂岩的专题调查研究，恢复OPS原始序列，为增生杂岩形成与古大洋板块发展研究提供了重要依据。

俯冲相关的混杂岩与蛇绿岩一起记录了板块汇聚边缘增生的大地构造演化史，俯冲相关的混杂岩是板块俯冲-增生向碰撞造山作用转化的重要标志，是全球超大陆聚合与裂解的重要标志性地质记录，也是研究古俯冲带地球动力学的天然实验室（Wakabayashi and Dilek，2011；Gerya，2014），因此，对其形成大地构造背景及地球动力学意义的研究具有重要的理论和现实意义（Moores，2002；Zhao et al.，2002；Furnes et al.，2015）。

第二节　南海西北陆缘蛇绿岩和混杂岩

环绕南海陆区的蛇绿岩及蛇绿混杂岩分布于广东、广西、云南、海南岛、中南半岛以及台湾岛、菲律宾群岛、加里曼丹岛等地区，蛇绿岩或蛇绿混杂岩发育于晋宁期、加里东期、海西期、印支期、燕山期和喜马拉雅期六个时期，海区迄今尚无报道（图5.2）。

根据蛇绿岩形成时代和地理位置，可分为南海西北陆缘蛇绿岩、南海南部陆缘和东部陆缘蛇绿岩或混杂岩。南海西北陆缘蛇绿岩属欧亚大陆内部的缝合带，为新元古代到古生代洋盆闭合的显示，记录了印支、华夏、扬子等板块之间复杂碰撞-拼贴历史，包括新元古代云开贵子蛇绿混杂岩，早古生代云开糯垌-石窝、云南铜厂、中南半岛蛇绿岩和古生代海南岛晨星-邦溪、云南巴布蛇绿岩。南海南部陆缘和东部陆缘蛇绿岩位于欧亚大陆边缘，主要形成于白垩世到中新世，与太平洋、古南海、南海和菲律宾海等演化密切相关，包括加里曼丹岛蛇绿岩或混杂岩带、菲律宾群岛蛇绿岩带和台湾蛇绿岩或混杂岩带等。

此外，东南亚苏拉威西海、马鲁古海、班达海、帝汶海和阿弗拉海等周缘分布的苏拉威西蛇绿岩带、哈马黑拉蛇绿岩带、帝汶蛇绿岩带、班达弧蛇绿岩带、安汶蛇绿岩和西伊里安蛇绿岩，同样也是解析东南亚晚中生代、新生代以来地质构造演化的关键。

一、云开隆起西北缘构造混杂岩

（一）地质特征

云开隆起西北缘构造混杂岩带呈北东—北东东向弧形展布，宽度约40～50 km，北西以博白-梧州断裂带（F1）为界，南东以石窝-平政-丰垌口断裂带（F3）为界，主要分布于博白-陆川-北流-岑溪-罗定-云浮一带。该构造混杂岩带，根据其岩石组成、形成时代、变形-变质特征，大致以陆川-岑溪-罗定-广宁断裂带（F2）为界，可分为两个次级构造岩石地层单元[图5.3(a)]，自北西向南东分别为奥陶系—泥盆系浅变质深海-半深海硅泥质构造岩石单元（Belt I）和寒武系—奥陶系绿片岩-角闪岩相变质-变形半深海复理石构造岩石单元（Belt II）。构造混杂岩带由南东向北西构造岩石地层由寒武系到泥盆系逐渐变新，并发育北西向逆冲推覆断层系，构造变形由深层次韧性变形向浅层次脆性变形迁移过渡，变质程度也由中-深变质麻粒岩相-角闪岩相变为浅变质绿片岩相。

（1）奥陶系—泥盆系浅变质深海-半深海硅泥质构造岩石单元（Belt I）：分布于陆川-岑溪-罗定-广宁断裂带（F2）以北的博白-北流-岑溪地区，主要为奥陶系—泥盆系浅变质深海-半深海硅泥质建造、重力流滑塌沉积岩系组成的逆冲增生构造岩片（吴继远，1992；张伯友和杨树锋，1995），夹有大量规模不等的中-基性岩构造岩块、岩片，其中糯垌、大爽一带中-基性岩的岩块、岩片规模最大。

奥陶系—泥盆系岩石单元南段发育大片志留系，主要是泥硅质深海-半深海相复理石建造。北流蟠龙-新荣一带主要为奥陶系—志留系陆棚-深海盆地相碎屑-泥质岩、泥硅质岩夹碳酸盐岩，并发育大量下志留

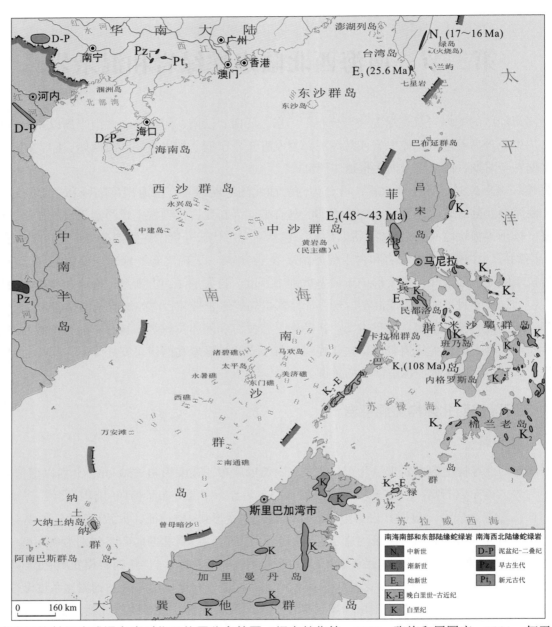

图5.2　南海周缘蛇绿岩或混杂岩时代及位置分布简图（据李献华等，2000；张旗和周国庆，2001；何卫红等，2015；彭松柏等，2016；Yumul，2007；余梦明等，2015；He et al.，2017；Pubellier et al.，2018；Yu et al.，2020，修改）

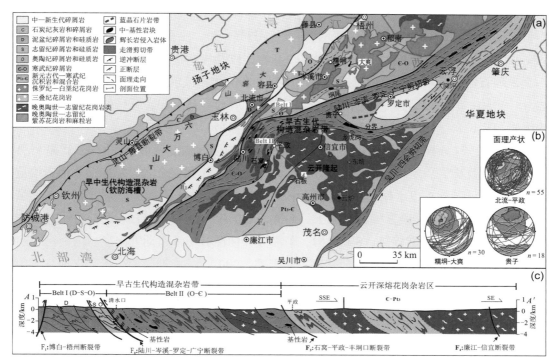

图5.3　云开地区地质构造简图（a）（据1∶25万玉林幅地质图，2004年；Liu et al.，2018，修改）、云开不同地区面理下半球赤平投影图（b）（不同颜色代表面理产状极点密度的大小，其中红色最大）及北流-平政-石板野外地质构造剖面图（c）

统大岗顶组滑塌浊积岩，主要由砾石、硬砂岩、黑色页岩和碳酸盐岩组成。岑溪一带奥陶系—志留系主要为浅变质-强变形千枚岩、云母石英片岩、石英岩、变质粉砂岩等半深海相复理石建造。玉林盆地到北流一带志留系—泥盆系为碳酸盐岩、泥硅质岩和含锰硅质岩等深海-半深海相沉积。岑溪一带泥盆系主要为弱、未变形-变质含砾砂岩，砂岩等滨-浅海相沉积，其与志留系呈平行不整合和构造接触（陆济璞和康云骥，1999）。该岩石地层单元被断层严重破坏，为总体无序、局部有序的构造岩石地层序列，由南东向北西（当时的向海）总体表现为由老到新逆冲增生构造岩片叠覆关系。构造线以北东40°～60°为主，地层褶皱轴和断层均表现为北东走向[图5.3(a)、(b)]。之后，该区又遭受了中生代印支期、燕山期岩浆岩的侵入和中—新生代构造断陷盆地的叠加改造（罗璋，1990；Lin et al.，2008）[图5.3(a)]。

　　此外，岑溪市安平镇大爽一带还零星出露志留系，主要为一套黑色页岩及砂质、粉砂质泥岩，其中发育一套构造透镜状高镁-镁质气孔-杏仁状玄武安山岩、辉绿玢岩、安山岩和火山角砾岩、英安岩等火山-次火山岩系，出露面积约0.5 km²。大爽火山岩形成于弧前构造环境。其中，玄武安山岩、辉绿岩、安山岩和英安岩成岩年龄分别为460 Ma、452 Ma、443 Ma和430 Ma，表明大爽中-基性火山岩在晚奥陶世到早志留世（460～443 Ma）喷发，后期在早志留世（430 Ma）形成英安岩。岑溪市糯垌镇油茶林场一带中—晚奥陶世浅变质-变形地层中，出露有一套呈北东向带状展布、规模较大的似层状变形-变质基性构造岩片（约1.5 km²），其与上覆强烈构造变形-变质奥陶系和下伏弱变形浅变质奥陶系呈构造接触关系。变基性岩系主要由变形-变质的玄武岩（含杏仁、气孔玄武岩、枕状玄武岩）、辉绿岩脉（岩墙）群，少量呈透镜状的块状辉石岩、辉长岩组成，片理、糜棱面理总体呈北东走向，倾向南东，并与变基性岩系空间展布方向基本一致[图5.3(b)]。糯垌斜长角闪岩（变辉绿岩、变辉长岩）形成时代为晚奥陶世到早志留世（443～437 Ma）。

（2）寒武系—奥陶系绿片岩-角闪岩相变质-变形半深海复理石构造岩石单元（Belt Ⅱ）：位于陆川-岑溪-罗定-广宁断裂带（F₂）以南的石窝-清水口-贵子-分界一带，主要由寒武系—奥陶系绿片岩-角闪岩相变质-变形的云母石英片岩、千枚岩、变粒岩、片麻岩，以及片麻状花岗岩构造岩片组成，变沉积岩原岩主要属一套复理石建造，常夹有呈构造接触的似层状、透镜状斜长角闪岩（原岩玄武岩、辉绿岩和辉长岩）构造岩片、岩块，其中以石窝、贵子一带强烈变形-变质云母石英片岩所夹透镜状斜长角闪岩（原岩玄武岩、辉绿岩和辉长岩）构造岩片、岩块规模最大、最为典型。

石窝-清水口-贵子-分界一带岩石地层，主要由经历强烈韧性构造变形-变质的寒武系—奥陶系千枚岩、云母石英片岩、片麻岩、变粒岩与深变质角闪岩相条纹或条带状混合岩、片麻状花岗岩构造混杂岩片组成，并且在陆川亚已嶂到东成水库和罗定市泗纶一带均发现有蓝晶石片岩，表明该韧性剪切带变质程度达中-高压变质（罗璋，1990；康云骥，2001）。构造岩石类型主要为千糜岩和糜棱岩，并发育大量透入性面理[图5.3(b)]，σ型和δ型旋转碎斑、S-C组构、鞘褶皱。韧性剪切带运动方向显示为由南（南东）向北（北西）逆冲左行走滑剪切的性质（罗璋，1990；康云骥，2001），晚期又遭受了印支期、燕山期和喜马拉雅期构造变形的改造（彭少梅和伍广宇，1996；Lin et al.，2008）。

北流市石窝-清水口一带变基性岩岩块、岩片出露宽度多在几米到十几米，局部岩石中还夹有少量呈透镜状、布丁状或似层状产出变镁铁质-超镁铁质岩片，主要为石榴辉石岩、透辉石岩、角闪石岩、石榴斜长角闪岩、斜长角闪片麻岩，以及少量石榴斜长辉石岩等，局部见斜长角闪岩脉侵入斜长花岗岩中。信宜市贵子一带则主要为变玄武岩、变辉长岩和斜长角闪岩，与之伴生的主要有硅质岩和石英角斑岩，变基性岩与围岩呈构造接触，形成一套变基性岩-深海沉积构造混杂岩系，总体构造延伸方向与近东西向韧性剪切带方向一致[图5.3(b)]，并与丰垌口加里东期糜棱状花岗岩（454 Ma）呈构造接触关系。分界一带主要见有橄辉岩、角闪辉石岩，呈东西向分布。在信宜金垌一带还可见呈不规则团块状、透镜状的蛇纹石化橄榄岩、辉橄岩和滑石岩岩块、岩片产于强烈韧性变形的条带状-眼球状花岗岩。此外，在云开隆起核部云炉-龙修一带亦见透镜状大理岩与麻粒岩和紫苏花岗岩呈构造残留体产出。

（二）云开隆起西北缘构造混杂岩带形成及演化

云开隆起西北缘构造混杂岩带与地球上其他俯冲相关的构造混杂岩相比具有相似的特征，主要表现在以下几个方面：①在大地构造上，其位于南东侧云开岛弧片麻状深熔花岗岩（TTG岩系）与北西侧钦州-防城深水沉积的过渡区（黄启勋，2000）；②在岩石组成和结构上，主体为大量早古生代绿片岩-角闪岩相强烈变形-变质改造的半深海-深海复理石建造，夹岛弧火山岩（460～443 Ma）、弧前蛇绿岩（455～437 Ma）构造残片、岩片，类似于大洋板块地层（Kusky et al.，2013）；③地质构造特征，具典型破碎（无序）构造变质地层和"基质+岩块"的结构特征；④在沉积岩相方面，早古生代变形-变质复理石建造构造岩片形成时代，具有从南东向北西（向海）由老变新的特征（许效松等，2001；何卫红等，2015）；⑤在构造变形-变质方面，构造岩石单元变形由南东向北西由韧性变形逐渐减弱为脆-韧性变形的特征，变质程度也由中-高压麻粒岩相变为角闪岩相-绿片岩相（罗璋，1990；康云骥，2001），并主要经历了早古生代—早中生代由南东（南）向北西（北）挤压碰撞造山逆冲推覆变形作用[图5.3(c)]。

因此，云开隆起西北缘构造混杂岩带具有俯冲-碰撞造山带构造混杂岩的基本特征，并且属于与俯冲相关的增生构造混杂岩（Festa et al.，2010，2012；Wakabayashi and Dilek，2011；Kusky et al.，2013）。但是，由于野外露头出露限制，该混杂岩带空间上的连续性仍需要进一步的野外工作确定，其中糯垌-大爽、石窝–清水口和贵子–分界一带具有增生混杂岩的特征。早古生代岩浆岩、变质岩、沉积岩以及混杂岩带构造变形–变质时空演化特征表明，云开地区早古生代洋–陆俯冲极性由北西向南东俯冲。最近，在云开隆起西北侧大瑶山东南缘报道了早古生代俯冲相关的TTG岩系侵入岩石组合，暗示该地区早古生代洋壳可能存在双向俯冲作用（许华等，2016）。

野外地质勘查及构造变质–变形年代学的研究表明，云开地区主要存在两期重要构造变形–变质作用，即早古生代（加里东期）和三叠纪（印支期）构造变形（彭少梅和伍广宇，1996；Lin et al.，2008）。Wang等（2007）认为云开地区向北西逆冲断裂带是早三叠世（印支期）构造变形产物，因加里东期（467～410 Ma）片麻状或强烈面理化的花岗岩均保留了这期变形构造特征。Lin等（2008）认为经历角闪岩相变质作用的北西向韧性逆冲剪切带，很可能是早古生代造山后阶段伸展作用的产物。实际上，泥盆系卷入变形的时间在三叠纪（印支期），而且三叠纪变形属中浅层次脆性到韧性变形，明显不同于早古生代深层次韧性剪切变形，加里东期和印支期构造挤压逆冲方向也没有明显改变，显示出连续性增生俯冲拼贴碰撞造山作用的特征。因此，云开隆起西北缘构造混杂岩带早古生代深层次韧性变形应与板片俯冲过程中增生楔前缘挤压逆冲抬升作用相关，尔后又经历了后造山伸展构造变形及印支期中浅层次逆冲变形，以及燕山期—喜马拉雅期伸展走滑剪切构造作用叠加改造（彭少梅和伍广宇，1996；Lin et al.，2008）。

二、海南岛邦溪–晨星蛇绿岩

在海南岛昌江–琼海断裂带北侧，昌江邦溪和屯昌晨星的古生界中出露变质基性岩透镜状断片（图5.4）。邦溪蛇绿岩主要是一套阳起石片岩、绿泥阳起石片岩、滑石片岩和橄榄辉石岩，与千枚岩、片岩、浅变质粉砂岩等（南碧沟组、峨查组）混杂产出，局部见后期侵入的角闪辉长岩，另外有安山岩和英安岩的报道（Li et al.，2018）。调查发现角闪辉长岩侵入南碧沟组千枚岩，与围岩也不都是呈整合接触。晨星蛇绿岩出露于晨星农场牙石园和二十二队之间，为呈北东走向的楔形，长约3 km、宽约0.6 km，面积约1.8 km²。受北东走向的断层控制，与下伏地层呈断层接触关系，平面上呈带状展布。变基性岩主要为斜长角闪岩，经历了显著的变质作用、韧性–脆性剪切变形及不同程度的绿泥石化、绿帘石化和电气石化，其原岩可能包含辉长岩（粗粒的斜长角闪岩）、辉长–辉绿岩（中细粒斜长角闪岩）和枕状熔岩（细粒或块状斜长角闪岩），此外还有少量的安山岩、英安岩（李献华等，2000；Li et al.，2018）。

邦溪–晨星变基性岩成分上具有典型的N-MORB地球化学特征，少量具有E-MORB特征，$\varepsilon_{Nd}(t)$高值至+9.02～+9.85，类似于高度亏损的洋中脊玄武岩，其成因被解释为源于受流体交代作用改造的MORB型亏损地幔源区，可能形成于弧后盆地环境（李献华等，2000；何慧莹等，2016）。通过Ar-Ar法、Sm-Nd等时线、Rb-Sr等时线和锆石LA-ICP-MS测年，获得变基性岩形成时代为328～344 Ma，形成于早石炭世（表5.1）。

邦溪–晨星安山岩和英安岩具有低TiO_2含量、高Al_2O_3含量、大离子亲石元素（LILE）富集、轻稀土元素（LREE）亏损和高场强元素（HFSE）亏损的地球化学特征，$\varepsilon_{Nd}(t)$值为−4.7～−1.4，$^{87}Sr/^{86}Sr(i)$值为0.7072～0.7101。地球化学特征表明安山岩和英安岩来源受俯冲流体/熔体交代作用下板片的部分熔融，形成于大陆边缘弧环境（Li et al.，2018）。锆石U-Pb法获得安山岩和英安岩的成岩年龄为351～353 Ma和257 Ma，形成于早石炭世和晚二叠世（表5.1）。

表5.1　海南岛邦溪-晨星基性-中性岩年代学和Sr-Nd同位素数据汇总表

样品	位置	岩性	年龄/Ma	定年方法	$^{86}Sr/^{87}Sr$	$\varepsilon_{Nd}(t)$	参考文献
11HN-01A	晨星	安山岩	353±3	LA-ICP-MS 锆石	0.7085～0.7101	−2.0～−1.4	Li et al.，2018
11HN-21A	邦溪	英安岩	351±7	LA-ICP-MS 锆石	0.7076～0.7082	−4.7～−3.4	Li et al.，2018
10HN13B	晨星	安山岩	345±4	LA-ICP-MS 锆石	—	—	Chen et al.，2013
—	晨星	变玄武岩	344±11	Rb-Sr 等时线	—	—	许德如等，2007
cx-1	晨星	变玄武岩	333±122	Sm-Nd 等时线	—	+6.6～+7.1	李献华等，2000
11HN-48I	晨星	变玄武岩	330±4	LA-ICP-MS 锆石	0.7068～0.7092	+5.61～+9.85	He et al.，2017
11HN-48A	晨星	变玄武岩	328±3	Ar-Ar 等时线	—	—	He et al.，2017
11HN-83	邦溪	安山岩	257±3	LA-ICP-MS 锆石	0.7095～0.7116	+0.26～+0.38	He et al.，2017

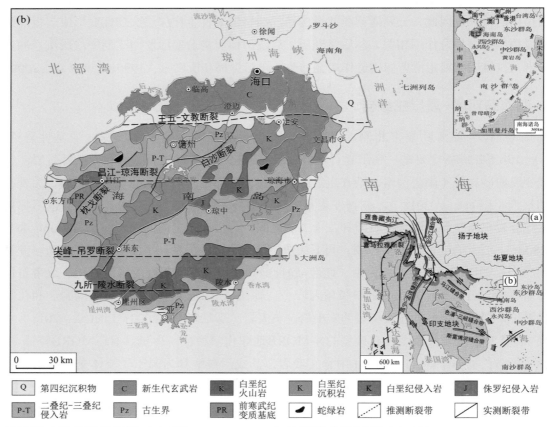

图5.4　海南岛大地构造位置图（a）（据Metcalfe，2011）及海南岛地质图（b）（据Li et al.，2010；Burrett et al.，2014）

　　根据角闪石环带、矿物共生组合、微结构以及变质温压条件的半定量计算和同位素定年，晨星地区变基性岩体的变质作用演化显示了一个逆时针P–T–t轨迹，反映了华南大陆与印支地块之间的俯冲-碰撞造山事件。主要经历了三个演化阶段：第一阶段（527～450 Ma）可能记录了与洋底变质作用相关的（亚）绿片岩相至角闪岩相变质条件；第二阶段（330～240 Ma）进变质作用达到高峰（P=约0.9 GPa、T=约700℃），显示了高角闪岩相向麻粒岩相过渡的变质条件；第三阶段（约130～90 Ma）显示一个绿片岩相变质条件（P=0.1～0.3 GPa、T=300～400℃）（许德如等，2007）。

　　沿邦溪-晨星一带向西至松马-哀牢山-金沙江缝合带也发育同期基性-超基性岩，如云南金沙江斜长岩和斜长花岗岩，年龄分别为340±3 Ma和294±4 Ma（Jian et al.，2009a，2009b）、哀牢山双沟蛇绿岩中辉长岩和斜长花岗岩的锆石U-Pb年龄分别为362±41 Ma和328±16 Ma（Jian et al.，2009a，2009b）。Zhang等（2014）和Vượng等（2013）报道了马江缝合带387～313 Ma的基性–超基性岩。因此，起源于高度亏损地幔源区并受到板片流体交代改造的邦溪–晨星变基性岩，可能代表了金沙江–哀牢山–松马古特提斯分支的东延部分，其形成与古特提斯洋的演变关系密切，海南岛邦溪–晨星东西向基性岩带可作为印支地块与华南大陆拼贴的位置（李献华等，2000）。

邦溪–晨星变基性岩带南部发育弧相关的岩浆作用。海南安定中瑞农场深熔花岗岩（368±3.5 Ma）可能代表当时的大陆弧。Li等（2006）在五指山地区获得了267～262 Ma的弧型花岗片麻岩，陈新跃等（2011）认为五指山花岗岩为碰撞型花岗岩，其形成时代与越南中部长山麻粒岩相变质年龄260～270 Ma相当（Maluski et al.，2005）。海南岛中沙农场和万宁地区发育有242～237 Ma的辉长岩和辉绿岩（唐立梅等，2010；陈新跃等，2014）和三亚地区244 Ma发育的石榴霓辉石正长岩（谢才富等，2005），这些早三叠世的岩浆作用形成于造山后伸展构造背景，与金沙江–哀牢山构造带碰撞后岩浆作用在时空上相吻合（高睿等，2010；Liu et al，2014）。海南岛海西–印支期岩浆岩的主体由高钾钙碱性花岗岩和少量A型花岗岩、碱性岩、基性岩组成，活动时间为280～220 Ma，可能存在同碰撞到后碰撞构造机制的转换（陈新跃等，2011；温淑女等，2013）。另外，海南上三叠统为陆相磨拉石沉积建造，表明240 Ma左右华南–印支地块间的碰撞拼合已经结束（陈新跃等，2014）。综上，邦溪–晨星蛇绿岩断片是古特提斯构造演化的重要组成部分，其向西与马江–哀牢山–金沙江基性–超基性岩和闪长岩–花岗岩带和墨江弧后盆地火山岩带（Fan et al.，2010；Liu et al.，2014）一起构成华南地块和印支地块之间弧后盆地，其开始俯冲于早石炭世，于260 Ma左右碰撞，其拼贴结束于240 Ma左右。

三、马江缝合带蛇绿岩

马江缝合带位于老挝东北部地区，主要沿马江呈北西–南东展布，穿过越南北部地区[图5.4(a)]。马江缝合带为印支地块东北边界，在该缝合带识别出了蛇绿岩、变基性岩、变沉积岩及榴辉岩组合，其中，蛇绿岩包括蛇纹石化的橄榄岩、辉长岩、玄武岩及镁铁质岩墙，局部可见变质火山岩和变质沉积岩。传统研究认为该缝合带是印支地块和华南地块之间的缝合带，并且向北与哀牢山缝合带相连，进而与金沙江缝合带相连，向东可以延伸至海南岛中部地区（Metcalfe，2006，2013；Sone et al.，2012；Liu et al.，2012）。Zhang等对蛇绿岩组成部分的变质玄武岩、辉长岩及榴辉岩进行了研究，发现这些镁铁质岩都具有MORB型地球化学的特征，但是对于洋壳的形成年龄，一直未能很好地界定。Vượng等（2013）认为马江缝合带属于古特提斯洋的分支，并从基性岩浆岩组成部分（变辉绿岩和变玄武岩）中获得了313～387 Ma的Sm/Nd同位素年龄，并将该年龄解释为洋壳的形成年龄，但由于Sm-Nd测试方法所测误差较大，所以只能作为参考年龄。Zhang等（2014）又对该缝合带内的变质基性岩进行了二次离子质谱（secondary ion mass spectroscopy，SIMS）锆石U-Pb定年，获得了315～340 Ma的年龄，认为马江缝合带内洋壳形成于早石炭世，不过锆石的测试位置都位于核部，是否代表其形成年龄还存在争议。虽然该缝合带北延到哀牢山缝合带已被大多数学者接受，不过Lepvrier等（2004）认为该缝合带北延被奠边府断裂带所切过，与哀牢山缝合带之间的缝合点并不清楚。对于该缝合带俯冲和闭合时间，Liu等（2012）认为在长山构造带内的两期弧岩浆作用（280～270 Ma和250～245 Ma）均为马江洋壳俯冲到印支板块之下形成的。Zaw等（2014）同样认为长山构造弧岩浆作用与马江洋向印支地块俯冲有关。Thanh等（2016）又对马江缝合带内的橄榄岩进行了地球化学研究，发现这些橄榄岩均为岩浆残余，是弧前环境经历了高度的部分熔融形成，进而认为马江缝合带于古生代中期便向南开始俯冲。早三叠世初，马江洋闭合转入残留海盆，发生弧-陆碰撞，马江蛇绿混杂岩带就位，形成北长山带碰撞型岩浆弧及其西侧大江弧后前陆盆地，发育259～245 Ma的过铝质碰撞造山花岗岩与245～199 Ma的碰撞后伸展背景亚碱性火山-侵入岩系列，并且在蛇绿混杂岩中发育有双变质带中低温高压带的榴辉岩和蓝闪石片岩（王宏等，2015）。

四、色潘-三岐缝合带蛇绿岩

色潘-三岐缝合带呈北西向展布，从越南三岐向北西经老挝色潘、他曲，在万荣附近被奠边府断裂所截切[图5.4(a)]。北西段隐没于万象-呵叻盆地中生代地层之下，南东段主要由三岐断裂带、他曲-色潘断裂带构成，古洋壳以超镁铁质岩、镁铁质岩和陆缘碎屑岩为代表的蛇绿岩组合出露在Thanh My-康德（Kham Duc）一带，受后期强烈构造变形作用，蛇绿混杂岩体（纯橄榄岩、蛇纹岩、角闪辉石岩和辉长岩等）呈构造透镜体沿缝合带断续出露。带内还出露有石英岩、云片岩等中高级变质岩系，以及绿片岩、变凝灰岩、变流纹岩-玄武岩等中低级火山变质岩系（王宏等，2015）。

色潘-三岐缝合带代表一个古大洋，在早—中古生代分隔了万象-昆嵩地块和长山地块，该大洋南北消减闭合的时间不同。向北俯冲可能发生于志留纪末—泥盆纪初，闭合于石炭纪末期，发育南长山泥盆纪—石炭纪活动陆缘-火山岛弧钙碱性岩浆岩和晚石炭世—早二叠世碰撞造山花岗岩。向南俯冲开始时代则较早，沿南部的康德带，寒武纪洋壳在奥陶纪—志留纪向南俯冲在昆嵩地块之下，在志留纪末俯冲结束，形成昆嵩Dien Binh陆缘弧型钙碱性花岗岩类-变安山岩系列火山岩（王宏等，2015）。

五、斯雷博河缝合带蛇绿岩

哀牢山带南东延伸经墨江地段后分为两支：东支向南东延伸接马江缝合带，西支南延相继接奠边-黎府缝合带和东南端的斯雷博河（Srepol River）缝合带。在哀牢山和马江缝合带发育较为完整的蛇绿岩层序，但奠边府-黎府缝合带和斯雷博河一带蛇绿岩混杂岩存在的确切证据及岩石组合特征仍需要进一步野外查证。斯雷博河缝合带与奠边府-黎府缝合带形成时代大致相同，洋盆发育于中晚古生代，关闭于二叠纪末、三叠纪初，发育晚二叠世—早三叠世的陆源碎屑岩、碳酸盐岩和碳质沉积为代表的造山杂岩（王宏等，2015）。

第三节　南海东南部陆缘蛇绿岩和混杂岩

一、加里曼丹岛蛇绿岩和混杂岩

（一）西北加里曼丹岛

西北加里曼丹岛卢帕尔线出露一条断续含蛇绿岩的混杂岩带，西端起于大纳土纳岛，向东南见于沙捞越沙拉邦（Sarabang）、卢博安图（Lubok-Antu）、卡普阿斯河（Kapuas）上游（图5.5中1～4），然后再折向东延入加里曼丹岛中部，称为纳土纳-卢帕尔含蛇绿岩的混杂岩带；在大纳土纳岛，称其为朋古兰群，由含放射虫硅质岩和铁镁质超基性岩组成。宽约20～25 km卢博安图混杂岩含晚侏罗世钦莫利（Kimmeridgian）期到晚白垩世初塞诺曼（Cenomanian）期（157～94 Ma）的放射虫燧石岩（Hutchison，2005），混杂岩西南端与Ketungau群上部的Silantek组不整合接触；通过碎屑锆石测定卢博安图混杂岩最大沉积年龄为105～115 Ma（Zhao et al.，2021）。沙捞越北部的卢帕尔组是一套下白垩统浊积岩系，其中含有似整合的大型蛇绿岩体，称为帕空（Pakong）基性杂岩，分布于卢帕尔河上游锡曼甘东南，主要由辉长岩和枕状玄武岩组成。卢博安图混杂岩带含燧石、玄武岩、辉长岩、蛇纹岩、砂页岩和灰岩岩块，发现含晚侏罗世钦莫利期到晚白垩世初塞诺曼期（157～94 Ma）的放射虫。在卢博安图带以南大约100 km有一个东西向延长200余km的波延（Boyan）混杂岩（图5.5中5），其构造角砾岩和泥质基质中含大小不一的岩块，有碎屑岩、灰岩、燧石、片岩、基性和中性侵入岩，以及少量蛇纹石化的斜方辉橄岩，其中灰岩含晚白垩世初塞诺曼期化石（Williams et al.，1988）。

总体上，纳土纳–卢帕尔蛇绿岩混杂岩带主要为橄榄玄武岩、钠长石化玄武岩、辉长岩、闪长岩、凝灰岩、集块岩、蛇纹岩、辉绿岩，在纳土纳群岛还有苏长岩。伴生的围岩有千枚岩、钙质板岩、碧玉岩、页岩、放射虫硅质岩，蛇绿岩与硅质岩伴生更为密切。该蛇绿岩带被认为形成于侏罗纪—白垩纪，构造侵位时代为晚白垩世，它是与南西侧火山弧平行的不完整的蛇绿岩，缺乏超镁铁质岩，仅出露蛇绿岩套上部层序（潘桂棠等，1996；表5.2）。

（二）东北加里曼丹岛

在东北加里曼丹岛东北部打拉根有一条近南北走向的狭窄基性–超基性岩带，长70 km，称为Adio缝合线，包括萨加马（Sagama）高地（图5.5中6）、杜鲁必（Telupid）（图5.5中7）、库达特（Kudat）以及北端的邦吉岛等（图5.5中8），由绿片岩、构造岩和蛇纹石化的蛇绿岩组成，岩性为角闪石片岩、片麻岩和超镁铁质岩（橄榄岩、蛇纹岩），顶部为Chert-Spilite组，由枕状玄武岩、燧石条带和浊积砂岩组成。基性岩K-Ar年龄约137 Ma（Rangin et al.，1990），变质辉长岩的裂变径迹年龄含中侏罗世（Hutchison，2005），在混杂岩中含放射虫燧石年龄为晚侏罗世—早白垩世，代表因推覆而侵位的晚白垩世洋壳碎片，与沙巴的燧石–细碧岩组相当（周蒂等，2005），但蛇绿岩逆冲的时代尚存有争议。而萨加马高地出露的高压–低温变质岩基底，意味该地区含蛇绿混杂岩形成于弧前构造环境。

总体上，环绕苏禄海西缘和北缘达耳夫湾—拉巴河（Raba）—巴拉望岛约600 km长的一条U形蛇绿岩带，包括在达夫耳湾以西的沙巴陆上、拉巴河上游，基纳巴卢山向北至库达特半岛和邦吉岛，以及巴拉克岛至巴拉望岛（表5.2）。蛇绿岩由下往上由层状的方辉橄榄岩、辉长岩、枕状玄武岩-细碧岩、红色放射虫燧石、泥质岩和微晶灰岩组成，形成一个完整的序列，燧石中的放射虫年代为晚白垩世或早白垩世巴雷姆期—阿普特期，在基纳巴卢断裂带的超基性岩包括纯橄榄岩（周蒂等，2005）。加里曼丹岛的邓特和森波纳半岛含晚白垩世至古近纪的各种岩块，包括蛇绿岩，甚至还见榴辉岩，在拉巴河谷见蛇纹石砂岩含始新世化石。这些蛇绿岩构成了沙巴的洋壳基底（Hutchison，2005）。

南海及邻域构造地质

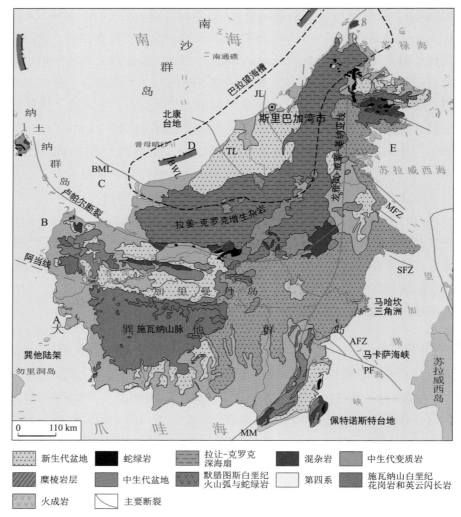

图5.5　加里曼丹岛地质简图（据Hall and Smyth，2008；Breitfeld et al.，2017，修改）

绿色实线和虚线为地质单元界线；黑色虚线为推测被晚期沉积物覆盖的克罗克增生楔的范围。主要地质单元：A.施瓦纳花岗岩区，B.古晋带，C.西布带，D.米里带，E.东部带。主要的蛇绿岩–混杂岩分布点的编号：1.大纳土纳岛，2.沙拉邦，3.卢博安图，4.卡普阿斯河上游，5.波延，6.萨加马高地，7.杜鲁必，8.邦吉岛，9.默腊图斯。拉姜（Rajang）–克罗克（Crocker）增生杂岩的年代为中白垩世到早始新世。BML. Bukot Mersing断裂；SFZ. Sangdulirang断裂带；BWL. 西南吕宋断裂；MFZ. Maratua断裂带；TL. 廷贾断裂；MM. Meratua断裂带；JL. Jerudomg断裂；AFZ. Adang断裂带；PF. Patemoster断裂

二、菲律宾蛇绿岩

菲律宾群岛整体由火山岛弧和微陆块组成，蛇绿岩是菲律宾群岛第三大地质组成要素。菲律宾蛇绿岩分布广泛，是菲律宾群岛形成、成长和壮大的基础，主要以岛弧基底形式存在于菲律宾活动带中，或以推覆体形式构造侵位于微大陆之上。因此，根据其成因，整体上可分为两类：一类为菲律宾活动带蛇绿岩，它与新生代岛弧火山岩密切共生，为古菲律宾海板块来源（其古地理位置未知，菲律宾学者将它泛指为位于特提斯洋–古太平洋接触带之上的某中生代边缘海，可能为古太平洋向澳大利亚大陆边缘俯冲时形成）；另一类为菲律宾陆块蛇绿岩，与陆块伴生，为古南海或新特提斯洋来源（图5.6；Dimalanta and Yumul，2003，2004，2006；Encarnación，2004）。

190

表5.2 纳土纳群岛-加里曼丹岛蛇绿岩和混杂岩一览表

序号	位置	超基性-基性岩	条带燧石岩及年龄	灰岩	碎屑岩	混杂岩基质
1	纳土纳群岛	橄榄岩、辉长岩、玄武岩，通常被剪切和蛇纹石化	朋古兰（Bunguran）组中	—	朋古兰组，粉砂岩、凝灰岩、燧石互层	—
2	沙拉邦（Sarabang）	条带状角闪石岩为主，蛇纹岩、变质辉长岩、变质玄武岩	燧石透镜体普遍	薄层或小透镜体的钙质岩石	砂岩、火山岩、集块岩；岩块最大 10 m	板岩和泥岩，含放射虫（可能为再沉积）年龄为瓦兰今期（Valanginian）至阿普特期（Aptian）
	古晋市北约 20 km 的巴科（Bako）国家公园	—	Sejingkat 组，主要为上侏罗统—白垩系放射虫燧石岩和混杂岩	—	—	—
3	卢博安图（Lubok-Antu）	帕空基性杂岩：以枕状玄武岩和辉长岩为主，在卢帕尔组中呈断层岩块出现，大小由数厘米至 2 km	燧石岩块放射虫年龄有三个组合：钦莫利期至提塘期（Tithonian）、中瓦兰今期至巴雷姆期（Barremian）、晚阿尔布期（Albian）至塞诺曼期（早白垩世末—晚白垩世初）	灰岩，充填玄武岩孔洞	泥岩、砂岩、页岩、角岩	泥质基质含早始新世有孔虫和钙质超微化石
4	卡普阿斯河（Kapuas）上游	超基性岩、枕状玄武岩	燧石			混杂岩
5	波延（Boyan）	超基性、基性、中性岩，岩块最大有 15 km×3 km	燧石见于数处，0.1～4 m，含放射虫	灰岩，含晚白垩世初（塞诺曼期）圆笠虫属（Orbitolina）	砂岩、页岩	强烈剪切的片岩和千枚岩，同 Salangkai 组
6	萨加马（Sagama）	斜方辉橄岩为主，达夫耳湾见未蛇纹石化橄榄岩、纯橄榄岩	燧石放射虫年龄为 127～137 Ma，瓦兰今期至巴雷姆期			中新世泥质基质
	达夫耳湾（Davel Bay）	蛇纹岩层序：角闪石化玄武岩、层状辉长岩、蛇纹石化超基性岩	—			—
7	杜鲁必（Telupid）	枕状玄武岩、强蛇纹石化橄榄岩	晚瓦兰今期至巴雷姆期（约 135～127 Ma）			中新世泥质基质
8	邦吉（Banggi）岛	强剪切的蛇纹石化超基性岩和辉长岩	—			中新世泥质基质
	库达特（Kudat）	枕状玄武岩	巴雷姆期至早阿尔布期			中新世泥质基质
9	默腊图斯山（Meratus Mountain）	蛇纹石化橄榄岩、辉长岩、玄武岩。斜长花岗岩 K-Ar 年龄为 115 Ma	中侏罗世初—早白垩世末 [巴柔期（Bajocian）至塞诺曼期]，被晚白垩世沉积和火山岩覆盖	灰岩岩块，含阿普特期—阿尔布期 Orbitolina	片岩，高压低温变质，K-Ar 年龄为 110～180 Ma	页岩，缺乏砂质陆源粗粒组分

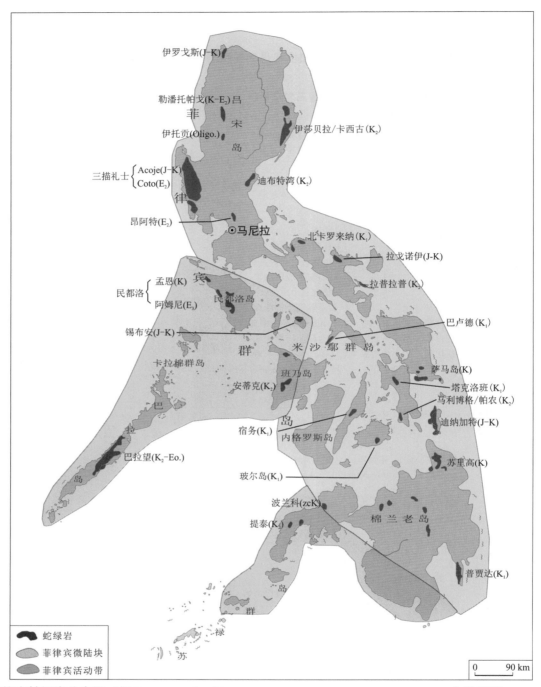

图5.6 菲律宾蛇绿岩分布图（据Tamayo et al.，2004；Encarnación，2004；Yumul，2007；余梦明等，2015，修改）

　　菲律宾蛇绿岩总体上具以下特征（表5.3）：①集中形成于晚中生代，以菲律宾活动带东部尤为显著，仅出露少数新生代蛇绿岩且呈现出以老的蛇绿岩为基底，如民都洛岛和巴拉望岛；②菲律宾蛇绿岩受造山作用的破坏较弱，其层序相对完整，多具完整的"彭罗斯"层序，如三描礼士（Zambales）蛇绿岩；③菲律宾蛇绿岩多为SSZ型蛇绿岩，具有富集大离子亲石元素和亏损高场强元素（Nb、Ta）的特征；④菲律宾蛇绿岩呈带状分布，即按年龄、地球化学特征或构造属性可对菲律宾蛇绿岩进行分带，简单分为活动带蛇绿岩和微陆块蛇绿岩（余梦明等，2015）。我们首先整体介绍菲律宾蛇绿岩的野外地质、年代学和地球化学特征，然后重点阐述菲律宾群岛的三描礼士蛇绿岩、民都洛蛇绿岩和巴拉望蛇绿岩。

表5.3　菲律宾蛇绿岩年代学一览表

蛇绿岩	年龄	分析方法	参考文献	地球化学特征
阿姆尼（Amnay）	中渐新世	上覆沉积岩有孔虫	Rangin et al.，1985	SSZ（E-MORB）
昂阿特–蒙塔尔班（Angat-Montalban）	昂阿特：始新世；蒙塔尔班：白垩纪	锆石多颗粒混合全溶U-P定年；放射虫燧石岩；	Encarnación et al.，1993	—
安蒂克（Antique）	晚白垩世	放射虫燧石岩	Rangin and Silver，1991	SSZ（BABB-IAT）
保和（Bohol）	早白垩世	放射虫和有孔虫燧石岩	—	SSZ（BABB-IAT）
北甘马粦（Camarines Norte）	中白垩世	角闪岩Ar-Ar等时线年龄（100 Ma）	Geary et al.，1988	—
宿务（Cobu）	早白垩世	闪长岩脉K-Ar定年	—	SSZ（BABB-IAT）
迪布特湾（Dibut Bay）	≥晚白垩世	角闪岩角闪石Ar-Ar坪年龄	—	—
迪纳加特（Dinagat）	侏罗纪—晚白垩世	方辉橄榄岩K-Ar定年，铬铁岩和方辉橄榄岩Re-Os定年	—	—
伊罗戈斯（Ilocos）	晚侏罗世—早白垩世	放射虫燧石岩	Queaño，2006	—
伊莎贝拉–卡西古（Isabela–Casiguran）	晚白垩世；早白垩世；	玄武岩全岩K-Ar定年；上覆地层放射虫	Queaño，2006；Queaño et al.，2013	—
伊托贡（Itogon）	渐新世	锆石多颗粒混合全溶U-Pb定年（26.8 Ma）	Encarnación et al.，1993	—
拉戈诺伊（Lagonoy）	晚侏罗世—早白垩世	变质辉长岩–辉绿岩角闪石Ar-Ar坪年龄（151～156 Ma）；辉长岩K-Ar定年	Geary et al.，1988	—
勒潘托–帕戈（Lepanto-Pugo）	白垩纪—始新世	火山岩K-Ar定年	—	—
马利博格–帕农（Malitbog–Panaon）	晚白垩世	玄武岩上覆灰岩有孔虫	—	SSZ（IAT）
孟恩（Mangyan）	早白垩世	上覆沉积岩有孔虫	Rangin et al.，1985	—
巴拉望（Palawan）	晚白垩世—始新世	放射虫燧石岩；变质基底角闪岩Ar-Ar等时线年龄（34 Ma）；斜长花岗岩侵入体锆石U-Pb定年（～34 Ma）	Raschka et al.，1985；Faure et al.，1989；Müller，1991；Encarnación et al.，1995	—
波兰科（Polanco）	白垩纪	辉长岩K-Ar定年	—	—
普贾达（Pujada）	晚白垩世	有孔虫和放射虫燧石岩	—	—
拉普–拉普（Rapu-Rapu）	晚白垩世	方辉橄榄岩中的闪长岩脉体K-Ar定年	—	—
萨马（Samar）	早—晚白垩世	放射虫燧石岩	—	SSZ（IAT）
锡布延（Sibuyan）	侏罗纪—白垩纪	—	Yumul，2007	SSZ（BABB-IAT）
苏里高（Surigao）	晚白垩世	—	—	—
塔克洛班（Tacloban）	早白垩世	锆石SHRIMP微区U-Pb定年（145.1 Ma，124.7 Ma）	Suerte et al.，2005	SSZ（BABB-IAT）
提泰（Titay）	晚白垩世	地层对比	Yumul and Dimalanta，2004	—
三描礼士（Zambales）	阿科杰：始新世；科托：始新世；	锆石多颗粒混合全溶U-Pb定年（44.2 Ma）；锆石多颗粒混合全溶U-Pb定年（45.1 Ma）	Encarnación et al.，1993	—

注：BABB. 弧后盆地玄武岩，back arc basin basalt；IAT. 岛弧拉斑玄武岩，island arc tholeiitic；SSZ. 俯冲带之上，supra subduction zone。

（一）菲律宾蛇绿岩分布和层序特征

菲律宾蛇绿岩主要分布在菲律宾活动带之上，以中生代蛇绿岩为主。中生代蛇绿岩又集中在菲律宾活动带东部，而新生代蛇绿岩仅在吕宋岛中西部有所出露。巴拉望微陆块和三宝颜微陆块都有蛇绿岩分布，但巴拉望微陆块蛇绿岩具有独特的出露特征，它们沿碰撞缝合带分布，且呈现出年轻的蛇绿岩构造侵位于老的蛇绿岩之上，如巴拉望蛇绿岩和民都洛蛇绿岩。其中，巴拉望蛇绿岩以白垩纪蛇绿岩为基底构造叠置在始新世蛇绿岩上，白垩纪蛇绿岩以"构造窗"的形式出露（Encarnación et al.，1995），而民都洛蛇绿岩虽以白垩纪孟恩（Mangyan）蛇绿岩为基底，但被渐新世阿姆尼蛇绿岩以推覆体的形式构造侵位（Rangin et al.，1985）。三宝颜微陆块出露蛇绿岩少，仅在三宝颜半岛中部出露白垩纪提泰（Titay）蛇绿岩，而哥打巴托微陆块则没有蛇绿岩出露（Yumul and Dimalanta，2004）。

菲律宾蛇绿岩受造山作用破坏较弱，其层序相对完整，多具完整的"彭罗斯"层序。以三描礼士蛇绿岩[包括阿科杰（Acoje）蛇绿岩和科托（Coto）蛇绿岩]为例，它们代表了菲律宾蛇绿岩的两种典型，其中阿科杰蛇绿岩为岛弧岩石圈残片，而科托蛇绿岩为弧后盆地海洋岩石圈的残片，其他蛇绿岩或与阿科杰蛇绿岩相似，或与科托蛇绿岩相似，抑或为二者的过渡类型。阿科杰蛇绿岩自底部起出露地幔橄榄岩、层状超镁铁质岩–镁铁质堆晶岩、席状岩墙群和浅层火山岩层序。其中，地幔岩为二辉橄榄岩–方辉橄榄岩，厚10～12 km；层状异剥橄榄岩、纯橄榄岩过渡带和层状辉石岩组成堆晶岩，总厚度8 km，其中纯橄榄岩过渡带厚达1 km，且赋存大型高品位铬铁矿；洋壳部分由厚层辉长苏长岩、席状辉绿岩岩墙群和玄武质熔岩组成，总体厚7～10 km（Hawkins and Evans，1983；Geary et al.，1989；Yumul，1996；Yumul and Dimalanta，1997）。科托蛇绿岩从底至顶出露方辉橄榄岩型地幔基底，其厚度约8～10 km（Hawkins and Evans，1983），或更薄，仅约6 km（Evans and Hawkins，1989）；岩石学莫霍面仅由纯橄榄岩过渡带和堆晶辉长岩组成，总厚度相对较薄，仅约3.5 km，其中纯橄榄岩过渡带厚度也小，不超过50 m（Yumul，1996）；洋壳由辉长岩、辉绿岩席状岩墙群和玄武质熔岩组成，厚度为5～6 km（Geary et al.，1989）。

菲律宾蛇绿岩中变质基底和构造混杂岩也呈现出独特的构造特征。其中，菲律宾活动带东部晚白垩世蛇绿岩多伴生有含角闪石和石英–钠长石的变质基底，即沿伊莎贝拉（Isabela）–迪布特湾（Dibut Bay）–拉戈诺伊（Lagonoy）蛇绿岩的东吕宋变质带，而其西部早—晚白垩世蛇绿岩常伴有由蛇绿岩碎屑组成的构造混杂岩（Yumul，2007），如保和（Bohol）蛇绿岩中的Cansiwang混杂岩。这些变质基底和构造混杂岩均受走滑断层或剪切带控制（Encarnación，2004）。由于菲律宾活动带变质基底和混杂岩少有陆源物质加入，其变质基底多为变质火成岩（Aurelio and Peña，2010），且其混杂岩为蛇绿岩自身的碎屑，故形成菲律宾活动带蛇绿岩的原生位置可能远离大陆。然而，这明显区别于菲律宾陆块蛇绿岩，因为菲律宾陆块蛇绿岩的变质基底和混杂岩的原岩都有陆源沉积岩（Aurelio and Peña，2010），表明菲律宾陆块蛇绿岩形成于大陆边缘。

（二）菲律宾蛇绿岩时代

菲律宾蛇绿岩多形成于晚中生代，可分为三个阶段（表5.3）：侏罗纪—白垩纪、始新世和渐新世，其中以白垩纪蛇绿岩为主，始新世和渐新世蛇绿岩较少（Yumul，2007）。由于年代学研究方法的局限性，蛇绿岩的年代学研究整体偏弱，菲律宾广泛存在的蛇绿岩时代仍需进一步研究，如塔克洛班（Tacloban）蛇绿岩，其辉长岩和玄武岩全岩K-Ar法给出的年龄为始新世，而其辉长岩锆石SHRIMP U-Pb法却获得145.1±3.2 Ma和124.7±3.3 Ma（早白垩世）的年龄（Suerte et al.，2005）。

（三）菲律宾蛇绿岩地球化学特征

菲律宾蛇绿岩洋壳火成岩样品的不相容元素相对N-MORB整体表现出平坦–弱右倾型配分模式，大多数蛇绿岩都具Th和La相对于Nb富集特征，表明形成菲律宾蛇绿岩的原生位置为俯冲带控制的构造环境。另外，三描礼士蛇绿岩中的阿科杰蛇绿岩和米沙鄢群岛波尔蛇绿岩都曾报道过有玻安岩出露。

菲律宾活动带上的白垩纪伊莎贝拉蛇绿岩、拉普–拉普蛇绿岩、塔克洛班蛇绿岩和由勒潘托–帕戈（Lepanto-Pugo）蛇绿岩组成的白垩纪—始新世（？）中央科迪勒拉（central Cordillera）基底主要为MORB性质，而阿科杰蛇绿岩和波兰科（Polanco）蛇绿岩以岛弧拉斑玄武岩（IAT）性质为主，且含玻安岩。科托蛇绿岩、巴拉望微陆块上的白垩纪安蒂克（Antique）蛇绿岩和渐新世阿姆尼蛇绿岩以IAT和MORB性质为主。三宝颜微陆块提泰蛇绿岩为MORB性质。

（四）大地构造环境

菲律宾蛇绿岩多为SSZ型蛇绿岩。蛇绿岩上洋壳火成岩的稀土元素（REE）配分型式类似于N-MORB型，但不相容元素相对N-MORB型表现出大离子亲石元素富集，而高场强元素Nb和Ta强烈亏损的特征，表明形成菲律宾蛇绿岩的原生位置为俯冲带控制的构造环境（Tamayo et al.，2004）。另外，三描礼士蛇绿岩中的阿科杰蛇绿岩（Hawkins and Evans，1983）和米沙鄢群岛波尔蛇绿岩（Faustino et al.，2006）都曾报道过有玻安岩出露，而玻安岩被认为主要产于俯冲带的弧前位置（Hawkins，2003），这进一步表明菲律宾蛇绿岩多为SSZ型蛇绿岩。

整体上，菲律宾各蛇绿岩的洋壳火成岩以具MORB、MORB+IAT、IAT+MORB（+玻安岩）的岩石组合为特征，甚至有的具E-MORB、T-MORB、MORB-IAT等过渡类型组分，而这种岩性组合与现代沟–弧–盆俯冲系统的构造环境一致，如伊豆–小笠原–马里亚纳俯冲系统。另外，菲律宾蛇绿岩在形成时受到俯冲带影响的程度不同，其中菲律宾活动带蛇绿岩尤为明显，位于其东面的伊莎贝拉、拉普–拉普和塔克洛班等蛇绿岩受俯冲作用影响小，而位于其西面三描礼士和波兰科蛇绿岩受俯冲作用影响强烈，其他蛇绿岩则处在过渡范围。菲律宾蛇绿岩都明显偏离OIB和大陆岛弧区。

菲律宾活动带蛇绿岩和菲律宾陆块蛇绿岩都形成于俯冲带上板块构造环境之下，或为成熟的弧后盆地，或为岛弧–弧前扩张盆地，或为初生的弧后盆地，它们是俯冲带地幔楔受到不同程度、多期次的部分熔融的产物。对菲律宾活动带而言，其东部蛇绿岩呈现出比西部蛇绿岩受俯冲带影响相对较小的趋势（Tamayo et al.，2004；余梦明等，2015）。

菲律宾蛇绿岩成带状分布，Tamayo等（2004）和Yumul等（2008）一致认为菲律宾东部蛇绿岩带为古菲律宾海板块来源（其古地理位置未知，菲律宾学者将它泛指为位于特提斯洋–古太平洋接触带之上的某中生代边缘海，可能为古太平洋向澳大利亚大陆边缘俯冲时形成）（Yumul，2007）。西部蛇绿岩带来源于巽他大陆–欧亚大陆边缘，而中部蛇绿岩带实为古菲律宾海板块与巽他–欧亚大陆边缘相互作用区域，包含多个不同属性的板块，如民都洛岛渐新世阿姆尼蛇绿岩被认为是现代南海的岩石圈（Rangin et al.，1985；Yumul et al.，2009；Perez et al.，2013），三描礼士始新世科托蛇绿岩可能为苏拉威西海或马鲁古海来源（Tamayo et al.，2004），而三描礼士白垩纪阿科杰蛇绿岩则为特提斯洋或古南海来源（Ishida et al.，2012；Queaño et al.，2012）。

菲律宾蛇绿岩可简单分为两条主要蛇绿岩带，即东部蛇绿岩带为古菲律宾海–古太平洋岩石圈残片，自西向东依次发育变质基底和增生楔混杂岩，呈现出古菲律宾海板块向西仰冲侵位（相对于现在方位）。西部蛇绿岩带以晚中生代古南海–特提斯洋来源的蛇绿岩为基底，受最近15 Ma菲律宾活动带与巴拉望陆块碰撞的影响，导致在勒潘托、三描礼士、民都洛岛、巴拉望岛等地被南海或苏拉威西海等现代边缘海来源蛇绿岩构造叠置。

（五）三描礼士蛇绿岩

在菲律宾群岛20多余套蛇绿岩中，三描礼士蛇绿岩出露规模最大、研究程度最高，在东南亚地区大地构造演化过程恢复中可扮演"金钉子"的角色。该蛇绿岩由阿科杰(Acoje)蛇绿岩和科托(Coto)蛇绿岩组成,位于菲律宾吕宋岛最西侧,呈南北向展布,岩石层序倾向整体向东,主体被断层形成的构造低地(地堑)分割成三块,由北向南依次为Masinloc块体、Cabangan块体和San Antonio块体(图5.7)。Masinloc块体根据蛇绿岩岩石组合和地球化学特征又分为阿科杰蛇绿岩和科托蛇绿岩两个完全不同属性的岩体,二者以陡立的断层(Lawis断层)分界。由于San Antonio块体具有与阿科杰蛇绿岩相同的岩石组合和地球化学特征,故二者统称为阿科杰蛇绿岩;而Cabangan块体具有与科托蛇绿岩相同的岩石组合和地球化学特征,故此二者统称为科托蛇绿岩(Yumul,1996;Yumul and Dimalanta,1997)。

阿科杰蛇绿岩主要由块状纯橄岩、豆荚状铬铁岩和层状纯橄岩、辉石岩、辉长岩以及辉长岩、辉绿岩、玄武岩岩墙组成,铬铁矿富集成矿。南部San Antonio块体中的辉长岩锆石SIMS U-Pb年龄为42.5±0.6 Ma(MSWD=2.6,N=13),形成于始新世。地球化学特征显示,阿科杰蛇绿岩稀土配分模式类似N-MORB型,具有弱–强正Eu异常,微量元素富集大离子亲石元素(Rb、Ba等),亏损高场强元素(Nb、Ta)和Pb正异常,形成于俯冲带相关构造环境。全岩同位素 ε Nd(42 Ma)介于+6.86~+9.35,与马里亚纳岛弧火山岩和菲律宾年轻火山岩相似。上述特征表明阿科杰蛇绿岩是不晚于始新世形成的岛弧蛇绿岩残片(余梦明,2018)。

科托蛇绿岩主要由方辉橄榄岩、纯橄岩、辉长岩、辉绿岩、玄武岩和斜长花岗岩组成。Masinloc块体橄榄辉长岩锆石SIMS U-Pb法获得谐和年龄为243.5±2.7 Ma(中三叠世),该年龄比过去测年结果(始新世)老很多。另外,该中三叠世锆石包裹一颗Pb校正年龄达837.0±15.6 Ma(新元古代)的老锆石。科托蛇绿岩稀土配分模式显示N-MORB型,富集大离子亲石元素(Rb、Ba)和Pb元素,明显亏损高场强元素Nb和Ta,表明其形成于俯冲带构造环境,结合岩石组合和层序厚度,认为科托蛇绿岩形成于中三叠世弧后盆地环境,后期侵入科托蛇绿岩。Masinloc块体堆晶辉长岩形成于岛弧环境。

对三描礼士蛇绿岩洋壳玄武岩、花岗岩类、均质辉长岩和燧石岩开展了年代学研究(Schweller et al.,1984;Fuller et al.,1989;Encarnación et al.,1993;Ishida et al.,2012;Queaño et al.,2012),发现三描礼士蛇绿岩的形成是多期次、多来源岩浆共同作用的结果。San Antonio块体辉长岩始新世年龄与Encarnación等(1993)在同一位置同样岩性的多颗粒锆石全溶法U-Pb年龄(43.7±0.8 Ma)基本一致。结合过去阿科杰(44.2±0.9 Ma)、科托(45.1±0.6 Ma)、昂阿特(Angat)蛇绿岩(48.1±0.5 Ma)、科托蛇绿岩始新世Aksitero组生物地层年龄(Schweller et al.,1984)和侵入辉长岩中的辉绿岩岩墙K-Ar年龄(Fuller et al.,1989),证实始新世是三描礼士地区重要的岛弧岩浆活动期。

关于三描礼士蛇绿岩乃至吕宋岛的形成,目前有两种模型,其一为55 Ma以前由太平洋向西北方向俯冲并形成吕宋岛雏形,在约45 Ma时俯冲极性发生反转由古南海向东南方向俯冲并伴随逆时针旋转(Hall,2002);另一为Hall(2002)修正模型,认为在50 Ma以前由特提斯洋向北东方向俯冲形成菲律宾岛弧(包括吕宋岛)的雏形,随后菲律宾岛弧伴随西菲律宾海板块的形成顺时针旋转(Deschamps and Lallemand,2002;Queaño et al.,2007)。分布于整个三描礼士蛇绿岩的始新世侵入岩、辉长岩、火山岩以及火山岩上覆沉积岩均很好记录了在始新世时形成了新的俯冲带,而该俯冲带很可能对应于Hall(2002)模型里的俯冲带极性反转,因此Hall(2002)模型解释更加合理。中三叠世科托蛇绿岩很可能是印支期古特提斯洋向华南–印支大陆俯冲所形成弧后盆地的一部分(余梦明,2018)。

(六)民都洛-巴拉望蛇绿岩

1. 民都洛蛇绿岩

民都洛岛由东北侧菲律宾活动带岛弧地体和西南侧微陆块特征的地体组成,被北西–南东走向的逆冲断裂带分割。民都洛岛识别出三套蛇绿岩带：中渐新世阿姆尼蛇绿混杂岩、始新世卢邦-加莱拉港（Lubang-Puerto Galera）蛇绿混杂岩和白垩纪孟恩蛇绿混杂岩（图5.8；Yumul et al.，2009）。

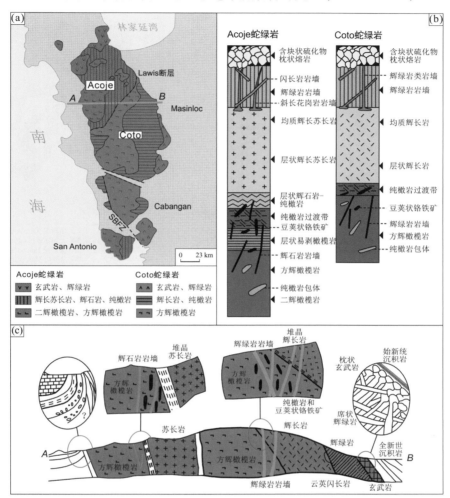

图5.7　三描礼士蛇绿岩岩石层序和岩石剖面图（据Hawkins and Evans，1983；Yumul，1996；余梦明，2018）

各岩石单元厚度不成比例；SBFZ.苏比克湾断层带

民都洛岛东北部卢邦-加莱拉港蛇绿岩：斜长角闪岩上覆方辉橄榄岩，破碎的蛇纹石化基质夹杂方辉橄榄岩碎块，斜长角闪岩是俯冲环境下侵位形成的变质岩，是巴拉望微陆块与菲律宾活动带碰撞的标志。

民都洛岛中部孟恩蛇绿岩：方辉橄榄岩出露在斜长角闪岩上部，沉积岩或火山岩经历绿片岩相变质作用，形成绿片岩和千枚岩，但是同巴拉望微陆块与菲律宾活动带碰撞无关，代表更古老的碰撞带。

民都洛岛西南部阿姆尼蛇绿岩：火山岩表现为钙碱性、亚碱性至少量拉斑玄武岩特征，全岩地球化学特征表现为Ti-Nb-Zr负异常，具有E-MORB的地球化学特征，与弧后盆地成因一致（Yumul et al.，2003；Hickey-Vargas，2005；Hergt and Woodhead，2007），是南海洋壳俯冲过程中构造侵位形成的残片（Jumawan et al.，1998）。

卢邦-加莱拉港蛇绿混杂岩和孟恩蛇绿混杂岩的形成和变形受菲律宾左行走滑断裂影响。阿姆尼蛇绿岩形成侵位与剪刀式碰撞相关（Rangin et al.，1985）。阿姆尼蛇绿岩具有钙碱性系列、亚碱性系列和少量拉斑系列的地球化学特征，微量元素特征表现为Nb、Ti、Zr的负异常。辉长岩斜长石-单斜辉石结晶顺序类似于大洋中脊形成环境下的辉长岩，尖晶石Cr#[Cr/Cr+Al]≤0.6（Jumawan et al.，1998）。上述特征表明，阿姆尼蛇绿岩形成于弧后环境同时受到轻微俯冲作用的影响，类似形成于其他西太平洋边缘海环境的蛇绿岩（Pearce，2014）。

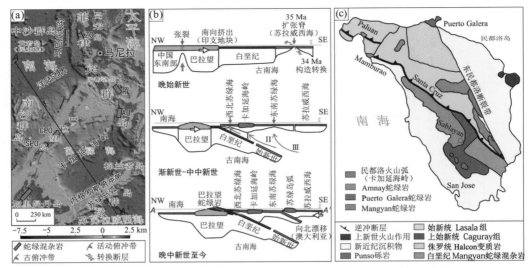

图5.8　南海南部-苏禄海地区古南海洋中脊向俯冲带转换示意图

（a）中巴拉望阿姆尼蛇绿岩构造位置；（b）重建中巴拉望蛇绿岩地质过程；（c）民都洛岛阿姆尼蛇绿岩的地质简图（Yu et al.，2020）。ZO.三描礼士蛇绿岩，R.朗布隆（Romblon）群岛，AO.安蒂克蛇绿岩，CPO.中巴拉望蛇绿岩，SPO.南巴拉望蛇绿岩

2. 巴拉望蛇绿岩

巴拉望岛呈北东-南西走向，以中间乌鲁根断裂为界分为两部分，北部地块由具有陆壳性质的沉积岩和变质岩组成，南部主要是洋壳残片，即巴拉望蛇绿岩（Mitchell et al.，1986）。最近对巴拉望岛中部和南部蛇绿岩中火山岩详细研究认为（Gibaga et al.，2020），两者的岩石学、地球化学特征及形成时代与成因类型明显不同，将其分为南巴拉望蛇绿岩（SPO）和中巴拉望蛇绿岩（CPO）（图5.9）。

弧前玄武岩。沙巴蛇绿岩似OIB的碱性玄武岩特征与南巴拉望蛇绿岩似富铌玄武岩类似。沙巴蛇绿岩中燧石细碧岩放射虫组合，时代为早白垩世（巴雷姆期—阿普特期；Rangin et al.，1990），与南巴拉望蛇绿岩吻合。因此，南巴拉望蛇绿岩与沙巴蛇绿岩中的火山岩岩性、地球化学成分和形成时代均可对比，可能属同一构造过程的产物。

1）南巴拉望蛇绿岩

南巴拉望蛇绿岩体，从奎松（Quezon）的马拉特高（Malatgao）至巴塔拉萨（Batataza）的库兰丹（Culandanum），主要由地幔方辉橄榄岩含纯橄榄岩和辉石岩岩脉，中至细粒层状辉长岩、枕状和块状熔岩，以及凝灰岩和燧石组成[①]，侵位于始新世Panas组浊积岩上（Aurelio et al.，2013）。

南巴拉望蛇绿岩地球化学特征存在明显差异，包括碱性玄武岩、似高铌（Nb）玄武岩及玻安岩系列火山岩（Gibaga et al.，2020）。似MORB熔岩、低硅玻安岩、高硅玻安岩和玻安岩系火山岩的出现，表明南巴拉望蛇绿岩俯冲成因。

南巴拉望蛇绿岩最新地球化学数据表明，它属于弧前蛇绿岩，与沙巴的达耳夫湾蛇绿岩可对比（Gibaga et al.，2020）。沙巴蛇绿岩中的火山岩大部分为拉斑玄武岩，Ti/V值介于14.74～30.12（Omang and Barber，1996），与南巴拉望蛇绿岩相似，与弧前玄武岩Ti/V值（12.39～32.55）相当，应属初始俯冲弧前玄武岩。沙巴蛇绿岩似OIB的碱性玄武岩特征与南巴拉望蛇绿岩似富铌玄武岩类似。沙巴蛇绿岩中燧

---

① Metal Mining Agency of Japan，Japan International Cooperation Agency (MMAJ-JICA). 1988. Report on the mineral exploration: mineral deposits and tectonics of two contrasting geologic environments in the republic of the Philippines e Palawan VeVI area，West Negros area and Samar IeIIII area，Report Submitted by MMAJ-JICA to the Republic of the Philippines，347.

石细碧岩放射虫组合，时代为早白垩世（巴雷姆期—阿普特期；Rangin et al.，1990），与南巴拉望蛇绿岩吻合。因此，南巴拉望蛇绿岩与沙巴蛇绿岩中的火山岩岩性、地球化学成分和形成时代均可对比，可能属同一构造过程的产物。

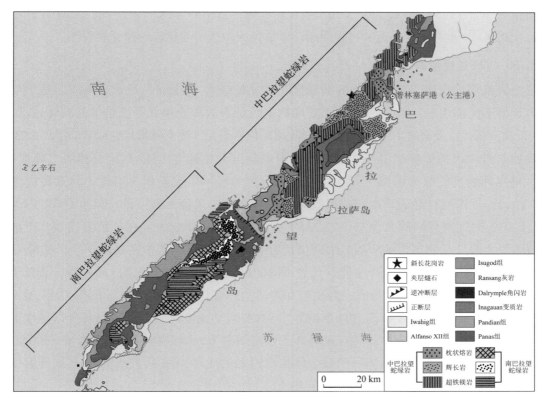

图5.9　巴拉望蛇绿岩分布图（据Gibaga et al.，2020，修改）

根据南巴拉望蛇绿岩中所含超微化石组合特征，时代确定为早白垩世阿普特期至阿尔布期（Müller，1991）。Dycoco等对其中橄榄石辉长岩和正长岩样品的U-Pb测年，平均年龄分别为100.73 ± 1.07 Ma和102.97 ± 1.07 Ma，与超微化石年龄吻合，属早白垩世晚期。

2）中巴拉望蛇绿岩

中巴拉望蛇绿岩（CPO），从普林塞萨港（Puerto Princesa）地区的乌鲁根湾一直延伸到纳拉（Narra）的卡拉塔加斯（Calategas）。其主要成分为方辉橄榄岩夹纯橄榄岩透镜体，侵入辉绿岩和辉石岩类岩脉，中–粗粒层状枕状和块状熔岩夹燧石和泥岩（Raschka et al.，1985），其变质基底包括角闪岩、石榴角闪岩、绿片岩和蓝晶岩片岩代表中巴拉望蛇绿岩等（Gibaga et al.，2020）。

中巴拉望蛇绿岩露头构成较完整的蛇绿岩序列，其岩性表现出不同的地球化学特征，从洋中脊（MOR）到俯冲带之上（SSZ）背景（Raschka et al.，1985）。中巴拉望蛇绿岩中的玄武岩为隐晶质、斑晶质，偶有辉绿和次辉绿结构，主要矿物为斜长石、辉石，含少量橄榄石、火山玻璃和钛铁矿。玄武岩地球化学特征为弧后盆地成因，是亏损地幔部分熔融的产物（Gibaga et al.，2020）。巴拉望蛇绿岩侵位年龄主要由上覆沉积物Isugod组最大沉积年龄和构造逆冲下盘的Pandian组中最年轻古生物化石年龄限定，推测其侵位年龄在晚渐新世到早中新世（33～23 Ma；Aurelio et al.，2014）。其变质基底角闪石和白云母^{40}Ar/^{39}Ar年龄为34.2 ± 0.6 Ma（Encarnación et al.，1995）；斜长花岗岩U-Pb锆石年龄为34～35 Ma（Gibaga et al.，2020）。最近Dycoco等提供^{207}Pb校正的斜长花岗岩U-Pb平均年龄为40.01 ± 0.54 Ma。因此，中巴拉望蛇绿岩应形成于晚始新世弧后盆地。之后，Nido灰岩主要在18 Ma到16 Ma发生逆冲推覆作用，在约16 Ma到12 Ma Pagasa组变形形成增生楔（Aurelio et al.，2014）。

巴拉望蛇绿岩的构造成因尚有较大争议，有多种不同的解释，有认为属卡加延脊弧前盆地（Encarnación et al.，1995；Yu et al.，2020）或弧后盆地（古南海）的一部分（如Tamayo et al.，2004；Yumul et al.，2020），也有认为是俯冲过程圈闭于卡加延火山弧前的年轻的洋壳岩石圈。

3. 民都洛–巴拉望蛇绿岩新认识

前人认为民都洛岛出露于岛弧西侧的渐新世阿姆尼蛇绿岩（图5.8）是来自南海，是卡加延火山弧向东北方向延伸至民都洛岛。Yu等（2020）对阿姆尼蛇绿岩的洋壳单元开展精细的SIMS锆石U-Pb定年和原位氧同位素分析，以及全岩主微量元素和Sr-Nd-Hf同位素研究，提出阿姆尼蛇绿岩的年龄为23～33 Ma，正好介于晚始新世中巴拉望蛇绿岩与晚渐新世—中中新世卡加延火山弧–东南苏禄海之岛弧–弧后盆地体系之间。根据阿姆尼蛇绿岩的稀土元素组成特征可分为轻稀土元素相对重稀土元素亏损型和富集型两类（图5.10）：亏损型样品表现出与中巴拉望蛇绿岩一致的微量元素特征，具有亏损的Nd-Hf同位素组成（图5.11），时间演化间隔大（33～23 Ma），且与中巴拉望蛇绿岩在年龄上连续；富集型样品具E-MORB的微量元素特征和富集的Sr-Nd-Hf同位素组成（图5.11），集中在晚渐新世，类似于富Nb玄武岩。阿姆尼蛇绿岩亏损型和富集型样品分别代表不同的地幔源区：①亏损型样品具有显著低于软流圈参考地幔的锆石氧同位素但高的Th/Nb值，为受俯冲带热流体交代的亏损地幔；②部分富集型样品呈现等同于软流圈地幔的锆石氧同位素和高的Th/Nb值，可解释为受蚀变洋壳和沉积物部分熔融成因的埃达克质熔体交代的富集地幔；③部分样品具有显著高于软流圈参考地幔的锆石氧同位素但等同的Th/Nb值，可解释为蚀变洋壳抽离埃达克质熔体后的残余体再次熔融形成富Nb玄武岩或高Nb玄武质熔体，并交代亏损的地幔楔形成富集地幔（Yu et al.，2020；图5.11）。

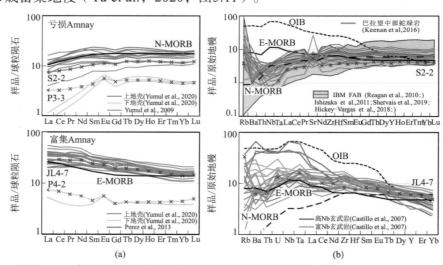

图5.10 中巴拉望–阿姆尼蛇绿岩微量元素特征图（据Yu et al.，2020）

（a）中巴拉望–阿姆尼蛇绿岩洋壳稀土元素配分特征及样品分类；（b）中巴拉望–阿姆尼蛇绿岩与伊豆–小笠原–马里亚纳（IBM）弧前玄武岩（fore-arc basalt，FAB）和富Nb玄武岩的类比

虽然南海渐新世洋壳可能与阿姆尼蛇绿岩具有相同的岩石组合（即N-MORB和E-MORB，甚至N-MORB型样品具微弱的Nb负异常），但是后者在具有相同的Nd同位素组成时拥有更为亏损的Hf同位素组成，且截然不同的Nd-Hf同位素演化趋势（图5.11）。因此，阿姆尼蛇绿岩不是南海来源。结合阿姆尼蛇绿岩亏损型样品与中巴拉望蛇绿岩在年龄和地球化学特征上的连续性，以及它们所处的相同地理位置

（图5.8），Yu等（2020）推断二者均来自西北苏禄海，形成于古南海初始俯冲引起的海底扩张，其中阿姆尼蛇绿岩的富集型样品对应于热俯冲过程中受俯冲洋壳部分熔融的埃达克质熔体和高Nb玄武质熔体交代的富集地幔（图5.12）。

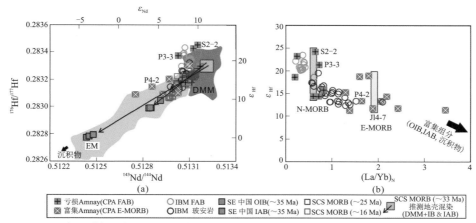

图5.11　阿姆尼蛇绿岩同位素及稀土元素之间的协变特征图（据Yu et al.，2020）

（a）阿姆尼蛇绿岩与IBM弧前层序均呈现由亏损到富集的Nd-Hf同位素特征；阿姆尼蛇绿岩与南海洋壳呈现不同的Nd-Hf同位素演化趋势；在相同的Nd同位素组成时阿姆尼蛇绿岩比南海洋壳更加亏损Hf同位素组成。（b）阿姆尼蛇绿岩（从亏损型到富集型）与IBM弧前层序（弧前玄武岩到玻安岩）均指示其源区存在富集组分的加入

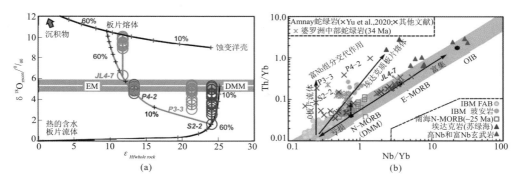

图5.12　中巴拉望-阿姆尼蛇绿岩的源区交代作用图（据Yu et al.，2020）

（a）阿姆尼蛇绿岩锆石O同位素及全岩Hf同位素指示其亏损地幔源区先后受俯冲板片脱水流体和部分熔融熔体交代；（b）微量元素指标表明中巴拉望-阿姆尼蛇绿岩源区先后受Nb亏损的流体、Nb亏损的埃达克质熔体、富Nb熔体交代，IBM弧前玄武岩受Nb亏损的流体交代不明显，IBM玻安岩受Nb亏损的埃达克质熔体交代

三、台湾蛇绿岩和混杂岩

台湾岛位于南海东北角，是马尼拉海沟的北部终点。依地形构造单元，台湾岛自西向东依次分为海岸平原、西部麓山带、雪山山脉、中央山脉和海岸山脉五个近南北走向的单元（图5.13）。在构造上，菲律宾海板块向北俯冲到欧亚板块之下形成琉球海沟，南海岩石圈向东俯冲到菲律宾海板块之下形成吕宋火山弧，南海被动大陆边缘沉积物因俯冲刮擦作用在火山岛弧西侧形成增生楔，由于菲律宾海板块沿西北方向漂移并最终与华南大陆边缘发生斜向弧-陆碰撞，导致华南被动大陆边缘沉积地层、增生楔和火山岛弧被抬升出露（Huang et al.，2000）。

台湾岛自西向东分为三个南北向的地质构造带，分别为被动大陆边缘褶皱-逆冲带（包括海岸平原、西部麓山带和雪山山脉）、增生楔（中央山脉-恒春半岛）和弧前盆地-火山岛弧，三者以著浓-梨山断层和台东纵谷为界（Huang et al.，1997；黄奇瑜等，2012）。台湾岛至少可以区分出三次不同时期形成的蛇绿混杂岩，即晚中生代玉里蛇绿混杂岩（片岩）带、中新世—更新世垦丁混杂岩和东台湾蛇绿岩（利吉混杂岩）（图5.13）。

（一）玉里蛇绿混杂岩

中央山脉东翼延伸的大南澳杂岩是台湾岛的基底岩石，根据大理岩巨砾中发现的少数二叠纪化石，其年代可能为从晚古生代到中生代，杂岩体被厚层古近纪、新近纪泥质板岩层序不整合覆盖，以寿丰断裂为界，可分为两条变质带：东面为玉里（片岩）带，西面为太鲁阁（片岩）带（图5.13）。玉里（片岩）带基质主要是黑色片岩和薄层至厚层绿片岩，夹基性–超基性岩块，构成一套蛇绿混杂岩，即玉里混杂岩，代表了古太平洋板块消减带中的一个混杂岩。

1. 地质概况

玉里带北起花莲以南，向南延至太麻里溪以北，东以台东纵谷为界，西以寿丰断裂与太鲁阁带相邻，呈北东向狭长带状分布，长约160 km、最宽约15 km。玉里带黑色片岩基质内夹由玄武岩、玄武质凝灰岩变成的绿片岩组成的岩块，缺乏钙质和花岗质岩石，有蓝闪石片岩存在。基质原岩为泥质岩，厚达2000 m，具深海沉积特征，属复理石建造。岩块为基性、超基性岩，主要由蛇纹岩体组成，呈透镜状、似层状，产于黑色片岩中，蛇纹岩与片岩接触面附近产石棉、滑石和少量软玉，主要分布于丰田、万荣、瑞穗和玉里等地。

丰田区已发现七个蛇纹岩体，厚10～20 m，走向东西或北东，是台湾岛著名的石棉和滑石矿区。万荣区基性岩夹于黑色片岩、绿片岩中，大部分蛇纹岩为块状，少数为叶片状，与辉长岩或辉绿岩的接触带不规则，具有强烈剪切和破裂现象。瑞穗区有两个较大的基性岩块和一些中、小岩块，最大的位于瑞穗西北，称为打马燕山岩块；另一个是安山岩块，在瑞穗镇西约5 km。瑞穗区基性岩类包括绿帘石角闪岩、角闪岩、蓝闪石片岩、变质辉长岩。玉里地区的黑色片岩中见有大小不一的蛇纹岩扁豆体，大小1 m到150 m不等，与围岩呈断层接触，具有角砾状，岩体中见有辉长岩和斜长花岗岩侵入。此外，该区还有辉绿岩、辉长岩和橄榄岩，均被黑色片岩所包围，由于大部分已蛇纹石化而显示出不同颜色和结构构造，反映原岩性质的差异。

太鲁阁带北起乌岩角，南抵太麻里西以北，东以寿丰断裂和玉里带为界，西以利稻断裂与中央山脉喜马拉雅期变质地带相邻，呈北北东向带状展布，长约240 km、最宽约25 km，由长春片岩、太鲁阁大理岩和开南冈片麻岩组成。太鲁阁带由绿片岩、硅质岩、黑色片岩、大理岩及少量片麻岩和混合岩组成。

太鲁阁带的原岩建造主要分为复理石建造和碳酸盐岩建造。复理石建造是一套巨厚的海相沉积物组合，它包括了本岩带的碎屑沉积物，厚约300 m，主要由深灰色页岩、砂岩和粉砂岩组成，其韵律层厚从几厘米到几米不等，局部夹灰岩透镜体和硅质层。这些岩石后来经过区域变质作用变成黑色片岩、绿片岩、硅质岩和副片麻。碳酸盐岩建造是太鲁阁变质带一个独特的建造类型，基本由大理岩构成，很少有碎屑物质，有时和片岩呈互层状，厚1000 m以上。大理岩带东部含有厚度数米到数十米不等的白云岩，根据大理岩中含蜓科和珊瑚化石，推测它们属滨–浅海相沉积。上述特征表明，太鲁阁带的沉积建造说明它们是大陆架或大陆坡沉积，应属欧亚大陆的边缘（张开毕等，2017）。

2. 变质年代学

玉里带的原地片岩的碎屑锆石主要年龄峰值为2490 Ma、1861 Ma、781 Ma、429 Ma和143 Ma，最年轻的锆石年龄为11 Ma（黄博宏等，2022），Chen等（2017）认为玉里带中较老的碎屑锆石（>250 Ma）明显多于太鲁阁带与西部内麓山带中新世地层相似，说明玉里带接受欧亚大陆物源碎屑物质的时间较晚于太鲁阁带。

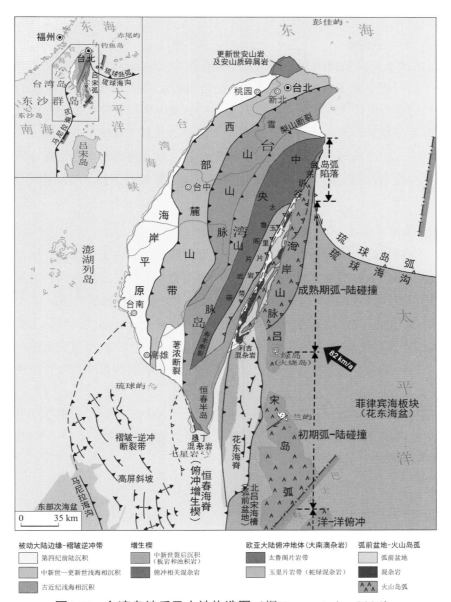

图5.13 台湾岛地质及大地构造图（据Huang et al.，2006）

玉里带瑞穗地区构造岩块中获得矿物Rb-Sr等时线年龄为79 Ma，可视为此次热事件的记录，时代为晚中生代，属燕山晚期，其变质类型为区域低温动力变质作用。近年来，很多学者对玉里带外来块体做了大量的定年研究，其中不同地区外来块体的岩浆锆石U-Pb年龄对应时代为中中新世（16～13 Ma），如瑞穗地区蓝闪石片岩年龄为15.4～16 Ma（Chen et al.，2017）；清水溪地区变质斜长花岗岩年龄为13.1～15.7 Ma（罗文瀚，2018）；万荣地区的变质辉长岩年龄为15±0.2 Ma（Lo et al.，2020）。

太鲁阁带北部片岩中的碎屑锆石具有112 Ma、180 Ma、227 Ma和1864 Ma的年龄峰值，表明其最大沉积年龄为112 Ma，南澳地区发现的硅质片岩的最大沉积年龄为81 Ma（Chen et al.，2016）。片岩夹层的变质基性岩具有MORB型地球化学特征，岩浆锆石U-Pb年龄为87.8±1.8 Ma（Chen et al.，2016）。南部大伦变质花岗质岩浆锆石U-Pb年龄为200±2 Ma，而太鲁阁北部的变质花岗岩及淡色花岗岩岩脉锆石年龄分别为86～94 Ma和80 Ma，这些变质花岗岩均为I型花岗岩，代表与古太平洋有关的钙碱性岩浆作用（Lan et al.，1966；Yui et al.，2017）。东澳地区的变质安山质岩浆锆石U-Pb年龄为90 Ma，角闪岩具有

N-MORB型地球化学特征，岩浆锆石年龄为86~90 Ma，变质锆石年龄为86 Ma（Wintsch et al.，2011；Chen et al.，2016）。

北端的苏澳-南澳地区见少量角闪岩，侵入其中的花岗岩的K-Ar同位素年龄为87 Ma，为角闪岩的变质年龄，而其成岩年龄可能更老（中生代早期？）。此角闪岩及其片岩与大理岩组成的围岩可能是台湾最老的变质岩，其原岩可能为大洋（古太平洋）拉斑玄武岩。晚中生代岩浆弧变质作用致使太鲁阁带产生绿片岩相变质作用，形成绿片岩、黑色片岩及大理岩，太鲁阁带北部（南澳、苏澳地区）在热力条件下进变质到角闪岩相（见夕线石、钾长石），形成片麻岩和混合岩。据太鲁阁产生岩浆弧变质作用，并在南澳、苏澳出现角闪岩，见夕线石等高温矿物，其变质作用类型应为区域动力热流变质作用，87 Ma可视为此变质-热事件的记录。

3. 蛇绿混杂岩、弧岩浆岩、双变质带及构造意义

晚中生代期间，亚洲大陆边缘为环太平洋型板块汇聚的结合部，古太平洋板块向西俯冲于亚洲大陆之下。玉里片岩带复理石建造中夹基性、超基性岩块，构成一套增生型蛇绿混杂岩，为高压低温变质带，产于俯冲增生楔的构造位置，其中基性-超基性岩块可能是古太平洋岩石圈的残留。由于板块俯冲作用使得太鲁阁地壳增厚弧岩浆上涌，导致地壳重熔形成少量片麻岩和混合岩，形成高温低压变质带，而俯冲界面可能为寿丰断裂。玉里-太鲁阁双变质带与台湾岛北邻的日本的领家-三波川双变质带可对比。因此，上述玉里蛇绿混杂岩、岛弧岩浆岩、双变质带是晚中生代古太平洋板块向西俯冲到欧亚板块之下形成的构造、岩浆和变质记录。

玉里带中外来地块形成时代为中中新世（16~13 Ma），其中绿帘角闪岩具有MORB地球化学特征，表明玉里带同样受南海洋壳向东俯冲的影响，并且外来地块记录了上新世（4.4~3.3 Ma）的变质年龄，指示台湾造山带弧-陆碰撞的时间（黄博宏等，2022）。

（二）垦丁混杂岩

1. 地质特征

恒春增生楔是南海洋壳沿马尼拉海沟俯冲之增生楔系统中最新出露的部分，向北与中央山脉相连，向南与尚未出露海平面的恒春海脊构成一个整体，处于台湾弧-陆碰撞造山作用的初期阶段，台湾垦丁混杂岩是恒春增生楔的重要组成单元（图5.13）。恒春半岛发育褶皱系和断层带，呈南北走向或北北西走向，变形强烈发育褶皱，常见地层倒转，断层带以向西的逆冲断层为主，如恒春断层。恒春半岛整体由中—晚中新世浊积岩、晚中新世垦丁混杂岩和上新世—更新世浅海斜坡盆地沉积组成（Zhang et al.，2014）。其中，中新世浊积岩和垦丁混杂岩出露于恒春断层以东，以浊积岩为主体，垦丁混杂岩仅沿恒春断层较小范围出露。垦丁混杂岩之中大范围出露的火成岩岩块和砾石，包括玄武岩、辉绿岩、辉长岩、橄榄岩和角闪岩，其中火成岩岩块可达十几立方米，而火成岩砾石可小至几个立方厘米大小。在垦丁公园青蛙石海岸处出露大量磨圆度较好的火成岩砾石，包括大量的辉长岩、辉绿岩以及少量的玄武岩和角闪岩，也有大块的严重碎裂的蛇纹石化辉长岩岩块。

2. 锆石年代学

对垦丁混杂岩角闪岩砾石开展了SIMS锆石U-Pb定年。角闪岩砾石在矿物组成上主要为斜长石和角闪石，其中斜长石蚀变作用较强，但保留了斜长石原有的双晶结构，而角闪石大小不一、呈碎裂结构和弱定向排列特征，为辉石变质而成，故角闪岩的原岩为辉长岩。角闪岩锆石颗粒显示火成岩结构特征，不具变质生长边，为岩浆锆石。该角闪岩锆石U-Pb年龄为~25.6 Ma，代表其原岩的结晶年龄（Zhang et al.，2016）。

3. 全岩地球化学和Sr-Nd同位素特征

角闪岩和玄武岩砾石均具有较高的SiO$_2$含量（50.66wt%～55.69wt%）和全碱（K$_2$O+Na$_2$O）含量（4.43wt%～7.82wt%），在火成岩TAS分类图解中落入辉长闪长岩、玄武岩、粗面玄武岩和玄武粗安岩范围，呈偏碱性特征，但是K$_2$O含量低（0.03wt%～0.33wt%），为低钾拉斑玄武岩系列。在Nb/Y–Zr/Ti岩性图解中，为亚碱性玄武岩-安山岩。在微量元素上，虽然角闪岩的稀土元素总量相对N-MORB较低，但是角闪岩和玄武岩均呈现出典型N-MORB的稀土元素变化趋势，表现出轻稀土元素亏损[(La/Yb)$_N$=0.5和0.7]，重稀土元素平坦[(Dy/Yb)$_N$=1.1和1.0]的特征，相对N-MORB标准（Sun and McDonough，1989）富集大离子亲石元素（Rb、Ba、Sr和Pb），同时呈现出明显的Nb负异常。

在全岩同位素上，角闪岩和玄武岩砾石具有高的^{87}Sr/^{86}Sr值（分别为0.70951和0.71009）、^{143}Nd/^{144}Nd值（均为0.51311）和^{176}Hf/^{177}Hf值（分别为0.28323和0.28319），具有正的ε_{Nd}和ε_{Hf}值（分别为+7.5～+8.4和+9.3～+9.1），高Nd和Hf同位素比值能反映其岩浆源区的属性，代表亏损MORB地幔。

4. 源区、构造环境及大地构造意义

角闪岩和玄武岩呈现N-MORB型球粒陨石标准化稀土元素配分模式，反映不相容元素亏损的地幔源区和洋中脊、扩张中心构造背景。二者呈现非常一致的且极正的ε_{Nd}和ε_{Hf}值（分别为7.5～8.4和9.3～9.1），指示以亏损MORB地幔端元为源区。

南海、北吕宋弧前和花东海盆均可见亏损地幔为源区的扩张中心（Hickey-Vargas et al.，2008；Zhang et al.，2018），以上三者均有可能为垦丁混杂岩提供火山岩砾石。俯冲的南海可以通过刮擦作用使洋壳碎块进入增生楔，俯冲带上盘的北吕宋弧前基底和花东海盆也分别能在南海俯冲的初始阶段通过构造侵蚀作用使其洋壳碎块进入增生楔。

垦丁混杂岩的玄武岩和角闪岩砾石的ε_{Nd}值（+7.5～+9.3）明显低于北吕宋弧前东台湾蛇绿岩（～17 Ma）扩张中心的ε_{Nd}值（+9.1～+13.3）。花东海盆洋壳多为E-MORB，具有较大变化范围的Nd-Hf同位素组成（ε_{Nd}=+6.8～+9.9，ε_{Hf}=+14.5～+23.1；Hickey-Vargas et al.，2008）。角闪岩的原岩，即辉长岩，形成于晚渐新世（～25.6 Ma），结合其N-MORB型地球化学特征，推断其最可能来自于俯冲的晚渐新世南海洋壳。

但是，垦丁混杂岩中的晚渐新世基性岩地球化学特征明显不同于南海东部次海盆的中中新世洋壳样品。首先，垦丁混杂岩中的基性岩呈现类似于弧后盆地玄武岩（back arc basin basalt，BABB）地球化学特征，而东部次海盆的中中新世洋壳样品记录了洋中脊与海南地幔柱的相互作用（余梦明，2018）。其次，垦丁混杂岩中的玄武岩和角闪岩相对U1431钻孔MORB样品具有亏损的Nd-Hf同位素。南海晚渐新世与中中新世MORB样品之间迥异的不相容元素与同位素地球化学特征，一方面表明南海海底扩张的地幔源区具有强烈的不均一性，另一方面暗示南海不同阶段的海底扩张可能具有不同的动力学过程。

（三）东台湾蛇绿岩

1. 地质概况

东台湾蛇绿岩出露于台湾岛海岸山脉残留弧前盆地内，与晚中新世—上新世利吉混杂岩紧密共生（图5.14）。由于海岸山脉是北吕宋火山岛弧的北段，故而利吉混杂岩是马尼拉海沟弧前盆地的陆上残留沉积（Huang et al.，1992）。东台湾蛇绿岩出露包括橄榄岩、堆晶辉石岩、辉长岩、斜长花岗岩、辉绿岩、玄武岩、玄武玻璃及深海远洋沉积物等，并且是世界上最年轻的蛇绿岩之一（Chung and Sun，1992）。

东台湾蛇绿岩中上地幔的岩石单元主要包括块状橄榄岩和蛇纹石化橄榄岩碎块组成的砾岩，出露于利吉村。蛇绿岩洋壳的地质单元包括纯橄岩、堆晶辉石岩以及辉绿岩岩墙，其中纯橄岩与堆晶辉石岩呈相互包裹关系，二者接触界限不规则，主要出露于关山镇，其中嘉武溪河谷有较好的岩石剖面，岩石学莫霍面在关山镇9号公路泥水溪桥下有小范围出露。

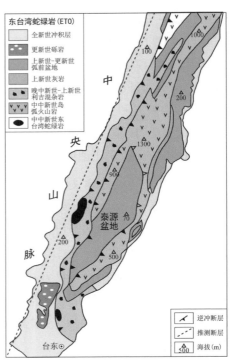

图5.14　东台湾蛇绿岩大地构造背景图（据Jahn et al.，1976；余梦明，2018）

（a）南海俯冲与北吕宋火山岛弧–弧前增生；（b）台湾岛海岸山脉地质概况及东台湾蛇绿岩分布概况

2. 年代学和Hf-O同位素特征

东台湾蛇绿岩辉长岩和斜长花岗岩分别进行锆石U-Pb定年和Hf-O同位素测试。辉长岩形成时代为16.65 ± 0.20 Ma（MSWD=1.2，N=35）和17.21 ± 0.32 Ma（MSWD=1.2，N=18），$\varepsilon_{Hf}(t)$值为$+13.1\sim+20.1$，呈高斯分布，其峰值为+18，锆石$\delta^{18}O$介于3.47‰～4.97‰，整体上明显低于地幔部分熔融岩浆高温结晶锆石$\delta^{18}O$值（5.3‰；Valley et al.，2005）。斜长花岗岩形成时代为16.05 ± 0.55 Ma（MSWD=1.3，N=9），17.34 ± 0.35 Ma（MSWD=2.3，N=15），$\varepsilon_{Hf}(t)$=$+16.3\sim+19.5$，其峰值为+19，锆石$\delta^{18}O$介于3.65‰～5.49‰，对应峰值为+5.1‰，与地幔部分熔融岩浆高温结晶锆石$\delta^{18}O$值（5.3‰；Valley et al.，2005）基本一致（余梦明，2018；Lin et al., 2019）。上述测年结果表明东台湾蛇绿岩形成于早中新世末（17～16 Ma；余梦明，2018）。

3. 全岩地球化学和Sr-Nd同位素特征

东台湾蛇绿岩嘉武溪玄武玻璃、玄武岩和辉绿岩呈现较低SiO_2（49.37wt%～51.45wt%）和Al_2O_3（13.89wt%～16.01wt%）含量，高MgO（8.34wt%～10.51wt%）和TiO_2（0.68wt%～1.17wt%）含量。在TAS图与不相容元素Nb/Y–Zr/TiO_2岩石分类图中均落入玄武岩区域，属于拉斑–钙碱性系列玄武岩（余梦明，2018）。

玄武岩–辉绿岩样品球粒陨石标准化的稀土配分具有轻稀土亏损、重稀土平坦的特征[(La/Sm)$_N$=0.47～0.61；(Dy/Yb)$_N$=1.04～1.16]，无Eu异常。在原始地幔标准化的微量元素蛛网图上，玄武岩–辉绿岩样品表现为富集大离子亲石元素（Rb、Ba、U、Pb和Sr）、弱亏损高场强元素（Nb和Ti）的特征。但是，东台湾蛇绿岩泥水溪辉绿岩岩墙样品呈E-MORB型特征，明显区别于嘉武溪玄武岩–辉绿岩样品的N-MORB型特征。

玄武岩–辉绿岩样品具有较高的$^{87}Sr/^{86}Sr$（0.70420～0.70485）值和高$^{143}Nd/^{144}Nd$（0.51310～0.51330）值。

4. 源区、构造环境及大地构造意义

东台湾蛇绿岩形成于中中新世（16～17 Ma），比过去对该套蛇绿岩的认识（～15 Ma）和北吕宋岛弧最早的火山岩（14.1 ± 0.4 Ma；16 Ma，Yang et al.，1995）时间均稍微偏老。同时，比南海东部次海盆海底扩张停止时间略早（～15 Ma，Li et al.，2014；～16 Ma，Briais et al.，1993）。

东台湾蛇绿岩具有大离子亲石元素（LILE）富集、高场强元素（HFSE）Nb、Ta、Ti弱亏损的特征，类似于伊豆–小笠原–马里亚纳（IBM）弧前玄武岩（FAB）（Reagan et al.，2010）。Ti-V图解显示嘉武溪玄武岩–辉绿岩样品与泥水溪辉绿岩岩墙样品介于岛弧玄武岩（island arc basalts，IAB）和MORB/BABB/FAB之间。辉长岩锆石的$\delta^{18}O$值介于3.47‰～4.97‰，较地幔部分熔融岩浆结晶锆石的$\delta^{18}O$值5.3‰（Valley et al.，2005）、大西洋洋中脊辉长岩锆石的$\delta^{18}O$值5.1‰～5.3‰（Cavosie et al.，2009；Grimes et al.，2011）、印度洋洋中脊辉长岩锆石的$\delta^{18}O$值5.3‰（Grimes et al.，2011）明显偏低，指示该套蛇绿岩中辉长岩的母岩浆具有低的$\delta^{18}O$值，可能是地幔源区受流体交代作用后部分熔融形成。

南海最晚期海底扩张时间与东台湾蛇绿岩形成时代相当，但二者地球化学特征和同位素特征不同。南海中中新世MORB洋壳（IODP349航次U1431钻位）因受到OIB岩浆的混染而呈现大离子亲石元素（LILE）和高场强元素（HFSE）均富集的特征。在同位素组成上南海MORB洋壳的Nd同位素（ε_{Nd}=+6.5～+9.2；Zhang et al.，2018）明显比东台湾蛇绿岩MORB型样品（ε_{Nd}=+9.1～+13.3）偏低，揭示东台湾蛇绿岩源区更加亏损。

东台湾蛇绿岩在位置上出露于海岸山脉的弧前，形成时代（～17 Ma）略早于海岸山脉初始岛弧火山岩（16 Ma，Yang et al.，1995；14.1 ± 0.4 Ma，Shao et al.，2015），类似于IBM弧前体系。因此，该套蛇绿岩地球化学特征和时空分布特征表明其不可能来自于南海的洋中脊，而是来自于马尼拉海沟的弧前扩张中心。斜长花岗岩可能来自渐新世南海洋壳在初始俯冲过程中其洋壳及上覆沉积物发生的部分熔融（余梦明，2018）。在俯冲机制上，通常认为老而冷的洋板块，发生主动俯冲（spontaneous subduction；Stern，2004），但南海岩石圈是热而轻的，南海沿马尼拉海构的俯冲更可能是菲律宾海板块向北西漂移产生形成的被动俯冲。

东台湾蛇绿岩年龄指示南海海洋岩石圈向东的初始俯冲时间可能为16～17 Ma。地震层析成像数据表明，南海沿马尼拉海沟俯冲已使东部次海盆在东西方向上有400～500 km宽的洋壳发生俯冲消亡，故而南海洋盆的平均消亡速度为～23～30 mm/a（Wu and Suppe，2018）。

（四）台湾蛇绿岩和混杂岩构造指示意义

台湾蛇绿岩和蛇绿混杂岩是古太平洋板块向欧亚大陆边缘俯冲和南海洋壳向吕宋岛弧下俯冲记录（黄博宏等，2022）。古太平洋板块于晚三叠世到早侏罗世开始向欧亚大陆之下俯冲，导致欧亚大陆东缘从被动陆缘转变为活动陆缘。在台湾地区太鲁阁带主要记录了晚白垩世（95～86 Ma）基性火山岩，并伴随着混杂岩的增生，玉里带构成古太平洋板块俯冲的增生楔[图5.15(a)]。

新生代以来由于古太平洋板块俯冲后撤，导致弧后扩张，欧亚大陆东缘转为伸展构造环境，形成一系列的边缘海盆地，如台湾海峡盆地，导致太鲁阁带及吕宋基底陆块与欧亚大陆分离。随着边缘海盆地的持续伸展，南海地区出现洋壳形成南海洋盆，南海洋盆向东运移的过程中，与吕宋微陆块发生刮擦，南海洋壳及沉积物混杂堆积形成垦丁混杂岩[图5.15(b)]。南海洋壳在早于19～18 Ma初始俯冲，形成北吕宋岛弧，弧前伸展环境形成新生洋壳，即东台湾蛇绿岩的前身[图5.15(c)]。随后台湾造山带吕宋岛弧与欧亚大陆边缘发生碰撞，弧前蛇绿岩就位形成东台湾蛇绿混杂岩，而玉里带经历了第二次俯冲增生作用，伴随中中新世（16～13 Ma）外来地块的混入。

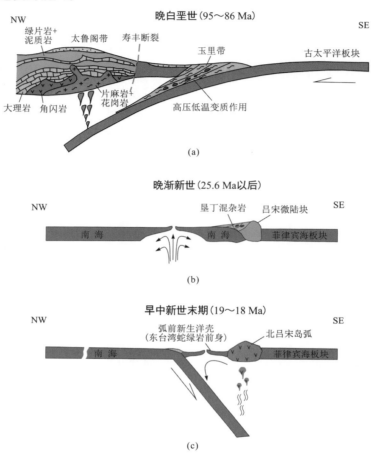

图5.15　台湾蛇绿岩和混杂岩成因模式图

第 / 六 / 章

南海构造运动与构造层划分

第一节　构造运动

第二节　构造层划分及其特征

第一节　构 造 运 动

构造运动是地质演化过程中的突变事件，涉及地球内动力引起地壳乃至岩石圈的变位、变形以及洋底的增生、消亡，并伴随相关地震活动、岩浆活动和变质作用。南海作为东南亚地区重要组成部分，其区域构造活动历史，不仅受到中生代特提斯域和太平洋域的演化过程和相互作用，而且新生代在板块汇聚背景下经历了陆缘张-破裂和海盆开闭，主要反映了南海及邻域周缘地块的分离、聚集、拼合和陆缘构造性质的改造。这些重要的构造事件以中生代印支运动和燕山运动、新生代多期构造运动形式表现出来，最终塑造南海现今的地质构造面貌。

一、中生代构造运动

（一）印支运动

印支运动的概念最早由法国地质学家Fromaget（1934）在研究越南地层时提出，后经黄汲清（1945）倡导，在中国得以广泛使用。印支运动基本改变了中国和东南亚中三叠世以前的构造古地理格局，原亲冈瓦纳构造域的思茅-印支地块、保山-中缅马苏地块陆续拼贴至欧亚板块，使得东亚大陆大部分地区基本聚合。

华南印支运动主要发生在三叠纪到早侏罗世之间，主要时限为250～205 Ma。此次构造运动以褶皱、断裂为主，伴有岩浆活动和变质作用，导致晚三叠世地层不整合覆盖在先前各时代地层之上。印支运动终结了华南南部大规模海侵历史，使之转入活动陆缘发展阶段，晚古生代沉积盖层发生褶皱，形成了石牙岗向斜、吕田背斜、平陵复式向斜、排牙山背斜等一系列的过渡型褶皱。同时发生较大规模的断裂活动，如河源深断裂、广州-惠阳-海丰-惠来深断裂、佛冈-丰良深断裂，莲花山深断裂带经过此次运动进一步发展。

不少学者认为，中南半岛与中缅马苏地块的碰撞代表印支造山期的主幕（Helmcke，1985；Charusiri et al.，2002），是形成长山造山带的主因（Lepvrier et al.，1997，2008；Maluski et al.，1999，2005）。现有资料表明，指示该碰撞过程S型花岗岩的锆石年龄（TIMS）为245～260 Ma（Hoa et al.，2008），与达多勘（Dak To Kan）、马江（Song Ma）、红河地区和昆嵩地块超高级变质岩组合近乎一致，被称为"穿越南"（trans-Viet Nam）造山带（Lepvrier et al.，2004，2008；Osanai et al.，2008），这一碰撞造山过程在三叠纪初始阶段即已完成。华南印支运动的主体阶段时期，中南半岛碰撞挤压活动基本停止，代之以拉张为主的陆内裂谷作用。

中—晚三叠世陆相或海陆过渡相的砂泥岩、含煤页岩、煤层以及流纹岩、粗面岩等裂谷型火山-沉积组合广泛分布于拼合后的中南半岛，陆区北部、中部的长山微陆块、色潘-车邦-三岐-岘港结合带、嘉域微陆块、昆嵩微陆块和斯雷博河结合带均有出露。裂谷系的发育可能与扬子克拉通西南边缘的峨眉山大火成岩省存在某种联系（Tran et al.，1979）。显然，该时段在中南半岛东部内不存在碱性玄武岩记录，说明大火成岩省最多仅对裂谷环境的形成具有波及性的影响。晚三叠世—中侏罗世，陆相和海陆交互相含煤粗碎屑沉积物厚度达到1500～4000 m，其中砾岩、粉砂岩为主，通常不整合覆盖于较老地层之上，分布在中部地区的北部。

基于中生代地质事件的解释，法国地质学家推测中南半岛印支期构造的突发事件发生在诺利期。中侏罗世是挤压构造活动时期，与在特提斯地区的印支造山运动的最后阶段相关，在晚侏罗世—白垩纪沿着越南的南部边缘和中国的东南部转变为板内拉张环境。

（二）燕山运动

燕山运动是中新生代华南陆缘演化的起点，主要表现为侏罗纪、白垩纪期间华南广泛发育的褶皱变形、断裂作用、岩浆喷发侵入以及局部变质作用，时限大致介于205～65 Ma，具有多幕式特征。

燕山运动一幕发生在早侏罗世末期，由于太平洋板块向欧亚板块俯冲加剧，华南大范围隆升和断裂活动，岩浆活动也相当活跃，河源断裂、莲花山断裂带、紫金–博罗断裂都有明显的反应，博罗—惠州一线有中细粒黑云母二长花岗岩侵入。

燕山运动二幕发生在中侏罗世末，使得中侏罗世连同它以前的地层发生褶皱和断裂，晚侏罗世的地层以角度不整合覆于其上，其间上地幔的岩浆沿地壳薄弱地带上升侵位，形成龙窝、樟木头等六个同熔型中酸性侵入岩体，主要岩石类型为闪长斑岩、花岗闪长岩、二长花岗岩等，K-Ar年龄为146 Ma，全岩Rb-Sr等时线年龄为163 Ma。伴随该运动的发生发展，活动性最强烈的莲花山断裂带控制晚三叠世—中侏罗世地层，发生了动热变质作用，形成低绿片岩相变质带，部分达角闪岩相。

燕山运动三幕发生在晚侏罗世，是燕山运动的主幕。主要表现为原有大断裂活动显著加强，使上地幔或下地壳部分物质熔融形成原始岩浆，通过活动着的大断裂上升喷出地表，形成一系列北东向火山岩带，最大喷发厚度可达6400 m，称为环太平洋火山岩带外带的一个组成部分。以莲花山喷发带作为分界，显示出空间的发展变化趋势，受限发源于河源喷发带，而后向西波及向东增强。西边的层位低，东边的层位高；西边喷发的强度弱、规模小，东边喷发的强度大、规模大且成片集中。从岩石化学成分上，有沿海向内地，总碱度升高，从钙碱性向碱性变化。

燕山运动四幕发生在早白垩世末期，重熔再生岩浆上升侵位，形成东南沿海众多的重熔型花岗岩体，如七娘坛、八万、甲子岩体等。

燕山运动五幕发生在晚白垩世，为燕山运动的尾声，晚白垩世的火山活动比之早白垩世有增无减，但侵入活动大为减弱，侵入活动形成有十几个岩体，均为小岩株、岩墙产出，以花岗斑岩、钾长花岗岩、二长花岗岩为主，为最后一期的花岗岩侵入活动。

二、新生代构造运动

新生代以来，在欧亚板块、印度–澳大利亚板块和太平洋三大板块相互作用下，南海及周缘经历如印度板块在青藏地区与欧亚板块的碰撞、太平洋板块俯冲方向的改变、澳大利亚板块北端与逆时针方向旋转的菲律宾海板块南端鸟头岛弧–陆碰撞等运动学重组事件，以及重大区域构造事件，如印支地块大规模走滑旋转、古南海的俯冲消亡，南海的海底扩张和洋脊跃迁、澳大利亚板块向北运动以及地块间的碰撞过程等。南海新生代经历的构造运动主要有神狐运动（礼乐运动）、珠琼运动（西卫运动）、南海运动、白云运动、沙巴运动、东沙运动（南沙运动或万安运动）和台湾运动（姚永坚等，2002）（表6.1）。南海新生代构造运动往往各自发生于特定区域，但其时间序列总体反映了造洋–造陆、海盆开闭演化的过程。

（一）神狐运动（礼乐运动）

白垩纪末—古新世初（67～65 Ma），受欧亚板块东南部燕山造山带岩石圈拆沉作用影响，东亚大陆南缘前新生代地层发生不同程度的断裂作用、褶皱变形和岩浆侵入，开启陆缘裂谷阶段，在南海北部和南部共轭陆缘分别表现为神狐运动和礼乐运动（姚伯初等，1994，2004；姚伯初和杨木壮，2008）。神狐运动继承了中生代北西–南东向挤压安第斯型主动陆缘，标志南海北部被动大陆边缘构造发展史的开始，南海新生代沉积盆地发育的起点，区域构造应力由前新生代北西–南东向挤压转为新生代北西–南东向拉张，以南海北部一系列北东—北北东向张性断裂及地堑和半地堑为特征，并伴有火山岩浆的喷发。这些地堑和半地堑接受湖相沉积，形成了珠江口盆地、琼东南盆地、莺歌海盆地和北部湾盆地等张性盆地的雏形。区内大部分断裂开始活动于该期，故又称"开裂不整合"或"张裂不整合"（姚伯初等，1994）。

神狐运动在地震剖面上以T_g不整合面（65.5 Ma）覆盖于不同性质基底为标志，在珠江口盆地神狐组底部与前古近系基底杂岩系（声波基底）之间呈不整合接触（图6.1）。台西南盆地和笔架低隆起区也存在与上述相当的反射界面呈明显的角度不整合接触，并且发现其下仍有中生代层组出现（金庆焕，1989）。钟建强等（1996）认为台西南盆地T_g反射界面以下地层地震相呈发散结构，沉积厚度呈楔状体，由西向东逐渐加厚并加深，与上覆地层呈角度不整合接触。钻井及地震剖面揭示，该构造运动在南海北部及其周边整体表现为新生代盖层与前新生代基底之间具有明显的区域性不整合特征。

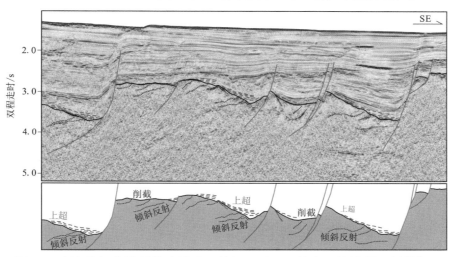

图6.1 南海北部半地堑构造样式及神狐运动T_g不整合面的地震反射特征图

南海南部礼乐运动时期除岩浆活动强烈之外，主要地质特征是形成了明显的区域性不整合，在地震剖面上表现为特征显著的T_g反射界面（图6.2），构成了南海地区大部分新生代盆地的声波基底。T_g不整合面在南沙中部海域的北康盆地、南薇西盆地和南薇东盆地等基底特征清楚，同相轴粗糙、断续、扭曲，反映了长期风化剥蚀的特点。礼乐盆地Sampagita-1井钻遇下白垩统，上覆古新统，之间缺失上白垩统。此外，礼乐滩拖网采集到晚侏罗世—白垩世变质岩，这些证据均证实了礼乐运动代表了中生代末东亚陆缘从挤压向伸展过渡的特征，与南海北部陆缘神狐运动相当，表现为盆地初始裂离、断陷阶段。南沙海域中北部发育北东—北北东向断层，作为盆地早期箕状断陷的边界断层，规模大、切割深；南部断层规模相对较小，对成盆初期的拗陷有一定的控制作用。

表6.1 南海新生代构造运

地 质 年 代			地震反射界面	海平面变化	南海北部大陆边缘					南 演化
				+ −	莺歌海盆地	琼东南盆地	中建南盆地	珠江口盆地	构造运动	
第四纪	Q				AS	AS	AS	AS		
		2.6	T_1							
上新世	N_2								台湾运动	
		5.3	T_2						东沙运动	
中新世	晚 N_1^3									
		11.6	T_3		PR	PR	PR			扩张停止
	中 N_1^2							PR		洋脊跃迁 南海扩张
		15.5	T_5							
	早 N_1^1								白云运动	
		23.0	T_6							
渐新世	晚 E_3^2								南海运动	扩张开始
		28.4								
	早 E_3^1									
		33.9	T_7							
始新世	晚 E_2^3								珠琼运动	
		37.2	T_8							
	中 E_2^2				R	R	R			
		48.6								
	早 E_2^2							R		
		55.8								
古新世	E_1									
		65.5	T_g						神狐运动	东亚陆缘张裂
前新生代										

裂陷阶段(R) 裂后热沉降阶段(PR) 加速沉降阶段(AS) 被动大陆边缘阶段(PM) 周缘前陆阶段(PF)

划分与区域构造事件表

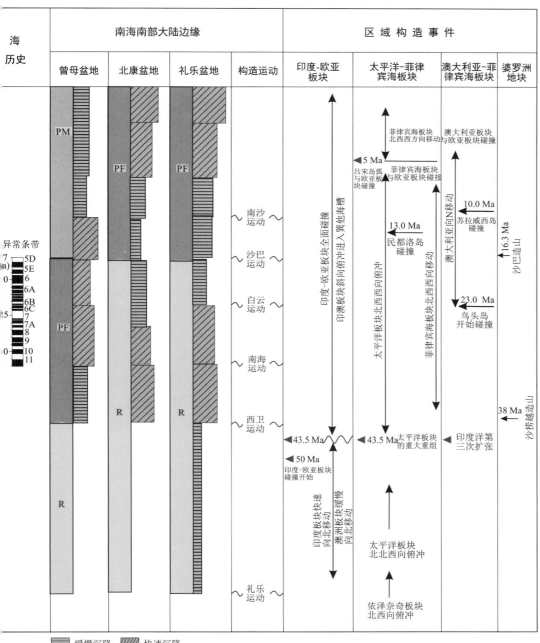

■缓慢沉降　▨快速沉降

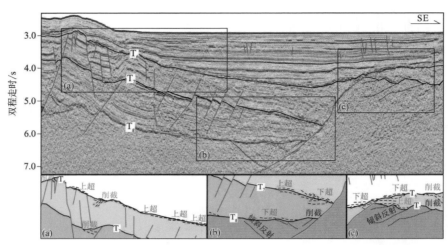

图6.2　南海南部礼乐运动T_g不整合面的地震反射特征图

（二）珠琼运动（西卫运动）

珠琼运动是南海北部中—晚始新世（37.2 Ma）区域性的构造运动（吴进民和杨木壮，1994），对应南海南部的西卫运动，属张性构造运动。珠琼运动（西卫运动）不但对南海区域有重要影响，对东南亚地区也具有普遍意义。45～42 Ma，东亚和相邻地区发生了一系列的构造事件和板块运动方向、位置的改变：①印度板块新生代早期高速向北漂移，与欧亚板块碰撞；②太平洋板块对亚洲大陆俯冲方向由北北西向转为北西西向，一系列的转换断层变为俯冲带促使南海北部陆缘进一步拉张；③印度板块东南段发生第三次海底扩张导致印度–澳大利亚板块向北漂移，并沿爪哇海沟右行斜向俯冲，尤其是澳大利亚板块向北的运移速度突然增大，可能导致了加里曼丹岛北部南倾的古南海的俯冲开始（？）或者是俯冲的加速；④印支地块向东南方向大规模的挤压逃逸和旋转，南海西缘发育南北向或北北西向的剪切走滑断裂，构造运动以左旋张扭和右旋挤压作用为主，分隔了印支地块与中–西沙地块、曾母–南沙地块；⑤古南海持续往南俯冲，曾母–南沙地块与婆罗洲地块自西向东呈剪刀式碰撞、俯冲消亡，形成了曾母前陆盆地，在南海南部称为沙捞越造山运动，形成具有区域性可对比的不整合面，钻井岩心揭示该不整合面上下沉积环境从半深海相突变为浅海相（Hutchison，1996；Moss，1998）。在沙捞越至沙巴，沿卢帕尔线分布的含蛇绿岩块混杂岩的基质时代为始新世（Williams et al.，1988），增生楔拉姜群西段时代为古新世到始新世，加里曼丹岛北部一系列东西走向的山间盆地最底部的沉积都是中—上始新统含火山岩的磨拉石建造（Hutchison，1989），说明沿卢帕尔线的碰撞（沙捞越造山运动）最可能的时间是晚始新世—早渐新世（45～32 Ma）（Hutchison，1996；Cullen，2010），并自西段开始封闭。

珠琼运动（西卫运动）在南海各沉积盆地中表现为整体沉降背景下的抬升运动，在珠江口盆地表现为文昌组与恩平组之间的T_g地震反射界面。南海北部陆架和陆坡的广大地区，包括台西南盆地、莺歌海–琼东南盆地和北部湾盆地等普遍抬升，大部分地区遭受剥蚀，形成区域性不整合（林长松等，2007）。这次构造运动在地震剖面上表现为明显的角度不整合（图6.3）。该构造运动之后，珠江口盆地乃至整个南海区域基本进入了大规模的裂谷断陷发展阶段。在区域性张性应力场的构造背景下，局部地区由于边界条件的差异，形成张扭应力场。

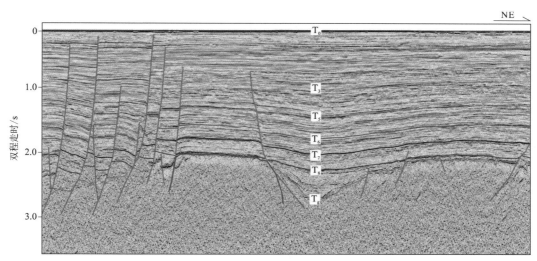

图6.3　珠江口盆地珠琼运动T_8不整合面的地震反射特征图

（三）南海运动

南海运动，最早由何廉声（1988）在研究南海北部构造运动提出，对应地震剖面明显的T_7反射界面。南海运动是新生代以来东南亚地区的重大构造事件之一，发生于早渐新世（32 Ma），随着南沙地块、礼乐–东北巴拉望地块开始裂离华南大陆，南海海盆开始扩张，是在前期裂谷基础上由海底扩张作用形成的"破裂"不整合面。

南海运动表现为全球海平面急剧下降的低海面时期（Vail et al.，1979）。这次与南极冰川作用有关的全球海平面下降，在各沉积盆地中表现为抬升运动，造成沉积间断和岩相的变化。在珠江口盆地区恩平组的顶部出现不整合，为抬升和剥蚀时期，与上覆珠海组之间为T_7地震反射界面。南海广大地区普遍抬升，大部分地区遭受剥蚀，形成区域性不整合。这次构造运动在地震剖面上为明显的角度不整合（图6.4）和断陷沉积作用，与下伏地层为角度较大的削截反射特征。在各个盆地的钻井剖面上，存在地层和化石带的缺失。该构造运动之后，珠江口盆地乃至整个南海区域基本进入了另一个继承性的沉降发展阶段。在海区古南海洋壳继续向南俯冲消减，巴拉望弧、沙巴弧初成雏形，文莱–沙巴盆地和北巴拉望弧前盆地开始形成，曾母盆地等由前期的断陷转为前陆盆地，盆地面积进一步扩大（姚永坚等，2005）。

（四）白云运动

ODP1148钻井和南海北部沉积作用所反映的23.8 Ma重要地质事件，从根本上影响和改变了珠江流域的格局、南海扩张作用、南海北部沉积物的组成、沉积作用、海平面变化和油气成藏特点等，是南海乃至东亚地区一次意义广泛的重大构造运动。由于白云凹陷集中反映了该构造运动的物源信息、深部沉降作用的结构变化信息和沉积环境突变信息，因此该地质事件被定名为"白云运动"（庞雄等，2007）。

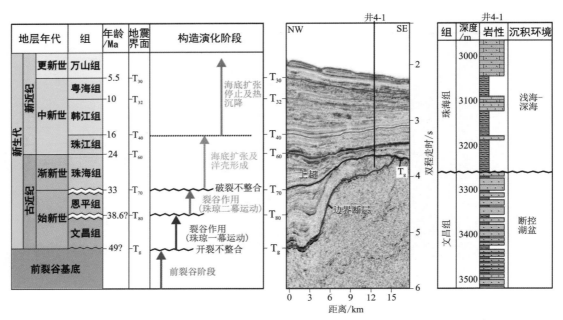

图6.4　白云凹陷井震对比揭示南海运动界面（T₇）特征图（据周志超，2018，修改）

白云运动对应地震剖面T₆反射界面（23 Ma）（图6.5）。该构造运动期间，随着南海海盆南北向海底扩张，南沙地块裂离华南大陆向南漂移。区域构造事件上，T₆不整合面反映澳大利亚板块向北运动，与欧亚板块东南部于鸟头岛开始碰撞。从ODP、IODP钻探结果可看，古近纪–新近纪界面是南海新生代构造和环境历史中最明显的转换界面之一（Wang et al.，2000；Li et al.，2014a），南海沉积盆地经历了从裂谷期到广泛沉降的转变（Ru et al.，1994）。南海扩张脊于磁异常7～6b（26～24 Ma）期间发生向南跃迁，扩张脊走向由近东西向转为北东–南西向，扩张速率由50 mm/a降至35 mm/a，西南次海盆开始海底扩张（Briais et al.，1993）。南海扩张脊向南跳跃系深部幔源作用事件的响应，该事件同时导致南海北部区域性的滑塌沉积及沉积间断（邵磊等，2004；Li et al.，2005；李前裕等，2005），白云凹陷23.8 Ma以来的强烈沉降，以及南海北部沉积物成分发生突变。

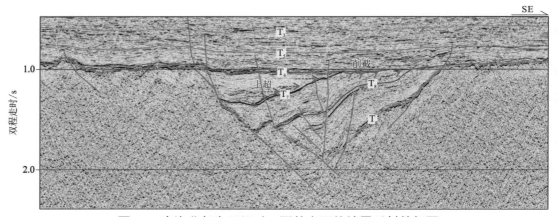

图6.5　南海北部白云运动T₆不整合面的地震反射特征图

（五）沙巴运动

基于南海南部海区钻井、地层岩性、沉积环境、构造应力体系和古生物资料的综合分析，结合婆罗洲地块测年结果和区域构造事件的对应关系，在早中新世末—中中新世（17～15 Ma）发生一次重要的构造运动——沙巴运动，对应地震剖面T$_5$反射界面（15.5 Ma），在南部曾母盆地、北康盆地和文莱–沙巴盆地对应中中新世不整合面（Middle Miocene unconformity，MMU）（Cullen，2010；姚永坚等，2013）；在北加里曼丹岛地区记录沙巴构造事件（Huchsion，1996）。该碰撞事件在南海洋壳磁条带也有反映（Brais et al.，1993），是南海海底扩张停止的一个关键构造响应界面，表现为古南海向南俯冲消亡于加里曼丹岛之下，曾母地块和南沙地块自西向东分别与加里曼丹岛发生剪刀式碰撞的结果。在南海南部海区沙巴运动表现明显，各个盆地内具有基本相似的地震反射特征，为强烈的不整合面，是变形前后两大套地层的分界和不同的构造格局，不整合面表现为强烈削蚀、起伏大，同相轴粗糙、扭曲。而南海北部该构造运动在地震剖面中不整合面特征不明显。在南海西部，该构造运动对西南次海盆以南地区影响强烈，T$_5$不整合面特征明显（图6.6），往北，该构造运动影响逐渐减弱，表现T$_5$界面变为整合–假整合特征。

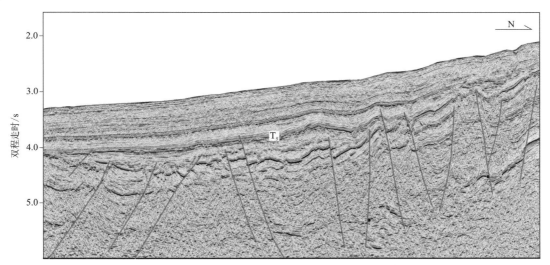

图6.6　南海西南部沙巴运动T$_5$不整合面的地震反射特征图

（六）南沙运动（东沙运动）

南沙运动发生于中中新世至晚中新世（11.6 Ma），在南海西部和南部称为南沙运动或万安运动，南海北部称为东沙运动。

南沙运动是南海较为强烈的一次构造运动，对盆地的构造演化具有重要影响，造成以T$_3$为界面前后不同的构造–沉积格局，对应区域性重要板块重组事件和全球海平面快速下降的构造转换面，反映南海海底扩张结束之后，膨胀的异常地幔伴随着热扩散作用后逐渐收缩，岩石圈逐渐冷却过程中缓慢加厚，导致南海地区普遍发生区域性的均衡沉降，是大规模水道和扇体开始发育的重要时期。地震剖面显示T$_3$界面向盆地中心发育一系列的前积层，而盆地边缘则表现T$_3$界面上覆上超和下伏削蚀的不整合特征。此外，菲律宾海板块与欧亚板块于13 Ma年在民都洛岛发生碰撞，以及澳大利亚板块和欧亚板块东南部于10 Ma在苏拉威西岛发生碰撞（姚伯初等，2004），在东南亚地区某些沉积盆地中均有强烈响应。T$_3$指示南海地区沉积速率最快和海平面快速上升的时期，代表盆地从慢速沉降到快速沉降的转换，在南海北部对应东沙运动，南海南部对应南沙运动或万安运动。

受华南地块南移加剧和印支地块南移受阻等因素的影响，中中新世末期南海西缘断裂的走滑剪切运动方向由左旋转为右旋，同时使断裂以东的新生代沉积盆地的构造、沉积格局发生改变（姚伯初等，1999，2004）。该构造运动使区域应力场发生变化，由拉张转为挤压，造成区域隆升。受其影响，中建南盆地中、下构造层普遍发生变形，尤其是北部隆起和南部隆褶带，地层强烈褶皱变形，断块掀斜，地层遭受剥失，断层和岩浆活动剧烈，在产生大量新断层的同时，伴有中基性岩浆岩的喷发，一些早期的火成岩体继续活动。

中中新世和晚中新世（距今约13～10 Ma），在南海北部珠江口盆地区韩江组与粤海组之间为不整合（或假整合）接触（图6.7）。在海盆与陆坡的过渡带有一向海盆方向倾斜的上超面，标志着此时两者之间发生过比较强烈的差异沉降。中中新世末至晚中新世早期是陆缘区沉降幅度和沉积速率的高峰期，并伴有区域性的玄武质岩浆喷溢活动。与此同时南海东北部海盆的相应反射界面上下层组之间、莺歌海–琼东南盆地黄流组与其下伏梅山组之间均为不整合接触。钻井揭示有地层缺失，超微化石缺失NN8～NN10带。

南海东北部东沙运动可能是由于菲律宾海板块逆时针转动碰撞欧亚板块所产生的北西向运动所致，使得区域应力场由张扭转为压扭，马尼拉海沟西侧地层受挤压隆升，珠江口盆地在沉降过程中发生断块升降，隆起剥蚀，并伴有挤压褶皱和岩浆活动（李平鲁和梁惠娴，1994；姚伯初等，1994，2004，2005；姚伯初，1998）。

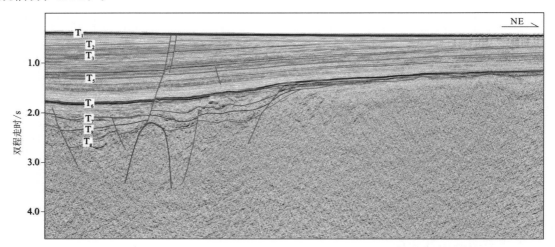

图6.7　南海北部珠江口盆地东沙运动T_3不整合面的地震反射特征图

（七）民都洛运动

民都洛岛东北部为菲律宾活动带的岛弧组分，西南部则表现巴拉望微陆块特征（图6.8）。民都洛运动的地质记录不连续，碰撞时间存在争议。一种观点认为，碰撞于早中新世晚期至中中新世早期（20～16 Ma）（Yumul et al.，2009）。然而，南沙–巴拉望岛的位置对于决定碰撞时间极为关键，板块构造重建倾向于巴拉望微陆块与菲律宾活动带于中—晚中新世，甚至上新世发生碰撞（Hall，2002），基于南海磁条带和扩张速率的推测，巴拉望微陆块在早中新世，仍位于现今位置以北，很难在早中新世与菲律宾活动带发生碰撞。民都洛岛弧西侧出露渐新世阿姆尼蛇绿岩（33～23 Ma）和卷入变形的晚渐新世—中中新世沉积层（图6.8）。基于浮游有孔虫和超微化石研究，Karig（1983）认为其上不整合覆盖的Punso粗屑砾岩为晚中新世至早上新世。班乃岛西部的晚白垩世—始新世蛇绿岩、混杂岩块逆冲到中中新统之上，它们同被上新世未变形的含化石钙质沉积层不整合所覆。这些都标志北巴拉望微陆块和菲律宾活动带碰撞时间为中—晚中新世，可能略早于台湾运动。

民都洛岛地层剖面显示上新世至早更新世为构造平静期，但是其西侧和南侧的民都洛海峡发生了显著裂谷和走滑拉分构造，这是对民都洛岛相对北巴拉望微陆块朝西北方向运动的响应，因此民都洛运动与欧亚-菲律宾海板块具有相似的相对运动，表明至晚上新世，民都洛岛协同台湾岛-菲律宾群岛运动。更新世（2～1 Ma）民都洛岛碰撞复活，在西侧前陆和民都洛海峡发育造山沉积和基底卷入逆冲作用（Suppe，1988）。

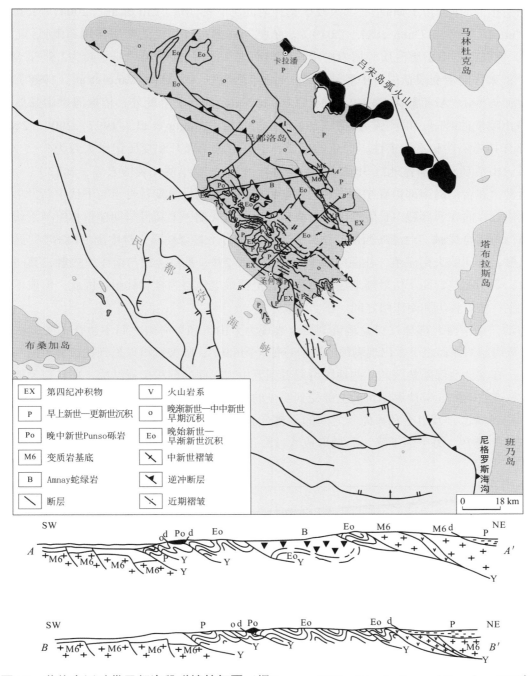

图6.8 菲律宾活动带民都洛段碰撞特征图（据Suppe，1988；Marchadier and Rangin，1990）

（八）台湾运动

台湾运动为发生于晚中新世末至上新世（6～5 Ma）的一次挤压造山运动，菲律宾海板块朝欧亚大陆向西碰撞、向北俯冲，欧亚大陆-南海岩石圈沿马尼拉海沟向东俯冲于西进的花东海盆-菲律宾海板块之下，导致了北吕宋岛弧与欧亚大陆边缘发生斜向弧-陆碰撞，中央山脉隆升（黄奇瑜，2017）。

由于利用不同方法，对台湾岛弧–陆碰撞的时限厘定仍有不同认识。根据西部内麓山带前陆盆地沉积序列，限定中央山脉隆起遭受剥蚀时间始于6.5～5.3 Ma（Lin et al.，2003；Nagel et al.，2013，2014；Chen et al.，2019）；或者依据中央山脉板岩带与雪山山脉变质碎屑岩的锆石裂变径迹结果，限定造山带初始抬升时间为7.1 Ma左右，大规模抬升时间为5～3 Ma（Liu et al.，2000；Mesalles et al.，2014；Lee et al.，2015；Chen et al.，2019）。依据与碰撞过程相关的变质作用约束弧–陆碰撞时限为6～2.5 Ma。例如，雪山山脉变质碎屑岩中沿着叶理面生长的白云母$^{40}Ar/^{39}Ar$年龄为2.5～6 Ma（Chen et al.，2018）；太鲁阁带变质花岗岩中黑云母$^{40}Ar/^{39}Ar$年龄为3～4.1 Ma（Wang et al.，1998）；玉里带绿辉石岩中金云母$^{40}Ar/^{39}Ar$年龄为4.4±0.1 Ma（Lo and Yui，1996）。此外，依据海岸山脉岛弧火山活动减弱直至停止喷发的时间，推测弧–陆碰撞初始于6～5 Ma（Huang et al.，1997，2000，2006）。虽然不同方法都有其局限性和不确定性，但总的来说，中央山脉的隆升和变质记录大致为6～5 Ma，要比海岸山脉的弧火山活动和弧前盆地沉积记录（大致为4～3 Ma）要早些（黄博宏等，2022）。

台湾运动，在台湾岛南部恒春半岛表现为中新世晚期—上新世早期牡丹组与下伏中新世早期庐山组呈角度不整合接触；而在西部麓山丘陵地区，则表现为中新世晚期—上新世早期桂竹林组与下伏中新世中期南庄组呈平行不整合接触。台湾岛西部的钻井亦证实其平行不整合性质，台中南的PKS-2井见桂竹林组与观音山组接触，其间缺失南庄组，往南约60 km的北港PK-2井，见卓兰组与南庄组接触，其间缺失锦水组和桂竹林组，表明不整合面下伏最新地层为南庄组，上覆最老地层为桂竹林组。因此，形成不整合面的台湾运动应发生在桂竹林组和南庄组之间。

台湾运动，在南海北部珠江口盆地震剖面上表现为万山组和粤海组之间不整合（或假整合）接触关系。陆坡区粤海组T_2界面之下常出现剥蚀的反射特征（图6.9）；陆架区可以见到在被夷平的基底隆起上沉积了万山组，在盆地西部陆架区的某些地段可以看到万山组下面的前积反射结构。珠江口盆地内发育波浪状的沉积层，在它的隆起部位粤海组的上部受到明显的剥蚀，而在低洼部分沉积了水平的或接近水平的沉积层。钻井资料揭示，万山组和粤海组之间的不整合面是中新世末的一个构造层面。台湾运动总体上导致南海北部陆架隆升，海平面下降，后期形成莺歌海组陆架外缘低位体系，其地震特征具明显的前积反射结构。

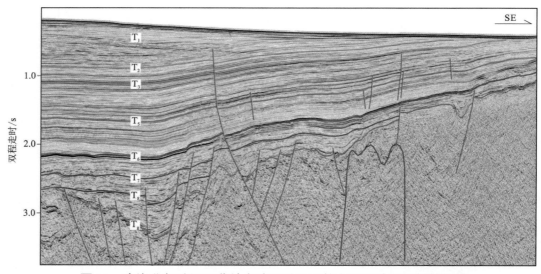

图6.9　南海北部珠江口盆地台湾运动T_2不整合面的地震反射特征图

第二节　构造层划分及其特征

构造层（tectonic layer）是地壳发展过程中，同一构造区内、一定构造发展阶段所形成的特定岩石组合，并伴有相应的构造-热事件的产物。这一特定岩石组合因沉积建造、变质-变形和岩浆活动等方面的特点明显有别于上覆、下伏构造层，可以独立区分出来。相邻构造层之间通常由一个明显的角度不整合分隔。

依托我国南海基础地质调查研究，参考我国陆地构造旋回划分方案（表6.2），结合海区构造运动，根据地层接触关系、沉积充填类型、地震反射界面、区域性不整合面、构造变形、构造沉降等特征，将南海及邻域地层自下而上划分为前兴凯期构造层、加里东期构造层、海西期构造层、印支期构造层、燕山期构造层及喜马拉雅期构造层六个构造层。南海周边区域出露元古宇和太古宇甚少，因此将兴凯运动及以前构造运动所形成的构造层统称为前兴凯期构造层。南海海域除局部发育燕山期构造层之外，主要发育喜马拉雅期构造层，后者可进一步划分三个构造亚层，基于不同部位区域不整合面进行分隔，反映南海构造亚层空间差异和时间阶段式演化过程。

一、前兴凯期构造层

前兴凯期构造层是南海及邻域最老的构造层，主要分布于华南和中南半岛地区（图6.10）。华南地区的前兴凯期构造层经历多期不同程度变质-变形，化石少、构造复杂，分布于广西岑溪、容县、北流、陆川、博白，广东遂溪、化州、高州、信宜、罗定、阳春、阳西、阳东、广州（白云山、帽峰山、增城）、东莞、深圳等地，包括天堂山岩群和云开岩群。天堂山岩群为中深变质岩系，多已发生一定程度的混合岩化作用，根据锆石同位素年龄确定时代为早中元古代。天堂山岩群以滑脱型韧性剪切带与上覆的云开岩群中浅变质岩系接触，后者原岩为类复理石碎屑岩，据微古植物化石和锆石同位素年龄确定时代为蓟县纪—青白口纪。云开岩群内部发生强烈构造混杂作用并夹有喷出岩和变质镁铁质-超镁铁质岩，从而构成构造混杂岩岩片。

前兴凯期构造层中普遍夹有MORB型变质基性喷出岩，稀土元素特征和不活动痕量元素特征均显示为典型的大洋拉斑玄武岩，可能代表了消亡古洋壳。中元古代早期，华夏地块与扬子地块裂解、离散，形成了包括云开、阳江、增城在内的华夏陆块群，各裂解陆块之间以深海槽相隔，局部形成新生洋壳，晚期于陆川石窝-北流清水口一带产出具MORB型特征的镁铁质-超镁铁质岩。云开地区长时间处于拉伸的构造环境，早期沉积一套成熟度较高的砂岩、泥岩、泥灰岩、灰岩。由于地幔对流等因素影响，云开地块发生深层次近水平顺层伸展滑脱和高级变质作用，伴随区域深熔混合岩化，形成复杂的柔流褶皱，以黑云角闪变粒岩、黑云片岩、石榴夕线钾长浅粒岩、透辉透闪斜长变粒岩、石榴紫苏斜长麻粒岩、橄榄大理岩等岩性构成天堂山岩群主体部分。中元古代之后，云开沉积范围拓展至阳江、增城一带，沉积了大套沟弧盆环境下夹喷出岩的类复理石碎屑岩建造。中元古代末，华夏地块和扬子地块汇聚，前期地层上升隆起，沉积建造遭受绿片岩相-角闪岩相变质作用，随后发生岩浆侵入作用，在深层剪切作用下，岩石发生变形-变质作用，形成了变质表壳岩和由片麻状花岗质岩石所组成的变质杂岩，构成华南地区的结晶基底。

表6.2 中国大地构造旋回划分方案

地质时代			地质年代/Ma	构造阶段及构造旋回	构造运动	主要构造事件
显生宙	新生代	第四纪 全新世	0.011	陆内造山阶段	喜马拉雅运动II	青藏高原隆起，南海开裂沉陷，中国境内陆内造山强烈发育，印度-冈瓦纳与欧亚大陆碰撞，雅鲁藏布带闭合，中国大陆形成
		第四纪 更新世			喜马拉雅旋回 喜马拉雅运动I	
		新近纪 上新世	5.3	陆洋板块碰撞拼合转化阶段		
		新近纪 中新世	23			
		古近纪 渐新世	33.8			
		古近纪 始新世	55.8			
		古近纪 古新世	65			
	中生代	白垩纪 晚白垩世	96		燕山运动II	中国东部环太平洋陆缘活化，火山岩浆活动强烈发生；羌塘与冈底斯碰撞，班公-怒江带闭合
		白垩纪 早白垩世	145		燕山旋回 燕山运动I	
		侏罗纪 晚侏罗世	162.8			
		侏罗纪 中侏罗世	180			
		侏罗纪 早侏罗世	199.6			
		三叠纪 晚三叠世	227		印支旋回 印支运动	康西瓦-修沟-磨子潭带闭合，扬子板块与华北板块拼合
		三叠纪 中三叠世	247.2			
		三叠纪 早三叠世	252.3	陆洋板块活动明显阶段		
	晚古生代	二叠纪 晚二叠世	260.4		海西运动II	扬子板块西缘开裂，古亚洲洋闭合，华北与西伯利亚-哈萨克斯坦及塔里木板块拼合；冈瓦纳大陆北缘开裂
		二叠纪 中二叠世	270.6			
		二叠纪 早二叠世	299		海西旋回 海西运动I	
		石炭纪 晚石炭世	318.1			
		石炭纪 早石炭世	359.2			
		泥盆纪 晚泥盆世	385.3			
		泥盆纪 中泥盆世	397.5			
		泥盆纪 早泥盆世	416		加里东运动II（广西运动）	天山海槽闭合，塔里木与哈萨克斯坦-准噶尔板块拼合；古特提斯洋闭合，古中国大陆形成
	早古生代	志留纪 顶志留世	418.7			
		志留纪 晚志留世	422.9			
		志留纪 中志留世	428.2		加里东旋回	
		志留纪 早志留世	443.7			
		奥陶纪 晚奥陶世	460.9		加里东运动I	
		奥陶纪 中奥陶世	471.8			
		奥陶纪 早奥陶世	488.3			祁连海槽闭合，华南海槽闭合
		寒武纪 顶寒武世	497			
		寒武纪 晚寒武世	507			
		寒武纪 中寒武世	521		兴凯运动（张广才岭运动）	
		寒武纪 早寒武世	541			
元古宙	新元古代	震旦纪 晚震旦世	550		扬子旋回	天山-兴安、昆仑-秦岭及华南等大陆边缘活动
		震旦纪 早震旦世	635			
		南华纪 晚南华世	660			
		南华纪 中南华世	725			
		南华纪 早南华世	780	褶皱（变质）基底形成阶段	晋宁运动II	
		新元古代早期	1000		晋宁旋回 晋宁运动I	扬子陆块及塔里木克拉通形成
	中元古代	中元古代晚期	1400			
		中元古代早期	1800			
	古元古代		2500	结晶基底形成阶段	吕梁旋回 吕梁运动 五台运动	华北克拉通及古塔里木陆块形成
太古宙	新太古代		2800		阜平运动 迁西运动	
	中太古代		3200		阜平旋回及更老	辽东、鄂尔多斯及冀鲁陆核形成
	古太古代		3600			
	始太古代					

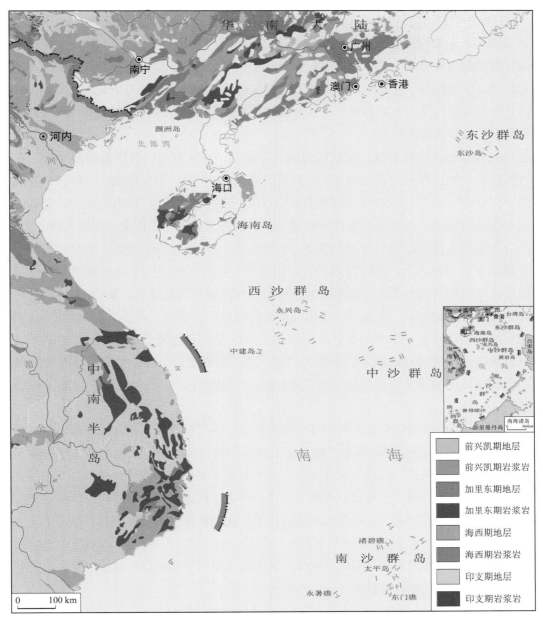

图6.10　南海邻区前兴凯期—印支期构造层分布图

中南半岛的前兴凯期构造层由太古宙—中元古代杂岩组成，主要分布在昆嵩（Kon Tum）地块。太古宙杂岩被统称为康纳（Kan Nack）杂岩（Phan et al.，1991），总厚度大于8000 m，上、中、下部分别由变质铁镁质火山岩、麻粒岩-大理岩和花岗闪长岩-花岗岩所组成。古元古代杂岩被称为玉岭（Ngoc Linh）杂岩，变质岩以典型的角闪岩相矿物组合为特征，其母岩为铁镁质火山岩和与之伴生的沉积岩，反映元古宙时期昆嵩地块结晶基底逐渐形成。古元古界与太古宇呈构造接触，并广泛发育混合岩，层序下部形成巨大的混合岩和深成岩体，说明此时期发生了构造运动，玉岭混杂带被认为是在原始陆壳上形成的裂谷构造岩石组合。中南半岛的前兴凯期构造层说明昆嵩地块的结晶基底形成于太古宙至元古宙早期，其间曾发生强烈的构造运动，导致酸性岩浆的广泛入侵和混合岩化。早元古代原始陆壳背景下可能发育裂谷，反映了陆壳由固结向裂解转化的地史早期区域地质演化的基本特征。

二、加里东期构造层

南海及邻域加里东期构造层主要分布于华南大陆、海南岛和中南半岛（图6.10）。华南地区南华系与下古生界间无明显的构造界面，统称为加里东期构造层。华南地区加里东期构造层主要分布于东至惠州、河源，西至南宁，北至韶关，南至湛江范围内。加里东运动期，扬子地块与华夏地块碰撞，钦州地层分区除西南端以外的泥盆系与下古生界普遍呈不整合接触关系，湘桂赣地层分区、云开地层分区的志留系与泥盆系之间不整合，局部志留系缺失。

南华纪华夏地块边缘持续裂解，沉积浅海陆源碎屑岩，经区域变质及构造变形改造。晚震旦世的大规模热水事件使两广地区普遍发育巨厚层状硅质岩，属深海-半深海沉积环境的产物。寒武纪，南宁高峰岭、大瑶山、大桂山、云安、广宁等地为凹陷带中心区，连续沉积浅海-深海类复理石碎屑岩夹钙、铁质岩建造，云开微陆块周缘寒武系为浅水硅质碎屑沉积，发育大套砂岩，构成了加里东被动陆缘陆棚-斜坡的沉积体系。寒武纪末期至奥陶纪初期的郁南运动导致吴川-四会断裂带活化，断裂带内部中奥陶统呈微角度不整合覆盖于八村群之上，断裂带西侧罗定、德庆一带为浅海环境下的壳相类复理石沉积，断裂带东侧开平等地水体加深，沉积了含大量笔石的半深海相硅质岩和黑色页岩。至中—晚志留世，随钦州-玉林拗陷抬升，海水向西南防城一带退却，浅海陆棚带比较宽广，合浦、灵山、玉林的岩层显示半深海-深海滞留还原环境。晚志留世，钦州小董、灵山旧州一带沉积较多的深水硅质岩。志留纪末为加里东运动主构造期，造成区域范围强烈的褶皱、断裂、岩浆作用、区域变质与成矿作用。华南地区强烈褶皱的加里东期构造层普遍被泥盆系（由西往东从下泥盆统到上泥盆统呈穿时性）不整合覆盖，构成了华南地区的褶皱基底。

海南岛加里东期构造层由震旦纪—早古生代地层构成，主要分布在海南岛中南部。震旦系以碎屑岩建造为主，地层厚度不大，最薄约200多米，地层中未见火山岩，反映当时地壳运动比较平静。寒武系、奥陶系和志留系以碎屑岩夹灰岩、大理岩建造为主，其中奥陶系上部含有基性火山熔岩及基性火山碎屑岩。海南岛加里东期构造层中，震旦纪地层以碎屑岩为主，早古生代地层中除碎屑岩外，往往伴有泥质页岩和灰岩，局部地方见有深水硅质岩，显示沉积环境有由浅水逐渐向深水过渡的趋势。早古生代末加里东运动使这套构造层普遍变质-变形，常见绢云母页岩、云母片岩或千枚岩、板岩，其中震旦系变质程度相对较深，为片岩及片麻岩，局部发生混合岩化。此外，海南岛加里东期构造层形成过程中，未见有大规模的岩浆活动，总体反映其沉积环境较为稳定。

中南半岛加里东期构造层主要分布于昆嵩地块北缘的车邦-岘港缝合带内。构造层下部（新元古界—下寒武统）的岩性主要为片岩、石英岩、角闪岩及覆于其上的大理岩、白云岩和千枚岩。变质岩中夹有铁镁质火山岩，具有残余洋壳的特征。昆嵩地块最早发育的沉积盖层是一套绿片岩相的变质岩群，此时地壳运动较为平静。构造层中部（寒武系—下奥陶统）包含硅质片岩和安山岩-玄武岩及其上覆的黑色泥质片岩，总厚度约4000 m（Nguyen，1998）。构造层上部（上奥陶统—志留系）与越北连为一片，在岘港一带沉积序列起始于底砾岩和厚层块状粗砂岩（80～90 m），并以角度不整合覆盖于Long Dai组之上。该序列主要组分厚度超过3000 m、具有韵律性的陆源碎屑堆积，层间夹有黑色页岩及与中酸性火山活动有关的安山岩、英安岩。由于顺化火山弧带发育有奥陶纪—志留纪的钙碱性玄武岩、安山岩以及含三叶虫的复理石沉积，系车邦-岘港洋向北俯冲形成的大陆边缘火山弧系，岘港一带的构造层上部也可以视为陆缘弧体系的一部分。

三、海西期构造层

南海及邻域海西期构造层对应泥盆系至二叠系之间的层系。华南地区海西期构造层主分布于韶关市新丰县，河源市东源县、东源县–龙川县交界，惠州市辖区、龙门县、惠阳区、惠东县，深圳大鹏半岛，梅州市五华县等地。泥盆纪，华南地区基底断裂拉伸、活化，地壳下降，围绕龙川、龙门、惠州、深圳等拗陷中心沉积陆相–滨浅海相碎屑岩建造和碳酸盐岩建造，普遍以角度不整合覆盖于前泥盆系之上。泥盆系基本以整合接触为特征，偶见平行不整合或构造接触，地层岩性多变，岩相复杂。石炭系与泥盆系钙质砂岩呈平行不整合–整合接触，下石炭统发育滨海潮坪相建造、海陆交互相碎屑岩建造和远岸碳酸盐台地建造。随后，地壳逐渐下降使龙门、龙川、惠州、深圳各地区的滨海砂泥坪或滨海湖泊环境转变为开阔浅海台地，形成一套浅海台地相碳酸盐岩。晚石炭世末期地壳趋于上升，海侵转向海退，海盆范围缩小。石炭系顶部以黄龙灰岩的消失、栖霞组碳质泥灰岩的出现为标志，与上覆二叠系呈平行不整合接触或者构造接触关系。早二叠世，龙门、东源、五华一带沉积栖霞组灰岩夹碳质泥岩页岩或泥质灰岩，普遍接受开阔台地–潟湖–潮坪沉积建造，形成浅海台地相碳酸盐岩。中二叠世，粤东山地范围增大，地壳普遍上升，早期的浅海台地转变为滨海潮坪，沉积了硅质、泥质、砂质和含钙质岩石，海盆进一步缩小，在龙川鹤市镇附近出现了滨海沼泽环境，形成了童子岩组煤层。晚二叠世早期，地壳轻微下沉，仅在龙川鹤市镇附近沉积了滨海潮坪相的海陆交互相砂泥岩建造。晚二叠世晚期至中三叠世晚期，地壳持续缓慢上升并遭受剥蚀，造成早中三叠世沉积记录缺失。

中南半岛海西期构造层沿特定缝合带及相关地块分布。中南半岛北部标志原特提斯洋封闭的泥盆纪老红砂岩散布在三岐缝合带附近（李兴振等，1995），顺化等地的陆相老红砂岩上覆中泥盆统至中二叠统海相碎屑与碳酸盐沉积序列，并零星散布钙碱性岩浆弧记录，可能与古特提斯汇聚、消减有关。南部斯雷博河带内，石炭系—二叠系主要岩性为页岩、粉砂岩夹灰岩、斜长斑岩、安山岩和凝灰岩，总厚度为500～600 m，其上覆为下三叠统陆相沉积。石炭系至二叠系主要岩性为页岩、粉砂岩夹灰岩、斜长斑岩、安山岩和凝灰岩，总厚500～600 m，其上为下三叠统陆相沉积。昆嵩地块海西期构造层下部的泥盆系Cu Brei组分布于Yaly水电大坝地区，为晚泥盆世海相沉积地层，不整合于下伏Dien Binh花岗岩杂岩之上。海西期构造层中部的石炭系Chacoi组包括砂岩、片岩、灰岩、砾岩、粗砂岩和3～8层煤系，总厚度为800～100 m，煤层厚度范围为20 cm至大于10 m，产有化石。海西期构造层二叠系为灰岩，上部为安山岩、流纹岩和凝灰岩，与上覆三叠系Manggiang组呈角度不整合接触。将昆嵩地块解体而划分出的巴江缝合带，主支分布的麻粒岩、紫苏花岗片麻岩和角闪岩的年龄为260～245 Ma，表明越南中南部各陆块的聚合、拼贴的时代为晚二叠世至早三叠世初期。中南半岛海西期构造层分布与同期广泛分布的碰撞型花岗岩相结合，说明海西期中南半岛发生重要构造转换作用。

四、印支期构造层

南海及邻域印支期构造层于主要分布华南大陆西部、海南岛和中南半岛（图6.10）。印支期是东亚地区的重大构造转换阶段，该期构造运动涉及范围广，中国大部分地区表现为陆块间的拼合，以碰撞挤压环境为主，而中南半岛地区普遍形成碰撞后伸展环境。

华南印支期构造层包括二叠纪至中三叠世地层。早二叠世晚期来宾拗陷、大明山隆起区域基本为浅海碳酸盐岩沉积；钦防前陆盆地灵山–藤县断裂带内则为含锰硅质岩沉积；灵山–藤县断裂带以东区域继承石炭纪末期海退趋势，浅海台地相碳酸盐岩分布范围缩小，靠近山地或陆岛地区带入较多的砂泥碎屑物而形成碎屑岩夹层。晚二叠世，古特提斯洋闭合，钦州造山带白板一带发育由火山角砾岩、细碧岩、角斑岩、枕状玄武岩和凝灰熔岩组成的细碧角斑岩系，为俯冲岛弧型钙碱性玄武岩，其后灵山–藤县断裂至东南侧长期处于剥蚀状态，而西北侧则连续沉积至早三叠世。早三叠世，沿灵山–藤县断裂带发生大规模酸性岩浆活动，构成北东向展布的六万大山–十万大山花岗岩带，指示印支运动开始。中三叠世，华夏地块与扬子地块全面拼合，钦防残余海槽最终关闭，碰撞形成基底卷入式褶皱带，主要构造呈北北东、北东向，局部为南北向或弧形，其间佛冈–丰良、高要–惠来、吴川–四会、恩平–新丰、北海–梧州断裂带均有强烈活动，断裂旁侧温压显著增高，形成沿断裂呈线形分布的变质岩。中三叠世末期，钦州地块沿罗定–广宁断裂带发生大规模右旋韧性–韧脆性走滑剪切运动，标志印支造山运动的终结。

海南岛印支期构造层由石炭系—下三叠统构成。石炭系主要为石英砂岩、砂岩与板岩、粉砂质板岩不等厚互层，夹少量粉砂岩，底部为砾岩或含砾不等粒砂岩，分布较广，地层总厚度超过1300 m。二叠系主要为石英砂岩与板岩、砂质板岩、细–粉砂岩、泥质岩不等厚互层，夹少量杂砂岩，底部生物碎屑微晶灰岩夹硅质岩，与上、下地层之间均为整合接触，地层总厚度约2000 m。下三叠统主要为砾岩、含砾细砂岩、泥岩、泥质粉砂岩，地层总厚度约100 m。海南岛印支期构造层主要以浅海、滨海湖泊相碎屑岩沉积为主，局部地方发育灰岩夹硅质岩，发生在晚二叠世—早三叠世期间的印支运动，虽然没有使这套构造层普遍发生变质，但发育了大规模的岩浆活动，其侵位时代从晚石炭世一直到早三叠世，以中–酸性岩浆活动为主，含少量基性辉长岩和辉绿岩。

中南半岛印支期构造层对应三叠系至中侏罗统之间的层系。下—中三叠统主要分布在昆嵩裂谷盆地（Mang Yang组）或大叻–上丁盆地（Chauthoi组）中，底部为砾岩、砂岩、粉砂岩，向上出现流纹岩、英安岩和凝灰岩夹泥灰岩透镜体的火山–沉积组合。由酸性火山岩屑组成的沉积岩不整合在下伏老的岩层之上。火山岩相当于亚碱性、高钾质流纹岩–粗面岩组合。位于岘港—三岐一线之西的Nong Son地堑叠覆在车邦–岘港结合带上，中三叠统为陆源碎屑岩和酸性火山岩，伴有次火山岩侵入体。下—中侏罗统分布于大叻地区及北部的Nong Son地堑：班敦群（大叻群）基本由海相钙质砂岩、粉砂岩和泥灰岩构成，向上渐变为过渡相页岩、粉砂岩和砂岩，厚达1200 m，表现出海退层序；Cato组（大叻）属于火山–沉积组合，底部由砾岩和红色砂岩组成，向上渐变为安山岩和凝灰岩夹英安岩，厚800 m。寿林群（Nong Son地堑）下部为滨海相，主要由白色石英砾岩、粗砂岩组成，向上过渡为深灰色粉砂岩、页岩，灰色砂岩及泥灰岩、灰岩夹层；上部渐变为红色陆相粉砂岩、黏土岩和砂岩，总厚达1500～1800 m，表现出海退层序。德保乐组属于火山成因–沉积型，底部由砾岩和红色砂岩组成，向上渐变为安山岩和凝灰岩夹英安岩，厚800 m。中南半岛于印支期基本完成地质意义上的统一，奠定了现代的构造地理格局，并普遍出现碰撞后伸展环境。早中生代安溪（An Khe）裂谷带和Nong Son地堑发育于昆嵩地块的前寒武系和上古生界基底之上，主要发育酸性火山岩（伴生有酸性次火山岩侵入体）和粗粒陆缘沉积物，构成陆内裂谷特征明显的岩浆–沉积体系。

五、燕山期构造层

（一）陆域

南海及邻域燕山期构造层对应晚三叠世至白垩纪地层，于华南大陆、海南岛、中南半岛、台湾岛、菲律宾岛、加里曼丹岛均有分布（图6.11）。

华南大陆燕山期构造层对应上三叠统至白垩系之间的层系，表现强烈的构造–岩浆作用及显著的陆内裂陷作用特征。印支期以后，华南地壳处于相对松弛阶段。晚三叠世，防城、上思、钦州一带，沉积平垌组与扶隆拗组，两者整合接触。粤中发生轻微扩张和断陷活动，沉积了海陆交互相含煤碎屑岩建造小坪组，厚约1300 m。北海-梧州断裂带、吴川-四会断裂带和恩平-新丰断裂带左行张扭性运动明显，沿北海-梧州断裂带和吴川-四会断裂带夹持的拗陷盆地，沉积了小云雾山组砾岩、砂砾岩、含煤碎屑岩等组成的类磨拉石建造，呈角度不整合覆盖于上古生界之上。晚三叠世中期，十万大山首先发生块断沉降运动，在前期北东向断裂带上发展成断陷盆地。晚三叠世晚期，盆地大幅度沉降，并由湖泊过渡为洪积、河流及三角洲沉积，堆积巨厚的红色复陆屑。

早侏罗世继承晚三叠世沉积环境，断陷盆地不断沉降，沉积中心向西北迁移，盆地东北部和西北侧早侏罗世地层普遍超覆于不同时代的地层或岩体之上。早侏罗世末，地壳大幅度抬升，东莞-深圳一带全面海退，形成滨海湖泊、滨海潮坪和河口三角洲环境，沉积了滨岸相特征的碎屑岩，钦州盆地自东北向西南掀斜。早侏罗世末期，太平洋板块向欧亚板块俯冲加剧，活跃的岩浆活动形成鹤山复式岩基、四会复式岩基、萝岗岩体等，粤中马梓坪组以角度不整合覆于下侏罗统海陆交互相含煤碎屑岩建造之上。中侏罗世，北海-梧州断裂带以西大片区域岩浆活动较弱，侵入作用限于横县百合镇、桂平西山、藤县等地。中侏罗世末，中侏罗统连同之前地层发生褶皱和断裂，上侏罗统以角度不整合覆盖其上。

晚侏罗世，大洋板块向欧亚板块俯冲进一步加剧，其间华南陆缘断裂活动遍布全区，岩浆活动普遍发育于北海-吴川断裂带内及以东区域。原有深大断裂复活，使上地幔或下地壳物质熔融形成岩浆，通过活动性深大断裂上升至地表，伴随从化东部、香港屯门、开平马山等地火山喷发，沉积一套流纹质英安质火山碎屑岩和火山熔岩。晚侏罗世至早白垩世，板块俯冲速度减慢，陆地遭受剥蚀成为丘陵和山地，之间沿构造活动带发育山前洪积扇、山间盆地和河谷平原，云开地层区堆积一套内陆湖泊相或山间盆地相红色碎屑岩，东江地层分区沿恩平-新丰断裂带形成的断陷盆地和沿瘦狗岭断裂形成的东莞盆地，均沉积内陆湖泊相红色碎屑岩。钦州地层分区块断升降运动活跃，沿着北东向灵山-藤县、南宁-大黎深断裂发育一系列大小不等的断陷或拗陷盆地，盆地沉积过程中持续受块断运动影响，南东侧上升、北西侧下降，造成沉积中心不断朝北西迁移。十万大山、大坡盆地继承了侏罗纪盆地的发展，盆地西南部侏罗系、白垩系表现为连续沉积。

早白垩世末发生大规模断裂活动和岩浆侵入，其间形成的北东、北西向大断裂及持续复活的老断裂，明显控制了晚白垩世盆地的形成和分布。一方面，晚白垩世盆地继承早白垩世盆地沉积，两者呈整合或平行不整合接触关系；另一方面，形成不少新的断陷盆地，以角度不整合覆盖在老地层之上。晚白垩世末，火山活动强度较弱，具间歇性，活动中心有由东向西迁移的趋势，侵入活动强度较之前降低，反映燕山运动步入尾声，区域岩浆岩的同位素年龄多为55～98 Ma，标志最后一期花岗岩侵入活动。茂名-罗定火山盆地三丫江组为中酸性岩浆喷溢，属陆内裂谷型。广西境内火山盆地西垌组为活动大陆边缘区域伸展裂陷环境下形成的钙碱性喷出岩系列。

海南岛燕山期构造层由白垩纪地层构成，主要分布在南部地区。下部以流纹质火山岩、英安质火山岩及火山碎屑岩为主，夹少量玄武岩以及数层英安质火山岩；中部以砂砾岩、含砾长石石英粗砂岩为主，夹泥质、铁质粉砂岩和泥岩、火山碎屑岩；上部以长石石英砂岩、粉-细砂岩为主，夹粉砂质泥岩、钙质泥岩、砾岩和英安质-安山质火山碎屑岩。在该构造层中，岩浆活动侵位时代有晚三叠世、侏罗纪和白垩纪，以中-酸性岩浆活动为主，变质-变形作用较弱。

中南半岛燕山期构造层对应上侏罗统至白垩系之间的层系，基本继承印支期的构造环境，以山前红色碎屑沉积为主夹少量煤系和酸性喷发岩，与之共生的花岗岩多为A型，体现碰撞后伸展期间的裂陷环境。相对而言，分布于南部的晚侏罗世—白垩纪（即晚燕山期）岩浆-沉积建造夹杂有大量岩浆岩，包括安山质玄武岩、安山岩、英安岩、流纹岩和I型花岗岩，沉积相从陆相、海陆过渡相、浅海相并一直向西延伸到同奈盆地的深海相，代表晚燕山期活跃的活动陆缘体系。该体系位于中南半岛向东的突出部，Hutchison（1989）根据中生代与之相伴生的以闪长岩和花岗岩的岩浆侵入活动，判断整个岩浆体系代表中国燕山期东南沿海火山-深成带向南方的延伸，将南方的中波（Trung Bo）和东方的南波（Nam Bo）地区的岩浆-沉积记录整体划为晚中生代大叻活动大陆边缘构造带，认为该构造带的属性与中国闽浙地区统一，是西太平洋俯冲体系的南向延展。

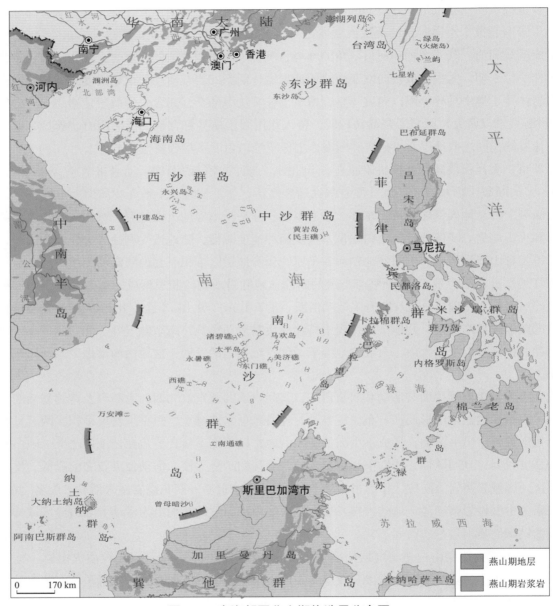

图6.11　南海邻区燕山期构造层分布图

　　加里曼丹岛燕山期构造层由晚三叠世—白垩纪地层构成，主要位于卢帕尔线以南、沙巴南部到加里曼丹岛西南部区域（Hutchison et al.，2000）。加里曼丹岛燕山期构造层不整合覆盖前中生代岩石，从老到新有晚三叠世Sadong组和Serian火山岩组，前者以长石砂岩为主，其次为砾岩、灰岩、燧石岩以及中-酸性凝灰岩，为近源快速沉积的产物；后者为高钾钙碱性玄武岩-安山岩-流纹岩系列。晚侏罗世到晚白垩世早期，含Kedadom组（晚侏罗世末—早白垩世初）块状或厚层砂岩夹薄层暗色钙质页岩、巴乌（Bau）（晚侏罗世，可能延到早白垩世）灰岩、佩达旺组（晚侏罗世末—晚白垩世中）海相含碳质页岩、泥岩和局部浊积岩。沿卢帕尔线及波延一带出露一系列晚侏罗世到白垩纪蛇绿岩和混杂岩，被认为是古太平洋或古南海的遗迹。

（二）海域

1. 南海北部

钻井和地震资料揭示，南海北部燕山期构造层相当于T_g和T_{m2}两个区域不整合面之间的地震反射层序（图6.12），其时代大致为晚三叠世—晚白垩世。该构造层主要分布于珠江口盆地东南部潮汕拗陷和台西南盆地（张莉等，2019），前者厚度为700～5700 m，整体呈南西-北东向展布，后者厚度为500～4800 m，向北东方向逐渐减薄。南海北部燕山期构造层局部受斑块状分布的小范围岩体破坏，地震资料揭示，除番禺隆起、北部断阶带、中部东沙隆起外，东南部和西部局部区域受火成岩影响，该构造层缺失。

珠江口盆地东南部潮汕拗陷北坡LF35-1-1井，揭示海底之下1003～2422 m深度范围的燕山期构造层上部岩性特征，自下而上由中—上侏罗统至上白垩统组成。中—上侏罗统底部含有机质的砂泥岩互层间夹杂火山喷发岩及鲕粒灰岩，属滨浅海相沉积；上侏罗统以放射虫硅质岩、纹层状泥岩夹基性喷出岩沉积为特征，指示水体较中侏罗世加深；下白垩统由基性火山岩夹中酸性火山岩和陆源碎屑岩为特征的海陆交互相岩石组合构成；上白垩统包括富含有机质的泥岩、粉砂岩及砂岩河湖相岩系。整体上，钻遇的燕山期构造层上部反映了燕山晚期南海北部处于活动大陆边缘环境，后期开始进入被动大陆边缘海陆转换的演变过程。

地震剖面显示，LF35-1-1井钻遇到燕山期构造层（T_g～T_{m2}反射层组）上部（图6.13），该构造层与上覆地层以T_g不整合为界，其上覆地层大致平行于新生界基底，并随新生界基底地形起伏，整体呈平行披覆关系，其下伏层组受T_g削蚀呈角度不整合接触，局部构造高点削截关系显著。基于LF35-1-1井地层沉积特征，燕山期构造层以T_{m1}不整合面可进一步划分两套构造亚层，上部亚层为白垩系，下部亚层为侏罗系，其中下构造亚层被T_{m1}不整合面所截切。而燕山期构造层下部上三叠统—下侏罗统呈平行-亚平行连续反射特征，暗示当时处于开阔、稳定的半深海沉积环境。南海北部燕山期构造层以宽缓逆冲推覆构造为特色，反映了当时处于挤压应力场，其构造变形体系与上覆近水平披覆的喜马拉雅期构造层明显不同。

2. 南海南部

钻井和海底拖网、地震资料表明，南海南部燕山期构造层不均一分布于南海东南部礼乐盆地至西北巴拉望盆地区域，主要由海相中生界构成。礼乐盆地燕山期构造层主要由上侏罗统—下白垩统的滨-浅海相含煤碎屑岩或半深海相页岩、上三叠统—下侏罗统三角洲-浅海相砂泥岩和中三叠统深海硅质页岩组成。Sampagita-1井在大约3400 m处钻遇上白垩统含煤碎屑岩系，其上部由带一些褐煤层的砂质页岩和粉砂岩组成，下部由集块岩、砾岩和偶尔含有粉砂岩互层的分选差的砂岩组成，地层岩性变化大（钻遇厚度约700 m）。西北巴拉望盆地燕山期构造层包括侏罗系—下白垩统，涉及边缘海-陆相灰岩、页岩、粉砂岩、细-粗砂岩、火山岩和变质沉积。西北巴拉望盆地西北部Cadlao-1井中钻遇最老岩层为上侏罗统—下白垩统，中下部为灰岩与页岩互层，夹火山岩、粉砂岩和砂岩，上部为含凝灰质灰岩，沉积环境为浅海-外浅海。Destacado A-1X井中发现的最老岩层为上侏罗统—下白垩统，中下部为灰岩与页岩互层，夹火山岩、粉砂岩和砂岩，上部为下白垩统的碎屑岩系。

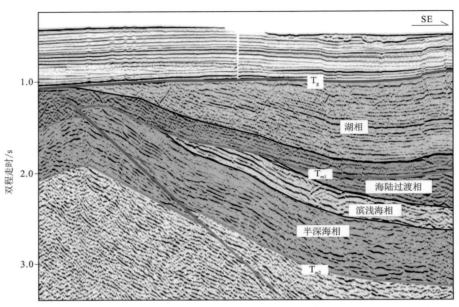

图6.12　潮汕坳陷中生代沉积相分析剖面图

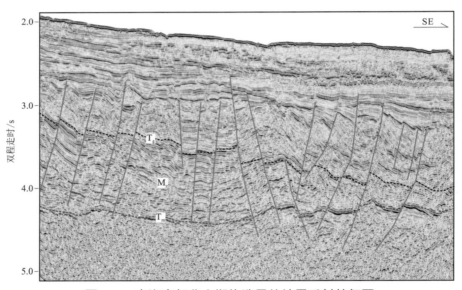

图6.13　南海南部燕山期构造层的地震反射特征图

　　南海南部燕山期构造层在地震剖面上以T_g和T_m构成顶、底界面，该构造层厚度变化较大，表现为大套倾斜、平行反射层组，尤以礼乐盆地南部坳陷最为典型（图6.13），但受地震反射品质限制，其底界面往往不易追踪。南海南部燕山期构造层整体表现平行–亚平行、连续反射，反射频率低于新生界。浅层为中–强、相对连续反射，往深部地震反射相对杂乱，成层性差。礼乐滩和西北巴拉望盆地燕山期构造层局部发育贯穿中、新生界的继承性正断层，但整体构造变形程度相对较弱，尤其构造层上部基本与上覆新生界变形较连贯，推测发育于较稳定的构造位置和沉积环境。南海南部燕山期构造层涉及中酸性岩浆侵位，地震剖面上呈垂向锥状、柱状岩浆底辟形态，岩体之上受新生界超覆或披覆。岩体分布与化极磁异常向下延拓40 km的北东–南西走向高磁异常区吻合，与南海北部陆架、陆坡区基底中发育的大量燕山期花岗呈共轭联系，指示燕山期火山弧背景（Li et al.，2018）。另据IHS，南海南部燕山晚期发育陆相至浅海相沉积，反映华南陆缘弧后伸展过程（图6.14）。

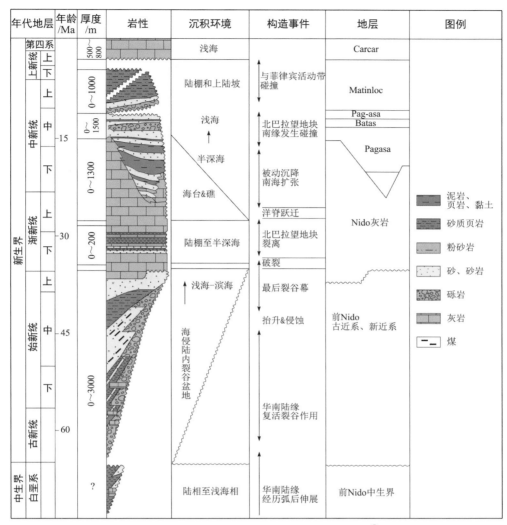

图6.14　西北巴拉望盆地综合地层柱状图①

六、喜马拉雅期构造层

南海及邻域喜马拉雅期构造层主要发育于海域新生界。南海新生代海底扩张具有由北往南跃迁和由东往西渐进式发展的特点，致使其整体地质构造格局具有东西分带、南北分块特征。根据区域构造运动影响作用，南海喜马拉雅期构造层可进一步划分为下、中、上三个构造亚层，在南海北部、南海西部、南海西南部、南海东南部和南海海盆五个不同区域，其构造亚层特征存在差异（图6.15，表6.3）。

南海北部：主要包括珠江口盆地和台湾海峡盆地等，发育T_g、T_7、T_6三个最主要的区域不整合界面，分别代表三次强烈的构造变动和地层剥蚀作用，是三期重大构造运动在地层中的反映。以T_g、T_7和T_6为界，喜马拉雅期构造层可进一步划分为下构造亚层（$T_g \sim T_7$，古新统—下渐新统）、中构造亚层（$T_7 \sim T_6$，下渐新统—上渐新统）和上构造亚层（$T_6 \sim T_0$，新近系—第四系）。

南海西部：主要包括南海西北部莺歌海-琼东南盆地、西部中建南盆地和万安盆地等。以T_g、T_6、T_3三个主要区域不整合面为界，将喜马拉雅期构造层进一步划分为下构造亚层（$T_g \sim T_6$，古近系）、中构造亚层（$T_6 \sim T_3$，下—中中新统）和上构造亚层（$T_3 \sim T_0$，上中新统—第四系）。

① IHS，2014. Northwest Palawan Basin summary report.

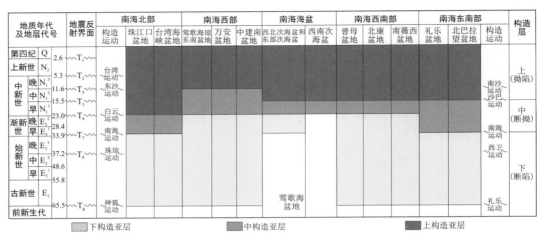

图6.15 南海海域喜马拉雅期构造层划分图

表6.3 南海喜马拉雅期构造亚层特征及分区表

地区	相关盆地	喜马拉雅期构造层		
		下构造亚层	中构造亚层	上构造亚层
南海北部	珠江口盆地和台湾海峡盆地	$T_g \sim T_7$，古新统—下渐新统	$T_7 \sim T_6$，下渐新统—上渐新统	$T_6 \sim T_0$，新近系—第四系
南海西部	莺歌海–琼东南盆地、中建南盆地和万安盆地	$T_g \sim T_6$，古近系	$T_6 \sim T_3$，下—中中新统	$T_3 \sim T_0$，上中新统—第四系
南海西南部	曾母盆地、北康盆地和南薇西盆地	$T_g \sim T_6$，古近系	$T_6 \sim T_5$，下中新统	$T_5 \sim T_0$，中中新统—第四系
南海东南部	礼乐盆地和北巴拉望盆地	$T_g \sim T_7$，古新统—下渐新统	$T_7 \sim T_5$，下渐新统—下中新统	$T_5 \sim T_0$，中中新统—第四系
南海海盆	西北次海盆和东部次海盆	$T_7/T_g \sim T_6$，渐新统	$T_6 \sim T_5$，下中新统	$T_5 \sim T_0$，中中新统—第四系
	西南次海盆	—	$T_6 \sim T_5$，下中新统	$T_5 \sim T_0$，中中新统—第四系

　　南海西南部：主要包括曾母盆地、北康盆地、南薇西盆地等。以T_g、T_6、T_5三个主要区域不整合面为界，将喜马拉雅期构造层进一步划分为下构造亚层（$T_g \sim T_6$，古近系）、中构造亚层（$T_6 \sim T_5$，下中新统）和上构造亚层（$T_5 \sim T_0$，中中新统—第四系）。

　　南海东南部：主要包括礼乐盆地和北巴拉望盆地等，以T_g、T_7、T_5三个主要区域不整合面为界，将喜马拉雅期构造层进一步划分为下构造亚层（$T_g \sim T_7$，古新统—下渐新统）、中构造亚层（$T_7 \sim T_5$，下渐新统—下中新统）和上构造亚层（$T_5 \sim T_0$，中中新统—第四系）。

　　南海海盆：由西北次海盆、东部次海盆和西南次海盆组成。以T_7/T_g、T_6、T_5三个主要区域不整合面为界，将西北次海盆和东部次海盆喜马拉雅期构造层进一步划分为下构造亚层（$T_7/T_g \sim T_6$，渐新统）、中构造亚层（$T_6 \sim T_5$，下中新统）和上构造亚层（$T_5 \sim T_0$，中中新统—第四系）。西南次海盆以T_6和T_5界面为界，将喜马拉雅期构造层进一步划分为两个构造亚层：中构造亚层（$T_6 \sim T_5$，下中新统）和上构造亚层（$T_5 \sim T_0$，中中新统—第四系）。

（一）南海北部

　　南海北部（珠江口盆地、台湾海峡盆地）于古近纪强烈断陷，湖盆扩大、加深，沉积厚达3000～5000 m的河湖相古近系。新近纪继续沉降，随海水入侵而成陆表海盆，沉积厚数米至2000 m左右的滨海、浅海和海陆交互相新近系，末期抬升，海水一度退却。第四纪，北部湾沿海、珠江口沿海等地区缓慢沉降以致被海水浸没，直至演变成为现今的陆架平原。

1. 下构造亚层

南海北部下构造亚层对应T_g、T_7两个区域不整合面之间的地震反射层序，相当于古新统—下渐新统（图6.16）。根据地震反射特征、钻井、海底取样和邻区地质资料分析，T_g一般认为是新生代古近纪早期或者晚白垩世时期发育的张裂不整合面，响应南海北部陆缘的神狐运动。

南海北部下构造亚层形成于裂陷环境，以陆相碎屑建造间夹火山碎屑建造或海相层构成主体，其分布多受北东向断陷控制，一定程度上继承了华南南部的燕山期构造格局。受强伸展作用，南海北部发育陡立正断层及铲式拆离断层，后者往往下切至地壳深层，为下构造亚层创造了巨大的沉积可容空间。南海北部下构造亚层普遍变形为不同规模、分割性强、孤立狭窄的条、块断块，局部也发育不同程度褶皱变形，其厚度总体上横向变化较大。

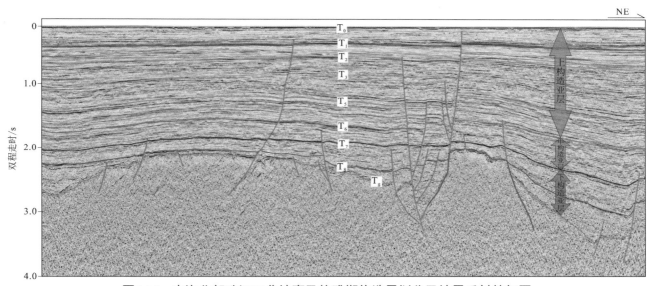

图6.16　南海北部珠江口盆地喜马拉雅期构造层划分及地震反射特征图

2. 中构造亚层

南海北部中构造亚层对应T_7和T_6两个区域不整合面之间的地震反射层序（图6.16），相当于上渐新统。T_7为上始新统和下渐新统的分界面，代表一次重大区域构造事件——南海运动，南海开始海底扩张。南海运动在各沉积盆地中表现为整体沉降背景下的抬升和剥蚀，如珠江口盆地恩平组顶部与上覆珠海组之间的不整合，以及南海北部陆架和南海北部陆坡的广大地区，北部湾盆地、莺歌海–琼东南盆地和台西南盆地等普遍形成的区域性不整合（林长松等，2007）。

南海运动之后，珠江口盆地、台西南盆地乃至整个南海区域基本进入继承性沉降发展阶段，广泛发育中构造亚层，其产状主要受先前发育的断陷边界断层控制。中构造亚层发育时期，边界断层持续活动，造成上、下盘中构造亚层厚度仍存在差异，但控凹边界断裂对海区构造格局与沉积过程的控制程度较之前有所降低。整体形态而言，中构造亚层呈现中间稍厚、两侧略薄的沉降特征，明显有别于下构造亚层的强掀斜地堑–半地堑构造变形。

3. 上构造亚层

南海北部上构造亚层对应T_6至海底（T_0）之间的地震反射层（图6.16），相当于新近系—第四系。

T_6为古近系和新近系的分界面，表现为裂后不整合界面，代表23.8 Ma发生于南海北部的一次重要地质事件，对应于南海海底扩张脊向南的跃迁，西南次海盆开始海底扩张，白云拗陷集中反映了该构造事件的物源、深部沉降作用的结构变化和沉积环境突变，前人称之为"白云运动"（庞雄等，2007）。白云运动之后，南海北部海区构造环境由断拗转为拗陷，沉积环境由浅水陆架环境演变为深水陆坡环境。南海北部上构造亚层地层产状随海底地形而起伏，厚度变化稳定，具有早期充填、后期披覆加积特征。上构造亚层整体变形较弱，仅发育低幅度褶皱，局部受少数继承性控拗断裂和边界断裂作用。总体上，南海北部上构造亚层属地壳区域性整体沉降阶段形成的稳定海相沉积披覆层，反映了南海扩张期后伴随地幔热消退的壳-幔均衡调整。

（二）南海西部

1. 下构造亚层

南海西部下构造亚层对应$T_g \sim T_6$的一套地震反射层序系（图6.17），相当于古近系。晚白垩世期间，欧亚大陆东南部普遍处于应力体制的转型期，由挤压全面转向拉张，在该地质背景下，112° E以西海区，经历了两期裂谷幕：（$T_g \sim T_7$）裂谷I期和（$T_7 \sim T_6$）裂谷II期。早期裂陷阶段（古新世—早渐新世）发育局部断陷，沉积陆相碎屑岩建造，在一些深凹处地震反射能量弱，反射波组难以连续追踪，反射体整体面貌不清晰。晚渐新世的第二期裂谷作用，使地层分布范围逐渐扩大，以陆相、过渡陆-海陆过渡相沉积为特征。南海西部下构造亚层以陆相碎屑沉积为主，受多期构造运动和后期岩浆岩改造，以地堑-半地堑结构为主要特色，地层厚度变化大，普遍发生断裂、掀斜、褶皱变形。受南海西缘走滑断裂带作用，南海西部陆缘呈狭窄变形带，断层活动剧烈，分割性强，下构造亚层结构趋于复杂。

2. 中构造亚层

南海大陆边缘破裂具东向西传递过程，导致南海西部破裂时间较东部滞后。南海西部中构造亚层对应$T_6 \sim T_3$的一套地震反射层序系（图6.17），相当于下—中中新统，属断拗结构的海相地层。由于受到南海破裂、扩张停止两期区域构造运动以及南海西缘断裂带作用的多重影响，南海西部中构造亚层在横、纵向上结构复杂，局部隆升并遭受剥蚀，地层厚度变化大。112° E以东海区，强烈的岩浆活动造成中构造亚层面貌进一步复杂化。因此，西部中构造亚层标志着南海西缘从大规模裂谷断陷转换为热沉降，其间裂陷活性减弱，以发育变形较弱的碟形沉积体为主，与下构造亚层的不对称箕状形态明显不同。

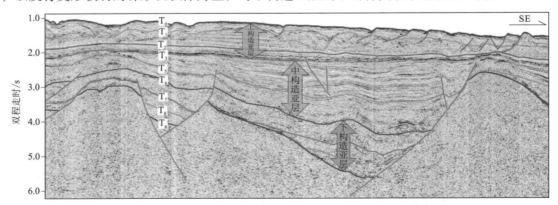

图6.17　南海西部中建南盆地喜马拉雅期构造层划分及地震反射特征图

3. 上构造亚层

南海西部上构造亚层对应$T_3 \sim T_0$的一套地震反射层序（图6.17），相当于上中新统—第四系。地震剖面上，该构造亚层表现早期充填、后期披覆海相沉积特征。受大地构造背景与地球动力学环境影响，该构造亚层以110° E为边界，其东西海区沉积-构造不同。110° E以西陆架、陆坡区（中建南盆地）及东北部陆坡区，上构造亚层以披覆沉积为主，除局部受重力作用导致的浅层断裂活动之外，变形程度较弱，厚度较均一，且岩浆活动较微弱，整体反映南海后扩张期较稳定的区域沉降构造环境，且南海西缘走滑断裂带对沉积-构造的控制作用有限。反之，110° E以东下陆坡区和西南次海盆，岩浆活动剧烈，重力流和下切水道发育，导致上构造亚层结构复杂，地层厚度横向变化较大。

（三）南海西南部

1. 下构造亚层

南海西南部下构造亚层介于T_g～T_6的一套地震反射层序（图6.18），相当于古近系，对应南海西南部第一期裂陷幕。西南次海盆扩张之前，南海西南部以显著陆壳减薄为特征，其间塑造了该区裂谷盆地的格局。由于裂陷幕以北西-南东向伸展作用为主要构造体制，下构造亚层主要发育于近南北向、北东-南西向半地堑，沉积环境以陆相湖泊、河流相为主。南海西南部下构造亚层多发育倾向海盆方向的铲式断裂，这些断裂控制的箕状半地堑构成主要构造样式。

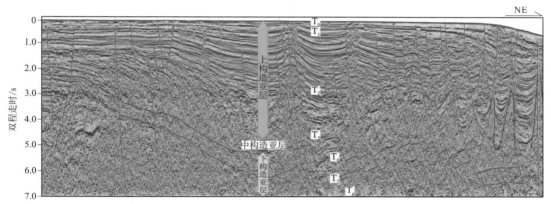

图6.18　南海西南部曾母盆地喜马拉雅期构造层序划分及地震反射特征图

2. 中构造亚层

南海西南部中构造亚层对应T_6～T_5的一套地震反射层序（图6.18），相当于下中新统，对应第二期断拗幕。早中新世伊始，受与西南次海盆打开有关的伸展作用构造应力场作用，南海西南部的裂陷作用进一步加剧，此时中构造亚层基本继承前期构造沉积体制，但分布范围较之前扩大。早中新世期间，发生由东而来的大规模海侵，沉积环境由非海相到海陆过渡相、外浅海和半深海相，反映从早期张裂到海底扩张漂移的断拗转换阶段特征。早中新世晚期至中中新世，南海南部汇聚作用导致南海海盆停止扩张，其区域隆升、剥蚀形成T_5区域不整合面，构成了中构造亚层的上限。由于受多次构造运动影响，盆地逐渐加深伴随半地堑不均匀沉降，南海西南部中构造亚层在纵、横向上在沉积层类型、沉积相、沉积厚度、构造层的结构等均有较大差异。

3. 上构造亚层

南海西南部上构造层为T_5～T_0的一套地震反射层序（图6.18），相当于中中新统—第四系，对应第三期区域沉降拗陷幕，标志南海西南部进入区域沉降演化阶段。南海扩张停止后，膨胀的异常地幔伴随着快速热扩散作用而逐渐收缩，导致区域性的均衡沉降，发育半深海-深海相沉积环境，以半远洋沉积为主，块体搬运作用明显，形成以海盆为中心的深水盆地、以陆缘加积为主的披覆型沉积和礁滩隆起区大套碳酸盐岩沉积，局部发育泥底辟构造，并向上刺穿至T_2界面。

（四）南海东南部

1. 下构造亚层

南海东南部下构造亚层对应$T_g \sim T_7$的一套地震反射层序（图6.19），地层相当于新生界底界面（古新统）到下渐新统，其经历了两期裂陷阶段：裂陷I期（$T_g \sim T_8$）和裂陷II期（$T_8 \sim T_7$）。裂陷I期（$T_g \sim T_8$，古新统—中始新统）与下伏燕山期构造层同受伸展作用而翘倾旋转，为新生代沉积创造了可容空间，平面上造就北东堑垒格局。裂陷I期构造层由沉积中心朝隆起方向减薄，局部或缺失，厚度变化基本上反映了盆地的新生代基底特征及盆地裂陷发育初期陆相为主的沉积特征。裂陷II期（$T_8 \sim T_7$，中始新统—下渐新统）海平面上升，至早渐新世达到高峰，南海东南部开始广泛进入了浅海环境。裂陷区T_8不整合界面之上表现出海侵上超沉积特征，断层活动多以继承性为主，并延续早期半地堑充填样式，表现出以高角度正断层控制下的断陷结构，上覆地层为较开阔的断陷型沉积，沉积中心有向南迁移的趋势。在裂陷II期，南海东南部仍受伸展作用控制，但拉张程度较裂陷I期减弱。因此，南海东南部下构造亚层明显受控凹断层的伸展作用，区域上多呈现楔形半地堑构造样式。

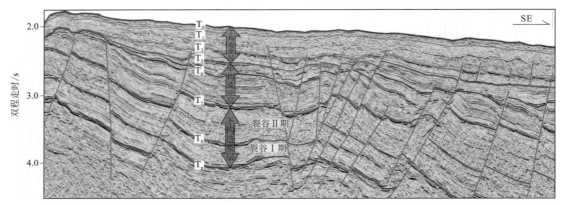

图6.19　南海东南部礼乐盆地喜马拉雅期构造层划分及地震反射特征图

2. 中构造亚层

南海东南部中构造亚层为$T_7 \sim T_5$的一套地震反射层序（图6.19），相当于下渐新统—下中新统，属漂移阶段的产物，以浅海相碳酸盐岩和碎屑岩沉积为主，分布范围广，但断层活动明显减弱，逐渐进入断拗阶段。T_5不整合面作为南沙地块与南部沙巴-卡加延脊碰撞的响应标志，导致其下伏地层发生褶皱变形，在构造高部位遭受不同程度的剥蚀作用。南海停止扩张之后，南海东南部进入整体沉降阶段，其上广泛形成披覆盖层。

3. 上构造亚层

南海东南部上构造亚层对应于$T_5 \sim T_0$的一套地震反射层序（图6.19），相当于中中新统—第四系。该时期南海东南部整体进入区域沉降阶段，基本继承了中中新世沉积格局，接受了一套浅海-半深海砂、泥相和台地碳酸盐岩、生物礁相沉积。隆起以碳酸盐岩和生物礁沉积为主，凹陷区则以碎屑岩沉积为主。南海东南部上构造亚层整体变形较弱，局部受断层作用。

（五）南海海盆

1. 下构造亚层

西北次海盆和东部次海盆下构造亚层对应$T_7/T_g \sim T_6$的一套地震反射层序（图6.20），相当于渐新统。T_7破裂不整合面属穿时的声波基底界面，其趋向洋中脊变新。其T_7不整合面在地震剖面上主要表现为低频或中-低频、强振幅反射特征，与上部地层呈上超、局部平行接触关系，但局部由于反射波成层性较差，兼具岩体、断层的侵入、破坏，常常难以识别追踪。下构造亚层在地震剖面上多呈楔状充填于地堑或半地堑中，分割性强，边界多受断层控制，局部褶皱变形，缺失范围广，厚度变化大，在0～2300 m，总体由扩张脊向海盆两翼逐渐增厚。东部次海盆洋中脊两侧的最大厚度在500～900 m，而南部邻北巴拉望区域厚度最大可达2300 m。

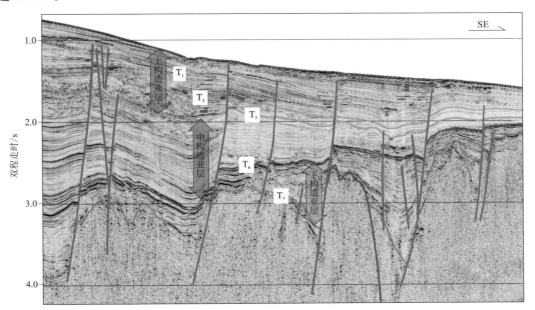

图6.20　南海东部次海盆喜马拉雅期构造层划分及地震反射特征图

2. 中构造亚层

南海海盆中构造亚层均对应$T_6 \sim T_5$的一套地震反射层序（图6.21），相对于下中新统。该构造亚层在海盆洋中脊附近区域缺失外，其他海域均有分布，总体厚度呈现由扩张脊向两侧增大趋势。东部次海盆中构造亚层主要分布在远离海盆洋中脊40～80 km以外海域，自地堑-半地堑向斜坡及基底隆起方向超覆，直至形成连片的席状披覆。西南次海盆中构造亚层主要分布在靠近南北两侧陆缘位置，远离洋中脊50 km处，U1433井钻遇中新世红褐色或黄褐色夹粉砂的黏土岩，该构造亚层受基底正断层控制，但变形程度整体比东部次海盆弱。

3. 上构造亚层

南海海盆上构造亚层对应$T_5 \sim T_0$的一套地震反射层序（图6.20、图6.21），相对于中中新统—第四系。地震剖面上，上构造亚层产状平缓，反射波振幅强、连续性好，构造变形较弱，可大范围追踪对比。东部次海盆U1431钻遇上中新统下段岩性为多套火山碎屑角砾岩夹少量薄层碳酸盐岩，中段岩性为固结程度较差的砂岩，上段黏土与砂岩交替变化；上新统以黏土为主，更新统多为浊流沉积。西南次海盆U1433井揭示更新世浊流沉积不发育，上新世和晚中新世发育大量的碳酸盐岩，尤其在晚中新世，碳酸盐岩量多、层厚，单层厚达10 m。总体上，南海海盆上构造亚层厚度由扩张脊向两侧逐渐增厚，绝大部分海山出露的地方缺失上构造层。该构造亚层岩浆活动强烈，以中基性–基性喷发岩为主，在扩张脊附近发育大型的海山链，如珍贝–黄岩海山链、中南海山链、龙南–龙北海山链及双龙海山链等。

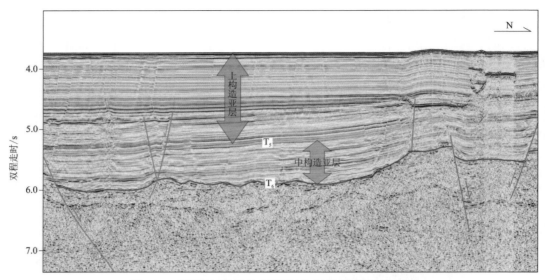

图6.21　西南次海盆构造层划分及地震反射特征图

构造单元划分及主要构造单元基本特征

第一节 构造单元划分

一、东亚洋陆汇聚边缘多圈层动力系统

在全球板块构造图上，南海位于欧亚板块的东南部，西南为印度-澳大利亚板块，东为太平洋板块和菲律宾海板块。南海西部中新生代构造活动主要受特提斯关闭与印度-欧亚板块相互作用的制约（许志琴等，2006，2016；张勇等，2020），而南海东部则主要受太平洋板块和菲律宾海板块与欧亚板块相互作用的控制（李家彪等，2011，2017；Shang et al.，2019）。同时，在区域构造上，南海处于东南亚地区，经研究认为，东南亚地区地质历史上曾经历多个边缘海盆产生、扩张和俯冲消亡的过程，现今的大地构造格局是由多个陆块拼贴而成的复杂地体，从而也造就了南海复杂的构造演化过程。查明南海与全球主要构造系统的关系以及在全球构造框架中的位置；明确各地史发展阶段，南海及邻域受控的地球动力系统，才能更全面、更深刻地理解南海及邻域大地构造的基本特征和演化过程。

中—新生代以来，特提斯俯冲消减和随后的印度-欧亚板块碰撞在我国西部形成了全球最高、最厚、最新和体积最大的青藏高原，并深刻影响了全球资源的再分配和生态环境的变化（许志琴等，2006）。而太平洋板块和菲律宾海板块与欧亚板块相互作用控制了我国东部漫长的海岸线与宽缓的大陆架，形成了我国东部复杂又独特的大地构造特征（王颖等，2011；李家彪等，2017；尚鲁宁等，2018a，2018b；李三忠等，2019；张国伟等，2019）。包括南海、东海、黄河在内的中国东部海域是东亚大陆边缘海构造体系的重要组成部分，自印支运动以来，中国东部形成了统一的大陆边缘，此后的200 Ma一直受控于大洋板块向东亚大陆板块之下的俯冲汇聚，先后经历了古太平洋板块和菲律宾海板块的俯冲消减过程（郭令智等，1998；李三忠等，2019）。在中国东部洋-陆板块汇聚的大背景下，由深层到浅层，发生了深部动力-热力机制调整、软流圈扰动、岩石圈破坏、陆缘性质转换、板块边界跃迁等一系列重大区域性构造地质过程，直接或间接诱发了多期次的伸展作用和岩浆活动，控制了我国东部沿海地区以及西太平洋边缘海域的油气、金属等矿产资源的形成和分布。

中国东部大陆边缘超长时空尺度洋-陆汇聚过程与特提斯洋关闭、青藏高原隆升过程遥相呼应，共同控制了整个东亚和东南亚中—新生代的深部动力、构造演化、盆地发育、源-汇过程和资源分布，是形成现今东亚和东南亚构造、地貌、地理、气候、生态格局的根本动因（图7.1）。地球多圈层构造研究已成为国内外地学研究的热点之一，将整个近地表圈层系统作为一个有机的整体进行综合研究，这一理念得到研究人员的普遍认可。

二、南海及邻域构造单元划分

我们全面梳理南海海域构造单元划分的不同方案、观点和学派，分析它们异同性，在原有板块构造的理论框架中，全球构造格架和洲际板块边界是清晰的，但在南海大比例尺的区域地质调查和编图中，由于其位于西太平洋边缘独特的大地构造位置，大地构造单元划分是当前板块构造精细结构研究的关键问题。它既是大地构造研究的理论问题，也是区域地质研究和资源能源预测评价亟待解决的实际问题。因此，如

何应用板块构造观点划分南海及邻域大地构造单元，还有许多值得探讨之处，关键在于理顺大地构造研究的思路，理解南海及邻域大地构造形成演化的基本特征以及确立构造单元划分准则。以板块构造理论和地球系统多圈层构造观为指导，依托南海1：100万海洋区域地质调查实际资料与成果，在东亚大陆边缘多圈层动力系统的框架内，对南海及邻域地质构造特征进行全面的总结，提出新的构造单元划分方案。

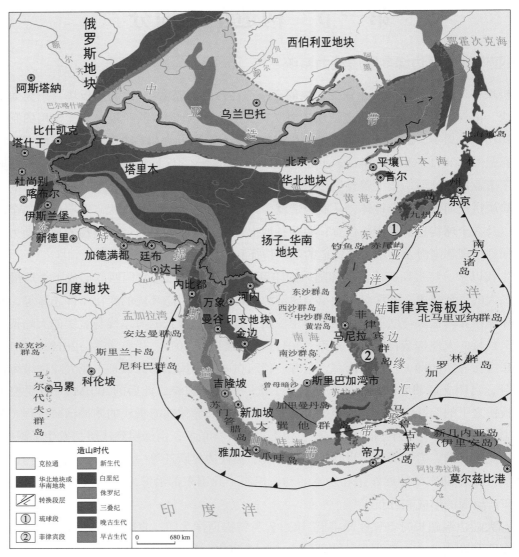

图7.1　东亚洋陆边缘汇聚带大地构造位置简图（据李三忠等，2018，修改）

（一）大地构造单元划分原则

在充分收集南海及邻域地质、地球物理和地球化学资料与成果的基础上，以科学、系统、准确地反映南海及邻域基础地质调查程度和研究成果为前提，开展构造单元重新划分的工作。新方案的形成遵循"深部制约浅部、区域控制局部、地质−地球物理−地球化学多学科相结合"的原则，把握南海及邻域构造格架与东亚大陆边缘构造的关系，突出反映晚中生代以来各板块、地块的相互作用关系以及与南海形成演化的关系。

岛弧和俯冲增生系是联系板块构造和造山作用的重要环节，其结构、构造、物质组成记录了板块汇聚的构造动力学历史和区域构造−地貌演变过程，其中俯冲增生系的火成岩块更是研究已消亡洋壳及海山的仅存样品，能够提供汇聚边界地幔源区、构造演化及物质运移的关键信息。在南海及邻域构造地质学研究中，岛弧和俯冲增生系统备受关注。由于结构构造、物质组成上的复杂多变，对其构造属性的厘定存在较大争议。本次研究将大洋板块与大陆边缘稳定地块之间的区域，划分为独立的一级构造单元，即"东亚洋陆边缘汇聚带"（图7.1、图7.2，表7.1）。这一汇聚带自中生代以来发育于大陆岩石圈板块与大洋岩石圈板块相互作用和转换汇聚的构造体制中，是两个活动俯冲系统之间的构造变形区；在时间和空间上按一定的历史演化、彼此密切相关的空间关系配置，形成具有特定的物质组成、结构和构造体系，构成西太平洋一级构造边界。按照构造演化的差异，以台湾岛为界大致可以分为北部的日本—琉球段和南部的菲律宾段。

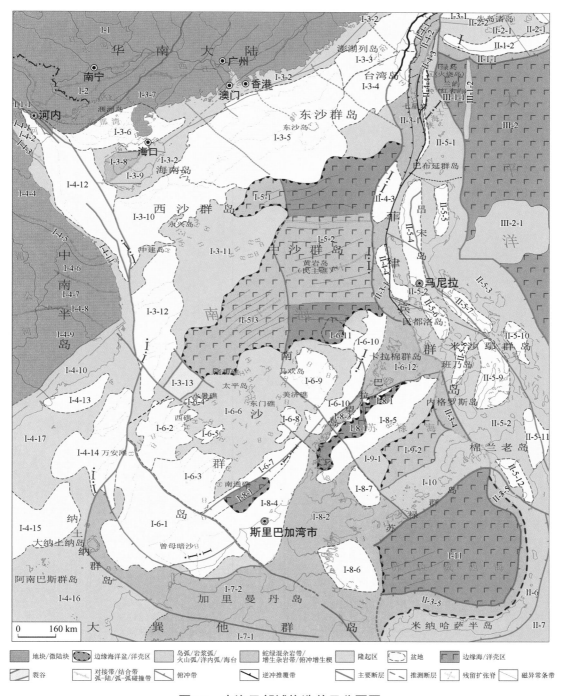

图7.2 南海及邻域构造单元分区图

245

表7.1　南部及邻域构造单元划分表

一级构造	二级构造	三级构造	一级构造	二级构造	三级构造
I. 欧亚板块	I-1. 扬子地块	I-1-1. 金平－和平－越北微陆块	I. 欧亚板块	I-6. 曾母－南沙地块	I-6-1. 曾母盆地
	I-2. 江绍－钦防－郴州对接带	—			I-6-2. 南薇西盆地
	I-3. 华夏地块	I-3-1. 冲绳海槽盆地			I-6-3. 北康盆地
		I-3-2. 浙闽－粤琼隆起区			I-6-4. 永暑盆地
		I-3-3. 台湾海峡盆地			I-6-5. 南薇东盆地
		I-3-4. 台西南盆地			I-6-6. 永暑－郑和隆起区
		I-3-5. 珠江口盆地			I-6-7. 南沙海槽盆地
		I-3-6. 北部湾盆地			I-6-8. 安渡北盆地
		I-3-7. 云开微陆块			I-6-9. 礼乐盆地
		I-3-8. 江边－邦溪俯冲增生杂岩带			I-6-10. 巴拉望盆地
		I-3-9. 五指山岩浆弧			I-6-11. 礼乐北盆地
		I-3-10. 琼东南盆地			I-6-12. 北巴拉望增生杂岩带
		I-3-11. 中－西沙隆起区		I-7. 古晋－西布蛇绿混杂岩带	I-7-1. 古晋蛇绿混杂岩带（J$_3$—K）
		I-3-12. 中建南盆地			I-7-2. 西布增生杂岩带（K$_2$—E$_2$）
		I-3-13. 南海西南裂谷		I-8. 沙巴－巴拉望蛇绿混杂岩带	I-8-1. 残留古南海
	I-4. 印支－巽他地块	I-4-1. 黑河蛇绿混杂岩带			I-8-2. 沙巴蛇绿混杂岩带（K）
		I-4-2. 莱州－清化火山弧			I-8-3. 中南巴拉望蛇绿混杂岩带（K—E$_3$）
		I-4-3. 哀牢山－马江结合带			I-8-4. 文莱－沙巴弧前盆地
		I-4-4. 长山微陆块			I-8-5. 西北苏禄海弧后盆地
		I-4-5. 色潘－车邦－三岐－岘港结合带			I-8-6. 山打根盆地
		I-4-6. 嘉域微陆块			I-8-7. 打拉根盆地
		I-4-7. 昆嵩微陆块		I-9. 苏禄海盆	I-9-1. 卡加延火山弧
		I-4-8. 斯雷博河结合带			I-9-2. 东南苏禄海盆
		I-4-9. 琅勃拉邦－大叻微陆块		I-10. 苏禄岛弧	—
		I-4-10. 大叻岩浆弧		I-11. 苏拉威西海盆	—
		I-4-11. 南海西缘隆起区	II. 东亚洋陆边缘汇聚带	II-1. 琉球俯冲带	II-1-1. 琉球俯冲增生楔
		I-4-12. 莺歌海盆地			II-1-2. 南澳弧前盆地
		I-4-13. 万安盆地		II-2. 琉球岛弧	II-2-1. 琉球隆起区
		I-4-14. 湄公盆地			II-2-2. 琉球火山内弧
		I-4-15. 西纳土纳盆地		II-3. 马尼拉－内格罗斯－哥打巴托俯冲带	II-3-1. 马尼拉俯冲增生楔
		I-4-16. 巽他隆起区			II-3-2. 西北吕宋海槽弧前盆地
	I-5. 南海海盆	I-5-1. 西北次海盆			II-3-3. 西吕宋海槽弧前盆地
		I-5-2. 东部次海盆			II-3-4. 内格罗斯俯冲增生楔
		I-5-3. 西南次海盆			II-3-5. 哥打巴托俯冲增生楔

一级构造	二级构造	三级构造	一级构造	二级构造	三级构造
II. 东亚洋陆边缘汇聚带	II-4. 台湾弧–陆碰撞带	II-4-1. 台湾中央山脉俯冲增生楔	II. 东亚洋陆边缘汇聚带	II-5. 菲律宾岛弧	II-5-9. 米沙鄢弧间盆地
		II-4-2. 玉里蛇绿混杂岩带			II-5-10. 萨马弧间盆地
		II-4-3. 东台湾蛇绿混杂岩带			II-5-11. 阿古桑–达沃弧间盆地
		II-4-4. 北吕宋弧前盆地			II-5-12. 哥打巴托弧间盆地
	II-5. 菲律宾岛弧	II-5-1. 吕宋火山弧		II-6. 桑义赫–北苏拉威西岛弧	—
		II-5-2. 民都洛–宿务增生弧		II-7. 马鲁古弧–弧碰撞带	—
		II-5-3. 棉兰老增生弧	III. 菲律宾海板块	III-1. 花东洋壳区	III-1-1. 花东海盆
		II-5-4. 伊洛戈斯–中央裂谷盆地			III-1-2. 加瓜洋内弧
		II-5-5. 卡加延弧间盆地		III-2. 西菲律宾海盆	III-2-1. 本哈姆海台
		II-5-6. 民都洛弧间盆地			
		II-5-7. 比科尔弧间盆地			
		II-5-8. 伊洛伊洛弧间盆地			

（二）构造单元划分依据

南海及邻域构造单元的划分，在坚持陆海统筹的同时，兼顾海域的独立性和特殊性，从统一性与差异性的结合上探索和把握南海及邻域地质和区域地质发展的特点和规律。其依据主要包括两个方面：第一，基于陆域构造单元划分方案，通过追踪主要构造单元边界在海域的延伸状况，确定陆域构造单元在海域的分布；第二，基于重、磁、热流、多道地震、OBS深地震探测，以及海底、岛屿岩石取样等多种地质、地球物理和地球化学资料，尤其是南海近十年新获得的大量地质和地球物理资料，通过海陆对比和综合分析，确定独立于陆域构造体系之外的海域构造单元和主要边界的分布及其构造属性，这对于认识南海乃至东亚大陆边缘地质特征及构造演化过程具有重要意义。

（三）构造单元划分方案

根据上述划分原则和主要依据，提出了研究区以两大板块为主体的三级构造单元划分方案，包括3个一级构造单元、20个二级构造单元和83个三级构造单元（图7.2，表7.1）。一级构造单元为板块、洋–陆板块之间的汇聚带等。南海及邻域共划分2个板块和1个汇聚带：欧亚板块、菲律宾海板块及二者之间的东亚洋陆边缘汇聚带。

二级构造单元包括地块、边缘海盆（洋壳区）、对接带、俯冲带、蛇绿混杂岩带、弧–陆碰撞带、弧–弧碰撞带、岛弧等。南海及邻域共划分4个地块：扬子地块、华夏地块、印支–巽他地块、曾母–南沙地块；5个边缘海盆（洋壳区）：南海海盆、苏禄海盆、苏拉威西海盆、花东洋壳区和西菲律宾海盆；1条江绍–钦防–郴州对接带，2条俯冲带：琉球俯冲带、马尼拉–内格罗斯–哥打巴托俯冲带，1条台湾弧–陆碰撞带，1条马鲁古弧–弧碰撞带；2条蛇绿混杂岩带：古晋–西布蛇绿混杂岩带、沙巴–巴拉望蛇绿混杂岩带；4个岛弧：琉球岛弧、菲律宾岛弧、苏禄岛弧、桑义赫–北苏拉威西岛弧。

三级构造单元为二级构造单元之下的进一步细分，主要是根据不同期次和不同形式的陆块碰撞、俯冲及弧后扩张作用等形成的构造单元，包括盆地（弧前盆地、弧后盆地、弧间盆地等）、海盆（次海盆、残留海盆）、裂谷、微陆块、隆起区、结合带、蛇绿岩混杂岩带（增生杂岩带）、增生楔、岩浆弧（火山弧、火山内弧、洋内弧、增生弧）、海台等。南海及邻域共划分38个盆地（弧前盆地、弧后盆地、弧间盆地等）、6个海盆（次海盆、残留海盆）、1个裂谷、6个微陆块、6个隆起区、3个结合带、9条蛇绿混杂岩带（增生杂岩带）、5个增生楔、8条岩浆弧（火山弧、火山内弧、洋内弧、增生弧）和1个海台。

第二节　主要构造单元基本特征

一、欧亚板块（Ⅰ）

欧亚板块在南海地区主要包括扬子地块、江绍-钦防-郴州结合带、华夏地块、印支-巽他地块、南海海盆、曾母-南沙地块、古晋-西布蛇绿混杂岩带、沙巴-巴拉望蛇绿混杂岩带、苏禄海盆、苏禄岛弧和苏拉威西海盆11个二级构造单元（图7.2，表7.1）。

（一）扬子地块（I-1）

研究区内扬子地块位于哀牢山-马江结合带以东，南东部以江绍-钦防-郴州对接带与华夏地块相隔，属于上扬子陆块的一部分，其包括哀牢山变质基底杂岩（Pt）、金平被动陆缘盆地（S—P）、南盘江-右江裂陷盆地（Pz_2）、富宁-那坡被动边缘盆地（Pz_2）、都龙变质基底杂岩（Pt）和十万大山断陷盆地（J—K）等次级构造单元（潘桂棠和肖庆辉，2017）。扬子地块内部具有双重结晶基底、双重盖层的地壳组成特征。基底的主要特点是：太古宇—古元古界出露稀少，结晶基底形成陆核小，褶皱基底分布广、厚度大，具有明显的非均质性。扬子地块东南部结晶基底是以元古宇出露的变质基底杂岩为主，哀牢山群（Pt）主要由一套角闪岩相为主的中深变质岩系组成，下部为片麻岩夹变粒岩，中部为大理岩夹片麻岩、变粒岩，上部为变粒岩、片麻岩、片岩，产微古化石，其同位素年龄为1672.2～1971.9 Ma。盖层为古生界马邓岩群、三叠系干塘岩群，局部出现新生界古近系、新近系。

扬子地块盖层具有分段性。泥盆纪之前，扬子地块被认为是冈瓦纳大陆的一部分，位于南半球高纬度地区，主要依据：寒武纪—奥陶纪华南的浅海动物群属亚-澳域；奥陶纪—早志留世动物群可与当时属于冈瓦纳大陆的中缅马苏地块的动物群对比（Metcalfe，2013）。一般认为扬子地块是于中泥盆世从冈瓦纳大陆裂离的，泥盆纪动物（尤其鱼和腕足类）已具地方性特征。石炭纪—二叠纪，扬子地块已向北漂到低纬度赤道地区，发育以碳酸盐台地为主的浅海相沉积，含特提斯型暖水动物群和华夏型热带植物群（Metcalfe，2013）。

1. 金平-和平-越北微陆块（I-1-1）

金平-和平-越北微陆块介于八布-斋江-香芭岛结合带和江绍-钦防-郴州对接带与哀牢山-马江结合带之间（图7.2，表7.1），以红河断裂为界，可分为北部越北微陆块和南部金平-和平微陆块。

金平-和平微陆块可看作扬子西缘或西南缘被动边缘带的向南或南东的延伸。扬子西部边缘带从出露于云南泸沽湖-洱海一带的泥盆纪—石炭纪具有一套深水相的浊积碎屑岩、浊积碳酸盐岩和放射虫硅质岩来看，在晚古生代早、中期存在一个地堑式的深拗槽，断陷槽西边是中咱-中甸地块，东边是扬子地块。在扬子地块上可见到洱海东部奥陶系不整合在海东（或控色）花岗岩之上，向东在祥云地区泥盆纪—石炭纪也发育一套薄层硅质岩。三叠纪的盐源-丽江拗陷是在此基础上重新发展起来的。金平-和平地块的奥陶-二叠系沉积特征与洱东一带相似。

越北微陆块基底构造属于西大明山-大瑶山大型复背斜的一部分，核部为寒武系，形成北东东向褶皱。寒武系为一套具复理石的碎屑岩建造，属于华南洋北西侧扬子大陆被动边缘带沉积。可能由于寒武纪末的郁南运动和奥陶纪末的北流运动，该区处于隆升（可能为断块隆升）剥蚀状态，泥盆系直接覆于寒武系之上。晚古生代和早三叠世大部为地台型沉积，广泛发育碳酸盐岩和单陆屑建造夹基性-酸性火山岩及含煤建造。该为陆块的形成较扬子地块晚，形成于加里东运动之后，泥盆纪时才出现地台型盖层，且陆块还不十分稳定，到中生代又发生裂谷作用。

（二）江绍-钦防-郴州对接带（I-2）

江绍-钦防-郴州对接带，呈北东走向，是扬子地块与华夏地块之间大洋俯冲关闭的缝合带（对接带）（潘桂棠等，2008，2015）。关于江绍-钦防-郴州对接带的形成时间，早期多认为其形成于晋宁期（水涛等，1986；张国伟等，2013）。以皖南伏川蛇绿混杂岩（830～850 Ma）和赣东北樟树墩蛇绿混杂岩（1000～900 Ma）为代表（丁炳华等，2008；舒良树等，2012）。殷鸿福等（1999）认为晋宁运动（880～850 Ma）使扬子地块与华夏地块之间的华南洋在扬子地块的东段消失，形成江山-绍兴缝合带，但在江山-绍兴缝合带以西，仍然存在一个华南残留盆地，一直延续到加里东期。

近年来，浙江省地质调查院和中国地质调查局南京地质调查中心对江绍-钦防-郴州对接带开展了调查和填图工作，将原作为华夏地块变质基底的陈蔡群解体为一套俯冲增生杂岩的不同组成部分，识别出了原岩相当于洋岛玄武岩（斜长角闪岩）和海相碳酸盐岩（大理岩）的洋岛海山残片，以及形成于大陆坡至海沟的浊积岩基质。该带岩石组合为蛇绿岩、增生杂岩、洋岛海山、浊积岩、增生岩浆弧、高压榴辉岩，主要蛇绿岩分布于陈蔡、戈阳周潭、新余县城南（张克信等，2015）。

华南洋沿该带发生过两期俯冲消减事件：向北俯冲消减形成绍兴-金华增生弧，绍兴桃红英云闪长岩锆石SHRIMP U-Pb年龄为913 Ma、西裘花岗闪长岩年龄为905 Ma、平水细碧角斑岩年龄为890～1023 Ma、高镁闪长岩年龄为802～853 Ma，金华罗店岛弧型杂岩的锆石SHRIMP U-Pb年龄为830 Ma，樟树墩蛇绿岩之上的高镁安山岩年龄为788 Ma。华南大洋向南（或东南）俯冲形成江西东乡-新余增生杂岩带：周潭组斜长角闪岩（洋岛拉斑玄武岩）锆石SHRIMP U-Pb年龄为434 Ma、新余县城南斜长角闪岩（层状辉长岩）年龄为447～477 Ma和斜长花岗岩年龄为446～478 Ma（潘桂棠等，2009，2015；张克信等，2015）。新近发现超高压榴闪岩，获得榴闪岩变质年龄为451～454 Ma（邢光福等，2013）。这均指示扬子地块和华夏地块之间的大洋关闭后碰撞拼贴的时间为加里东期，即晚奥陶世—志留纪，扬子地块与华夏地块沿江绍-郴州-钦防对接带焊合为统一的"华南大陆"，但在西南钦防地区尚未完全闭合，仍保留残留洋，在二叠纪海西期西北部的扬子地块与华夏地块才最终结合一起。

钦防结合带由钦防残余盆地、碰撞岩浆杂岩和板内岩浆杂岩、断陷盆地组成（潘桂棠和肖庆辉，2017）。钦防残余盆地位于六万大山-大容山岩浆弧的西侧，志留纪末武夷-云开岛弧已与扬子地块拼贴，仅在钦防地区唯一残余海盆，在平旺一带出露上覆志留统防城组与下泥盆统钦州组砂页岩，发育明显的深水浊积岩，两者为连续沉积，钦州组主体为混杂岩、粉砂质泥岩夹灰岩透镜体。上覆下—中泥盆统小董组主体也为泥岩夹粉砂岩底部为砾岩可能为水道扇，角度不整合于钦州组、防城组之上。晚古生代—早三叠世为连续的深水盆地相硅质岩系。从其地层岩相组成时空结构看，很有可能是一套弧前增生楔，其后发育中二叠纪的一套紫苏堇青二长花岗岩-花岗斑岩组合的碰撞岩浆杂岩，同位素年龄为230 Ma（U-Pb）（潘桂棠和肖庆辉，2017），表明钦防残余海盆在海西期已完全闭合。

（三）华夏地块（I-3）

华夏地块，指江绍–郴州–钦防对接带南东至东南沿海多块体拼合的地区，由武夷、云开、海南以及东海陆架等多个陆壳碎块所组成，由在新元古代至志留纪卷入华南洋的演化及消亡过程中，没有统一的前震旦纪变质基底，与相邻扬子陆块区的地史特点形成明显差异，并突出显示华夏造山系中"地块"的特征。

研究区的华夏地块包括华南地区和南海北部海域，北与扬子地块相邻，东抵琉球岛弧，向南延伸至台湾海峡和南海海盆北部洋陆过渡带，西以红河断裂带和莺歌海盆地1号断裂与印支–巽他地块分隔，主要由冲绳海槽盆地（I-3-1）、浙闽–粤琼隆起区（I-3-2）、台湾海峡盆地（I-3-3）、台西南盆地（I-3-4）、珠江口盆地（I-3-5）、北部湾盆地（I-3-6）、云开微陆块（I-3-7）、江边–邦溪增生杂岩带（I-3-8）、五指山岩浆弧（I-3-9）、琼东南盆地（I-3-10）、中–西沙隆起区（I-3-11）、中建南盆地（I-3-12）和南海西南裂谷（I-3-13）13个三级构造单元组成（图7.2，表7.1）。其中，冲绳海槽盆地（I-3-1）在东亚洋陆边缘汇聚带中琉球海沟–岛弧–弧后盆地体系进行阐述。

华南陆区规模巨大的元古宙—中生代多旋回花岗质岩浆活动表明，华夏地块存在华南元古宙—早古生代变质岩系的结晶基底。从钻井揭示的岩石及周边陆区出露的岩石对比来看，南海北部陆缘基底主要是华夏地块在海域的延伸，发育华夏型变质基底及沉积盖层，但基底性质较复杂，在地壳结构上存在东西向和南北向的差异。

早期研究认为南海西北部地区是前寒武纪结晶基底上发育起来的，其中最主要的依据是20世纪70年代，在西沙群岛上钻探西永一井（XY1）获得了基底花岗片麻岩和黑云二长片麻岩，全岩Rb-Sr等时线法同位素测年结果为627 Ma（王崇友等，1979），认为变质岩时代为前寒武纪晚期（任纪舜等，1986；梁敦杰，1988；刘昭蜀等，2002；徐杰等，2006），属于区域变质作用类型，其结晶基底可能与武夷地块、云开地块和海南岛结晶基底具有一定的对比性，代表了华夏古陆的一部分（岳军培等，2013），也有观点认为西沙群岛的结晶基底是中南半岛昆嵩地块的向东延伸（Liu et al.，2011）。但孙嘉诗（1987）对该前寒武纪的年龄提出质疑，随后采用K-Ar法重新测定基底岩石末次变质事件的年龄为96 Ma，从而推论西沙基底形成的时间应介于古生代和中生代之间（627～96 Ma）。近年，与西永一井相距1 km的西科-1井（XK-1），钻遇由片麻岩和花岗岩组成的结晶基底，基底角闪斜长片麻岩之下为花岗岩岩墙，角闪斜长片麻岩锆石$^{206}Pb/^{238}U$平均年龄为152.9 ± 1.7 Ma，为晚侏罗世，但是最年轻年龄为137 ± 1 Ma，说明变质作用结束时间大致在早白垩世，变质岩底部与二长花岗岩突变接触，为早白垩世晚期（107.8 ± 3.6 Ma）岩浆侵入的结果（朱伟林等，2017），与西永一井早期测得的前寒武纪基底年龄（全岩Rb-Sr等时线法年龄为627 Ma）明显不同，西科1井的基底锆石都属于晚中生代岩浆活动的产物。对于南海地区是否发育有前寒武纪变质结晶基底还需要更多地质证据支持和进一步研究。

目前，除了南海西北部莺1井（Ying-1）发现了元古宇结晶变质岩（1264 Ma；Zhu et al.，2021），可能是海南岛元古宇基底向海域延伸，其他海区尚无钻井揭示前寒武纪结晶基底的直接证据。孙晓猛等（2014）汇总了南海北部盆地多口钻遇前寒武纪至古生代变质岩的油气探井，但实际上，这些钻井的基底样品仍缺乏准确的测年或地层层序依据，其时代有待进一步研究。通过对南海北部重点地区变质碎屑岩钻孔样品U-Pb年代学、元素地球化学和岩石学鉴定等系统分析，认为南海北部中生代主要经历了晚侏罗世—早白垩世、晚白垩世两期变质作用，南海北部具有统一的中生代基底（Zhu et al.，2021；Shao et al.，2021），前寒武纪岩石仅出现在红河断裂带附近。南海北部陆缘存在一条从海南–万山隆起区、北部湾盆地、琼东南盆地西部、中–西沙隆起区和珠江口盆地中北部东西向展布的变质岩带（图7.3，表7.2），该变质岩带发育时间晚于华南陆区变质岩，呈隐伏状产出，并经加里东、印支和燕山运动的强烈改造。因此，南海北部陆缘西部以变质沉积岩为代表，中生代变质程度较高、变质带较宽；而东部变质程度较低、变质带较窄，且广泛发育侏罗纪—早白垩世花岗岩类。南北上，珠江口盆地东南部至台西南盆地的基底为晚燕山期活动大陆边缘岩浆弧和增生的一套混杂岩系（Li et al.，2018），伊泽奈奇板块对欧亚板块东部边缘北北西向俯冲并增生到华夏地块边缘的新生地壳。总体上，南海北部基底年龄呈现出自西向东、由北向南逐渐变新的趋势。

南海北部陆缘发育一系列中—新生代沉积盆地，以北西向阳江–一统暗沙断裂为界，以东的珠江口盆地、台西南盆地和台湾海峡盆地为中—新生代叠合盆地，钻井证实中生界为三叠系、侏罗系、白垩系，新生界总体为下部断陷、上部拗陷特征，属于大陆边缘裂谷盆地性质，台湾海峡盆地后期受台湾碰撞造山作用的影响，具有前陆盆地的特征。断裂带以西的北部湾盆地、琼东南盆地和中建南盆地以新生代沉积为主的裂谷或断陷盆地，其中中建南盆地受走滑作用的控制，这些盆地都具有下陆上海的沉积特征。南海北部沉积盆地是新生代陆缘扩张形成的一系列北东—北北东向裂陷-拗陷盆地的一部分，主要受到北东—北东东向正断层和北西—北北西向具走滑性质断层的控制，形成东西分块、南北分带的构造格局。在基本构造格局形成的同时，南海北部还经历了一个陆相—海陆过渡相—海相的沉积演变过程（李思田等，1988；谢文彦等，2007；朱伟林等，2008），发育了3000～8000 m厚的新生界。

南海北部陆缘岩浆活动强烈，广泛发育印支期、燕山期和喜马拉雅期岩浆岩，以燕山期和喜马拉雅期为主，其中燕山期以中酸性侵入岩和燕山晚期中酸性喷出岩为主，构造新生代沉积盆地基底。喜马拉雅期岩浆活动从古新世到第四纪均有活动，以扩张期后（＜16 Ma）岩浆活动最为强烈，遍布整个南海海区，以基性喷出岩占主导地位。

1. 浙闽–粤琼隆起区（I-3-2）

该隆起区主要指政和-大埔结合带和莲花山断裂带以东，台湾海峡盆地、珠江口盆地、琼东南盆地以北，北部湾盆地、海南岛以东和九所-陵水断裂以南的隆起海域（图7.2），沿海呈北东向展布，从浙闽一带一直沿延伸到朝鲜半岛的光州一带，其上分布一系列北北东向及北东向的张性正断裂，以及北西向具有平移性质的断裂。

在浙闽一带，该隆起区结晶基底为前震旦系变质岩。在结晶基底之上分布有震旦纪到早古生代地层，经加里东运动后，这些早古生代地层都发生区域抬升、褶皱及浅变质，低洼部位分布有零星的上古生界。经中生代早期强烈的印支运动和燕山运动，浙闽隆起区上大部分地区主要分布燕山期火山岩，在各火成岩山头之间，分布众多的但面积较小的陆相中生代沉积盆地，在这些小盆地中沉积一套以红色为主要特征的砂泥岩。

在粤琼一带，该隆起区内没有报道古老的结晶基底，出露最老的地层位于琼南九所-陵水断裂以南的三亚-田独一带，其构造属性为早古生代发育的被动陆缘，主体为陆棚碎屑岩盆地，下古生界寒武系和奥陶系分布面积较小，以一套砂岩-粉砂岩-碳酸盐岩建造，从岩性组合特征显示为一套浅海-滨海相沉积，沉积厚度较大（达数千米），生物繁盛，未发现火山岩夹层，总体反映沉积环境较为稳定。其上叠加了中侏罗世至晚白垩世的俯冲岩浆杂岩。下古生界寒武系和奥陶系主要分布在阳江–一统暗沙断裂以西，经加里东运动后，这些早古生代地层上升为陆，接受剥蚀，其后局部沉积陆相白垩系、新近系—第四系碎屑岩。阳江–一统暗沙断裂带以东，零星出露上古生界和中生界三叠系—白垩系。经中生代早期强烈的印支运动和中生代燕山运动，粤琼隆起区上大部分地区发育燕山期以来火山-岩浆弧，是东南沿海岩浆弧的一部分（潘桂棠和肖庆辉，2017）。

南海及邻域构造地质

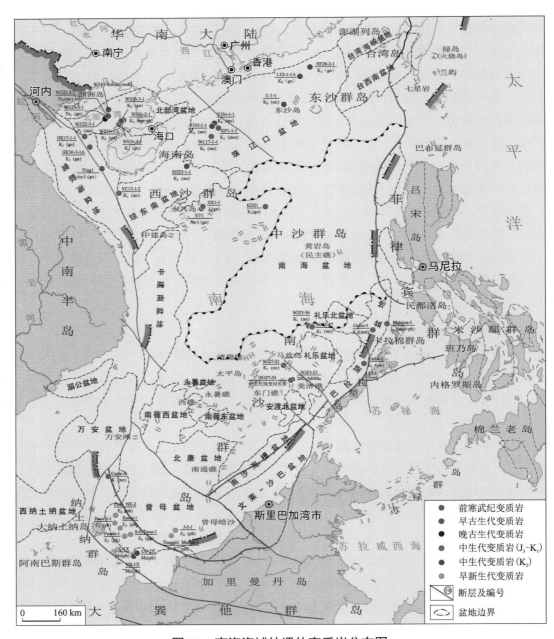

图7.3 南海海域钻遇的变质岩分布图

252

表7.2 南海钻井、拖网获得的主要变质岩岩性特征及同位素年龄表

井名	盆地或构造单元	位置 北纬（N）	位置 东经（E）	钻井深度/m、钻穿厚度/m	岩性	同位素年龄/Ma	测年方法	地层	资料来源
WZ11-4-1	北部湾盆地	20°41′24″	108°41′27″	1364～1462、98	云母片岩夹砂岩	—	—	下古生界	何家雄等，2008
WZ22-2-1		20°28′49″	108°40′28″	2753～2786、33	浅变质岩	—	—	下古生界	
WZ22-3-1		20°20′14″	108°23′16″	2652～2685、33	浅变质砂泥岩	—	—	下古生界	
WZ23-3-1		20°26′38″	108°40′52″	2691～2711	花岗片麻岩(gn)	235±8	—	二叠系	
WS26-2-1		20°16′53″	109°16′57″	2193～2217	变质岩	93.1±3.4	—	白垩系	
WS26-3-1		20°14′23″	109°11′01″	2173.5～2197	片岩和角闪岩	85.8±3.2	—	白垩系	
WS26-4-1		20°11′16″	109°11′08″	2583～3459.4	角闪岩	91.7±3.4	—	白垩系	
WS31-1-1		20°07′23″	109°00′11″	1832～1859	片麻岩(gn)	98.2±3.5	—	白垩系	
Y1	莺歌海盆地	18°24′58″	108°25′22″	3021～3023	变质黑云母花岗岩	1264±83	U-Pb	前寒武系	Zhu et al.，2021
Y1		18°24′39″	108°25′30″	3070.4～3071.4	混合岩	38.21?		前古近系	何家雄等，2008
HK30-3-1A		19°15′06″	107°56′56″	1986	上部变质砂砾岩，下部花岗片麻岩(gn)	115.6	—	下白垩统（K₁）	
HK17-1-1		19°39′45″	107°44′49″	1525	花岗片麻岩(gn)	—	—	上白垩统（K₁）	邱燕等，2016
BD23-1-1	琼东南盆地	—	—	2166	变质石英砂岩	85±3	U-Pb	上白垩统	Zhu et al.，2021
YC13-1-2		17°30′46″	109°01′57″	4295.6	角岩	112±3	—	下白垩统（K₁）	何家雄等，2008
XY1	西沙隆起	16°50′26.83″	112°20′40.69″	1279～1384.6	黑云母花岗片麻岩、黑云母二长片麻岩、变粒状混合岩	627	Rb-Sr	前寒武系（An-∈）	曾鼎乾，1977
						1465	Rb-Sr	元古宇	王崇友等，1979；；任纪舜等，1986；刘以宣等，1994
				1280.21	黑云微斜片麻岩	96.3411±1.18	K-Ar	白垩系	孙嘉诗，1987
XK1-1		16°50′45″	112°20′50″	1257.52～1260.52	角闪斜长片麻岩	152.9±1.7；最年轻变质年龄为137±1	U-Pb	上侏罗统	朱伟林等，2017
SO49-27—SO49-30	中沙隆起（中沙浅滩东北端礁基）	—	—	—	黑云斜长片麻岩	117～128	K-Ar	下白垩统	金翔龙，1989
CC2-1-1	珠江口盆地	—	—	1116	变质凝灰岩	129±7	U-Pb	下白垩统	Zhu et al.，2021
CC1-1-1		18°40′12″	112°06′30″	1172	变质砂岩	101±5	U-Pb	上白垩统	
KP1-1-1		19°57′30″	113°00′50″	1893～1897	变质火山碎屑岩	124±3	U-Pb	下白垩统	
WC17-1-1		19°38′18″	112°43′58″	2216	变质凝灰岩	114±4	U-Pb	下白垩统	
YJ35-1-1		20°10′12″	112°45′40″	4321～4339	变质粉砂岩	88±2	U-Pb	上白垩统	

井名	盆地或构造单元	位置		钻井深度/m、钻穿厚度/m	岩性	同位素年龄/Ma	测年方法	地层	资料来源
		北纬（N）	东经（E）						
YJ36-1-1	珠江口盆地	20°8′35″	112°51′22″	3565~3580	变质泥岩和粉砂岩	88±2	U-Pb	上白垩统	Zhu et al., 2021
LF2-1-1A	珠江口盆地	21°55′8″	16°13′35″	2450 2480~2483.5	二云母斜长片麻岩 (gn)	100.38±1.46	—	上白垩统	龚再升等, 1997
HF28-2-1		20°15′54″	116°37′05″	3898	黑云角闪斜长片麻岩	94	—	上白垩统	
LH4-1-1		20°51′20″	115°35′36″	1956.5、23.1	变质砂岩	—	—	—	邱燕等, 2016
U1504	南海东北部洋陆过渡带	18°50′49″	116°14′36″	117.4~196	绿片岩相糜棱岩	210±20 195±20	U-Pb U-Pb	上三叠统	孙李恒等, 2021, 会议展板
					碳酸盐脉（侵入）	135±12（糜棱岩变形绝对年龄）	U-Pb	下白垩统	
SO23-36	礼乐滩西北	12°05′31″	116°34′36″	—	含变质沉积物的角砾岩	146	K-Ar	上侏罗统	Kudrass et al., 1986
SO23-37	礼乐滩西北	12°4′58″ 12°05′14″	116°36′35″ 116°36′01″	—	片岩、板岩、片麻岩	113	K-Ar	下白垩统	
SO23-38	礼乐滩东北	11°44′04″ 11°44′43″	118°18′05″ 118°18′12″	—	蚀变质岩	—	—	—	
SO23-23	礼乐滩西南	9°53′49″	115°51′49″	—	黑云母-白云母-长石-石英混杂岩	260~340	K-Ar	—	
SO27-21	礼乐滩西南	10°26′27″	115°34′36″	—	副片麻岩，石英千枚岩	122、113	K-Ar	下白垩统	
SO27-24		10°26′14″	115°34′29″	—	蚀变闪长岩及流纹凝灰岩	—	—	中生界	
2yDG	西南次海盆南部洋陆过渡带	114°56′36″	11°47′00″	2800	变质沉积岩	—	—	—	邱燕等, 2016
Malajon-1	北巴拉望盆地	12°12′48″	119°37′19″	2349.1	变质砂岩和千枚岩	—	—	上侏罗统—下白垩统	Schluter et al., 1996
Galoc-1		11°59′02″	119°18′05″	3347.9	变质粉砂岩	—	—	—	
Calalat-1		10°37′45″	118°42′35″	4266.6	变质页岩	—	—	下白垩统	
Ab-1x	纳土纳盆地	—	—	2618.2~2786.1	闪岩	171±3	—	—	金庆焕, 1989
Cipta-A	万安盆地	6°01′20″	108°39′19″	2233.2	沉积变质岩	—	—	白垩系	吴进民和杨木壮, 1994
CC-1X	曾母盆地	2°56′16″	109°43′03″	1320	千枚岩、沉积变质岩	—	—	前古近系	
CC-2X	曾母盆地	2°54′47″	109°45′36″	2162	千枚岩、沉积变质岩	—	—	前古近系	
CB-1X		2°47′11″	109°37′34″	1844	千枚岩、沉积变质岩	—	—	前古近系	
S.E.Tuna-1		3°39′59″	109°30′33″	2590	千枚岩	—	—	始新统	

井名	盆地或构造单元	位置		钻井深度/m、钻穿厚度/m	岩性	同位素年龄/Ma	测年方法	地层	资料来源
		北纬（N）	东经（E）						
Paus S-1	曾母盆地	4°08′21″	108°53′44″	2564	千枚岩	—	—	始新统	吴进民和杨木壮，1994
Paus NE-2		4°27′13″	108°56′00″	1426	千枚岩、板岩	—	—	始新统	
Tenggiri Marine-1		3°59′45″	111°08′44.2″	2854	千枚岩	—	—	始新统	
Panda-1		3°35′40″	109°16′32″	2456	片岩	—	—	始新统	
Ranai-1		3°55′54″	109°05′50″	2335	千枚岩	—	—	始新统	
J-5-1		3°49′25.1″	111°16′39.1″	2054	千枚岩	—	—	始新统	

2. 台湾海峡盆地（I-3-3）

台湾海峡盆地是我国东南海域新生代陆缘扩张形成的一系列北东向裂陷-拗陷盆地之一，位于福建省和台湾省之间台湾海峡及台湾岛西部陆地一带（图7.2），大致呈北东-南西走向，面积约6.67万km²。台湾海峡盆地为中—新生代叠合盆地，其基底为古生代变质岩和中生代岩浆岩，中—新生代断陷盆地具北拗南隆的构造格局。

台湾海峡盆地由西部拗陷、东部拗陷、澎湖-北港隆起和观音隆起二级构造单元组成。其中，西部拗陷由南向北包括九龙江凹陷、澎北凸起和晋江凹陷。九龙江凹陷和晋江凹陷是受断层控制的古近系箕状断陷（图7.4、图7.5），凹陷沉积地层具明显双层结构和东断西超特点，古近系呈断陷充填沉积，新近系与第四系呈披覆沉积，凹陷内主要发育古新统、始新统、中新统（朱伟林和米立军，2010）。九龙江凹陷和晋江凹陷新生界厚度主要介于1200～8000 m和1200～7200 m。澎北凸起位于西部拗陷中部，分隔九龙江凹陷和晋江凹陷，与南部的九龙江凹陷呈斜坡过渡关系，新生代沉积厚度较薄，为400～1200 m，古近系较薄或缺失。

东部拗陷由南至北包括台中凹陷、苗栗凸起和新竹凹陷。靠近台湾岛一侧的东部拗陷包括台湾西部山麓带、西部海岸平原带两部分，新近系表现为东厚西薄的不对称前陆拗陷的特征，其东侧中央山脉为逆冲推覆带。西部山麓带由渐新统、中新统和上新统组成，岩性主要为砂岩和页岩互层，局部夹灰岩和凝灰岩，总厚度在10000 m以上，属前海-滨海相沉积；褶皱走向为北东、北北东向，轴面倾向南东，具有一系列与其走向相同的断裂构成倾向南东的逆冲叠瓦状构造，火山作用主要发生在更新世的大屯火山群和基隆火山群，主要为安山岩和安山质火山碎屑岩。西部海岸平原带自晚古新世以来发生海侵，以中新世和上新世地层为主，其间有沉积间断，晚中新世发生海退，上新世—早更新世初发生弧-陆碰撞造山（3 Ma），之后接受了巨厚的更新世—全新世的沉积，火山活动较为强烈，褶皱和断裂多为隐伏构造。

南部的澎湖-北港隆起大部分地区缺失古近系，但有中生界白垩系分布。

3. 台西南盆地（I-3-4）

台西南盆地位于台湾岛西南部、澎湖-北港隆起南侧，自北而南跨越陆架、陆坡及深海区，其东北部与台湾岛西南部陆地相接（图7.2），面积约4.43万km²（朱伟林和米立军等，2010）。台西南盆地为中—新生代的叠合盆地，主要由前中生界变质岩及花岗岩基底、中生界白垩系浅海相致密碎屑岩与古近系渐新统浅海相碎屑岩及新近系中新统及上新统浅海-深海相碎屑岩体系所构成，缺失始新统及部分古新统。新生代沉积岩厚度平均为5000 m，最厚超过10000 m。其与西南部珠江口盆地潮汕拗陷中—新生代地层系统及沉积充填特征存在一定的差异。

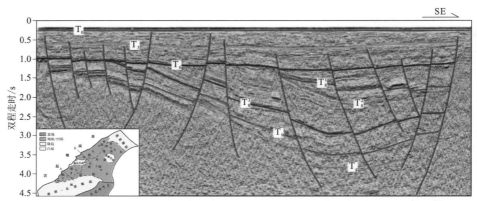

图7.4 九龙江凹陷地震反射特征图

T_8^1、T_8^2界面为中始新统内部不整合界面,由于钻井资料缺乏,暂未能确定其具体地质属性;T_8^3界面为中始新统与下始新统的分界;
T_9界面为始新统与古新统的分界

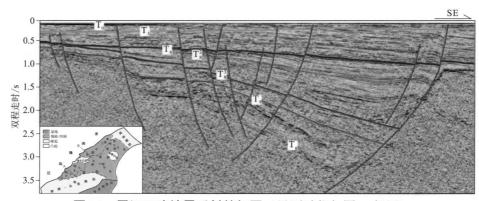

图7.5 晋江凹陷地震反射特征图(界面时代与图7.4相同)

台西南盆地地壳厚度为16~20 km,结晶地壳厚度最薄小于12 km,属于超薄型的陆壳,表明该盆地的地壳受到强烈的伸展,由于目前地质资料所限,其古近纪断陷期面貌尚不清楚。新近纪拗陷发育强烈,沉积了巨厚的滨浅海相和半深海相地层,泥页岩、煤层及砂岩十分发育,尤其是中新统及上新统巨厚的海相泥页岩非常发育,且具有一定的生烃潜力,可构成良好的生储盖组合,同时,亦为该区泥底辟及泥火山形成奠定了雄厚的物质基础。

4. 珠江口盆地(I-3-5)

珠江口盆地位于南海北部陆缘、华南大陆以南、海南岛和台湾之间的广阔陆架和陆坡区(图7.2),盆地大致呈北东东走向,面积约20万km²(朱伟林等,2010),是我国南海北部最大的一个中—新生代沉积盆地,呈"南北分带,东西分块"的构造格局。珠江口盆地前新生代基底复杂,由古—中生代变质岩、中生代燕山期岩浆岩、中生代弧盆系所组成,是华南陆缘不同时期褶皱基底向海域的自然延伸。潮汕拗陷LF35-1-1井钻遇盆地中生界、新生界两大套地层,但它们具有不同的大地构造属性。

1)中生界

广东陆地露头和海域钻井证实,中生界为一套三叠系—白垩系海相-海陆过渡相-陆相的碎屑岩沉积,沉积环境反映了先海后陆的特征。邵磊等(2007)将LF35-1-1井中侏罗统—上白垩统划分为滨浅海相(J_2)、深海相(J_3—K_1)、海陆过渡相(K_1)、湿润陆相(K下部)和干热陆相(K上部)五个不同沉积环境的地层单元,晚侏罗世—早白垩世深海放射虫硅质岩相夹基性火山喷出岩,推断潮汕拗陷中生界为弧前盆地构造环境。

尽管LF35-1-1井证实了中生代地层在南海东北部的存在,但钻孔只提供点状的、较窄区域的信息。

基于OBS地震、多道地震、重力、钻井和岩石学观测等多种资料综合分析，Fan等（2019）厘定了南海东北部中生代地层空间分布，位于东沙隆起以南的东沙盆地。该套地层厚度巨大（1～8 km），地层交替褶皱，逆冲断层发育广泛，与新生代地层特征明显不同。结合南海南缘发现的相似的中生代地层和北巴拉望盆地发现的同步增生杂岩露头，这两个地区的中生代地层起源于一个共同的中生代弧前盆地，与西北侧中生代花岗岩弧一起构成"岩浆弧-弧前-增生杂岩系"构造序列，是古太平洋（？）俯冲系统一部分。新生代时期，该弧前盆地发生裂陷作用，随后又被南海的扩张所分离。

2）新生界

新生代，珠江口盆地总体经历了先断后拗、先陆后海的演化史，具有大陆边缘裂陷盆地的典型双层结构，即下层为断陷和断隆，上层为披盖式拗陷。区域上，该盆地具有拗隆相间、成带展布的特点，自北而南可划分为六个北东向的次级构造单元，即北部隆起带、北部拗陷（珠一拗陷和珠三拗陷）、中央隆起带（神狐隆起、番禺低隆起、东沙隆起）、中部拗陷（珠二拗陷）、南部隆起（顺鹤凸起、云荔凸起）和南部拗陷（珠四拗陷)(龚再升等，1997；陈长民等，2003；何敏等，2019）。

珠江口盆地具有典型的陆缘减薄型地壳，从陆向海方向地壳厚度逐渐减小，岩石圈表现为楔形薄化和尖灭的形态，在同一构造带内凹陷区的地壳厚度相对较薄，而隆起区的地壳厚度相对较厚。地震和钻井资料揭示，盆地陆架、陆坡和深水区构造单元的地壳结构和浅部构造变形特征上存在较大的差异。陆架区盆地构造单元（北部隆起带、珠三拗陷、中央隆起带、南部拗陷带和南部隆起带）位于近端带上，其地壳厚度为32 km，接近华南大陆地壳的平均厚度，在珠一拗陷有所减薄，在20～32 km，以发育陡倾正断层控制的地堑或半地堑为特征，且断陷期沉积厚，而裂后期沉积物较薄，甚至缺失，这些断裂的主要活动时间在T_7界面（晚渐新世）发育之前，而后断裂活动较弱或者停止了活动（图7.6）。

陆坡区盆地构造单元（珠二拗陷、南部隆起和南部拗陷，包括鹤山凹陷、白云凹陷、云荔低凸起、荔湾凹陷、兴宁凹陷和靖海凹陷）处于细颈化带、远端带，其地壳厚度急剧减薄到20～10 km（Lei and Ren，2016），地壳莫霍面抬升并向陆倾斜，均发育大型低角度拆离断层，由于拆离断层在T_7（晚渐新世）之前活动较强，使拆离断层上伴生次生断层发生了强烈的掀斜（图7.6、图7.7）。白云凹陷是发育在细颈化带内的典型盆地，断陷期受控于拆离断层，为典型的拆离盆地，规模较大，裂后期沉积比较厚，构造变形样式从近端带的小幅度掀斜断块向大幅度旋转的拆离断块转变。荔湾凹陷是南海北部陆缘远端带内发育的典型的盆地，其地壳被强烈拉伸，地壳厚度小于10 km，发育下地壳的高速体，以发育伸展拆离断层等构造为特征，凹陷沉积充填较薄，以饥饿型沉积为主。此外，鹤山凹陷和靖海凹陷等断陷盆地都受到了大型的低角度拆离断层的控制，由于地壳薄化带较窄，实际上难以区分这些盆地所归属的构造单元是细颈化带还是远端带。

洋陆转换带（ocean-continent transition，OCT）包括外缘隆起和洋陆转换带。目前南海北部陆缘IODP钻探未揭露蛇纹石化橄榄岩地幔，与典型的伊比利亚（Iberia）贫岩浆型被动大陆边缘OCT不同。南海北部陆缘OCT宽度窄，且组成可能更为复杂，地壳内部见强烈的岩浆侵入体和基底杂岩组成的边缘高地，除了拉伸应力作用，岩浆作用也可能是南海陆缘岩石圈最终破裂的重要因素。

南海北部"宽""窄"陆缘结构带的发育，实际上与地壳岩石圈的拉伸程度、流变性和拉伸速率、中地壳层厚度大小等因素有关，其沿南海北部陆缘分布的变化显示了南海北部陆缘深水-超深水区地壳结构的复杂性，必然会影响到深水-超深水盆地的发育规模和形成演化过程。在"宽陆缘"区发育有规模巨大的深水-超深水盆地，而在"窄陆缘"区则发育规模较小的深水-超深水盆地。

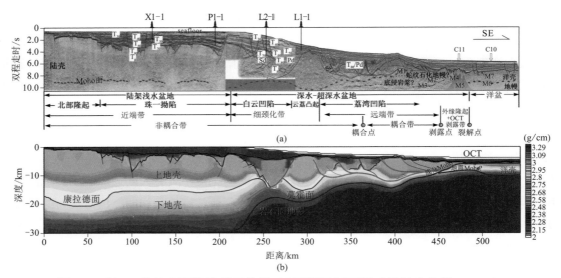

图7.6　珠江口盆地主要构造单元构造-地层解释剖面图（据任建业等，2018）

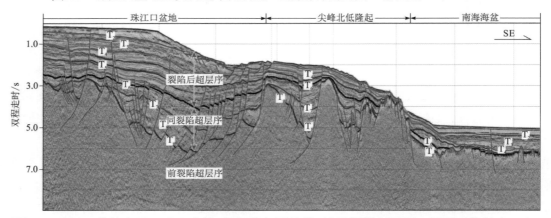

图7.7　珠江口盆地白云凹陷、尖峰-笔架隆起区构造-地层解释剖面图（界面时代见表6.1）

5. 北部湾盆地（I-3-6）

北部湾盆地位于南海北部陆架西部，包括北部湾海区的一部分、雷州半岛东部海域的一部分，以及雷州半岛南部和海南岛北部陆地（图7.2），面积约5万km²（朱伟林等，2010），盆地整体呈北东东向展布，是在古—中生代基底之上发育起来的一个典型新生代陆内裂谷盆地，具有先断后拗的明显双层结构和先陆后海的沉积充填序列特征。

北部湾盆地为典型的大陆地壳，其基底岩性比较复杂，目前有17口钻井钻遇古生界，其中六口钻井（WZ11-4N-1井、WZ11-4N-3井、WZ11-4N-5井、WZ11-4-A1井、WZ11-4-2井、WAN5井）钻遇下古生界浅变岩系（图7.3），岩性为变质页岩、变质砂岩、板岩、千枚岩、绢云片岩等（孙晓猛等，2014），以及上古生界变质岩。琼州海峡西侧海域的WS26-2-1井、WS26-3-1井、WS26-4-1井及WZ23-3-1井等多口井均钻遇白垩世变质岩系（何家雄等，2008），岩性为片麻岩、角闪岩和片岩。因此，北部湾盆地基底既有中生界碎屑岩基底（白垩系红层沉积）、上古生界石炭系灰岩，同时在中部隆起带发现未变质的中生界花岗岩，在其周缘（包括企西隆起、涠西南凹陷南部、迈陈凹陷等）钻井发现变质程度不一的下古生界浅–中变质岩，包括被拆离断层切割的含糜棱状岩石剪切带，出现脆性变形作用形成的碎裂岩、角砾岩、糜棱岩和片麻岩等（李才等，2018），连同其东侧海南岛王五–文教断裂带以北直至雷州半岛遂溪大断裂以南地区，北部湾盆地是在中生代海南俯冲型岩浆弧基础上发展起来，形成于新生代，同属于中国东部裂谷系的一部分。

北部湾盆地具有两拗一隆的构造格局，即北部拗陷带、南部拗陷带和中部隆起带，发育多条北东或北东东向断层，形成堑垒相间的脊状断陷结构，控凹边界断层为大型低角度拆离正断层。盆地内古近系（长流组、流沙港组、涠洲组）以箕状断陷为主，充填了中深湖、浅湖和河流相沉积；中新世—上新世盆地整体沉降，海相沉积覆盖各单元。新近纪与古近纪构造断裂面貌差异明显。

6. 云开微陆块（I-3-7）

云开微陆块位于北部湾盆地的北部（图7.2），由于目前海域地质资料所限，其面目尚不太清楚，可能是云开岛弧（云开地块）在海域的延伸。云开微陆块是华南大陆较古老变质基底的出露地区，基底具有二层结构：下层为古元古代结晶基底，由天堂山岩群混合岩化片麻岩、变粒岩和片岩组成，其中石榴辉石岩锆石Pb-Pb年龄为1817±26 Ma，继承锆石年龄为2397±56 Ma；上层为中、新元古代云开群变质砂泥岩、千枚岩、石英云母片岩，夹斜长角闪岩、碳酸盐岩组成，两种之间为滑脱型韧性剪切带接触；盖层由下古生界奥陶系—志留系前海陆棚–半深海槽盆相碎屑岩夹碳酸盐岩变质岩系和上古生界泥盆系—石炭系陆表海碎屑岩–碳酸盐岩沉积组成，上叠中生代陆相盆地。古生代深成侵入岩发育，主体为俯冲早奥陶世末郁南岛弧隆起的石英闪长岩–花岗闪长岩组合（506～486 Ma）、晚奥陶世北流弧隆起同碰撞石英闪长岩–二长花岗岩组合（467～435 Ma）、志留纪后碰撞–伸展A型花岗岩组合（435～413 Ma）（潘桂棠和肖庆辉，2017）。

7. 江边–邦溪俯冲增生杂岩带（I-3-8）

江边–邦溪俯冲增生杂岩带位于海南岛中部的潭爷断裂带西侧，与五指山岩浆弧相接，北部以王五–文教断裂带为界与北部湾盆地相邻，南部以九所–陵水断裂与粤琼隆起区相连（图7.2），呈北东向走向。该带已知最老地层为中元古代斜长片麻岩–混合岩–变粒岩组合（即戈枕村组，Chg）及片岩–石英岩组合（即峨文岭组，Che），其原岩为形成于岛弧环境下的英安质火山岩建造。俯冲增生杂岩的主体表现为含蛇绿岩碎片古生代构造岩片，其中星晨洋脊型玄武岩（333±12 Ma）为中石炭世洋壳残余（李献华等，2000），可与哀牢山双沟蛇绿岩对比，暗示与古特提斯带的演化密切相关。

8. 五指山岩浆弧（I-3-9）

位于潭爷断裂带以东的五指山岩浆弧（图7.2），其北西侧发育与江边–邦溪特提斯洋俯冲碰撞相关的早—中二叠世的同碰撞岩浆杂岩、中二叠世至中三叠世同–后碰撞岩浆杂岩、晚二叠世至中三叠世后碰撞岩浆杂岩（潘桂棠和肖庆辉，2017），而南东侧则受古太平洋俯冲制约而形成了中侏罗世至早白垩世的俯冲岩浆杂岩。

中生代受古太平洋（？）俯冲控制的中国东部发育的安第斯型东亚陆缘推测起始于晚三叠世（李三忠等，2013），但直至燕山期才发育标志成熟岛弧的大套钙碱性岩浆岩带。侏罗纪—白垩纪期间，与俯冲相关的岩浆杂岩主要建造有二长花岗岩和花岗闪长岩。早白垩世，火山弧建造为流纹岩–英安岩–安山岩–玄武岩组合。新生代中新世，发育有大陆裂谷拉班玄武岩和碱性橄榄玄武岩组合。

9. 琼东南盆地（I-3-10）

琼东南盆地位于海南岛与西沙群岛之间海域，以莺歌海盆地1号断层与莺歌海盆地为界，东与珠江口盆地相接（图7.2），呈北东–南东走向展布，面积约6万km²（李俞锋等，2016）。琼东南盆地是在前新生界基底基础上发育的新生代被动大陆边缘拉张断陷型盆地（刘妍鹣等，2016），具有比一般大陆边缘盆地更多的来自地幔岩浆活动及热事件的影响。该盆地具有"下部古近系断陷，上部新近系及第四系拗陷"的双层结构和凹隆相间的基本特征，由北向南，可划分为北部拗陷带、中部隆起带、中央拗陷带和南部隆起带四个主要一级构造单元（刘昆等，2022）。盆地新生代沉积充填序列主要由古近系—新近系和第四系组成，厚11000 m，与莺歌海盆地不同的是其古近系厚度最大超过7000 m，新近系厚3000～5000 m。与珠江口盆地相似，盆地演化具有早期断陷后期拗陷的特点，且早期断陷存在多幕裂陷，大致经历了四个构造演化阶段：始新世—早渐新世的断层发育阶段、晚渐新世拆离断层的断陷阶段、早—中中新世热沉降阶段，以及上新世—第四纪加速沉降阶段。断陷结构沿盆地走向呈分段性，以中部北西向松涛–松南一级变换带为界，西部凹陷以北东向为主，在崖城–陵南次级变换带以西过渡为北东东—东西向；东部凹陷以东西向为主兼有北东向（张远泽等，2019）。

值得一提的是，根据近年勘探研究，将西沙海槽裂谷盆地划入琼东南盆地东部的长昌拗陷。地震资料显示，该裂谷呈下断上拗双层结构，古近系为断陷充填沉积，推测为陆相河湖相，新近系为拗陷沉积，为浅海–半深海沉积，发育有东西向、北西向和北东向三组断层，而东西向断层明显对新生代沉积起主导控制作用，晚期岩浆活动强烈，在裂谷中央处见岩浆岩的侵入，是新生代的构造活跃区。

西沙海槽裂谷是一条带状的高值正磁异常带和高热流值，热流值平均达到95 mW/m²，表明西沙海槽还未达到热平衡（徐行等，2006）。其莫霍面深度小于20 km，呈隆起状态，在裂谷中心隆起处埋深仅15 km左右，结晶地壳厚度小于12 km。地壳速度结构反映其下地壳底部发育高速层，速度值为7.0～7.5 km/s，双船地震和OBS揭示西沙海槽裂谷处的高速层较薄，仅数千米，长缆深二维地震反射剖面揭示，西沙海槽为遗弃的强烈减薄裂谷体系，经历了强烈的地壳减薄作用但没有完全破裂（Lei and Ren，2016）。

西沙海槽裂谷是一与西北次海盆形成演化关系密切的新生代裂谷，其形成时间很可能晚于30 Ma，而后随西北次海盆扩张的停止而夭折，虽然受到华南大陆的阻隔，该裂谷没有发生破裂和海底扩张，但其及其周边地区晚期仍有岩浆活动，部分断层可能至今仍在活动。

10. 中–西沙隆起区（I-3-11）

中–西沙隆起区，北濒琼东南盆地，西以中建南盆地相连，东与东南隔南海海盆与南沙地块相望（图7.2）。中–西沙隆起区的地壳厚度为18～26 km，平均为23 km，上地壳厚度约9 km、下地壳厚度约14 km（郭晓然等，2016），莫霍面深度为23～27 km，属于减薄的大陆型地壳。在基底顶部直接覆盖着1～2 km厚的低速层，横波速度只有2.0～2.2 km/s，代表了新近纪持续的碳酸盐岩沉积，相对于上地壳，该区域下地壳存在明显的低速层（平均横波速度为3.5 km/s），认为这与地幔深部热活动引起的韧性流变构造和岩石矿物定向排列产生的各向异性有关（黄海波等，2011）。

对于中–西沙隆起区基底性质的认识已在前面华夏地块中进行了阐述，结合西永一井基底K-Ar测年结果（孙嘉诗，1987），晚侏罗世—早白垩世的区域变质作用和花岗质岩浆侵入不仅出现于西沙，在南海的珠江口盆地和南沙群岛等区域都有钻井揭示，与东亚陆缘受到古太平洋板块大规模、长时间的俯冲密切相关。

钻井和地震资料表明，中–西沙隆起区在前新生代基底之上长期处于隆起状态，主要发育一套中新世以来的碳酸盐岩和礁灰岩（图7.8）。

11. 中建南盆地（I-3-12）

中建南盆地（越南称为富庆盆地）位于南海西缘断裂带东侧，北、东、南分别与莺歌海–琼东南盆地、中–西沙隆起区、西南次海盆相隔（图7.2），是南海西部大陆边缘的一个新生代走滑伸展盆地。盆地总体呈近南北走向，面积约7.22万km²，新生代地层发育，沉积厚度为2000～10500 m，由于受南海西缘断裂走滑和南海海盆扩张的共同影响，具有西厚东薄的特征，经历了从陆相过渡到海相的沉积，由下向上，构成了一个水体不断加深的沉积序列，新生代期间经历了裂陷、断拗和拗陷三个不同发育阶段。盆地具有"一斜坡带二隆三拗"的构造格局（图7.9），且中部拗陷莫霍面最小埋深约16 km，结晶地壳厚度最薄处仅12 km，地壳强烈薄化，其热流值高，热流密度平均值为89 mW/m²，属于热盆地，反映盆地的形成演化不仅受南海西缘断裂带控制，与南海海底扩张的伸展作用和深部岩浆上涌密切相关。

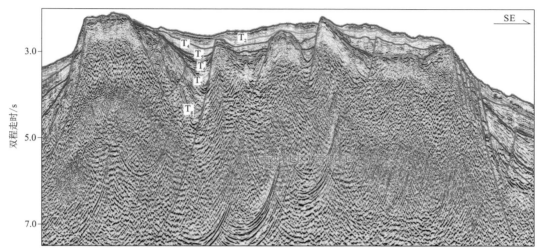

图7.8　中-西沙隆起地震反射特征图（界面时代见表6.1）

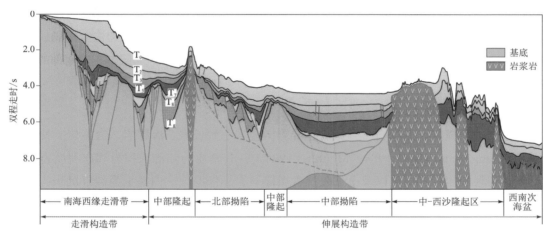

图7.9　中建南盆地的结构剖面图

12. 南海西南裂谷（I-3-13）

南海西南裂谷位于西南次海盆的西南端，终止于北西向的绥和走滑断裂上（图7.2），呈北东向展布，是于西南次海盆海底扩张过程中形成的新生代裂谷盆地。地球物理资料揭示，南海西南裂谷是一条北东向带状的高值正磁异常带和高热流值，热流密度平均值大于90 mW/m²，表明南海西南裂谷还未达到热平衡，莫霍面深度小于16 km，呈隆起状态，在裂谷中心隆起埋深更小，结晶地壳厚度小于12 km，为超薄陆壳。其空间重力异常上表现为北东向的重力异常低值，裂谷中心空间重力异常最低，往两侧逐渐下降。由于缺乏地质和地震资料，对该裂谷浅部地层构造特征的研究甚少。

（四）印支-巽他地块（I-4）

印支-巽他地块包括中南半岛的主体、马来半岛、苏门答腊岛、加里曼丹岛的一部分，以及水域的泰国湾、南海、爪哇海的一部分，西北以奠边府-难河-程逸缝合带与兰坪-思茅地块相隔，东北为金沙江-哀牢山-马江结合带与扬子地块相连，西界为澜沧江-清莱-劳勿结合带，东界为红河断裂带、南海西缘断裂带以及卢帕尔断裂等组成的走滑构造带，两边界较清晰，西南界出了马来半岛后接加里曼丹岛默腊土斯蛇绿岩带，该段为推测边界，由黑河蛇绿混杂岩带（I-4-1）、莱州-清化火山弧（I-4-2）、哀牢山-马江结合带（I-4-3）、长山微陆块（I-4-4）、色潘-车邦-三岐-岘港结合带（I-4-5）、嘉域微陆块（I-4-6）、昆嵩微陆块（I-4-7）、斯雷博河结合带（I-4-8）、琅勃拉邦-大叻微陆块（I-4-9）、大叻岩浆弧（I-4-10）、南海西缘隆起区（I-4-11）、莺歌海盆地（I-4-12）、万安盆地（I-4-13）、湄公盆地（I-4-14）、西纳土纳盆地（I-4-15）和巽他隆起区（I-4-16）16个三级构造单元组成（图7.2，表7.1）。

印支-巽他地块具有太古宇—元古宇的结晶片岩、片麻岩基底，主要出露于越南长山山脉以南的昆嵩及柬埔寨豆蔻山脉地区，经历了所谓前寒武纪造山运动。印支陆地的中北部基本由不同等级的变质杂岩所组成，南部则以古生代和早中生代花岗岩的广泛出露为特征。最新的研究表明，昆嵩地区岩石组合所体现的变质作用是多相的岩石组合，强烈的变质过程发生在早、中奥陶世，在晚二叠世到早三叠世达到最高温度相。该地块上未见C_3—P_1冰海混积岩，也很少见有冷暖水生物的混生，即使有也以特提斯暖水生物和华夏植物群为主，晚古生代和中生代的动物和植物群是华夏型-特提斯型，显示亲华南的特征（李兴振等，2010）。目前资料揭示，以海西-印支期为界，中南半岛及其所包含海域的构造格局可划分为前印支期和印支期后两个不同演化阶段。晚古生代末，海西期的终结与中生代前期所发生的印支运动之交，在中南半岛及其所包含的海域，发生整个构造格局的重大转折，反映了海西期构造运动强烈，至印支运动发生以前，中南半岛各地块在海西-印支期间碰撞挤压、拼合成统一整体，以抬升隆起为主，大部分地区海水退出，奠定了近代的区域海陆分布格局。中、晚三叠世印支运动后，开启了印支-巽他地块新的演化阶段和构造格局，主要表现以拉张为主的构造格局，包括三叠纪—白垩纪的陆内裂谷阶段、中晚侏罗世—白垩纪末越南南部的活动陆缘阶段和新生代早期的走滑逃逸与晚期的破裂张裂（近代陆内裂谷）阶段。

1. 黑河蛇绿岩混杂岩带（I-4-1）

黑河混杂岩带由橄榄岩、蛇纹石化纯橄岩、异剥橄榄岩、辉长岩、辉绿岩、玄武岩、枕状熔岩、科马提质熔岩组成（Sengör and Hsu，1984；Mouret，1994），其基质为陆源浊积岩和硅泥质岩。二叠系上覆裂谷陆源碎屑岩和碳酸盐岩沉积，以及上三叠统含煤碎屑岩。侏罗纪—白垩纪为裂谷沉积，早—中侏罗世为陆相红层；晚侏罗世—早白垩世为火山喷发岩；晚白垩世—古近纪为一套火山岩、酸性火山岩、碱性火山岩及正长岩侵位。

2. 莱州-清化火山弧（I-4-2）

莱州-清化火山弧前南华系变质基底（南柯组）为浅变质绿片岩相-高级变质角闪岩相。含化石的寒武马江组在马江复背斜的北翼为基性火山岩、灰质岩和火山凝灰岩，夹薄层灰岩；南翼具有类似组合，其时代层序仍需进一步研究。Le Van De认为是早古生代马江洋向北俯冲形成的火山弧带。

3. 哀牢山-马江结合带（I-4-3）

哀牢山-马江结合带以南为印支地块、以北为扬子地块，在研究区内主要为哀牢山-马江蛇绿混杂岩带（图7.2）。其蛇绿岩组合是洋壳的残余，主要有纯橄榄岩、方辉橄榄岩、纯橄榄岩-橄榄岩-辉长岩、辉长岩-苏长岩、镁铁质-拉斑质火山岩。关于马江结合带形成时代有争议，有人认为洋盆发育于早石炭世到三叠纪，闭合于晚三叠世，印支地块与扬子地块沿马江带碰撞拼合（Sengör et al.，1988）。近年来有人确定在印支地块北缘（即马江结合带南西侧）有280~240 Ma的岩浆弧，马江地区存在240 Ma的变质带，认为印支地块和扬子地块的碰撞发生在早三叠世（Lepvrier et al.，1997）。

哀牢山蛇绿岩带位于九甲-安定断裂与哀牢山断裂之间的晚古生代浅变质带内，基本上可以建立一个较为完整的蛇绿岩层序。通过岩相学、岩石化学和地球化学研究表明，方辉橄榄岩为残留地幔岩，二辉橄榄岩为原始地幔岩；基性熔岩中的辉石玄武岩具有典型洋脊拉斑玄武岩特征，纳长玄武岩（苦橄玄武岩、变质玄武岩）则具有准洋脊玄武岩特征（李兴振等，1999）。因此，金沙江-哀牢山带很可能与马江带一样，原、古特提斯的蛇绿岩混杂在一个带上，金沙江-哀牢山带晚古生代的时代较为确定，面貌较为清晰，而马江带则相反，早古生代时代较为确定，晚古生代时代和面貌不清，很可能原特提斯洋（前寒武纪—早古生代）金沙江-哀牢山与马江是相通相连的统一洋盆；古特提斯（晚古生代）金沙江-哀牢山洋盆可能分为两支，北支为马江洋，而南支偏向南东与奠边府-黎府-碧差汶-斯雷博河结合带所代表的古特提斯洋相连接，具有相似地壳结构和演化历史。

4. 长山微陆块（I-4-4）

长山微陆块位于三岐缝合带以北地区，李兴振等（1995）所给出的名称，位于中南半岛东北部（图7.10）。该构造单元的存在其实值得质疑，因为其缺乏基底。根据李兴振等（1995）总结的地层学资料，其最底部是寒武纪橄榄岩、辉长岩、绢云母片岩、角闪石片岩等，中部为泥盆系云母片麻花岗岩和二叠系角闪岩与花岗闪长岩，基本反映的是残留洋壳和俯冲记录，与南部邻接的三岐带并没有本质上的差别。

5. 色潘-车邦-三岐-岘港结合带（I-4-5）

色潘-车邦-三岐-岘港结合带（三岐-福山缝合带，简称三岐结合带）（李兴振等，1995），又称为色潘（Xepon）-三岐（Tam Ky）结合带。与"长山微陆块"不同，作为结合带（缝合带），出露青白口期至早寒武世的斜长石角闪石片岩、阳起石绿帘石片岩等"类基底"的物质，而且还出露早古生代发生变质作用的橄榄岩、方辉橄榄岩、易剥橄榄岩、辉长岩等，有可能反映的是原特提斯阶段或更早时期的残余大洋岩石圈。李兴振等（1995）据该带西延部分出现泥盆纪碰撞造山后的"老红砂岩"断定其所代表的洋盆闭合于晚加里东期。

相比而言，"长山微陆块"在构造上更像是洋盆边缘的俯冲带，较三岐结合带发育略晚，它们可以构成一个完整的洋盆闭合记录。而结合带中—新元古界片岩的存在难以解释。根据早先的资料及区域对比，该套岩系由变质的橄榄岩、辉闪苦橄岩、蛇绿混杂岩及陆源碎屑岩构成，与上述早古生代的铁镁质、超铁镁质岩石组合大约相当。新的年代数据将这套岩系界定为早古生代，与"长山微陆块"的俯冲时代和泥盆纪碰撞造山的磨拉石相堆积的时间更为契合，但同一构造单元中位于其下新元古代高级变质岩系，我们推测它们不应属于三岐结合带的原位记录，而可能代表其北部"长山微陆块"的真正基底。

6. 嘉域微陆块（I-4-6）和昆嵩微陆块（I-4-7）

1）昆嵩微陆块和嘉域微陆块

昆嵩微陆块是中南半岛内著名的古老陆块，其西界和南界为斯雷博河结合带，北东界为三岐结合带，东界南海西缘断裂带，向南与卢帕尔结合带相连（图7.2）。前兴凯期构造层（相当于吕梁-晋宁期），主要由太古宇和元古宇构成，实际上是昆嵩陆块的结晶基底。太古宇为镁铁质麻粒岩、变火山岩，化学成分相当于辉长-苏长岩，以及辉石-石榴子石斜长片麻岩，化学成分相当于花岗闪长岩和紫苏花岗岩；上部单元为高铝黑云母-榍石花岗岩。元古宇为辉石角闪岩、角闪岩、斜长片麻岩夕线石片岩及混合岩化花岗岩。昆嵩陆块的结晶基底后期经历了吕梁-晋宁运动到海西-印支运动多期次地质作用不断叠加的结果，伴有古生代—早中生代的侵入体。其中—新生代盖层主要为陆相沉积且分布局限，中三叠统发育在安溪裂谷中砂砾岩、页岩和灰岩，上三叠统—中侏罗统为红层、河湖相沉积，含膏岩层，中—新生代期间，昆嵩陆块主要为陆相沉积且分布局限，并伴随中生代中酸性岩浆活动。

新近的研究成果（Tran and Vu，2011）使传统概念上的昆嵩微陆块发生解体，陆核部分的两大标志性混杂岩体，即西北部的玉岭杂岩和东南部的康纳杂岩，通过地质年代学厘定，一些原先被界定为太古宙、元古宙的变质岩和侵入岩已重新赋予为奥陶纪—志留纪或二叠纪—三叠纪，特别是识别出一条北西向超高压变质带，由西北部巴江地区的超高温（ultra high temperature，UHT）变质带（图7.11）和东南部地区的达多康超高压（ultra high pressure，UHP）变质带组成，锆石U-Pb法测得的绝对年龄为245～260 Ma，表明二叠纪晚期—白垩纪初期在昆嵩陆块内部亦发生强烈的构造运动。

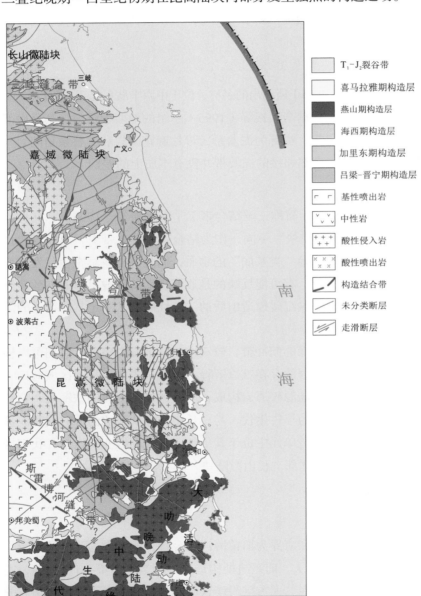

图例：
- T₁-J₂裂谷带 — T_1-J_2裂谷带
- 喜马拉雅期构造层
- 燕山期构造层
- 海西期构造层
- 加里东期构造层
- 吕梁-晋宁期构造层
- 基性喷出岩
- 中性岩
- 酸性侵入岩
- 酸性喷出岩
- 构造结合带
- 未分类断层
- 走滑断层

图7.10　印支-巽他地块前印支期构造分区图

关于这次构造运动的性质，Nam等（2004）认为是陆-陆碰撞的陆块边界。因此，我们将传统意义上的昆嵩陆块分为两部分，以巴江-达多康缝合带为界，北部暂称"嘉域微陆块"地层结构与原来的昆嵩陆块基本相当。南部新的"昆嵩微陆块"，仍保留传统"昆嵩陆块"面积的3/4，其地层序列与嘉域微陆块基本相当，包括吕梁-晋宁期结晶基底和加里东期盖层。根据目前采集岩石的记录，与分布在昆嵩微陆块和嘉域微陆块的康纳杂岩、玉岭杂岩和康德-内（Kham Duc-Nui Vu）杂岩可对比，表明两地块间存在着比较密切的关联，最终以海西期末保留在巴江缝合带的超高级变质岩带为标志，使两地块在印支期前完成拼合。

2）巴江结合带（缝合带）

巴江结合带（缝合带），是我们新定义的缝合带，根据上文所述，以260～245 Ma的超高温（UHT）变质带和超高压（UHP）变质带为主要标志，是海西期越南中部微陆块或地块统一和固结的北西向延伸构造线（图7.8）。新世纪初以来，前人在越南地质研究中提出"超高级变质岩"的概念（Osanai et al.，2008），Tran和Vu（2011）指出该类岩石在越南不同于普通的区域变质岩，以超高温（～1000℃）麻粒岩和高压-超高压堇青石、蓝晶石、夕线石片麻岩及榴辉岩为典

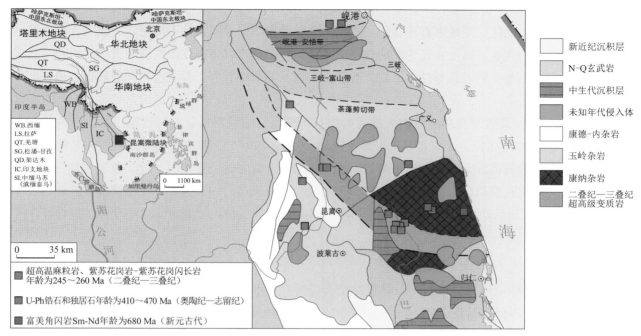

图7.11 昆嵩微陆块示意图（据Nguyen，2001）

型代表，它们与中国的秦岭–大别超高压变质带具有相似的性质，是陆–陆碰撞的产物，在联合古陆形成过程中扮演重要角色。Tran和Vu（2011）认为，昆嵩高原是越南同时也是东亚典型的"超高级变质带"之一，其中康纳杂岩、玉岭杂岩、康德–内杂岩位于昆嵩高原核部，经过锆石、独居石U-Pb和Sm-Nd年龄厘定，在原先定义为太古宇、古元古代的变质岩地层系统内分解出新元古代角闪岩基（680 Ma）、奥陶纪—志留纪（470～410 Ma）岩浆–变质岩带、二叠纪—三叠纪（260～245 Ma）麻粒岩–紫苏花岗岩超高温变质岩带等新的构造相区。特别是北西–南东向二叠纪—三叠纪超高温变质岩带的建立，不仅颠覆了早先变质杂岩带的分布范围与形成时代，而且可以据之逆推联合古陆时期的区域构造过程（Lepvrier et al.，2004；Vu et al.，2017），对昆嵩陆块的定位可能带来全新的认识。目前，关于昆嵩陆块变质结晶基底的解体仍然面临复杂的情况，尽可能在慎重分析的基础上予以甄别。

超高温带岩石组合以石榴子石–斜方辉石–夕线石–堇青石麻粒岩为代表，主要分布在昆嵩高原东南部的巴江盆地（康纳杂岩）。高压（high pressure，HP）–超高压（UHP）带（岩石组合以石榴子石–铝直闪石–蓝晶石片麻岩和榴辉岩为代表）主要分布在昆嵩高原西部治道（Tri Dao）一带的康德–内杂岩带。新近的年代测定结果表明，它们的形成时代为二叠纪晚期和三叠纪初期，代表联合古陆形成最后阶段地块间的拼接，是巴江缝合带确立的基本依据。

实际上，在治道和巴江附近的杂岩带内，还分布新测年龄为680 Ma（Sm-Nd法）和410～470 Ma（锆石U-Pb法）的高级变质岩与岩浆岩，使得昆嵩陆块的演化史变得更加扑朔迷离。如果所测年龄全部属实，则不排除昆嵩地块实际上是一个众多小洋盆不断消减、微陆块连续增生的大型混杂堆积体。因此，目前以巴江缝合带为界，将原昆嵩陆块拆分为北部的嘉域微陆块和南部的昆嵩微陆块仅仅是过渡性研究的一种暂时认识。

7. 斯雷博河结合带（I-4-8）

斯雷博河（Srepol River）结合带（缝合带）为一狭窄的北西–南东向构造单元，位于昆嵩陆块南侧（图7.10），在越南境内以晚古生代—早中生代钙碱性、镁铁质火山岩和放射虫硅质岩、碳酸盐岩为主，代表残余洋壳及叠置于洋壳上的火山弧，是一典型的"优地槽"，即含有复合洋盆记录的古缝合带。

Le Van De（1997）提出了这是早中生代关闭的海盆。泥盆系—石炭系主要分布在罗文-斯雷博河带的上丁、波贝（Poi Pet）地区，该地区真正属于"残余洋壳"的岩浆记录其实并不发育，一般仅以泥盆纪—石炭纪放射虫硅质岩为代表，以及洋壳为底的硅镁质岛弧，岛弧杂岩以钙碱性镁铁质的火山岩组合，其后又叠加晚二叠世—早三叠世钙碱性基性火山岩、酸性火山岩、陆源碎屑岩、碳酸盐岩和碳质页岩组合而成的火山弧沉积。

罗文（Roveng）岛弧带在越南境内大部为第四系所覆盖，除侏罗系分布区较宽广外，带内仅有泥盆纪—石炭纪的砂页岩、硅岩、泥灰岩零星出露（Phan et al.，1991）。罗文岛弧带的性质和名称实际是通过与柬埔寨等邻区岩石组合关系的对比得来的，柬埔寨北部发育二叠纪安山岩、晚二叠世—早三叠世闪长岩、花岗岩及三叠纪瓦克质砂岩、页岩、灰岩、英安岩、凝灰岩等。如果这种对比能够成立，显然罗文带应该纳入海西-印支期活动构造体系，这是我们将"罗文岛弧带"归入"斯雷博河结合带（缝合带）"的基本理由。

8. 琅勃拉邦-大叻微陆块（I-4-9）

琅勃拉邦-大叻微陆块西以难河-程逸-沙缴结合带为界，由于难河结合带北延趋势不明，暂时推测它向北经老挝琅南塔东侧和云南思茅西侧通过，位于Yang等（1994）的东弧火山岩带东侧，东界以斯雷博河结合带为界（图7.2，图7.10）。该微陆块发育上古生界海相碎屑岩-碳酸盐岩和火山岩，以及中生界陆相碎屑岩、蒸发岩和石膏。在老挝地区中古生界（主要是泥盆系—下石炭统及部分志留系）为海相沉积，常见有弱变质灰岩，并有点重结晶成大理岩，上古生界（主要为中石炭统—二叠系）主要为碎屑岩、碳酸盐岩和火山岩，火山岩主要为晚二叠世安山岩-英安岩。这套火山-沉积岩系已变质成千枚岩、绿片岩和石英岩。在泰国黎府-碧差汶-派沙利火山岩带西部的火山岩属于二叠纪—三叠纪大陆火山弧（Phajuy et al.，2005）。

在南段柬埔寨和越南境内，该带相当于Phan等（1991）的罗文（Roveng）-达林（Daklin）带中之罗文岛弧带（晚古生代）。带内岩层被大片第四系覆盖，除了东部有大面积侏罗系出露外，晚古生代地层零星出露，在研究区内属于斯雷博河缝合带。

9. 大叻岩浆弧（I-4-10）

大叻岩浆弧位于昆嵩隆起区东南部，对应于大叻晚中生代活动陆缘带（图7.10），未见任何结晶基底，最早的露头为三叠系顶层，大面积分布侏罗系、白垩系含海相和过渡相碎屑岩及中酸性火山岩，尤其隆起带东端的绥和地区，出露大量年龄为80～135 Ma的I型黑云母花岗岩、二长花岗岩和花岗闪长岩，芽庄、富平等地区则广泛出露白垩纪安山岩、安山质玄武岩、安山玢岩、粗面岩、英安玢岩、中酸性凝灰岩和凝灰质角砾岩。岩相学和岩石地球化学数据表明，它们的形成环境应属典型的安第斯型陆缘弧。新生界为陆相沉积岩及板内碱性玄武岩。与昆嵩陆块相比，大叻岩浆弧具备两个明显的独有特征：空间上，呈北东-南西向展布，在中南半岛东南端起到横截昆嵩陆块的作用；时间上，以晚中生代的残留记录为主要依据，新生代地质作用无疑可以起到延续、改造、补充和增强的效果，但基本格局并非新生代所营建。

该岩浆弧带受到北东-南西向右旋走滑断层的明显控制，与南海扩张可能存在一定关联。其在地貌上主要表现为北东走向并由花岗岩等深成岩体所构建的山系，宁和、延庆等小型的山间盆地亦可归入其中，向南西方向延伸可进入同奈盆地、南部海岸等大型凹陷，晚中新世地层不整合于下伏白垩系、上侏罗统或至少为古近系之上。

大叻岩浆弧是一个反映晚中生代活动大陆边缘的构造带，但对该岩浆弧的构造属性存在争议。有学者将其与西太平洋或伊泽奈奇板块向西的俯冲相联系，与中国闽浙沿海地带的岩浆弧划归同一构造体系。

10. 南海西缘隆起区（I-4-11）

南海西缘隆起区位于南海西缘断裂带和莺歌海盆地西侧、越南陆地的东侧，北与马江缝合带相接，南止于北西向的绥和断裂（图7.2），呈近南北向展布，是昆嵩陆块向海域的延伸，其可能是在海西-印支褶皱变质基底上叠加燕山运动后多期次地质作用的改造，并自印支运动后一直处于隆起状态，主要沉积新近系和第四系海相的碎屑岩和碳酸盐岩。

11. 莺歌海盆地（I-4-12）

莺歌海盆地位于南海西北部，是红河断裂带在海上延伸的一个新生代走滑-伸展型盆地（图7.2）。盆地整体为菱形，呈北西向条带状展布，向北西延伸可达河内附近，被红河断裂带和马江断裂带所夹持，以莺歌海盆地1号断裂与琼东南盆地分开，面积约7.6万km²，发育巨厚的新生代沉积，存在南北两个沉降中心，在盆地中央沉积最厚达17 km，而莫霍面埋深约22 km，地壳只有约5 km厚（龚再升等，1997）。通过拉张因子计算，发现中央拗陷带拉张与莫霍面强烈上凸有很好的对应关系（张云帆等，2008），且盆地热流值高，热流密度平均值为119 mW/m²，是一个热盆。

莺歌海盆地是在红河断裂带左旋走滑和斜向拉分机制下形成的快速沉降盆地，盆地两翼发育有两条北西向基底大断裂，以这两条大断裂为界，将莺歌海盆地划分为莺歌海中央拗陷带、河内拗陷带、莺东斜坡带、河内东斜坡-莺西斜坡带四个二级构造单元。根据周边板块背景、区域应力场和盆地构造几何学运动学分析，莺歌海盆地自始新世开始为左旋斜向拉分盆地，盆地构造演化分三个阶段：始新世—早渐新世的左旋斜向拉分初始沉降阶段；晚渐新世—中新世的热沉降和左旋应力场叠加阶段；上新世—第四纪的热沉降和右旋应力场叠加阶段。

12. 万安盆地（I-4-13）

万安盆地位于我国南海西南部陆架-陆坡上，东以南北向万安断裂为界，北部、西北部与昆仑隆起区相连，西南部为纳土纳隆起区（图7.2），呈纺锤状南北向展布，面积约8.5万km²。该盆地可能是在中生代变质岩、岩浆-火山弧之上的一个新生代沉积盆地（Nguyen et al.，2004a，2004b）。盆地内虽没有钻遇古生代和中生代地层，但新生代地层发育较齐全，始新世—第四纪地层厚2000～12000 m，表现为早期陆相、晚期海相的沉积特征，中部拗陷是盆地的沉降中心和沉积中心。

研究显示，万安盆地的空间重力异常和其二级构造单元不完全对应（图2.1），在有的沉积拗陷中表现为重力异常高值，说明盆地重力空间异常不完全反映新生代沉积基底的起伏，而部分反映了地壳内物质分布的不均匀性。因此，万安盆地的空间重力异常和大陆张裂盆地的重力空间异常是有差别，其磁异常特征主要与基底岩性及断裂展布有关。从磁异常方向来看，盆地二级构造单元存在着南北不同，这可能反映了以西南次海盆中央轴线往西南的延伸线为界，南北两侧具有某些差异有关。

万安盆地由北向南可划分为西北断阶带、北部拗陷、北部隆起、中部拗陷、中部隆起、南部拗陷、东部隆起、东部拗陷、西部拗陷和西南斜坡十个二级构造单元。其中，中部拗陷莫霍面深度最小，结晶地壳厚度最薄，分别小于约20 km和16 km，对应于西南次海盆北东-南西残留扩张轴线西南裂谷延线上和热流值高带上，属于热盆，与莺歌海盆地中央拗陷带和中建南盆地中部拗陷构成南海西部强烈薄弱区。

万安盆地的形成演化呈现北早南晚的特征，与西南次海盆的海底扩张和南海西缘走滑断裂带息息相关，具有从走滑拉张到走滑挤压的完整过程。在盆地演化过程中，表现为张扭性断裂作用较强烈，褶皱作用及岩浆活动相对较弱。盆地的构造演化过程可分为初始裂谷期、主要裂谷期、走滑改造期和裂后加速沉降期四个阶段（姚永坚等，2018）。

13. 湄公盆地（I-4-14）

湄公盆地又称头顿盆地或九龙盆地，位于越南南部的湄公河口（图7.2），属陆内裂谷盆地。盆地总体上呈北东向展布，面积约4.1万km²，始新世—第四纪地层发育，目前钻井揭示的沉积厚度为2500～4400 m，最大厚度达6000 m，沉积最厚处位于盆地的中央，箕状断陷底部较深处沉积物的时代尚未确定，具有早期陆相、晚期海相的沉积特征。

湄公盆地基底由晚中生代侵入岩、火山岩和变质沉积岩所组成，可能是大叻岩浆弧向海域的延伸。盆地莫霍面深度为24～26 km，其结晶地壳厚度较厚的分布范围与盆地新生代沉积物出露范围比较接近一致，最薄厚度位于盆地的中央，约20 km，热流密度平均值为63 mW/m²，属于一个冷盆。

14. 西纳土纳盆地（I-4-15）

西纳土纳盆地位于南海的西南侧巽他陆架北缘，北邻万安盆地和昆仑隆起区，东南与纳土纳隆起相连，西接马来半岛（图7.2）。该盆地总体呈北东-南西向展布，面积约9.6万km²，为古近纪—新近纪克拉通内裂谷盆地（毕素萍等，2016）。盆地基底由中生代花岗岩和变质岩组成，发育始新世—第四纪地层。盆地内断裂大致可以分为北东向和北西向两组，并以北东向为主，北西向断裂多切割北东向断裂。盆地构造演化经历了晚始新世—早渐新世裂谷阶段、晚渐新世—早中新世裂后沉降阶段、早—中中新世构造反转阶段和晚中新世—第四纪构造稳定阶段，相应的发育了裂谷、裂后期陆相沉积、海陆过渡相沉积、反转与构造稳定期海相沉积等四套层序结构（倪仕琪等，2017）。

15. 巽他隆起区（I-4-16）

巽他隆起区位于南海的西南部，东以万安-卢帕尔断裂为界，北接绥和断裂，东南延伸到加里曼丹岛西北施瓦纳山带（北西-南东向）和西古晋带（图7.2），在新生代作为一个隆起区分割万安盆地、湄公盆地和西纳土纳盆地，是印支-巽他地块在海域的延伸。

巽他隆起区西部基底主要为中生代岩浆岩（吴进民和杨木壮，1994），以白垩纪花岗岩、花岗闪长岩、闪长岩中酸性侵入岩为主（表4.2），局部发育安山质火山岩（表4.3），与大叻岩浆弧一样，同属于古太平洋板块俯冲作用下发育晚侏罗世—白垩纪中酸性火山–岩浆岩带一部分，可能一直延伸到加里曼丹岛西南部施瓦纳山带。在加里曼丹岛古晋带见有白垩纪中酸性火山岩夹于过渡相–海相地层中，西加里曼丹岛晚三叠世的麻坦（Matan）杂岩被距今154～75 Ma的石英闪长岩、英闪岩和花岗岩岩基侵入（Haile，1970）。

巽他隆起区东南部为西加里曼丹岛，包括西北施瓦纳山带和西古晋带，其基底主要由三叠纪及白垩纪变质岩、岩浆岩和沉积岩组成。在古晋带上西沙捞越变质岩，是由三叠纪Kerait片岩和Tuang组变质岩组的糜棱岩、千枚岩和低级变质的石英–云母岩构成，它们均具有相似的白云母$^{40}Ar/^{39}Ar$年龄（216～220 Ma），是俯冲产生弧火山作用形成的变质岩（Breitfeld et al.，2017）。出露在沙捞越西北角以及北部沿海区域白垩纪变质岩，主要为Serabang组、Sejingkat组、Sebangan组（Williams et al.，1988），这三套变质岩层以变质沉积岩为主，主要岩性为石英岩、板岩及重结晶燧石。此外，该地区Terbat组的灰岩和页岩中见暖水蟀类，U-Pb锆石测年提供Sadong组最大沉积时间为225～240 Ma，古晋组最大沉积时间为221～230 Ma，且晚三叠世Sadong组的Krusin植物群可与越南北部Hongay植物群对比，显示了古晋带的华夏亲缘性（Breitfeld et al.，2017）。西北施瓦纳山带出露三叠纪至侏罗纪I型岩浆岩，认为与古太平洋板块俯冲作用相关的岩浆弧（Breitfeld et al.，2017，2020；Hennig et al.，2017）。因此，西加里曼丹岛自三叠纪以来就已经是巽他大陆东南缘的一部分，或者是在巽他大陆的基础上形成，三叠纪—白垩纪持续受到古太平洋俯冲的影响（Hall，2012；Breitfeld et al.，2017）。

（五）南海海盆（I-5）

南海海盆大致呈向西南收敛的三角形，水深为3300～4850 m，东北向长约1480 km、西北向宽约800 km，面积约46.2万km²。海盆基底具有典型三层结构，以重力高和线性磁异常为典型特征。南海海盆的东部边界为马尼拉海沟俯冲带，南北两侧边界为洋陆转换带，根据地质、地球物理特征，以中南–礼乐断裂为界，可进一步划分为东部次海盆（I-5-2）、西北次海盆（I-5-1）和西南次海盆（I-5-3）三个三级构造单元（图7.2，表7.1）。

南海海盆是全球少数几个分布于低纬度地区的大型深水海盆，发育了西北次海盆、东部次海盆和西南次海盆三个具有成熟洋壳性质的海盆（姚伯初，1996）。目前大洋钻探已证实东部和西南两个次海盆具有洋壳性质的地壳结构，洋壳上覆地层为渐新统、中新统至第四系，具有大洋沉积特色。研究表明，南海三个次海盆在扩张时间、扩张方向、磁异常条带、洋壳性质、海底地形、海底热流、构造与岩浆特征等方面存在明显差异。

扩张时间上，早期对南海海盆扩张过程的认识依赖于磁条带的解释，而且各种解释结果分歧很大，普遍认为裂谷作用始于始新世（庞雄等，2007），在渐新世晚期导致海底扩张。根据磁条带的解释，南海洋壳早在30 Ma形成（Taylor and Hayes，1982；Briais et al.，1993），并向西传播。通过IODP349航次钻探获得玄武岩测年结果，以及IODP367、IODP368和IODP368X三个航次钻井沉积物古生物年代和船上主量元素分析（图7.12），结合"南海深部过程演变计划"中深拖地磁获得高精度磁条带综合研究，发现东部次海盆、西南次海盆扩张结束时间相似，分别为约15 Ma和约16 Ma，但海底扩张却先开始于东部，东部次海盆扩张形成于渐新世初（34 Ma）（Li et al.，2014，2015；Sun et al.，2018；Jian et al.，2019），甚至推测南海扩张最早时间为晚始新世，约23.6 Ma东部次海盆发生了一次向南的洋中脊跃迁，西南次海盆在约23 Ma开始海底扩张（Li et al.，2014，2015）。对于西北次海盆，由于海盆内缺少有效的钻孔资料，且磁异常条带不清晰而难以识别，导致其形成年龄尚存争议。

洋壳性质上，IODP349航次获得的洋中脊玄武岩橄榄石中的尖晶石包裹体显示，南海东部次海盆和西南次海盆扩张期的岩浆岩为典型的洋中脊玄武岩（MORB）（Yang et al.，2019）。通过分析南海洋壳玄武岩样品，发现这两个次海盆都属于印度型地幔，但两者存在明显的组分差异。东部次海盆扩张期的洋中脊玄武岩成分主要为橄榄玄武岩，地球化学成分显示其主要为亏损型洋中脊玄武岩（N-MORB），少量为富集型洋中脊玄武岩（E-MORB）（黄小龙等，2020）。主微量元素成分特征表明，其地幔源区熔融区间较大，岩浆熔融程度相对较高，具有相对快速扩张洋中脊的特点（Yang et al.，2019），其原始橄榄石的结晶温度高于正常的洋中脊玄武岩，与地幔柱相关的玄武岩橄榄石结晶温度相似，其原始橄榄石的结晶温度高于正常的洋中脊玄武岩，与地幔柱相关的玄武岩橄榄石结晶温度相似，但无明显洋壳增厚，也未形成海山链，因此有别于经典地幔柱模型（林间等，2019）。西南次海盆扩张期的岩浆岩主要为拉斑玄武岩，地球化学成分显示为富集型洋中脊玄武岩（E-MORB），并且含少量大陆下地壳的成分信息（Yang et al.，2019）。主微量原始成分分析结果表明，其地幔源区熔融区间相对较小，岩浆熔融程度相对较低，洋中脊的岩浆供给率相对较小，岩浆经历了较复杂的演化，具有慢速扩张洋中脊的特点（Yang et al.，2019）。与东部次海盆相比，西南次海盆扩张后期的岩浆作用较弱，残留洋中脊发育的海山仅在与东部次海盆衔接处大量发育，向西南减少，而且西侧发现了大型基底拆离断层（Zhang et al.，2016），表现出明显的构造主导型的海底扩张特点。

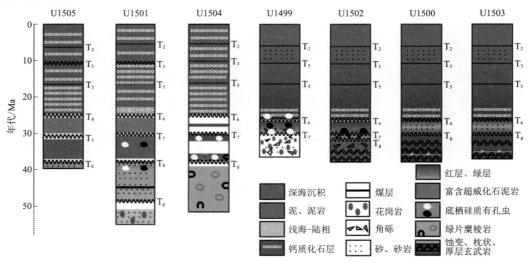

图7.12　南海IODP367、IODP368、IODP368X钻探站位柱状图（据Sun et al.，2018，修改）

热流特征上，高热流值带沿着海盆的残留扩张中心方向呈北东–南西向展布，两侧具有明显的不对称性，其中西南次海盆的热流值最高，西北次海盆次之，东部次海盆相对较低。

对于南海海盆的构造演化和成因一直存在争议。IODP367、IODP368航次在南海东北洋陆过渡带没有钻遇蛇纹石化地幔，汪品先和翦知湣（2019）提出了南海不是小大西洋是"板缘张裂"假说。研究表明，南海北部深水大陆边缘张–破裂过程兼具贫富岩浆双重性，即张裂早期发育大量拆离断层，受其作用地壳强烈薄化（任建业等，2018），为贫岩浆型，但张裂过程及后期岩浆始终活跃，为富岩浆型，推测南海从陆到洋张破裂过程中表现出岩浆从贫到富的转变（Sun et al.，2019）。

1. 东部次海盆（I-5-2）

东部次海盆是南海最大的次一级海盆，水深介于3400～4300 m，残留洋中脊位于海盆中部近东西向的珍贝–黄岩海山链上，水深由南北两侧陆缘向洋中脊方向逐渐变深，沉积地层厚度则由南北两侧陆缘向洋中脊总体逐渐减薄，基底逐渐抬升（图7.13），断块构造对称分布，磁条带走向近东西向延伸，扩张方向为近南北向。在海盆北部和南部具有清晰的地震莫霍面反射。海盆内岩浆活动强烈，尤其是在海盆扩张结束后仍存在大量岩浆活动。在珍贝–黄岩海山链附近分布大量规模较大高耸的海山或海山链，且海山下有明显山根，地壳增厚，地壳顶部速度较低，重力表现明显的高值正异常，两侧重力异常表现为低值正异常。

2. 西北次海盆（I-5-1）

西北次海盆位于东部次海盆西北部，南靠中沙群岛，是南海三个次海盆中规模最小的一个，被认为是经历了短暂扩张就停止的夭折型洋盆。该海盆东北宽、西南窄，水深在3300～3800 m，海底较平坦，在盆地中北部分布着一北东走向的双峰海山，拖网岩石样品测定年龄为23～24 Ma，为粗面岩（Li et al.，2015），证实不是残留洋中脊。西北次海盆地形地貌、重力和磁力异常、地壳结构均显示出北东—北东东走向的构造特征（姚伯初，1999）。

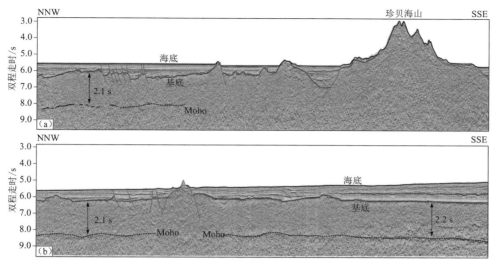

图7.13　东部次海盆地震反射特征图

多道地震剖面揭示西北次海盆沉积层厚度较大，为1000～4000 m，海盆内莫霍面反射清晰、连续（图7.14），洋壳厚度为5.0～7.0 km，平均为6.0 km，海盆南北两侧陆缘的地壳结构相近，显示出扩张前的共轭特征，而东西侧地壳结构不对称，西侧地壳略薄、东侧稍厚，中央被沉积物所埋藏的火山所占据。

西北次海盆是三个次海盆中面积最小的，因其磁异常条带不清楚，与东部次海盆磁异常特征不一致性，且缺乏有效的钻孔资料约束，导致其扩张年龄一直存在争议。Briais等（1993）认为西北次海盆和东部次海盆同时在32～29 Ma发生北西–南东向扩张，而在29～25 Ma停止扩张。徐行等（2018年，91428205基金结题报告）通过热流计算得到西北次海盆洋壳年龄为17～25 Ma，并认为西北次海盆是南海第二次海底扩张早中期的产物，其形成演化时代与西南次海盆相近，在构造走向和结构上，两者具有很强的相似性，但西北次海盆由于受到南海北部大陆边缘的制约，夭折时间相对较早，生命史十分短暂。

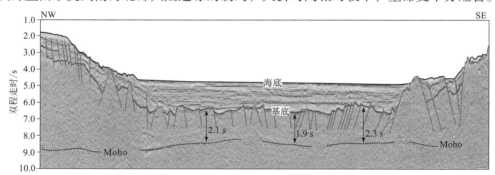

图7.14　西北次海盆地震反射特征图

3. 西南次海盆（I-5-3）

西南次海盆位于南海西南部，是一个开口向东北的"V"型盆地，其东北部扩张量大于西南部，是南海三个次海盆中水深最大的一个，水深为3400～4850 m，海底相对平坦，但基底起伏较大，并被大量地壳级断裂错段。通过海底地貌、磁异常条带和构造走向分析，西南次海盆具有明显的分段性，并根据残留扩张脊走向变化将该海盆分为三段（李家彪等，2011；张洁等，2012）。其中，北东段（115°～116°E）地形地貌为一个凸起体，发育多个大型海山；中段（113.5°～115°E）为典型慢速扩张洋中脊的大型裂谷，水深大（4000～4850 m）；西南段（112.5°～113.5°E）海底地形平坦，是扩张中心的前端，未识别出可进行年龄对比的磁异常条带（Briais et al.，1993），为刚进入初始海底扩张阶段即告夭折。西南次海盆这些浅部结构特征反映了其共轭陆缘张破裂到海底扩张过程的时空差异。

西南次海盆沉积层一般厚1000～2000 m（图7.15），在一些断陷内沉积厚度变大，残留扩张中心最厚（约3300 m）。海盆莫霍面深度为6～10 km，洋壳厚度为3～6 km，变化较大，多道地震剖面解释结果也表明在西南次海盆东南缘存在异常薄的洋壳（厚度为1.5 km，不包括沉积层），最薄洋壳位于残留洋中脊中段南侧。前期研究发现，西南次海盆呈非对称、慢速扩张的特征，同扩张断层发育（Ding et al.，2016）。

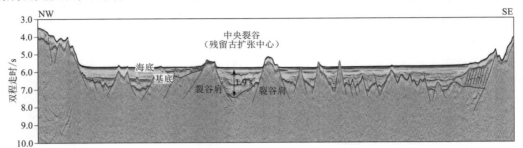

图7.15　西南次海盆NH973-1测线地震反射特征图

（六）曾母-南沙地块（I-6）

曾母–南沙地块位于南海海盆的南部，东接马尼拉俯冲带，西以南海西缘断裂带–卢帕尔断裂为界，由曾母地块和南沙地块组成，包括曾母盆地（I-6-1）、南薇西盆地（I-6-2）、北康盆地（I-6-3）、永暑盆地（I-6-4）、南薇东盆地（I-6-5）、永暑–郑和隆起区（I-6-6）、南沙海槽盆地（I-6-7）、安渡北盆地（I-6-8）、礼乐盆地（I-6-9）、巴拉望盆地（I-6-10）、礼乐北盆地（I-6-11）和北巴拉望增生杂岩带（I-6-12）12个三级构造单元（图7.2，表7.1）。

南沙地块与曾母地块以廷贾断裂（西巴兰母线，West Baram Line）为界，它们的基底性质存在差异。南沙地块海底地形复杂，岛礁林立，是航行危险区。目前，海域获得的早三叠世及以前的岩石记录很少，钻井和拖网揭示南沙地块由晚中生代以来与俯冲相关的变质岩、岩浆岩和沉积岩所组成，基底结构复杂。曾母地块基底主要由晚中生代—始新世古太平洋俯冲相关的增生杂岩、变质岩和岩浆岩组成；而南沙地块基底不仅有中生代古太平洋俯冲增生杂岩、变质岩和岩浆岩，而且还叠加了白垩纪—中新世古南海俯冲增生杂岩，它们均属于华夏地块一部分。

1. 南沙地块

南沙地块各边界具有不同的特征。北部为南海洋壳区，由不同时代海底扩张形成的被动陆缘边界；西部由近南北走向的南海西缘断裂带（万安断裂）、北西向廷贾断裂组成的走滑边界与印支地块和曾母地块分开；东部边界以马尼拉海沟俯冲带及巴拉望与民都洛弧-陆碰撞带为界，是一条新生代晚期至现在的活动俯冲-碰撞带；南部边界较为复杂，以南沙海槽-巴拉望俯冲增生带为界，早期（晚白垩世—早中新世）为一条俯冲带，晚期则由碰撞造山转为逆冲褶皱，最终形成一条推覆褶皱带。因此，南沙地块的四周边界由四种不同性质的构造类型组成。南沙地块中生代是连接太平洋域和特提斯域的一部分，其基底属性存在争议。据重磁和地震资料分析，曾维军（1991）推测南沙地块存在着一个前寒武纪的古老结晶基底。"太阳号"船在礼乐滩附近海域拖网获得三个点的变质岩。其中，出露于礼乐滩西南侧（SO27-21）的片麻岩是未风化的和局部覆有薄锰壳的变质岩，根据斜长石、黑云母、石榴子石以及与夕线石共生的白云母的矿物组合，将这种片麻岩定为中等压力闪岩相变质级，同时发现一些低变质级的石英千枚岩岩块，片麻岩和千枚岩所含白云母的K-Ar年龄分别为114～123 Ma和113 Ma（王利杰等，2020），变质发生的时间为早白垩世（Kudrass et al.，1986）。礼乐滩北侧（SO23-37、SO23-36）采集拖网样品为一套石英岩、片状闪岩、石榴子石–云母片岩、准花岗岩和准辉长岩的深变质岩系，云母片岩由含白云母、黑云母、石榴子石和红柱石组成，白云母K-Ar年龄为113 Ma；而SO23-36闪岩中闪石K-Ar年龄较老，为146 Ma（Kudrass et al.，1986），反映了南沙地块经历了中—晚侏罗世和早白垩世两期的变质事件。据同位素测年资料，礼乐滩北侧的石榴子石–云母片岩和角闪岩以及五方礁的副片麻岩和石英千枚岩均产于晚侏罗世到早白垩世，与华南沿海和南沙地块发生的花岗岩侵入和火山喷发的燕山运动同期。此外，SO23-23样品含三叠纪叶化石的粉砂岩中黑云母K-Ar法年龄为341～258 Ma（Kudrass et al.，1986），但这套变质岩的原岩年龄尚难以确定。

在南海东南部菲律宾卡拉棉（Calamian）群岛的布桑加（Buruanga）岛见到由燧石岩、灰岩和浊积岩组成的大洋板块层序，年龄跨度极大，从中二叠世到晚侏罗世（Zamoras and Matsuoka，2004）。零星出露于东北巴拉望岛西缘二叠系，其中、下部以燧石、硅质碎屑岩和长石杂砂岩为主，上部为含早二叠世晚期螳科化石的碳酸盐岩；巴拉望西侧陆架Cadlao-1井钻遇含螳科化石的二叠纪灰岩；在美济礁东侧拖网采样获得黑色硅质页岩，可见平行层纹与可能是放射虫残余的小球状残体，似可与东北巴拉望和卡拉绵群岛出露的放射虫硅质岩对比。中生代地层在东北巴拉望、卡拉绵、民都洛等岛屿零星出露，在钻井和拖网取样也普遍见到，多属深海–边缘相沉积，部分为海陆交互相。三叠系—下侏罗统所含软体动物化石、双壳类印痕，与日本、北越和沙捞越煤系地层中的Holobia和Daonella类似。礼乐滩和北巴拉望岛主要由一套侏罗纪—白垩纪混杂岩和燕山期岩浆岩所组成，这套地层可与粤中金鸡群和粤东–闽西南小坪组对比。因此，南沙地块东南部基底包括二叠纪—侏罗纪燧石岩、灰岩、泥岩、硅质岩及砂岩等外来岩块，可能形成于晚中生代弧前–岩浆弧的构造环境（王利杰等，2020），与南海中北部陆缘中生代基底一样，是古太平洋伊泽奈奇板块向欧亚板块俯冲并增生到华夏地块东南大陆边缘所形成的新生地壳，现今已属于华夏地块一部分。在白垩纪中期，由于古太平洋板块向东后撤，廷贾断裂以东，古太平洋板块东南端的俯冲带和大部分弧盆系已消亡于南部苏禄海之下，而加里曼丹岛东北部沙巴–中南巴拉望岛的始新世—中新世克罗克组沉积地层记录了古南海的俯冲过程。廷贾断裂以西，一些迹象表明古太平洋板块东南端的俯冲可能持续到早古新世，在加里曼丹岛西北部形成了白垩纪—始新世卢巴安图混杂岩、佩达旺（Pedawan）组、拉姜群沉积地层。中南半岛柬埔寨、越南以及泰国湾古新世的变形和构造极性反转现象，Fyhn等（2010）认为是由于古太平洋板块俯冲结束，曾母地块与巽他陆架碰撞引起。早新生代中期（34～33 Ma），古南海向南俯冲和南海海底扩张，导致南沙地块裂离华南大陆向南侧漂移到达现今的位置，古南海也消亡于加里曼丹岛东北部沙巴、苏禄海之下。

新生代，南沙地块主要受北东–南西向及北北东–南南西向正断层和北西—北北西向走滑断层控制，伸展和走滑活动一直持续到中—晚中新世。南沙地块主要包含南薇西盆地、北康盆地、永暑盆地、南薇东盆地、永暑–郑和隆起区、南沙海槽盆地、安渡北盆地、礼乐盆地、礼乐北盆地、巴拉望盆地和北巴拉望增生杂岩带11个三级构造单元。其中，礼乐盆地、巴拉望盆地主要沉积了一套以滨浅海–半深海相、局部深海相碎屑岩和碳酸盐岩沉积序列为特征的中、新生代地层（图7.16）。南薇西盆地、北康盆地主要发育了一套陆相–海陆过渡相–海相碎屑岩和碳酸盐岩的新生代地层，具有下陆上海的特征，沉积环境变化大。

2. 曾母地块

曾母地块（Luconia Block）作为巽他陆架的一部分，其范围相当于曾母盆地，东西夹持于南北向南海西缘走滑断裂带（万安断裂）与北西向廷贾走滑断裂带之间，南部为晚白垩世—始新世的武吉-米辛俯冲带（北西向丰盛港断裂），是一个具有陆壳性质的拼合体，基底结构复杂，岩性和时代各不相同。曾母地块（曾母盆地）基底由四个部分组成，西侧部分钻井钻遇白垩纪的角闪花岗岩等岩石，其基底由中生代晚期至古近纪的深成岩和火山岩、变质岩组成；南部基底是西布蛇绿混杂岩带向海域延伸的一部分，多

图7.16 南海南部陆缘不

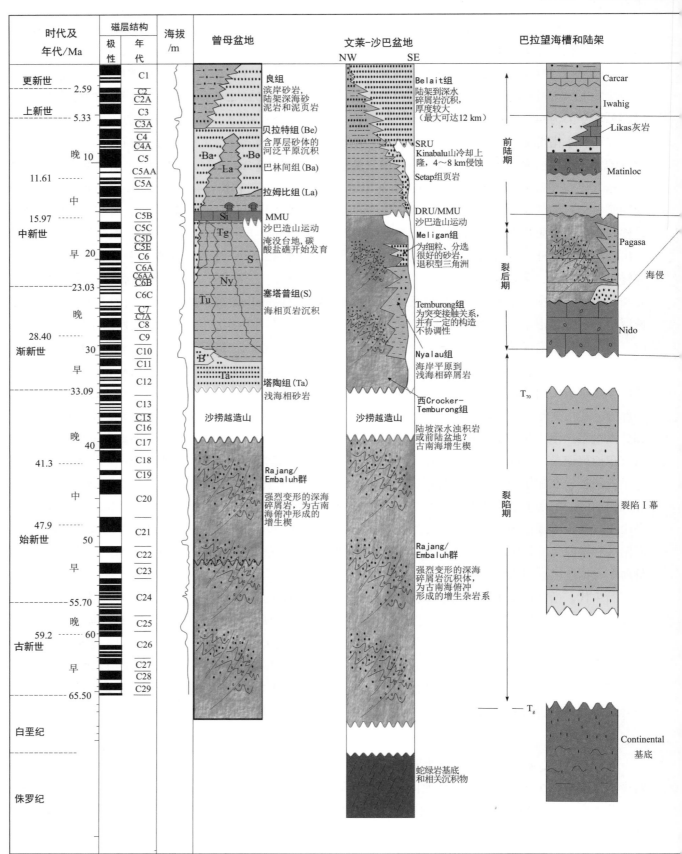

构造单元地层综合对比图

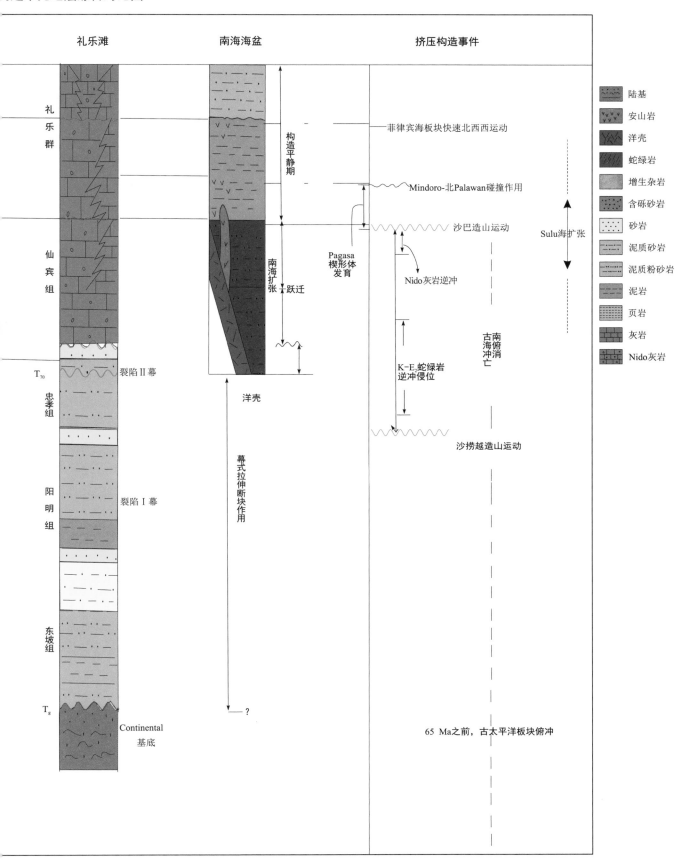

口钻井（CC-1X、CC-2X，CB-1X、Paus S-1、Paus NE-2、Rannai-1等）钻遇晚白垩世至始新世浅变质岩，主要为古新世—始新世千枚岩、板岩和高变形的类复理石浊流沉积，变质程度由南向北减弱；东侧南康台地基底可能由前新生代变质岩、沉积岩和火山岩组成（姚永坚等，2005）。东北部地区，是一个较为特殊的地区，是曾母盆地主体部分，由于新生代沉积巨厚，尚未钻及基底。该区空间重力异常为一个正值区，一般在$25\times10^{-5}\sim35\times10^{-5}$ m/s²，最高可达45×10^{-5} m/s²，经向上延拓5 km后，成为一个完整的北西向重力高带，其莫霍面埋深较浅，小于24 km，而该区新生界沉积层的厚度可达10～15 km，最大超过16 km，表明其中、下地壳已经很薄，但热流值却很低，而武吉-米辛结合带（北西向丰盛港断裂）以西的拉奈隆起和索康拗陷热流值很高。因此，对该区具有超薄地壳和低热流独特的构造现象需开展进一步研究工作，厘定其基底结构和性质，为认识南海西南部中—新生代构造格局提供新的依据。控制曾母盆地和构造单元边界断裂主要有北西向、北东向、近东西向三组断层，其中以北西向为主，多数具张扭性质，北东向断层次之，主要发育在盆地东侧边缘，近东西向断层一般出现在盆地中心。

从盆地的结构及主要构造特征看，曾母-南沙地块新生代盆地基本都是在不同区域应力场作用下形成的原型盆地叠合，在它们形成过程中，既有伸展性质的构造系统，也有挤压性质和走滑性质的构造系统，反映了不同性质的构造综合作用的结果。

3. 曾母盆地（I-6-1）

曾母盆地奠基于南海西南部曾母地块上的一个大型新生代沉积盆地，形状近似梨形，总体呈北西-南东向展布，面积约17万km²，具有面积大、沉积速率大、沉积厚度大、热流值变化较大、盆地基底结构与岩石地层复杂的特点。盆地内虽没有钻遇中生代地层，但新生代地层发育较齐全，始新世—第四纪地层厚2000～16000 m，总体呈现北厚南薄的特征，康西拗陷是曾母盆地主体沉积中心，发育中中新统—第四系巨厚沉积，厚度在6000 m以上。

实际上，曾母盆地基底性质复杂，南北和东西演化历史不均衡。东南部巴林坚地区是曾母地块与加里曼丹岛于晚始新世碰撞褶皱带的前缘，其上发育渐新统—第四系碎屑岩。盆地中北部康西拗陷和西部斜坡、东部南康台地、西南部塔陶垒堑区总体处于拉张背景下，其发生发展受到一系列张性正断层（包括扭张性）控制，其局部构造主要有断块、断背斜、同沉积滑动正断层等。东北部构造转折线北侧的康西拗陷内，地震剖面显示在早中新世（T_5）滑脱面之上发育大量的泥底辟构造，具有较强的方向性，上拱的幅度较大，并且局部发育具有压扭性质的逆断层，底辟区内地层褶皱变形比较明显（图7.17）。在东部南康台地和西部斜坡发育大量中新统台地碳酸盐岩和生物礁。曾母盆地经历了复杂的演化史：古新世—中始新世被动边缘断陷、断拗发育阶段，晚始新世—早中新世周缘前陆盆地形成阶段，中中新世大陆边缘发育、改造阶段以及晚中新世—第四纪区域沉降阶段，形成了"东西两台夹深拗和南挤北张"的构造格局（姚永坚等，2005），是一个不典型的周缘前陆盆地（姚伯初，1998），似乎更是一个新生代的叠合盆地类型。

4. 北康盆地（I-6-3）

北康盆地位于南沙海域西南部（图7.2），东为南沙海槽西北缘断裂，西南以廷贾断裂与曾母盆地分开，盆地面积约6.2万km²，呈北东-南西向展布。同南薇西盆地、南薇东盆地早期一样，北康盆地是在隆升背景下由地壳拉伸裂陷而形成的断陷盆地，南海停止扩张后，因曾母-南沙地块与加里曼丹岛的碰撞，导致盆地东南部遭受挤压作用而发生挠曲沉降，逐渐转为前陆盆地。盆地新生代沉积发育，但地层厚度变化较大，最厚处超过10000 m（刘振湖和郭丽华，2003），经历了古新世—早渐新世的陆内裂陷阶段（形成半地堑和旋转断块）、晚渐新世—中中新世断拗转换阶段、晚中新世—上中新世周缘前陆阶段以及上新世—第四纪区域快速沉降阶段，形成了盆地现今"三拗两隆"的构造格局。

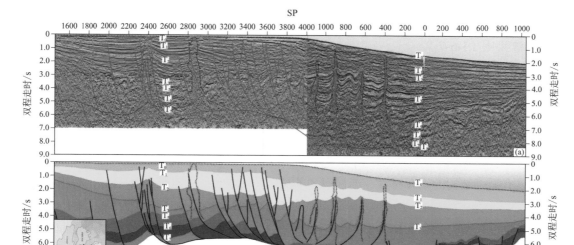

图7.17 曾母盆地康西拗陷构造-地层解释图（界面时代见表6.1）

5. 南薇西盆地（I-6-2）、永暑盆地（I-6-4）和南薇东盆地（I-6-5）

南薇西盆地、永暑盆地和南薇东盆地位于南沙西部海域（图7.2），是在中生代晚期—新生代早期长期隆升的背景下，由地壳拉伸裂陷而形成的陆内张裂盆地（徐行等，2003）。其中，南薇西盆地面积较大，约4.4万km²，呈北北东向展布。南薇西盆地西部P-2X井钻遇中生代花岗岩基底（段亮等，2018），推测其基底由前新生代中酸性岩浆岩、变质岩组成。盆地内新生代地层发育，古近系变形强烈，并经历了中生代末—中始新世的断陷阶段、晚始新世—中中新世断拗压扭阶段和晚中新世—第四纪区域沉降阶段，形成了盆地"三拗两隆"的构造格局。

永暑盆地和南薇东盆地四周为永暑–郑和隆起区，基底性质虽未有钻井直接揭示，但通过南沙海域钻井数据、地震反射和磁异常特征综合分析，推测基底岩性由前新生代岩浆岩和变质岩组成。永暑盆地和南薇东盆地古近系厚度较大，遭受轻微的变形，两盆地均经历了中生代末—早渐新世的断陷阶段（构成了盆地初始裂陷的产物）、晚渐新世—早中新世的断拗转换阶段、中中新世—晚中新世挤压作用阶段以及上新世—第四纪区域沉降阶段。同南薇西盆地相比，永暑盆地和南薇东盆地在新生代以伸展应力为主，而南薇西盆地则除受伸展应力外，还遭受走滑应力的影响。

6. 永暑–郑和隆起区（I-6-6）

永暑–郑和隆起区位于南沙海域中东部（图7.2），区内广泛发育生物礁碳酸盐岩台地，形成了南沙地块独有的岛礁区，又称危险滩（dangerous grounds）。该隆起区基底属性一直不清楚，以往主要据磁场特征对比推测与中西沙地块相似。根据天然气地震面波层析成像资料揭示其v_S结构的特殊性，似可与具有太古宙基底的克拉通区类比，但其磁异常并未显示一般太古宙基底出露区常见的长波长高值正异常特征，且该区岩石圈内v_S值大于4.9 km/s的高速层呈透镜状，速度最高且厚度最大部位在郑和群礁–南薇滩一带，并向四周变薄至消失，曾维军等（1995年，内部资料）认为该区可能是一刚性较强的古老块体，即使存在太古宙陆核，也不是大片出露，其上已不同程度地覆盖了磁性较弱或无磁性的元古宙和显生宙地层，使磁场特征有所变化。基于华南陆区和海南岛古老基底出露，我们推测该隆起区可能在郑和群礁–南薇滩一带局部存在元古宙结晶基底。地震资料已反映了永暑–郑和隆起区上断层及火成岩体极为发育，断层及火成岩体不但数量多且规模大，其中部分断层的延伸长度超过100 km，火成岩体面积超过500 km²。由于其长期处于隆起状态，导致新生代沉积厚度较薄，一般不超过2 km，甚至缺失。

7. 南沙海槽盆地（I-6-7）

南沙海槽盆地位于南海的最南端，北依南沙群岛，南接加里曼丹岛和中南巴拉望岛（图7.2），盆地整体呈北东走向，新生代沉积厚度超过6000 m，古近系大多为深海复理石沉积，尚未发生变质，新近系—第四系为灰岩、钙质页岩、黏土和钙质砂岩。南沙海槽盆地最显著的特征是盆地南部发育逆冲断层，断层活动时代较新，为中新世之后。南沙海槽盆地具有独特的深部结构特征，发育薄地壳厚度与低热流值，莫霍面埋深较浅，为14～18 km，中南段的地壳厚度为8～14 km、东北段的地壳厚度为12～16 km，且中南段地壳结构特征与具有洋壳结构的南海海盆、苏禄海和苏拉威西海相似，但热流值非常低，小于60 mW/m²。南沙海槽南、北两侧地壳厚度存在较大的差异，其北西侧的南沙地块的地壳厚度为18～22 km，东南侧沙巴地区海域的地壳厚度较薄，为16～18 km，尤其东北部仅12～14 km，属于不同的地壳性质和构造单元。

南沙海槽的构造性质和形成机制一直存在争议，目前主要有三种不同的看法：一是以Hamilton（1979）、Taylor和Hayes为代表的地质学家认为南沙海槽是古俯冲带（海沟）。二是认为南沙地块和南沙海槽之下为拉伸减薄陆壳，与新生代早期裂谷伸展断层的深层作用有关，且南沙地块之下的晚渐新世—早中新世碳酸盐岩地层一直延伸到南沙海槽之下，南沙海槽不是俯冲带，是对沙巴新近纪的重力驱动变形的响应，由于南沙大陆地体的推覆前端负载而产生的逆冲断层（Hinz and Schlüter，1985；Hesse et al.，2010；King et al.，2010；Hall and Breitfeld，2017），这认识与南沙海槽中南段发育薄地壳与低热流值存在一些矛盾。三是姚伯初（1996）根据综合地球物理资料的解释，认为南沙海槽地壳性质具有分段性，其北段不是晚渐新世—早中新世俯冲带，而是由于西南巴拉望混杂堆积（外来体）的压力而使地壳弹性弯曲的结果，与Hinz和Schlüter（1985）的认识一致；但其南段的地壳可能是洋壳，即古南海的残余洋壳，俯冲海沟是南沙海槽南段。关于南沙海槽的地壳结构和成因，仍需今后开展更多的地质–地球物理探测进一步验证。

8. 安渡北盆地（I-6-8）

安渡北盆地位于南沙海域中南部，南沙海槽盆地东北端（图7.2）。盆地呈北东走向，是一个由多个半地堑、地堑或断块组合而成的断陷盆地，局部遭受岩体刺穿活动侵扰。安渡北盆地新生代沉积的基底主要由前新生代变质岩和酸性–基性火成岩组成，部分区域为中生界残余（王利杰等，2020）。盆地新生代沉积以古近系为主，厚度为500～1500 m，新生界最大沉积厚度超过4500 m，地层的沉积受断层控制明显。

9. 礼乐盆地（I-6-9）

礼乐盆地位于南海群岛东北侧礼乐滩附近，其北接东部次海盆，南依巴拉望盆地（图7.2），是南海中—新生界叠合盆地之一，面积约5.5万km²。盆地整体呈北东–南西向展布，现今构造格局受控于盆地内北北东向、北西向断裂形成的共轭断裂体系（图7.18），具有"南断北超"的特点。盆地新生代沉积基底主要由前新生代变质岩、岩浆岩以及残留中生界组成，而中生界残留厚度最大可超过4000 m。位于礼乐滩的Sampaguita-1井钻遇下白垩统，岩性主要为砂岩、泥岩和凝灰质火山碎屑岩，盆地现今残留中生界在地震剖面上表现为大套斜层，顶部被削截，与上覆层呈角度不整合接触并被断层强烈错断（图7.19）。残留中生界在隆起上较厚，在拗陷处较薄，似乎与新生代沉积呈现出"跷跷板"结构的特点，与南海北部边缘中生界对比，新近系直接覆盖在中生界之上有异曲同工之处。新生代以来，礼乐盆地经历了古新世—早渐新世的陆缘裂陷阶段（奠定了盆地的基本形态）、晚渐新世—早中新世的断拗转换阶段以及中中新世至今的前陆-拗陷阶段（图7.19），该时期礼乐盆地仅少数断裂仍有微弱活动，地层整体披覆，盆地的东北侧和东南侧地层则因曾母-南沙地块与加里曼丹岛的碰撞而出现不同程度的弯曲变形、抬升剥蚀现象，导致该时期的礼乐盆地叠加有前陆性质。

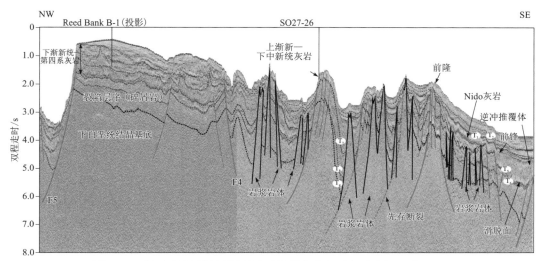

图7.18　礼乐盆地结构的地震反射特征图（界面时代见表6.1）

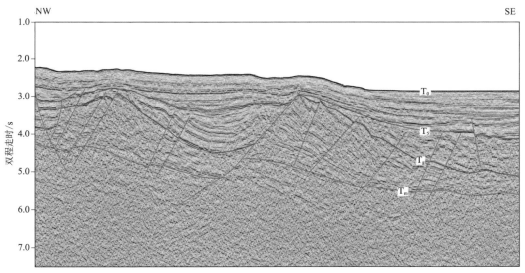

图7.19　礼乐盆地南部拗陷中、新生代地层的地震反射特征图（界面时代见表6.1；T_m为中生代底面）

10. 巴拉望盆地（I-6-10）

巴拉望盆地位于南海东南部、菲律宾巴拉望岛西北侧（图7.2），水深在50～2000 m，大部分区域水深超过1000 m，盆地面积约4.0万km²，总体呈北东向延伸。同礼乐盆地一样，巴拉望盆地也是一中、新生代叠合盆地，主要发育中生界侏罗系—白垩系和新生界。目前数口井钻遇侏罗系—下白垩统，揭示盆地中生界是由海陆过渡相-滨海相的灰岩、泥岩、页岩、砂岩、粉砂岩、火山碎屑岩和变质沉积岩组成（Steuer et al.，2014）。盆地内断层发育，多为基底断层，活动时间较长，往上一般切穿中新统。断层性质多为正断层，大部分北倾，局部南倾，与具有拆离断层性质的主断裂一起形成掀斜断块。

11. 礼乐北盆地（I-6-11）

礼乐北盆地位于南海南部大陆边缘深水区，其西北侧为礼乐盆地，东南侧为巴拉望盆地（图7.2），是在超薄陆壳上发育的一个伸展盆地。礼乐北盆地走向受区域构造应力场控制，呈北西向展布，新生代沉积层厚度为2000~4000 m，最大可达4800 m，盆地沉积中心位于东南侧。渐新世—中中新世期间，断层发育，地层构造变形较强烈；中中新世后，构造作用微弱。

12. 北巴拉望增生杂岩带（I-6-12）

北巴拉望增生杂岩带位于巴拉望盆地的东侧（图7.2），总体呈北东-南西向展布。其西侧以走滑性质的乌卢根断裂与礼乐滩为界，东侧是与民都洛微陆块之间的碰撞带，而东南缘是与西北苏禄海相接的锋缘逆冲断裂带。北巴拉望增生杂岩带出露于水面之上的部分包括卡拉棉群岛、北巴拉望岛的布桑加岛，以及民都洛岛和班乃岛的一部分，研究程度最高布桑加岛发现大量含放射虫的燧石岩、灰岩和浊积岩，被认为分别代表大洋沉积、海山沉积和海沟沉积，组成三套"大洋板块层序"。燧石岩过去定年为中三叠世，但后来发现其放射虫年龄跨度很大，从中二叠世一直到晚侏罗世（Zamoras and Matsuoka，2004），这些燧石岩与灰岩岩块是进入增生楔的硅质沉积和海山上礁灰岩碎块，并非华南地块的组成部分，其年龄代表洋壳的年龄。而与之密切共生的浊积岩则代表俯冲带海沟的充填物，浊积岩的年龄为中、晚侏罗世和早白垩世，指示俯冲的时代（Zamoras and Matsuoka，2001，2004）。布桑加岛所见的这套岩石代表三次增生事件（Yumul et al.，2009），总的时间跨度约1亿年，应该是由古太平洋而不是古南海的俯冲增生引起，是晚中生代古太平洋西缘俯冲带的一部分（Zhou et al.，2008）。但是，与冲绳群岛和西南日本的增生杂岩不同，布桑加岛未见到超基性岩，基性岩也很少，只在局部见到混杂岩含玄武岩小碎块（Zamoras and Matsuoka，2001），显然现在见到的布桑加岛增生杂岩只是古太平洋的大洋沉积层，而洋壳部分并没有在此被崛起。南沙群岛仁爱礁东坡拖网得到有细纹层的硅质页岩，可与卡拉棉群岛的燧石岩对比（Kudrass et al.，1986）。因此，北巴拉望增生杂岩带由二叠系—下三叠统变质岩、中侏罗统—下白垩统增生楔混杂岩所组成（Zamoras and Matsuoka，2004；Wakita and Metcalfe，2005），可能是古太平洋板块向欧亚板块俯冲形成的弧前沉积的一部分。其上覆盖层为白垩世、始新世、早中新世和上新世—更新世沉积层序（Letouzey and Kimura，1985），盖层构造运动并不剧烈。

（七）古晋-西布蛇绿混杂岩带（I-7）

区域上，加里曼丹岛地区（婆罗洲地区）是中生代太平洋域与特提斯域交汇区，地质构造复杂，对该地区的地质认识存在诸多争议。从晚中生代—新生代以来，古太平洋和古南海在南海南部的加里曼丹岛发生了俯冲、增生、碰撞、裂解等地质过程，导致现今加里曼丹岛发育有蛇绿岩、增生混杂岩、岛弧等一系列地质单元。古晋-西布蛇绿岩混杂岩带可进一步划分为两个不同时期蛇绿混杂岩带：古晋蛇绿岩混杂岩带（J_3—K；I-7-1）和西布增生杂岩带（K_2—E_2；I-7-2）（图7.2，表7.1），它们代表了太平洋域（或特提斯域）晚中生代—新生代早期不断向西南俯冲增生的过程。

1. 古晋蛇绿混杂岩带（I-7-1）

古晋蛇绿岩混杂岩带（J_3—K）位于加里曼丹岛西部，自沙捞越西北向东延伸至加里曼丹岛中部，北为卢帕尔断裂带，南接阿当（Adan）断层（图7.2），基本相当于前人古晋带（图5.8）。该蛇绿混杂岩带最大特点是从西端纳土纳群岛向东南西沙捞越延伸，沿卢帕尔线及中部波延一带断续出露晚侏罗世到白垩纪含蛇绿混杂岩，由泥岩基质和岩屑组成（表5.2）。卢博安图混杂岩形成于俯冲增生背景（Hennig et al.，2017；Hall and Breitfeld，2017；Hutchison，2005）。

古晋蛇绿岩混杂岩带主要由中生代沉积岩、变质岩和岩浆岩组成，被晚白垩世—新生代沉积层不整合覆盖（图7.22）。白垩纪变质岩普遍受石英岩脉切割，局部糜棱岩化和角砾岩化，发育燧石透镜体（Breitfeld et al.，2017）。沉积地层年代主要为中生代—新生代，出露有三叠纪、白垩纪、古近纪和新近纪岩浆岩。三叠纪Serian火山岩在西沙捞越和西北加里曼丹岛形成一条山脉（Pimm，1965），地球化学数据指示其为高钾-钙碱性安山岩或变质玄武岩，代表活动大陆边缘或岛弧环境相关的岩浆岩，侏罗纪—白垩纪的花岗岩类主要为I型花岗岩和花岗闪长岩，推测与俯冲作用相关（Breitfeld et al.，2017）。

该带可能标志着早—晚白垩世，古西太平洋的洋壳俯冲到西北加里曼丹岛下方，俯冲带前缘位于现今卢帕尔线，引起了曾母地块向西南加里曼丹岛靠近，于晚白垩世引发了碰撞（赵帅等，2018）。

2. 西布增生杂岩带（I-7-2）

西布增生杂岩带（K_2—E_2）位于武吉-米辛（Bukit-Mersing）俯冲带以南，卢帕尔断裂带以北，东以廷贾断裂（西巴兰姆线）为界（图7.2），基本相当前人拉姜-克罗克混杂岩带（图5.8）。该增生杂岩带主要被一套晚白垩世—晚始新世深海复理石拉姜群沉积地层所覆盖为主（Hutchison，2005；Galin et al.，2017），由于厚度巨大，下伏基底性质尚不清楚。拉姜群自卢帕尔线起，沉积地层具有变形强烈、变质程度低的特点，沉积年龄向北逐渐年轻，岩性以复理石、厚层页岩、砂岩、浊积岩序列为主，与晚期的磨拉石沉积呈角度不整合接触（Hutchison，2005），局部含有低级绿片岩相变质的千枚岩和板岩（图7.20）。地层沿走向往东，变形程度增大，厚度增加，形成叠瓦状构造（Galin et al.，2017），被认为是俯冲-碰撞相关的增生背景下的产物，指示了始新世晚期的沙捞越造山作用（Hamilton，1979）。

有关拉姜群的属性一直备受争议。有学者认为拉姜群沉积在古南海洋壳之上，推测卢帕尔线为一条缝合线，代表了古南海在晚白垩世俯冲的遗迹（Hutchison，1996，2005，2010a）。Breitfeld等（2017）依据古晋带分布特征，推测西布带底部是白垩纪增生物质，但是该地区中没有完整的弧-沟体系，也缺少足够的同期火山弧活动支持该观点，因西布带的岩浆岩以上新世—更新世的英安岩、玄武岩为主，卢帕尔线仅是一个年轻的走滑断层，局部有混杂岩出露。沉积地球化学结果揭示，拉姜群具有较高的石英含量，含有多种岩屑和长石，这与其较高的SiO_2以及Al_2O_3含量一致，显示沉积物主要来自中酸性岩浆岩，物质成分与上地壳相似（Baioumy et al.，2021），指示沉积物来自于大陆。锆石及重矿物显示古晋超级群不具有弧前盆地的特征（Breitfeld et al.，2017），认为古太平洋板块在加里曼丹岛的俯冲停止于晚白垩世，澳大利亚板块北移引起的区域板块重组事件导致拉姜群在晚始新世抬升形成拉姜不整合，拉姜群可能仅在古新世前沉积在主动大陆边缘，且具有增生楔属性，古新世后沉积物沉积在较为稳定的被动大陆边缘。基于曾母地块、南沙海槽与古南海的认识，结合北加里曼丹岛陆地资料的综合分析，我们认为西布带底部是一套增生杂岩系，可能是古西太平洋持续向加里曼丹岛下方俯冲产物，曾母地块于晚始新世（37 Ma）与西北加里曼丹岛发生直接碰撞，导致古西太平洋俯冲消失殆尽，在西布增生杂岩带以南形成呈东西向延伸的克通高（Ketungau）和马来威（Melawi）弧前盆地转换为前陆盆地，接受磨拉石沉积，显示了晚始新世初沙捞越的强烈抬升剥蚀（Hutchision，1996），以拉姜不整合体现。

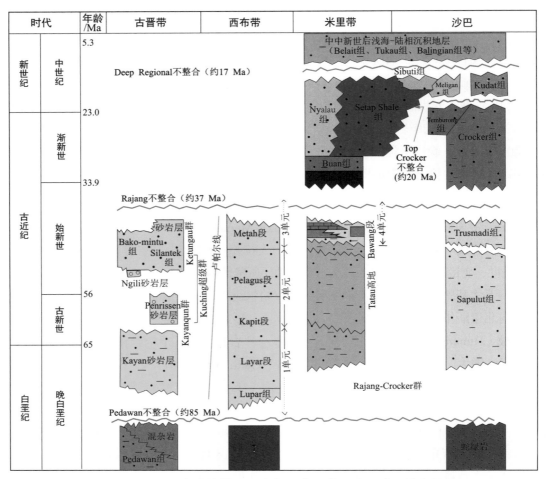

图7.20　加里曼丹岛古晋带、西布带、米里带和沙巴地区地层柱状图

（据Williams et al.，1988；Hennig et al.，2017；Breitfeld et al.，2017；Galin et al.，2017，修改）

（八）沙巴-巴拉望蛇绿混杂岩带（I-8）

沙巴-巴拉望蛇绿混杂岩带位于南沙地块以南，苏禄海盆和苏拉威西海盆以西，由残留古南海（I-8-1）、沙巴蛇绿混杂岩带（K；I-8-2）、中南巴拉望蛇绿混杂岩带（K—E₃；I-8-3）、文莱-沙巴弧前盆地（I-8-4）、西北苏禄海弧后盆地（I-8-5）、山打根盆地（I-8-6）和打拉根盆地（I-8-7）七个三级构造单元组成（图7.2，表7.1）。

1. 残留古南海（I-8-1）

沙巴-巴拉望蛇绿混杂岩带与古南海往南俯冲有关。Tayloy和Hayes（1989）首先提出在婆罗洲之下存在比现今南海更古老的俯冲洋壳，之后他们将一洋壳定义为中生代洋壳。Hamilton（1989）通过横穿南沙海槽的地震剖面和婆罗洲西北部逆冲增生楔的地貌特征，推测婆罗洲之下存在俯冲洋壳。Gatinsky和Hutchison（1986）首次将这一位于婆罗洲北部的洋壳命名为"古南海"（Paleo-South China Sea），认为这一洋壳的年龄为侏罗纪—白垩纪（150～120 Ma），为太平洋在其西侧的洋壳。Hinz等（1994）首次将白垩纪末期位于中南半岛、华南大陆和婆罗洲之间的洋壳命名为"原南海"（Proto-South China Sea），提出"原南海"俯冲于婆罗洲所在的微陆块之下，导致华南陆缘发生伸展破裂，新南海扩张。因此，"古南海"这一概念用来描述位于华南大陆南缘至加里曼丹岛之间的晚中生代古海洋，是已经消失的海。最初是以加里曼丹岛东北部沙巴和中南巴拉望岛发现含蛇绿岩的混杂岩带作为古南海海盆存在的依据（Williams et al.，1988；Schmidtke et al.，1990），而拉姜-克罗克群则代表古南海俯冲增生杂岩。虽然古南海的存在已经被公认，认为古南海的消亡与南海的打开几乎同步（Taylor and Hayes，1982；Holloway，1982），但对其的分布范围、演化和成因的认识尚未达成一致意见，尤其是古南海性质、形成时间、俯冲范围及俯冲时间。因此，研究古南海不仅有待更进一步厘清南海"前世生今"面貌和海底扩张前后的过程，而且对于南海形成演化的地球动力学也有一定的指导意义。

目前对于古南海成因有两种较有代表性的模式。一种模式以Hall（2012）及Taylor和Hayes（1983）为代表，把以卢帕尔（Lupar）线为代表的晚侏罗世—早白垩世洋壳为古太平洋的一部分，认为古南海是西太平洋的一个残留海湾，古南海向南俯冲消亡伴随现今南海的打开（Hall，2002；Hutchison，2005）。Zhou等（2021）根据巴拉望中部和南部蛇绿岩中的130 Ma的方辉橄榄岩和辉长岩定年结果（Santos，1997；Aurelio et al.，2014），认为古南海洋壳非常老，是古太平洋的一部分。另一种模式以Morley（2012）为代表，认为古南海是一个弧后盆地，由于古太平洋俯冲带在白垩纪中期向东后撤而形成，在白垩纪晚期（约70 Ma），古南海分为东西两段，西段开始向西南加里曼丹岛（西北加里曼丹岛）俯冲。这一模式认为鲁珀安图（Lubok Antu）混杂岩中的Pakong蛇绿岩是古南海的洋壳残片，卢帕尔断裂带是一条缝合带（Hutchison，2005）。Morley（2012）模式最大的问题是以晚白垩世古太平洋俯冲带的后撤来作为古南海张开的原因，这与根据卢帕尔线来推测的古南海年龄（晚侏罗世—早白垩世）在时间上发生矛盾。Zhou等（2008）根据从加里曼丹岛从西到东古南海洋壳年龄所相当蛇绿混杂岩以及巨厚拉姜-克罗克群俯冲增生楔（西布带），支持Morley（2012）主张的古南海边缘海成因及古南海消亡的西早东晚模式，但认为古南海形成时间至少在晚侏罗世就已经张开了。

由于缺乏地质和地球物理证据，对于古南海的俯冲时间，大致有以下两种观点：①晚白垩世至中—晚古新世（Hutchison，2010），该观点认为古南海俯冲的起始时间与古太平洋俯冲结束时间几乎同时，伴随着曾母地块和南沙地块与加里曼丹岛的碰撞逐渐向东呈剪刀式闭合。在西部，西沙捞越的拉姜群被认为是俯冲-碰撞相关的增生背景下的产物（Hutchison，1996，2005），记录了古南海在西沙捞越的俯冲过程。Moss（1998）对Huchison（1996）的解释提出了质疑，认为拉姜群仅是一个弯曲山弧，代表了残余洋盆沉积。Hall（2012）和Sevastjanova（2012）认为拉姜群的变形代表了晚白垩纪到晚始新世的深水同沉积变形。因此，拉姜群的沉积构造背景和构造变形是一个很值得被关注的科学问题，对于古南海的研究意义重大。随后，在37 Ma的拉姜群不整合代表着曾母地块与婆罗洲的碰撞事件，此次碰撞导致了沙捞越地区俯冲的结束以及沙巴地区俯冲的开始（Hutchison，2005）。②始新世—早中新世，该观点认为古南海俯冲消减于婆罗洲和卡加延海脊（Hall，2012；Hall and Spakman，2015）之下，古太平洋俯冲结束到古南海俯冲开始之间存在俯冲间断期（Zhou et al.，2023），该时期加里曼丹岛并不存在洋壳俯冲，沙捞越地区（曾母地块南部）的晚白垩世—晚始新世拉姜群与沙巴地区的渐新世—中新世增生楔克罗克组性质不同，古南海的俯冲以西巴兰姆线作为西部边界（Hinz et al.，1994；Hall，2012；Breitfeld et al.，2017；Henning et al.，2017；Galin et al.，2017；Hall and Breitfeld，2017）。在沙巴南部的南东向发现了始近世至早中新世与古南海俯冲有关的叠瓦状的火山碎屑沉积（Rangin et al.，1990），认为古南海洋壳的俯冲应该位于西巴兰姆线东侧。主要证据：巴拉望出露约34 Ma蛇绿岩高温高压变质基底年龄，指示始新世末期的初始俯冲事件（Encarnación et al.，1995）；卡加延海脊岩心最底层的早中新世沉积物表明古南海的消亡时间（金康辰，1989）；标志着沙巴地区由深海转变为陆相的中新世角度不整合面代表着古南海消亡及沙巴造山事件（Hutchsion，1996；Van Hattum et al.，2013）。目前大部分学者的观点认为古南海的俯冲始于始新世，其西部边界定义在西北加里曼丹岛沙捞越一带，沙捞越下方洋壳的活动代表着古南海俯冲的开始，随后蔓延到沙巴以及东部的巴拉望岛，沙巴西部增生楔发育的时间更长，这表明古南海东段的俯冲到早中新世才结束，与（新）南海扩张的结束基本同时，古南海洋壳已经俯冲至加里曼丹岛下方（Holloway，1982；Taylor and Hayes，1983；Hall，1996；Hutchison，2004；Cullen，2010）。

S波地震层析成像揭示，在加里曼丹岛沙巴至菲律宾巴拉望岛南部之下的上地幔中存在宽500 km、倾角大约30°的P波高速异常体，可能为古南海俯冲板片残留（Hall and Spakman，2015；Wu and Suppe，2018），但在西巴兰姆线（廷贾断裂）以西的沙捞越地区（曾母地块南部）下方并没有发现古南海的残余洋壳。南海深部地壳结构图（图2.14、图2.15）和地热流趋势图（图2.35）显示，南沙海槽中南段具有薄和冷地壳，推测南沙海槽中南段也是古南海的残余，结合中南巴拉望岛上发现白垩纪—始新世蛇绿岩和沙巴地区陆上出露的渐新世—中新世埃达克岩火山弧等证据，表明该地区之下存在古南海岩石圈活动的痕迹（赵帅等，2019）。通过加里曼丹岛卢巴安图混杂岩和卢帕尔组自生伊利石定年，获得约60 Ma和约36 Ma的变形年龄，分别对应古太平洋在加里曼丹岛西北部俯冲结束时间以及拉姜不整合的形成时间（Zhao et al.，2021）。此外，基于廷贾断裂性质改变的研究，认为始新世末（35 Ma）廷贾断裂开始右旋走滑阶段，对应着古南海向南沙海槽下方开始俯冲时间，随后扩散到沙巴以及巴拉望岛以南的地区，直至菲律宾的民都洛岛一带停止俯冲，对曾母地块、南沙地块西部边界起转换调节作用。根据地震层析成像和最新地壳厚度、新生物地层资料以及野外露头的观测和年代学、海域地震剖面，我们基本明确古南海海盆西界为西巴兰姆线（廷贾断裂），其分布范围在廷贾断裂以东至菲律宾巴拉望-卡加延一带，形成于白垩纪，36 Ma左右开始俯冲。

2. 沙巴蛇绿混杂岩带（I-8-2）

沙巴蛇绿混杂岩带（K）位于廷贾断裂（巴兰母线）以东、中南巴拉望岛和美济礁断裂以西。在沙巴地区，该杂岩带宽约200 km，厚约15 km，地层向东南方向倾，且向北西、东时代变新（Hamilton，1979；Hutchison，1989；Fuller et al.，1991）。岩石地球化学数据表明，该混杂岩带主要为一套白垩纪超基性岩类，分布于沙巴中部杜鲁必和Bidubidu山以及东部的Segama和达夫耳湾区域基底（图5.8），蛇绿岩基底之上被沉积岩Sapulut组不整合所覆盖，Sapulut组主要是由轻微变质的砂岩、页岩以及少量砾岩构成的巨厚深海沉积地层，厚度达到9000 m，地层褶皱变形强烈，被归为拉姜群（Hutchison，1996），钙质底栖有孔虫和远洋浮游有孔虫将Sapulut组沉积年代限定为晚白垩世—晚始新世或中始新世（Rangin et al.，1990）（图7.21）。Sapulut组之上克罗克组以砂岩为主，为块状砂岩和粉砂岩，与灰黑色泥岩互层，偶尔见砾岩和灰岩层，与下伏泥质为主的Sapulut组不同，地层年龄为古新世—中新世，而且地层年龄具有自东向西逐渐年轻的特点。因此，沙巴蛇绿混杂岩带形成可能与古南海往南俯冲有关。早中新世（20~18 Ma），北加里曼丹岛和卡加延火山弧碰撞，形成克罗克群顶部不整合，对应沙巴造山运动；中中新世，澳大利亚板块与欧亚板块在东南亚鸟头岛发生碰撞作用，使得古太平洋或古南海俯冲向北跃迁至现在的南沙海槽-南巴拉望逆冲断裂带；约16 Ma，南沙地块开始与北加里曼丹岛发生软碰撞，导致南海海底扩张停止。

3. 中南巴拉望蛇绿混杂岩带（I-8-3）

中南巴拉望蛇绿混杂岩带（K—E_3）位于巴拉巴克断裂以东、乌鲁根断裂以西。中南巴拉望蛇绿混杂岩带已在第五章第四节详细阐述。从沙巴、中南巴望岛和民都洛岛露头最新蛇绿岩的岩石地球化学和年代研究，以及地球物理证据表明，沙巴-巴拉望结合带是晚中生代—新生代时期古南海和南海构造演化的产物。

4. 文莱-沙巴弧前盆地（I-8-4）

文莱-沙巴弧前盆地位于南沙地块以南、沙巴蛇绿混杂岩带以北的新近纪沉积盆地（图7.2），盆地的基底相当于前人的米里带（图5.8、图7.17）。米里带被认为是古南海始新世—中新世往南俯冲的产物，主要深水沉积拉姜群和克罗克群组成（图7.20），以克罗克增生楔为主，表现为由东南往北西仰冲推覆"A型俯冲"特征，反映了南海海底扩张停止由西向东呈剪刀式闭合，中中新世时期，南沙地块与卡加延-菲律宾岛弧发生弧陆碰撞，古南海已经俯冲消失殆尽。

5. 西北苏禄海弧后盆地（I-8-5）

西北苏禄海弧后盆地为一个明显的北东向空间重力异常低带和磁力异常低带，莫霍面深度小于20 km，呈现中部薄、两侧厚特征，结晶地壳也同样如此，中部最薄处厚度约12 km，两侧厚度约14~16 km，其基底可能为中生代弧盆系，与南沙地块东部基底为一体。西北苏禄海盆曾被看作是沙巴-巴拉望造山带的东延，或加里曼丹岛-苏禄碰撞带的一部分（李学杰等，2017）。

6. 山打根盆地（I-8-6）

山打根（Sandakan）盆地位于苏禄海盆西南部，推测盆地是在克罗克组或相当始新世—中中新世混杂岩基底上发育一个以新近纪沉积为主的盆地。

7. 打拉根盆地（I-8-7）

打拉根（Tarakan）盆地位于印度尼西亚东加里曼丹省的东北部和马来西亚沙巴，以望加锡海峡和苏拉威西海的西缘为界，南面芒卡利哈山脉将其与库泰盆地分开；北面，森普纳隆起将其与山打根盆地相隔；西面，盆地古近系沉积物上超于拉姜复理石带之上，其东界位于苏拉威西海陆壳向洋壳的过渡带上。盆地面积约7.31万km²，由望加锡海峡和菲律宾海在中始新世拉伸张裂而形成被动陆缘张裂盆地。打拉根盆地是在前新生代基底之上发育始新统、渐新统、中新统、上新统和第四系。盆地的基底包括前古近系Danau组的变质沉积岩以及古新统—始新统Sembakung组的碎屑岩和火山碎屑岩。Danau组包括变质和遭受强烈构造作用的沉积岩，其年代可追溯到石炭纪—二叠纪（?），其中已识别出遭受强烈剪切作用的蛇绿岩化的超镁铁岩、燧石及红色页岩。Sembakung组不整合于Danau组之上，为一套陆相到海相的海侵碎屑岩夹火山碎屑岩和煤层的序列。这一时期因中—晚始新世的抬升和伴随着广泛的剥蚀而结束。晚始新世末以来沉积海陆过渡和海相地层。

（九）苏禄海盆（I-9）

苏禄海盆位于南海东南面，包括卡加延火山弧（I-9-1）和东南苏禄海盆（I-9-2）两个三级构造单元（图7.2，表7.1）。卡加延火山弧和东南苏禄海盆阐述见第九章第四节。

（十）苏禄岛弧（I-10）

苏禄岛弧位于东南苏禄海盆以南，苏拉威西海盆以北（图7.2），是一组呈北东向线性展布的活火山群岛。在重、磁上，该岛弧具有明显的北东向高空间重力异常带、高磁异常带和磁异常解析信号模高值，莫霍面深度为16~24 km（Liu et al.，2014）。苏禄岛弧的地壳结构和重、磁异常均表现为东南苏禄海盆向苏禄海沟之下俯冲形成的火山弧特征，这个火山弧包括了北东向线性苏禄群岛及其两端的三宝颜半岛和沙巴南部的登特半岛。岩性上，苏禄群岛具有典型火山特征的火山碎屑沉积以及超基性岩、玄武岩、礁灰岩、海相或陆相磨拉石沉积和前侏罗纪变质岩基底，岛弧的中部充满沉积物。火山活动时间上，苏禄群岛为16~9 Ma，三宝颜半岛为16~14 Ma，登特半岛为16.5~9.5 Ma（Rangin and Silver，1991），沿苏禄海沟没有明确的地震带，认为该岛弧是处于初期阶段的火山弧。苏禄岛弧火山活动停止的时间与其和菲律宾弧在三宝颜的碰撞时间相同，这一时间也与菲律宾弧与卡加延脊在班乃岛碰撞一致（Rangin et al.，1990），故苏禄岛弧停止活动的原因可能是菲律宾弧的北移拼合，导致苏禄海向东南俯冲动力减弱。

（十一）苏拉威西海盆（I-11）

苏拉威西海盆北部以苏禄弧为界，东南部为哥打巴托俯冲增生系（图7.2）。从苏禄岛弧向海盆方向水深值急剧增大，达4000~5000 m；莫霍面深度急剧减小，为6~12 km，地壳厚度为7~8 km，是典型的洋壳结构。Weissel（1982）基于磁条带（18~20号磁条带）和热流数据（1.58±0.25 HFU）分析，认为苏拉威西海盆形成于47~42 Ma，为始新世洋壳，同时认为扩张中心位于现今盆地的南缘，其南部几乎一半已俯冲至北苏拉威西海沟之下。ODP770钻孔揭示，海底之下420 m为深海沉积，最老年龄为中始新世，再往下是枕状熔岩、角砾化的块状玄武岩和辉绿岩，认为其扩张时间为50~37 Ma，与西菲律宾海同时，是印度洋往北俯冲的结果（李学杰等，2017）。由于西菲律宾海板块的往北右旋运动，晚渐新世开始苏拉威西海逐渐与西菲律宾海分离（Hall，2002）。

二、东亚洋陆边缘汇聚带（Ⅱ）

东亚洋陆边缘汇聚带北起日本海沟，经琉球群岛、台湾岛、菲律宾群岛、马尼拉-内格罗斯-哥打巴托俯冲带、新几内亚岛，向南延伸至所罗门群岛，包含一系列俯冲带、碰撞带及与之对应的增生系、岛弧、弧后盆地、微陆块等，延绵数千米，构成地球上规模最大、最复杂的板块边界。该边缘构造带是中生代以来太平洋板块与欧亚板块、印度-澳大利亚板块长期演化的结果，地震活动强烈，包含极其复杂俯冲、碰撞、增生及弧后扩张等。东亚洋陆边缘汇聚带依据其特征，以台湾岛和马鲁古海为界，从北往南大致可以分为两段（图7.1）：千岛群岛-琉球群岛呈北东向，是典型的沟-弧-盆体系；太平洋板块-菲律宾海板块向西北俯冲，导致其后岛弧和弧后盆地的形成。菲律宾岛弧呈北北西走向，为双向俯冲的构造活动带，由东侧北吕宋海沟-菲律宾海沟和西侧马尼拉-内格罗斯-哥打巴托俯冲带组成，地震资料证实在吕宋岛弧东西两侧均存在贝尼奥夫带；新几内亚岛往东南延伸呈北西西走向，不仅有不同时期双向俯冲，还伴随大规模走滑和弧间盆地的扩张。下面重点阐述琉球海沟-岛弧-弧后盆地体系、马尼拉-内格罗斯-哥打巴托俯冲带、台湾弧-陆碰撞带和菲律宾岛弧。

（一）琉球海沟-岛弧-弧后盆地体系

琉球海沟-岛弧-弧后盆地体系位于菲律宾海盆北侧缘，自台湾延伸至九州，呈近东西向展布，全长约1300 km，是菲律宾海板块向欧亚板块俯冲的产物。其由琉球海沟、琉球增生楔、弧前盆地、琉球岛弧和冲绳海槽组成的一个统一的活动构造系统，属于西太平洋活动大陆边缘的一部分。

1. 琉球俯冲楔（Ⅱ-1）

琉球俯冲带，包括琉球俯冲增生楔（Ⅱ-1-1）和南澳弧前盆地（Ⅱ-1-2）两个三级构造单元（图7.2，表7.1）。

1）琉球俯冲增生楔（Ⅱ-1-1）

琉球俯冲增生带由琉球海沟和琉球增生楔组成。地球物理资料揭示，琉球海沟由东往西逐渐从北东走向转为近东西走向的一条空间重力负异常带和磁力异常梯度带（图7.21）。在地震剖面上，琉球海沟底部较平坦且深（图3.2、图7.22），以加瓜海脊为界，以西琉球海沟底部为6.8~7.0 s，新近系—第四系较厚，为2000～3000 m；以东琉球海沟底部加深至8.3～8.8 s，沉积物厚度变薄，为1000～2000 m。琉球海沟东西地形与沉积厚度的差异，可能与加瓜海脊向北俯冲阻隔以及台湾丰富物源供给密切相关。琉球海沟南北两侧地层特征不同，以南俯冲前缘地层较为连续，地层不变形或轻微变形，断层的断距较小；而以北琉球增生楔地层变形强烈，逆冲断层发育。地震剖面揭示，琉球海沟俯冲角度由西向东逐渐变陡。总体上，琉球海沟和达–贝尼奥夫带弯曲较厉害，以吐喇拉海峡为界，北部（东段）弯曲较厉害，90 km深度以下倾角约72°；南部（西段）弯曲较轻，90 km深度以下倾角约55°；俯冲方向在北部为北西西向，向南逐渐转为南北向；两板块的汇聚速度由北到南也是变化的，北部约4.0 cm/a，而南部约6.3 cm/a（臧绍先和宁杰远，1996）。

琉球增生楔，处于琉球海沟和南澳弧前盆地之间（图7.2）。地层变形剧烈（图7.22），顶部滑塌、冲蚀活动痕迹明显，强烈的俯冲、揉皱、滑塌作用使得地层难以识别。逆冲断层非常发育，共分两组，一组向北倾斜，向南逆冲；另一组南倾斜，向北逆冲至东南澳盆地中，两组断裂形态上都是上陡下缓，在底部收敛至同一滑脱带。近南北向展布的加瓜海脊在向琉球岛弧俯冲的过程中，由于其地形的特殊性，造成俯冲带出现"内凹"，向北局部凹入，两侧断裂的走向也受到影响，呈弧形变化。

2）南澳弧前盆地（II-1-2）

南澳弧前盆地，又称八重山弧前盆地，空间重力异常图显示略向南突出的近东西向重力低区（图7.21），具有西低东高特征。南澳弧前盆地发育晚中新世以来的海相沉积物，地层未变形或弱变形，断层不甚发育，新近纪浅海砂泥沉积物上覆更新世上陆坡浊积物沉积，表现出明显的向东南延伸的前积结构，说明自6 Ma以来弧前地区发生了构造掀斜运动。弧前地区广泛见到更新世剥蚀面，其受控于张性断层和东南方向的掀斜构造。西南端的弧前盆地表现出挤压构造——八重山海脊，为斜列的挤压背斜构造，包括一系列斜向的沉积凹陷，接受厚达5000 m新近纪以来沉积物。

2. 琉球岛弧（II-2）

琉球岛弧由琉球隆起区（II-2-1）和琉球火山内弧（II-2-2）两个三级构造单元组成（图7.2，表7.1）。

琉球隆起区（又称非火山外弧）从地质构造上可以分为北琉球（大隅群岛）、中琉球（奄美与冲绳群岛）及南琉球（宫古与八重山群岛）。北、中、南分别被吐噶喇海峡及宫古拗陷所分割，两处分界断层均为左旋走滑断层。中–北琉球前中新世的沉积地层是日本西南部分的延伸，而南琉球前中新世的地质特征与中国台湾具有一定的相似性（Kizaki，1986）。琉球隆起上的沉积物主要由上古生界、中生界和新生界组成，现代火山基本不活动。琉球外弧不是火山岛弧带，而是钓鱼岛隆起由于冲绳海槽扩张向东蠕散的一部分。琉球弧前盆地发育晚中新世以来的海相沉积物，新近纪浅海砂泥沉积物上覆更新世上陆坡浊积物沉积，表现出明显的向东南延伸的前积结构，说明自6 Ma以来弧前地区发生了构造掀斜运动。弧前地区广泛见到更新世剥蚀面，其受控于张性断层和东南方向的掀斜构造。西南端的弧前盆地表现出挤压构造——八重山海脊，为斜列的挤压背斜构造，包括一系列斜向的沉积凹陷，接受厚达5000 m新近纪以来沉积物。

3. 冲绳海槽盆地（I-3-1）

冲绳海槽盆地是琉球岛弧的弧后盆地，是菲律宾海板块向西北俯冲的结果，形成于中—晚中新世（Letouzey and Kimura，1985；Honza and Fujioka，2004），是西北太平洋边缘最年轻的盆地。冲绳海槽北端与日本九州岛中部的别府–岛原地堑（Beppu-Shimabara graben）相连（Letouzey and Kimura，1986；Fabbri et al.，2004），南端与台湾碰撞造山带相接（图7.2，表7.1）。冲绳海槽中段和北段以分散断陷作用为主（Gungor et al.，2012），形成了一系列左行雁列状排列的地堑和半地堑（Kimura，1985；Letouzey and Kimura，1985；Fabbri et al.，2004）。南段以中心式裂陷为主，发育中央地堑及两侧对称的正断层（Gungor et al.，2012），海槽内的沉积层未变形或变形微弱，自槽底边缘向海槽轴部增厚。声波基底在海槽轴部附近下弯，在中央地堑内被岩浆岩体刺穿，然而在124°E以西，发育自陆架边缘延伸至冲绳海槽和琉球岛弧的连续声波基底（尚鲁宁等，2020）。

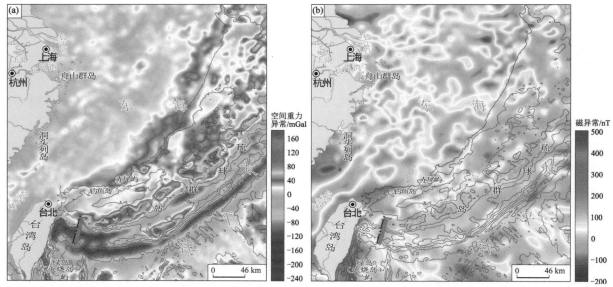

图7.21　琉球海沟-岛弧-弧后盆地体系及邻区空间重力异常图（a）和磁异常图（b）（据尚鲁宁等，2020）

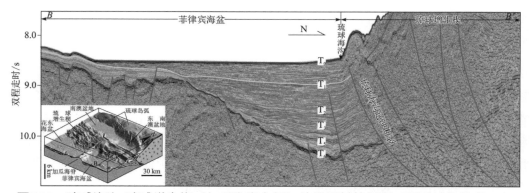

图7.22　琉球海沟-琉球增生楔（加瓜海脊东侧）地震反射特征图（界面时代见表6.1）

目前，对冲绳海槽形成演化和动力学机制的认识存在多种不同观点，如Lee等（1980）认为冲绳海槽南段符合主动裂谷发展演化的三阶段模式（热穹窿、拉张断陷和海底扩张），而Wu等（2016）认为俯冲后退和俯冲板片反卷导致的弧后伸展应力场是西太平洋弧后盆地形成的主要驱动力；Kimura（1985）提出冲绳海槽的张裂始于中新世火山岛弧内部的构造薄弱带，经历了1.9～0.5 Ma和现今两个主要的伸展阶段，而Sibuet等（1987）认为冲绳海槽的两期张裂分别发生于晚中新世和早更新世，现今海槽南段局部已发生海底扩张；古地磁和反射地震资料表明，冲绳海槽北部的张裂可能开始于中—晚中新世（Letouzey and Kimura，1986；Sibuet et al.，1998；Fabbri et al.，2004），而海槽南部的张裂主要发生于第四纪（Hsu et al.，2001）。

地壳厚度从北部九州附近的27～30 km，往南至台湾附近减薄至15 km以下（Iwasaki et al.，1990），属于减薄的陆壳（Iwasaki et al.，1990；Hirata et al.，1991）。冲绳海槽盆地呈北北东—北东向弧形展布，轴部的雁列状中央地堑和密集的张性断层与海槽走向斜交，与菲律宾海板块的斜向俯冲有关。海槽盆地内岩浆岩分布广泛，具有双峰式组合，基性玄武岩和酸性流纹岩、英安岩共存，是典型的初生弧后盆地岩浆岩特征。

菲律宾海板块沿北西305°方向高倾斜俯冲于琉球岛弧之下（Seno，1977），导致冲绳海槽弧后扩张以及琉球海沟后退（Letouzey and Kimura，1986；Sibuet and Hsu，2004）。冲绳弧后海槽往西增生导致台湾褶皱逆冲带东北挤压构造出现拉张（Teng et al.，2001），在台湾东北形成变形前缘，延伸至其东北海域（Hsiao and King，1998；Ustaszewski et al.，2012）。

（二）马尼拉-内格罗斯-哥打巴托俯冲带（II-3）

马尼拉-内格罗斯-哥打巴托俯冲带（II-3）位于菲律宾岛西侧，包括马尼拉俯冲带、内格罗斯俯冲增生楔（II-3-4）和哥打巴托俯冲增生楔（II-3-5）（图7.2，表7.1），分别代表南海海盆、东南苏禄海盆和苏拉威西海盆向东俯冲的构造带。

1. 马尼拉俯冲带

马尼拉俯冲带是南海洋壳沿马尼拉海沟（水深达到5100 m）向东俯冲于吕宋弧之下，沉积物的厚度在250～2600 m变化，贝尼奥夫（Benioff）地震带在南部陡峭，但向北变平。与菲律宾海沟不同，马尼拉海沟拥有发育良好的增生楔（Hayes and Lewis，1984）。马尼拉俯冲带包括马尼拉俯冲增生楔（II-3-1）、西北吕宋海槽弧前盆地（II-3-2）和西吕宋海槽弧前盆地（II-3-3）三个三级构造单元（图7.2，表7.1）。依据22°～14°N海域地震剖面显示的增生楔变形特征及变形前缘标定马尼拉海沟位置，认为在21°20′N以南马尼拉海沟已由19°N以南的北东-南西走向，改为19°～20°N的南北走向，再向北改为北西-南东走向，然后向东北延伸-连结到台湾岛西南的西部麓山带前缘断层（图5.13、图7.2）。马尼拉海沟无论在台湾岛南部海域或台湾岛上，均与台东纵谷断层系统完全无关。但是现今20°N以北的马尼拉海沟构造角色，已因台湾岛南部海域由洋-洋俯冲进入活跃弧-陆碰撞构造，海沟已不具俯冲角色，而改变为褶皱-推覆构造前缘。由于南海俯冲（19～18 Ma）到弧-陆碰撞构造发生（6.5 Ma开始；Huang et al.，2000）时间之间距甚短（仅11.5 Ma），并且台湾中央山脉在3 Ma加速隆升以后（Liu，2000），已被大量剥蚀至前陆盆地及弧前盆地，因此无法追踪自俯冲到碰撞前的马尼拉海沟遗迹向西迁移的位置改变情况（最佳海沟遗迹为含俯冲板块岩石的混杂岩带）。但是恒春半岛上还保留有含有南海海山岩块的垦丁混杂岩（详见第五章），指示在6.5 Ma开始的弧陆碰撞前，马尼拉海沟应位于恒春半岛-台湾中央山脉俯冲增生楔的西缘，也就是荖浓-梨山断层，而非台湾中央山脉俯冲增生楔-海岸山脉（弧前盆地-火山岛弧）之间的台东纵谷，此纵谷形成在最后1 Ma时间，代表碰撞缝合线，而非俯冲缝合。20°N以南的马尼拉俯冲带特征详见第十章。

2. 内格罗斯俯冲增生楔（II-3-4）

内格罗斯俯冲增生楔位于平行于帕奈和内格罗斯岛的西部海岸。尽管相应的贝尼奥夫地震带表现不清楚，但苏禄海盆的洋壳正在沿内格罗斯海沟俯冲，而俯冲板片似乎没有超过100 km的深度，在内格罗斯和班乃岛下方略有下降，活跃的火山链可以追溯到这些岛屿（如Canlaon火山）。

3. 哥打巴托俯冲增生楔（II-3-5）

哥打巴托俯冲增生楔是年轻近代的，海沟特征似乎甚至向南消失，并连接入马鲁古海（Silver et al.，1983）。相应的火山弧在棉兰老岛西部边缘活动。横跨三宝颜半岛的左旋走滑特征（哥打巴托断层）将哥打巴托海沟与内格罗斯海沟连接起来（Pubellier et al.，1993）。

（三）台湾弧-陆碰撞带（II-4）

台湾弧-陆碰撞带包括台湾中央山脉俯冲增生楔（II-4-1）、玉里蛇绿混杂岩带（II-4-2）、东台湾蛇绿混杂岩带（II-4-3）和北吕宋弧前盆地（II-4-4）四个三级构造单元（图5.13、图7.2，表7.1）。

台湾弧-陆碰撞带是位于琉球海沟和马尼拉海沟之间的板块俯冲转换带，是西太平洋大陆边缘唯一正在活动的弧-陆碰撞带。在其东北部，菲律宾海板块经琉球海沟俯冲到欧亚板块之下，形成琉球沟弧盆系；在其南部则发生弧-陆碰撞，欧亚板块俯冲到属于菲律宾海板块的吕宋岛弧之下，形成马尼拉俯冲带。台湾弧-陆碰撞带是一个十分复杂的板块汇聚边缘构造带，晚中新世之后菲律宾海板块和欧亚板块从北往南斜向碰撞的结果，北部已经碰撞造山，南部正在碰撞，再往南为减薄陆壳-洋壳俯冲，马尼拉海沟的北端正逐渐卷入碰撞造山过程。

台湾自西向东分为三个南北向的地质构造带，分别为被动大陆边缘褶皱-逆冲带（包括海岸平原、西部麓山带和雪山山脉）、台湾中央山脉俯冲增生楔（中央山脉-恒春半岛）和弧前盆地-火山岛弧（图5.13），三者以著浓-梨山断层和花莲-台东纵谷为界（黄奇瑜等，2012）。被动大陆边缘褶皱-逆冲带为原沉积于华南大陆边缘的前陆盆地沉积地层，因受板块俯冲碰撞的挤压，发生强烈褶皱和逆冲断裂作用而形成的造山带；增生楔是马尼拉海沟北段恒春海脊的陆上延续；而弧前盆地-火山岛弧则是北吕宋海槽-北吕宋火山岛弧的陆上出露部分（Huang et al.，1992）。著浓-梨山断层代表古马尼拉海沟向西后撤的遗迹，花莲-台东纵谷代表现今板块弧-陆碰撞的缝合线。全球板块运动表明，现在菲律宾海板块相对于欧亚板块，以80～83 mm/a或90 mm/a向西北306° N运动。北菲律宾岛弧原始走向为N10° W，中国大陆边缘走向为N60° E。由于该俯冲-碰撞带的斜向形态，斜向弧-陆碰撞导致的造山过程以约60 km/Ma沿南南西向传递，弧-陆碰撞及台湾山脉往南增生，北部为成熟碰撞，南部逐渐过渡为初始碰撞，再往南仍处于洋壳俯冲形成恒春海脊增生楔。由此可见，台湾岛至少可以区分出晚中生代玉里片岩、中新世—更新世垦丁混杂岩和东台湾蛇绿岩或利吉蛇绿岩三次不同时期形成的蛇绿混杂岩（图5.13）。

玉里蛇绿混杂带中有侏罗纪—白垩纪俯冲增生楔，含二叠纪绿片岩、石英片岩、大理岩、角闪岩和镁铁质-超镁铁质岩，以及晚白垩世的高压蓝片岩，构成一套增生型蛇绿混杂岩，为高压低温变质带，其代表了古太平洋板块消减带中的一个混杂岩（详见第五章）。台湾岛西部地区是在古近纪裂陷盆地基础上转化为新近纪前陆盆地，随着南海海洋岩石圈的向东俯冲，被铲刮到马尼拉海沟东侧活动大陆边缘恒春海脊增生楔。

台湾岛主体是弧-陆碰撞造山带的典型实例，东台湾蛇绿混杂岩带包括东台湾蛇绿岩、上新世—更新世残留弧前盆地以及晚中新世—上新世利吉混杂岩（图5.14）。东台湾蛇绿岩形成于中中新世（16～17 Ma），其比北吕宋岛弧最早的火山岩（14.1±0.4 Ma，Shao et al.，2015；16 Ma，Yang et al.，1995）要早，也比东部次海盆海底扩张停止时间略早（约15 Ma，Li et al.，2014；约16 Ma，Briais et al.，1993）。东台湾蛇绿混杂岩带是吕宋岛弧与欧亚大陆边缘发生碰撞导致弧前蛇绿岩就位形成（详见第五章）。

北吕宋海槽弧前盆地位于台湾东部海岸山脉和东南部海域，包括北吕宋海槽和台东海槽，弧前盆地的沉积受控于增生楔的出露（主要物源）、沉积物搬运路径、向西倾斜的火山岛弧斜坡基底、沉积同时的双向逆冲构造以及向东迁移的盆地沉积中心等主要因素（Huang et al.，2017）。盆地内层序之间为并置关系（juxtaposition），在垂直构造东西剖面方向，越西侧层序越老，构造变形越强烈；在平行构造南北方向，越北边（海岸山脉）仰冲带构造变形比南边（东南海域）碰撞带更强烈，碰撞带内的变形又比更南边的俯冲带强。

（四）菲律宾岛弧（II-5）

菲律宾岛弧介于南海海盆、苏禄海盆和苏拉威西海盆西侧，以及菲律宾海板块东侧，包括吕宋火山弧（II-5-1）、民都洛–宿务增生弧（II-5-2）、棉兰老增生弧（II-5-3）、伊洛戈斯–中央裂谷盆地（II-5-4）、卡加延弧间盆地（II-5-5）、民都洛弧间盆地（II-5-6）、比科尔弧间盆地（II-5-7）、伊洛伊洛弧间盆地（II-5-8）、米沙鄢弧间盆地（II-5-9）、萨马弧间盆地（II-5-10）、阿古桑–达沃弧间盆地（II-5-11）和哥打巴托弧间盆地（II-5-12）12个三级构造单元（图7.2，表7.1）。

菲律宾岛弧北起台湾岛海岸山脉，南至马鲁古海北部，长约1500 km、宽100～400 km，为菲律宾海板块与欧亚板块间的活动构造带（图7.2）。与北段的沟–弧–盆体系相比，本段的板块边界要复杂得多，由不同类型的岩性单元组成，包括变质岩、蛇绿岩、岩浆岩和活火山弧以及沉积盆地等一系列地质体，以及东侧的菲律宾海沟和西侧的马尼拉海沟–内格罗斯海沟–哥打巴托海沟的双向俯冲带组成。该岛弧的形成受俯冲、碰撞和主要走滑断层的控制。

菲律宾岛弧被菲律宾断裂带分为东西两部分，以东为棉兰老增生弧，菲律宾海板块从始新世开始沿北段的北吕宋海沟往西俯冲，从上新世开始沿南段的菲律宾海沟俯冲；以西为民都洛-宿务增生弧，南海从中新世开始沿马尼拉海沟往东俯冲，苏禄海和苏拉威西海从上新世开始分别沿内格罗斯海沟和哥打巴托海沟往东俯冲。

菲律宾岛弧是菲律宾海板块与欧亚板块之间斜向汇聚、新生代随着菲律宾海形成演化而逐渐侵位，形成巨大而复杂的板块边缘构造带。菲律宾岛弧是晚中生代以来形成的交错叠加的岩浆弧以及蛇绿岩、大陆碎块组成的集合体，与周缘边缘海在年龄上各自对应，它们之间可能具有亲缘或演化关系，是中生代、新生代多次汇聚、碰撞、拼接而成。主要构造事件包括：早—中中新世民都洛微陆块与菲律宾岛弧的弧–陆碰撞、中新世开始并于上新世停止的卡加延火山弧与巴拉望微陆块的弧–陆碰撞、晚中新世桑义赫弧与哈马黑拉弧的弧–弧碰撞以及约6.5 Ma开始且持续进行的吕宋岛弧与欧亚大陆的弧–陆碰撞。上述岛弧主体为新生界，白垩纪地层仅限于东菲律宾，主要为火山岛弧成因，含蛇绿岩基底。菲律宾岛弧演化历史极其复杂，既有走滑运动又有俯冲作用，其内发育众多与斜向俯冲相关的安山岩为主的岩浆岩和走滑断层，如菲律宾断层，对菲律宾岛弧演化起到控制作用。菲律宾岛弧历史至少到白垩纪，往南终止于马鲁古海碰撞带。

三、菲律宾海板块（III）

菲律宾海板块位于太平洋板块的西侧，是以洋壳为主、四周被俯冲带所包围的板块，其东界包括伊豆–小笠原海沟、马里亚纳海沟和雅铺海沟俯冲带，西北为琉球海沟、南开海沟俯冲带，西部为菲律宾海沟俯冲带构成的复杂构造边界。菲律宾海板块主要包括花东洋壳区（III-1）和西菲律宾海盆（III-2）两个二级构造单元（图7.2，表2.1）。

（一）花东洋壳区（III-1）

花东洋壳区包括花东海盆（III-1-1）和加瓜洋内弧（III-1-2）两个三级构造单元（图7.2，表2.1）成因详见第十一章。

1. 花东海盆（III-1-1）

花东海盆位于台湾东侧，菲律宾海板块的最西端，西部边界为吕宋火山弧，东邻加瓜海脊。花东海盆的形成时代与构造属性争议很大，目前多数学者认为，花东海盆可能是被围闭的中生代洋壳，或属于古南海的残余。通过最新的地层层序对比和重、磁、震联合建模等综合研究，认为花东海盆与西菲律宾海盆可能是同期的产物，或属于西菲律宾海盆的一部分，形成于新生代早期，并具有挠曲地壳和隆升上地幔特征，推测与早期菲律宾海板块沿加瓜海脊东侧短暂的西北向俯冲有关，但俯冲规模有限，这与海脊两侧沉积物的微弱变形一致。

2. 加瓜洋内弧（III-1-2）

加瓜洋内弧位于花东海盆东侧，自南向北顶部水深逐渐增大，顶底相对高度逐渐减小，其宽度和规模也逐渐变小，最后隐没于琉球海沟之下。沿该洋内弧东侧发育一条呈近南北向断裂带，延伸约300 km，由一系列东倾正断层组成，分支断层倾角为60°～70°，呈雁列式平面展布，两侧地形及构造特征差异明显，不仅构成西菲律宾海盆西缘边界断裂，而且揭示加瓜洋内弧构造演化可能具有走滑性质。加瓜洋内弧成因迄今存在不同的观点，通过研究认为其曾是西菲律宾海盆的转换断层带，在西菲律宾海板块往北右旋漂移的过程中受到挤压，东侧洋壳往西俯冲，形成转化挤压带，在继续右旋往北漂移过程，其西部可能与欧亚大陆碰撞，导致加海瓜脊及其西侧的花东海盆未进一步旋转，而其以东的西菲律宾海盆继续右旋，导致加海瓜脊与西菲律宾海盆转换断层之间形成约30°的夹角，奠定现今菲律宾海板块西部的构造格局。

（二）西菲律宾海盆（III-2）

西菲律宾海盆位于加瓜海脊和琉球岛弧以东，其向北俯冲于琉球海沟之下，向西俯冲于菲律宾海沟之下（图7.2）。该海盆的水深在5000～6000 m。古扩张轴是一条局部深度达到7900 m的轴向裂谷。钻孔获得的整块岩石的生物地层和$^{40}Ar/^{39}Ar$年龄表明西菲律宾海盆的年代为始新世，最老的基底测年（49 Ma）来自冲大东海脊南侧和本哈姆海台（III-2-1）。在钻孔年龄的约束下，对称于中央海盆断裂的磁异常识别为21～17号磁条带。越接近中央海盆断裂，海底形态越粗糙，这与扩张停止（33 Ma，13号磁条带）之前扩张速率降低是一致的。扩张方向在18号磁条带之后发生了较大的逆时针旋转，一次晚期的张裂事件产生了中央海盆断裂的轴部深谷（局部达7900 m）。DSDP在该区内有两个钻孔：DSDP445、DSDP446，两孔地层和沉积有一定的相似性，剖面最老的部分中始新世，由陆源泥岩、粉砂岩及再沉积砂岩和砾岩组成，砾石包括玄武岩碎屑，安山岩、流纹岩和角闪片岩，DSDP446孔的下部地层（始新世）中见到了16层拉斑玄武岩。自晚始新世开始到现代为深海沉积，有超微化石软泥、白垩和灰岩（DSDP445孔）或棕色黏土（DSDP446孔）。古地磁进行的综合研究表明，新生代菲律宾海板块旋转不连续，50 Ma（或55 Ma）至40 Ma，顺时针旋转50°，40～25 Ma，没有明显旋转，25～5 Ma，顺时针旋转34°，5～0 Ma，顺时针旋转5.5°。

本哈姆海台（III-2-1）位于西菲律宾海西侧东吕宋海槽的正东部，体积近1×10^5 km³，水深为2000～3000 m，高于周围海底约2000 m，为一典型的海底高原，形成时代为37～36 Ma（王睿睿等，2018）。本哈姆海台西侧存在一条走滑断裂，通常认为该走滑断裂是东吕宋海槽与菲律宾海沟的连接。关于本哈姆海台的成因一直存在争议，部分学者认为本哈姆海台是由西菲律宾海盆扩张中心处停止后剩余的大量残余岩浆所形成（Deschamps and Lallemand，2002），也有学者认为该海台为地幔柱成因（Yan and Shi，2011）。王睿睿等（2018）通过对本哈姆海台获得的玄武岩样品中的橄榄石斑晶与寄主岩浆对该区域地幔潜在温度进行计算，结果表明本哈姆海台之下的地幔可能存在热量异常，说明本哈姆海台的形成可能与地幔柱有关。

第 / 八 / 章

南海西部陆缘构造

南海西部陆缘，在中、新生代的发展过程中，与越南东部陆缘的构造活动、古南海的闭合、现代南海的发育关系密切，是叠加强烈走滑运动的走滑–拉张型被动陆缘，其以传统意义上的南海西缘大型走滑断裂带（中建断裂和万安断裂）最为特色，是南海陆缘结构构造较复杂、研究程度较低的一条边界，也是南海形成演化过程中具有重要动力学意义的新生代海陆构造边界和转折区，对亚洲三大动力学体系或构造域（古亚洲、特提斯、环太平洋）均有强烈的响应，对南海西部新生代沉积盆地群的形成演化以及油气资源的分布控制最具意义的边界断裂。

根据目前的研究，南海西缘断裂带不仅是南海地形地貌意义上的边界性，而且在地质–地球物理、地球化学、构造几何学、构造运动学综合反映构造动力学意义上的边界，是一条岩石圈尺度的深大断裂，展示了长期性、多期性和差异性的活动特点。

第一节　南海西缘断裂体系基本特征

一、南海西缘断裂带延伸

近年来，南海西部构造边界及其相关沉积盆地的研究一直受到国内外科学家的关注。南海西部边界的认识主要源自于对西缘走滑断裂带的研究。目前，对哀牢山–红河断裂带进入南海后普遍认为其向东南与莺歌海盆地1号断裂与中建断裂（越东断裂）相连（Roques et al.，1997；Lee et al.，1998；姚伯初等，1999；郭令智等，2001；Replumaz and Tapponnier，2003；吴世敏等，2005；Morley，2012；鲁宝亮等，2015），构成南海规模最大的一条重要构造边界，保存着南海相对完整连续的构造–沉积记录和主要演化过程。但哀牢山–红河断裂带—莺歌海盆地1号断裂—中建断裂这条海陆巨型走滑断裂带，进入南海西南万安盆地后延伸状态和构造属性存在争议，归纳总结存在两种不同的观点：

第一种观点，通过对南海西缘两侧地形地貌，地震剖面，重、磁场特征，碳酸盐发育时期，所属地块的差异对比，以及新生代沉积盆地伸展作用、沉降、构造变形等特征分析和模拟实验，认为红河断裂带入海沿莺歌海盆地后与近南北向的中建断裂和万安东断裂相连（钟广见，1995；Rangin et al.，1995；吴进民，1997；Fraser et al.，1997；刘海龄，1999a，1999b；Liu et al.，2004；姚永坚等，2018），而该断裂带再往南的延伸同样存在不同的看法。吴进民（1991）、姚伯初（2000）认为廷贾断裂是印支地块与南沙地块的缝合线，似可视为南海西缘断裂带的东南延伸段。刘海龄等（2015）提出南海西缘结合带是一条南北相互贯通的走滑断裂体系，与加里曼丹岛西北部的卢帕尔断裂相接，为一伸–缩型右旋走滑双重构造系统，关联着西南次海盆–万安盆地–西北加里曼丹新生代俯冲增生系的动力学演化过程。第二种观点，哀牢山–红河断裂带—莺歌海盆地1号断裂—中建断裂巨型走滑断裂带与其南部万安东断裂、卢帕尔断裂和廷贾断裂体系在新生代构造演化过程中处于不同的动力系统，"印支地块挤出说"（Tapponnier et al.，1990）认为，印度板块和欧亚板块的碰撞导致印支地块–南沙地块一起向南或南东方向发生大规模滑移和挤出，逃逸边界沿哀牢山–红河断裂带，往海域延伸与南海西缘断裂带（即莺歌海盆地1号断裂和中建断裂）相连，终止于西南次海盆扩张脊的尖端位置北部，与Fyhn等（2009）认识一致。"古南海俯冲–拖曳说"（Hall，1996，2002）提出巽他大陆南部与华南地块之间存在一个古南海，其西部边界为廷贾断裂（巴拉姆线），与Hutchison（2004）的观点相同，自始新世以来调节古南海俯冲板片的右行走滑过程；而Clift等（2008）认为卢帕尔断裂是古南海的西南边界。Fyhn和Phach（2015）、Morley（2016）认为，中建断裂在接近西南次海盆处被北西向绥和剪切带截止，其向南的位移量逐渐减小并消失，左旋活动可以一直持续到16 Ma。近年来，越南石油公司基于大量二维和三维地震在万安盆地中南部及周缘新生代沉积基底埋深和断裂分布图显示，北东走向断层控制了万安盆地北东向隆拗格局，是与西南次海盆扩张密切相关的正断层，南北向走滑断裂不明显（Tung，2015；Vu et al.，2017），与中建断裂也不相连。上述这些模式和观点争议的焦点在于南海西南部万安盆地及附近的断裂，由于缺乏实际地质和地球物理资料支持，对南海西南缘构造边界属性和走向多是推测（Fyhn et al.，2009a，2009b；Fyhn and Phach，2015）。

通过对南海西部海区地质构造研究，我们将20°～2°E、106°～110°N附近的莺歌海盆地1号断裂（1号断裂）、中建断裂、万安断裂，南部卢帕尔断裂、廷贾断裂以及两侧伴生构造作为统一的南海西缘断裂体系（图8.1）。南海西缘走滑断裂体系是哀牢山–红河断裂带进入南海后的延伸部分，即在红河入口处沿莺歌海盆地河内凹陷（20°40′～19°N）延伸，与莺歌海盆地东部的1号断裂相接，并向南顺南北向中建南盆地和万安盆地东西两侧延伸，在8°N和4°N分别与北西走向廷贾断裂和卢帕尔断裂相接。总体上，南海西缘走滑断裂体系延伸复杂多变，北段（1号断裂）和南段（卢帕尔断裂、廷贾断裂）呈现北西—北北西走向；中段为断裂带主体，近南北走向，包括中建断裂和万安断裂。

二、浅部构造特征

（一）地震剖面特征

在平面上，南海西缘断裂带由一组近南北向、北西—北北西向断层组成（图8.1）。其北部红河断裂在南部莺歌海盆地的河内凹陷、临高凸起，以及南部万安断裂东侧均呈马尾状散开，由多条北西—北北西或近南北向展布的断层组成。中部，在17°～14°N，该断裂带由东西两组倾向相对的北北西向或近南北向的断层组成，随后往南汇成一条近南北向断层，延伸至4°N附近；在12°～10°N，被北西向绥和剪切带错断。南海西缘断裂带两侧的断层走向不同，东侧与南海西缘走滑活动派生的断层基本呈北东—北北东向展布。

在地震剖面上，沿南海西缘断裂体系识别出明显的花状构造现象，除红河断裂显示正花状构造外，一般以负花状构造和铲式正断层为主（图8.2），主要具有走滑–伸张的构造特征。主断层一般位于陆架–陆架坡折带位置，浅层断距不大，向下收敛于T_g界面（新生代基底面）之下，逐渐汇聚成一条近直立的断层，深部基底断距较大，基本终止于T_6（古近纪—新近纪）、T_5（早—中中新世）、T_3（中—晚中新世）界面之下，反映了该断裂带大约在距今33～15 Ma前出现了大规模的左旋走滑拉分活动，且在不同构造部位其浅部构造变形特征有所差异。

图8.1　南海西缘断裂带分布图

（二）地层与沉积特征

南海西缘断裂体系两侧发育多个与走滑–伸展相关的新生代沉积盆地，由北往南依次为莺歌海盆地、琼东南盆地、中建南盆地、万安盆地、南薇西盆地、曾母盆地等（图8.3），这些沉积盆地群均呈北北西向或近南北向展布，呈现盆隆相间的格局，基本上属于拉分盆地或走滑伸展盆地。南海西缘断裂带不仅控制了新生代盆地分布，而且还控制了两侧地层与沉积发育。沿该断裂带两侧新生代沉积厚度变化大，盆地沉积巨厚，隆起区沉积较薄，一般小于3000 m。西侧的莺歌海盆地和万安盆地新生界最大沉积厚度分别超过18000 m和12000 m，而东侧中建南盆地和曾母盆地新生界最大沉积厚度在10000 m和16000 m以上（图8.3）。南海西缘断裂带对新近系控制作用明显，莺歌海盆地和曾母盆地新近系沉积厚度大，最大厚度约10000 m，万安盆地和中建南盆地新近系厚度约6000 m。

南海及邻域构造地质

（三）地形地貌特征

在地形上，南海西缘断裂体系在17°～8°N附近呈明显的南北走向陡坡地形，陆架和陆坡具窄、陡特征，表现为密集的水深等值线，往北和南，陆架地形变平缓，在8°N以南，水深等值线呈南北走向，但在17°N以北，水深等值线走向发生了改变，在海南岛西侧呈北西向。在地貌上，南海西缘断裂带主要是陆架堆积平原、陆架阶地、陆架陡坡、陆架斜坡等地貌单元分界。因此，南海西缘断裂体系，尤其中建断裂和万安断裂，勾勒出了南海西部主要地形轮廓线，并控制着海岸线的走势。

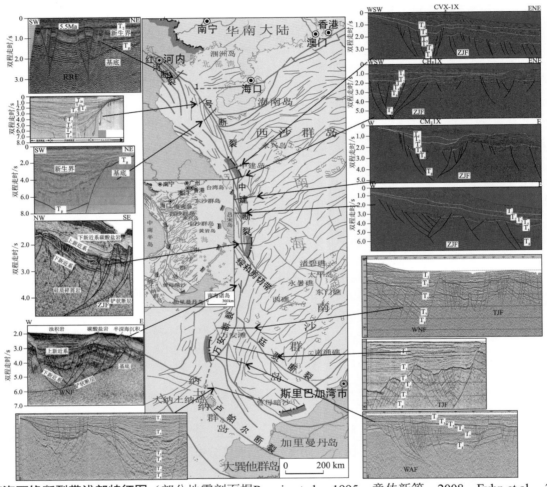

图8.2　南海西缘断裂带浅部特征图（部分地震剖面据Rangin et al.，1995；童传新等，2008；Fyhn et al.，2009a，2009b；鲁宝亮等，2015；Vu et al.，2017）

图8.3　南海西缘断裂带两侧盆地群分布图

三、深部结构

（一）重、磁异常场特征及深部结构

在空间重力异常图和重力异常Tilt梯度图上，南海西缘断裂带呈现明显北北西—南北—北西走向的线性特征，表现为重力高带，延伸长达1400 km、宽40～60 km（图8.4）。布格重力异常与海底地形为镜象关系，在南海西缘断裂带的延伸区形成一条明显的北北西—南北—北西向重力梯度带，为东高西低特征（图8.4）。

磁性基底埋深图显示，南海西缘断裂带整体呈现北北西—南北线性特征（图8.4），其两侧磁性基底埋深和特征存在差异，且最大磁性基底埋深位于断裂带南北两端，对应莺歌海盆地和曾母盆地。在陆架–陆架坡折带10°～11° N，该断裂带被北北西向磁异常所截断分为北南两侧。以北，东侧磁性基底埋深相对较大，西侧磁性基底埋深较小，反映西缘断裂带两侧磁性基底性质不同；以南，东西两侧磁性基底埋深与北段相似。

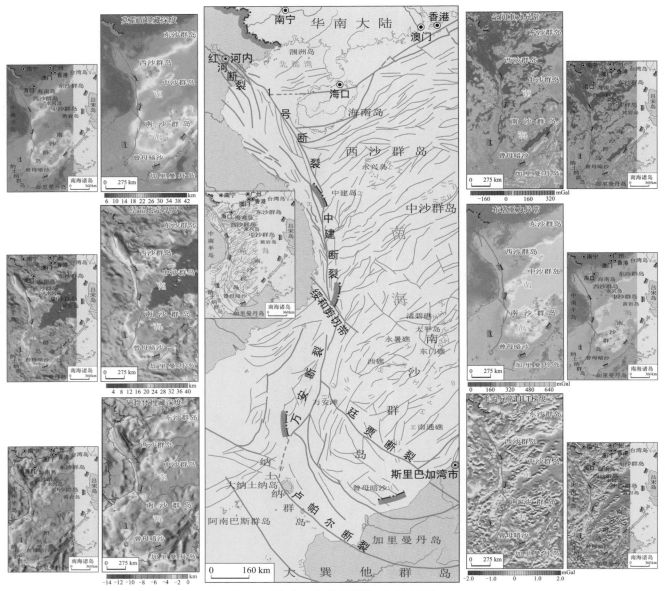

图8.4 南海西缘断裂带深部特征图

在莫霍面深度图上,南海西部5°～17°N存在梯度带(图8.4),尤其11°～14°N具有明显的南北向梯度带,对应南海西缘断裂带,以西的越东海岸带莫霍面厚度为24～31 km,以东的中建南盆地减至14～20 km。

在结晶地壳厚度图上,南海西部10°～20°N和3°～7°N间具有明显梯度带,沿断裂带两侧结晶地壳厚度呈现高低相间,尤其10°～14°N断裂带两侧结晶地壳厚度发生剧变,以西的越东海岸带结晶地壳厚度为24～31 km,以东的中建南盆地结晶地壳厚度剧减至14～10 km。

南海及邻域大地热流趋势图(图2.35)显示,南海西缘断裂带热流值较高,整体为一条高带,呈现南高北低特征。

总体上,从莫霍面深度、结晶地壳厚度、磁性基底埋深和地热流分布图,均反映南海西缘断裂带为一条切穿地壳深部的岩石圈断裂带。

（二）地震波速度结构特征

地震波速度结构特征揭示了南海西缘断裂带的深部构造特征（图8.5）。在10 km深处，该断裂带为横波速度（v_S）梯度带，西侧为3.20～3.24 km/s；东侧为3.12～3.20 km/s。纵波速度（v_P）亦出现梯度带，但线性不如v_S，西侧为6.1～6.2 km/s；东侧为5.6～6.0 km/s（远处南海海盆为8.0 km/s）。在20 km深度处，v_P特征为西侧平稳（6.4～6.5 km/s）、东侧多变；分三段：北段为5.8～6.2 km/s，中段为6.6～7.9 km/s，南段为6.1～6.4 km/s，东侧远处海盆达8.0 km/s。在30 km，v_P梯度带，西侧为3.8～4.0 km/s；东侧为3.5～3.7 km/s；3.6 km/s线向东南侧漂移，可能暗示南海西缘断裂带的倾斜方向。

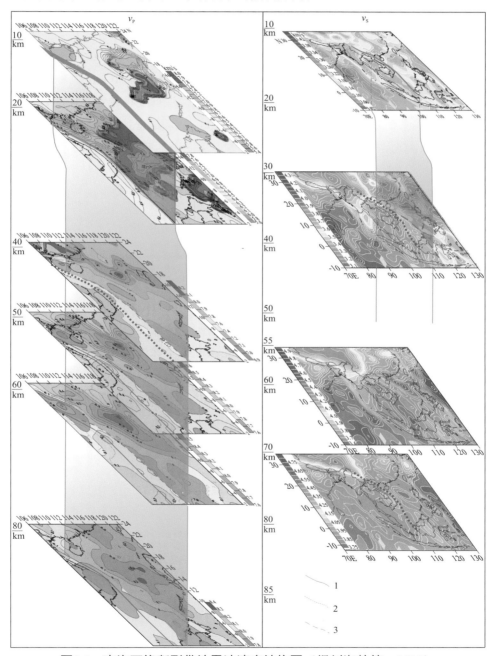

图8.5 南海西缘断裂带地震波速度结构图（据刘海龄等，2015）

1.南海西缘结合带浅部迹线；2.南海西缘结合带浅部迹线深部投影线；3.南海西缘结合带深部推测迹线。v_P.地震波纵波速度（单位：km/s）；v_S.地震波横波速度（单位：km/s）

在40 km深度处，沿南海西缘出现纵波速度等值线梯度带，西侧为7.8～8.0 km/s；东侧为7.4～7.6 km/s；7.6 km/s线向东南侧漂移距离，与30 km深度处横波速度（v_S）的3.6 km/s等值线向东南侧的漂移量相近。到50 km深度处，仍可见v_P梯度带，西侧为8.0～8.2 km/s；东侧为7.8～8.0 km/s；8.0 km/s线向东南侧漂移距离与30 km深度处v_S的3.6 km/s等值线和40 km深度处v_P的7.6 km/s等值线向东南侧的漂移量相近。

在55 km深度处，还能见到v_S梯度带，西侧为4.35～4.50 km/s；东侧为4.20～4.35 km/s；东侧的低值（4.05～4.30 km/s）谷轴线向东的偏移量与30 km深度处v_S的3.6 km/s等值线的偏移量相近。但在60 km深度处，南海西缘断裂带的v_P梯度带不明显，但东侧偏离出去的v_P低值谷（7.7～8.1 km/s）区带仍然存在。在70 km和80 km深度处，南海西缘断裂带所在地区的v_S和v_P均无明显的线性梯度带。在50～80 km深度处，位于中南半岛陆架边缘的中建断裂两盘的地震纵波速度变化为0.2 km/s，说明该断裂是岩石圈断裂。

在85 km深度处，v_S在陆区高（4.30～4.40 km/s）、海区低（4.10～4.30 km/s）；线性虽不太规整，但重新出现北北西向低速带，该低速区一直延伸到250 km，且越往深部变得越宽，说明该部位的上地幔存在一个不同于南海西缘岩石圈断裂带的异常地幔地质体。在300 km深度处，v_S无线性。

在岩石圈厚度图上，南海西缘断裂带的线性比软流圈厚度图上的明显。南海海盆岩石圈厚度（70 km）比四周的厚10 km以上。但M面和L面等深线均出现线性，进一步说明西缘断裂带为岩石圈断裂，切割了整个岩石圈，但未明显影响到软流圈。在20 km、50 km、70 km和100 km深度切面上，均存在北西-南东向构造，尤其是红河断裂-1号断裂之下存在北西向低速带。到大于100 km深度，即岩石圈中存在北西向断裂，在区域上出现南北向构造。在南海地区，南海海盆大洋岩石圈的厚度（地震速度定义的厚度）比陆缘大陆过渡的岩石圈厚度要大。一般情况下，大洋岩石圈的厚度比大陆岩石圈的厚度要小，南海地区却正好相反（刘海龄等，2015）。

Yao等（2022）利用海底热流数据、地震剪切波层析模型、重力位场资料，计算分析了南海西缘南部的海底热流分布特征、壳幔热-流变结构、上地幔v_S低速层的温度-黏度特征、岩石圈底部流变边界层切向应力场、地幔软流层对流速度结构，研究了南海西南缘走滑断裂带深部动力过程。结果表明，南海西缘南部深部地热活动强烈，Q_m/Q_s北北东向条带状分布规律十分明显，Q_m/Q_s大于70%区域的地幔高热区呈北北东向条带状分布，沿西南次海盆轴线向西南海域延伸，揭示了南海西缘走滑断裂带深部构造活动比浅部活跃。该条带东西两侧都是Q_m/Q_s小于60%，局部区域Q_m/Q_s低于40%。这种壳幔热流比例揭示，由西南次海盆到曾母盆地，来自地幔的热量远远高于地壳热量，是一条"热幔"带。此条带的两侧，尤其是南沙地块，地幔热量较低，是一个"冷幔"区域。

南海西缘断裂带东西两侧在莫霍面深度对应两个黏滞系数（η）在1021～1022 Pa·s的低值区（图8.6），岩石圈地幔底部流变边界层北向、东向剪切应力分量τ_N、τ_E随深度增大而减小，65 km深度，τ_N、τ_E均大于5.5亿N/m²，100 km深度，τ_N、τ_E均小于1亿N/m²。基于上地幔地震剪切波模型和重力大地水准模型拟合计算显示，120～250 km为v_S低速层，180 km深度的地幔平均温度达到1300℃，平均有效黏滞系数接近1018 Pa·s，满足地幔物质部分熔融或对流迁移所需的温度、黏度条件。地幔对流计算结果显示，200 km深度平均流速为8.5 cm/a，400 km深度平均流速为2.2 cm/a。

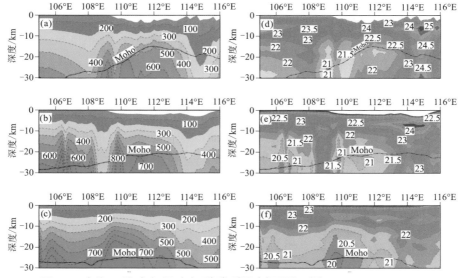

图8.6 南海西缘南部温度与黏滞系数剖面图（据Yao et al.，2022）

(a)～(c) N10、N7、N3线温度剖面(单位：℃)；(d)～(e) N10、N7、N3线黏滞系数剖面(lgη)。深度起算点为地表

第二节 南海西缘断裂体系分段性及成因

一、分段性

南海西北部陆区的哀牢山–红河断裂带是中、新生代华夏地块和印支地块的重要分界线，这已被众多学者所认同（郭令智等，2001）。它往北可连接金沙江断裂带，共同成为唐古拉–昌都–兰坪–思茅–印支地块群的东界。通过对南海西部海域的地质构造分析，认为哀牢山–红河断裂带延入南海后沿莺歌海盆地东北缘的1号断裂延伸，与中建断裂、万安断裂相连，再接廷贾断裂和卢帕尔断裂伸入加里曼丹岛西北部，沿整个走滑带在运动学上具有明显的分段性，即同一时期不同段落两盘的相对旋向有时也会截然不同。目前新的地质、地球物理资料解释结果揭示，南海西缘断裂带具有明显分段性，可分为北、中、南三段（图8.1），北段：红河—莺歌海段，中段：中建—万安段，南段：廷贾—卢帕尔段。

（一）红河—莺歌海段

红河—莺歌海段，包括陆上金沙江-哀牢山-红河断裂带南段、1号断裂，截至广乐隆起（图8.1），整体呈北北西走向。

1. 金沙江-哀牢山-红河断裂带

金沙江-哀牢山-红河断裂带发育于青藏高原东南方向，经我国四川、云南和越南境内，向南海海域延伸。该断裂带陆上部分宽度10～20 km，发育糜棱片麻岩和角闪岩等变质岩（Leloup et al.，1995），这些高级变质岩主要由四个地块组成，如中国的雪龙山、点苍山和哀牢山，以及越南的大象山（Day Nui Con Voi）。金沙江-哀牢山-红河断裂带是在晚二叠世—早三叠世金沙江-哀牢山缝合带的基础上于新生代形成的规模巨大的走滑带。刘海龄等认为，金沙江-哀牢山-红河断裂带前新生代的前身可能是古特提斯洋中的一条古转换断层，新生代印度板块的向北推移，使原本应为东西向的昌宁-孟连-劳勿-文冬古特提斯缝合带的西段向北偏转，成为北西向，而印支地块向东南方的逃逸和顺时针旋转则使该缝合带的东段不断向南偏转而成。

大量陆上野外露头调查发现了金沙江-哀牢山-红河断裂带主要以左行走滑的运动为主，现今GPS观察数据和河流演化特征表明该断裂带现今运动方向以右旋滑移为主（Allen et al.，1984；Replumaz et al.，2001），但运动规模较小，一般在数千米之内。目前，金沙江-哀牢山-红河断裂带走滑活动分期的观点已普遍为大家所接受，但断裂带活动的具体时间仍争议较大。

在莺歌海盆地北部的河内凹陷，平面上红河断裂呈北西-南东走向线性排列，向南延伸至临高地区，并向莺歌海盆地凹陷深埋扎入，呈马尾状撒开（图8.1），表明其活动强度逐渐减弱。地震剖面显示，红河断裂在T_2界面之下呈大角度直立特征（图8.7），从古近纪—中新世裂谷期正断层，至晚中新世断层受挤压作用发生逆冲，之下地层褶皱变形，形成典型的正花状构，平面上为多个呈线性排列的长条形褶皱背斜，反映挤压-走滑的特征。

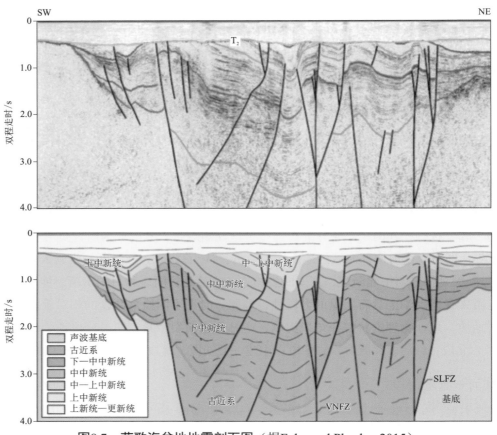

图8.7 莺歌海盆地地震剖面图（据Fyhn and Phach，2015）

2. 1号断裂

1号断裂位于莺歌海盆地东缘，呈北北西向展布，延伸长度300 km以上，主要构造样式为左旋走滑构造，早期表现为负花状构造（图8.2）。位于1号断裂的东侧莺东凹陷内，由于新近系沉积巨厚，该断裂难以通过地震反射特征进行识别，属于隐蔽式走滑断裂（范彩伟，2018），花状构造特征不明显，空间重力异常、结晶地壳面和磁性基底面均反映该断裂两侧深部结构特征明显不同。根据构造及其展布、应力场特征，1号断裂北、中、南段发育存在差异。

1号断裂北部位于河内凹陷上，主要控制了古近纪地层沉积，断至T$_3$（10.5 Ma）（图8.2），往北红河口断至T$_2$（5.3 Ma），至中中新世后期（梅山组顶部）处于增压弯曲带，受到剪切挤压应力作用发生逆冲褶皱，断层不发育。1号断裂中部位于临高-海口区，属于构造转折部分，一般断至T$_5$（16.0 Ma），部分向上延至T$_3$，T$_5$界面之下发育负花状构造，大多地震剖面显示正断层性质。该断裂清晰、断距大，两侧基底埋深厚度差巨大，在莺东斜坡呈"阶梯"结构，上升盘地层薄，大部分可能缺失古近系，下降盘地层厚且完整，受剪切应力作用强烈。1号断裂南部，最为复杂，不仅断裂多，断面倾向变化较大，使此段在构造上呈多凸多凹，凸凹相间的复杂构造形态凹陷，南段断距较大，断至T$_3$（10.5 Ma），新近系处于剪切拉张应力，断层长期发育。

左行走滑张性特征，在莺歌海凹陷中新统梅山组及其下伏地层发育大量断距不明显、近东西向密集分布的小断层或裂隙，为左行走滑断裂派生南北向张性应力造成的局部张性破裂成因，反应左旋走滑作用距今10.5 Ma基本停止（范彩伟，2018）。

右旋走滑张性特征，莺歌海凹陷中央底辟构造发育，均以南北向呈线性展布，是中新世晚期以后右行走滑派生的东西向张性应力场局部张性破裂诱发的结果（范彩伟，2018）。同样，盆地沉降中心向西和向南迁移、源-汇体系改变、上新世陆源碎屑供应量剧增、东西部沉降和沉积差异以及地形不对称，亦反映了这种走滑活动的过程。

1号断裂活动时间主要在中中新世（10.5 Ma）之前，与陆区哀牢山—红河段的左旋走滑作用一脉相承，是莺歌海盆地走滑拉分的成因机制，红河断裂、1号断裂也是华南与印支构造分界线。

（二）中建—万安段

中建—万安段，由中建断裂和万安断裂组成（图8.1），是南海西缘断裂带的主体部分，分别位于西南次海盆扩张脊西南延长线的北南两侧，并被北西向绥和剪切带所错断，以地貌垂直差异大的盆-岭结构为主要标志，主要表现为扭张性、倾滑运动，其东两侧存在大型的构造拉张区——中建南盆地和万安盆地（图8.3），以及与之走滑相关的断层构造。

1. 中建断裂

中建断裂（越南称为越东断裂）位于南海西部边缘的陆架坡折区即中建南盆地西侧，平面上大致延109°30′～110°E经线呈近北北西—南北向展布，其规模已经跨出中建南盆地的范围，可以追踪到1号断裂及以北的红河断裂带，其规模在盆地内约600 km，加上外围的延伸尺度可达上800 km（图8.1），以走滑断层为主，一般表现为负花状构造，在地形地貌和空间重力异常具有明显的线性特征，为一条岩石圈的深大断裂，亦是印支地块和中-西沙微陆块分界线。根据动力学和运动学原理，南海西缘断裂带东部、西部归属于不同的构造系统。

中建断裂西部陆架区，14°～18°N附近为广义地堑，是莺歌海盆地莺歌海凹陷的南延部分，具有剪切拉分性质，是左旋走滑产生南北向应力场作用的结果，与印支地块挤出逃逸有关。该地堑由一组倾向相对正断层组成的负花状构造（图8.2），大多呈高角度，是南海西缘断裂带在地堑中心的分支，平面上呈北西—北北西向和近南北向延伸，地堑东西宽度为100 km至10 km，由北向南变窄，并逐渐汇成一条主断层，主断层切穿古近系，深入基底，大多数断层终止T$_5$、T$_6$界面之下，局部断层继承性地延伸到新近系，至中—上新世时前后局部出现较弱的正花状构造作用。

中建断裂东部陆架坡折-陆坡区，与西部走滑构造带具有显著的差别，中建南盆地以古近系北东向走滑张裂为主，其主要应力来自于古南海向南俯冲-拖曳，发育与走滑断裂相关的一系列北东—北北东向张扭性质的正断层，对应于西南次海盆扩张方向。中建南盆地主要的裂谷作用时间为始新世—渐新世末，晚期裂谷作用持续到中新世早期，拗陷两侧呈多米诺半地堑充填（图8.8），一般表现为复合地堑的样式，中部拗陷地壳强烈伸展薄化，铲式正断层植根于上下地壳分界面，地块掀斜，体现了强烈的伸展应力在此区域控盆控拗的证据，盆地中东部北东-南西向主体断裂与火山活动伴生。

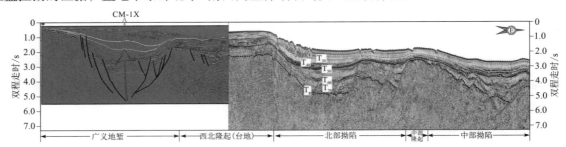

图8.8　中建断裂花状构造与中建南盆地伸展结构的地震反射特征（左侧地震剖面据Fyhn et al.，2009）

2. 万安断裂

万安断裂位于南海西部陆架坡折带-陆坡（109°～110°E）上，延伸长度近500 km，在平面上呈近北北东—南北向展布，南部形成马尾状构造（图8.1），与之配套的一组北西向断裂、北北东向断裂，雁列于万安断裂之东西两侧，并与之以较小锐角相交。地震剖面显示，该断裂具有明显的走滑特征，负花状构造发育（图8.2），或由一组倾角较陡的正断层或铲状断层组成，垂直断距一般为1000～4000 m，最大可达7000 m，切割基底以下，大多数断层终止T_5、T_6界面之下，个别断层继承性地延伸至上新统，至中中新世局部出现挤压应力场的正花状构造作用。万安断裂控制西侧万安盆地的形成演化，盆地在中中新世（10.5 Ma）之前具有走滑-拉分双重构造作用，中部拗陷位于西南次海盆海底扩张脊的西南延伸线上，新生界尤其新近系沉积巨厚（图8.3），表明万安断裂在中新世时期强烈张裂，并叠加了西南次海盆海底扩张作用的影响。万安断裂为岩石圈的深大断裂，是莫他地块与南沙地块、曾母地块的分界线，其演化过程中受到西南次海盆扩张作用的影响。

（三）廷贾—卢帕尔段

廷贾—卢帕尔段，包括廷贾断裂、卢帕尔断裂及相关一组北西向断裂（图8.1），位于万安断裂的东部和东南部，平面上与控制万安盆地西界的万安断裂有较大锐角相交，总体向北西收敛、向东南撒开，倾向多为西—南西—南。在地震剖面上，廷贾断裂及北西向断裂为负花状构造（图8.2），表现走滑-伸张特征。夹持与卢帕尔断裂与廷贾断裂之间曾母盆地，康西拗陷地震剖面能探测到主要是巨厚的中新统以来的地层，厚度达10000 m以上（图8.3），大多断层停止于T_5界面（MMU）之下，是曾母盆地的裂后不整合界面。卢帕尔断裂和廷贾断裂不仅控制了两侧万安盆地、南薇西盆地、曾母盆地和北康盆地的形成、构造样式、地层与沉积分布；而且也是印支-莫他地块与曾母地块，以及曾母地块与南沙地块的分界线。

卢帕尔断裂、廷贾断裂大约形成于晚中生代，在古近纪至中新世末期整体以右旋运动为主，于早中新世达到张扭活动的高峰，具超壳走滑拉张性质，其与1号断裂、中建断裂、万安断裂组成一个在时间上同步、空间上相连的走滑系统，对曾母地块、南沙地块西部边界起着转换调节作用。

综上所述，南海西缘断裂带往北与北西向的哀牢山-红河断裂带相接，往南与卢帕尔俯冲-增生-碰撞带相接，组成了一条规模宏大的走滑构造带，其分段性不仅体现在浅部构造变形差异性，而且也反映在深部地壳结构、构造的不均一性，主要体现在南海西缘断裂带发生走滑运动过程中，其两侧地块各自的地球动力条件有所差异，造成它们相对走滑方向和速度不尽相同，使得相邻地块之间出现相对离或合的趋势，从而造成走滑-拉张和走滑-挤压的相间排列。同时，主走滑带两侧地块的相对走滑旋向也不尽相同，有的地段以左旋为主，而在另一些地块则表现为以右旋为主，因而整条走滑带出现明显的分段特征。

二、走滑距离

南海西缘断裂带南北延伸长达1500 km以上，是东亚洋陆边缘的巨大走滑构造带，由于缺乏实测的资料，其走滑距离主要根据陆上哀牢山-红河断裂带的分析推断。

古地磁方法测量的样本相距最远，其左旋量落在600～2000 km范围内。认为中生代印支地块的古地磁极位置较扬子地块的古地磁极位置偏西，纬度偏南，这是由于印度板块和欧亚板块碰撞后，印度板块绕阿萨姆枢纽点顺时针旋转了8°，左旋量约800 km，随后扬子地块向东移动了约20°。古地磁法可能累加了许多次级构造的位移量，反映了距红河断裂带由远而近位移变化，揭示了区域性块体旋转运动规律。大地构造法（即地质体位移测量法）的样本虽较近，但它累加了部分次级构造的位移值，故所获得的位移值变化范围仍较大，为320～760 km（Leloup et al.，1995；Harrison et al.，1996；张连生和钟大赉，1996），较小值累加的次级构造位移量较少，即320 km的位移量更加接近红河断裂带本身的运动量。

对哀牢山-红河断裂带核心区宽10 km的韧性剪切带内糜棱岩的显微构造和宏观构造运动学研究，证实了其具有左旋剪切的运动过程，位移量在300～700 km以上（Tapponnier et al.，1990；Leloup et al.，1995），同位素年龄值为22～35 Ma（Scharer et al.，1990；Leloup et al.，1995）。

根据扬子地块西缘金沙江缝合带与老挝程逸府（Uttaradit）缝合带原在一起，Tapponnier等（1990）认为哀牢山-红河断裂带后期左旋走滑活动距离500 km。通过红河断裂带西侧的金平钒钛磁铁矿与东侧北段的海东（洱海东面）钒钛磁铁矿两个相同地质体的相隔距离，推断左行走滑位移量为320～350 km。剪切带应变法因取样于红河断裂带本身，其所得位移值最接近实际情况，即200～300 km（Tapponnier et al.，1990）。也有学者认为左旋走滑规模较大，估计在1000 km左右，最大达1400 km（Leloup et al.，2001）；反之，认为左旋走滑距离很小，在红河口地区不会超过100 km（Dewey et al.，1989；Rangin et al.，1995）。而哀牢山-红河断裂带总右旋走滑量为45～60 km（Rangin et al.，1995；虢顺民等，2001）。

综合考量，认为哀牢山-红河断裂带左旋走滑距离为300～500 km，右旋走滑距离约50 km，推测南海西缘走滑距离大约与陆上哀牢山-红河断裂带相当。

三、走滑运动学和动力学机制

（一）陆上哀牢山-红河断裂带

关于哀牢山-红河断裂带及南海西缘断裂带走滑作用开始时间的确定，由于缺乏实测的地质-地球物理证据，一直处于争议中。根据在陆上延伸哀牢山-红河断裂带南段火山岩带的$^{40}Ar/^{30}Ar$年代学、角闪石$^{40}Ar/^{30}Ar$测年、U-Pb年代学、变质矿物冷却温度资料、古地磁学，以及红河口和北部湾地震剖面及钻井资料得到的左旋时间为50～17 Ma（Tapponnier et al.，1986，1990；Scharer et al.，1990；Harrison et al.，1992，1996；Rangin et al.，1995；张连生和钟大赉，1996；Wang et al.，2000；虢顺民等，2001）。

通过红河断裂带北段哀牢山、大象山的强烈剪切变质岩及花岗岩脉中的锆石、石榴子石、独居石等矿物的U-Pb测年来进行鉴定，红河断裂带大规模左行走滑作用开始时间在距今36～31 Ma。$^{40}Ar/^{39}Ar$定年结果显示红河断裂带于距今35 Ma开始活动（陈文寄等，1992），这与印支板块和欧亚板块进入陆-陆接触的硬碰撞阶段时间一致。

同位素年代研究认为红河断裂带左行走滑运动开始时间距今42 Ma，甚至58 Ma就开始了裂谷伸展，其中较为普遍的认识是距今40～35 Ma（Tapponnier et al.，1990；Scharer et al.，1990；陈文寄等，1992；Leloup et al.，1995；向宏发等，2006）。

从构造岩石学和构造地貌研究表明，红河断裂带左旋走滑运动主要集中在34～17 Ma（Harrison et al.，1992；Leloup et al.，2001；Gilley，2003）。

有关右行走滑的研究，Allen等（1984）根据第四纪地貌研究及近代地震震源机制的解释，提出红河断裂带表现为右行走滑运动。Leloup等（1995）认为右行走滑运动可能开始于距今5 Ma左右，右行滑移量为20～50 km，滑移速率为7±3 mm/a；磷灰石裂变径迹测年Laslet退火模式热历史反演计算出距今5.5 Ma和2.1 Ma附近有过两次明显的断层右行剪切错动（向宏发等，2006）。一般认为左旋停止的年龄为15～18 Ma（虢顺民等，2001），从中新世中期（15 Ma）开始进入右旋阶段，直到现在（Allen et al.，1984）。也有认为5.5 Ma以后为右旋（Rangin et al.，1995）。

红河断裂带向南南东方向延伸进入海域，其南段的构造活动远较北部复杂，由多条平行的北西向断裂带，如黑水河断裂带、斋河断裂、齐江断裂、马江断裂带等组成，在河内及其海域中的延伸处均以裂谷形态出现。Rangin等（1995）详细研究了越南东京湾凹陷内红河断裂带的发育演化特征，揭示30 Ma以前，印支地块与华南地块的相互错动是由多条北西向断裂带的左行走滑运动组成的，地壳的变形以伸展作用为主，形成一系列伸展断陷；30 Ma以后，红河断裂带的左旋走滑幅度减小，仅几十千米，不超过100 km，其中15.5 Ma是一个重要的分界面，从30 Ma至15.5 Ma左行走滑运动表现为转换伸展作用，而15.5 Ma至5.5 Ma则转换为挤压作用。

许志琴等（2016）根据青藏高原东南缘腾冲地块、宝山地块、思茅地块的运动学和动力学的最新研究成果认为：①印度-亚洲板块碰撞发生在55 Ma，造成青藏高原东南缘的挤出主要在35 Ma，青藏高原东南缘块体的旋转比喜马拉雅挤压晚15 Ma。②青藏高原东南缘的北西-南东向哀牢山-红河断裂带的变形构造研究表明，早期左旋剪切近东西向的挤压，时代为35～17 Ma；后期为受近南北向或北北西向的水平挤压作用，与右旋相关的转换伸展，根据哀牢山的构造隆升特征，构造转换时代13～8 Ma。

哀牢山-红河断裂带的走滑活动是分期的，左旋走滑活动结束时间自东南向西北推进，元阳一带为24.5 Ma，弥渡以南为17.5 Ma（陈文寄等，1992）。右旋走滑时间为10.5～0 Ma，红河断裂带南段右旋活动停止于上新世（5.5 Ma），暗示着右旋结束时间可能也具有自东南向西北推进的趋势。

（二）南海西缘断裂带

南海西缘断裂带新生代以来的走滑活动对南海及其西部陆缘的形成演化具有重要的作用，一是划分了南海西部陆缘以走滑作用为主的陆架区（莺歌海盆地、万安盆地）和以走滑-伸展双重作用为主的陆架-陆坡区（中建南盆地），形成了不同的结构构造样式；二是作为印支地块挤出逃逸和古南海俯冲-拖曳的边界线，对区域构造格局的形成产生了重要的影响。基于最新的构造-地层解释结果、盆地与深部地壳结构特征的认识，南海西缘断裂带形成于新生代早期，其活动历史与陆地哀牢山-红河断裂带具有相同性，走滑活动具有分期性和分段性。根据动力变形、应力场和构造样式，从区域构造演化的角度，将南海西缘走滑断裂带划分为三个主要构造活动时期（图8.9）：渐新世—早中新世左旋走滑期、中—晚中新世走滑转换期和晚中新世以来右旋走滑期。

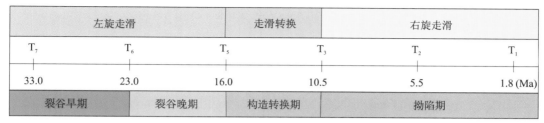

图8.9　南海西缘走滑断裂带活动期次图

1. 左旋走滑期（35～16 Ma）

在渐新世—早中新世（T_7—T_5，35～16 Ma）时期，南海西部断裂带处于东西部两个不同的动力变形区（图8.10），即西侧"印支地块挤出区"和东侧"古南海俯冲-拖曳区"，多处地震剖面反映该断裂带在距今35～16 Ma出现大规模的左旋走滑拉张活动，也是两侧的莺歌海盆地、中建南盆地和万安盆地裂谷或断陷的发育时期，但该断裂带走滑活动特征具有分段性特点。根据两侧动力变形强度和盆地演化过程的差异，南海西缘走滑断裂带可进一步划分为裂谷早期（33～23 Ma）和裂谷晚期（23～16 Ma）两个亚期。

1）裂谷早期（T_7—T_6，33～23 Ma）

新生代早期，南海及周缘重要的区域构造事件是：55 Ma时，印度-欧亚板块发生碰撞，东印度洋向欧亚大陆东南缘的洋-陆俯冲（Hall，2002），造成青藏高原东南缘的印支地块于35 Ma沿着左行走滑哀牢山-红河断裂带和南海西缘断裂带顺时针旋转，并向东南挤出-逃逸；古南海向南俯冲-拖曳，加里曼丹岛逆时针旋转与北侧的曾母地块碰撞。在此区域构造驱动下，哀牢山-红河断裂带开始经历近东西向挤压下的左旋剪切运动。南海西缘断裂带东西侧分别受到与挤出逃逸相关的左旋剪切拉张应力和古南海俯冲-拖曳南北向拉张应力的共同作用（图8.10），动力变形和应力场具有分段性。

北段1号断裂，主要受到西侧印支地块挤出逃逸应力场作用；中段中建断裂和万安断裂，东西侧分别受到古南海俯冲-拖曳和印支地块挤出逃逸双重应力场的作用，左行走滑活动强烈，在其西侧形成了典型的左行走滑拉分盆地——莺歌海盆地（包括广义地堑）和万安盆地，东侧形成以伸展为主走滑伸张盆地——中建南盆地，发育大量派生的张扭性正断层；同期万安断裂中南段位于左、右走滑旋向转换的拉伸区，左行走滑活动相对减弱。南段的北西向卢帕尔-廷贾断裂主要受到古南海俯冲-拖曳的应力场控制，而印支地块挤出逃逸作用的影响减弱，显示为右旋走滑运动，该断裂带处于走滑-挤压应力场背景，曾母盆地南部巴林坚拗陷、塔陶垒堑区挤压褶皱变形。因此，南海西缘走滑断裂两侧的走滑拉分和走滑伸展盆地均受到南北向拉张应力，裂谷或断陷特征明显。

2）裂谷晚期（T_6—T_5，23～16 Ma）

渐新世末—早中新世，南海及周缘重要的区域构造事件是：25 Ma，逆时针方向旋转的菲律宾海板块南端俯冲带与澳大利亚板块北端发生了弧-陆碰撞事件；20 Ma，澳大利亚板块与新几内亚北部岛弧碰撞，推动着菲律宾海板块向北移动；东部次海盆洋脊跃迁，扩张中心往西南迁移，西南次海盆开始不对称的海底扩张（Li et al.，2014a），南海西南大陆边缘陆架-大陆坡开始大陆解体。此时，印度-欧亚板块发生硬碰撞，印支地块挤出运动进入弱化期，整个地块运动表现为顺时针旋转作用。哀牢山-红河断裂带和南海西缘断裂带中北段左旋活动逐渐减弱，而南海西缘断裂带中南段右旋走滑活动明显增强（图8.10）。地震剖面解释结果揭示，1号断裂派生的近东西向雁列式断层穿过T_6而止于T_5，推断这些断层形成时间介于23～21 Ma，在左行走滑应力场下，以南北向张应力为主，而形成近东西向的正断层，中建断裂派生近北东向雁列式正断层。中新世为莺歌海盆地、中建南盆地和万安盆地快速沉积期，沉降和沉积中心不断向南迁移，曾母盆地从前陆盆地阶段发展以走滑伸张为主被动大陆边缘发育阶段。

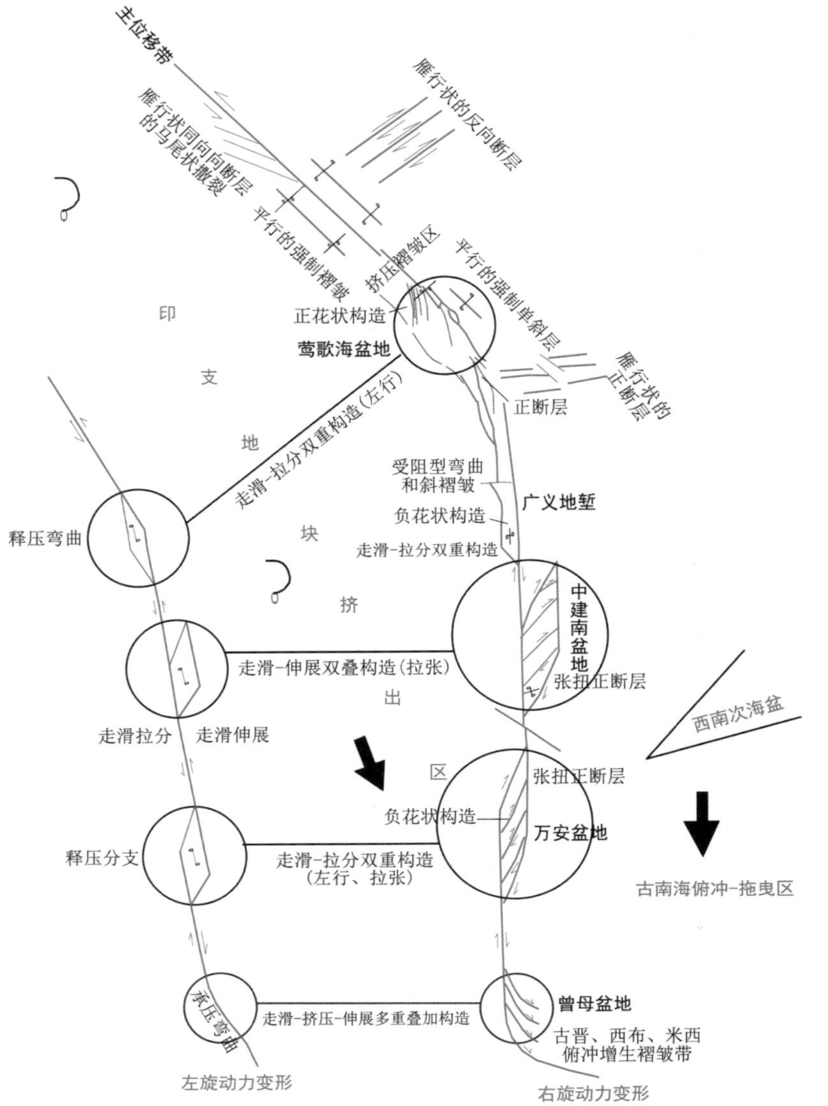

主位移带

雁行状的反向断层

雁行状同向向断层
的马尾状撒裂

平行的强制褶皱

挤压褶皱区

平行的强制单斜层

雁行状的
正断层

印

正花状构造

莺歌海盆地

正断层

支

走滑-拉分双重构造(左行)

受阻型弯曲
和斜褶皱

广义地堑

地

负花状构造

释压弯曲

走滑-拉分双重构造

块

中建南盆地

挤

张扭正断层

出

走滑-伸展双叠构造(拉张)

西南次海盆

区

张扭正断层

走滑拉分　走滑伸展

负花状构造

万安盆地

释压分支

走滑-拉分双重构造
(左行、拉张)

古南海俯冲-拖曳区

承压弯曲

走滑-挤压-伸展多重叠加构造

曾母盆地
古晋、西布、米西
俯冲增生褶皱带

左旋动力变形

右旋动力变形

图8.10　南海西缘断裂带动力变形分区图

综合研究表明,在渐新世—早中新世时期,印支地块沿哀牢山-红河断裂带挤出改变了南海的应力场,但由于挤出主应力集中于南海西缘,对应的拉张作用在西部更发育,反映南海西缘断裂带西侧左旋走滑活动更强烈。古南海向南俯冲-拖曳和西南次海盆的北西-南东向海底扩张的主拉张应力,主要集中在南海西缘断裂带的东部,尤其是该断裂带的中南段走滑伸展作用更明显。

2. 走滑转换期（T_5—T_3，16～10.5 Ma）

早中新世末—中中新世,南海海底扩张停止,南海西缘区域构造应力场发生变化。根据T_5、T_3不整合面和上下地层构造变形的地震反射特征,16 Ma后,在东西向压扭应力场作用下,南海西缘断裂带活动大多发育停滞,中建南盆地南部和万安盆地主要经历T_5（16 Ma）、T_3（10.5 Ma）两次构造反转,导致T_5或T_3界面之下地层发生逆冲挤压变形。莺歌海盆地北部和南部分处于走滑断裂的受阻挤压弯曲段和释放伸展段,早期局部张性破裂终止于距今10.5 Ma左右,反映这一时期左旋走滑运动基本停止,开始右旋走滑运动（范彩伟，2018）。

莺歌海盆地上新统—更新统详细的年代限定、沉积速率和构造反转后沉积厚度，估算构造反转的时间为10～8 Ma（Fyhn and Phach，2015）；根据哀牢山的构造隆升特征，左行向右行转换时间约13 Ma（许志琴等，2016）。因此，南海西缘断裂带从左旋走滑伸展转换为右旋挤压时间为16～10.5 Ma，往北逐渐变晚，至陆上哀牢山-红河断裂带左右旋转换时期为13～10 Ma。

3. 右旋走滑期（T_3—T_0，10.5～0 Ma）

中新世中晚期（10.5 Ma），印支地块继续顺时针旋转。从走滑量约50 km（Leloup et al.，1995；Rangin et al.，1995）可见，陆上哀牢山-红河断裂带右旋剪切活动较弱，在莺歌海盆地于上新世停止活动。从莺歌海盆地中央拗陷带、中建南盆地-万安盆地中部拗陷、曾母盆地康西拗陷上新统—第四系巨厚沉积，佐证南海西缘断裂带主要体现以右旋走滑和伸展为主，且右行走滑活动较强裂，对盆地地层和沉积具有控制作用，盆地开始以热沉降为主，进入拗陷期。

1号断裂在莺歌海盆地不同区段展布的构造格局和应力场不同，呈现"北挤压—中构造转折—南走滑伸展"特征。北段河内凹陷存在两期构造挤压，分别梅山组顶部（T_3，10.5 Ma）和黄流组顶部（T_2，5.5 Ma），红河断裂带受挤压作用发生逆冲；中段临高-海口区所处的位置属于构造转折部分，应力较为集中，右旋走滑构造活动相对较为强烈，底辟构造发育；南段莺歌海凹陷表现为持续的沉降的走滑-伸展作用。"北挤压—中构造转折—南走滑伸展"构造格局，使河内凹陷地层抬升剥蚀、莺歌海凹陷陆源碎屑供应量激增，沉降中心向西、向南迁移，致使盆地东西部沉积因在南海西缘断裂带中部（即110° E越东断裂带）发育有明显的花状构造而认为向南延伸，此段存在一条北东16° 右旋走滑断裂（Roques et al.，1997），在地震剖面上东西方向影响宽度仅为10 km，花状构造明显发育，走滑活动时间为中新世，中新世末之后表现为正断层（姚伯初等，1999）。同样，地壳厚度在1号断裂两侧发生剧变，断裂带以西的南海西部陆缘海岸带地壳厚度为24～31 km，以东的中建南盆地地壳厚度剧减至10～14 km，在布格重力异常向上延拓40 km后的水平梯度图上仍有明显的反映（Trung et al.，2004）。

第/九/章

南海南缘构造

南海扩张的两个端元模型：印度–欧亚板块碰撞的印支地块挤出逃逸说和古南海俯冲–拖曳说，南海南部都是关键区域。尤其是古南海何时、如何在南海南侧俯冲消亡，对南海形成演化的认识至关重要。

南海南缘涵盖南海海盆以南的南沙海域以及加里曼丹岛、巴拉望岛等岛屿（图9.1），巴拉望岛以南为苏禄海和苏拉威西海（西里伯斯海），东面隔菲律宾群岛与西菲律宾海相望，在新生代演化过程形成极为复杂的构造，许多问题尚没有答案，长期成为地质构造研究的热点地区。

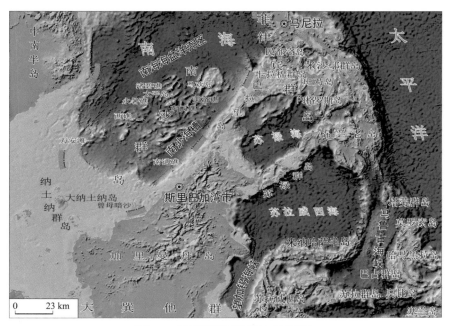

图9.1　南海南缘及周边地形图

苏禄海和苏拉威西海是新生代不同时间张开的海盆。苏禄海洋壳大部分已往东南俯冲消亡于苏禄海沟之下。苏拉威西海洋壳时代为始新世，其成因尚无定论，现往南沿苏拉威西海沟俯冲于苏拉威西岛北翼之下，推测中脊完全俯冲消亡（Pubellier and Meresse，2013）。

苏拉威西岛东南的马古鲁海峡曾拥有宽广的洋壳，现分别往东西俯冲于哈马黑拉弧和桑义赫弧之下，形成反U形双向俯冲带（McCaffrey，1982），洋壳已消亡，导致弧–弧碰撞。

南海东缘的菲律宾活动带为近南北向的大型走滑断裂带，其东侧菲律宾海板块是新生代海底扩张的产物，在形成不断往北运动侵位。古地磁认为菲律宾海板块始新世以来往北运动近20°（即约2000 km；Yamazaki et al.，2010）。古纬度研究表明，菲律宾海往北运动主要出现在25 Ma以前，以及15 Ma后的少量往北运动（Yamazaki et al.，2010；Wu et al.，2016）。该结果得到最近IODP1201站位古地磁的支持。

第一节　南海南缘地球物理场与地质构造

重、磁异常特征可以为深部地质构造特征提供丰富的信息。利用南海大量重力和磁力数据，通过反演揭示南海南部及其邻域的深部地质构造特征。

空间重力异常上，南沙海槽具明显的重力低，其西南终止于廷贾线（延贾断裂），往东北延伸至美济礁断裂，地形上南沙海槽东北方向大致终止于巴拉巴克断裂，两者明显不同（图9.2）。巴拉望岛东南，西北苏禄海是明显的重力低，其南缘卡加延脊为重力高；巴拉望岛西北部的南侧，西北苏禄海–卡加延脊与南沙海槽及其南缘具有十分相似的重力异常特征。两者被美济礁断裂错动约200 km。卡加延脊重力异常特征与苏禄脊相似。

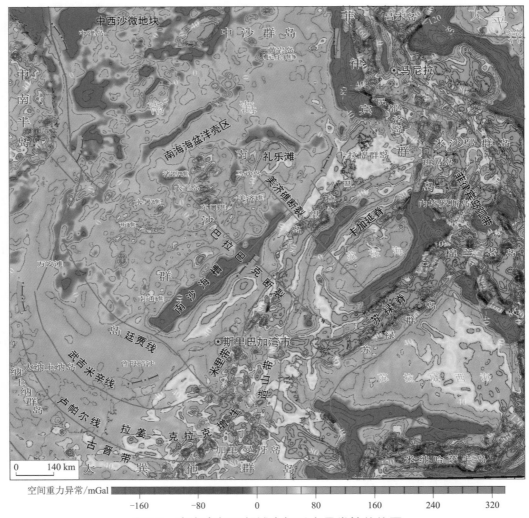

图9.2　南海南部及邻域空间重力异常等值线图

廷贾断裂可能往东南延伸，穿过整个东北加里曼丹岛至望加锡海峡，因为其两侧重力异常特征显著不同。

卡加延脊与苏禄脊相似，为明显北东向正负线性磁异常区，且幅值变化剧烈（图9.3），与火山弧的磁异常特征相对应。

南沙海域结晶基底总体厚度比正常陆壳小（图9.4），一般小于18 km，属于减薄的陆壳（苏达权等，1996），这是南海演化过程，陆缘张裂地壳减薄的结果。南沙海槽南段及其南侧的增生楔出现厚度很小的区域，结晶地壳厚度小于8 km（图9.4），与洋壳厚度相当，且厚度最小不在南沙海槽的最深处，偏南侧的增生楔之下。

对于南沙海槽极薄地壳的成因，有推测可能属古南海的残余。但我们注意到，除南沙海槽极薄的地壳外，还有一系列北东向，与南沙海槽大致平行的地壳减薄带（图9.4），包括南海北缘和西北苏禄海均存在，对比地震剖面，可以推测可能属一系列裂谷带，南沙海槽可能属夭折的扩张中心。

Vijayan等（2013）利用南海南部及邻域地球物理数据，通过重、磁震联合反演等认为尽管基底地形复杂，存在大量与主裂谷相关的构造，但地壳总厚度相当稳定，从南沙往南至沙捞越和沙巴，深部地壳是连续的，没有任何与海槽相关的地壳缝合的证据，也没有任何证据表明海槽下残留洋壳。

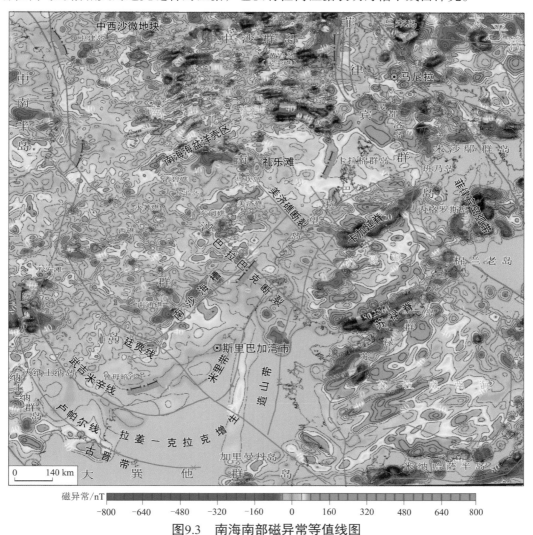

图9.3　南海南部磁异常等值线图

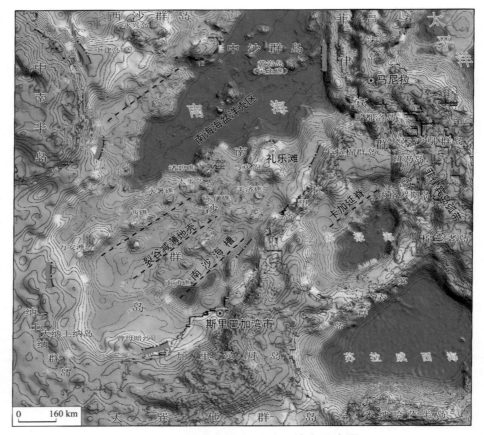

图9.4 南海南部及邻域结晶地壳厚度图

第二节 南沙海槽-西北巴拉望海槽构造

南海南缘，南沙海槽-西北巴拉望海槽构造对于南海成因至关重要。南海成因的不同观点都涉及对南海南缘的认识。南海张开过程，南海南缘南沙-礼乐地块裂离华南大陆往南漂移，其俯冲消亡洋壳边界一直存在争议。国内外学者进行了大量研究（Franke et al.，2008；Hesse et al.，2010；Cullen，2010；Hutchison，2010），观点不一，差异很大（Aurelio et al.，2014）。Morley（2012）提出两种不同的模型：①南沙海槽-西北巴拉望海槽为渐新世—中新世古南海洋壳从南侧的仰冲形成前渊盆地。巴拉望-卡拉棉地块往南运动导致南海形成；②巴拉望-西北加里曼丹岛海槽为古南海地壳的俯冲位置，古南海为弧后成因，将巴拉望-卡拉棉微陆块从华南裂离，往南或东南漂移。

南沙海槽与西北巴拉望海槽地形与构造特征明显不同，以下分开叙述。

一、南沙海槽构造特征

南沙海槽，位于南海西南缘与加里曼丹岛之间，呈北东走向，长约400 km，水深通常大于2800 m，南起廷贾断裂，北至巴拉巴克断裂，再往东北水深急剧变浅，又称西北巴拉望海槽，但没有明显的海槽地形（图9.5）。

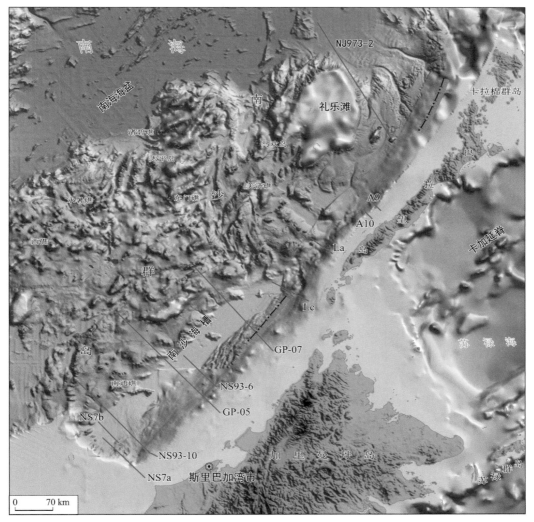

图9.5　南海南缘地形及剖面位置图

对于南沙海槽构造的争议主要集中在两个方面：①南沙海槽是不是俯冲带，是否为古南海俯冲的遗址；②南沙海槽的地壳性质，是否存在洋壳残余。这两个问题相互关联，又相互印证。

Haile（1973）最早提出南沙海槽存在俯冲作用，Hamilton（1979）认为南沙海槽是新近纪俯冲的海沟。Hinz等认为海域褶皱逆冲带是陆-陆碰撞的反映，推测区域性挤压已导致主逆冲作用持续至今。这已被一些学者所接受（Sapin et al., 2011）。通常认为南沙海槽是古南海洋壳的俯冲海沟，洋壳于古近系—中新世早期往东南俯冲于巴拉望岛和北加里曼丹岛之下（Müller, 1991; Hall and Smyth, 2008; Hutchison, 2010; Morley, 2012; Aurelio et al., 2014），这也导致南海洋壳扩张的停止（Taylor and Hayes, 1982; Briais et al., 1993; Barckhausen et al., 2004），并形成沙巴的克拉克群沉积出现变形和隆升，得到巴拉望蛇绿岩与沙巴蛇绿岩可对比的支持（Cullen, 2010）。

另一种观点认为，南沙海槽不是古俯冲带，而与巴拉望岛类似，为仰冲楔状体推覆的前缘，南沙海槽下伏的是陆壳。Hall（2012）认为古南海位于巴拉望岛南侧，南沙海槽-西北巴拉望海槽是沉积物供给饥饿型前陆海槽。没有证据表明有海沟横穿整个西北巴拉望大陆架（Hutchison, 2010; Morley, 2016）。

Hall（2013）认为西北加里曼丹岛-巴拉望岛地区没有板块汇聚，新生代大部分变形是拉伸幕，而非挤压的结果。一些学者将海域褶皱逆冲解释为重力滑塌（Cullen，2014），类似于尼日尔三角洲的深水褶皱逆冲带（Corredor et al.，2005）。Hesse等（2009）展示褶皱带外侧收缩量，不完全与区域拉伸量匹配，必然有构造缩短成分，且往北增大，认为是重力变形与区域挤压的结合。

总之，对南沙海槽的成因有截然不同的认识，既有古俯冲带观点，也有仰冲推覆观点，还有非构造挤压的重力滑塌观点。对于南沙海槽地壳性质，俯冲观点通常认为古南海俯冲消亡的残留洋壳，逆冲推覆观点及重力滑塌观点认为南沙海槽下伏的是陆壳。此外，姚伯初（1996）、苏达权等（1996）通过地震剖面及重、磁震联合反演认为南沙海槽西南段为洋壳，东北段为陆壳。

地形上，南沙海槽往东北大致终止于巴拉巴克断裂，无法延伸至西北巴拉望海槽。南沙海槽为明显的重力低（图9.2），大致可延伸至美济礁断裂，离巴拉巴克断裂约120 km。重、磁反演的结晶地壳厚度（图9.4）显示，南沙海槽地壳明显减薄，西南端地壳极薄，与正常洋壳相当，因此只有南沙海槽西南端有可能属洋壳，其余均未减薄陆壳，这就是前人推测可能属古南海的残余（姚伯初，1996）。

结晶地壳厚度图（图9.4）可以看出，除南沙海槽极薄的地壳外，南海南北缘还有一系列北东向，与西南次海盆扩张脊大致平行的地壳减薄带，其厚度虽比南沙海槽西南端厚，但比其两侧明显薄。连续的减薄陆壳从南沙以北的陆-洋边界延伸到沙巴和沙捞越陆地，这种特征应是南海扩张过程，地壳逐渐拉薄的结果，与基底裂谷有关，并不支持南沙海槽存在古南海的俯冲（Vijayan et al.，2013）。

从地震剖面（图9.6～图9.10）看，南沙海槽东南缘逆冲构造面很新，大致相当于T_3不整合面，即中、晚中新世分界，与国外的南海不整合面（South China Sea unconformity，SCSU；Cullen，2014）或中中新世不整合面（MMU）相当，时代大致相当于中、晚中新世。该界面存在穿时现象，由东南往西北变新。这表明南沙海槽东南缘的逆冲是在南海扩张停止后才开始发育，与南海扩张无关。而且逆冲构造面之下地层没有明显挤压变形，主要发育正断层（图9.6、图9.8、图9.10），表明中中新世之前本区没有出现大规模挤压和俯冲，而以拉伸构造为主，为同裂谷构造。此外南沙海槽逆冲推覆构造由东南往西北明显不同，东南部褶皱紧密，倾角较陡，往西北逐渐平缓，与俯冲带构造不同。因此，南沙海槽不可能是古南海的俯冲前缘，是后期逆冲的产物。结合结晶地壳厚度图与地震剖面特征，推测南沙海域地壳减薄带应属系列裂谷带，南沙海槽可能为夭折的扩张中心。

南沙海槽东北端（图9.11），顶部没有逆冲挤压，而在中部出现杂乱反射（Hutchison，2010b），特征与西北巴拉望海槽相似。

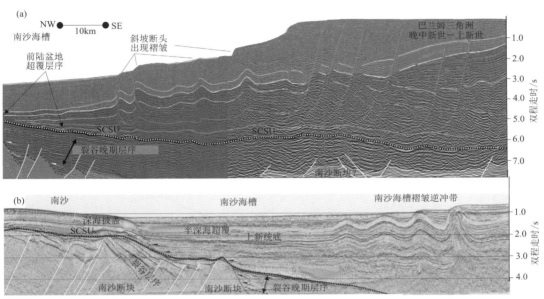

图9.6　南沙海槽北西-南东向NS7a（a）、NS7b（b）地震剖面图（剖面位置见图9.5；据Cullen，2014，修改）

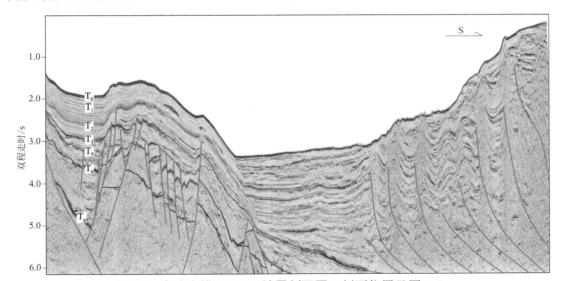

图9.7　南沙海槽NS93-10地震剖面图（剖面位置见图9.5）

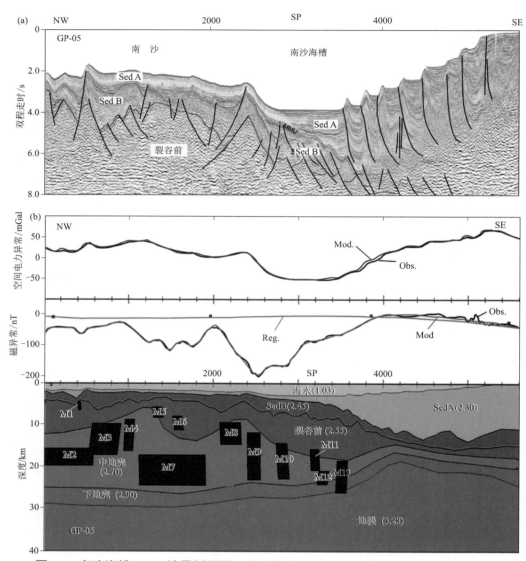

图9.8 南沙海槽GP-05地震剖面图（剖面位置见图9.5；据Vijayan et al., 2013）

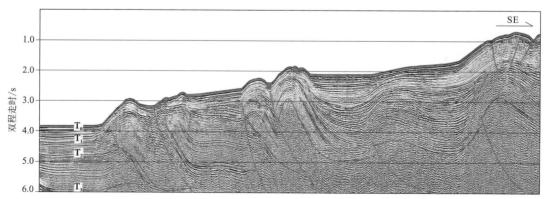

图9.9 南沙海槽NS93-6地震解释图（剖面位置见图9.5）

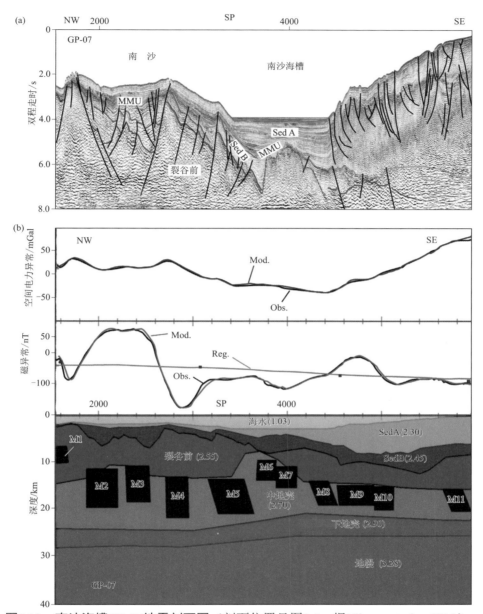

图9.10　南沙海槽GP-07地震剖面图（剖面位置见图9.5；据Vijayan et al.，2013）

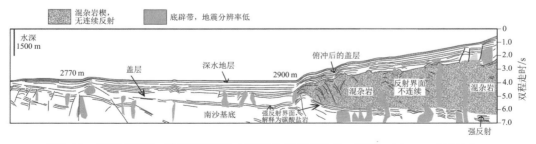

图9.11　南沙海槽Lc地震剖面图（剖面位置见图9.5；据Hutchison，2010b）

二、西北巴拉望海槽构造特征

与南沙海槽不同，西北巴拉望海域，现在地形已不具海槽特征（图9.5）。西北巴拉望海域也缺乏明显的低重力异常，南沙海槽低重力异常往东北明显受巴拉巴克断裂和美济礁断裂控制，并终止于美济礁断裂（图9.2）。相反巴拉望岛东南的北苏禄海存在明显的重力低，规模与南沙海槽相当。其南侧的卡加延脊为明显的重力高，与西沙海槽南侧的西北加里曼丹岛陆架重力高相当。卡加延脊与西北加里曼丹岛均出现明显的高磁异常（图9.3）。

西北巴拉望海域地壳厚度为10～12 km，为明显减薄的陆缘（图9.4）。深海区地震剖面揭示，该海域无明显的汇聚特征（图9.12、图9.13），相反主要发育铲状断层和半地堑等拉张构造（Liu et al.，2014）。显然不具俯冲构造特征，不可能代表古俯冲带位置（Hesse et al.，2009）。因此推测，消失的古南海的汇聚边缘，应位于现在巴拉望岛的东南，俯冲结果是残余洋壳仰冲至南巴拉望岛之上（Liu et al.，2014）。

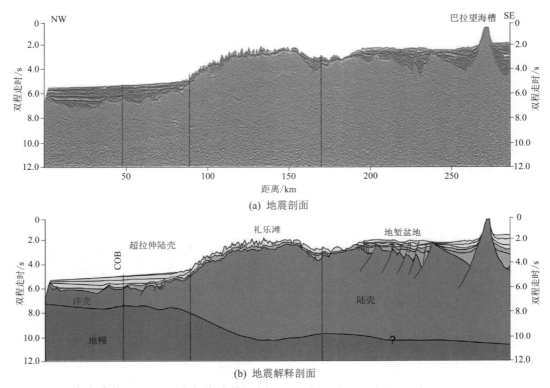

(a) 地震剖面

(b) 地震解释剖面

图9.12　南海南缘NH973-2综合地球物理剖面图（剖面位置见图9.5，据Liu et al.，2014）

中南巴拉望岛的西北陆架海域三维地震剖面揭示，白垩纪基底之上充填于半地堑的始新世同裂谷沉积，形成断层为边界的掀斜地块（图9.13～图9.15），巴拉望陆地这些同期的同裂谷沉积为始新世Panas组浊积岩。这些地层不整合上覆晚渐新世—早中新世尼多（Nido）灰岩，北巴拉望陆地同期为St. Paul灰岩。Nido灰岩之上为Pagasa组，钻井揭示泥岩、页岩、粉砂岩、砂岩偶夹砾岩沉积组合，与陆地Isugod组相当。

该区Pagasa组出现明显变形，呈杂乱不连续反射，发育大量北倾低角度铲状逆冲断层，形成逆冲的叠瓦状构造（图9.13～图9.15），称为Pagasa楔状构造。该楔最大厚度超过2500 m，逆冲前缘往北西方向，至西北外陆架，逆冲褶皱变形消失，Pagasa组反射趋于平静，因此是东南往西北挤压逆冲的产物（Aurelio et al.，2014）。

Pagasa楔顶部不整合上覆为变形的晚中新世—更新世浅海相碎屑沉积和碳酸盐岩，包括Matinloc组、

Tabon灰岩、Quezon组和Carcar灰岩，与陆地地层Alphonso XIII组和Iwahig组相当（Aurelio et al.，2014）。上下界面很好的限定了Pagasa楔的变形时间，晚于Nido灰岩，早于盖层形成时间。

南海扩张前，北巴拉望岛是华南大陆的一部分，是随着南海的扩张才裂离华南大陆，表明巴拉望岛与华南之间不存在古南海，因此古南海的俯冲缝合线只可能在巴拉望岛以南。Liu等（2014）也认为消失的古南海的汇聚边缘位于巴拉望岛东南，称为古巴拉望海沟，南巴拉望蛇绿岩是该洋壳残余仰冲的结果。

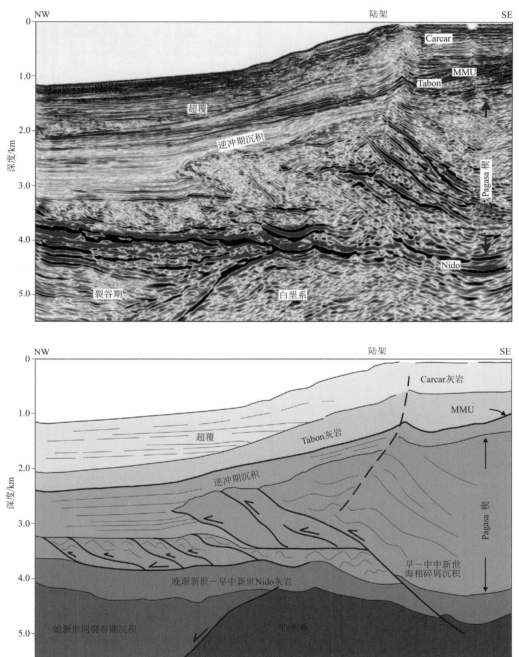

图9.13　西北巴拉望海域A9地震剖面及其解释图（据Aurelio et al.，2014，修改）

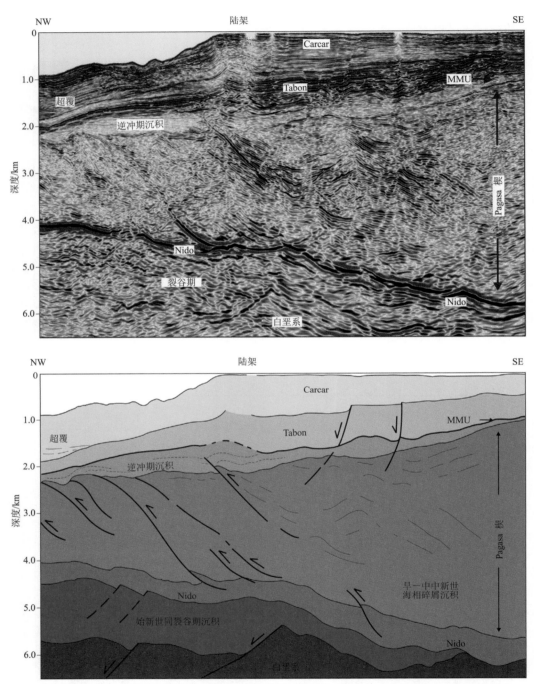

图9.14　西北巴拉望海域A10地震剖面及其解释图（据Aurelio et al.，2014，修改）

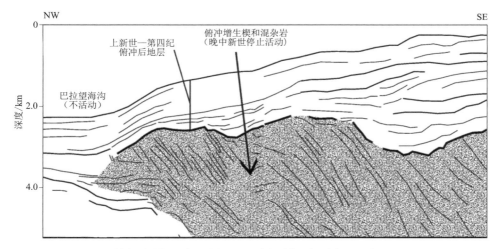

图9.15　西北巴拉望海域La地震剖面图（剖面位置见图9.5；据Hutchison，2010b）

第三节　北加里曼丹岛-巴拉望增生造山带

南海南缘构造，以北加里曼丹岛-巴拉望增生造山带最具特色，其构造特征对认识南海的成因至关重要，但对于加里曼丹岛北部造山带的认识依然存在很大的争议（Hall，2013）。

一、北加里曼丹岛增生造山带

加里曼丹岛，除东部大多为中新统—第四系所覆盖，研究程度较低外，从北往南可分为西南加里曼丹岛、古晋带、西布造山带（锡布带）和米里带（图5.5）。西南加里曼丹岛为加里曼丹岛古生代陆块，主要由石炭纪至二叠纪的变质岩组成（Breitfeld et al.，2020），施瓦纳西北地区，有三叠纪至侏罗纪俯冲相关的岩浆岩，这些岩石被解释为加里曼丹岛最西部巽他-华夏成因（Breitfeld et al.，2017；Hennig et al.，2017）。施瓦纳山脉北部主要为135～85 Ma的I型花岗岩类，南部主要为85～72 Ma的碰撞后花岗岩类（Hennig et al.，2017；Breitfeld et al.，2020）。

古晋带介于古生代陆块与北部卢帕尔线之间，从纳土纳群岛往东至加里曼丹岛西北部，基底主要由石炭纪灰岩、二叠纪—三叠纪花岗岩、三叠纪海相页岩、侏罗纪含菊石沉积岩和白垩纪混杂岩组成。在沙捞越，三叠纪植物区系为亲华夏型，与中南半岛可对比。晚侏罗世至早白垩世主要为蛇绿岩，在纳土纳群岛称为朋古兰群，由含放射虫硅质岩和铁镁质超基性岩组成，纳土纳群岛附近海域的钻井见钙碱性岩浆岩和砂泥质变质岩系，前者同位素年龄值为86～171 Ma（Hall and Smyth，2008）。该带可能是古太平洋往南俯冲增生边缘，中生代蛇绿岩、岛弧及微陆壳碎块是碰撞变形的产物（Hall and Smyth，2008）。上覆以古近纪早期陆相至边缘海相沉积为主（Hennig et al.，2017；Breitfeld et al.，2017，2020）。

西布造山带，介于帕尔线与武吉-米辛线之间，从沙捞越及其邻近的近东西向至沙巴与东加里曼丹岛的南北向，形成长条弧形山脉带，宽约200 km（Hall，2013；图5.5）。该带地层在沙捞越称为拉姜群，在沙巴地区称为克拉克群。

拉姜群为主要厚层深海浊积岩及相关沉积层序，包括泥岩和砂岩互层组成，受挤压变形，地层产状变陡，褶皱隆升，形成南倾的叠瓦状构造，局部出现低级绿片岩相变质的千枚岩和板岩（Hutchison，2005；图7.19）。微体化石显示，在沙捞越该群最老时代为圣通期—马斯特里赫特期（晚白垩世），整群时代为85～45 Ma（Hutchison，2005）。基底大多未出露，Moss（1998）推测为蛇绿岩，Hutchison（2010）认为属洋壳，而Breitfeld等（2017）认为属复合基底，包括一些增生陆壳。

通常认为拉姜群沉积于晚白垩世—始新世的古南海（Morley，2012），或巽他大陆东缘白垩世末至晚始新世形成的大型海底扇系统（Hall and Breitfeld，2017；Breitfeld et al.，2020）。该群沉积结束于约37 Ma，形成拉姜群顶部为不整合，Hutchison（1996）命名为沙捞越造山运动，形成沙捞越造山带（Hutchison，2004；Cullen，2010；鲁宝亮等，2014）。Cullen（2010）认为沙捞越造山带，从沙捞越延伸至巴拉望岛南部，是南沙地块与西北加里曼丹岛和巴拉望岛碰撞的产物。通常认为是古南海沿卢帕尔线往南俯冲于加里曼丹岛北部古晋带之下，导致拉姜群挤压变形，形成增生体，得到蛇绿岩侵位、火山活动、挤压变形、隆起、地壳增厚的证实（Fyhn et al.，2009；Madon et al.，2013）。卢帕尔线被认为是两个地块的缝合线，其蛇绿岩及蛇绿混杂岩被认为是古南海洋壳的残余。拉姜群顶部不整合在海域也有明显表现，T_8不整合面，被命名为西卫运动（杨木壮等，1996）。

克拉克组主要为深水碎屑岩和浊流沉积（图7.19）。通常认为，沙捞越地区拉姜群隆升后，廷贾线以东，沙巴地区仍为深水沉积，称为克拉克扇，时代从晚始新世至早中新世，属古南海深水的活动边缘（Hutchison et al.，2000）。通常认为是古南海俯冲于沙捞越、沙巴、卡加延弧、东南巴拉望岛之下，早中新世与北加里曼丹岛和卡加延弧碰撞，致使俯冲中止，形成克拉克顶部不整合（Hutchison et al.，2000；Morley，2012）。早中新世，沙巴地区并未全部出露，克拉克（Crocker）山脉往东，中晚中新世出现沉降，在中沙巴盆地沉积很厚的河流–海相地层（Balaguru and Nichols，2004）。沙巴完全出露是在中新世末或早上新世，因此不整合从西南往东北变新。

米里带，位于武吉–米辛线以北，以渐新世至中新世的河流三角洲、潮汐和海相沉积为主，渐新世塔陶（Tatau）组是海岸平原序列的最底层，不整合覆盖于拉姜群之上，Nyalau组和Setap页岩组分布范围最广、厚度最大（Breitfeld et al.，2020；图7.19）。与西布带相比，该带地层变形较小，并延伸至海域。

此外，加里曼丹岛东北出露沙巴蛇绿岩，以拉斑玄武岩为主，Ti/V值为14.74～30.12（Omang and Barber，1996），与弧前玄武岩（32.55～12.39 Ma）相当，应属初始俯冲弧前玄武岩。沙巴蛇绿岩中燧石细碧岩放射虫组合，时代为早白垩世（巴雷姆期—阿普特期）（Rangin et al.，1990），与南巴拉望蛇绿岩相当。

二、巴拉望–民都洛构造

由于北巴拉望与礼乐滩之间不存在构造边界，巴拉望岛–民都洛岛与南沙属同一地块，地壳性质均为减薄的陆壳。巴拉望岛呈北东展布，长约600 km、宽约50 km，分为南北两个地质构造单元（图9.16）：中南巴拉望岛由大洋成因地层组成，北巴拉望岛由大陆成因沉积和变质岩组成（Yumul et al.，2009），两者间的构造边界仍有争议，通常将乌鲁根湾断裂作为两个构造单元的分界（Aurelio et al.，2014）。

图9.16　巴拉望岛及邻域构造简图

Ta：塔布拉斯岛；Ro：朗布隆岛；Si：锡布延岛

（一）中-南巴拉望蛇绿岩与逆冲构造

中–南巴拉望岛老地层主要为白垩纪—始新世蛇绿岩体（称为巴拉望蛇绿岩）和混杂岩（Rangin et al.，1990；Fuller et al.，1991），较新地层单元包括始新世的浊积岩（帕纳斯组）、变质岩（Pandian组）、层状灰岩（Sumbiling灰岩），渐新世到早中新世灰岩（北部是Nido灰岩，南部是Ransang灰岩）以及中中新世到上新世浅海碎屑岩和碳酸盐岩（Iwahig组）。沿北东-南西向的剖面显示了中-南巴拉望岛不同岩石单元的构造关系（图9.17），在中巴拉望岛，蛇绿岩逆冲于始新世的浊积岩之上形成构造窗。浊积岩露头的主要岩性是砂岩、粉砂岩和页岩，在靠近逆冲断层的位置经历了不同程度的变质作用。该逆冲构造的运动学证据在一些矿山露头可见，如旋转碎斑、断层擦痕，指示向北逆冲，与保存在超基性岩的韧性走滑方向一致。

最近对巴拉望岛中部和南部蛇绿岩中火山岩详细研究认为（Gibaga et al.，2020），两者的岩石学、地球化学特征及形成时代与成因类型明显不同，将其分为中巴拉望蛇绿岩（CPO）和南巴拉望蛇绿岩（SPO）。其中，南巴拉望蛇绿岩（SPO）属于弧前蛇绿岩，与沙巴的达夫耳湾蛇绿岩可对比（Gibaga et al.，2020），橄榄石辉长岩和正长岩样品的U-Pb测年为100.73 ± 1.07 Ma和102.97 ± 1.07 Ma，与超微化石年龄（Müller，1991）吻合，属早白垩世晚期。中巴拉望蛇绿岩（CPO）是一套较完整的蛇绿岩序列，蛇绿岩火山岩的地球化学特征表明，其应形成于始新世的弧后盆地（Gibaga et al.，2020），结合民都洛-阿姆尼蛇绿岩成因，推断二者均来自西北苏禄海，形成于古南海初始俯冲引起的海底扩张（Yu et al.，2020）。

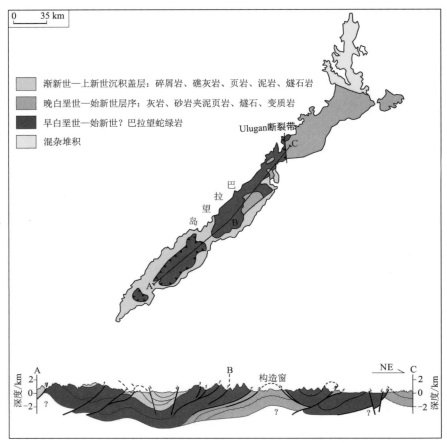

图9.17 巴拉望蛇绿岩及逆冲构造图（据Aurelio et al.，2014，修改）

（二）北巴拉望-礼乐微陆块群

北巴拉望岛及其以东北的卡拉棉群岛、民都洛岛、朗布隆（Romblon）群岛和班乃岛西北端的布桑加岛组成巴拉望-民都洛微陆块群（图9.16）。这些微陆块与东部的菲律宾活动带之间的碰撞边界存在明显争议。Yumul等（2009）认为该边界经民都洛岛中部，塔布拉斯岛和朗布隆群岛北侧，锡布延岛东侧至班乃岛东部，进入苏禄海。

巴拉望微陆块的演化与白垩纪亚洲大陆边缘安第斯型俯冲有关，形成火山作用（Yumul，1994）。随后巴拉望岛裂离，往南漂移，南海于始新世晚期至中新世早期（37～16 Ma）张开，南海张开的持续时间比之前提出的（32～16 Ma）更长（Briais et al.，1993）。往南迁移的巴拉望微陆块最终与往西北运动的菲律宾活动带相撞（Yumul et al.，2003；Yumul，2007）。

巴拉望岛东北侧出露与俯冲相关的增生楔，由灰岩、燧石和碎屑岩组成，沉积岩源于卡拉棉群岛，形成于中侏罗世到早白垩世（Zamoras and Matsuoka，2004）。巴拉望微陆块的地质演化与东亚大陆东南缘俯冲产生的火山作用相关（Yumul，1994）。古地磁和岩石学研究表明巴拉望地块源于华南大陆边缘，在晚始新世到早中新世（37～16 Ma）南海打开的同时经历了顺时针旋转作用（Suzuki et al.，2000）。巴拉望陆块向南裂离、漂移，最终与向北西移动菲律宾活动带碰撞，巴拉望白垩纪蛇绿岩在渐新世构造侵位（Yumul，2007）。

1. 北巴拉望与礼乐滩

该微陆块最老地层出现在北巴拉望，为中石炭世灰岩（Yumul et al.，2009）以及早—中二叠世燧石、灰岩和砂岩（Wolfart et al.，1986），地层强烈褶皱，厚度可达1500 m，上覆弱变质的白垩纪沉积岩（Aurelio et al.，2013）。

礼乐滩拖网采集的最老岩石为中三叠世灰黑色纹层致密的硅质岩，与巴拉望岛北部、卡拉棉群岛出露的中三叠世燧石条带中所含的放射虫可对比。晚三叠世—早侏罗世含羊齿植物岩石样品，可与华南大陆地层对比，表明礼乐–北巴拉望与华南大陆之间的亲缘性（Aurelio et al.，2014）。

礼乐滩油气钻井中钻遇白垩纪沉积岩，包括白垩世碎屑岩，含灰岩；Cadlao-1井遇岩浆岩（Hinz and Schülter，1985）；Sampaguita-1井钻遇晚白垩世砂岩，沉积环境以浅海为主（Morley，2012）。

巴拉望岛没有晚白垩世—早古近纪与陆块碰撞的证据（Yumul et al.，2009）。巴拉望岛东北的卡拉棉岛链（CIG）中布桑加岛分布中侏罗世—早白垩世沉积岩形成增生楔（Zamoras and Matsuoka，2004；Wakita and Metcalfe，2005），位于南沙地块的东南缘（图9.18），可能是古太平洋向华南的板块俯冲带。

卡拉棉岛链蛇绿岩体分析表明，晚白垩世至始新世洋壳形成于巴拉望岛南侧（Yumul et al.，2009）。该证据似乎也排除了晚白垩世—古近纪其南缘出现碰撞的可能性。

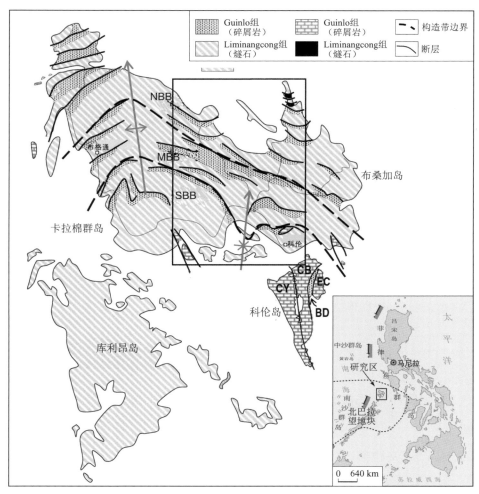

图9.18　卡拉棉群岛地质图（据Zamoras and Matsuoka，2004）

布桑加岛增生楔分为三带：北布桑加带（NBB）、中布桑加带（MBB）和南布桑加带（SBB），西部走向北东–南西，中部和南部走向北西–南东。剖面呈北倾的叠瓦状构造

2. 民都洛岛

民都洛岛由两个微陆块组成（图9.19）：西南微陆块，具巴拉望微陆块特征；东北微陆块，具有岛弧性质，亲菲律宾活动带（Yumul et al.，2009）。西南微陆块二叠系已变质，三叠系至侏罗系主要为深水沉积的燧石硅质岩，以及较浅近海沉积的礁灰岩等（Aurelio et al.，2014）。该微陆块中花岗闪长片麻岩的锆石U-Pb放射性测年表明，时代为中—晚二叠世。民都洛岛西南分布中—晚侏罗世含菊石砂岩、泥岩及少量灰岩和砾岩，厚度为3500 m。该套地层上覆中始新世砾岩，该区晚侏罗世至中始新世为明显的沉积间断（Aurelio et al.，2013）。

两个微陆块间的边界通常放在北西-南东向的民都洛岛中部山脉（图9.19）。岛上发现了三条蛇绿岩带：始新世卢邦-加莱拉港蛇绿岩体、白垩纪孟恩蛇绿岩体和中渐新世阿姆尼蛇绿岩体（Karig et al.，1986）。阿姆尼蛇绿岩体认为剪刀式碰撞侵位（Rangin et al.，1985；Stephan et al.，1986），是巴拉望-民都洛地块与菲律宾活动带的碰撞产物（Karig，1983），碰撞边界，从民都洛岛以东海域，经民都洛岛中部至西南民都洛岛。两个碰撞块体顶部沉积的晚中新世至上新世Punso砾岩（11～3 Ma）（Gradstein et al.，2004；图9.19），表明碰撞终止于上新世（Sarewitz and Karig，1986）。

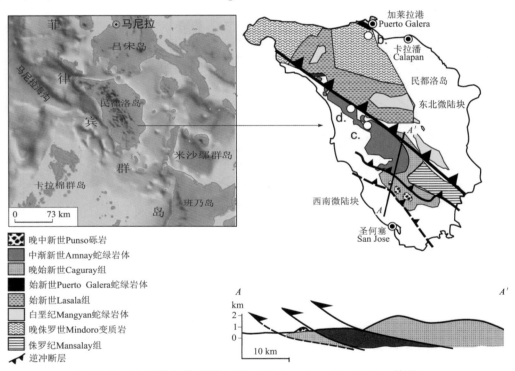

图9.19　民都洛岛构造特征图（据Yumul et al.，2009，修改）

3. 朗布隆群岛

朗布隆（Romblon）群岛包括三个较大的岛屿：塔布拉斯岛、朗布隆和锡布延（Sibuyan）岛。塔布拉斯岛由蛇绿岩套（锡布延蛇绿岩体）的辉长岩和橄榄岩单元、侵入岩和火山岩、片岩和早中新世—更新世的沉积层组成。朗布隆岛几乎全部由片岩和大理岩组成，该岛的南部沿岸有少量的更新世沉积出露。锡布延岛由变质岩体和锡布延蛇绿岩体组成（Faure et al.，1989）。变质岩包括石英云母片岩、绿泥岩片岩、滑石-绿泥岩片岩以及孤立的千枚岩露头。

锡布延蛇绿岩体由方辉橄榄岩、纯橄榄岩、辉石岩、层状均质辉长岩、辉绿岩岩脉群、玄武岩-安山岩枕状熔岩组成。

锡布延蛇绿岩体的火山岩为拉斑玄武岩，显示亲弧后与俯冲相关的特征（Ti、Zr和Nb的负异常）（Dimalanta and Yumul，2006）。早中新世晚期（20～18 Ma），锡布延蛇绿岩体侵位经背逆冲作用侵位，火山岩侵入该蛇绿岩体（Bellon and Rangin，1991）。该侵位被认为是巴拉望微陆块与菲律宾活动带碰撞的结果。朗布隆群岛变质岩也认为与碰撞事件有关。塔布拉斯岛和朗布隆岛获得的石英云母片岩和云母片岩的同位素年龄均为12 Ma。

朗布隆群岛不整合上覆于较老单元的是Binoog组。根据碳酸盐岩和碎屑岩中的有孔虫组合，确定时代为早—中中新世。蛇绿岩中火山岩全岩K-Ar同位素测年为18～20 Ma（Bellon and Rangin，1991），变质事件年龄为12 Ma（Dimalanta and Yumul，2006）。因此，认为巴拉望微陆块与菲律宾活动带间碰撞时间为早中新世晚期至中中新世早期（20～16 Ma）（Gradstein et al.，2004），碰撞边界位于锡布延岛以东海域（Yumul et al.，2009）。

4. 班乃岛

班乃（Panay）岛西北的布桑加岛燧石–石灰石–碎屑层序与巴拉望岛的卡拉棉群岛地层相似且可对比。Zamoras和Matsuoka（2004）对该地区的燧石、碎屑岩和石灰岩地层进行研究，确定时代为中侏罗世至早白垩世。Marquez等认为，布桑加及周围岛屿长期（～100 Ma）为远洋沉积。增生楔中较年轻地层与加里曼丹岛北部的晚白垩世—始新世拉姜群及上覆的始新世—下中新世克拉克组相当（Clift et al.，2008；Yumul et al.，2009）。

布桑加岛出露的石英闪长岩定年为19.5 Ma，表明早中新世有岩浆活动（Bellon and Rangin，1991）。

该岛西部安蒂克（Antique）山脉出露安蒂克蛇绿岩（图9.20），完整的层序出露于山脉南部，包括蛇纹化方辉橄榄岩、层状镁铁质岩夹薄层纯橄榄岩、席状岩脉、枕形玄武岩和玄武岩流、红色燧石、泥岩和绿色粉砂岩。根据在燧石中发现的放射虫，蛇绿岩时代定为早白垩世晚期（巴雷姆期—阿普特期）（Rangin and Silver，1991）。蛇绿岩单元沿西北边缘逆冲断层侵位（Yumul et al.，2009）。

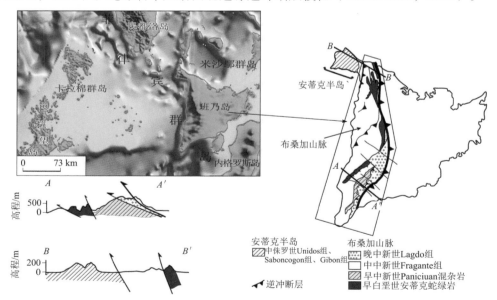

图9.20　班乃岛安蒂克蛇绿岩分布及其构造特征图（据Yumul et al.，2009，修改）

火山岩的地球化学表现为大洋中脊玄武岩与岛弧拉斑玄武岩之间过渡的地球化学特征，Nb-Zr-Ti负异常与岛弧火山岩类似（Castillo et al.，2007）。Tamayo等认为属弧前背景的增生，与中新世巴拉望微陆块和菲律宾活动带碰撞有关。因此安蒂克蛇绿岩为白垩纪蛇绿岩，是古太平洋消亡的证据，在巴拉望微陆块和菲律宾活动带碰撞中受到逆冲，其上覆盖早中新世混杂岩，是这两个块体的碰撞边界所在（Yumul et al.，2009）。

巴拉望-民都洛地块是随着南海的扩张，往南漂移，于中新世，约16 Ma停止。随后南海洋壳往东沿马尼拉海沟俯冲，与菲律宾活动带（PMB）碰撞（Aurelio et al.，2014）。碰撞边界从民都洛岛北部经中央山脉至朗布隆群岛的锡布延岛东部，穿过布桑加（Buruanga）半岛和安蒂克蛇绿岩体出尼格罗斯海沟（Yumul et al.，2009）。该陆-弧碰撞的顶峰应在14～12 Ma（Marchadier and Rangin，1990），并持续至现在（Aurelio et al.，2014）。

第四节　卡加延火山弧与苏禄海构造

巴拉望岛以南分布着苏禄海与苏拉威西海。苏禄海中部为北东-南东走向的卡加延火山弧（卡加延脊），该脊与巴拉望岛大致平行，相距约200 km（图9.21）。地震剖面（图9.22）显示，卡加延脊是东南苏禄海边缘盆地张开相关（Hutchison，2010b），可能是火山弧。

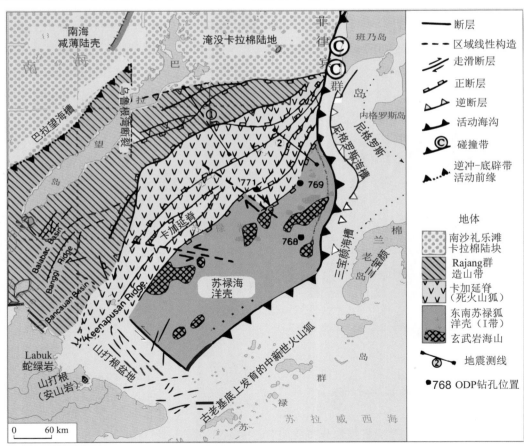

图9.21　苏禄海地质构造简图（据Hutchison，2010b）

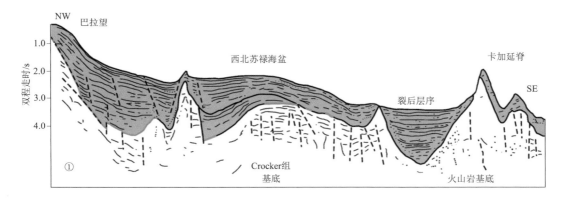

图9.22　穿越苏禄海北西–南东向地震剖面图（位置见图9.21；据Hutchison，2010b）

一、卡加延火山弧（卡加延脊）

卡加延火山弧（卡加延脊）将苏禄海分为两个基底性质不同且水深差异较大的次级盆地：具有弧盆系基底性质的西北苏禄海盆地和洋壳基底性质的东南苏禄海盆。该火山弧的展布从班乃岛南端向西南方向延伸至山打根盆地，长度超过500 km。在地形上，其西北坡相对平坦，东南坡表现为正断层发育的陡崖。在重、磁上，该火山弧具有明显的北东向高空间重力异常带（图2.1）、较高的视磁化强度（黎雨晗等，2020）和磁异常解析信号模高值（图2.24），一般认为是古南海向苏禄海之下俯冲而形成的火山弧（Hutchison et al.，2000）。

卡加延火山弧Meander礁拖网得到安山岩，含斜长石、单斜辉石和橄榄石斑晶（Kudrass et al.，1986），K-Ar年龄为14.7 Ma，与该火山弧另一海山拖网得到的早—中中新世碳酸盐岩时代相当（Hutchison，2010b）。1990年，ODP124航次在卡加延火山弧翼部实施了ODP769和ODP771站位，ODP769站位（图9.21）基底为块状不成层的玄武质安山岩以及玄武质至安山质凝灰岩，缺乏沉积物（Rangin and Silver，1991），安山质凝灰岩斜长石K-Ar年龄为76 Ma（Hutchison，2010b），但因钾含量很低，年龄不可靠（Hutchison，2010b），相当的地层为上渐新统，裂变径迹年龄为33.9 ± 7.7 Ma（Hutchison et al.，2000）。卡加延脊的基底不论是凝灰岩年龄，还是相当地层的裂变径迹年龄均早于东南苏禄海盆的形成年龄，这表明在东南苏禄海张开前卡加延脊以及西北苏禄海已存在。

卡加延火山弧的火山活动发育连续的两幕，第一幕发生于渐新世—早中新世，以安山岩和玄武岩的喷发为特征；第二幕，以大量火山碎屑岩侵入为标志，时间为16~9 Ma，其火山活动与古南海的俯冲活动有关，随着古南海俯冲消减殆尽，北巴拉望微地块与西北苏禄海盆–卡加延脊发生碰撞，卡加延火山弧活动也随之停止（Rangin and Silver，1991）。

二、苏禄海

卡加延火山弧将苏禄海分为两个水深差异很大的次盆：西北苏禄海和东南苏禄海。

西北苏禄海位于卡加延脊西北侧，地球物理资料与深海钻探表明，西北苏禄海盆新近纪沉积厚0.5～3.5 s（双程走时）（姚伯初等，2004）。从空间重力异常特征来看，西北苏禄海是明显的重力低，卡加延火山弧是明显的重力高，与南沙海槽及其南缘特征极为相似；而磁异常特征，卡加延脊与苏禄弧相似，呈现北东向正负线性磁异常，且幅值变化剧烈，是明显的磁异常，表明为岩浆岛弧特征。西北苏禄海盆曾被看作沙巴-巴拉望造山带的东延，或加里曼丹岛-苏禄碰撞带的一部分。

东南苏禄海盆位于卡加延火山弧南侧，苏禄岛弧的北侧，海底水深为4500～5000 m，沉积厚度为1.0～2.0 s，ODP资料揭示，洋壳最小年龄约为15 Ma。Silver和Rangin（1991）根据区域地质与ODP钻井结果认为，东南苏禄海是20～15 Ma通过海底扩张形成。基底之上最老沉积为晚中新世放射虫红泥，其下伏250 m厚的酸性火山碎屑凝灰岩，再往下是枕状熔岩和辉绿岩。

东南苏禄海盆莫霍面深度小于12 km（图2.14），地壳厚度较薄，约为6 km，基底反射相对平整，热流值较高（为80～180 mW/m²）（Kudrass et al.，1986），属于典型的洋壳。东南苏禄海盆基底之上被1～2 km厚的沉积序列所覆盖（图9.22），岩性由全新世、更新世至中中新世的半远洋泥、早—中中新世远洋泥、晚中新世放射虫泥，以及火山砾岩、火山灰和凝灰岩之上的浊积物夹层组成（Silver and Rangin，1991）；基底为玄武岩，自上而下分别为呈枕状、角砾状的玄武岩，浅灰色的层状辉绿岩和浅灰色的橄榄粗玄岩（Rangin and Silver，1991）。地球化学分析结果表明，东南苏禄海盆洋壳上部的玄武岩具有大洋中脊玄武岩和岛弧型拉斑玄武岩的中间特征（Rangin et al.，1999）。磁异常上，东南苏禄海盆磁异常条带不明显（图2.3）；重力异常上，东南苏禄海盆与卡加延火山弧的边界为一个正值，与苏禄岛弧的边界为负中值（约-50 mGal）（图2.1），分别代表了东南苏禄海盆与卡加延火山弧的构造边界和苏禄海沟向苏禄岛弧之下的俯冲边界（黎雨晗等，2020）。

东南苏禄海盆沿苏禄-尼格罗斯海沟俯冲于尼格罗斯和三宝颜半岛之下，大部分的洋壳已俯冲消亡（Castillo et al.，2007），识别到的磁条带并不能完整代表整个海盆，而ODP的钻探位置在卡加延火山弧附近，未采集到东南苏禄海盆最老洋壳的基底，导致其有关形成时间尚存争论。Lee和McCabe（1986）通过磁条带的解释，认为洋壳年龄为41～47 Ma；而Roesser则认为海盆打开时间在35～30 Ma，扩张活动至少持续至10 Ma左右。Liu等（2014）通过居里面和莫霍面深度估算岩石圈相对年龄，认为东南苏禄海盆的初始扩张年龄应在早渐新世或晚始新世。Rangin和Silver（1991）通过对东南苏禄海盆热流数据研究，认为该海盆形成于20～15 Ma，是一个具有相对年轻洋壳性质的海盆，目前该海盆大部分洋壳已往南俯冲于苏禄岛弧之下。由于东南苏禄海盆所处构造环境复杂，有关东南苏禄海盆形成机制也存在弧后扩张说（Rangin and Silver，1991；Liu et al.，2014）、东印度洋北延残余海盆说（Lee and McCabe，1986）等不同的成因观点。

第 / 十 / 章

南海东缘马尼拉俯冲带构造

　　马尼拉俯冲带位于南海东缘，是欧亚板块与菲律宾海板块之间主动汇聚边缘（李家彪等，2004；高金尉等，2018）。在区域板块构造格局上，马尼拉俯冲带地处印度-澳大利亚板块、欧亚板块和菲律宾海板块的交汇地带（图10.1），其周围板块之间发育着多种不同类型的板块边界，成为新生代以来地球上构造活动最为复杂的区域之一（Deschamps and Lallemand，2002；Hall，2002；Queaño et al.，2007）。其从海底扩张形成南海，到洋壳俯冲形成马尼拉俯冲带，再到弧-陆碰撞造山，构成完整威尔逊旋回，被称为造山带研究的天然实验室。

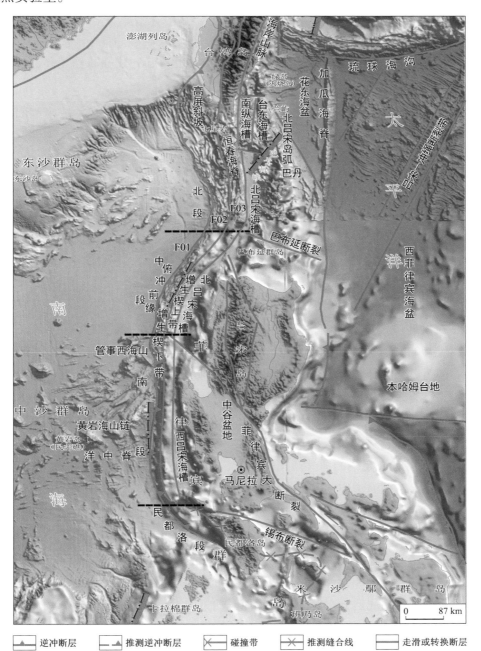

图10.1　马尼拉俯冲带南北分段和东西分带特征图

与西太平洋边缘多数俯冲带向陆方向俯冲不同，马尼拉俯冲带往东向菲律宾海方向俯冲。欧亚板块的南海洋壳往东俯冲于菲律宾群岛形成马尼拉俯冲带，与西菲律宾海洋壳往西俯冲形成菲律宾俯冲带，在菲律宾群岛构成双向俯冲带，构成欧亚板块与菲律宾海板块之间极为复杂的汇聚型边界（Hayes and Lewis，1984），构成西太平洋边缘的又一特色。

马尼拉俯冲带表现为一系列关系密切的海沟、增生楔、弧前盆地以及火山岛弧等构造单元，形态上呈现为反"S"形，其北南两端均已出现弧-陆碰撞，分别形成台湾造山带和民都洛构造带（Eakin et al.，2014）。俯冲带从北往南俯冲性质不同，北段为南海洋壳和过渡壳俯冲，中段为洋壳俯冲，南段出现南海洋脊（黄岩海山链）为主的海山俯冲挤入，民都洛段又为洋壳和过渡壳俯冲特征（Suppe，1988；Eakin et al.，2014）。不同性质地壳的俯冲造就了俯冲带特征的多样性。

马尼拉俯冲带包含了板块斜向俯冲、弧-陆碰撞造山、洋中脊俯冲等多种情形（孙金龙等，2011；Eakin et al.，2014），其形态特征、成因机制以及与菲律宾岛弧东侧俯冲带构成的双向俯冲，对于理解西太平洋边缘海的演化以及俯冲和陆壳增生等基本过程有重要意义，吸引着越来越多的地学界学者将目光锁定在该区域。

马尼拉俯冲带，现在仍在活动，是地震多发区域，曾发生过大地震，也是产生海啸的潜在区域（朱俊江等，2017）。因此，研究马尼拉俯冲带增生楔结构和构造样式可为认识俯冲带增生楔变形与大地震和海啸之间的关系提供重要的帮助，对研究南海形成演化具有重要的指示意义。

第一节　马尼拉俯冲带基本特征

一、马尼拉俯冲带形态特征

南海东缘马尼拉俯冲带，从北部的台湾弧-陆碰撞，到南部民都洛碰撞带，全长超过1200 km。马尼拉海沟总体水深超过4000 m，北部相对较平缓，水深多为400～4200 m；中南部较陡，形成明显的线性凹槽，水深更深，大多超过4500 m，最深超过5000 m，为南海最深处。

马尼拉俯冲带整体呈反"S"形，认为主要是由于在海沟北段菲律宾海板块与台湾岛发生碰撞、在海沟南段巴拉望地块和民都洛岛碰撞，从而导致海沟北段20° N以北和南段13.5° N以南的变形前锋发生较大的几何形态弯曲的结果（陈志豪等，2009）。

南段海沟的中南部没有呈完整的向外凸出的弧形，而是中部呈微凹形状，显然与洋中脊海山俯冲有关，这与加瓜海脊往北沿琉球海沟俯冲，以及本哈姆海台沿菲律宾海沟往西俯冲形成内凹形状成因类似。只是马尼拉海沟的内凹没有后者明显，可能是南海洋中脊海山规模较小，产生的效应较弱。

二、马尼拉俯冲带东西分带性特征

作为南海洋壳往与菲律宾岛弧俯冲汇聚的边缘，马尼拉俯冲带经历了复杂的构造演化，整体受控于东西向的挤压，产生一系列近南北向分布的断裂，形成东西方向近于平行的增生楔、弧前盆地和岛弧的条带状构造特征。对于马尼拉俯冲带地质构造单元划分及其特征方面，

国内外学者进行了大量研究，并且取得了一些重要的认识。总结起来，马尼拉俯冲带在构造特征上具

有南北向分段性和东西向分带性（薛友辰等，2012；高金尉等，2018）。

刘忠臣等根据海底深度的差异，将马尼拉俯冲带在东西方向上划分为岛架、岛坡和深海盆地三个二级构造地形单元，但这不是构造单元划分，只是地貌单元划分。尚继宏等（2010）根据增生楔断裂密度和断裂特点，以下、中、上三条主构造断裂带将马尼拉增生楔区域分为下构造区、中构造区、上构造区及增生楔脊顶区四个构造地貌区。

丁巍伟等（2005，2006）将马尼拉俯冲带台湾段增生楔划分为三个构造区：高屏斜坡，地震反射清晰、地势较低，平缓；恒春海脊，地震反射模糊、变形强烈、地势较高；增生后端构造楔，位于恒春海脊和吕宋岛弧之间，并认为恒春海脊是南海洋壳向菲律宾海板块俯冲形成的主动边缘增生楔，高屏斜坡是菲律宾海板块推动吕宋岛弧西北向运动，并与欧亚大陆汇聚碰撞形成的被动边缘增生楔。

Arfai等（2011）将马尼拉俯冲带南段分为四个构造带：海沟外斜坡带、海沟内斜坡带、弧外高地带和弧后盆地（西吕宋海盆）；Huene等（1999）将智利海沟北段增生楔分为下陆坡、中陆坡和上陆坡带。

Zhu等通过对横跨马尼拉俯冲带北段地区地震剖面的研究，将俯冲带由西向东依次划分为南海海盆、增生楔形体和北吕宋海槽三条构造带，并且根据海沟坡折位置，又进一步将增生楔形体划分为内增生楔和外增生楔两部分。其中，内增生楔位于海沟坡折以东，海底地势较高，发育隆起构造，而且从中可以识别出一条明显的BSR地震反射特征，同时也证实了该地区天然气水合物的存在；而外增生楔位于海沟坡折以西，内部发育大量连通海底、并且现今仍在活动的多分支断层，而伴随逆冲断层活动所产生的局部褶皱变形也表明了外增生楔处于一种强烈挤压的环境中。

在总结前人对马尼拉俯冲带分段性研究成果的基础上，以地震剖面发生特征为基础，根据俯冲断裂密度与性质、地层变形程度，并结合地形地貌等因素，以主断裂为界，马尼拉俯冲带从西向东可以依次划分为俯冲前缘、增生楔和弧前盆地共三个构造带（图10.2、图10.3）。

（一）俯冲前缘

俯冲前缘位于南海海盆的东部边缘，以马尼拉海沟断层（F01）为界，东侧为俯冲增生楔，西侧为俯冲前缘，处于海沟位置，水深最大，底部平坦，呈近南北向窄而深的带状展布（图10.1）。

地貌上，俯冲前缘与马尼拉海沟相对应，狭窄的海沟之下可识别出一条具有连续强反射特征的地震同相轴，代表了前缘断裂，该界面是南海板片向吕宋岛弧之下俯冲的顶面，大量的多分支断层尖灭于此（图10.3）。

该构造带以出现初始逆断层为特征，断距较小，地层基本连续，其东缘与增生楔接触，叠瓦状逆冲断层发育；西部为未俯冲地层，未变形，以发育小型正断层为特征。

位于海沟位置的俯冲前缘，往北消失于高频斜坡增生楔，总体管事西海山以北海沟较平坦，俯冲前缘相对较宽。中部地形复杂，海山多，海沟窄而深，俯冲前缘也较窄。

在地震剖面上，在靠近海沟轴部的俯冲前缘地区，其上部地层的地震反振幅较强；中部较弱，靠近基底部位则再次增强，这与沉积物类型有关，相比于较为平整的上部地层；下部地层则发生明显褶皱。

（二）增生楔

增生楔构成马尼拉俯冲带的主体，是南海洋壳及上覆沉积物在向菲律宾海板块之下俯冲的过程中，被上伏板片刮落下来，堆积在海沟的向陆一侧并逐渐升高而形成。增生楔由一系列被东倾的叠瓦状逆冲断层分割的楔状体组成，西自俯冲前缘，东至弧前盆地或岛弧。在增生楔内可识别出多条陡倾的逆冲断层，被这些断层分割的地层发生严重的变形，反映受到强烈的挤压（图10.3）。

总体上北部新生代地层较厚，俯冲角度较小，增生楔较宽，在高频斜坡，宽度可达140 km，往南增生楔变窄，中部最窄约40 km（图10.1）。

受挤压变形，从海沟往东，地层厚度逐渐增厚，地形上显著隆升。在地震剖面上，马尼拉俯冲带中段海沟之下同样可以识别出一条明显的前缘断裂，并且增生楔内大量的多分支断层尖灭于此，且弧前盆地不太发育，主要是中段珍贝–黄岩海山链的俯冲挤压，导致俯冲带大幅度变窄变陡，弧前盆地不发育。

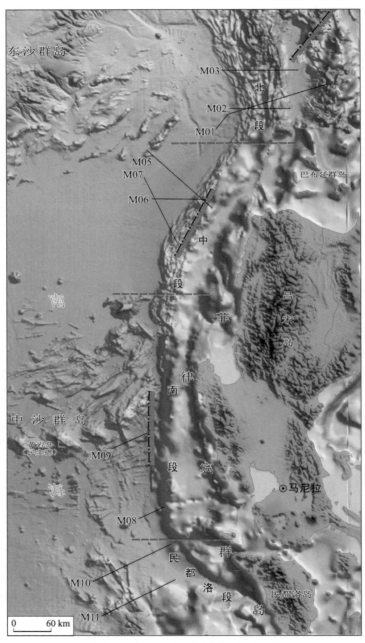

图10.2　剖面位置及测线编号图

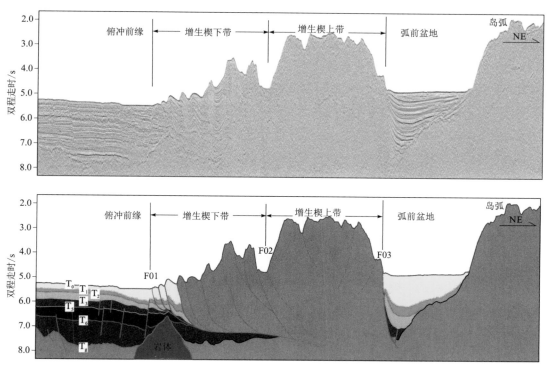

图10.3　马尼拉俯冲带的分带性示意图（M01剖面，位置见图10.2）

对于增生楔的分带，前人已开展不少研究（李家彪等，2004；尚继宏等，2010；陈传绪等，2014）。我们以大量地震反射剖面为基础，根据地层变形程度与逆冲断层发育特征，认为以主逆冲断层为界，增生楔大致可以分为上下两带（图10.3）。

下带：西以海沟断裂为界，东为主逆冲断裂，地层受挤压程度较轻，地震剖面上可以清晰识别一系列东倾的叠瓦状逆冲断层和挤压弯曲变形的地层。这些逆冲断层，上部陡，下部变缓，收于统一滑脱面（图10.3）。

上带：西部以主逆冲断裂与增生楔下带相邻，东陵弧前盆地或岛弧，地层严重挤压变形和显著抬升，地震反射特征杂乱，无法识别明显的地层同相轴（图10.3）。

增生楔下带往北延伸，为高屏斜坡和台湾西部麓山带。台湾岛成为南海地层的天然露头，台湾西部麓山带，东以屈尺-茗浓断裂为界，呈北北东向带状分布在中央山脉以西的区域，其西侧为海岸平原（图5.13）。

台湾西部麓山带主要新生代属浅海-滨海相沉积，褶皱明显，近南北向高角度叠瓦状逆冲断裂发育，局部具明显的平移特征，以左旋为主。

增生楔上带往北延伸，为恒春海脊和台湾中央山脉。台湾中央山脉由古近系—新近系组成，为一套浅变质岩系，岩性主要为板岩、千枚岩及变质砂岩，夹有泥灰岩或灰岩透镜体，以及粉砂岩、砂岩和砾岩的夹层等（Simoes et al.，2012）。以梨山断层为界，东部脊梁山脉，基底为中生代大南澳变质岩，上覆原岩为浅海至半深海沉积，属复理石建造（Yui et al.，2012；Chen et al.，2016）；西部雪山山脉变质程度较浅，原岩属滨浅海相沉积（Huang et al.，2006；黄奇瑜等，2012）。

台湾最南端的恒春半岛西南侧分布垦丁混杂岩带，呈北西-南东向带状展布（Zhang et al.，2016），由成层性很差的深灰色泥质-粉砂质沉积物组成，含许多大小不等的沉积岩块及火成岩块，经受过强烈的剪裂作用（Huang et al.，2000）。该带是南海洋壳沿马尼拉海沟俯冲增生楔与岛弧碰撞时，混入岛弧火山岩形成的蛇绿混杂体，是弧–陆碰撞的产物。

台湾岛以南海域，受南海海盆向菲律宾海海盆俯冲与弧–陆碰撞影响，海底地形复杂多变，从西往东，发育高频斜坡、恒春海脊、南纵海槽、花东海脊、台东海槽等特有的构造地貌单元（Huang et al.，2018）。

恒春海脊是台湾岛上恒春半岛和中央山脉向南部海域的延伸，呈南北向分布。在本质上，恒春海脊是南海海盆向吕宋岛弧之下俯冲产生的增生楔，其内部发育一系列褶皱和逆冲断层构造（Huang et al.，2001）。

花东海脊位于南纵和台东两海槽之间，呈近南北向的条带状，并且被许多东北向分布分布的海底峡谷所切断，间接性的出露于海底。

（三）弧前盆地

弧前盆地发育于俯冲增生楔与岛弧之间，被认为是弧–陆碰撞的产物（Hirtzel et al.，2009；Huang et al.，2018）。南海东缘马尼拉俯冲带的弧前盆地，北部为北吕宋海槽，南部为西吕宋海槽，二者大致以16°N附近的Stewart Bank为界（图10.1）。

北吕宋海槽位于吕宋岛的北侧和西北侧，17°～21.5°N，全长约440 km，主体水深超过3000 m。北端至于台湾以南的花东海脊，南端至Stewart Bank，以19.8°N附近巴布延岛西侧高地为界，大致可南北两段。

北吕宋海槽北段呈南北向，海底平坦且连续，水深主体大于3500 m，北侧为南纵海槽和台东海槽。南段大致呈北北东向，海底平坦，由南往北水深略微变浅，18°N以北，水深为3000～3400 m，以南水深小于3000 m。

西吕宋海槽，位于吕宋岛西侧，Stewart Bank以南，近南北向，长约220 km，水深为2200～2800 m，海底平坦。

弧前盆地的发育及其沉积作用与增生楔的生长和抬升密不可分。马尼拉海沟的持续俯冲，增生楔发育成坝体，其后形成弧前盆地开始接受沉积。弧前盆地基底主要为马尼拉海沟俯冲形成的增生楔以及变形的早期沉积层。弧前盆地以半深海–深海沉积以及浊流沉积充填为主，受到增生楔抬升影响，西部地层明显向东倾斜（图10.3）。

北吕宋海槽往北，大致终止于21°20′N，再往北吕宋岛弧与欧亚大陆出现初始碰撞，弧前盆地消亡，取而代之的是弧–陆碰撞形成南纵海槽（李春峰等，2007）。南纵海槽东侧的台东海槽是吕宋岛弧的弧间盆地。台东海槽北部较窄，向南逐渐变宽，横切面表现为"V"字形，最深处可达2500 m。

（四）吕宋岛弧

吕宋岛弧，南北长约1200 km，北起台湾东部海岸山脉，向南延伸至民都洛地区，是早中新世南海沿马尼拉海沟俯冲形成。吕宋岛弧火山、地震活动活跃，发育了大量的成层火山和火山颈构造，并且在部分地区出露海面形成火山岛，而喷发的火山岩岩性则包含了拉斑玄武岩到钙碱质玄武岩等一系列组分。此外，吕宋岛弧由北向南依次分布了许多岛屿，其中北部靠近巴士海峡地区的岛屿表现为东西向双火山链的特征，从南向北火山链间的距离逐渐变小，并且在台湾岛附近汇聚。

Yang等（1996）根据地理分布、喷发年代、地貌和岩浆地球化学特征，将吕宋火山岛弧分为两条火山链：西火山链（WVC）和东火山链（EVC）。西火山链往南一直延伸至民都洛岛，活动时间较早，主要为晚中新世—上新世，巴丹（Bataan）弧前火山K-Ar定年为0.2～7.0 Ma（Yumul et al.，2000），4～2 Ma活动停止；而东火山链终止于卡爪火山（17.8°N）附近，岩浆活动时间基本在第四纪。东西火山链岩浆地球化学性质存在差异，东火山链岩浆所含地幔成分较多。

北吕宋岛弧最早火山活动是兰屿火山岛，中中新世早期（18～17 Ma），欧亚大陆边缘层序被刮入恒春海脊增生楔（Huang et al.，2018）

（五）马尼拉俯冲带断裂系

马尼拉俯冲带的形成是南海板块西菲律宾海板块相互汇聚的结果（Hayes and Lewis，1984）。在地形上，俯冲带表现为一系列近南北向延伸的岛弧和沟槽区，并且呈现出反"S"形构造。马尼拉俯冲带的发育主要受控于近东西的挤压，在地震剖面可见一系列平行分布的挤压逆冲断裂。作为该俯冲带在陆地的延伸，台湾为认识该俯冲带，提供了极好的露头和认识的基础。台湾主要断裂带，由东往西，包括纵谷断裂、梨山断裂、屈尺–荖浓断裂、台湾麓山前锋断裂等（黄奇瑜等，2012）。台湾麓山前锋断裂特征见第三章第三节。

1. 纵谷断裂

该断裂沿纵谷呈北北东向展布，分布于花莲至台东，两端均入海，为向东南倾斜的具左旋性质的逆冲断层，是菲律宾海板块与欧亚板块间缝合带的断层（Chang et al.，2000），断面呈高角度向东倾斜，为逆冲断层兼具左旋性质，在遥感影像图上表现为线状构造带。

纵谷地形上的巨大高差，西侧中央山脉为前古近纪变质的大南澳群和古近纪、新近纪浅变质岩系，东侧海岸山脉岩层时代较新，主要由新近纪—第四纪复理石或浊流沉积岩及火山岩系组成，含与板块碰撞有关的利吉蛇绿混杂体。

纵谷断裂的往南延伸至南纵海槽，以及北吕宋海槽–西吕宋海槽弧前盆地。是马尼拉海沟俯冲增生楔与吕宋岛弧之间的边界。

2. 屈尺–荖浓断裂

该断裂位于雪山山脉西侧，纵贯台湾全岛，近南北向展布，控制中央山脉中较老的古近纪、新近纪浅变质岩与西部较新的新近纪未变质地层的分布，属于高角度上冲断层，具有左旋性质，是台湾最重要的边界断裂之一。该断裂的往南，经沿恒春半岛西侧，延伸穿过俯冲增生楔的中部，属挤压逆冲断裂，是变形程度相对较低的下增生楔与极其复杂变形的上增生楔的分界。

从地震剖面可见，马尼拉俯冲带断裂系由一个大的逆冲断层、一系列角度相似的逆冲断层以及俯冲前缘的一系列正断层组成。其中，逆冲断层总体上包括一条低角度前缘断裂和在增生楔内发育的大量多分支断层，这些断层倾角相对较陡，而且造成了增生楔地形上的局部凹陷，因此，可以从海底地形地貌图上识别出这些断层的平面展布形态。

从北部台湾岛的陆–弧碰撞，往南至南海的洋壳俯冲，其构造背景截然不同，这些边界断裂特征与性质也出现很大的变化。

台东纵谷断裂，在台湾岛及其南部的南纵海槽是欧亚大陆与菲律宾岛弧碰撞的缝合线，在地表特征明显，极易识别。往南延伸至北吕宋海槽，是南海洋壳俯冲的弧前盆地，所受到的挤压应力下降，海底形成的构造特征不太明显，识别度下降。

屈尺–荖浓断裂，是俯冲增生楔的内部分带界限。台湾中央山脉，在早期俯冲过程下插，受到变质作用，后期回返，变形强烈；南部俯冲带上带，变形强烈，地震剖面以无法识别同相轴。

台湾西部前锋断裂，南延是海沟的俯冲前缘断裂。由于洋壳的不断俯冲，增生楔不断后撤，形成海沟–增生楔截然变化的地形特征，极易识别，但前缘断层很新，切割深度与规模不如中部断层大（图3.5），仍在活动。在台湾，由于其陆壳背景，没有大规模俯冲，因此其前缘断层规模更小。

三、马尼拉俯冲带南北分段性特征

马尼拉俯冲带纵向延伸超过1000 km，经历复杂的形成演化过程，自北往南构造特征差异很大，具有明显的分段性特征，前人已作了大量研究。李家彪等（2004）和尚继宏等根据马尼拉俯冲带所受到挤压主应力方向，将其大致分为北、中、南三段，认为北段主压应力方向为北西-南东向，与菲律宾海板块运动方向一致；中段主压应力方向为北西西或近东西向；南段主压应力方向接近东西向，并且往南逐渐偏向于北东-南西向，各段主压应力方向大致与海沟几何边界垂直。

薛友辰等（2012）根据马尼拉俯冲带地形地貌、地震火山活动以及断裂特征等方面的差异，分别以斜切该俯冲带走向的巴布延和锡布延断裂为边界，将马尼拉俯冲带划分为北、中、南三个部分。

Zhu等以海底测深和多道地震数据为基础，通过分析海底地形地貌特征，将马尼拉俯冲带从台湾岛至民都洛地区划分为北吕宋段、海山链段和西吕宋段三部分。总结前人研究成果的基础上，综合其断裂走向与性质、构造事件、地震剖面特征等因素，认为马尼拉俯冲带大致以巴布延断裂、菲律宾大断裂和锡布延断裂为界，可以分为北段、中段、南段和民都洛段四段（图10.1）。

（一）北段构造特征

马尼拉俯冲带北段位于北西西走向的巴布延断裂，大致19° N以北（图10.1），走向近南北向，包括洋壳俯冲—弧-陆初始碰撞—成熟碰撞的全过程，成为俯冲造山带研究的天然实验室。前人对该段的研究最为详细，已经开展了大量的研究，包括地形地貌、沉积层、增生楔前缘构造和重、磁特征（李春峰等，2007；Ku and Hsu，2009；尚继宏等，2010；Arfai et al.，2011；Wintsch et al.，2011；朱俊江等，2017）以及速度结构、天然地震成像和热结构模拟等方面（Eakin et al.，2014；陈爱华和许鹤华，2014）。

地震剖面清晰揭示，从西往东，沉积层从俯冲前缘基本未变形至增生楔强烈变形的特征，以及弧前盆地与岛弧的特征（图10.2、图10.4、图10.5）。

北段最重要的特征是，受欧亚板块与菲律宾海板块斜向汇聚的影响，马尼拉俯冲带从南往北由俯冲逐步发展为吕宋岛弧与欧亚大陆的初始碰撞—成熟碰撞（Suppe，1984；Hirtzel et al.，2009）。大致以21° 20′ N、22° 40′ N和24° N分为洋壳俯冲、初期弧-陆碰撞、成熟期弧-陆碰撞和岛弧陷落等四个期（Sibuet and Hsu，2004；黄奇瑜等，2012；Huang et al.，2018；图5.13）。

21° 20′ N以南为洋内俯冲，南海过渡壳沿马尼拉海沟往菲律宾海板块俯冲，尚未与吕宋岛弧碰撞，在海底北吕宋海槽尚未关闭，增生楔仍在生长（Lewis and Hayes，1989；Hirtzel et al.，2009）。21° 20′ N以北，增生楔成为变为大陆边缘俯冲域，包括下中中新统陆坡和海沟沉积（Reed et al.，1992）；北吕宋以挤压隆升为花东海脊（图10.4），与马尼拉增生楔的恒春海脊-恒春半岛之间形成碰撞缝合的南纵海槽。台湾岛南部正在经历碰撞，大洋增生楔逐渐上升（Reed et al.，1992）。

22° 40′ N以北，欧亚板块与西菲律宾海板块发生强烈碰撞与挤压变形，增生楔强烈隆升，形成台湾高耸的中央山脉。从GPS监测和地震调查来看，该前陆逆冲带在24° N以北似乎不活动，但在该纬度以南仍在生长（Yu et al.，1997）。24° N以北，受菲律宾海板块眼球海沟往北俯冲于欧亚板块之下影响，台湾海岸山脉北端出现岛弧陷落下沉。

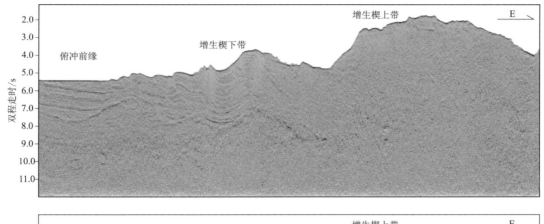

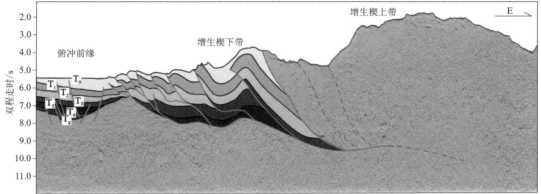

图10.4　马尼拉俯冲带北段构造区带划分图（M02剖面，位置见图10.2）

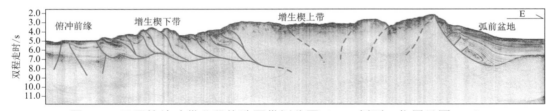

图10.5　马尼拉俯冲带北段构造区带划分图（M03剖面，位置见图10.2）

（二）中段构造特征

马尼拉俯冲带中段位于巴布延断裂和北西走向的菲律宾大断裂之间（图10.1），为扩张中心以北的洋壳俯冲，走向为北北东向，海山极少，洋壳平整。因北部陆缘物质供给丰富，沉积层从南往北增厚。洋壳基底总体略微向东倾斜，被一系列正断层错断，形成大量的地堑-半地堑式同裂陷构造，基底之上的地层同样表现为向东倾斜，并且厚度向东变薄。

现有多条地震测线通过中段（图10.6～图10.8），可以看出，前缘断裂向北逐渐抬升，至俯冲带北段更为明显，反映地壳性质从洋壳逐步转为过渡壳。

地震剖面上，俯冲带前缘海沟之下可以识别出明显的前缘断裂，一些还显示发育典型花状构造特征，反映断层的走滑性质。总体，往南走滑性质更显著，表明往南在俯冲过程走滑作用增强，是欧亚板块与菲律宾海板块间斜向俯冲的结果。

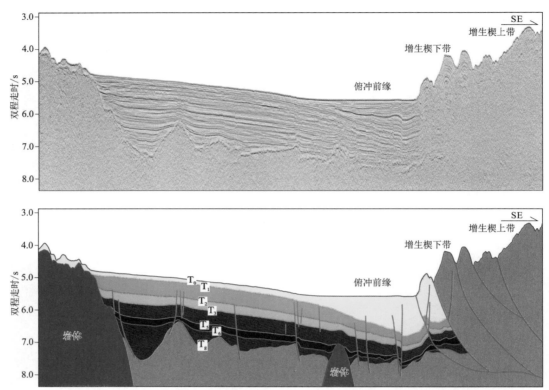

图10.6　马尼拉俯冲带中段构造区带划分图（M05，位置见图10.2）

增生楔内地层发生强烈挤压变形，发育大量的逆冲断层，深部变缓收于同一滑脱面（高金尉等，2018）。由北往南，增生楔宽度变窄、坡度变陡，可能反映洋壳俯冲角度的变化。

逆冲断层主要发育在增生楔部位，反映了增生楔在形成过程中遭受到强烈的挤压应力作用。然而，在海沟内部也可识别出少量逆冲–褶皱构造，并且表现出向增生楔方向挤压应力越强，逆冲–褶皱构造越明显的特征，海沟内靠近增生楔地区的地层褶皱抬升高度较大，而远离增生楔地区的地层褶皱抬升高度较小。

通过以上对马尼拉俯冲带中段的构造–地层分析，对该段的构造演化特征进行了总结：在时间上，俯冲带内发育的不同类型断层相互间具有一定的继承性，增生楔附近的逆冲断层和走滑断层可以由早期的正断层发展而来；在空间上，从南向北俯冲带性质由斜向俯冲逐渐转变为台湾岛南部的俯冲–碰撞。

（三）南段构造特征

马尼拉俯冲带南段位于菲律宾大断裂与北西西走向的锡布延断裂之间（图10.1），走向为近南北向。南段最典型的构造特征是南海扩张脊和一些海山正在或已经俯冲至菲律宾海板块之下，导致通常为弧形外凸的俯冲带，中部往东内凹。海山的俯冲也导致增生楔出现向海垮塌和向陆隆起的构造地貌特征。

俯冲带南端位于扩张脊附近，海山极其发育，海底地形频繁起伏，基底之上沉积地层厚度较薄，极少发育早期同裂陷构造。中部的扩张脊海山俯冲挤压，导致增生楔变窄，其后的弧前盆地不发育。

地震剖面揭示，扩张脊以南南海洋壳基底及其上覆地层往东明显倾斜，在俯冲前缘发育大量因基底弯曲形成的正断层（图10.9、图10.10），构成该段俯冲洋壳的特征。扩张以北的构造特征与马尼拉俯冲带中段更为接近，具有特征明显的前缘断裂，并且海沟内部靠近增生楔一侧发育许多褶皱–断裂构造。南部走滑作用比北部强，主要是由于菲律宾海板块往西北运动，北部出现斜向碰撞，以挤压为主，南部以走滑为主。

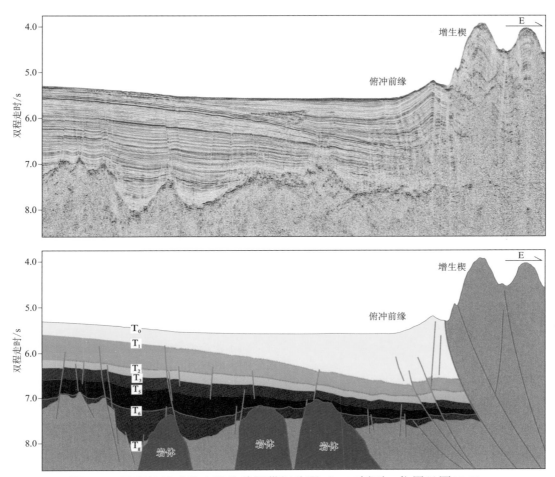

图10.7 马尼拉俯冲带中段构造区带划分图（M06剖面，位置见图10.2）

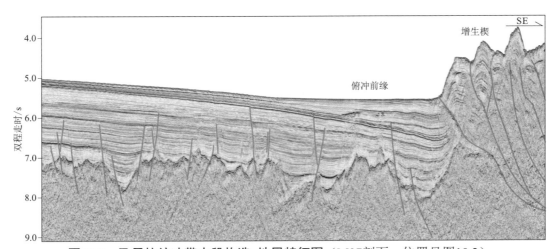

图10.8 马尼拉俯冲带中段构造-地层特征图（M07剖面，位置见图10.2）

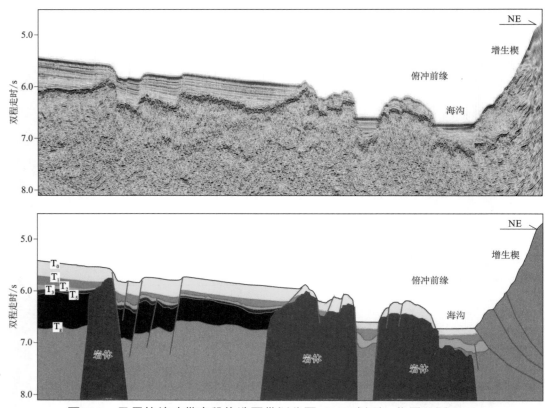

图10.9　马尼拉俯冲带南段构造区带划分图（M08剖面，位置见图10.2）

（四）民都洛段构造特征

马尼拉俯冲带民都洛段位于锡布延断裂以南，走向北西（图10.1）。随着南海洋壳持续往东俯冲菲律宾活动带之下，巴拉望陆块于中新世挤入菲律宾活动带（Yumul et al.，2003），形成弧–陆碰撞（Bina et al.，2020）。

巴拉望岛通常地震构造稳定。其北缘与棉兰老岛和班乃岛西段一起，在南海扩张停止（约16 Ma）后，随着南海洋壳往东沿马尼拉海沟俯冲，与菲律宾活动带（PMB）碰撞。

民都洛岛由两个地块组成：东北地块，具有岛弧性质，亲菲律宾活动带；西南地块，具巴拉望微陆块特征（Yumul et al.，2009）。两者碰撞边界，虽有争议，但通常认为从民都洛岛北部经中央山脉至朗布隆群岛的锡布延岛东部，穿过布桑加岛和安蒂克蛇绿岩体出尼格罗斯海沟（Yumul et al.，2009）。

民都洛岛发现了三条蛇绿岩带（图9.19，参见第九章第四节）：中渐新世阿姆尼蛇绿岩体、始新世卢邦–加莱拉港蛇绿岩体和白垩纪孟恩蛇绿岩体（Rangin et al.，1985；Karig et al.，1986；Jumawan et al.，1998）。巴拉望微陆块与菲律宾活动带于早中新世晚期—中中新世早期碰撞，导致阿姆尼蛇绿岩体、锡布延蛇绿岩体和安蒂克蛇绿岩体侵位（Yumul et al.，2009）。之后两个块体顶部沉积的晚中新世至上新世（11～3 Ma）Punso砾岩（Gradstein et al.，2004）。该陆–弧碰撞的顶峰应在14～12 Ma（Marchadier and Rangin，1990；Aurelio et al.，2014），并持续至现在。现在表现为棉兰老岛–班乃岛西部、北巴拉望地区大量地震活动。

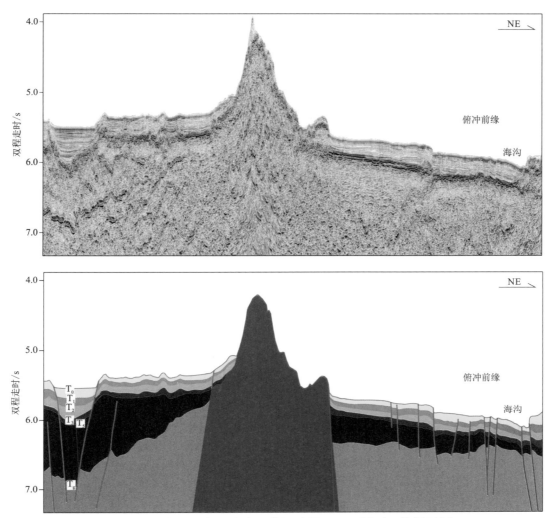

图10.10　马尼拉俯冲带南段构造区带划分图（M09剖面，位置见图10.2）

　　海域地震剖面均未穿过俯冲带，只接近俯冲带。地震剖面显示，马尼拉俯冲带民都洛段南海洋壳及其上覆沉积层具有明显向东倾斜的特征，并且延伸至深邃的海沟之下（图3.8、图10.11）。俯冲前缘地区发育大量的正断层，其中也夹杂少量逆断层和褶皱构造，这代表了走滑剪切作用的结果。通过层序界面追踪闭合至该区域进行分析，进一步发现地层的褶皱构造主要发生在T₃和T₂之间（11.6～5.5 Ma），表明该部位在这段时期受到的挤压应力增大、俯冲碰撞作用强烈，而发育至海底的一系列正、逆断层也表明5.5 Ma之后该地区斜向俯冲的状态。此外，俯冲前缘地区发育在T₃和T₂界面之间（11.6～5.5 Ma）的地壳隆升构造同样说明该部位遭受到强烈的挤压应力，而且从抬升幅度上看明显强于北部地区，然而T₃界面之下的地层厚度变化不大，说明在11.6 Ma之前该地区构造不活跃，或者处于剪切应力作用下。

　　马尼拉俯冲带民都洛段构造-地层的精细解析表明：在空间上，该段由北向南俯冲作用强度逐渐减弱，走滑作用逐渐增强，至民都洛地区则表现为挤压碰撞的性质。在时间上，中中新世末期之前（＞11.6 Ma），马尼拉俯冲带民都洛段构造稳定，表现为走滑剪切的性质，而在中中新世末期（约11.6 Ma），随着菲律宾海板块北部发生逆时针旋转，该地区发生强烈的俯冲碰撞作用，此后菲律宾海板块持续向西仰冲，致使马尼拉俯冲带民都洛段走向发生相应的变化，进而也使得俯冲带性质由挤压碰撞逐渐转变为以走滑作用为主，并且正是通过其内的走滑断层来调节两个板块间的俯冲应力，并造成了现今民都洛段海沟狭窄、增生楔体积小等特点。

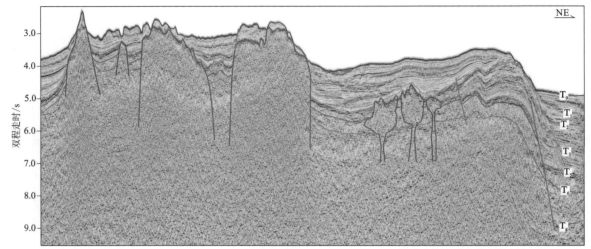

图10.11　马尼拉俯冲带民都洛段地震剖面图（M11剖面，位置见图10.2）

第二节　马尼拉俯冲带深部结构

一、马尼拉俯冲带及其领域重力异常特征

空间重力异常上，马尼拉俯冲带呈明显的线性负异常（图10.12），通常-50×10^{-5} m/s^2。重力异常最低值并不在负地形最明显的海沟，而在明显隆起的增生楔和弧前盆地，这表明俯冲物质的破碎可能导致密度下降。纵向变化来看，北部俯冲带从海沟–增生楔–北吕宋海槽，以及南部与民都洛段，重力值最低；而中部相对较高。菲律宾岛弧是明显的重力高，最高超过200×10^{-5} m/s^2，吕宋岛上发育一些小型盆地，形成相对的重力低。

菲律宾岛弧的东侧为西菲律宾海洋壳沿菲律宾海沟往西俯冲，表现为明显的空间重力负异常。值得注意的是，尽管巴布延断裂以北，在地震剖面上没有明显的俯冲特征，但重力负异常依然明显，并沿加瓜海脊东侧延伸至琉球海沟。另一方面花东海盆西南与吕宋岛弧之间，也存在明显的重力负异常，而地震剖面上构造特征也不明显。

对俯冲带北部GXM130测线进行重、震剖面联合建模分析（图2.5，参见第二章第三节）。结果表明，马尼拉增生楔空间重力为低值负异常，变化平缓，往东增生楔增厚，地壳明显增厚。吕宋海槽至吕宋岛弧，空间重力异常变化剧烈，前者表明为明显负异常，后者为高值正异常，往东呈阶梯状下降，莫霍面开始抬升。吕宋岛弧东缘与花东海盆的陆洋过渡区，重力异常明显下降，莫霍面迅速抬升，至花东海盆约15 km。

二、天然地震层析成像揭示马尼拉俯冲带深部结构

（一）地震震源深度揭示的俯冲贝尼奥夫带特征

马尼拉俯冲带是东亚重要的发震构造。沿着整个马尼拉俯冲带的地震活动性分析表明，随着震源深度

的增加，其相距海沟的距离也增大（陈传绪等，2014），而且在海沟中段位置缺失了深源地震（陈爱华等，2011）。利用震源位置大致勾勒了和达–贝尼奥夫带，结果表明马尼拉海沟北段的板片俯冲角度较小，而南段的俯冲角度较大，而且有可能在扩张脊俯冲的延伸方向上存在板块撕裂现象（Bautista et al.，2001）。

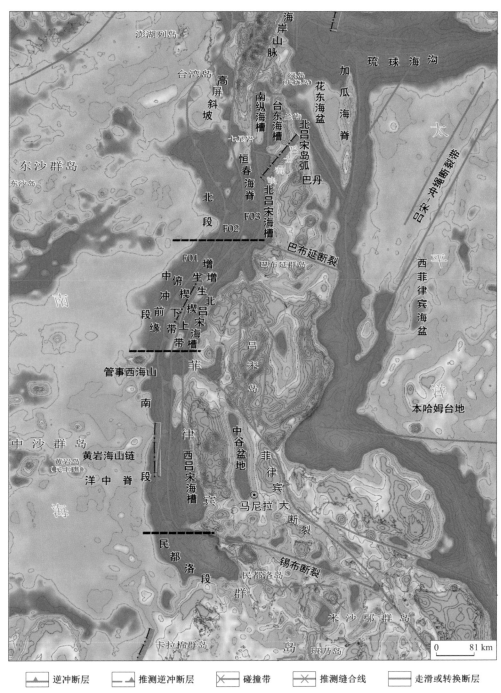

图10.12　马尼拉俯冲带及领域空间重力异常特征图

（二）马尼拉俯冲板片的三维形态

利用天然地震进行层析成像研究是揭示深部构造的重要途径。近20年来对东亚地区，包括南海及菲律宾等地，开展了大量的层析成像研究（Lallemand et al.，2013；Wu et al.，2016），表明东亚和东南亚地区晚中生代以来，大量板片俯冲消亡（Wu et al.，2016）。

Besana等通过地震数据反演获得菲律宾群岛下的三维构造，揭示马尼拉海沟俯冲板片至少延伸至230 km。Rangin等（1999）展示了两条过马尼拉海沟和菲律宾海沟的层析成像剖面，结果显示在20° N附近，南海俯冲板片的高速异常呈近垂直分布，直达壳幔转换带，而在18° N附近南海板片以小角度俯冲到约300 km深度，表明南海板块向东俯冲的角度自南向北存在变化，这与Bautista等（2001）的地震活动性研究结果吻合。

对马尼拉俯冲带动力学模拟及地震层析成像等研究，已发现南海洋中脊俯冲的延伸方向存在板块撕裂，在吕宋岛中部的上地幔形成了板片窗，并造成了台湾–吕宋西火山岛链的消亡和岩浆通道的东移（Bautista et al.，2001；刘再峰等，2007）；俯冲带南部巴拉望块体与菲律宾构造带的碰撞，导致南海俯冲板片块的俯冲角度急剧变陡（Bautista et al.，2001；陈志豪等，2009；Fan et al.，2017）。

谭皓原和王志（2018）利用P波和S波层析成像揭示，菲律宾群岛两侧双向俯冲板片特征，南海板片在洋脊以北以中等角度向东俯冲到150 km深度，洋脊以南—民都洛段南海板片以近垂直角度俯冲至150 km。

Wu等（2016）采用MITP08 P波全球层析成像技术反演东亚地幔结构，分析南海洋壳板块沿马尼拉海沟往东俯冲于菲律宾海板块的特征，认为南海俯冲板片显示贝尼奥夫带地震活动最大深度约300 km（图10.13；Wu and Suppe，2018）。根据层析成像，马尼拉俯冲带下南海板片，最大延伸至约450 km，深部变陡，尤其是中脊以南，近于垂直（图10.14）。

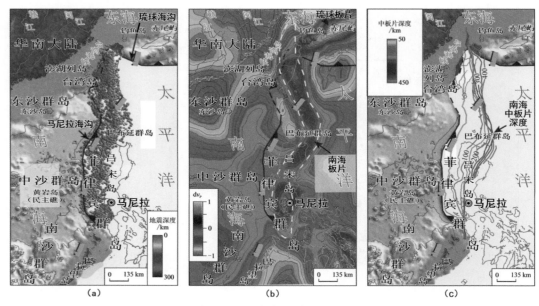

图10.13　南海板片位置图

（a）中板片在50 km内的贝尼奥夫带地震深度图；（b）280 km深层析成像切面南海板片异常；
（c）Wu等（2016）模型欧亚–南海中板片深度等值线（据Wu and Suppe，2018，修改）

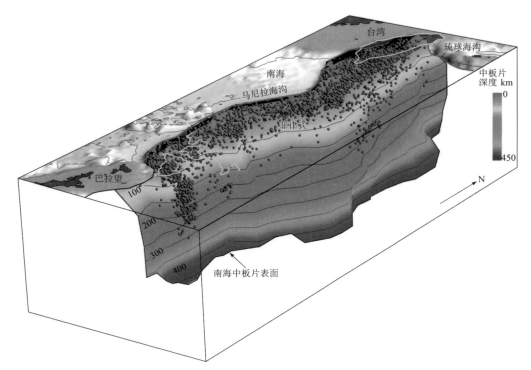

图10.14 马尼拉俯冲带南海俯冲板片的三维图（据Wu et al., 2016，修改）

红点为地震震中分布，白线为海岸线

从平面图上看，地震活动主要发生在马尼拉海沟以东约300 km内相对狭窄的地带[图10.13(a)]。280 km深的水平断层切片显示，在马尼拉海沟以东存在一个离散的、窄的北南快速板片异常，与海沟平行[图10.13(b)]。图10.15为南海俯冲板片中部的三维形态特征（Wu et al., 2016；Wu and Suppe, 2018）。

将南海俯冲板片恢复后展开，可以延伸至现在马尼拉海沟以东400～500 km（图10.15），即在俯冲之前，南海洋壳大致可东延伸至日本的八重山（Yaeyama）列岛的经度（Wu and Suppe, 2018），这就是当时南海东缘与菲律宾海板块的边界。

综合利用天然地震层析成像、地震活动性分析和多道地震剖面解释等方法，揭示了自北向南的马尼拉俯冲带的分段特征，这种分段特征不仅体现在输入板块不均一性上，也体现在俯冲至深部的板块形态。马尼拉俯冲带的复杂多型式俯冲特征概括为以下几点：

（1）北段为"过渡壳俯冲"。俯冲带北段毗邻张裂大陆边缘和弧-陆碰撞带，其输入板块地壳属性为张裂大陆，并受到南海张开裂后期岩浆活动的改造，将这部分地壳称为减薄陆壳。由于其经历了大陆地壳的拉伸减薄，同时受到裂后期的岩浆侵入影响，地壳密度相比陆壳减弱，整体表现为类似洋底高原的浮力特征（高金尉等，2018）。

（2）中段为"洋中脊俯冲"。俯冲带中段为南海洋中脊位置，洋中脊连同两侧的海山链南北延伸近200 km。这一洋底隆起单元俯冲，相比两侧正常南海洋壳，体现为负浮力，俯冲角度和两侧洋壳相比更小，形成板块撕裂和板块窗构造。

（3）南段为"对向俯冲"。俯冲带南段的马尼拉俯冲带一侧俯冲角度急剧增大，以近乎垂直的角度自西向东俯冲至地幔过渡带深度。另一侧，为自东向西俯冲菲律宾海板块，特别的，俯冲的地壳并非正常洋壳，而是本哈姆洋底高原。

图10.15　南海板片（橙色）分布图（据Wu et al.，2016；Wu and Suppe，2018，修改）

展开板片表明南海曾往现在的马尼拉海沟东延400～500 km，达到八重山（Yaeyama）列岛的经度

第三节　马尼拉俯冲带演化

一、马尼拉俯冲带起始时间

马尼拉俯冲带何时开始往东俯冲，一直是学界争论的关键科学问题，这涉及俯冲带两侧南海海盆的扩张和菲律宾海板块的演化。

Hayes和Lewis（1984）采用地震和重力异常数据研究认为，马尼拉俯冲带初始形成时间应为晚渐新世。Wang和Li（2009）也认为该俯冲带初始形成于晚渐新世。高金尉等（2018）根据地震剖面解释结果，认为马尼拉俯冲带北段形成的起始时间应早于中中新世，并推测中南段初始形成时间应该更早，可能在晚渐新世时期就已开始形成马尼拉海沟的雏形。

Bachman等（1983）以及Brias和Pautot（1990，2000）认为，马尼拉俯冲带始于早中新世，到中中新世（约15.5 Ma），菲律宾海板块已经仰冲至南海洋壳之上，形成现今的海沟-弧前盆地-吕宋火山岛弧的

356

构造体系。Sibue和Hsu（2004）认为约15 Ma马尼拉海沟开始活动。Bellon和Yumul（2000）通过对吕宋岛弧碧瑶地区酸性基岩的研究，推测南海洋壳沿马尼拉海沟的俯冲发育时间始于早中新世，约22 Ma。Arfai等（2011）根据反射地震剖面解释结果和前人研究成果，认为马尼拉俯冲带在早中新世开始形成。

Wolfe（1988）研究认为马尼拉俯冲带始于中中新世。丁巍伟等（2006）根据多道地震反射剖面研究，认为南海海盆自中中新世（约11.5 Ma）以来，南海海盆开始向东沿马尼拉海沟俯冲于菲律宾海板块之下。李家彪等（2004）根据多波束和反射地震数据研究认为，马尼拉俯冲带初始俯冲时间为中新世，并可能导致了海海盆扩张的停止。吴时国和刘文灿（2004）也认为马尼拉海沟的俯冲作用始于中新世。李春峰等（2007）利用马尼拉俯冲带最北端的多道反射地震数据，结合重、磁数据的正反演结果，认为中新世以来马尼拉俯冲带增生楔自西向东的递进变形表明南海地区向吕宋岛弧发生过多阶段的次级俯冲活动。

海域以反射地震为主进行了大量的研究，不同学者对马尼拉俯冲带的开始时间提出不同的认识，总结起来，包括晚渐新世、早中新世和中中新世等。事实上，利用地震剖面确定俯冲带起始时间有很大局限。利用菲律宾群岛和台湾岛的陆地研究，可能为马尼拉俯冲带的活动时间提供重要的约束。

Marchadier和Rangin（1990）对菲律宾南部研究认为，欧亚板块与菲律宾海板块的碰撞发生在早中新世—中中新世，碰撞位置位于现今北西-南东向的民都洛岛中央山脉。显然马尼拉俯冲带开始活动时间应早于该碰撞时间。

马尼拉俯冲带的北端，吕宋岛弧与欧亚大陆发生弧-陆碰撞形成的台湾造山带，必然记录着丰富的马尼拉俯冲带形成过程的信息。台湾岛东部海岸山脉蛇绿岩体中锆石测年数据表明，吕宋岛弧-弧前基底的年龄为16~18 Ma（Chen et al.，2015）；海岸山脉火山层序的裂变径迹和^{40}Ar/^{39}Ar测年确定，该地区早期的火山作用至少始于约16 Ma（Yang et al.，1988；Lo et al.，1994；Yang et al.，1995）；海岸山脉及其东南海域北吕宋火山岛弧的绿岛-兰屿-巴丹岛岩石样品，测得的最早火山喷发时间为中中新世16~15 Ma（Yang et al.，1988；黄奇瑜等，2012）。因此，马尼拉俯冲带在台湾地区的初始形成时间应早于16 Ma。此外，北吕宋Baguio地区岩浆岩^{40}K/^{39}Ar同位素测年和沉积岩中古生物时代表明，马尼拉俯冲带在北吕宋地区的初始形成时间为约22 Ma（Yumul et al.，2003）。

Yang等（1996）通过对吕宋岛弧不同地区的火山岩年龄测定，发现吕宋岛弧火山岩的年龄整体趋势为由南向北逐渐年轻，进而推断马尼拉海沟的俯冲活动由南向北逐渐扩展。

层析成像表明，俯冲消亡板片长度为400~500 km（Wu and Suppe，2018），应有长期的俯冲过程。Huang等（2018）认为，南海大洋岩石圈往花东海盆-菲律宾海板块的俯冲始于早中新世晚期（18 Ma）。

综合海陆以及深部构造研究，认为马尼拉俯冲带开始活动应为中中新世初，早于22~20 Ma。

二、马尼拉俯冲带动力学机制

马尼拉俯冲带是欧亚板块与菲律宾海板块的边界，从区域构造环境来看，其形成和演化受到欧亚板块、印度-澳大利亚板块和太平洋板块的共同作用。前人对该俯冲带的动力学机制进行深入的研究（李家彪等，2004；Eakin et al.，2014；王红丽等，2019），取得重要的进展。

金庆焕等（2000）认为马尼拉俯冲带的形成机制是受到吕宋岛弧向北移动并且与欧亚大陆边缘发生碰撞的影响，形成的初始时间为中中新世末，并且现今仍在活动。周蒂等（2002）认为南海海盆的形成主要受其东缘近南北向右旋走滑剪切应力作用，中中新世之后，东缘断裂的性质由走滑变为逆冲，形成现今的马尼拉俯冲带。Yumul等（2003）和Hamburger等（2010）认为，菲律宾群岛向北北西运动过程，其中部与巴拉望微陆块在早中新世（约20 Ma）发生碰撞，导致菲律宾群岛发生旋转，北部吕宋地区的逆时针旋转导致其仰冲至南海板片之上，两者之间的走滑剪切带由南向北逐渐转变为马尼拉俯冲带。

Hall（2002）对东南亚地区板块构造演化进行了重建，认为在早中新世（约20 Ma）时期，菲律宾海板块西缘的构造特征相当复杂，根据古地磁数据，吕宋岛弧在这个时期发生了明显的顺时针旋转，此时年轻的南海洋壳开始向吕宋岛弧之下俯冲，形成了马尼拉俯冲带。

GPS观测显示，现在菲律宾海板块相对于欧亚板块，以8.0～8.3 cm/a速度（Seno，1977；Yu et al.，1997）向北西306°运动（Seno，1977；Seno et al.，1993）。马尼拉俯冲带认为是被动俯冲，是菲律宾海板块向南海地块北西西方向仰冲的产物（李家彪等，2004）。因此，认识马尼拉俯冲带动力学机制的关键是菲律宾海板块。该板块不是单一的海盆，包括四个新生代次海盆：西菲律宾海盆、四国海盆、帕里西维拉海盆和马里亚纳海盆。

古地磁研究表明，菲律宾海板块过去存在大规模的北移和顺时针旋转（Hall et al.，1995；Hall，2002）。菲律宾海形成初期位于赤道附近，至今往北位移约20°（约2000 km）（Queaño et al.，2007；Yamazaki et al.，2010）。菲律宾海板块往北运动的同时顺时针旋转约90°（Hall，2002；Sdrolias et al.，2004）。

在马尼拉俯冲带形成之前，南海东缘与菲律宾海板块之间以大型左旋走滑断裂为边界。在菲律宾海的形成和演化过程，随着往北运动转为往西北运动，导致南海洋壳俯冲于菲律宾群岛之下，原来走滑断裂演变为马尼拉俯冲带。因此，菲律宾海板块运动方向的改变是马尼拉海沟俯冲带形成的关键，菲律宾海板块的仰冲是俯冲带形成的动力学机制。

三、马尼拉俯冲带形成演化模式

马尼拉俯冲带是以北南走向为主，南海洋壳往东俯冲于菲律宾海板块之下，北起台湾岛西南，南至民都洛岛西北海域，南北两端均终止于弧–陆碰撞（Bina et al.，2020）。北部吕宋岛弧于晚中新世—上新世（约5 Ma）开始与中国大陆边缘碰撞（Teng，1990）；南部，巴拉望微陆块于中新世挤入菲律宾活动带（Yumul et al.，2003）。板块运动学模型表明，现在汇聚速度，从北部（～19°N）大于7 cm/a，往南下降至民都洛岛附近（～13°N）的小于2 cm/a（Hamburger et al.，2010）。

根据现有资料，结合前人大量的研究成果，认为欧亚板块南海洋壳沿马尼拉海沟往菲律宾俯冲，主要受控于南海扩张以及菲律宾海板块仰冲作用。因此，在详细分析南海扩张过程及菲律宾海板块演化过程的基础上，能够明确马尼拉俯冲带形成演化的区域动力学背景，进而提出其形成演化模式。

（1）早中新世初（24 Ma），南海扩张中心往南跃迁，东部次海盆扩张脊呈近东西向展布，同时向西南次海盆发展。此时南海东缘与菲律宾海板块之间以大型走滑断裂为界。随后，20～22 Ma，在太平洋板块和澳大利亚板块的共同作用下，菲律宾海板块运动方向由北变为北北西，导致其西缘菲律宾群岛仰冲，马尼拉海沟俯冲带开始形成。由于板块的斜向汇聚，南海南部洋壳板片俯冲消亡比北部多。

（2）早中新世中期（18～17 Ma），马尼拉海沟俯冲的结果，导致北吕宋岛弧火山活动，最早为兰屿火山岛。

（3）中新世（约16 Ma），南海南缘南沙地块与卡加延脊及北加里曼丹岛碰撞受阻，西南次海盆扩张停止。因碰撞主要发生在南海南缘的西部，东部次海盆继续扩张至约15 Ma停止。东部次海盆继续沿马尼拉海沟往东俯冲。

（4）晚中新世（约11.6 Ma），随着马尼拉海沟俯冲作用的持续，增生楔增大，开始形成恒春海脊，岛弧火山作用增强，北吕宋火山岛弧扩大，弧前盆地开始形成（Huang et al.，2018）。菲律宾海板块持续向北北西运动，其南缘逐渐与南海东南部的巴拉望微地块发生碰撞。

（5）中新世末—上新世（约6.5 Ma），南海海盆继续向东俯冲消减，欧亚大陆与吕宋岛弧发生早期斜向碰撞（Huang et al., 2000；Lin et al., 2003），随着陆-弧碰撞的持续，中央山脉逐渐隆升（Lee et al., 2006）。吕宋岛弧北西向走滑断裂，包括菲律宾大断裂发育，以调节板块间的汇聚应力。俯冲带民都洛段走向逐渐变为北西向，进而使得该段俯冲带性质由挤压碰撞转变为走滑剪切。

（6）更新世（约2.6 Ma），随着马尼拉俯冲带的持续，南海东部长达400～500 km的洋壳板片俯冲消亡（Wu and Suppe, 2018）。北部吕宋岛弧与台湾岛发生强烈碰撞，导致台湾岛强烈隆升。南部民都洛段则继续表现为走滑性质，至马尼拉海沟南端则逐渐过渡为碰撞性质。

第 / 十一 / 章

花东海盆 - 加瓜海脊成因探讨

花东海盆位于台湾岛以东，与西菲律宾海盆以加瓜海脊相连，其北部为琉球海沟，西南为吕宋岛弧，总体呈梯形状，南北长约320 km、东西宽最大约140 km，面积超过3万km²，水深通常为4000～5000 m。加瓜海脊呈南北向分布，长约330 km，比邻近海底高出2～4 km，23° N以北，该海脊水体变深，逐渐消失，并俯冲于琉球海沟之下（图11.1）。因缺乏深海钻探，花东海盆的形成时代及其演化一直争议很大。地质学界通常认为花东海盆–加瓜海脊是菲律宾海板块的一部分[①]，而菲律宾海板块是亚洲大陆边缘因弧后张裂形成的新生代边缘海之一（Karig，1971），因此花东海盆–加瓜海脊也认为是新生代边缘海的一部分。

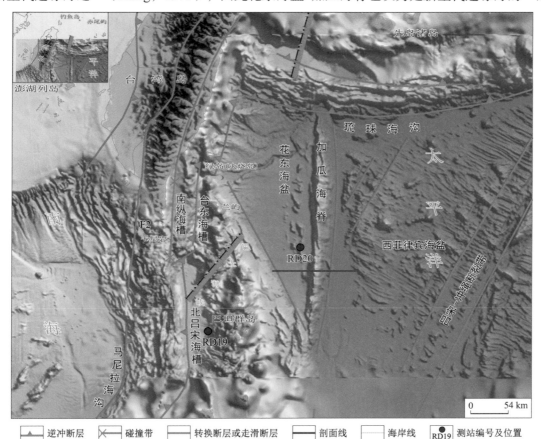

图11.1　花东海盆及邻域地貌、构造简图

磁条带提供了对海底年龄的最重要约束。Hilde和Lee（1984）最早识别东西向的磁条带为19-16，年龄为39～44 Ma。其前提认为花东海盆是西菲律宾海盆的一部分。利用船磁数据识别西菲律宾海古地磁异常条带为26-13，且经历两期扩张而成，早期（60～45 Ma）为北东–南东向扩张，后期（45～35 Ma）为南北向；而花东海盆洋壳的古地磁异常条带为东西向排列，认为花东海盆为西菲律宾海盆第二期扩张的结果。

Deschamps等（2000）利用美国R/V Vema调查船在加瓜海脊的拖网得到的辉长岩样品，进行角闪石$^{40}Ar/^{39}Ar$测年，RD19测站两个角闪石测年结果为116.2 ± 4.2 Ma和121.2 ± 4.6 Ma，RD20测站两个岩样测得年龄分别为124.1 ± 2.5 Ma和114.7 ± 4.0 Ma，时代属于早白垩世中后期。Yeh等（2001）在花东海盆西南北吕宋岛弧的兰屿岛硅质捕获岩中发现了早白垩纪放射虫化石。两者吻合，同时结合磁异常条带的解释，认

---

① 何春荪，1982，台湾地体构造的演变（台湾地体构造图说明书）。

为花东海盆可能是被围闭的古洋壳，形成于早白垩世（131～119 Ma）。

Deschamps等（2000）对花东海盆的认识是划时代，此后对花东海盆没有实质性工作，其中生代成因成为目前主流认识，认为是中生代洋壳残余（Pubellier et al.，2004；Lallemand et al.，2013），或古南海残余（Hall，2002）。

根据近年来新采集的地质-地球物理数据，结合以往资料和地质认识，我们对花东海盆、加瓜海脊的形成演化及其与西菲律宾海盆的关系进行成因方面的探讨。

第一节　花东海盆形成于中生代观点的证据探讨

Deschamps等（2000）所示的RD19测站和RD20测站分别位于花东海盆的南部和中部，但是据RD19测站和RD20测站的原始位置数据（RD19测站：20.40° N、121.47° E；RD20测站：21.49° N、122.69° E），RD19测站位于北吕宋海槽东部（图11.1），北吕宋岛弧巴坦群岛的西南部岛坡下，而非花东海盆南部；RD20测站位于花东海盆中南部（图11.1），处于与南北向加瓜海脊平行分布的火山带上。

RD20辉长岩的主要矿物组成为长石、辉石和角闪石，在显微镜下矿物蚀变严重，尤其辉石，大部分的长石明显黏土化。黄奇瑜等2015年利用锆石U-Pb法年代学在中国科学院地质与地球物理研究所离子探针实验室用Cameca IMS-1280型二次离子质谱（SIMS），选取辉长岩中的18颗锆石进行分析，用$^{207}Pb/^{235}U$和$^{206}Pb/^{238}U$值作U-Pb谐和图得到谐和年龄为130.28 ± 0.95 Ma。从RD20辉长岩中获得长石矿物，在中国科学院地质与地球物理研究所进行Ar-Ar定年，获得坪年龄为71.1 ± 2.0 Ma，表明在约70 Ma可能发生过构造热事件。

RD19辉长岩为块状、粗粒结构，主要矿物为斜长石、辉石和角闪石。长石斑晶新鲜但晶型不规则呈港湾状。辉石蚀变严重，斑晶溶蚀现象，部分斑晶蚀变成角闪石。角闪石呈微晶集合体状，分布在长石斑晶间隙，与辉石相互指状交叉，部分为辉石蚀变产物，可见角闪石微晶穿透长石斑晶，整体上角闪石微晶集合体呈脉状侵入辉长岩原岩，表明辉长岩经历过构造剪裂作用或岩浆灌入的改造（Hickey-Vargas et al.，2008）。黄奇瑜等未从RD19辉长岩中获得足够量的锆石进行定年，但从中获得角闪石矿物并在中国科学院地质与地球物理研究所进行定年，获得的坪年龄为72.0 ± 6.9 Ma，该年龄虽比RD20辉长岩的长石年龄误差大，但二者基本一致。

根据拖网样RD19、RD20辉长岩测年的结果，如果这些辉长岩样品为原地产物，则花东海盆和北吕宋海槽基底的年龄为早白垩世，并且在晚白垩世末期都发生过构造热事件，其地球化学性质相似，并且都具有LILE富集和具Nb、Ta负异常特征，说明至少从早白垩世开始，北吕宋海槽区和花东海盆区处于同一构造背景中。吕宋岛弧北塞拉马德-卡拉巴罗发现的早白垩世伊莎贝拉蛇绿岩（Queaño et al.，2013；图5.9）出露有二辉橄榄岩到方辉橄榄岩完整的上地幔序列，而辉长岩主要沿断层接触带出露，而且辉长岩滚石常见于海滩和厚层壤土中，暗示伊莎贝拉蛇绿岩曾经历过非常强烈的构造抬升和剥蚀。由此推测RD19、RD20辉长岩可能为伊莎贝拉蛇绿岩北延部分沿断裂带出露的产物，值得注意的是，无论伊莎贝拉蛇绿岩之地幔橄榄岩矿物化学还是玄武岩全岩不相容元素特征都指示存在不相容元素富集的组分存在（Queaño，2006），这与花东海盆和北吕宋海槽东侧拖网辉长岩的全岩不相容元素地球化学特征一致

（余梦明等，2014）。

伊莎贝拉蛇绿岩中大量赋存丰富的二辉橄榄岩指示慢速海底扩张背景（Morishita et al.，2006）。另外，由于伊莎贝拉蛇绿岩中有少量橄榄岩的矿物化学数据具有类似于岛弧橄榄岩的特征，或许伊莎贝拉蛇绿岩记录了一个洋中脊与俯冲带构造体制转换的过程（Morishita et al.，2006），这与伊莎贝拉蛇绿岩的玄武岩单元具有大离子亲石元素富集和明显的Nb-Ta负异常特征相吻合（Queaño，2006）。因此，判断花东海盆的基底可能与岛弧和俯冲带有关。

近年来对采自花东海盆洋壳的定年结果130 Ma，为早白垩世年龄（Huang et al.，2019）。其东缘的加瓜海脊（Gagua Ridge），作为花东海盆和西菲律宾海盆地的边界，测年和岩石地化揭示早白垩世的火山岛弧（Qian et al.，2021；Zhang et al.，2022）。因此，花东海盆代表了西太平洋地区残存的、可能已知年龄最老的中生代海洋板块。

花东海盆地层时代是认识该海盆属性的基础，但对其时代认识存在很多分歧。花东海盆分布局限，四周被海脊、岛弧、增生楔等所封闭，地层难以跨区追踪，西南隔吕宋岛弧与南海东北部相邻，东隔加瓜海脊至西菲律宾海。根据新采集的多道地震资料，通过对比，认为花东海盆发育中生代沉积地层的可能性较小，具体分析参见地层本丛书地层与沉积分册。

花东海盆及西菲律宾海盆地震层序比较，虽然新近系（层序A～E）沉积物厚度存在较大差距，但地震层序和区域地震反射界面具有可对比性（图11.2），尤其T_6反射界面可对比性很强，但可能存在明显穿时现象。因此，从地震层序反射结构特征显示，花东海盆和西菲律宾海盆存在明显可对比性，认为花东海盆可能同西菲律宾海盆一样于晚古新世—早始新世（60～55 Ma）时期开始扩张，晚始新世—中渐新世（35～30 Ma）停止扩张，此后盆地进入热沉降期，沉积了以新近系和第四系为主的厚层沉积。

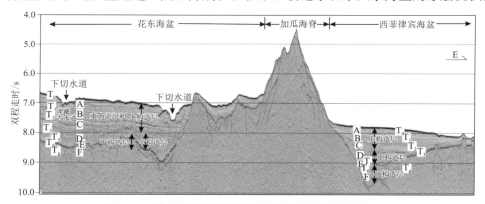

图11.2　花东海盆及西菲律宾海盆地震剖面图

第二节　花东海盆及邻区重、磁场特征与深部构造

一、重力异常特征

花东海盆及邻区空间重力异常特征明显，其北侧琉球海沟俯冲带呈明显负异常，近东西走向，异常值小于-60×10^{-5} m/s²（图11.3）。花东海盆与西菲律宾海盆空间重力异常变化平缓，异常值接近0。加瓜海脊为明显正异常，异常值大于10×10^{-5} m/s²，其东侧为明显负异常，为-60×10^{-5}～0 m/s²，走向南北。西菲

律宾海盆可见北北东向异常低值，与转换断层对应，而花东海盆不明显。花东海盆西南具北北西向负异常带，异常值为–40×10⁻⁵ m/s²，强度低于加瓜海脊东侧。Hsu等（1998）发现加瓜海脊东缘存在明显的南北向正布格重力异常低区，认为可能代表地壳的主要断裂带，并将花东海盆与西菲律宾海盆分离开来。

图11.3 花东海盆及邻域空间重力异常平面等值线图

二、磁异常特征

花东海盆及西菲律宾海盆磁异常面貌似乎较为杂乱，与重力异常明显不同，磁异常并未显示明显的优势走向，局部异常特别发育。整体上西部、北部和东南部异常较平缓，中部异常则呈现幅值高变化大，变化快的特征，异常幅值范围为–320～245 nT（图11.4）。该区地磁倾角为27°～36°，由于斜磁化的影响，由岩层感应磁化率引起的磁异常会不同程度向南偏移，因此磁性体与相应的磁异常特征在地理位置上不能完全对应花东海盆中北部，似有近东西走向异常，Hilde等（1984）将其识别为磁异常条带C17～C19。加瓜海脊大致对应于高磁异常，南北走向，但北部不明显。西菲律宾海盆异常呈团块状分布，大致可识别北西西走向异常，与吕宋–冲绳断裂带等转换断层垂直，为海底扩张的产物，但可能明显受扩张后岩浆活动的改造。

按照Hilde和Lee（1984）的分析和对比在花东海盆中北部可见C17、C18、C19磁异常条带（图11.5），推测主要扩张期为始新世时期。而根据实测数据绘制的磁异常平面图（图2.3）中的磁异常面貌较为杂乱，花东海盆中北部仅见东西方向显现弱线性磁异常，即使在西菲律宾海盆亦无明显的线性磁异常。

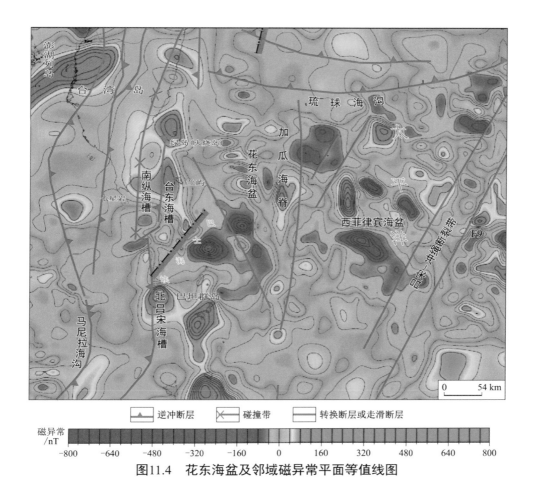

图11.4 花东海盆及邻域磁异常平面等值线图

三、重、磁、震联合建模

选取东西走向GXM130测线进行重、磁、震联合反演（测线位置见图2.5），以揭示深部构造特征。该测线自西向东跨越了马尼拉增生楔、吕宋海槽、花东海盆、加瓜海脊和西菲律宾海盆等多个构造单元。重、磁、震剖面联合建模结果参见前文。

重、磁、震联合建模表明，花东海盆、加瓜海脊及东侧凹陷对应的地壳密度与陆壳上地壳接近，远低于西菲律宾海盆洋壳密度。可能指示了花东海盆的洋壳范围可能局限在盆地中部区域，其余区域可能为减薄的陆壳，加瓜海脊及东侧凹陷可能亦非典型大洋地壳。花东海盆与加瓜海脊下地壳密度比西菲律宾海盆小，这似乎不支持Deschamps等（2000）根据拖网样品测年将花东海盆时代定为白垩纪。Kao等（2009）也注意到花东海盆洋壳密度更小，P波传播速度更慢，认为其年龄不应属早白垩世。Chen等（2006）认为一海洋岩石圈俯冲到另一板块之下形成双地震带（DBZ）宽度，随着俯冲板块的年龄越大其宽度也越大，但由花东海盆沿琉球海沟俯冲到欧亚板块之下形成的DBZ宽度不过15～20 km，因此推则其年龄介于15～30 Ma。

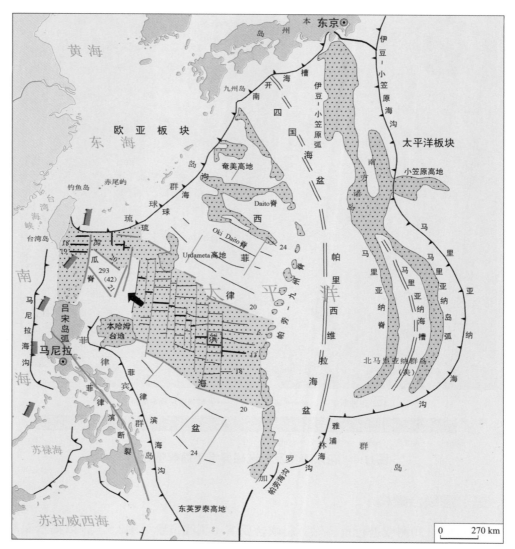

图11.5　花东海盆及西菲律宾海盆磁条带分布图（据Hilde and Lee，1984，修改）

四、花东海盆及西菲律宾海盆磁异常源相对深浅

位场向上延拓具有压制异常浅部干扰，突出深部异常信息的功能。随着向上延拓高度的增加，异常的浅部信息不断减少，深部异常源的信息得以体现。

花东海盆及西菲律宾海盆磁异常向上延拓不同高度（5 km、10 km、20 km、30 km）后的结果（图11.6），经对比发现磁异常所反映的场源分布有以下特点：

（1）随着向上延拓高度增加，磁异常的整体格局有所改变，图幅中部Ⅱ区的磁异常面貌由复杂变简单，异常走向亦由杂乱变得清晰。

（2）经向上延拓计算，对研究区各种走向的磁异常源相对深浅作简要分析，Ⅰ区（欧亚板块异常区）西部的台湾岛以及南面的增生楔磁异常走向由浅及深一直以近南北走向为主，仅在该区西北角显示近东西走向的异常特征；Ⅰ区北部的琉球沟弧体系磁异常走向由浅及深始终以不连续的北西走向为特征。Ⅱ区（西菲律宾海板块异常区）的磁异常走向主要有北西、北东和近东西，经向上延拓后，北西走向的磁异常明显比北东走向更有优势。

以上分析表明，各磁异常分区的磁异常优势走向及异常源相对深浅有差异。Ⅰ区的磁异常优势走向为近南北走向，该走向的磁异常源由浅至深均有分布，应与欧亚板块与西菲律宾海板块的自北向南的碰撞有关；Ⅱ区的磁异常优势走向均为北西走向，表明在一定程度上与基底及深部地壳构造走向密切相关。Ⅱ区主要包括花东海盆和西菲律宾海盆，其深部延拓磁异常优势走向均为北西，具有较好的一致性，显示出成因上的形似性。

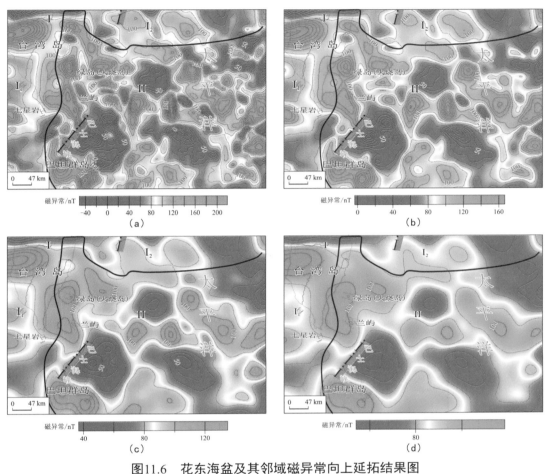

图11.6　花东海盆及其邻域磁异常向上延拓结果图

（a）磁异常上延5 km；（b）磁异常上延10 km；（c）磁异常上延20 km；（d）磁异常上延30 km

第三节　花东海盆–加瓜海脊成因认识

Deschamps等（1998）利用多波束测深和多道地震（六道）资料对花东海盆和加瓜海脊进行较详细的研究，认为加瓜海脊属菲律宾海板块，在西菲律宾海扩张的第二阶段，加瓜海脊所在位置形成南北走向的转换断层，并于41～44 Ma，沿断裂带形成加瓜海脊。加瓜海脊形成后，其西侧形成花东海盆。同时提出了加瓜海脊及花东海盆的形成演化模型（图11.7）。

Yang和Wang（1998）北西–南东向OBS测线，注意到花东海盆地壳度约10 km，比正常洋壳厚。Mcintosh和Nakamura（1998）对琉球弧前盆地东西向OBS数据分析认为，俯冲板片从东往西明显增厚，加瓜海脊两侧洋壳明显不同。通过对花东海盆–加瓜海脊及其邻区开展重、磁、震等调查，对地层、构造特征进行研究，取得一些认识。

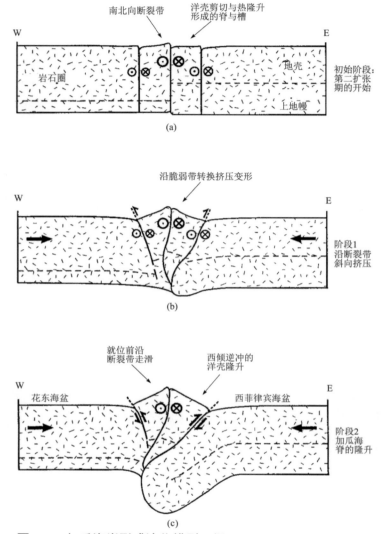

图11.7　加瓜海脊形成演化模型（据Deschamps et al.，1998）

（1）多道地震层序学分析表明，花东海盆下部地震层序与南海东北部中生界的地震层序完全不同。南海中生界地震层序反射波组一般角度较大，与南海新生代地震层序呈大角度削截关系；而花东海盆下部地震层序大部分反射波组为波状–平行反射结构，同上覆层序以小角度削截关系或平行叠覆关系相接触，因此花东海盆未发现与南海东北部相当的中生界层序。同时发现花东海盆和西菲律宾海盆各地震层序基本可以对比，虽层序厚度差异较大，但层序的旋回变化和总体结构相似，尤其T$_6$反射界面可对比性很强，说明两海盆演化历程紧密关联。

（2）重、磁、震联合建模表明，花东海盆地壳密度不比西菲律宾海盆大，而且略小，其洋壳时代不应属早白垩世。

（3）Deschamps等（2000）文章中RD19测站位置有误，按文章的经纬度数据应在北吕宋海槽，不在花东海盆，该处没有基底岩石露头出露。RD19测站和RD20测站分别位于吕宋岛弧两侧的北吕宋海槽和花东海盆获得相同的辉长岩，而RD20测站东部的加瓜海脊至今拖网所获主要为生物化石和玄武岩，未发现辉长岩。因此RD19测站和RD20测站拖网样可能不是原地基岩，可能来自巴坦群岛崩塌基岩。

基于以上认识，我们认为花东海盆与西菲律宾海盆可能是同期的产物，或花东海盆是西菲律宾海盆的一部分。同时也注意到加瓜海脊东侧是一重要的构造边界，其东侧存在很明显的线性重力负异常，而且其与西菲律宾海盆的北东向转换断层明显不吻合。我们认为加瓜海脊本来是西菲律宾海盆的转换断层，在该海盆形成，伴随北移和右旋运动过程，受到挤压，东部的板块往西初始俯冲，形成加瓜海脊的隆升。继续北移过程，加瓜海脊北段俯冲于琉球之下或西部受阻，使其无法旋转，而西菲律宾海板块继续右旋约30°，使得加瓜海脊与西菲律宾海转换断层间出现该夹角，同时加瓜海脊东侧形成中间窄、向南北变宽的拗陷。

因此，大多数证据支持花东海盆是西菲律宾海盆的一部分，推测两者均是新生代扩张形成的。加瓜海脊曾是西菲律宾海盆的转换断层带（图11.8），在西菲律宾海板块往北右旋漂移的过程中，受到挤压，加瓜海脊东侧洋壳往西俯冲，形成转化加压带。在继续右旋往北过程，其西部可能与欧亚大陆碰撞，导致加瓜海脊及其西侧的花东海盆未进一步旋转，而其以东的西菲律宾海盆继续右旋，是加瓜海脊与西菲律宾海盆转换断层之间形成30°的夹角。

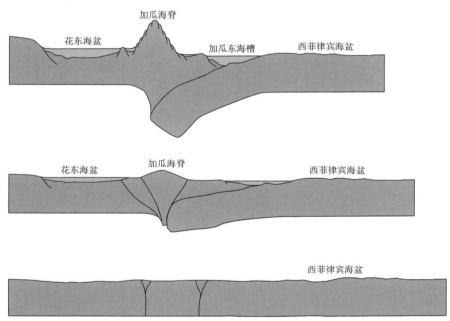

图11.8 花东海盆-加瓜海脊-西菲律宾海盆演化的剖面模型

第 / 十二 / 章

南海构造演化

第一节　南海周边新生代地球动力学背景

南海周边，包括东南亚地区，新生代主要受三大板块活动和重组事件的影响。西部是印度板块不断往北漂移，特提斯洋逐渐消亡，最后印度板块与欧亚板块碰撞；中部澳大利亚板块往北漂移与东南亚（巽他）板块碰撞；东部菲律宾海板块的形成及其往北漂移与旋转。东南亚地区新生代的构造演化主要受到这三种构造因素综合作用和影响，但不同时期所起作用不同。南海是在此区域构造背景下形成，需要综合考虑这三方面区域构造共同作用。

西部印度板块自白垩纪裂离南极后，迅速往北漂移，大约65～50 Ma，印度-澳大利亚板块和欧亚板块开始接触，到43.5 Ma二者全面碰撞。印度-亚洲板块碰撞势必对东南亚构造格局产生重大影响，对此有大量的讨论。其中端元模型是印度-亚洲板块碰撞导致据地壳块体沿哀牢山-红河剪切带挤出，认为是南海张开的主因（Tapponnier et al.，1986；Replumaz et al.，2003）。显然该模型忽略中东部的构造因素。

中部澳大利亚大陆从晚白垩世早期开始裂离南极，向北运动（Royer et al.，1989）。但Hall（2012）认为90～45 Ma为间歇期，澳大利亚大陆往北运动缓慢，45 Ma之后，才加速向北漂移（Pubellier and Meresse，2013）。渐新世开始，澳大利亚-巽他大陆强烈的斜向碰撞导致澳大利亚大陆碎块被挤出，往西拼贴至巽他大陆，碰撞点在苏拉威西和布敦岛附近。中新世末，澳大利亚大陆被动陆源才到巽他海沟，帝汶岛开始形成（Audley-Charles，2004；Harris，2006）。由于现在澳大利亚陆壳已部分俯冲于巽他板块东南之下，与巽他包括发生碰撞（Pubellier and Meresse，2013），因此澳大利亚板块的洋壳俯冲历程及其对周边的影响已难认识。

东部太平洋板块往西北的俯冲，渐新世太平样板块俯冲方向由北北西向转变为北西西向。早始新世，菲律宾海板块开始形成，顺时针旋转并往北漂移，其形成演化过程不仅对东南亚陆源产生重要作用，也使其复杂化。

因此，南海新生代形成演化过程除了受到印度-欧亚板块碰撞和楔入、太平洋-菲律宾海板块向北的运移和向西的俯冲、澳大利亚板块的俯冲-碰撞等一级区域动力因素的控制之外，古南海的俯冲、曾母地块、南沙地块和加里曼丹地块之间的俯冲-碰撞、南海的扩张、洋脊的跃迁和南海的闭合等是影响盆地发育和构造地层充填响应的更为直接的因素。

一、古新世—早始新世

晚白垩纪，东南亚的大陆边缘发生了很大的改变，古太平洋俯冲结束，岩浆作用停止，区域构造背景由北西-南东向挤压转为北西-南东向拉张，华南地区前新生代地层发生不同程度的断裂作用和岩浆侵入，开始形成早期裂谷。

新生代早期，巽他东部陆架显示一系列跨时边缘盆地，张开呈扇形，被带状大陆和大陆碎块所分割。这些盆地中最老的是古南海，已完全俯冲消失，其几何形态只能间接推测（Pubellier and Meresse，2013）。古新世，南海北部的珠江口盆地、北部湾盆地，以及南海南部的礼乐盆地、曾母盆地开始发育早期裂谷，随后莺歌海盆地和琼东南盆地于始新世开始形成裂谷。

通过对巽他地区新生代应力场分析（Pubellier and Meresse，2013），早始新世是巽他大陆重要的拉张期，使白垩纪燕山构造和花岗岩顶界面之上的拆离和低角度断层复活（Meresse et al.，2012）。早始新世，沉积地层不整合覆盖于老地层之上，巽他大陆总体处于拉张环境，尤其是东部和南部。

苏拉威西海（西里伯斯海）早期裂谷基本没有年龄数据，ODP124航次钻探证实，海盆时代为中始新世早期。随着苏拉威西海的拉伸，早始新世（45 Ma之前），望加锡盆地在原有大型转换断层——桑库利朗（Sangkulirang）断层的基础上，开始由北往南张开，形成类似于南海的传导（Huchon et al.，2001；Cullen，2010），南望加锡往南逐渐变新，南端为中渐新世（Bachtiar et al.，2013；Kupecz et al.，2013）。

巽他南部的萨武（Savu）盆地和弗洛勒斯（Flores）盆地勘探程度低，这两个盆地曾经相连，后来被弗洛勒斯火山弧分开（Fleury et al.，2009）。早始新世（50 Ma）弗洛勒斯盆地开始出现地层；萨武盆地具始新世—中中新世基底层序。

二、中—晚始新世

中—晚始新世，拉张范围明显扩大，尤其往西部发展，巽他许多地区出现裂谷，从北部的南海至南部的爪哇盆地。此时苏拉威西海已出现洋壳，海底扩张从中始新世初开始活跃，中始新世晚期扩张结束。东爪哇和望加锡海峡更多出现海相环境。南加里曼丹岛与爪哇之间，北东东-南西西至北东-南西盆地，形成一系列高低构造格局，这受到早期加里曼丹岛与阿尔戈（Argo）地块碰撞构造的控制。

望加锡海峡是很快的裂谷带，350～400 km宽，其裂谷次盆发育于加里曼丹岛东缘和苏拉威西西缘陆地。最早裂谷作用可能出现于古新世至早始新世，在北望加锡海峡中部，而最新盆地的初始裂谷出现在中始新世，出露于陆地区（Cloke et al.，1997；Bachtiar et al.，2013）。苏门答腊北部、中部和南部的盆地张开始于约45 Ma的中始新世（Williams and Eubank，1995；Sudarmono and Eza，1997；Hakim et al.，2007）。

Hall（2009）认为，45 Ma之后澳大利亚板块才开始快速往北漂移，苏门答腊和爪哇的火山活动始于中始新世。因此，俯冲作用增强的开始对应于裂谷作用的增强。

三、渐新世

东巽他的大部分盆地在30 Ma前后与40 Ma相似。南海的盆地持续拉伸。南海扩张中心的发育是巽他中东部的主要事件。根据Briais等（1993）研究，扩张时间为32～16 Ma，初始扩张出现在北部（32～25 Ma），随后在25～20.5 Ma往南跃迁。由于南海东部已沿马尼拉海沟俯冲于菲律宾海板块之下，南海东部的海底扩张可能更早，大约37.8 Ma（Yeh et al.，2001）。珠江口盆地沉降和拉张主要在中始新世至早渐新世，在30 Ma后拉张活动明显下降，尽管局部断层活动可进入中新世（Xie et al.，2006；Wu et al.，2009）。南海南部边缘巴拉望岛晚始新世至渐新世也发育有裂谷盆地（Franke et al.，2011）。区域不整合（30～32 Ma）出现在南海的南北边缘，对应于东部次海盆的破裂。

南海西南，裂谷持续至渐新世，西至湄公盆地早渐新世仍为河湖相沉积。渐新世是湄公盆地的主裂谷期（Fyhn et al.，2009），少量拉伸持续至早中新世（Pubellier and Meresse，2013）。

望加锡盆地从始新世末—早渐新世开始裂后沉降，比中新世开始缩短要早。望加锡海峡南部，在晚始新世或早渐新世出现反转，标志着主拉伸阶段结束。局部拉伸停止，而该区其他盆地持续拉伸表明，该机制受到局部作用，可能反映沿巽他俯冲带的自由边界停止，或局部俯冲后撤的结束。望加锡海峡深水裂谷次盆主体上覆早渐新世裂后沉积，Paternoster台地的西部深水陆源地区拉伸持续至渐新世，甚至可能至晚渐新世—早中新世（Kupecz et al.，2013）。西纳土纳盆地、东爪哇海盆地、巴里托（Barito）盆地和阿瑟姆（Asem）盆地早渐新世裂谷作用也停止。

四、早中新世

巽他地块东部、中部和南部发育的盆地在早中新世发生重大变化，东苏拉威西地块开始碰撞增生，盆地开始缩短。望加锡海峡尽管出现一些小的反转，依然未受苏拉威西变新的大规模影响。与薄的渐新世深水沉积相比，中新世裂后沉积明显加快。泰国湾东部盆地[高棉（Khmer）、北大年（Pattani）、北马来盆地]、马来盆地、琼东南盆地、莺歌海盆地、中苏门答腊盆地、南苏门答腊盆地和西爪哇盆地裂谷作用停止。始新世至渐新世形成的裂谷盆地活性开始下降。

至早中新世末，只有与巽他地块西北相关的裂谷作用及南海传导的残余。在南沙地区裂谷作用持续至早中新世，在早—中中新世停止，以中中新世不整合（或南海不整合）为界。在沙捞越陆架，塔陶和巴林坚地区显示两个裂谷阶段，30～32 Ma的破裂不整合将晚渐新世—早中新世的拉张（Madon et al.，1999）与始新世—早渐新世裂谷（Cullen，2010；Madon et al.，2013）分开（Pubellier and Meresse，2013）。

早中新世晚期，苏禄海开始张开，底部为红褐色放射虫泥岩。但在卡加延脊翼部的沉积记录为晚中新世（Nichols et al.，1990），上覆火山碎屑沉积年龄为15～19 Ma（Silver and Rangin，1991）。往苏禄海北侧（三宝颜半岛），变质岩上覆安山质砾岩、超铁镁质角砾岩、燧石和钙质角砾岩，推测时代为16～14 Ma（Silver and Rangin，1991）。因此认为苏禄海的张开，可能与岛弧–弧后背景有关。西北苏禄海早中新世沉积物可与巴拉望岛对比（Pubellier and Meresse，2013）。

第二节　南海成因及其演化

西太平洋边缘是现今规模最大、构造最复杂的板块边界，形成一系列边缘海。南海处于北东向与北北西向海盆链的转折部位，同时受到欧亚板块、菲律宾海板块与澳大利亚板块共同作用，形成复杂的构造环境（Pubellier and Meresse，2013；李学杰等，2017）。

近几十年来，南海持续受到多方关注，广州海洋地质调查局开展了大量的基础地质调查与研究，以及三轮ODP-IODP的钻探（Prell et al.，1999；Li et al.，2014；Sun et al.，2018）。2010年开始，国家自然科学基金委资助"南海深海过程演变"重大研究计划，主要聚焦南海北部和海盆区，以多学科、多视角对南海深海过程及其演变进行研究，取得世界瞩目的成果。

尽管对南海已进行较深入的研究，认为在西太平洋边缘海中，南海的研究程度最高。但由于南海特殊的构造背景以及多板块的相互作用，同时南海在形成之后，其东缘和南缘构造出现极大的改变，增大了南海成因认识的难度，使得南海的形成与演化至今仍存在很大的争议（Briais et al.，1993；Zhou et al.，1995，2008；Sun et al.，2006）。

一、主要模型与存在的问题

对于南海的形成演化，已提出了许多不同的观点，其中影响较广泛的包括挤出模型（Tapponnier et al.，

1990；Briais et al.，1993；Replumaz et al.，2003）、弧后扩张模型（Hilde et al.，1977；Sun，2016）、大西洋型扩张模型（Ben-Avraham et al.，1973；姚伯初，1997）、古南海俯冲-拖曳模型（Holloway，1982；Taylor and Hayes，1982；Hall，1996）、地幔柱引起的拉张模型（邓晋福等，1992）、右行走滑拉分模式（许浚远和张凌云，2000a，2000b；栾锡武等，2009）、古南海俯冲-拖曳与印支地块挤出结合的模型（Morley，2002；周蒂等，2002；Sun et al.，2006）、山根拆沉成因观（刘海龄等，2017）、左旋剪切断层作用（Huang et al.，2019）等。

南海成因的众多模型中，一些模型因与大量地质现象和事实不吻合，没有得到广泛的支持。影响最广的是印支地块挤出模型和古南海俯冲-拖曳模型。

（一）印支地块挤出模型

Tapponnier等（1982，1990）、Briais等（1993）根据物理实验，结合地质观测提出，印度与欧亚大陆的碰撞导致印支地块沿哀牢山-红河左旋断层往南挤出超过700 km，从而使得南海海盆张开。该模型似乎很合理，在国内也得到广泛的引用和支持（夏斌等，2004，谢建华等，2005）。通过大量地质调查，发现该模型存在许多与实测地质不吻合的问题。

（1）南海扩张是华南大陆边缘晚白垩世以来长期裂谷作用的结果。这些裂谷的发育时间比哀牢山-红河断裂带开始时间（约40 Ma；Taylor and Hayes，1982；Liang et al.，2007）要早得多，而南海海盆开始扩张时间（32 Ma）却更晚，因此两者在时间上并不吻合（Sun，2016）。

（2）印支地块沿哀牢山-红河断裂带挤出，西缘断裂左旋位移，若是南海扩张的主因，那么扩张应从西往东发展，而实际情况正好相反。

（3）南海西缘断裂左旋运动往南延伸终止于绥和断裂，其南部的万安东断裂变为右旋，而绥和断裂仍处于西南次海盆的北侧，显然不足以导致海盆扩张。同时南海西缘走滑拉张盆地的沉积厚度以新近系为主，表明古近纪西缘走滑可能规模不大。

（4）哀牢山-红河断裂带走滑位移量比完全挤出构造模型需求量小得多（Searle，2006），本身不足以支撑南海的扩张。

（5）Tapponnier等（1982）的实验将印支地块南侧和东侧设为自由边界，这显然与实际情况完全不同。印支地块以及南海周边有不同板块，且不同板块之间有复杂的构造边界与相互作用，东侧的太平洋、南侧包括已消亡的新特提斯和古南海等。

显然挤出说模型过于简单，难以解释南海盆地发育的几何形态、时间及其复杂性。西藏-喜马拉雅重力势效应没有往南延伸太远，未及东南亚（Pubellier and Meresse，2013）。

（二）古南海俯冲-拖曳模型

古南海俯冲-拖曳模型，推测现南海南侧存在古南海，其往南俯冲-拖曳导致其后华南陆缘的拉张和裂谷作用，形成南海（Lee et al.，1995；Hall，1996；张功成等，2015）。

由于古南海已俯冲消亡，古南海的存在与规模是支持该假说的关键。纳土纳群岛—加里曼丹岛北部—中南巴拉望岛一线的蛇绿岩套和西布碰撞增生带支持古南海的存在，并支持该假说。认为拉姜群和克罗克组是古南海的深海沉积，沿卢帕尔线往南俯冲形成增生楔。致使古南海的存在可以得到证实，但该模型依然存在以下致命的问题。

（1）加里曼丹岛西北部沙捞越拉姜群深海沉积结束于中或晚始新世，形成沙捞越造山（Cullen，2014），即南海张开之前，廷贾线以西的古南海已消亡，曾母地块与加里曼丹岛碰撞隆升。这表明南海扩张与廷贾线以西的古南海无关。

（2）加里曼丹岛往东北的克罗克组深水沉积可能延至中中新世，表明古南海从西往东逐步消亡，西布碰撞增生带变新，南海的张开也应该由西往东发展，这也与事实不吻合。

（3）较薄的古海南洋壳往南俯冲如何导致较厚的华南陆壳岩石圈张裂，进而导致南海扩张，其动力学机制是很大的问题，Sun（2016）认为从现有残留的蛇绿岩分布来看范围有限，不可能拉开很厚的华南岩石圈。

（4）现在层析成像揭示，古南海板片只有部分往南俯冲于加里曼丹岛之下，大部分往北俯冲于现今南海之下，几乎整个南海区域（Wu et al.，2016；Wu and Suppe，2018）。

（三）西南次海盆先扩张模型

基于对华南构造的深入研究，华南北东向构造往往老于近东西向构造，姚伯初等（2004）提出，南海海盆经历两次扩张形成，第一次发生在晚始新世至早渐新世，扩张方向为北西-南东向，产生了西南次海盆和西北次海盆；第二次发生在晚渐新世至早中新世，扩张方向为南北向，产生了东部次海盆。而且认为南海属大西洋式扩张，经过大陆张裂、大陆分离和海底扩张的全过程（姚伯初，1997）。

南海IODP钻探之后，其扩张时间已得到解决，东部次海盆最早开始扩张时间约33 Ma，23.6 Ma扩张轴往南跃迁，同时西南次海盆开始扩张，于约15 Ma东部次海盆扩张结束，约16 Ma西南次海盆扩张结束（Li et al.，2014b）。因此西南次海盆先扩张模式与事实不吻合。

（四）地幔柱引起的拉张模型

地幔柱模型认为，南海的扩张是地幔柱活动的结果（鄢全树和石学法，2007；Xu et al.，2012）。邓晋福等（1992）认为东亚大陆下存在的三个地幔柱形成了南海、日本海、鄂霍次克海，在这三个边缘海及其西部大陆内形成大面积新生代裂谷玄武岩。李思田等（1998）基于对北部湾盆地、莺歌海盆地、琼东南盆地和珠江口盆地新近纪以来的构造-沉积充填、热及深部背景的研究，认为南海地幔柱及侧向地幔流是今后探讨南海及其边缘盆地的形成演化的首选。

地震层析成像显示，南海下面存在高温异常（Zhao，2007）。认为海南岛周围之下可能存在地幔柱，近垂直从浅部向下穿越660 km界面，并延伸到1900 km。鄢全树和石学法（2007）建立海南地幔柱导致南海形成的模式。然而典型地幔柱头特征的大规模岩浆作用，在南海及周边地区不存在，使得该假说未能得到大多数学者的支持。

（五）弧后扩张模型

弧后扩张是西太平洋边缘海的主要成因模式，也是认识南海的最早模型之一，早期将南海看作菲律宾海板块的俯冲的弧后盆地（Karig，1971；郭令智等，1983）。随着对西太平洋认识的提高，发现菲律宾岛弧是随菲律宾海的扩张往北漂移逐步就位的，与南海形成无关。

Hilde等（1977）提出南海是澳大利亚大陆与欧亚大陆间新特提斯洋俯冲导致的弧后盆地。根据该模型，新特提斯洋往北俯冲可能始于约125 Ma，南海的拉张始于约100 Ma，这与实际情况不吻合，整个华南在100 Ma时主要为挤压（Li et al.，2014b；Sun，2016）。

任建业和李思田（2000）认为印度-欧亚板块碰撞所形成的向东和东南的地幔流可能推动了东亚大陆东侧和南侧俯冲带的后退，并引发弧后扩张作用，形成南海、苏禄海等。Sun（2016）对南海弧后扩张模型进行完善，认为南海形成于澳大利亚板块与欧亚板块之间新特提斯洋板块往北俯冲导致的弧后扩张，并提出较完整的模式，认为：①澳大利亚板块与欧亚板块之间新特提斯洋往北俯冲可能始于约125 Ma，早期的俯冲弧后拉张，可能形成古南海；②当特提斯扩张脊开始俯冲时，构造机制从拉张转向挤压，可能触发或促进古南海的俯冲；③随着往北俯冲的持续，古南海消亡，同时北部开始南北向的弧后拉张，33 Ma南海开始海底扩张。该模型在前人的基础上，引入古南海概念，具有明显进步，但特提斯洋约125 Ma开始俯冲，为何到33 Ma才开始扩张，而且新特提斯洋离南海扩张轴相距甚远，可否形成弧后扩张，仍有待商榷。

（六）左旋剪切断层作用模型

基于南海几何形貌、大洋钻探、马尼拉海沟以东海-陆地质研究结果等，发现南海海盆的形成机制可能主要源自东侧走滑断层引起，即花东板块向北移动，欧亚板块间发生左行走滑构造，提出了南海形成新机制及演化过程的左旋剪切断层假说（Huang et al.，2019）。南海继承了华夏块体晚中生代基盘的走滑构造；古新世—始新世时在减薄的欧亚大陆地壳上形成菱形伸张盆地；渐新世早期（甚或始新世时），欧亚板块-花东板块间左行走滑构造，以及古南海向南俯冲形成板片拉力，首先在现今马尼拉海沟以东400 km处经海洋洋壳扩张形成三角形的南海东部次海盆；洋中脊向西南方向迁移前进，在早中新世（23 Ma）中南-礼乐断裂以西开始形成西南次海盆；在中期中新世（18 Ma）原来位于欧亚板块-花东板块走滑边界转变为马尼拉海沟，南海东部次海盆沿马尼拉海沟向东俯冲于花东板块之下，形成台湾岛-吕宋间的增生楔及吕宋火山岛弧。迄今，南海东部次海盆已向东消减了400 km宽，原始的欧亚板块-花东板块间的走滑构造及最早形成的南海已俯冲到花东板块之下，花东板块持续向西北移动到目前位置，形成南海现今形貌。

（七）综合模型

南海张开的综合模型结合了几种事件，如古南海俯冲-牵引与印度-欧亚板块碰撞产生的地幔流结合（Sun et al.，2006；Tang and Zheng，2013），古南海俯冲-牵引与印支地块往南挤出结合（Morley，2002），多种板块俯冲、剪切与碰撞等。此外，还有其他不同认识与演化模型（林长松等，2006；蔡周荣等，2008；李三忠等，2012）。但综合模型以及其他不同认识，依然存在诸多问题，没有得到广泛的接受。

二、区域构造特征对南海成因的控制作用

南海及邻域新生代主要受三大板块活动与重组事件的影响。西部印度板块不断往北漂移，最后与欧亚大陆碰撞；中部澳大利亚板块往北漂移与东南亚（巽他）碰撞；东部古太平洋往北西运动，以及菲律宾海板块的形成及其往北漂移与旋转。南海是此区域构造背景中形成，需要综合考虑这三方面的共同作用，才可能更好认识其成因。

（一）西部印度板块的运动及其与欧亚板块碰撞

早白垩世（125～130 Ma）开始，印度板块、澳大利亚板块相继与南极板块分离，往北漂移（Sun，2016），两者分别往北漂移60°和40°（Mcelhinny et al.，1974）。西部的印度板块白垩纪裂离南极后迅速往北漂移，始新世（55～34 Ma；王二七，2017）与欧亚板块碰撞，该碰撞导致印支地块以及南部地区沿哀牢山-红河断裂带向东南挤出数百千米（Lee and Lawver，1995；Wang and Burchfiel，1997；Replumaz and Tapponnier，2003）。根据热年代证据和同构造沉积物测年，通常认为哀牢山-红河断裂带左旋运动始于始新世至早渐新世（Leloup et al.，2001；Viola and Anczkiewicz，2008），或始

于晚渐新世至中新世（Fyhn et al.，2009）。

哀牢山–红河断裂带的东延进入莺歌海盆地。研究表明，莺歌海盆地边界断裂古近纪存在明显左旋运动与拉张，且其左旋运动量可能相当大（Fyhn，et al.，2009）。该左旋边界断裂往南延伸至中建南盆地，再往南终止于绥和断裂带，其南侧的万安东断裂以右旋为主（Clift et al.，2008）。

南海西缘发育的一系列受走滑控制的沉积盆地，从北往南，包括莺歌海盆地、琼东南盆地和万安盆地。从南海西部新生代沉积厚度来看，西缘断裂对沉积盆地及沉积厚度的控制作用明显[图12.2(a)]。其中古近系厚度较小[图12.2(b)]、新近系厚度大[图12.2(c)]，似乎表明西缘断裂对南海影响主要在新近纪。另外，印度板块的快速往北运动，新特提斯洋的往北俯冲挤压，使其东部华南陆缘从新生代初开始产生拉张环境。

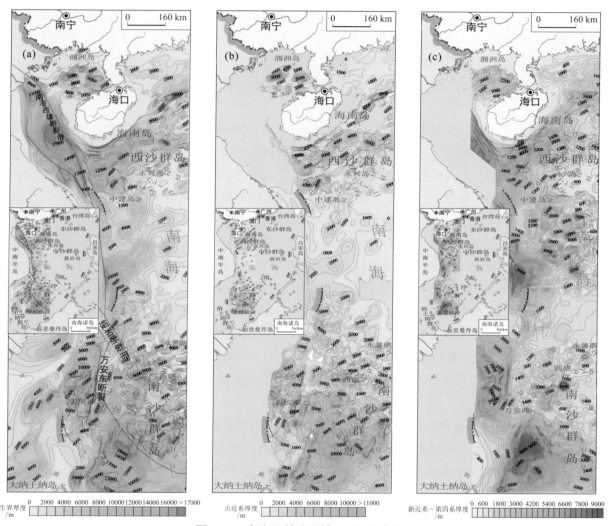

图12.2　南海西缘断裂与沉积厚度图

（二）中部澳大利亚板块的运动与古南海形成

中部澳大利亚板块大致与印度板块同时裂离南极，约125 Ma澳大利亚板块与欧亚板块之间新特提斯洋开始往北俯冲（Sun，2016），但其运动速度印度板块慢得多，这主要是由于新特提斯洋的往北俯冲于加里曼丹岛之下，导致其北侧出现弧后拉张，形成古南海。古南海扩张，新特提斯往北俯冲消亡，两者相互抵消，使得澳大利亚板块往北运动极为缓慢。

加里曼丹岛西部具古生代陆核，西南加里曼丹岛古生界主要为石炭纪至二叠纪变质岩。西北加里曼丹区，包括含化石的石炭纪灰岩、二叠纪—三叠纪花岗岩、三叠纪海相页岩、侏罗纪含菊石沉积和白垩纪混杂岩（Williams et al.，1988）。在沙捞越，三叠纪植物区系为亲华夏型，与中南半岛可对比（Hall et al.，2008；Hall，2013）。

澳大利亚板块北侧新特提斯往北俯冲于加里曼丹岛之下，在施瓦纳山形成岛弧，白垩纪出现花岗侵入岩（Galin et al.，2017）。Hall（2012）认为，从西爪哇至东南加里曼丹岛梅拉图斯山脉北东-南西梅拉图斯缝合线，是白垩纪巽他陆壳的东南边界。该线东南的爪哇和东南加里曼丹岛为蛇绿岩、岛弧地层及高压-低温变质岩，代表了早白垩世新特提斯往巽他俯冲形成的俯冲带。碰撞-增生体包括海底扩张、岛弧火山、大洋与弧前沉积以及变质作用等构造单元（Wakita and Munasri，1994；Wakita，2000）。中爪哇Luk Ulo杂岩包括蛇纹石化的超基性岩、玄武岩、燧石、灰岩、硅质页岩、页岩、火山角砾岩、高压低温超高压变质岩等（Wakita，2000）。该缝合的年龄，根据爪哇变质岩的K-Ar年龄测定，高压-低温变质作用时间为124～117 Ma，Luk Ulo枕状熔岩相关的放射虫为早白垩世（Wakita and Munasri，1994；Hall，2012）。该缝合线应是新特提斯洋消亡的产物，俯冲导致其北侧早白垩世末—晚白垩世初弧后扩张形成古南海（Hall and Smyth，2008）。

以往通常认为古南海往南俯冲（Hall，2002；Clift et al.，2008；Hutchison，2010；Tang and Zheng，2013），现根据层析成像揭示，古南海存在往南和往北的双向俯冲，与现在的马鲁古海板块往东西两侧双向俯冲类似。古南海板片南北长度达1600 km（Wu et al.，2016），其西南部分（古南海南板片）沿卢帕尔线往南俯冲于北加里曼丹岛之下，其消亡导致曾母地块与北加里曼丹岛碰撞。

古南海往南沿卢帕尔俯冲消亡，得到加里曼丹岛北部广泛分布的增生体、蛇绿岩侵位、火山活动、挤压变形、隆起、地壳增厚的证实（Hall and Smyth，2008；Fyhn et al.，2009；Madon et al.，2013）。卢帕尔线蛇绿岩及蛇绿混杂岩出露于纳土纳群岛—加里曼丹岛北部—巴拉望岛南部一线分布。始新世（约43 Ma），曾母地块与加里曼丹岛碰撞隆升，形成沙捞越造山（Hutchison，1996；鲁宝亮等，2014）。在海域也有明显表现，T_8不整合面，被命名为西卫运动（杨木壮等，1996）。

另外，古南海北板片大致于始新世开始往北俯冲于南沙和北巴拉望之下，几乎整个南海海域之下存在古南海俯冲板片（长度达900 km；图12.3、图12.4），而且南海与古南海俯冲板片东缘基本吻合，表明两者关系密切。因此，可以推测，古南海的往北俯冲导致其弧后扩张，形成现今的南海（Wu et al.，2016；Wu and Suppe，2018）。

巴拉望岛由北巴拉望岛和中南巴拉望岛组成，北巴拉望岛最老地层为二叠系，三叠系至侏罗系为深水沉积的燧石硅质岩。礼乐滩拖网采集的最老岩石为中三叠世灰黑色纹层致密的硅质岩，可与巴拉望岛北部、卡拉棉岛出露的中三叠世燧石条带中所含的放射虫对比。通常认为北巴拉望岛是与南沙地块是随着南海扩张裂离华南的微陆块（Yumul et al.，2008）。

中南巴拉望岛主要是由蛇绿岩和混杂岩所组成的造山带，源于白垩纪期间开始形成的洋盆（Rangin et al.，1990）。中巴拉望岛，蛇绿岩的年龄定为42～40 Ma（Raschka et al.，1985）。南巴拉望岛枕状玄武岩$^{40}Ar/^{39}Ar$年龄为34 Ma（Encarnación，2004）。中南巴拉望岛发育蛇绿岩逆冲构造是卡加延脊和南沙-北巴拉望地块之间俯冲碰撞的结果（Liu et al.，2014），蛇绿岩时代为渐新世（33～23 Ma），逆冲至浊积岩之上（Aurelio et al.，2014）。

中南巴拉望碰撞造山带，是沙巴造山带的东延，其西北部边界是位于巴拉望陆架边缘的锋缘逆冲断裂带，东南部边界为卡加延火山弧与南沙地块之间的弧-陆碰撞缝合线，该缝合线向北东方向延伸逐渐接近卡拉棉微陆块并在菲律宾活动带南侧交会。该缝合线往西与卢帕尔会合，构成完整古南海消亡的缝合线。

（三）东部古太平洋板块俯冲消亡与菲律宾海板块的形成演化

菲律宾海板块是地球第十大岩石圈板块，四周以俯冲带为界，其北部沿琉球海沟和南海海槽俯冲于欧亚板块之下，西部沿菲律宾海沟往菲律宾岛弧俯冲；东部为马里亚纳海沟和伊豆-小笠原海沟；西南为雅浦海沟。

菲律宾海板块有几个新生代次海盆组成，包括西菲律宾海盆、四国海盆、帕里西维拉海盆和马里亚纳海盆。其中，西菲律宾海盆海底扩张始于早新生代，约58 Ma（Hilde and Lee，1984）、55 Ma（Deschamps and Lallemand，2002）或52～51 Ma，结束于34～36 Ma或33～30 Ma（Deschamps and Lallemand，2002）；四国海盆和帕里西维拉海盆在约30 Ma开始扩张，持续至约15 Ma（Sdrolias et al.，2004）；马里亚纳海沟海底扩张始于中新世末（约7 Ma），持续至现在，形成马里亚纳海盆（Yamazaki et al.，2003；Wu et al.，2016）。

图12.3　古南海俯冲板片分布图（据Wu and Suppe，2018，修改）

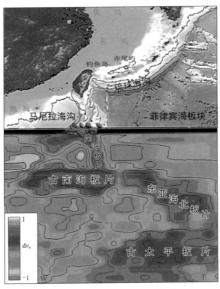

图12.4　南海层析成像剖面图（据Wu et al.，2016，修改；显示南海下存在古南海板片）

古地磁研究表明，菲律宾海板块过去存在大规模的北移和顺时针旋转（Hall et al., 1995a, 1995b; Hall, 2002）。菲律宾海形成初期位于赤道附近，至今往北位移约20°纬度（即约2000 km; Queaño et al., 2007; Yamazaki et al., 2010）。40 Ma以来，印度-澳大利亚板块和菲律宾海板块向北运动速率相当。北菲律宾海古纬度研究表明，菲律宾海往北运动主要出现在25 Ma以前，以及15 Ma后的少量往北运动（Yamazaki et al., 2010; Wu et al., 2016）。

Hall（2002）认为55～45 Ma，菲律宾海板块旋转约50°；40～25 Ma，没有明显旋转；25～5 Ma，顺时针旋转34°；5～0 Ma，顺时针旋转5.5°。这表明帕里西维拉海盆和四国海盆形成于菲律宾海板块不旋转时期（28～25 Ma）至顺时针旋转（25 Ma）时期，扩张停止于15 Ma（Sdrolias et al., 2004）。

菲律宾海板块形成后，大规模往北运动，在其西缘形成大规模的左旋走滑断裂（图12.5）。在弧后大拉张环境中，该走滑断裂将触发由西往东的南北拉张，导致海底扩张。对比菲律宾海盆的旋转，南海扩张期与主要菲律宾海板块没有明显旋转期吻合，可能纯平移剪切更易于导致拉张。

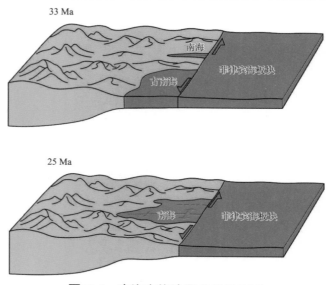

图12.5　南海东缘边界走滑示意图

三、弧后扩张-左旋剪切模型

以上分析表明，现有的许多南海成因模型均曾在明显的缺陷，与实际观测不吻合。我们认为南海的形成主要受三大因素影响：西部印度板块往北漂移及其导致的印支地块挤出；中部澳大利亚板块往北运动，新特提斯俯冲消亡导致其后华南地区形成张性环境；东部始新世后菲律宾海板块形成与北移导致其西缘形成大规模的左旋走滑活动。结合现有资料，综合分析，我们认为古南海俯冲导致的弧后扩张是南海形成的关键，菲律宾海板块北移形成的左旋剪切是扩张的触发因素，印度-亚洲板块碰撞中南半岛挤出左旋走滑导致西南次海盆扩张轴从近东西向转为北东向，提出了南海形成的弧后扩张-左旋剪切模式（李学杰等，2020）。具体演化模式如下（图12.6、图12.7）：

（1）澳大利亚板块于早白垩世（～125 Ma），裂离南极，向北漂移，澳大利亚板块与欧亚板块之间新特提斯洋往北沿梅拉图斯缝合线俯冲消亡，导致其北侧弧后扩张，形成古南海；因此推测古南海可能形成于晚白垩世初期至古新世（100～45 Ma），这与加里曼丹岛北部卢帕尔断裂发现的蛇绿岩大致相当（Wakita and Munasri, 1994; Hall, 2012）。

（2）晚古新世—始新世，古南海开始先后往南北俯冲。古南海西南部主要往南沿卢帕尔缝合线俯冲于北加里曼丹岛之下，于中始新世（43～38 Ma），形成西布（锡布）造山带和卢帕尔缝合线，导致曾母地块与巽他大陆在加里曼丹岛的拼接。在海域形成T_8不整合面，称为西卫运动。

廷贾线以东古南海大部往北俯冲于华南大陆之下，导致华南陆缘处于弧后拉张环境，形成陆缘裂谷，陆壳减薄。这就是南海南北共轭边缘始新世裂谷发育的主要原因。

（3）始新世末，随着古南海往北继续俯冲，裂谷增强，加上东部的菲律宾海板块形成，往北运动（Hall et al., 1995），使得其东缘形成大规模左旋走滑。结果导致早渐新世（33～32 Ma），在原有裂谷的基础上形成海底扩张，南海从东往西呈剪刀式张开。

（4）随着南海扩张的继续，古南海俯冲消亡，受后期挤压逆冲影响，形成沙巴–中南巴拉望蛇绿岩延伸至民都洛蛇绿岩和班乃岛蛇绿岩分布带。

晚白垩世—始新世蛇绿岩是古南海往北俯冲消亡的结果，导致卡加延脊（岛弧）与其北部的巴拉望地块的碰撞缝合线。蛇绿岩在碰撞过程被逆冲至岛弧系之上。

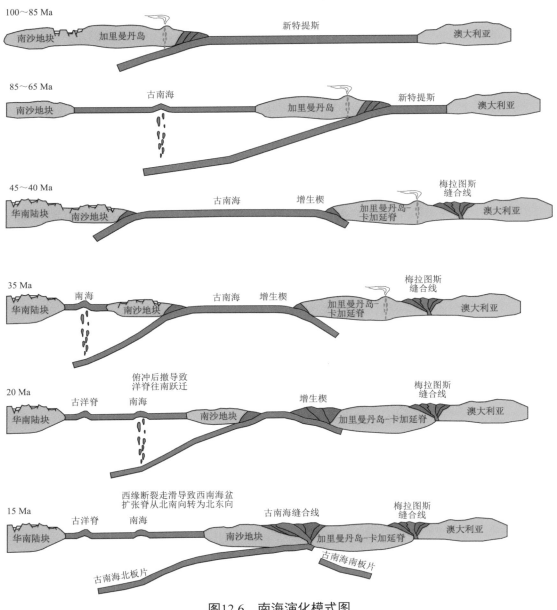

图12.6　南海演化模式图

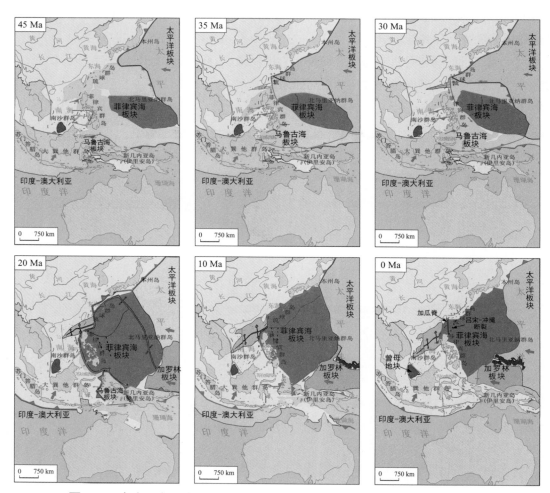

图12.7　南海及邻域新生代构造演化示意图（据Wu et al.，2016，修改）

参 考 文 献

鲍才旺, 薛万俊. 1993. 南海深海平原海山、海丘分布规律及形成环境. 海洋学报, 15(6): 83-90.

毕庆昌. 1987. 台湾碰撞之一内陆先例: 华夏古陆与江南古陆之缝合. 地质研究, 4: 26.

毕素萍, 潘懋, 夏朝辉, 等. 2016. 南海西南部西纳土纳盆地中部走滑构造带分段性及对油气控制作用. 地质论评, 62(3): 770-778.

蔡周荣, 张毅, 刘维亮, 等. 2008. 南海的形成演化与新特提斯在南海的重新活化. 沉积与特提斯地质, 28(3): 21-24.

曹敬贺, 孙金龙, 徐辉龙. 2014. 珠江口海域滨海断裂带的地震学特征. 地球物理学报, 57(2): 498-508.

车自成, 刘良, 罗金海. 2002. 中国及其邻区区域大地构造学. 北京: 科学出版社.

陈爱华, 许鹤华, 马辉, 等. 2011. 马尼拉俯冲带缺失中深源地震成因初探. 华南地震, 31(4): 98-107.

陈宝树, 王志成. 2003. 对东南亚中生代增生作用的理解: 越南三叠纪热构造作用（印支造山运动）的意义. 世界核地质科学, (1): 25-29.

陈长民. 2000. 珠江口盆地东部石油地质及油气藏形成条件初探. 中国海上油气（地质）, 14(2): 2-12.

陈长民, 施和生, 许仕策, 等. 2003. 珠江口盆地（东部）第三系油气藏形成条件. 北京: 科学出版社.

陈传绪, 吴时国, 赵昌垒. 2014. 马尼拉海沟北段俯冲带输入板块的不均一性. 地球物理学报, 57(12): 4063-4073.

陈汉宗, 吴湘杰, 周蒂. 2005. 珠江口盆地中新生代主要断裂特征和动力学背景分析. 热带海洋学报, 24(2): 52-61.

陈克强, 汤加富. 1996. 构造地层单位研究. 武汉: 中国地质大学出版社.

陈文寄, 哈里森 T M, 洛弗 O M. 1992. 哀牢山-红河剪切带的热年代学研究——多重扩散域模式的应用实例. 地震地质, 14(2): 121-128.

陈新跃, 王岳军, 范蔚茗, 等. 2011. 海南五指山地区花岗片麻岩锆石LA-ICP-MS U-Pb年代学特征及其地质意义. 地球化学, 40(5): 456-463.

陈新跃, 王岳军, 韩会平, 等. 2014. 琼西南三叠纪基性岩脉年代学、地球化学特征及其构造意义. 吉林大学学报（地球科学版）, 44(3): 835-847.

陈旭, 张元动, 樊隽轩, 等. 2010. 赣南奥陶纪笔石地层序列与广西运动. 中国科学: 地球科学, 40: 1621-1631.

陈永清, 刘俊来, 冯庆来, 等. 2010. 东南亚中南半岛地质及与花岗岩有关的矿床. 北京: 地质出版社.

陈哲培, 钟盛中, 何圣华, 等. 1997. 海南省岩石地层. 武汉: 中国地质出版社.

陈志豪, 李家彪, 吴自银, 等. 2009. 马尼拉海沟几何形态特征的构造演化意义. 海洋地质与第四纪地质, 29(2): 59-65.

程世秀, 李三忠, 索艳慧, 等. 2012. 南海北部新生代盆地群构造特征及其成因. 海洋地质与第四纪地质, 32(6): 79-93.

褚杨, 林伟, Faure M, 等. 2015. 华南板块早中生代陆内造山过程——以雪峰山-九岭为例. 岩石学报, 31(8): 2145-2155.

丛峰. 2017. 中南半岛新生代玄武岩、橄榄岩及巨晶锆石地球化学组成. 合肥: 中国科技大学博士学位论文.

崔军文, 张晓卫, 唐哲民. 2006. 青藏高原的构造分区及其边界的变形构造特征. 中国地质, 33(2): 256-267.

邓晋福, 赵海玲, 吴宗絮, 等. 1992. 中国北方大陆下的热幔柱与岩石圈运动. 现代地质, 6(3): 267-274.

邓平, 舒良树, 余心起, 等. 2004. 闽西-赣南早—中侏罗世盆地及其火山岩特征. 岩石学报, 20(3): 521-532.

邓希光, 吴庐山, 杜德莉. 2006. 南海成因研究现状. 南海地质研究, 1: 21-29.

丁炳华, 史仁灯, 支霞臣, 等. 2008. 江南造山带存在新元古代（～850Ma）俯冲作用——来自皖南SSZ型蛇绿岩锆石SHRIMP U-Pb年龄证据. 岩石矿物学杂志, 27(5): 375-388.

丁清峰, 孙丰月, 李碧乐. 2004. 东南亚北加里曼丹新生代碰撞造山带演化与成矿. 吉林大学学报（地球科学版）, 34(2): 193-200.

丁巍伟. 2021. 南海大陆边缘动力学: 从陆缘破裂到海底扩张. 地球科学, 46(3): 790-800.

丁巍伟, 程晓敢, 陈汉林, 等. 2005. 台湾增生楔的构造单元划分及其变形特征. 热带海洋学报, 12(5): 53-59.

丁巍伟, 杨树锋, 陈汉林, 等. 2006. 台湾岛以南海域新近纪的弧–陆碰撞造山作用. 地质科学, 41(2): 195-201.

杜德道, 曲晓明, 王根厚. 2011. 西藏班公湖–怒江缝合带西段中特提斯洋盆的双向俯冲: 来自岛弧型花岗岩锆石U-Pb年龄和元素地球化学的证据. 岩石学报, 27 (7): 1993-2002.

段亮, 裴健翔, 张亚震, 等. 2018. 南海南部裂离型盆地构造特征. 海相油气地质, 23(4): 73-82.

范彩伟. 2018. 莺歌海大型走滑盆地构造变形特征及其地质意义. 石油勘探与开发, 45(2): 190-199.

冯志强, 冯文科, 薛万俊, 等. 1998. 南海北部地质灾害及海底工程地质条件评价. 南京: 河海大学出版社.

福建省地质矿产局. 1992. 台湾省区域地质志. 北京: 地质出版社.

高金尉, 吴时国, 姚永坚, 等. 2018. 马尼拉俯冲带北段增生楔前缘构造变形和精细结构. 地球物理学报, 61(7): 2845-285.

高睿, 肖龙, 何琦, 等. 2010. 滇西维西–德钦一带花岗岩年代学、地球化学和岩石成因. 地球科学——中国地质大学学报, 35(2): 186-200.

龚再升, 李思田, 谢泰俊, 等. 1997. 南海北部大陆边缘盆地分析与油气聚集. 北京: 科学出版社.

龚再升, 李思田, 等. 2004. 南海北部大陆边缘盆地油气成藏动力学研究. 北京: 科学出版社.

广东省地质矿产局. 1988. 广东省区域地质志. 北京: 地质出版社.

广西壮族自治区地质矿产局. 1985. 广西壮族自治区区域地质志. 北京: 地质出版社.

郭令智, 施央申, 马瑞士. 1983. 西太平洋中新生代活动大陆边缘和岛弧构造的形成和演化. 地质学报, 57(1): 11-21.

郭令智, 马瑞士, 施央申, 等. 1998. 论西太平洋活动大陆边缘中—新生代弧后盆地的分类和演化. 成都理工学院学报, 2: 28-38.

郭令智, 等. 2001. 华南板块构造. 北京: 地质出版社.

郭晓然, 赵明辉, 黄海波, 等. 2016. 西沙地块地壳结构及其构造属性. 地球物理学报, 59(4): 1414-1425.

虢顺民, 计凤桔, 向宏发, 等. 2001. 红河活动断裂带. 北京: 海洋出版社.

韩冰, 朱本铎, 万玲, 等. 2015. 南沙海槽东南缘深水逆冲推覆构造. 地质论评, 61(5): 1061-1067.

韩宗珠, 吕迎秋, 许红, 等. 2017. 西沙群岛浮岩的岩石地球化学特征及成因. 海洋地质前沿, 33(6): 1-8.

郝天珧, Neprochnov Y, 江为为, 等. 2001. 鄂霍次克海的地球物理场与地质构造. 地球物理学进展, 16(1): 1-10.

郝天珧, 徐亚, 孙福利, 等. 2011. 南海共轭大陆边缘构造属性的综合地球物理研究. 地球物理学报, 54: 3098-3116.

何慧莹, 王岳军, 张玉芝, 等. 2016. 海南岛晨星早石炭世高度亏损N-MORB型玄武岩及其地质意义. 地球科学, 41(8): 1361-1375.

何家雄, 陈胜红, 刘海龄, 等. 2008. 南海北部边缘莺–琼盆地油气资源前景及有利勘探方向分析. 天然气地球科学, 19(4): 492-498.

何丽娟, 熊亮萍, 汪集暘, 等. 2001. 南海莺歌海盆地构造热模拟. 中国科学D辑: 地球科学, 44(1): 7-13.

何廉声. 1988. 南海的形成、演化与油气资源. 海洋地质与第四纪地质, 8(2): 15-28.

何敏, 朱伟林, 吴哲, 等. 2019. 珠江口盆地新构造特征与油气成藏. 中国海上油气, 31(5): 9-20.

何卫红, 张克信, 吴顺宝, 等. 2015. 二叠纪末扬子海盆及其周缘动物群的特征和古地理、古构造启示. 地球科学, 40(2): 275-289.

侯增谦, 潘桂棠, 王安建, 等. 2006. 青藏高原碰撞造山带: II. 晚碰撞转换成矿作用. 矿床地质, 25(5): 521-543.

黄博宏, 魏春景, 季建清. 2022. 再论台湾造山带构造格架与演化过程. 岩石学报, 38(4): 963-979.

黄长煌. 2017. 台湾玉里带变质岩LA-ICP-MS锆石U-Pb年龄及其地质意义. 地质通报, 36(10): 1722-1739.

黄海波, 丘学林, 徐辉龙, 等. 2011. 南海西沙地块岛屿地震观测和海陆联测初步结果. 地球物理学报, 54(12): 3161-3170.

黄汲清. 1945. 中国主要地质构造单位. 北京: 地质出版社.

黄汲清, 陈炳蔚. 1987. 中国及邻区特提斯海的演化. 北京: 地质出版社.

黄汲清, 任纪舜, 姜春发, 等. 1977. 中国大地构造基本轮廓. 地质学报, 2: 117-135.

黄奇瑜. 2017. 台湾岛的年龄. 中国科学: 地球科学, 47: 394-405.

黄奇瑜, 闫义, 赵泉鸿, 等. 2012. 台湾新生代层序: 反映南海张裂层序和古海洋变化机制. 科学通报, 57(20): 1842-1862.

黄启勋. 2000. 广西若干重大基础地质特征. 广西地质, 13(3): 3-12.

黄小龙, 徐义刚, 杨帆. 2020. 南海玄武岩: 扩张洋脊与海山. 科技导报, 38(18): 46-51.

贾大成, 丘学林, 胡瑞忠, 等. 2003. 北部湾玄武岩地幔源区性质的地球化学示踪及其构造环境. 热带海洋学报, 22(2): 30-39.

贾丽辉. 2018. 东南沿海粤东地区晚中生代花岗质岩石成因研究与含矿性评价. 北京: 中国地质大学（北京）博士学位论文.

金康辰. 1989. 在西太平洋边缘盆地的钻探——ODP第124航次. 海洋石油, 5: 79-83.

金庆焕. 1989. 南海石油地质与油气资源. 北京: 地质出版社.

金翔龙. 1989. 南海地球科学研究报告. 东海海洋, 7(4): 1-92.

康晓音, 郭帅, 熊晓峰, 等. 2020. 南海北部大陆边缘西区琼东南盆地基底花岗岩锆石U-Pb年龄报道. 中国地质, 49(1): 336-338.

康云骥. 2001. 云开变质地体的地质特征. 现代地质, 15(3): 275-280.

孔令耀, 姚华舟, 徐亚东, 等. 2014. 羌塘–三江古生代—中生代沉积盆地演化. 地球科学——中国地质大学学报, 39(8): 1217-1229.

黎雨晗, 刘海龄, 朱荣伟, 等. 2017. 南海中南–司令断裂带的延伸特征及其与南海扩张演化的关系. 海洋地质与第四纪, 37(2): 82-98.

黎雨晗, 黄海波, 贺恩远, 等. 2020. 中国海–西太平洋典型剖面（南幅）揭示的微陆块–窄洋盆构造格局. 地球物理学报, 63(5): 1938-1958.

李才, 杨希冰, 范彩伟, 等. 2018. 北部湾盆地演化及局部构造成因机制研究. 地质学报, 92(10): 2028-2039.

李昌年, 王方正, 钟称生. 2005. 广西北海涠洲岛（含斜阳岛）第四纪玄武质火山岩的地球化学性质及其源区特征. 岩石矿物学杂志, 24(1): 1-11.

李常珍, 李乃胜. 2000. 菲律宾海的地热特征. 海洋科学, 6: 47-51.

李春峰, 宋陶然. 2012. 南海新生代洋壳扩张与深部演化的磁异常记录. 科学通报, 57(20): 1879-1895.

李春峰, 周祖翼, 李家彪, 等. 2007. 台湾岛南部海域的弧前碰撞构造地球物理特征. 中国科学D辑: 地球科学, 37(5): 649-659.

李春昱. 1981. 中国板块构造的轮廓. 地质与勘探, 8: 1-14.

李春昱, 王荃, 张之孟, 等. 1980. 中国板块构造的轮廓. 地质学报, 2(1): 11-22.

李春昱, 王荃, 刘雪亚, 等. 1982. 亚洲大地构造图说明书. 北京: 地图出版社.

李方夏. 1995. 东南亚地质矿产与矿业经济. 昆明: 云南省地质矿产局, 云南省计划委员会.

李继亮. 2004. 增生型造山带的基本特征. 地质通报, 23(9): 947-951.

李继亮. 2009. 全球大地构造相刍议. 地质通报, 28(10): 1375-1381.

李家彪. 2011. 南海大陆边缘动力学: 科学实验与研究进展. 地球物理学报, 54(12): 2993-3003.

李家彪, 金翔龙, 阮爱国, 等. 2004. 马尼拉海沟增生楔中断的挤入构造. 科学通报, 49(10): 1000-1008.

李家彪, 丁巍伟, 高金耀, 等. 2011. 南海新生代海底扩张的构造演化模式: 来自高分辨率地球物理数据的新认识. 地球物理学报, 54(12): 3004-3015.

李家彪, 丁巍伟, 吴自银, 等. 2017. 东海的来历. 中国科学: 地球科学, 47(4): 406-411.

李平鲁, 梁惠娴. 1994. 珠江口盆地新生代岩浆作用及其与盆地演化和油气聚集的关系. 广东地质, 9(2): 23-34.

李平鲁, 梁慧娴, 戴一丁. 1998. 珠江口盆地基岩油气藏远景探讨. 中国海上油气（地质）, 12(6): 361-369.

李平鲁, 梁慧娴, 戴一丁, 等. 1999. 珠江口盆地燕山期岩浆岩的成因及构造环境. 广东地质, 14(1): 1-8.

李前裕, 郑洪波, 钟广法, 等. 2005. 南海晚渐新世滑塌沉积指示的地质构造事件. 地球科学, 30(1): 19-24.

李瑞磊, 赵雪平, 杨宝俊, 等. 2004. 日本海域地壳结构基本特征及其地质意义. 地球物理学进展, 19(1): 56-60.

李三忠, 索艳慧, 刘鑫, 等. 2012. 南海的基本构造特征与成因模型问题与进展及论争. 海洋地质与第四纪地质, 32(6): 35-53.

李三忠, 余珊, 赵淑娟, 等. 2013. 东亚大陆边缘的板块重建与构造转换. 海洋地质与第四纪地质, 33(3): 65-94.

李三忠, 索艳慧, 李玺瑶, 等. 2018. 西太平洋中生代板块俯冲过程与东亚洋陆过渡带构造–岩浆响应. 科学通报, 63(16): 1550-1593.

李三忠, 曹现志, 王光增, 等. 2019. 太平洋板块中—新生代构造演化及板块重建. 地质力学学报, 25(5): 642-677.

李思田, 林畅松, 张启明, 等. 1998. 南海北部大陆边缘盆地幕式裂陷的动力过程及10Ma以来的构造事件. 科学通报, 48(3): 797-809.

李孙雄, 云平, 林义华, 等. 2017. 中国区域地质志——海南志. 北京: 地质出版社.

李廷栋, 肖庆辉, 潘桂棠, 等. 2019. 关于发展洋板块地质学的思考. 地球科学, 44(5): 1441-1451.

李献华, 周汉文, 丁式江, 等. 2000a. 海南岛"邦溪–晨星蛇绿岩片"的时代及其构造意义——Sm-Nd同位素制约. 岩石学报, 3: 425-432.

李献华, 周汉文, 丁式江, 等. 2000b. 海南岛洋中脊型变质基性岩: 古特提斯洋壳的残片? 科学通报, 45(1): 84-89.

李兴振, 许效松, 潘桂棠. 1995. 泛华夏大陆群与东特提斯构造域演化. 岩相古地理, 15(4): 1-13.

李兴振, 刘文均, 王义昭, 等. 1999. 西南三江地区特提斯构造演化与成矿（总论）. 北京: 地质出版社.

李兴振, 刘朝基, 丁俊. 2004. 大湄公河次地区主要结合带的对比与连接. 沉积与特提斯地质, 24(4): 1-12.

李学杰, 王哲, 姚永坚, 等. 2017. 西太平洋边缘构造特征及其演化. 中国地质, 44(6): 1102-1114.

李俊锋, 蒲仁海, 樊笑微, 等. 2017. 琼东南盆地北礁凹陷多边形断层发育特征及成因. 大地构造与成矿学, 41(5): 817-828.

李雨梁, 黄克明. 1990. 南海北部大陆架西区热演化史. 中国海上油气, 4(6): 31-39.

李兆麟, 丘志力, 秦社彩, 等. 1991. 南海海山玄武岩形成条件研究. 矿物学报, 11 (4): 325-333.

梁德华, 李扬. 1991. 南海宪北海山玄武岩中超铁镁岩包体. 南海地质研究, 1991: 122-133.

林长松, 虞夏军, 何拥军, 等. 2006. 南海海盆扩张成因质疑. 海洋学报, 28(1): 67-76.

林长松, 初凤友, 高金耀, 等. 2007. 论南海新生代的构造运动. 海洋学报, 29(4): 87-96.

林间, 李家彪, 徐义刚, 等. 2019. 南海大洋钻探及海洋地质与地球物理前沿研究新突破. 海洋学报, 41(10): 125-139.

铃木, 尉元. 1989. 菲律宾群岛地质构造发育史. 培土译. 太平洋地质学, 1: 24-30.

刘安, 吴世敏. 2011. 珠江口盆地花岗岩成因探讨及其对油气资源指示意义. 地学前缘, 18(1):141-148.

刘伯根, 郑光财, 陈时森, 等. 1995. 浙西前寒武纪火山岩中锆石U-Pb同位素定年及其含义. 科学通报, 40(21): 2015-2016.

刘海龄. 1999a. 南沙超壳层块边界断裂的运动学与动力学特征. 热带海洋, 18(4): 8-16.

刘海龄. 1999b. 南沙西部海域伸–缩型右旋走滑双重构造系统及其动力学过程. 海洋地质与第四纪地质, 19(3): 11-17.

刘海龄, 姚永坚, 沈宝云, 等. 2015. 南海西缘结合带的贯通性. 地球科学, 40(4): 615-632.

刘海龄, 周洋, 王印, 等. 2017. 南海的"山根拆沉成因观"——南海成因新议. 海洋地质与第四纪地质, 37(6): 12-24.

刘建华. 1994. 南海新生代裂离地体. 东海海洋, 12(3): 32-41.

刘昆, 宋鹏, 胡雯燕, 等. 2022. 南海北部琼东南盆地烃源岩发育特征与气源综合分析判识. 海洋地质与第四纪地质, 待刊 42(6): 173-184.

刘锐. 2009. 华夏地块前海西期地壳深熔作用. 济南: 山东大学硕士学位论文.

刘书生, 杨永飞, 郭林楠, 等. 2018. 东南亚大地构造特征与成矿作用. 中国地质, 45(5): 7-33.

刘训, 游国庆. 2015. 中国的板块构造区划. 中国地质, 42(1): 1-17.

刘训, 李廷栋, 耿树方, 等. 2012. 中国大地构造区划及若干问题. 地质通报, 31(7): 1024-1034.

刘妍鹣, 陈红汉, 苏奥, 等. 2016. 从含油气检测来洞悉琼东南盆地东部发育始新统烃源岩的可能性. 地球科学, 41(9): 1539-1547.

刘以宣, 詹文欢. 1994. 南海变质基底基本轮廓及其构造演化. 安徽地质, 4(1-2): 82-90.

刘再峰, 詹文欢, 张志强. 2007. 台湾−吕宋岛双火山弧的构造意义. 大地构造与成矿学, 31(2): 145-150.

刘振湖, 郭丽华. 2003. 北康盆地沉降作用与构造运动. 海洋地质与第四纪地质, 23(2): 51-57.

鲁宝亮, 王璞珺, 梁建设, 等. 2014. 古南海构造属性及其与特提斯和古太平洋构造域的关系. 吉林大学学报（地球科学版）, 44(5): 1441-1450.

鲁宝亮, 王万银, 张功成, 等. 2015. 红河断裂带海域延伸位置的地球物理证据及其与南海扩张的关系. 热带海洋学报, 5: 64-74.

陆济璞, 康云骥. 1999. 广西岑溪地区泥盆系志留系地质特征及其意义. 广西地质, 12(1): 9-14.

栾锡武, 张亮. 2009. 南海构造演化模式: 综合作用下的被动扩张. 海洋地质与第四纪地质, 29(6): 59-74.

罗建宁. 1994. 大陆造山带沉积地质学研究的几个问题. 地学前缘, 1(1-2): 177-183.

罗文瀚. 2018. 玉里带清水溪地区变质岩的锆石铀铅年代制约与全岩地球化学特性之研究. 花莲: 东华大学硕士学位论文.

罗璋. 1990. 广西博白−岑溪断裂带地质特征与构造演化. 南方国土资源, 1: 25-34.

吕川川, 郝天珧, 丘学林, 等. 2011. 南海西南次海盆北缘海底地震仪测线深部地壳结构研究. 地球物理学报, 54(12): 3129-3138.

马文璞. 1992. 区域构造解析: 方法理论和中国板块构造. 北京: 地质出版社.

梅盛旺, 任钟元. 2019. 海南岛新生代玄武质熔岩源区中再循环物质及其年龄的限定: 来自Hf-Sr-Nd-Pb同位素的制约. 大地构造与成矿学, 43(5): 1036-1051.

米立军, 袁玉松, 张功成, 等. 2009. 南海北部深水区地热特征及其成因. 石油学报, 30(1): 27-31.

苗秀全. 2021. 南沙"南科-1井"岩浆岩成因机制与南海南部陆缘中生代构造演化. 广州: 中国科学院大学博士学位论文.

倪仕琪, 王志欣, 刘凤鸣, 等. 2017. 印度尼西亚西纳土纳盆地油气地质特征与分布规律. 海洋地质前沿, 33(2): 26-34.

潘桂棠, 肖庆辉. 2017. 中国大地构造. 北京: 地质出版社.

潘桂棠, 陈智樑, 李兴振, 等. 1996. 东特提斯多弧−盆系统演化模式. 岩相古地理, 2: 52-65.

潘桂棠, 肖庆辉, 陆松年, 等. 2008. 大地构造相的定义、划分、特征及其鉴别标志. 地质通报, 27(10): 1613-1637.

潘桂棠, 肖庆辉, 陆松年, 等. 2009. 中国大地构造单元划分. 中国地质, 36(1): 1-29.

潘桂棠, 肖庆辉, 尹福光, 等. 2015. 中国大地构造图说明书（1∶2500000）. 北京: 地质出版社.

庞雄, 陈长民, 彭大钧, 等. 2007a. 南海珠江深水扇系统及油气. 北京: 科学出版社.

庞雄, 陈长民, 邵磊, 等. 2007b. 白云运动: 南海北部渐新统—中新统重大地质事件及其意义. 地质论评, 53(2): 145-151.

庞雄, 郑金云, 梅廉夫, 等. 2021. 先存俯冲陆缘背景下珠江口盆地断陷结构的多样性. 石油勘探与开发, 48(4): 1-11.

彭少梅, 伍广宇. 1996. 云开地块的构造演化史及其动力学特征. 广东地质, 11(2): 39-46.

彭松柏, 刘松峰, 林木森, 等. 2016. 华夏早古生代俯冲作用（Ⅰ）: 来自糯垌蛇绿岩的新证据. 地球科学, 5: 765-778.

钱翼鹏. 1982. 南海北部热流测量及其成果. 海洋地质研究, 2(4): 102-107.

丘学林, 赵明辉, 敖威, 等. 2011. 南海西南次海盆与南沙地块的OBS探测和地壳结构. 地球物理学报, 54(12): 3117-3182.

邱华宁, 姚永坚, 魏静娴, 等. 2013. 南海玳瑁火山岩⁴⁰Ar/³⁹Ar定年初步结果. 上海: 南海深海过程演变重大计划2013年度学术研讨会.

邱燕. 2006. 华南大陆边缘新生代构造地貌演化机制研究. 广州: 中山大学博士学位论文.

邱燕, 温宁. 2004. 南海北部边缘东部海域中生界及油气勘探意义. 地质通报, 2: 142-146.

邱燕, 陈国能, 刘方兰, 等. 2008. 南海西南海盆花岗岩的发现及其构造意义. 地质通报, 27(12): 2104-2107.

邱燕, 王立飞, 黄文凯. 2016. 中国海域中新生代沉积盆地. 北京: 地质出版社.

饶春涛, 李平鲁. 1991. 珠海口盆地地热流研究. 中国海上油气, 5(6): 7-18.

任纪舜, 陈廷愚, 刘志刚, 等. 1986. 华南大地构造的几个问题. 科学通报, (1): 49-51.

任纪舜, 徐芹芹, 赵磊, 等. 2017. 从地槽–地台说、板块构造说到地球系统多圈层构造观. 地质论评, 63(5): 1133-1140.

任纪舜, 牛宝贵, 赵磊, 等. 2019. 地球系统多圈层构造观的基本内涵. 地质力学学报, 25(5): 607-612.

任建业, 李思田. 2000. 西太平洋边缘海盆地的扩张过程和动力学背景. 地学前缘, 7(3): 203-213.

任建业, 庞雄, 于鹏, 等. 2018. 南海北部陆缘深水–超深水盆地成因机制分析. 地球物理学报, 61(12): 4901-4920.

阮爱国, 牛雄伟, 吴振利, 等. 2009. 潮汕拗陷中生代沉积的折射波2D速度结构和密度. 高校地质学报, 15(4): 522-528.

阮爱国, 牛雄伟, 丘学林, 等. 2011. 穿越南沙礼乐滩的海底地震仪广角地震试验. 地球物理学报, 54(12): 3139-3149.

尚继宏, 李家彪, 吴自银. 2010. 马尼拉俯冲带中段增生楔精细构造特征及微型圈闭盆地发育模式探讨. 地球物理学报, 53(1): 94-101.

尚鲁宁, 张训华, 张勇, 等. 2018a. 构造地质过程对冲绳海槽热液活动及成矿作用的控制研究综述. 海洋通报, 37(5): 494-505.

尚鲁宁, 张勇, 张训华, 等. 2018b. 东海陆架外缘区构造特征及其成因机制. 海洋与湖沼, 49(6): 1178-1189.

尚鲁宁, 吴志强, 张训华, 等. 2020. 西太平洋弧后地区新生代构造迁移的深部地震证据. 地球科学, 45(7): 2495-2507.

邵磊, 李献华, 汪品先, 等. 2004. 南海渐新世以来构造演化的沉积记录: ODP1148站深海沉积物中的证据. 地球科学进展, 19(4): 539-544.

邵磊, 尤洪庆, 郝沪军, 等. 2007. 南海东北部中生界岩石学特征及沉积环境. 地质论评, 53(2): 164-169.

沈上越, 冯庆来, 刘本培, 等. 2002. 昌宁–孟连带洋脊、洋岛型火山岩研究. 地质科技通报, 21(3): 13-17.

史鹏亮, 杨天南, 梁明娟, 等. 2015. 三江构造带新生代变形构造的时–空变化: 研究综述及新数据. 岩石学报, 31(11): 3331-3352.

史仁灯. 2005. 蛇绿岩研究进展、存在问题及思考. 地质论评, 51(6): 681-693.

舒良树. 2012. 华南构造演化的基本特征. 地质通报, 31: 1035-1053.

舒良树, 施央申, 郭令智, 等. 1995. 江南中段板块–地体构造与碰撞造山运动学. 南京: 南京大学出版社.

舒良树, 于津海, 贾东, 等. 2008. 华南东段早古生代造山带研究. 地质通报, 27(10): 1581-1593.

水涛, 徐步台, 梁如华, 等. 1986. 绍兴–江山古陆对接带. 科学通报 (6): 444-448.

苏达权, 黄慈流, 夏戡原. 1996. 论南沙海槽的地壳性质. 地质科学, 31(4): 409-415.

孙桂华, 高红芳, 彭学超, 等. 2010. 越南南部湄公盆地地质构造与沉积特征. 海洋地质与第四纪地质, 30(6): 25-33.

孙嘉诗. 1987. 西沙基底形成时代的商榷. 海洋地质与第四纪地质, 7(4): 5-6.

孙金龙, 徐辉龙, 曹敬贺. 2011. 台湾–吕宋会聚带的地壳运动特征及其动力学机制. 地球物理学报, 54(12): 3016-3025.

孙晓猛, 张旭庆, 张功成. 2014. 南海北部新生代盆地基底结构及构造属性. 中国科学: 地球科学, 44(6): 1312-1323.

孙荀英, 王仁, 王其允. 1994. 海沟倒退对地幔对流的影响. 地球物理学报, 37(6): 738-748.

孙珍, 李付成, 林间, 等. 2021. 被动大陆边缘张–破裂过程与岩浆活动: 南海的归属. 地球科学, 46(3): 770-789.

谭皓原, 王志. 2018. 菲律宾群岛深部速度结构成像与双向俯冲板片构造特征. 地球物理学报, 61(12), 14.

唐历山, 朱继田, 姚哲, 等. 2017. 琼东南盆地松南低凸起潜山演化及成藏条件. 特种油气藏, 42(1): 87-91.

唐立梅, 陈汉林, 董传万, 等. 2010. 海南岛三叠纪中基性岩的年代学、地球化学及其地质意义. 地质科学, 45(4): 1139-1156.

童传新, 李绪深, 刘平, 等. 2008. 莺歌海盆地走滑构造与天然气勘探领域. 北京: 中国油气论坛——天然气专题研讨会: 198-202.

万天丰, 胡宝群, 付虹, 等. 2019. 板块运动的机制与动力来源学术争鸣. 地学前缘, 26(6):11.

汪俊, 邱燕, 阎贫, 等. 2019. 跨西南次海盆OBS、多道地震与重力联合调查. 热带海洋学报, 38(4): 81-90.

汪品先. 2012. 追踪边缘海的生命史: "南海深部计划"的科学目标. 科学通报, 57(20): 1807-1826.

汪品先, 翦知湣. 2019. 探索南海深部的回顾与展望. 中国科学: 地球科学, 62(12): 590-1606.

汪相, 陈洁, 罗丹. 2008. 浙西南淡竹花岗闪长岩中锆石的成因研究及其地质意义. 地质论评, 3: 387-398.

汪啸风, 马大铨, 蒋大海, 等. 1991. 海南岛地质: 2岩浆岩. 北京: 地质出版社.

王崇友, 何希贤, 裴松余. 1979. 西沙群岛西永一井碳酸盐岩地层与微体古生物的初步研究. 石油实验地质, 1: 23-38.

王二七. 2017. 关于印度与欧亚大陆初始碰撞时间的讨论. 中国科学: 地球科学, 47: 284-292.

王红丽, 赵强, 黄金莲, 等. 2019. 马尼拉俯冲带北段增生楔形态结构及演化过程. 海洋科学, 43(8): 1-16.

王宏, 林方成, 李兴振, 等. 2012. 缅甸中北部及邻区构造单元划分及新特提斯构造演化. 中国地质, 39(4): 912-922.

王宏, 林方成, 李兴振, 等. 2015. 老挝及邻区构造单元划分与构造演化. 中国地质, 42(1): 71-84.

王家林, 吴健生, 陈冰. 1997. 珠江口盆地和东海陆坡盆地基底结构的综合地球物理研究. 上海: 同济大学出版社: 29-30.

王剑. 2000. 华南新元古代裂谷盆地演化——兼论与Rodinia解体的关系. 北京: 地质出版社.

王利杰, 姚永坚, 李学杰, 等. 2019. 南沙东部海域裂陷结束不整合面时空迁移规律及构造意义. 地球物理学报, 62(12): 4766-4781.

王利杰, 姚永坚, 孙珍, 等. 2020. 南海东南部中生界识别及其构造属性. 中国地质, 47(5): 1337-1354.

王嘹亮, 张志荣, 阎贫, 等. 2004. 潮汕拗陷地壳结构探测初步成果. 南海地质研究, (1): 62-67.

王睿睿, 鄢全树, 田丽艳, 等. 2018. 西菲律宾海盆中哈姆隆起玄武岩浆作用条件. 海洋科学进展, 36(2): 13.

王维, 叶加仁, 杨香华, 等. 2015. 珠江口盆地惠州凹陷古近纪多幕裂陷旋回的沉积物源响应. 地球科学——中国地质大学学报, 40(6):1061-1071.

王贤觉, 吴明清, 梁德华, 等. 1984. 南海玄武岩的某些地球化学特征. 地球化学, 4: 332-340.

王想, 李桐林. 2004. TILT梯度及其水平导数提取重磁源边界位置. 地球物理学进展, 3(19): 625-631.

王雪峰, 吕福亮, 范国章, 等. 2013. 孟加拉湾若开盆地构造特征及演化. 成都理工大学学报（自然科学版）, 40(4): 424-430.

王叶剑, 韩喜球, 罗照华, 等. 2009. 晚中新世南海珍贝–黄岩海山岩浆活动及其演化: 岩石地球化学和年代学证据. 海洋学报, 31(4): 93-102.

王颖, 季小梅. 2011. 中国海陆过渡带——海岸海洋环境特征与变化研究. 地理科学, 31(2): 129-135.

王友华, 王文海, 蒋兴迅. 2011. 南海深水钻井作业面临的挑战和对策. 石油钻探技术, 39(2): 50-55.

卫小冬, 阮爱国, 赵明辉, 等. 2011. 穿越东沙隆起和潮汕拗陷的OBS广角地震剖面. 地球物理学报, 54(12): 3325-3335.

温淑女, 梁新权, 范蔚茗, 等. 2013. 海南岛乐东地区志仲岩体锆石U-Pb年代学、Hf同位素研究及其构造意义. 大地构造与成矿, 37(2): 294-307.

吴福元, 刘传周, 张亮亮, 等. 2014. 雅鲁藏布蛇绿岩——事实与臆想. 岩石学报, 30(2): 293-325.

吴浩若, 潘正莆. 1991. "构造杂岩"及其地质意义——以西准噶尔为例. 地质科学, 1: 1-8.

吴继远. 1992. 桂东南地区是复杂地体的拼接区. 南方国土资源, 1: 25-27.

吴进民. 1991. 南沙群岛地质构造特征与油气远景展望. 南海地质研究, 3: 24-38.

吴进民. 1997. 南海西南部人字形走滑断裂体系和曾母盆地的旋转构造. 南海地质研究, 9: 54-66.

吴进民. 1998. 南海地质构造深化的若干问题. 北京: 科学出版社.

吴进民, 杨木壮. 1994. 南海西南部地震层序的时代分析. 南海地质研究, (6): 16-29.

吴良士. 2012. 菲律宾地质构造及其区域成矿主要特征. 矿床地质, 31(3): 642-644.

吴世敏, 丘学林, 周蒂. 2005. 南海西缘新生代沉积盆地形成动力学探讨. 大地构造与成矿学, 29(3): 346-353.

吴振利, 李家彪, 阮爱国, 等. 2011. 南海西北次海盆地壳结构: 海底广角地震实验结果. 中国科学: 地球科学, 41(10): 1463-1476.

吴智平, 刘雨晴, 张杰, 等. 2018. 中国南海礼乐盆地新生代断裂体系的发育与演化. 地学前缘, 25(2): 221-231.

夏斌, 崔学军, 谢建华, 等. 2004. 关于南海构造演化动力学机制研究的一点思考. 大地构造与成矿学, 28(3): 221-227.

夏少红, 丘学林, 赵明辉, 等. 2008. 香港地区海陆地震联测及深部地壳结构研究. 地球物理学进展, 23(5): 1389-1397.

夏少红, 丘学林, 赵明辉, 等. 2010. 南海北部海陆过渡带地壳平均速度及莫霍面深度分析. 热带海洋学报, 29(4): 63-70.

夏少红, 范朝焰, 孙金龙, 等. 2017. 南海北部晚新生代岩浆活动的发育特征与构造意义. 海洋地质与第四纪地质, 37(6): 25-33.

向宏发, 万景林, 韩竹军, 等. 2006. 红河断裂带大型右旋走滑运动发生时代的地质分析与FT测年. 中国科学D辑: 地球科学, 11: 977-987.

肖序常, 陈国铭, 朱志直. 1978. 祁连山古蛇绿岩带的地质构造意义. 地质学报, (4): 281-295, 338.

谢安远, 钟立峰, 颜文. 2017. 南海及其围区新生代岩浆活动时序与成因研究. 海洋地质与第四纪地质, 37(2): 108-118.

谢才富, 朱金初, 赵子杰, 等. 2005. 三亚石榴霓辉石正长岩的锆石SHRIMP U-Pb年龄: 对海南岛海西-印支期构造演化的制约. 高校地质学报, 1: 47-57.

谢建华, 夏斌, 张宴华, 等. 2005. 南海形成演化探究. 海洋科学进展, 23(2): 212-218.

谢文彦, 张一伟, 孙珍, 等. 2007. 琼东南盆地断裂构造与成因机制. 海洋地质与第四纪地质, 27(1): 71-78.

熊成, 曹敬贺, 孙金龙, 等. 2018. 珠江口外海域滨海断裂带沿构造走向的变化特征. 地球科学, 43(10): 3682-3697.

熊莉娟, 李三忠, 索艳慧, 等. 2010. 南海南部新生代控盆断裂特征及盆地群成因. 海洋地质与第四纪地质, 32(6): 113-127.

修淳, 张道军, 翟世奎, 等. 2016. 西沙岛礁基底花岗质岩石的锆石U-Pb年龄及其地质意义. 海洋地质与第四纪地质, 36(3): 115-126.

徐辉龙, 叶春明, 丘学林, 等. 2010. 南海北部滨海断裂带的深部地球物理探测及其发震构造研究. 华南地震, (Z1): 10-18.

徐先兵, 张岳桥, 贾东, 等. 2009. 华南早中生代大地构造过程. 中国地质, 36(3): 573-593.

徐行, 姚永坚, 王立飞. 2003. 南海南部海域南薇西盆地新生代沉积特征. 中国海上油气(地质), 17(3): 170-175.

徐行, 陆敬安, 罗贤虎, 等. 2005. 南海北部海底热流测量及分析. 地球物理学进展, 20(2): 562-565.

徐行, 施小斌, 罗贤虎. 2006. 南海西沙海槽地区的海底热流测量. 海洋地质与第四纪地质, 26(4): 51-58.

徐行, 罗贤虎, 彭登, 等. 2017. 系列化的海洋地热流技术获得突破. 中国地质, 44(3): 621-622.

徐行, 王先庆, 彭登, 等. 2018a. 南海西北次海盆及其邻区的地热流特征与研究. 地球科学, 43(10): 3391-3398.

徐行, 姚永坚, 彭登, 等. 2018b. 南海西南次海盆的地热流特征与分析. 地球物理学报, 61(7): 2915-2925.

徐义刚, 魏静娴, 邱华宁, 等. 2012. 用火山岩制约南海的形成演化: 初步认识与研究设想. 科学通报, 57(20): 1863-1878.

徐子英, 汪俊, 高红芳, 等. 2019. 南海海盆中南-礼乐断裂带研究进展. 热带海洋学报, 38(2): 86-94.

徐子英, 汪俊, 高红芳, 等. 2020. 南海中沙地块南部断裂发育特征及其成因机制. 中国地质, 47(5): 1438-1446.

徐子英, 汪俊, 姚永坚, 等. 2021. 中南-礼乐断裂带在南海海盆北部的时空展布与深部结构. 地球科学, 46(3): 942-955.

许德如, 马驰, Nonna B C, 等. 2007. 海南岛北西部邦溪地区奥陶纪火山-碎屑沉积岩岩石学、矿物学和地球化学: 源区及构造环境暗示. 地球化学, 26(1): 11-26.

许华, 倪战旭, 黄炳诚, 等. 2016. 广西大瑶山东南缘早古生代TTG侵入岩石组合的确定及其区域构造意义. 中国地质, 43(3): 780-796.

许浚远, 张凌云. 2000a. 西北太平洋边缘新生代盆地成因（中）: 连锁右行拉分裂谷系统. 石油与天然气地质, 21(3): 185-190.

许浚远, 张凌云. 2000b. 西北太平洋边缘新生代盆地成因（下）: 后裂谷期构造演化. 石油与天然气地质, 21(4): 287-292.

许效松, 尹福光, 万方, 等. 2001. 广西钦防海槽迁移与沉积-构造转换面. 沉积与特提斯地质, 21(4): 1-10.

许志琴, 张国伟. 2013. 中国（东亚）大陆构造与动力学——科学与技术前沿论坛"中国(东亚)大陆构造与动力学"专题进展.

中国科学: 地球科学, (10): 1527-1538.

许志琴, 李海兵, 杨经绥. 2006. 造山的高原——青藏高原巨型造山拼贴体和造山类型. 地学前缘, 4: 1-17.

许志琴, 赵中宝, 彭森, 等. 2016. 论"造山的高原". 岩石学报, 32(12): 3557-3571.

薛友辰, 李三忠, 刘鑫, 等. 2012. 南海东部俯冲系统分段性及相关盆地群成盆动力学机制. 海洋地质与第四纪地质, 32(6): 129-147.

鄢全树, 石学法. 2007. 海南地幔柱与南海形成演化. 高校地质学报, 13(2): 311-322.

鄢全树, 石学法, 王昆山, 等. 2008. 南沙微地块花岗质岩石LA-ICP-MS锆石U-Pb定年及其地质意义. 地质学报, 82(8): 1057-1067.

闫臻, 王宗起, 付长垒, 等. 2018. 混杂岩基本特征与专题地质填图. 地质通报, 37(2-3): 167-191.

阎贫, 刘海龄. 2002. 南海北部陆缘地壳结构探测结果分析. 热带海洋学报, 21(2): 1-12.

阎贫, 刘海龄. 2005. 南海及其周缘中新生代火山活动时空特征与南海的形成模式. 热带海洋学报, 24(2): 33-41.

阎全人, 王诚, 李增悦, 等. 2000. 北部湾大陆边缘地壳结构特征. 广西地质, 13(3): 15-19.

杨计海, 黄保家, 杨金海. 2019. 琼东南盆地深水区松南低凸起天然气成藏条件与勘探潜力. 中国海上油气, 31(2): 1-10.

杨木壮, 吴进民, 杨锐, 等. 1996. 南沙海域西南部地层划分及命名. 南海地质研究, 8: 37-47.

杨蜀颖, 方念乔, 杨胜雄, 等. 2011. 关于南海中央次海盆海山火山岩形成背景与构造约束的再认识. 地球科学——中国地质大学学报, 36(3): 455-470.

杨巍然, 王豪. 1991. 中国板块构造概况. 地球科学——中国地质大学学报, 16(5): 505-513.

姚伯初. 1995. 中南–礼乐断裂的特征及其构造意义. 南海地质研究, 7: 1-14.

姚伯初. 1996a. 南海海盆新生代的构造演化史. 海洋地质与第四纪地质, 16(2): 1-13.

姚伯初. 1996b. 南沙海槽的构造特征及其构造演化史. 南海地质研究, 8: 1-13.

姚伯初. 1997. 南海西南海盆的海底扩张及其构造意义. 南海地质研究, 9: 20-36.

姚伯初. 1998a. 南海北部陆缘的地壳结构及构造意义. 海洋地质与第四纪地质, 18(2): 1-16.

姚伯初. 1998b. 南海的地质构造及矿产资源. 中国地质, 251(4): 27-30.

姚伯初. 1998c. 南海新生代的构造演化与沉积盆地. 南海地质研究, 10: 1-17.

姚伯初. 1999a. 南海西北海盆的构造特征及南海新生代的海底扩张. 热带海洋, 18(1): 7-15.

姚伯初. 1999b. 南海西南海盆的岩石圈张裂模式探讨. 海洋地质与第四纪地质, 19(2): 37-48.

姚伯初. 2000. 东南亚地质构造特征和南海地区新生代构造发展史. 武汉: 中国地质大学出版社: 1-13.

姚伯初, 杨木壮. 2008. 南海晚新生代构造运动与天然气水合物资源. 海洋地质与第四纪地质, 28(4): 93-100.

姚伯初, 曾维军, Hayes D E, 等. 1994. 中美合作调研南海地质专报. 武汉: 中国地质大学出版社.

姚伯初, 邱燕, 李唐根. 1999. 南海西缘–万安断裂的走滑特征及其构造意义. 北京: 地质出版社: 45-55.

姚伯初, 万玲, 刘振湖, 等. 2004a. 南海南部海域新生代万安运动的构造意义及其油气资源效应. 海洋地质与第四纪地质, 24(1): 69-77.

姚伯初, 万玲, 吴能友. 2004b. 大南海地区新生代板块构造活动. 中国地质, 31(2): 113-122.

姚伯初, 万玲, 吴能友. 2005. 南海新生代构造演化及岩石圈三维结构特征. 地质通报, 24(1): 1-8.

姚永坚, 姜玉坤, 曾祥辉. 2002. 南沙海域新生代构造运动特征. 中国海上油气, 16(2): 113-117.

姚永坚, 夏斌, 徐行. 2005. 南海南部海域主要沉积盆地构造演化特征. 南海地质研究, 1: 1-11.

姚永坚, 杨楚鹏, 李学杰, 等. 2013. 南海南部海域中中新世（T_3界面）构造变革界面地震反射特征及构造含义. 地球物理学报, 56(4): 1274-1286.

姚永坚, 吕彩丽, 王利杰, 等. 2018. 南沙海区万安盆地构造演化与成因机制. 海洋学报, 40(5): 62-74.

业治铮, 何起祥, 张明书, 等. 1985. 西沙群岛岛屿类型划分及其特征的研究. 海洋地质与第四纪地质, 5(1): 1-13.

尹家衡, 阮宏宏, 谢家, 等. 1991. 中国东南大陆中生代火山旋回火山构造及控矿意义. 北京: 地质出版社.

殷鸿福, 张克信, 王国灿, 等. 1998. 非威尔逊旋回与非史密斯方法: 中国造山带研究理论与方法. 中国区域地质, (增刊): 1-9.

殷鸿福, 吴顺宝, 杜远生, 等. 1999. 华南是特提斯多岛洋体系的一部分. 地球科学, 24(1): 3-14.

尤龙, 王璞珺, 吴景富, 等. 2014. 莺歌海盆地前新生代基底特征. 世界地质, 33(3): 511-523.

于俊辉, 阎贫, 郑红波, 等. 2017. 南海西南次海盆反射莫霍面成像及其地质意义. 海洋地质与第四纪地质, 37(2): 75-81.

余梦明. 2015. 菲律宾吕宋岛Zambales蛇绿岩地球化学特征及其大地构造意义. 广州: 中国科学院大学硕士学位论文.

余梦明. 2018. 南海的形成与消亡: 南海及其周缘新生代火成岩之地球化学限定. 广州: 中国科学院大学博士学位论文.

余梦明, 闫义, 黄奇瑜, 等. 2015. 菲律宾蛇绿岩及其大地构造意义. 海洋地质与第四纪地质, 35(6): 53-71.

岳军培, 张艳, 沈怀磊, 等. 2013. 华南陆缘地质特征对南海北部盆地基底的约束. 石油学报, 34(S2): 120-128.

臧绍先, 宁杰远. 1996. 西太平洋俯冲带的研究及其动力学意义. 地球物理学报, 39(2): 188-202.

曾广策. 1984. 海南岛北部第四纪玄武岩岩石学. 地球科学——中国地质大学学报, 24(1): 63-72.

曾维军. 1991. 广州-巴拉望地学断面综合研究. 南海地质研究, 3: 39-64.

曾雯, 周汉文, 钟增球, 等. 2005. 黔东南新元古代岩浆岩单颗粒锆石U-Pb年龄及其构造意义. 地球化学, (6): 548-556.

张斌, 王璞珺, 张功成, 等. 2013. 珠-琼盆地新生界火山岩特征及其油气地质意义. 石油勘探与开发, 40(6): 657-666.

张伯友, 杨树锋. 1995. 古特提斯造山带在华南两广交界地区的新证据. 地质论评, 41(1): 1-6.

张功成, 王璞珺, 吴景富, 等. 2015. 边缘海构造旋回: 南海演化的新模式. 地学前缘, 22(3): 27-37.

张国伟. 2019. 关于大陆构造研究的一些思考与讨论. 地球科学, 44(5): 1464-1475.

张国伟, 郭安林, 王岳军, 等. 2013. 中国华南大陆构造与问题. 中国科学: 地球科学, 43(10): 1553-1582.

张洁, 李家彪, 丁巍伟. 2012. 九州-帕劳海脊地壳结构及其形成演化的研究综述. 海洋科学进展, 3(4): 595-607.

张进, 邓晋福, 肖庆辉, 等. 2012. 蛇绿岩研究的最新进展. 地质通报, 31(1): 1-12.

张开毕, 徐维光, 陈淑华, 等. 2017. 台湾区域地质概论. 福建地质, 36(2): 79-93.

张克信, 陈能松. 1997. 东昆仑造山带非史密斯地层序列重建方法初探. 地球科学——中国地质大学学报, 22(4): 343-346.

张克信, 殷鸿福, 朱云海, 等. 2001. 造山带混杂岩区地质填图理论、方法与实践: 以东昆仑造山带为例. 武汉: 中国地质大学出版社.

张克信, 冯庆来, 宋博文, 等. 2014. 造山带非史密斯地层. 地学前缘, 21(2): 36-47.

张克信, 潘桂棠, 何卫红, 等. 2015. 中国构造-地层大区划分新方案. 地球科学——中国地质大学学报, 40(2): 206-233.

张克信, 何卫红, 徐亚东, 等. 2016. 中国洋板块地层分布及构造演化. 地学前缘, 23(6): 24-30.

张莉, 徐国强, 林珍, 等. 2019. 南海北部陆坡及台湾海峡地层与沉积演化. 北京: 地质出版社.

张连生, 钟大赉. 1996. 剪切带走滑运动看东亚大陆新生代构造. 地质科学, 4: 327-341.

张旗, 周国庆. 2001. 中国蛇绿岩. 北京: 科学出版社.

张涛, 高金耀, 李家彪, 等. 2012. 南海西北次海盆的磁条带重追踪及其洋中脊分段性. 地球物理学报, 55(9): 3163-3172.

张勇, 姚永坚, 李学杰, 等. 2020. 中生代以来东亚洋陆汇聚边缘多圈层动力体制下的中国海域大地构造格局、演变及资源环境效应. 中国地质, 47(5): 1271-1309.

张远泽, 漆家福, 吴景富. 2019. 南海北部新生代盆地断裂系统及构造动力学影响因素. 地球科学, 44(2): 603-625.

张云帆, 孙珍, 郭兴伟, 等. 2008. 琼东南盆地新生代沉降特征. 热带海洋学报, 27(5): 30-36.

赵财胜, 孙丰月, 李碧乐, 等. 2003. 马来西亚沙捞越邦达、什兰江控矿角砾岩筒构造对比研究及其找矿意义. 世界地质, 22(4): 366-372.

赵明辉, 丘学林, 叶春明, 等. 2001. 南海东北部海陆深地震联测与滨海断裂带两侧地壳结构分析. 地球物理学报, 47(5): 845-852.

赵帅, 李学杰, 姚永坚, 等. 2019. 南海南部造山运动及其与古南海俯冲的成因联系. 海洋地质与第四纪地质, 39(5): 147-161.

钟广见. 1995. 南海西南走滑断裂特征及其与油气的关系. 青岛海洋大学学报, 4: 495-502.

钟建强, 黄慈流, 詹文欢, 等. 1996. 台西盆地新生代构造的演化. 海洋与湖沼, 27(3): 271-278.

周蒂. 2002. 台西南盆地和北港隆起的中生界及其沉积环境. 热带海洋学报, 21(2): 50-57.

周蒂, 陈汉宗, 吴世敏, 等. 2002. 南海的右行陆缘裂解成因. 地质学报, 76(2): 180-190.

周蒂, 刘海龄, 陈汉宗. 2005. 南沙海区及其周缘中—新生代岩浆活动及构造意义. 大地构造与成矿学, 3: 354-363.

周新民. 2003. 对华南花岗岩研究的若干思考. 高校地质学报, 9(4): 556-565.

周志超. 2018. 南海北部陆缘新生代地壳薄化作用与强伸展裂谷体系发育. 武汉: 中国地质大学博士学位论文.

朱炳泉, 王慧芬. 1989. 雷琼地区MORB-OIB过渡型地幔源火山作用的Nd-Sr-Pb同位素证据. 地球化学, 3: 193-201.

朱俊江, 李三忠, 孙宗勋, 等. 2017. 南海东部马尼拉俯冲带的地壳结构和俯冲过程. 地学前缘, 24(4): 341-351.

朱伟林, 米立军. 2010. 中国海域含油气盆地图集. 北京: 石油工业出版社.

朱伟林, 张功成, 高乐. 2008. 南海北部大陆边缘盆地油气地质特征与勘探方向. 石油学报, 29(1): 1-9.

朱伟林, 解习农, 王振峰, 等. 2017. 南海西沙隆起基底成因新认识. 中国科学: 地球科学, 47(12): 1460-1468.

祝嵩, 姚永坚, 李学杰. 2021. 南海及邻区岩浆岩时空分布特征及机制. 海洋地质与第四纪, 41(4): 87-115.

邹和平, 李平鲁, 饶春涛. 1995. 珠江口盆地新生代火山岩地球化学特征及其地球动力学意义. 地球化学, 24(增刊): 33-45.

Acharyya S K. 2007. Collisional emplacement history of the Naga-Andaman ophiolites and the position of the eastern Indian suture. Journal of Asian Earth Sciences, 29: 229-242.

Allen C R, Gillespir A R, Han Y, et al. 1984. Red River and associated faults, Yunna Province, China: Quaternary geology, slip rates, and seismic hazard. Geological Society of America Bulletin, 95: 687-700.

Almasco J, Rodolfo K, Fuller M, et al. 2000. Paleomagnetism of Palawan, Philippines. Journal of Asian Earth Sciences, 18: 369-389.

Altis S. 1999. Origin and tectonic evolution of the Caroline Ridge and the Sorol Trough, western tropical Pacific, from admittance and a tectonic modeling analysis. Tectonophysics, 313: 271-292.

Amiruddin A. 2009. Cretaceous orogenic granite belts, Kalimantan, Indonesia. Journal Geologi dan Sumberdaya Mineral, 19(3): 167-176.

Anderson R N, Langseth M G, Hayes D E, et al. 1978. Heat flow, thermal conductivity, thermal gradient. In: Hayes D E (ed). A Geophysical Atlas of East and Southeast Asian Seas, Map and Charts Series. Boulder, Colorado: Geological Society of America.

Areshev E G, Dong T L, San N T, et al. 1992. Reservoirs in fractured basement on the continental shelf of southern Vietnam. Journal of Petroleum Geology, 15(4): 451-464.

Arfai J, Franke D, Gaedicke C, et al. 2011. Geological evolution of the West Luzon Basin (South China Sea, Philippines). Marine Geophysical Research, 32(3): 349-362.

Ark J O, Hori T, Kaneda Y. 2009. Seismotectonic implications of the Kyushu-Palau Ridge subducting beneath the westernmost Nankai Forearc. Earth Planets Space, 61: 1013-1018.

Audley-Charles M G. 1986. Rates of Neogene and Quaternary tectonic movements in the southern Banda Arc based on micropalaentology. Journal of Geological Society, 143: 161-175.

Audley-Charles M G, Carter D J, Barber A J, et al. 1979. Reinterpretation of the geology of Seram: implications for the Banda Arcs and northern Australia. Journal of the Geological Society, 136(5): 547-566.

Aurelio M A, Peña R E. 2010. Geology of the Philippines (Second Edition). Philippines: Mines and Geosciences Bureau (MGB), Department of   Environment and Natural Resources.

Aurelio M A, Peña R E, Taguibao K J L. 2013. Sculpting the Philippine archipelago since the Cretaceous through rifting, oceanic spreading, subduction, obduction, collision and strike-slip faulting: contribution to IGMA5000. Journal of Asian Earth Sciences, 72: 102-107.

Aurelio M A, Forbes M T, Taguibao K J L, et al. 2014. Middle to Late Cenozoic tectonic events in south and central Palawan (Philippines) and their implications to the evolution of the southeastern margin of South China Sea: evidence from onshore structural and offshore seismic data. Marine and Petroleum Geology, 58: 658-673.

Bailey E B, McCallien W J. 1950. The Ankara mélange and the Anatolian thrust. Nature, 166: 938-943.

Bailey E B, McCallien W J. 1953. Serpentinite lavas, the Ankara mélange and the Anatolian thrust. Philosophical Transaction of the Royal Society of Edinburgh, 62: 403-442.

Baioumy H, Salim A M A, Ahmed N, et al. 2021. Upper Cretaceous-Upper Eocene mud-dominated turbidites of the Belaga Formation, Sarawak (Malaysia): 30 Ma of paleogeographic, paleoclimate and tectonic stability in Sundaland. Marine and Petroleum Geology, 126: 104-897.

Balaguru A, Nichols G J. 2004. Tertiary stratigraphy and basin evolution, southern Sabah (Malaysian Borneo). Journal of Asian Earth Sciences, 23: 537-554.

Baranov B V, Werner R, Hoernle K A, et al. 2002. Evidence for compressionally induced high subsidence rates in the Kurile Basin (Okhotsk Sea). Tectonophysics, 350: 63-97.

Barber A J, Crow M J. 2009. The structure of Sumatra and its implications for the tectonic assembly of Southeast Asia and the destruction of Paleotethys. Island Arc, 18: 3-20.

Barckhausen U, Engels M, Franke D, et al. 2014. Evolution of the South China Sea: revised ages for breakup and seafloor spreading. Marine and Petroleum Geology, 58: 599-611.

Bark Z A A, Madon M, Muhamad A J. 2007. Deep-marine sedimentary facies in the Belaga Formation (Cretaceous-Eocene), Sarawak: observations from new outcrops in the Sibu and Tatau areas. Geological Society of Malaysia Bulletin, 53: 35-45.

Barr S R, Temperley S, Tarney J. 1999. Lateral growth of the continental crust through deep level subduction-accretion: a reevaluation of central Greek Rhodope. Lithos, 46: 69-94.

Bautista B C, Bautista M L P, Oike K, et al. 2001. A new insight on the geometry of subducting slabs in northern Luzon, Philippines. Tectonophysics, 339(3-4): 279-310.

Bellon H, Rangin C. 1991. Geochemistry and isotopic dating of Cenozoic volcanic arc sequences around the Celebes and Sulu Seas. Proceedings of the Ocean Drilling Program, Scientific Results, 124: 321-338.

Bina C R, Čížková H, Chen P F. 2020. Evolution of subduction dip angles and seismic stress patterns during arc-continent collision: modeling Mindoro Island. Earth and Planetary Science Letters, 533: 1-11.

Bird P. 2003. An updated digital model of plate boundaries. Geochemistry, Geophysics, Geosystems, 4: 10-27.

Bowin C, Lu R S, Lee C S, et al. 1978. Plate convergence and accretion in Taiwan-Luzon region. American Association Petroleum Geologists, 62(9): 1645-1672.

Breitfeld H T, Hall R, Galin T, et al. 2017. A Triassic to Cretaceous Sundaland—Pacific subduction margin in West Sarawak, Borneo. Tectonophysics, 694: 35-56.

Breitfeld H T, Davies L, Hall R, et al. 2020. Mesozoic Paleo-Pacific subduction beneath SW Borneo: U-Pb geochronology of the Schwaner granitoids and the Pinoh Metamorphic Group. Frontiers in Earth Science, 8, https://doi.org/10.3389/feart.2020.568715.

Briais A, Patriat P, Tapponnier P. 1993. Updated interpretation of magnetic anomalies and seafloor spreading stages in the South China Sea: implications for the tertiary tectonics of Southeast Asia. Journal of Geophysical Research: Solid Earth, 98: 6299-6328.

Burrett C, Long J, Stait B. 1990. Early-Middle Palaeozoic biogeography of Asian terranes derived from Gondwana. Geological Society Memoir, 12: 163-174.

Burrett C, Zaw K, Meffre S, et al. 2014. The configuration of great gondwana—evidence from LA-ICP-MS, U-Pb geochronology of detrital zircons from the Paleozoic and Mesozoic of Southeast Asia and China. Gondwana Research, 26(1): 31-51.

Camerlenghi A, Pini G A. 2009. Mud volcanoes, olistostromes and Argille scagliose in the Mediterranean region. Sedimentology, 56: 319-365.

Castillo P, Rigby S, Solidum R. 2007. Origin of high field strength element enrichment in volcanic arcs: geochemical evidence from the Sulu Arc, southern Philippines. Lithos 97: 271-288.

Cavosie A J, Kita N T, Valley J W. 2009. Primitive oxygen-isotope ratio recorded in magmatic zircon from the Mid-Atlantic Ridge. American Mineralogist, 94(7): 926-934.

Cawood P, Kroner A, Collins W, et al. 2009. Earth accretionary orogens in space and time. Geological Society of London Special Publication, 318:1-36.

Chamot-Rooke N, Renard V, Le Pichon X. 1987. Magnetic anomalies in the Shikoku Basin: a new interpretation. Earth and Planetary Science Letters, 83: 214-228.

Chang C P, Angelier J, Huang C Y. 2000. Origin and evolution of a mélange: the active plate boundary and suture zone of the Longitudinal Valley, Taiwan. Tectonophysics, 325: 43-62.

Chang C P, Angelier J, Huang C Y. 2009. Evolution of subductions indicated by mélanges in Taiwan. In: Lallemand S, Funiciello F (eds). Subduction Zone Geodynamics. Dordrecht: Springer.

Charusiri P, Daorerk V, Archibald D, et al. 2002. Geotectonic evolution of Thailand: a new synthesis. Journal of the Geological Society of Thailand, 1: 1-20.

Chen C T, Chen Y C, Lo C H, et al. 2018. Basal accretion, a major mechanism for mountain building in Taiwan revealed in rock thermal history. Journal of Asian Earth Sciences, 152: 60-90.

Chen W S, Huang Y C, Liu C H, et al. 2016. U-Pb zircon geochronology constraints on the ages of the Tananao Schist Belt and timing of orogenic events in Taiwan: implications for a new tectonic evolution of the South China Block during the Mesozoic. Tectonophysics, 686: 68-81.

Chen W S, Chung S L, Zugeerbai Z, et al. 2017. A reinterpretation of the metamorphic Yuli belt: evidence for a middle-late Miocene accretionary prism in eastern Taiwan. Tectonics, 36(2): 188-206.

Chen W S, Yeh J J, Syu S J. 2019. Late Cenozoic exhumation and erosion of the Taiwan orogenic belt: new insights from petrographic analysis of foreland basin sediments and thermochronological dating on the metamorphic orogenic wedge. Tetonophysics, 750: 56-69.

Chen X Y, Wang Y J, Zhang Y Z, et al. 2013. Geochemical and geochronological characteristics and its tectonic significance of Andesitic volcanic rocks in Chenxing area, Hainan. Geotectonica et Metallogenia, 37(2): 99-108.

Cheng W B. 2004. Crustal structure of the high magnetic anomaly belt, western Taiwan, and its implications for continental margin deformation. Marine Geophysical Researches, 25: 79-93.

Cheng W B, Huang H C, Wang C S, et al. 2003. Velocity structure, seismicity, and fault structure in the Peikang high area of western Taiwan. Terrestrial,

Atmospheric and Oceanic Sciences, 14(1): 63-83.

Chung S L, Sun S S. 1992. A new genetic model for the East Taiwan ophiolite and its implications for Dupal domains in the Northern Hemisphere. Earth and Planetary Science Letters, 109(1-2): 133-145.

Chung S L, Jahn B M, Chen S J, et al. 1995. Miocene basalts in northwestern Taiwan evidence for EM-type mantle sources in the continental lithosphere. Geochimica et Cosmochimica Acta, 59(3): 549-555.

Chung S L, Cheng H, Jahn B M, et al. 1997. Major and trace element, and Sr-Nd isotope constraints on the origin of Paleogene volcanism in South China prior to the South China Sea opening. Lithos, 40: 203-220.

Clift P D, Lee G H, Duc N A, et al. 2008. Seismic reflection evidence for a dangerous grounds miniplate: no extrusion origin for the South China Sea. Tectonics, 27(3): 1-16.

Corredor F, Shaw J H, Bilotti F. 2005. Structural styles in the deep-water fold and thrust belts of the Niger Delta. American Association of Petroleum Geologists Bulletin, 89: 753-780.

Cosca M, Arculus R, Pearce J, et al. 1998. $^{40}Ar/^{39}Ar$ and K-Ar geochronological age constraints for the inception and early evolution of the Izu-Bonin-Mariana arc system. Island Arc, 7(3): 579-595.

Cowan D S. 1974. Deformation and metamorphism of the Franciscan Subduction Zone Complex northwest of Pacheco Pass, California. Geological Society of America Bulletin, 85: 1623-1634.

Cowan D S. 1985. Structural styles in Mesozoic and Cenozoic mélanges in the western Cordillera of north America. Geological Society of America Bulletin, 96: 451-462.

Cui Y C, Shao L, Li Z X, et al. 2021. A Mesozoic Andean-type active continental margin along coastal South China: new geological records from the basement of the northern South China Sea. Gondwana Research, 99: 36-52.

Cullen A. 2010. Transverse segmentation of Baram-Balabac Basin, NW Borneo: refining the model of Borneo's tectonic evolution. Petroleum Geoscience, 16(1): 3-29.

Cullen A. 2014. Nature and significance of the West Baram and Tinjar lines, NW Borneo. Marine and Petroleum Geology, 51: 197-209.

Daly M C, 项光, 金康辰. 1991. 印度尼西亚新生代板块构造和盆地演化. 海洋石油, (5): 76-91.

DeMets C. 1995. Plate motions and crustal deformation. Reviews of Geophysics, 33(1): 365-369.

Deschamps A E, Lallemand S, 2002. The West Philippine Basin: an Eocene to Early Oligocene back arc basin opened between two opposed subduction zones. Journal of Geophysical Research, 107(B12): 2322.

Deschamps A E, Lallemand S E, Collot J Y. 1998. A detailed study of the Gagua Ridge: a fracture zone uplifted during a plate reorganisation in the Mid-Eocene. Marine Geophysical Researches, 20: 403-423.

Deschamps A E, Monié P, Lallemand S E, et al. 2000. Evidence for Early Cretaceous oceanic crust trapped in the Philippine Sea Plate. Earth and Planetary Science Letters, 179: 503-516.

Dewey J F. 1977. Suture zone complexities: a review. Tectonophysics, 40(1-2): 53-67.

Dewey J F, Canda S, Pitman W C. 1989. III, Tectonic evolution of the India/Eurasia collision zone. Eclogae Geologicae Helvetiae, 82(3): 717-734.

Dilek Y. 2003. Ophiolite Concept and Its Evolution. Boulder, Colorado: Geological Society of America, Special Paper: 1-16.

Dilek Y, Furnes H. 2011. Ophiolite genesis and global tectonics: geochemical and tectonic fingerprinting of ancient oceanic lithosphere. Bulletin, 123(3-4): 387-411.

Dilek Y, Furnes H. 2014. Ophiolites and their origins. Elements, 10(2), 93-100.

Dimalanta C B, Yumul G P. 2003. Magmatic and amagmatic contributions to crustal growth of an island-arc system: the Philippine example. International Geology Review, 45: 922-935.

Dimalanta C B, Yumul G P. 2004, Crustal thickening in an active margin setting (Philippines): the whys and the hows. Episodes, 27: 260-264.

Dimalanta C B, Yumul G P. 2006. Magmatic and amagmatic contributions to crustal growth of the Philippine island-arc system: comparison of the Cretaceous and post-Cretaceous periods. Geosciences Journal, 10:321-329.

Ding W W, Frranke D, Li J B, et al. 2013. Seismic stratigraphy and tectonic structure from a composite multi-channel seismic profile across the entire Dangerous Grounds, South China Sea. Tectonophysics, 582: 162-176.

Ding W W, Li J B, Clift P D. 2016. Spreading dynamics and sedimentary process of the Southwest Sub-basin, South China Sea: constraints from multi-channel seismic data and IODP Expedition 349. Journal of Asian Earth Sciences, 115: 97-113.

Dow D B, Sukamto R. 1984. Western Irian Jaya: the end-product of oblique plate convergence in the late tertiary. Tectonophysics, 106(1-2): 109-139.

Dung T T, Minh N Q. 2017. Eruptive-volcanic-basalt structures in the Truong Sa-Spratly Islands and adjacent areas from interpreting gravity and magnetic data. Vietnam Journal of Earth Sciences, 39(1): 1-13.

Eakin D H, Avendonk H J A V, Lavier L, et al. 2014. Crustal scale seismic profiles across the Manila subduction zone: the transition from intraoceanic subduction to incipient collision. Journal of Geophysical Research Solid Earth, 119(1): 1-17.

Encarnación J P. 2004. Multiple ophiolite generation preserved in the northern Philippines and the growth of an island arc complex. Tectonophysics, 392: 103-130.

Encarnación J P, Mukasa S B, Obille E C. 1993. Zircon U-Pb geochronology of the Zambales and Angat Ophiolites, Luzon, Philippines: evidence for an Eocene arc-back arc pair. Journal of Geophysical Research, 98(B11): 19991-20004.

Encarnación J P, Essene E J, Mukasa S B, et al. 1995. High-pressure and-temperature subophiolitic kyanite—garnet amphibolites generated during initiation of mid-Tertiary subduction, Palawan, Philippines. Journal of Petrology, 36(6): 1481-1503.

Engdahl E R, van der Hilst R, Buland R. 1998. Global teleseismic earthquake relocation with improved travel times and procedures for depth determination. Bulletin of the Seismological Society of America, 88: 722-743.

Evans C A, Hawkins J W. 1989. Compositional heterogeneities in upper mantle peridotites from the Zambales Range Ophiolite, Luzon, Philippines. Tectonophysics, 168: 23-41.

Fabbri O, Monie P, Fournier M. 2004. Transtensional deformation at the junction between the Okinawa Trough back-arc basin and the SW Japan Island arc. Geological Society London Special Publications, 227(1): 297-312.

Fan C Y, Xia S H, Fang Z, et al. 2017. New insights into the magmatism in the northern margin of the South China Sea: spatial features and volume of intraplate seamounts. Geochemistry, Geophysics, Geosystems, 18: 2216-2239.

Fan C Y, Xia S H, Cao J H, et al. 2020. Seismic constraints on a remnant Mesozoic forearc basin in the northeastern South China Sea. Gondwana Research, 102: 77-92.

Fan W M, Wang Y J, Zhang A M, et al. 2010. Permian Arc-BacK-Arc Basin development along the Ailaoshan Tectonic Zone: geochemical, isotopic and geochronological evidence from the Mojiang volcanic rocks, Southwest China. Lithos, 119(3): 553-568.

Faure M, Marchadier Y, Rangin C. 1989. Pre-Eocene synmetamorphic structure in the Mindoro-Romblon-Palawan area, west Philippines, and implications for the history of southeast Asia. Tectonics, 8: 963-979.

Faure M, Lin W, Scharer U, et al. 2003. Continental subduction and exhumation of UHP rocks: structural and geochronological insights from the Dabieshan (East China). Lithos, 70: 213-241.

Faustino D V, Yumul G P, Dimalanta C B, et al. 2006. Volcanic-hypabyssal rock geochemistry of a subduction-related marginal basin ophiolite: southeast Bohol ophiolite-cansiwang melange complex, central Philippines. Geosciences Journal, 10(3): 291-303.

Festa A, Pini G A, Dilek Y, et al. 2010. Mélanges and mélange-forming processes: a historical overview and new concepts. International Geology Review, 52(10-12): 1040-1105.

Festa A, Dilek Y, Pini G A, et al. 2012. Mechanisms and processes of stratal disruption and mixing in the development of mélanges and broken formations: redefining and classifying mélanges. Tectonophysics, 568-569: 7-24.

Filatova N I. 2004. Cenozoic extension structures in the continental framework of the Japan Sea. Geotectonics, 38(6): 459-477.

Flores G. 1959. Evidence of slump phenomena (olistostromes) in areas of hydrocarbon exploration in Sicily. In: Proceedings of the 5th World Petroleum Congress, New York: John Wiley & Sons: 259-275.

Fortuin A R, Desmet M, Hadiwasastra S, et al. 1990. Late Cenozoic sedimentary and tectonic history of south Buton, Indonesia. Journal of Southeast Asian Earth Sciences, 4: 107-124.

Franke D, Barckhausen U, Heyde I, et al. 2008. Seismic images of a collision zone offshore NW Sabah/Borneo. Marine and Petroleum Geology, 25: 606-624.

Franke D, Savva D, Pubellier M, et al. 2013. The final rifting evolution in the South China Sea. Marine and Petroleum Geology, 58: 704-720.

Fraser A J, Matthewsn S J, Murphy R W. 1997. Petroleum Geology of Southeast Asia. London: Geological Society Special Publication: 341-353.

Fromaget J. 1934. Observations et réflexions sur la géologie stratigraphique et structurale de l'Indochine. Bulletin de la Société Géologique de France, 1-3: 101-164. (in French)

Fryer P, Gharib J, Ross K, et al. 2006. Variability in serpentinite mudflow mechanisms and sources: ODP drilling results on Mariana forearc seamounts. Geochemistry, Geophysics, Geosystems, 7: Q08014.

Fuller M, Haston R, Almasco J, 1989. Paleomagnetism of the Zambales ophiolite, Luzon, northern Philippines. Tectonophysics, 168(1): 171-203.

Fuller M, Haston R, Lin J L, et al. 1991. Tertiary paleomagnetism of regions around the South China Sea. Journal of Southeast Asian Earth Sciences, 6(3-4): 161-184.

Fuller M, Ali J R, Moss S J, et al. 1999. Paleomagnetism of Borneo. Journal of Asian Earth Sciences, 17: 3-24.

Furnes H, Dilek Y, De Wit M. 2015. Precambrian greenstone sequences represent different ophiolite types. Gondwana Research, 27(2): 649-685.

Fyhn M B W, Phach P V. 2015. Late Neogene structural inversion around the northern Gulf of Tonkin, Vietnam: effects from right-lateral displacement across the Red River fault zone. Tectonics, 34(2): 290-312.

Fyhn M B W, Boldreel L O, Nielsen L H. 2009a. Geological development of the Central and South Vietnamese margin: Implications for the establishment of the South China Sea, Indochinese escape tectonics and Cenozoic volcanism. Tectonophysics, 478(3): 184-214.

Fyhn M B W, Nielsen L H, Boldreel L O, et al. 2009b. Geological evolution, regional perspectives and hydrocarbon potential of the northwest Phu Khanh Basin, offshore Central Vietnam. Marine and Petroleum Geology, 26(1): 1-24.

Fyhn M B W, Boldreel L O, Nielsen L H. 2010. Escape tectonism in the Gulf of Thailand: Paleogene left-lateral pull-apart rifting in the Vietnamese part of the Malay Basin. Tectonophysics, 483: 365-376.

Fyhn M B W, Boldreel L O, Nielsen L H, et al. 2013. Carbonate platform growth and demise offshore Central Vietnam—effects of Early Miocene transgression and subsequent onshore uplift. Journal of Asian Earth Sciences, http://dx.doi.org/10.1016/j.jseaes.2013.02.023.

Galin T, Breitfeld H T, Hall R, et al. 2017. Provenance of the Cretaceous-Eocene Rajang Group submarine fan, Sarawak, Malaysia from light and heavy mineral assemblages and U-Pb zircon geochronology. Gondwana Research, 51: 209-233.

Gansser A. 1955. New aspects of the geology in central Iran. In: Proceedings of the 4th World Petroleum Congress. Rome: Casa Editrice Carlo Colombo, Section 1/A/5: 279-300.

Gansser A. 1974. The ophiolitic mélange, a world-wide problem on Tethyan examples. Eclogae Geologicae Helvetiae, 67: 479-507.

Gatinsky Y G, Hutchinson C S. 1986. Cathaysia, Gondwana land and the Paleotethys in the evolution of continental Southeast Asia. Bulletin of the Geological Society of Malaysia, 2: 179-199

Gatinski Y G, Hutchinson C S, Minh N N, et al. 1984. Tectonic evolution of Southeast Asia. 27th International Geological Congress, Colloquium, 5: 153-167.

Geary E E, Kay R W, Reynolds J C, et al. 1989. Geochemistry of mafic rocks from the Coto block, Zambales ophiolite, Philippines: trace element evidence for two stages of crustal growth. Tectonophysics, 168(1): 43-63.

Gerya T. 2014. Precambrian geodynamics: concepts and models. Gondwana Research, 25(2): 442-463.

Gibaga C R L, Arcilla C A, Hoang N. 2020. Volcanic rocks from the Central and Southern Palawan Ophiolites, Philippines: Tectonic and mantle heterogeneity constraints. Journal of Asian Earth Sciences: X, https://doi.org/10.1016/j.jaesx.2020.100038.

Gilley D L. 2003. Direct dating of left-lateral deformation along the Red River shear zone, China and Vietnam. Journal of Geophysical Research-Solid Earth, 108(B2): 14-21.

Gradstein F M, Ogg J G, Smith, et al. 2004. A Geologic Time Scale 2004. Cambridge: Cambridge University Press.

Greenly E. 1919. The Geology of Anglesey. London: Great Britain Geological Survey Memoir.

Grimes C B, Ushikubo T, John B E. 2011. Uniformly mantle-like $\delta^{18}O$ in zircons from oceanic plagiogranites and gabbros. Contributions to Mineralogy and Petrology, 161(1): 13-33.

Gungor A, Lee G H, Kim H J, et al. 2012. Structural characteristics of the northern Okinawa Trough and adjacent areas from regional seismic reflection data: geologic and tectonic implications. Tectonophysics, 522-523: 198-207.

Guo L Z, Shi Y S, Lu H F, et al. 1989. The pre-Devonian tectonic patterns and evolution of South China. Journal of Southeast Asian Earth Sciences, 3: 87-93.

Hafkenscheid E, Buiter S J H, Wortel M J R, et al. 2001. Modelling the seismic velocity structure beneath Indonesia: a comparison with tomography. Tectonophysics, 333(1): 35-46.

Haile N S. 1970. Radio carbon dates of Holocene emergence and submergence in Tembelau and Bungural Islands, Sunda Shelf, Indonesia. Bulletin of the Geological Society of Malaysia, 3: 135-137.

Haile N S. 1973. The recognition of former subduction zones in Southeast Asia. In: Tarling D H, Runcorn S K (eds). Implications of Continental Drift to the Earth Sciences, vol. 2. London: Academic Press: 885-891.

Haile N S. 1974. Borneo. Geological Society London Special Publications, 4(1): 333-347.

Haile N S, Mcelhinny M W, Mcdougall I. 1977. Palaeomagnetic data and radiometric ages from the Cretaceous of West Kalimantan (Borneo), and their significance in interpreting regional structure. Journal of the Geological Society, 133(2): 133-144.

Hall R. 1996. Reconstructing Cenozoic SE Asia. In: Hall R, Blundell D J (eds). Tectonic Evolution of Southeast Asia. London: Geological Society of London Special Publication, 106: 203-224.

Hall R. 2002. Cenozoic geological and plate tectonic evolution of SE Asia and the SW Pacific: computer-based reconstructions, models and animations. Journal of Asian Earth Sciences, 20: 353-431.

Hall R. 2009. Hydrocarbon basins in SE Asia: understanding why they are there. Petroleum Geoscience, 15: 1-17.

Hall R. 2012. Late Jurassic-Cenozoic reconstructions of the Indonesian region and the Indian Ocean. Tectonophysics, 570-571: 1-41.

Hall R. 2013. Contraction and extension in northern Borneo driven by subduction rollback. Journal of Asian Earth Sciences, 76: 399-411.

Hall R, Breitfeld H T. 2017. Nature and demise of the Proto-South China Sea. Bulletin of the Geological Society of Malaysia, 2017, 63: 61-76.

Hall R, Smyth H R. 2008. Cenozoic arc processes in Indonesia: identification of the key influences on the stratigraphic record in active volcanic arcs. Geological Society of America Special Paper, 436: 27-54.

Hall R, Spakman W. 2015. Mantle structure and tectonic history of SE Asia. Tectonophysics, 658: 14-45.

Hall R, Nichols G J, Ballantyne P D, et al. 1991. The character and significance of basement rocks of the southern Molucca Sea region. Journal Southeast Asian Earth Science, 6: 249-258.

Hall R, Ali J R, Anderson C D. 1995a. Cenozoic motion of the Philippine Sea Plate—Paleomagnetic evidence from eastern Indonesia. Tectonics, 14: 1117-1132.

Hall R, Ali J R, Anderson C D, et al. 1995b. Origin and motion history of the Philippine Sea Plate. Tectonophysics, 251(1-4): 229-250.

Hall R, Van Hattum M W A, Spakman W. 2008. Impact of India-Asia collision on SE Asia: the record in Borneo. Tectonophysics, 451: 366-389.

Hamburger M W, Galgana G A, Bacolcol T, et al. 2010. Analysis of oblique plate convergence along the Manila Trench and the Philippine Trench. In: AGU Fall Meeting Abstracts, T51D-2084.

Hamilton W. 1979. Tectonics of the Indonesian region. Bulletin of the Geological Society of Malaysia, 6: 3-10.

Harrison T M, Chen W J, Leloup P H, et al. 1992. An early Miocence transition in deformation regime within the Red River fault zone, Yunnan, and its significance for Indo-Asian tectonics. Journal of Geophysical Research, 97: 7159-7182.

Harrison T M, Leloup P H, Ryerson F J, et al. 1996. Diachronous initiation of transtension along the Ailao Shan-Red River shear zone, Yunnan and Vietnam. In: Yin A, Harrison T M (eds). The Tectonics of Asia. World and Regional Geology Series, Cambridge: Cambridge University Press: 208-226.

Hawkins J W. 2003. Geology of supra-subduction zones: implications for the origin of ophiolites. In: Dilek Y, Newcomb S (eds). Ophiolite concept and the evolution of geological thought. Boulder, Colorado: Geological Society of America, 373: 227-268.

Hawkins J W, Evans C A. 1983. Geology of the Zambales Range, Luzon, Philippine Islands: ophiolite derived from an island arc-back arc basin pair. In: Hayes D E (ed). The Tectonic and Geologic Evolution of the Southeast Asian Seas and Islands. Washington D C: American Geophysical Union: 95-123.

Hayes D E, Lewis S D. 1984. A geophysical Study of the Manila Trench, Luzon, Philippines 1. Crustal Structure, Gravity, and regional tectonic evolution. Journal of Geophysical Research, 89: 9171-9195.

He H Y, Wang Y J, Zhang Y H, et al. 2017. Fingerprints of the Paleotethyan back-arc basin in Central Hainan, South China: geochronological and geochemical constraints on the Carboniferous metabasites. International Journal of Earth Sciences, 107(2): 553-570.

Helmcke D. 1985. The Permo-Triassic "Paleotethys" in mainland Southeast Asia and adjacent parts of China. Geologische Rundschau, 74: 215-228.

Hennig J, Breitfeld H T, Hall R, et al. 2017. The Mesozoic tectono-magmatic evolution at the Paleo-Pacific subduction zone in West Borneo. Gondwana Research, 48: 292-310.

Hergt J M, Woodhead J D. 2007. A critical evaluation of recent models for Lau-Tonga arc-backarc basin magmatic evolution. Chemical Geology, 245: 9-44.

Heryanto R, Sanyoto P. 1994. Geological Map of the Amuntai Quadrangle, Kalimantan, 1∶250,000. Bandung: Geological Research and Development Centre.

Hesse S, Back S, Franke D. 2009. The deep-water fold- and-thrust belt offshore NW Borneo: gravity-driven versus basement-driven shortening. GSA Bulletin, 121(5-6): 939-953.

Hesse S, Back S, Franke D. 2010. The structural evolution of folds in a deepwater fold and thrust belt—a case study from the Sabah continental margin offshore NW Borneo, SE Asia. Marine and Petroleum Geology, 27(2): 442-454.

Hickey-Vargas R. 2005. Basalt and tonalite from the Amami Plateau, northern West Philippine Basin: new Early Cretaceous ages and geochemical results, and their petrologic and tectonic implications. Island Arc, 14: 653-665.

Hickey-Vargas R, Bizimis M, Deschamps A. 2008. Onset of the Indian Ocean isotopic signature in the Philippine Sea Plate: Hf and Pb isotope evidence from Early Cretaceous terranes. Earth and Planetary Science Letters, 268: 255-267.

Hilde T W C, Lee C S. 1984. Origin and evolution of the West Philippine Basin. Tectonophysics, 102: 85-104.

Hilde T W C, Uyeda S, Kroenke L. 1977. Evolution of the western Pacific and its margin. Tectonophysics, 38: 145-165.

Hinschberger F. 2001. Magnetic lineations constraints for the back-arc opening of the Late Neogene South Banda Basin (eastern Indonesia). Tectonophysics, 333(1-2): 47-59.

Hinschberger F, Malod J A, Réhault J P, et al. 2005. Late Cenozoic geodynamic evolution of eastern Indonesia. Tectonophysics, 404(1-2): 91-118.

Hinz K, Schlüter H U. 1985. Geology of the dangerous grounds, South China Sea, and the continental margin off Southwest Palawan: results of SONNE cruises SO-23 and SO-27. Energy, 10(3-4): 297-315.

Hinz K, Block M, Kudrass H R, et al. 1994. Structural elements of the Sulu Sea, Philippines. AAPG Bulletin, 78(127): 483-506.

Hirata N, Kinoshita H, Katao H, et al. 1991. Report on DELP 1988 Cruises in the Okinawa Trough, Part III: Crustal Structure of the Southern Okinawa Trough. Bulletin of the Earthquake Re-search Institute, University of Tokyo, 66: 37-70.

Hirtzel J, Chi W C, Reed D, et al. 2009, Destruction of Luzon forearc basin from subduction to Taiwan arc-continent collision. Tectonophysics, 479: 43-51.

Ho C S. 1986. A synthesis of the geologic evolution of Taiwan. Tectonophysics, 125: 1-16.

Hoa T T, Anh T T, Phuong N T, et al. 2008. Permo-Triassic intermediate-felsic magmatism of the Truong Son belt, eastern margin of Indochina. Comptes Rendus Geoscience, 340: 112-126.

Hoang N, Flower M. 1998. Petrogenesis of Cenozoic basalts from Vietnam implication for origins of a diffuse igneous province. Journal of Petrology, 39(3): 369-395.

Holloway N H. 1982. North Palawan Block, Philippines; its relation to Asian mainland and role in evolution of South China Sea. AAPG Bulletin, 66(9): 1355-1383.

Honthaas C, Maury R C, Bellon H A, et al. 1998. Neogene back-arc origin for the Banda Sea basins: geochemical and geochronological constraints from the Banda ridges (East Indonesia). Tectonophysics: International Journal of Geotectonics and the Geology and Physics of the Interior of the Earth, 298(4): 297-317.

Honthaas C, Maury R C, Priadi B, et al. 1999. The Plio-Quaternary Ambon arc, Eastern Indonesia. Tectonophysics, 301(3-4): 261-281.

Honza E. 1991. The Tertiary arc chain in the Western Pacific. Tectonophysics, 384(1-3): 285-303.

Honza E, Fujioka K. 2004. Formation of arcs and back-arc basins inferred from the tectonic evolution of Southeast Asia since the Late Cretaceous. Tectonophysics, 384(1-4): 23-53.

Honza E, Keene J B, Tiffin D L. 1987. A multi-national, multi-parameter marine study of the western Solomon Sea and region—Part II. Geo-Marine Letters, 6: 175-180.

Honza E, John J, Banda R M. 2000. An imbrication model for the Rajang accretionary complex in Sarawak, Borneo. Journal of Asian Earth Sciences, 18: 751-759.

Hsiao H C, King C T. 1998. IEEE comput Soc ICPADS\"98—international conference on parallel and distributed systems-Tainan, Taiwan (14-16 dec. 1998). Proceedings 1998 International Conference on Parallel and Distributed Systems (Cat No 98tb100250): 519-526.

Hsü K J. 1968. Principles of mélanges and their bearing on the Franciscan-Knoxville Paradox. Geological Society of America Bulletin, 79: 1063-1074.

Hsu S K, Liu C S, Shyu C T, et al. 1998. New gravity and magnetic anomaly maps in the Taiwan-Luzon region and their preliminary interpretation. Terrestrial, Atmospheric and Oceanic Sciences, 9(3): 509-532.

Hsu S K, Sibuet J C, Shyu C T. 2001. Magnetic inversion in the East China Sea and Okinawa trough: tectonic implications. Tectonophysics, 333: 111-122.

Huang C Y, Shyu C T, Lin S B, et al. 1992. Marine geology in the arc-continent collision zone off southeastern Taiwan: implications for late neogene evolution of the coastal range. Marine Geology, 107(3): 183-212.

Huang C Y, Yuan P B, Lin C W, et al. 2000. Geodynamic processes of Taiwan arc-continent collision and comparison with analogs in Timor, Papua New Guinea, Urals and Corsica. Tectonophysics, 325(1-2): 1-21.

Huang C Y, Xia K Y, Yuan P B, et al. 2001. Structure evolution from Paleogene extension to Latest Miocene-Recent arc-continent collision offshore Taiwan: comparison with on land geology. Journal of Asian Earth Sciences, 19: 619-639.

Huang C Y, Yuan P B, Tao S J. 2006. Temporal and spatial records of active arc-continent collision in Taiwan: a synthesis. Geological Society of America Bulletin, 118(3-4): 274-288.

Huang C Y, Chen W H, Wang M H, et al. 2018. Juxtaposed sequence stratigraphy, temporal-spatial variations of sedimentation and development of modern-forming forearc Lichi mélange in North Luzon Trough forearc basin onshore and offshore eastern Taiwan: an Overview. Earth Science Reviews, 182: 102-140.

Huang C Y, Wang P X, Yu M M, et al. 2019. Potential role of strike-slip faults in opening up the South China Sea. National Science Review, 6(5): 891-901

Huang X L, Niu Y L, Xu Y G, et al. 2013. Geochronology and geochemistry of Cenozoic basalts from eastern Guangdong, SE China; constraints on the lithosphere evolution beneath the northern margin of the South China Sea. Contributions to Mineralogy and Petrology, 165(3): 437-455.

Huene R, von Weinrebe W, Heeren F. 1999. Subduction erosion along the North Chile margin. Geodynamics, 27: 345-358.

Hussong D M, Uyeda S, 1982. Tectonic processes and the history of the Mariana Arc: a synthesis of the results of deep-sea drilling project Leg 60. In: Lee M, Powell R (eds). Initial Reports of the Deep Sea Drilling Project Leg 60. Texas: Texas A & M University, Ocean Drill Program, College Station: 909-929.

Hutchison C S. 1989. Geological Evolution of Southeast Asia. Oxford and New York: Clarendon Press.

Hutchison C S. 1996. The "Rajang accretionary prism" and "Lupar Line" problem of Borneo. Geological Society, London, Special Publications,106(1): 247-261.

Hutchison C S. 2004. Marginal basin evolution: the southern South China Sea. Marine and Petroleum Geology, 21(9): 1129-1148.

Hutchison C S. 2005. Geology of North-West Borneo. Amsterdam: Elsevier.

Hutchison C S. 2010a. Oroclines and paleomagnetism in Borneo and South-East Asia. Tectonophysics, 496: 53-67.

Hutchison C S. 2010b. The North-West Borneo Trough. Marine Geology, 271(1-2): 32-43.

Hutchison C S, Bergman S C, Swauger D A, et al. 2000. A Miocene collisional belt in north Borneo: uplift mechanism and isostatic adjustments quantified by thermochronology. Journal of the Geological Society, London, 157: 783-793.

Isezakia N. 1986. Magnetic anomaly map of the Japan Sea. Journal of Geomagnetism and Geoelectricity, 39(5): 403-410.

Ishida K, Suzuki S, Dimalanta C, et al. 2012. Recent progress in radiolarian research for ophiolites and the overlying turbidites, Philippine Mobile Belt, northern Luzon island. Acta Geoscientica Sinica, 33(S1): 29-31.

Isozaki Y, Maruyama S, Furuoka F. 1990. Accreted oceanic materials in Japan. Tectonophysics, 181: 179-205.

Iwasaki T, Hirata N, Kanazawa T, et al. 1990. Crustal and upper mantle structure in the Ryukyu Island Arc deduced from deep seismic sounding. Geophysical Journal International, 102(3): 631-651.

Jahn B M, Chen P Y, Yen T P. 1976. Rb-Sr ages of granitic rocks in southeastern China and their tectonic significance. Geological Society of America Bulletin, 87: 763-776.

Jian P, Liu D, Kröner A, et al. 2009a. Devonian to Permian plate tectonic cycle of the Paleo-Tethys Orogen in Southwest China (I): geochemistry of ophiolites, arc/back-arc assemblages and within-plate igneous rocks. Lithos, 113(3-4): 748-766.

Jian P, Liu D, Kröner A, et al. 2009b. Devonian to Permian plate tectonic cycle of the Paleo-Tethys Orogen in southwest China (II): insights from zircon ages of ophiolites, arc/back-arc assemblages and within-plate igneous rocks and generation of the Emeishan CFB province. Lithos, 113(3-4): 767-784.

Jian Z M, Jin H Y, Michael A K, et al. 2019. Discovery of the marine Eocene in the northern South China Sea. National Science Review, 6(5): 881-885.

Johnson D R, Ruzek M, Kalb M. 1997. What is Earth system science? IGARSS'97, 1997 IEEE International Geoscience and Remote Sensing Symposium Proceedings, Remote Sensing—A Scientific Vision for Sustainable Development, DOI: 10.1109/IGARSS.1997.615225.

Jolivet L, Huchon P, Rangin C. 1989. Tectonic setting of Western Pacific marginal basins. Tectonophysics, 160: 23-47.

Jolivet L, Tamaki K, Fournier M. 1994. Japan Sea, opening history and mechanism: a synthesis. Journal of Geophysical Research, 99 (B11): 22237-22259.

Joshima M, Honza E. 1987. Age estimation of the Solomon Sea based on heat flow data. Geo-Marine Letters, 6(4): 211-217.

Jumawan F T, Yumul Jr G P, Tamayo R A Jr. 1998. Using geochemistry as a tool in determining the tectonic setting and mineralization potential of an exposed upper mantle-crust sequence: example from the Amnay ophiolitic complex in occidental Mindoro, Philippines. Journal of the Geological Society of the Philippines, 53: 24-48.

Kadarusman A, Massonne H J, van Roermund H, et al. 2007. P-T evolution of eclogites and blueschists from the Luk Ulo Complex of Central Java, Indonesia. International Geology Review, 49: 329-356.

Kamata Y, Ueno K, Saengsrichan W, et al. 2008. Stratigraphy and Geological Ages of Siliceous Sedimentary Rocks Distributed in the Hat Yai Area, Southern Peninsular Thailand. Bangkok, Thailand, Proceedings of the International Symposia on Geoscience Resources and Environments of Asian Terranes, 349-352.

Kaneoka I. 2010. Constraints on the Time of the Evolution of the Japan Sea Floor Based on Radiometric Ages. Earth, Planets and Space, 38(5): 475-485.

Kao H, Huang G C, Liu C S. 2000. Transition from oblique subduction to collision in the northern Luzon arc-Taiwan region: constraints from bathymetry and seismic observation. Journal Geophysical Research, 105(B2): 3059-3079.

Karig D E. 1971. Origin and development of marginal basin in the Western Pacific. Journal of Geophysical Research, 75(11): 2543-2561.

Karig D E. 1975. Basin genesis in the Philippine Sea. Initial Rep Deep Sea Drill Proj, (31): 857-879.

Karig D E. 1983. Accreted terranes in the northern part of the Philippine archipelago. Tectonics, 2: 211-236.

Karig D E, Sarewitz D R, Haeck G D. 1986. Role of strike-slip faulting in the evolution of allocthonous terranes in the Philippines. Geology, 14: 852-855.

Kidd R G W, Cann J R. 1974. Chilling statistics indicate an ocean-floor spreading origin for the Troodos complex, Cyprus. Earth and Planetary Science Letters, 24(1): 151-155.

Kimura K. 1986. Collision, rotation, and back-arc spreading in the region of the Okhotsk and Japan Seas. Tectonics, 5(3): 389-401.

Kimura M. 1985. Back-arc rifting in the Okinawa Trough. Marine and Petroleum Geology, 2(3): 222-240.

King R C, Backé G, Morley C K, et al. 2010. Balancing deformation in NW Borneo: quantifying plate-scale vs. gravitational tectonics in a delta and deepwater fold-thrust belt system. Marine and Petroleum Geology, 27(1): 238-246.

Kirk H. 1957. The geology and mineral resources of the Upper Rajang and adjacent areas Sarawak. US Government Printing Office, British Territories Borneo Region Geological Survey, 8: 181.

Kirk M, Yosio N, Wang T K, et al. 2005. Crustal-scale seismic rofiles across Taiwan and the western Philippine Sea. Tectonophysics, 401: 23-54.

Kizaki K. 1986. Geology and tectonic framework of the Ryukyu Islands. Tectonophysics, 125 (1-3): 193-207.

Klein G D, Kobayashi K, White S M. 1980. Introduction and Explanatory Notes, Deep Sea Drilling Project Leg 58, Initial Reports of Deep Sea Drilling Project. Washington DC: US Government Printing Office.

Kobayashi F. 2004. Late permian foraminifers from the limestone block in the southern Chichibu terrane of west Shikoku, SW Japan. Journal of Paleontology, 78(1): 62-70.

Kreemer C, Holt W E, Goes S, et al. 2000. Active deformation in eastern Indonesia and the Philippines from GPS and seismicity data. Journal of Geophysical Research: Solid Earth, 105(B1): 663-680.

Ku C Y, Hsu S K. 2009. Crustal structure and deformation at the northern Manila Trench between Taiwan and Luzon Islands. Tectonophysics, 466(3-4): 229-240.

Kudrass H R, Wiedicke M, Cepeck P, et al. 1986. Mesozoic and Cainozoic rocks dredged from the South China Sea (Reed Bank area) and Sulu Sea and their significance for plate-tectonic reconstructions. Marine and Petroleum Geology, 3(1): 19-30.

Kusky T M, Bradley D C, Haeussler P J, et al. 1997. Controls on accretion of flysch and mélange belts at convergent margins: evidence from the Chugach Bay thrust and Iceworm mélange, Chugach accretionary wedge, Alaska. Tectonics, 16(6): 855-878.

Kusky T M, Stern R J, Dewey J F. 2013. Secular changes in geologic and tectonic process. Gondwana Research, 24: 451-452.

Lacassin R, Hinthong C, Siribhakdi K, et al. 1997. Cenozoic diachronic extrusion and deformation of western Indochina: structure and $^{40}Ar/^{39}Ar$ evidence from NW Thailand. Journal of Geophysical Research, 102(B5): 10013-10037.

Lallemand S, Liu C S. 1998. Geodynamic implications of present-day kinematics in the southern Ryukyus. Journal of the Geological Society of China, 41: 551-564.

Lallemand S, Font Y, Bijwaard H, et al. 2001. New insights on 3-D plates interaction near Taiwan from tomography and tectonic implications. Tectonophysics, 335(3-4): 229-253.

Lallemand S, Theunissen T, Schnürle P, et al. 2013. Indentation of the Philippine Sea Plate by the Eurasia Plate in Taiwan: details from recent marine seismological experiments. Tectonophysics, 594: 60-79.

Lallemand S E, Liu C S, Font Y. 1997. A tear fault boundary between the Taiwan orogen and the Ryukyu subduction zone. Tectonophysics,274(1-3): 171-190.

Lan C Y, Jahn B M, Mertzman S A, et al. 1996. Subduction-related granitic rocks of Taiwan. Journal of Southeast Asian Earth Sciences, 14(1-2): 11-28.

Lan C Y, Chung S L, Shen J S, et al. 2000. Geochemical and Sr-Nd isotopic characteristics of granitic rocks from northern Vietnam. Journal of Asian Earth Sciences, 18(3): 267-280.

Larsen H C, Mohn G, Nirrengarten M, et al. 2018. Rapid transition from continental breakup to igneous oceanic crust in the South China Sea. Nature Geoscience, 11: 782-789.

Le Pichon X, Henry P, Goffe B. 1997. Uplift of Tibet: from eclogites to granulites—implications for the Andean Plateau and the Variscan belt. Tectonophysics, 271(1): 57-76.

Lee C S, McCabe R. 1986. The Banda-Celebes-Sulu Basin: a trapped piece of Cretaceous-Eocene oceanic crust? Nature, 322(6074): 51-54.

Lee C S, George G, Shor J, et al. 1980. Okinawa Trough: origin of a back-arc basin. Marine Geology, 35(1-3): 219-241.

Lee G H, Lee K, Watkins J S. 2001. Geological evolution of the Cuu long and Nam Con Son Basins, offshore southern Vietnam, South China Sea. AAPG Bull, 85: 10551082.

Lee T Y, Lawver L A. 1995. Cenozoic plate reconstruction of Southeast Asia. Tectonophysics, 251(1-4): 85-138.

Lee T Y, Lo C H, Chung S L, et al. 1998. ^{40}Ar/^{39}Ar dating result of Neogene basalts in Vietnam and its tectonic implication. In: Flower M F J, Chung S L, Lo C H (eds). Mantle dynamics and plate Interactions in East Asia. Washington D C: American Geophysical Union Monograph, 27: 317-330.

Lee Y H, Byrne T, Wang W H, et al. 2015. Simultaneous mountain building in the Taiwan orogenic belt. Geology, 43(5): 451-454.

Lei C, Ren J Y. 2016. Hyper-extended rift systems in the Xisha Trough, northwestern South China Sea: implications for extreme crustal thinning ahead of a propagating ocean. Marine and Petroleum Geology, 77: 846-864.

Leloup P H, Lacassin R, Tapponnier P, et al. 1995. The Ailao Shan-Red River shear zone (Yunnan, China), Tertiary transform boundary of Indochina. Tectonophysics, 251(1): 3-84.

Leloup P H, Arnaud N, Lacassin R, et al. 2001. New constraints on the structure, thermochronology, and timing of the Ailao Shan-Red River shear zone, SE Asia. Journal of Geophysical Research, 106: 6683-6732.

Leo J F D, Wookey J, Harjadi P, et al. 2012. Deformation and mantle flow beneath the Sangihe subduction zone from seismic anisotropy. Physics of the Earth & Planetary Interiors, 194-195: 38-54.

Leong K M. 1974. The geology and mineral resources of Upper Segama Valley and Darvel Bay area, Sabah. Malaysia Geological Survey Borneo Region, Memoir, 354.

Lepvrier C, Maluski H, Vuong N V, et al. 1997. Indosinian NW-trending shear zones within the Truong Son belt (Vietnam): ^{40}Ar-^{39}Ar Triassic ages and Cretaceous to Cenozoic overprints. Tectonophysics, 283(1):105-127.

Lepvrier C, Maluski H, Van Tich V, et al. 2004. The early Triassic Indosinian orogeny in Vietnam (Truong Son Belt and Kontum Massif): implications for the geodynamic evolution of Indochina. Tectonophysics, 393(1-4): 87-118.

Lepvrier C, Nguyen V V, Maluski H, et al. 2008. Indosinian tectonics in Vietnam. Comptes Rendus Geoscience 340: 94-111.

Letouzey J, Kimura M. 1985. Okinawa Trough genesis: structure and evolution of a backarc basin developed in a continent. Marine and

Petroleum Geology, 2(2): 111-130.

Letouzey J, Kimura M. 1986. The Okinawa Trough: genesis of a back-arc basin developing along a continental margin. Tectonophysics, 125(1-3): 209-230.

Lewis S D, Hayes D E. 1984. A geophysical study of the Manila Trench, Luzon, Philippines: 2. fore arc basin structural and stratigraphic evolution. Journal of Geophysical Research, 89: 9196-9214.

Lewis S D, Hayes D E. 1989. Plate convergence and deformation, North Luzon Ridge, Philippines. Tectonophysics, 168: 221-237.

Li C F, Song T R. 2012. Magnetic recording of the Cenozoic oceanic crustal accretion and evolution of the South China Sea Basin. Chinese Science Bulletin, 57(24): 3165-3181.

Li C F, Zhou Z, Li J, et al. 2007. Structures of the northeasternmost South China Sea continental margin and ocean basin: geophysical constraints and tectonic implications. Marine Geophysical Researches, 28: 59-79.

Li C F, Lin J, Kulhanek D K. 2014a. South China Sea tectonics: opening of the South China Sea and its implications for southeast Asian tectonics, climates, and deep mantle processes since the Late Mesozoic. International Ocean Discovery Program Scientific Prospectus, 349: 1-111.

Li C F, Xu X, Lin J, Sun Z, et al. 2014b. Ages and magnetic structures of the South China Sea constrained by deep tow magnetic surveys and IODP expedition 349. Geochemistry, Geophysics, Geosystems, 15(12): 4958-4983.

Li C F, Li J B, Ding W W, et al. 2015a. Seismic stratigraphy of the central South China Sea Basin and implications for neotectonics. Journal of Geophysical Research: Solid Earth, 120(3): 1377-1399.

Li C F, Lin J, Kulhanek D K. 2015b. Proceedings of the International Ocean Discovery Program (IODP), 349: South China Sea Tectonics. http://publications.iodp.org/proceedings/349/349.PDF.

Li C F, Sun Z, Yang H F. 2018. Possible spatial distribution of the Mesozoic volcanic arc in the present-day South China Sea continental margin and its tectonic implications. Journal of Geophysical Research: Solid Earth, 123: 6215-6235.

Li F C, Sun Z, Yang H F. 2016. Possible spatial distribution of the Mesozoic volcanic arc in the present-day South China Sea continental margin and its tectonic implications. Journal of Geophysical Research: Solid Earth, 123(8): 6215-6235.

Li J B, Ding W W, Lin J, et al. 2020. Dynamic processes of the curved subduction system in Southeast Asia: a review and future perspective. Earth-Science Reviews, 217: 103647.

Li Q Y, Jian Z M, Su X. 2005. Late Oligocene rapid transformations in the South China Sea. Marine Micropaleontology, 54: 5-25.

Li S B, He H Y, Qian X, et al. 2018. Carboniferous arc setting in Central Hainan: geochronological and geochemical evidences on the andesitic and dacitic rocks. Journal of Earth Science, 29(2): 265-279.

Li X H, Li Z X, Li W X, et al. 2006. Initiation of the Indosinian orogeny in South China: evidence for a Permian magmatic arc in the Hainan Island. Journal of Geology, 114(3): 341-353.

Li X H, Li J B, Yu X, et al. 2015. $^{40}Ar/^{39}Ar$ ages of seamount trachytes from the South China Sea and implications for the evolution of the northwestern sub-basin. Geoscience Frontiers, 6: 571-577.

Li Z X, Li X H, Wartho J A, et al. 2010. Magmatic and metamorphic events during the Early Paleozoic Wuyi-Yunkai orogeny, southeastern South China: new age constraints and pressure-temperature conditions. Geological Society of America Bulletin, 122(5-6): 772-793.

Liang H Y, Campbell I H, Allen C M, et al. 2007. The age of the potassic alkaline igneous rocks along the Ailao Shan-Red River shear zone: implications for the onset age of left-lateral shearing. Journal of Geology, 115(2): 231-242.

Lin A T, Watts A B, Hesselbo S P. 2003. Cenozoic stratigraphy and subsidence history of the South China Seamargin in theTaiwan region. Basin Research, 15: 453-478.

Lin A T, Yao B C, Hsu, S K, et al. 2009. Tectonic features of the incipient arc-continent collision zone of Taiwan: implications for seismicity. Tectonophysics, 479: 28-42.

Lin C T, Harris R, Sun WD, et al. 2019. Geochemical and geochronological constraints on the origin and emplacement of the East Taiwan ophiolite. Geochemistry, Geophysics, Geosystems 20(4): 2110-2133.

Lin W, Wang Q C, Chen K. 2008. Phanerozoic tectonics of South China Block: new insights from the polyphase deformation in the Yunkai massif. Tectonics, 27(6): 1-16.

Liu C S, Liu S Y, Lallemand S E, et al. 1998. Digital elevation model offshore Taiwan and its tectonic implications. Terrestrial, Atmospheric and Oceanic Sciences, 9(4): 705-738.

Liu H C, Wang Y J, Cawood P A, et al. 2014. Record of Tethyan Ocean closure and Indosinian collision along the Ailaoshan Suture Zone (SW China). Gondwana Research, 27(3): 1292-1306.

Liu H L, Yan P, Zhang B Y, et al. 2004. Role of the Wanna fault system in the western Nansha Islands (southern South China Sea) waters area. Journal of Asian Earth Sciences, 23(2): 221-233.

Liu J, Tran M D, Tang Y, et al. 2012. Permo-Triassic granitoids in the northern part of the Truong Son belt, NW Vietnam: geochronology, geochemistry and tectonic implications. Gondwana Research, 22(2): 628-644.

Liu S F, Peng S B, Kusky T, et al. 2018. Origin and tectonic implications of an Early Paleozoic (460-440 Ma) subduction-accretion shear zone in the northwestern Yunkai Domain, South China. Lithos, 322: 104-128.

Liu T K, Chen Y G, Chen W S, et al. 2000. Rates of cooling and denudation of the Early Penglai Orogeny, Taiwan, as assessed by fission-track constraints. Tectonophy, 320: 69-82.

Liu W N, Li C F, Li J B, et al. 2014. Deep structures of the Palawan and Sulu Sea and their implications for opening of the South China Sea. Marine and Petroleum Geology, 58: 721-735.

Liu Z F, Zhan W H, Yao Y T, et al. 2009. Kinematics of convergence and deformation in Luzon Island and adjacent sea areas: 2-D finite-element simulation. Journal of Earth Science, 20(1): 107-116.

Lo C H, Yui T F. 1996. ^{40}Ar/^{39}Ar dating of high-pressure rocks in the Tananao basement complex, Taiwan. Journa of the Geological Society of China, 39(1): 13-30.

Lo Y C, Chen C T, Lo C H, et al. 2020. Ages of ophiolitic rocks along plate suture in Taiwan orogen: fate of the South China Sea from subduction to collision. Terrestrial, Atmospheric and Oceanic Sciences, 31(4): 383-402.

Lu C Y, Malavieille J. 1994. Oblique convergence, indentation and rotation tectonic in Taiwan Mountain belt: insights from experimental modelling. Earth and Planetary Sciences Letter, 121: 477-494.

Ludmann T, Wong H K. 1999. Neotectonic regime on the passive continental margin of the northern South China Sea. Tectonophysics, 311: 113-138.

Madon M, Kim C L, Wong R. 2013. The structure and stratigraphy of deepwater Sarawak, Malaysia: implications for tectonic evolution. Journal of Asian Earth Sciences, 76: 312-333.

Maluski H, Lepvrier C, Phan T T, et al. 1999. Early Mesozoic toxenozoic evolution of orogens in Vietnam: ^{40}Ar-^{39}Ar dating synthesis. Proceedings and Abstracts of the Int Workshop GPA 99, Journal of Geology, 13-14: 81-86.

Maluski H, Lepvrier C, Leyreloup A, et al. 2005. ^{40}Ar-^{39}Ar geochronology of the charnockites and granulites of the Kan Nack complex, Kon

Tum Massif, Vietnam. Journal of Asian Earth Sciences, 25: 653-677.

Marchadier Y, Rangin C. 1990. Polyphase tectonics at the southern tip of the Manila trench, Mindoro-Tablas Islands, Philippines. Tectonophysics, 183: 273-287.

Martin A K. 2011. Double saloon door tectonics in the Japan Sea, Fossa Magna, and the Japanese Island Arc. Tectonophysics, 498(1-4): 45-65.

Maruyama S, Liou J G, Seno T. 1989. Mesozoic and Cenozoic evolution of Aisa. In: Ben-Avraham Z (ed). The Evolution of the Pacific Ocean Margin. Oxford: Oxford University Press.

Maus S, Barckhausen U, Berkenbosch H, et al. 2009. EMAG2: A 2-arc min resolution Earth Magnetic Anomaly Grid compiled from satellite, airborne, and marine magnetic measurements. Geochemistry, Geophysics, Geosystems, 10: Q08005.

McCabe R, Almasco J, Diegor W. 1982. Geologic and paleomagnetic evidence for a possible Miocene collision in western Panay, central Philippines. Geology, 10(6): 325-329.

McCaffrey R. 1982. Lithospheric deformation within the Molucca Sea arc-arc collision: evidence from shallow and intermediate earthquake activity. Journal of Geophysical Research, 187(B5): 3663-3678.

McCourt W J, Crow M J, Cobbing E J, et al. 1996. Mesozoicand Cenozoic plutonic evolution of SE Asia: evidence from Sumatra, Indonesia. In: Hall R, Blundell D (eds). Tectonic Evolution of Southeast Asia. London: Geological Society of London Special Publication, 106: 321-335.

Mcelhinny M W, Haile N S, Crawford A R. 1974. Paleomagnetic evidence shows Malay Peninsula was not a part of Gondwanaland. Nature, 252(5485): 641-645.

McIntosh K Y, Nakamura T K, Wang R C, et al. 2005. Crustal-scale seismic profiles across Taiwan and the western Philippine Sea. Tectonophysics, 401(1-2): 23-54.

Medeiros C, Kjerfve B. 1988. Tidal characteristics of the strait of Magellan. Continental Shelf Research, 8(8): 947-960.

Metcalfe I. 1988. Origin and assembly of south-east Asian continental terranes. Geological Society, London, Special Publications, 37: 101-118.

Metcalfe I. 1996. Pre-Cretaceous evolution of SE Asian terranes. In: Hall R, Blundell D (eds). Tectonic Evolution of Southeast Asia. London: Geological Society of London Special Publication, 106: 97-122.

Metcalfe I. 1999. Gondwana dispersion and Asian accretion: an overview. In: Metcalfe I (ed). Gondwana dispersion and Asian accretion. Final Results Volume for IGCP Project, 321: 9-28.

Metcalfe I. 2006. Palaeozoic and Mesozoic tectonic evolution and palaeogeography of East Asian crustal fragments: the Korean Peninsula in context. Gondwana Research, 9(1-2): 24-46.

Metcalfe I. 2011a. Palaeozoic-Mesozoic history of SE Asia. Geological Society, London, Special Publications, 355(1): 7-35.

Metcalfe I. 2011b. Tectonic framework and Phanerozoic evolution of Sundaland. Gondwana Research, 19(1): 3-21.

Metcalfe I. 2013. Gondwana dispersion and Asian accretion: tectonic and palaeogeographic evolution of eastern Tethys. Journal of Asian Earth Sciences, 66: 1-33.

Miao X Q, Huang X L, Yan W, et al. 2021. Late Triassic dacites from Well NK-1 in the Nansha Block: constraints on the Mesozoic tectonic evolution of the southern South China Sea margin. Lithos, 398-399: 1-13.

Miki M, Matsuda T, Otofuji Y. 1990. Opening mode of the Okinawa Trough: paleomagnetic evidence from the South Ryukyu Arc. Tectonophysics, 175(4): 335-347.

Milsom J, Ali J R, Queaño K L. 2006. Peculiar geometry of northern Luzon, Philippines: implications for regional tectonics of new gravity and paleomagnetic data. Tectonics, 25: 11-14.

Mitchell A H G. 1993. Cretaceous—Cenozoic tectonic events in western Myanmar (Burma)-Assam region. Journal of the Geological Society of London, 150: 1089-1102.

Mitchell A H G, Hernandez F, de la Cruz A P. 1986. Cenozoic evolution of the Philippine archipelago. Journal of Southeast Asian Earth Sciences, 1: 1-20.

Mitchell A H G, Ausa C A, Deiparine L, et al. 2004. The Modi Taung-Nankwe gold district, slate belt, central Myanmar: mesothermal veins in a Mesozoic orogen. Journal of Asian Earth Sciences, 23: 321-341.

Miura R, Nakamura Y, Koda K. 2004. "Rootless" serpentinite seamount on the southern Izu-Bonin forearc: implications for basal erosion at convergent plate margins. Geology, 32(6): 541-544.

Molli G, Malavieille J. 2011. Orogenic processes and the Corsica/Apennines geodynamic evolution: insights from Taiwan. International Journal of Earth Sciences, 100: 1207-1224.

Moores E M. 2002. Pre-1 Ga (pre-Rodinian) ophiolites: their tectonic and environmental implications. Geological Society of America Bulletin, 114(1): 80-95.

Moores E M, Jackson E D. 1974. Ophiolites and oceanic crust. Nature, 250(5462): 136-139.

Morishita T, Andal E S, Arai S, et al. 2006. Podiform chromitites in the lherzolite-dominant mantle section of the Isabela ophiolite, the Philippines. Island Arc, 15(1): 84-101.

Morley C K. 2002. A tectonic model for the Tertiary evolution of strike-slip faults and rift basins in SE Asia. Tectonophysics, (347): 189-215.

Morley C K. 2012. Late Cretaceous-Early Palaeogene tectonic development of SE Asia. Earth-Science Reviews, 115(S1-2): 37-75.

Morley C K. 2016. Major unconformities/termination of extension events and associated surfaces in the South China Seas: review and implications for tectonic development. Journal of Asian Earth Sciences, 120: 62-86.

Moss S J. 1998. Embaluh group turbidites in Kalimantan: evolution of a remnant oceanic basin in Borneo during the Late Cretaceous to Palaeogene. Journal of the Geological Society, 155: 509-524.

Mouret C. 1994. Geological history of northeastern Thailand since the Carboniferous: relations with Indochina and Carboniferous to Early Cenozoic evolution model. In: Angsuwathana P, Wongwanich T, Tansathian W, Wongsomsak S, Tulyatid J J (eds). Proceedings of the International Symposium on Stratigraphic Correlation of Southeast Asia. Department of Mineral Resources of Thailand and Thai Working Group of IGCP 306, Bangkok: 132-158.

Mrozowski C L, Hayes D E. 1979. The evolution of the Parece Vela Basin, eastern Philippine Sea. Earth and Planetary Science Letters, 46(1): 49-67.

Müller C. 1991. Biostratigraphy and geological evolution of the Sulu Sea and surrounding area. In: Proceedings of the Ocean Drilling Program, Scientific Results: 121-131.

Nagel S, Castelltort S, Wetzel A, et al. 2013. Sedimentology and foreland basin paleogeography during Taiwan arc continent collision. Journal of Asian Earth Sciences, 62: 180-204.

Nagel S, Castelltort S, Garzanti E, et al. 2014. Provenance evolution during arc-continent collision: sedimentary petrography of Miocene to Pleistocene sediments in the western foreland basin of Taiwan. Journal of Sedimentary Research, 84(7): 513-528.

Nguyen T T B, Satir M, Siebel W, et al. 2004a. Geochemical and isotopic constraints on the petrogenesis of granitoids from the Dalat zone, southern Vietnam. Journal of Asian Earth Sciences, 23: 467-482.

Nguyen T T B, Satir M, Siebel W, et al. 2004b. Granitoids in the Dalat zone, Southern Vietnam: age constraints on magmatism and regional geological implications. International Journal of Earth Sciences, 93(3): 329-340.

Nguyen V P. 1998. Lower Devonian graptolites from Muong Xen area (Northwest part of Central Vietnam). Journal of Geology, Hanoi, Series B, 11-12: 29-40.

Nguyen X B. 1977. Nhung tai lieu moi ve dia chat o Nam Viet Nam. Ban do DC, 34: 3-11. Lien doan BDDC, Ha Noi.

Nguyen X B. 2001. Bao cao Kien ta ova sinh khoang Nam Vietnam. Luu tru DC. Ha Noi.

Nissen S S, Hayes D E, Buhl P, et al. 1995a. Deep penetration seismic soundings across the northern margin of the South China Sea. Journal of Geophysical Research, 100(B11): 22407-22433.

Nissen S S, Hayes D E, Yao B C, et al. 1995b. Gravity, heat flow, and seismic constraints on the processes of crustal extension: northern margin of the South China Sea. Journal of Geophysical Research, 100(B11): 22447-22483.

Nohda S. 2009. Formation of the Japan Sea Basin: reassessment from Ar-Ar ages and Nd-Sr isotopic data of basement basalts of the Japan Sea and adjacent regions. Journal of Asian Earth Sciences, 35(5): 599-609.

Nur A, Ben-Avraham Z. 1982. Oceanic plateaus, the fragmentation of continents, and mountain building. Journal of Geophysical Research, 87(B5): 3644-3661.

Ogata K, Pini G A, Carè D, et al. 2012. Progressive development of block-in-matrix fabric in a shale-dominated shear zone: insights from the Bobbio Tectonic Window (Northern Apennines, Italy). Tectonics, 31: TC1003.

Okino K, Shimakawa Y, Nagaoka S. 1994. Evolution of the Shikoku Basin. Journal of Geomagnetism and Geoelectricity, 46: 463-479.

Omang S A K, Barber A J, 1996. Origin and tectonic significance of the metamorphic rocks associated with the Darvel Bay Ophiolite, Sabah, Malaysia. In: Hall R, Blundell D J (eds). Tectonic Evolution of Southeast Asia. London: Geological Society of London Special ublication, 106: 263-279.

Osanai Y, Nakano N, Owada M, et al. 2008. Collision zone metamorphism in Vietnam and adjacent South-eastern Asia: proposition for Trans Vietnam Orogenic Belt. Journal of Mineralogical and Petrological Sciences, 103: 226-241.

Otofuji Y I, Matsuda T. 1984. Timing of rotational motion of Southwest Japan inferred from paleomagnetism. Earth and Planetary Science Letters, 70(2): 373-382.

Packham G. 1996. Cenozoic SE Asia: reconstructing its aggregation and reorganization. In: Hall R, Blundell D J (eds). Tectonic Evolution of Southeast Asia. London: Geological Society of London Special Publication, 106: 123-152.

Pan G T, Wang L Q, Li R S, et al. 2012. Tectonic evolution of the Qinghai-Tibet Plateau. Journal of Asian Earth Sciences, 53: 3-14.

Parkinson C D, Miyazaki K, Wakita K, et al. 1998. An overview and tectonic synthesis of the pre-Tertiary very-high pressure metamorphic and associated rocks of Java, Sulawesi, and Kalimantan, Indonesia. Island Arc, 7: 184-200.

Parsons B, Sclater J G. 1977. An analysis of the variation of ocean floor bathymetry and heat flow with age. Gondwana Research, 82(5): 803-827.

Pearce J A. 2003. Supra-subduction Zone Ophiolites: The Search for Modern Analogues. Boulder, Colorado: Geological Society of America: 269-294.

Pearce J A. 2014. Immobile element fingerprinting of ophiolites. Elements, 10(2): 101-108.

Pearce J A, Harris N B W, Tindle A G. 1984. Trace element discrimination diagrams for the tectonic interpretation of granitic rocks. Journal of petrology, 25(4): 956-983.

Peccerillo A, Taylor S R. 1976. Geochemistry of Eocene calc-alkaline volcanic rocks from the Kastamonu area, northern Turkey. Contributions to Mineralogy and Petrology, 58(1): 63-81.

Perez A D C, Faustino-Eslava D V, Yumul G P, et al. 2013. Enriched and depleted characters of the Amnay Ophiolite upper crustal section and the regionally heterogeneous nature of the South China Sea mantle. Journal of Asian Earth Sciences, 65: 107-117.

Phan C T, Le D A, Le D B, et al. 1991. Geology of Cambodia, Laos and Vietnam. Hanoi: Geological Survey of Vietnam.

Pigram C J, Panggabean H. 1984. Rifting of the northern margin of the Australian continent and the origin of some microcontinents in Eastern Indonesia. Tectonophysics, 107(3-4): 331-353.

Pigram C J, Symonds P A. 1991. A review of the timing of the major tectonic events in the New Guinea Orogen. Journal of Southeast Asian Earth Sciences, 6(3-4): 307-318.

Pimm A C. 1965. Serian area, west Sarawak, Malaysia.Geological Survey of Malaysia, Borneo Region, 3: 92.

Pubellier M, Meresse F. 2013. Phanerozoic growth of Asia: geodynamic processes and evolution. Journal of Asian earth sciences, 72(10): 118-128.

Pubellier M, Morley C K. 2014. The basins of Sundaland (SE Asia): evolution and boundary conditions. Marine and Petroleum Geology, 58: 555-578.

Pubellier M, Quebral R D, Deffontaines B, et al. 1993. Neotectonic map of Mindanao Island, Philippines. Quezon: Asia Geodyne Corporation.

Pubellier M, Monnier C, Maury R, et al. 2004. Plate kinematics, origin and tectonic emplacement of supra-subduction ophiolites in SE Asia. Tectonophysics, 392(1-4): 9-36.

Pubellier M, Aurelio M, Sautter B. 2018. The life of a marginal basin depicted in a structural map of the South China Sea. Episodes, 41: 139-142.

Pullen A, Kapp P, Decelles P G, et al. 2011. Cenozoic anatexis and exhumation of Tethyan Sequence rocks in the Xiao Gurla Range, Southwest Tibet. Tectonophysics, 501(1): 28-40.

Pupilli M. 1973. Geological evolution of South China Sea area: tentative reconstruction from borderland geology and well data. Proc Indonesia Petroleum Association, 68-79.

Qian S, Zhang X, Wu J, et al. 2021. First identification of a Cathaysian continent fragment beneath the Gagua Ridge, Philippine Sea, and its tectonic implications. Geology, 49(11): 1332-1336.

Qiu X L, Ye S Y, Wu S G, et al. 2001. Crustal structure across the Xisha Trough, northwestern South China Sea. Tectonophysics, 341:179-193.

Queaño K L. 2006. Tectonic modeling of northern Luzon, Philippines and regional implications. PhD Thesis, Hong Kong: University of Hong Kong.

Queaño K L, Ali J R, Milsom J, et al. 2007. North Luzon and the Philippine Sea Plate motion model: insights following paleomagnetic, structural, and age-dating investigations. Journal of Geophysical Research, 112(B5), DOI:10.1029/2006JB004506.

Queaño K L, Dimalanta C B, Yumul G P, et al. 2012. The Zambales Ophiolites Complex, Philippines revisited: implications for its Tethys origin. Acta Geoscientica Sinica, 33(S1): 58-58.

Queaño K L, Marquez E J, Aitchison J C, et al. 2013. Radiolarian biostratigraphic data from the casiguran ophiolite, northern sierra madre, Luzon, Philippines: stratigraphic and tectonic implications. Journal of Asian Earth Sciences, 65(Mar. 25): 131-142.

Randon C, Wonganan N, Caridroit M, et al. 2006. Upper Devonian-Lower Carboniferous conodonts from Chiang Dao cherts, northern Thailand. Rivista Italiana Di Paleontologia E Stratigrafia, 112(2): 191-206.

Rangin C, Silver E A. 1991. Neogene tectonic evolution of the Celebes Sulu Basin; new insights from Leg 124 drilling. Proceedings of the Ocean Drilling Program, Scientific Results, 124: 51-63.

Rangin C, Stephan J, Müller C. 1985. Middle Oligocene oceanic crust of South China Sea jammed into Mindoro collision zone (Philippines). Geology, 13(6): 425-428.

Rangin C, Bellon H, Benard F, et al. 1990. Neogene arc-continent collision in Sabah, northern Borneo (Malaysia). Tectonophysics, 183: 305-319.

Rangin C, Huchon P, Pichon X L, et al. 1995. Cenozoic deformation of central and south Vietnam. Tectonophysics, 251(1): 179-196.

Rangin C, Le Pichon X, Mazzotti S, et al. 1999a. Plate convergence measured by GPS across the Sundaland/Philippine Sea plate deformed boundary: the Philippines and eastern Indonesia. Geophysical Journal International, 139: 296-316.

Rangin C, Spakman W, Pubellier M, Bijwaard H. 1999b. Tomographic and geological constraints on subduction along the eastern Sundaland continental margin (South-East Asia). Bull Soc Geol Fr, 170(6): 775-788.

Raschka H, Nacario E, Rammlmair D, et al. 1985. Geology of the ophiolite of central Palawan Island, Philippines. Ofioliti, 10(2-3): 375-390.

Rast N, Horton J W J. 1989. Mélanges and olistostromes in the Appalachians of the United States and mainland Canada: an assessment. Geological Society of America Special Paper, 228: 1-15.

Raymond L A. 1984. Classification of mélanges. In: Raymond L A (ed). Mélanges: Their Nature, Origin and Significance. Boulder: Colorado Geological Society of America Special Papers, 198: 7-20.

Reagan M K, Ishizuka O, Stern R J, et al. 2010. Fore-arc basalts and subduction initiation in the Izu-Bonin-Mariana system. Geochemistry, Geophysics, Geosystems, 11(3): Q03X12.

Reed D L, Lundberg N, Liu C H, et al. 1992. Structural relations along the margins of the offshore Taiwan accretionary wedge: implications for accretion and crustal kinematics. Acta Geologica Taiwanica, 30: 105-122.

Replumaz A, Tapponnier P. 2003. Reconstruction of the deformed collision zone between India and Asia by backward motion of lithospheric blocks. Journal of Geophysical Research, 108(B6): 2285.

Replumaz A, Lacassin R, Tapponnier P, et al. 2001. Large river offsets and Plio-Quaternary dextral slip rate on the Red River fault (Yunnan, China). Journal of Geophysical Research: Solid Earth, 106(B1): 819-836.

Richard M, Bellon H, Maury R, et al. 1986. Miocene to recent calc-alkalic volcanism in eastern Taiwan: K-Ar ages and petrography. Tectonophysics, 125: 87-102.

Robertson A H F. 1994. Role of the tectonic facies concept in the orogenic analysis and its application to Tethys in the eastern Mediterranean region. Earth-Science Reviews, 37: 139-213.

Roques D, Matthews S J, Rangin C. 1997. Constraints on strike-slip motion from seismic and gravity data along the Vietnam margin offshore Da Nang: implications for hydrocarbon prospectivity and opening of the East Vietnam Sea. Geological Society, London, Special Publications, 126: 341-353.

Royer J Y, Sandwell D T. 1989. Evolution of the Eastern Indian Ocean since the Late Cretaceous constraints from geosataltimetry. Journal of Geophysical Research, (94): 13755-13782.

Ru K, Di Z, Chen H Z. 1994. Basin evolution and hydrocarbon potential of the northern South China Margin. In: Di Z E A (ed). Oceanology of China Seas, Berlin: Springer: 361-372.

Ruan A G, Wei X D, Niu X W, et al. 2016. Crustal structure and fracture zone in the Central Basin of the South China Sea from wide angle seismic experiments using OBS. Tectonophysics, 688: 1-10.

Sajona F G, Bellon B, Maury C, et al. 1997. Tertiary and Quaternary magmatism in Mindanao and Leyte (Philippines): geochronology, geochemistry, and tectonic setting. Journal of Asian Earth Sciences, 15: 121-153.

Sandwell D T, Smith W H F. 2009. Global marine gravity from retracked Geosat and ERS-1 altimetry: ridge segmentation versus spreading rate. Journal of Geophysical Research, 114: B01411.

Santos R A. 1997. Chromite and platinum group mineralization in arc-related ophiolites: constraints from Palawan and Dinagat ophiolite complexes, Philippines. PhD Dissertation. Tokyo: University of Tokyo.

Sapin F, Pubellier M, Lahfid A, et al. 2011. Onshore record of the subduction of a crustal salient: example of the NW Borneo Wedge. Terra Nova, 23: 232-240.

Sarewitz D R, Karig D E. 1986. Geological evolution of western Mindoro Island and the Mindoro suture zone, Philippines. Journal of Southeast Asian Earth Sciences, 1: 117-141.

Savva D, Pubellier M, Franke D, et al. 2014. Different expressions of rifting on the South China Sea margins. Marine and Petroleum Geology, 58: 579-598.

Scharer U, Zhang L S, Tapponnier P. 1990. Duration of strike-slip movements in large shear zones: the Red River belt, China. Earth and Planetary Science Letters, 126(4): 379-397.

Schmidtke E, Fuller M, Haston R. 1990. Paleomagnetic data from Sarawak, Malaysian Borneo, and the Late Mesozoic and Cenozoic tectonics of Sundaland. Tectonics, 9(1): 123-140.

Schnurle P, Liu C S, Lallemand S E, et al. 1998. Structural insight into the south Ryukyu margin: effects of the subducting Gagua Ridge. Tectonophysics, 288: 237-250.

Schweller W J, Roth P H, Karig D E, et al. 1984. Sedimentation history and biostratigraphy of ophiolite-related Tertiary sediments, Luzon, Philippines. Geological Society of America Bulletin, 95(11): 1333-1342.

Scott R, Kroenke L. 1981. Periodicity of remnant arcs and back-arc basins of the South Philippine Sea. Oceanologica Acta, Special Issue (0399-1784): 193-202.

Sdrolias M, Roest W R, Muller R D. 2004. An expression of Philippine Sea plate rotation: the Parece Vela and Shikoku Basins, Tectonophysics, 394(1-2): 69-86.

Searle M P. 2006. Role of the Red River shear zone, Yunnan and Vietnam, in the continental extrusion of SE Asia. Journal of the Geological Society of London, 163: 1025-1036.

Sella G F, Dixon T H, Mao A. 2002. REVEL: a model for recent plate velocities from space geodesy. Journal of Geophysical Research, 107: 2081.

Şengör A M C. 1988. Evolution of thought on thrust faulting and the Alpine-Himalayan system. Geologiska Foreningensi Stockholm Forhandlingar, 110(4): 416.

Şengör A M C, Özeren S, Genç T. et al. 2003. East Anatolian high plateau as a mantle-supported, north-south shortened domal structure. Geophysical Research Letters, 30(24): 8045.

Seno T. 1977. The instantaneous rotation vector of the Philippine Sea plate relative to the Eurasian Plate. Tectonophysics, 42: 209-225.

Seno T, Maruyama S. 1984. Paleogeographic reconstruction and origin of the Philippine Sea. Tectonophysics, 102: 53-54.

Seno T, Stein S, Grip A E. 1993. A model for the motion of the Philippine Sea plate consistent with NUVEL-1 and geologic data. Journal of Geophysical Research, 98: 17941-17948.

Shang L N, Zhang X H, Jia Y G, et al. 2017. Late Cenozoic evolution of the East China continental margin: Insights from seismic, gravity, and magnetic analyses. Tectonophysics, 698: 1-15.

Shao W Y, Chung S L, Chen W S. 2015. Old continental zircons from a young oceanic arc, eastern Taiwan: Implications for Luzon subduction initiation and Asian accretionary orogeny. Geology, 43(6): 479-482.

Shervais J W, Choi S H, Sharp W D, et al. 2011. Serpentinite matrix mélange: implications of mixed provenance for mélange formation. Geological Society of America Special Paper, 480: 1-30.

Shi H, Li C F. 2012. Mesozoic and early Cenozoic tectonic convergence-to-rifting transition prior to opening of the South China Sea. International Geology Review, 54:180-182.

Shiki T. 1985. Geology of the Northern Philippine Sea: Geological Results of the GDP Cruises of Japan. Tokai: Tokai University Press.

Shu L S, Zhou X M, Deng P, et al. 2009. Mesozoic tectonic evolution of the southeast China block: new insights from basin analysis. Journal of Asian Earth Sciences, 34: 376-391.

Shu L S, Faure M, Yu J H, et al. 2011. Geochronological and geochemical features of the Cathaysia block (South China): new evidence for the Neoproterozoic breakup of Rodinia. Precambrian Research, 187(3-4): 263-276.

Shyu C T, Chen Y J, Chiang S T, et al. 2006. Heat flow measurements over bottom simulating reflectors, offshore southwestern Taiwan. Terrestrial, Atmospheric and Oceanic Sciences, 17: 845-869.

Sibuet J C, Hsu S K. 2004. How was Taiwan created? Tectonophysics, 379: 159-181.

Sibuet J C, Letouzey J, Barbier F, et al. 1987. Back-arc extension in the Okinawa Trough. Journal of Geophysical Research, 92(B3): 14041-14063.

Sibuet J C, Deffontaines B, Hsu S K, et al. 1998. The southwestern Okinawa Trough backarc basin: tectonics and volcanism. Journal Geophysical Research, 103(30): 245-230, 267.

Sibuet J C, Yeh Y C, Lee C S. 2016. Geodynamics of the South China Sea. Tectonophysics, 692: 98-119.

Silver E A, Beutner E C. 1980. Mélanges. Geology, 8: 32-34.

Silver E A, Moore J C. 1978. Philippine arc system-collision or flipped subduction zones? Geology, 6(4): 199.

Silver E A, Rangin C. 1991. Development of the Celebes Basin in the context of western Pacific marginal basin history. In: Proceedings of the Ocean Drilling Program, Scientific Results: 39-49.

Simoes M, Beyssac O, Chen Y. 2012. Late Cenozoic metamorphism and mountain building in Taiwan: a review. Journal of Asian Earth Sciences, 46: 92-119.

Socquet A, Pubellier M. 2005. Cenozoic deformation in western Yunnan (China-Myanmar border). Journal of Asian Earth Sciences, 24(4): 495-515.

Soeria-Atmadja R, Noeradi D, Priadi B. 1999. Cenozoic magmatism in Kalimantan and its related geodynamic evolution. Journal of Asian Earth Sciences, 17: 25-45.

Sone M, Metcalfe I, Chaodumrong P. 2012. The Chanthaburi terrane of southeastern Thailand: stratigraphic confirmation as a disrupted segment of the Sukhothai Arc. Journal of Asian Earth Sciences, 61: 16-32.

Stauffer P H, Lee C P. 1989. Late Palaeozoic glacial marine facies in Southeast Asia and its implications. Geological Society of Malaysia Bulletin, 20: 363-397.

Stephan J R, Blanchet R, Rangin C, et al. 1986. Geodynamic evolution of the Taiwan-Luzon-Mindoro belt since the Late Eocene. Tectonophysics. 125: 245-268.

Stephenson D, Marshall T R. 1984. The petrology and mineralogy of Mt. Popa volcano and the nature of the Late-Cenozoic Burma Volcanic Arc. Journal of the Geological Society, 141(4): 747-762.

Stephenson D, Marshall T R, Amos B J. 1983. Geology of the Mt. Popa volcano and associated post-Palaeogene volcanic, Central Burma. Inst Geol Sci, London, Overseas Div Rep, 39: 1-56.

Stern R J. 2004. Subduction initiation: spontaneous and induced. Earth and Planetary Science Letters, 226(3-4): 275-292.

Steuer S, Franke D, Meresse F, et al. 2014. Oligocene-Miocene carbonates and their role for constraining the rifting and collision history of the dangerous grounds, South China Sea. Marine and Petroleum Geology, 58: 644-657.

Suerte L O, Yumul G P, Tamayo R A Jr, et al. 2005. Geology, geochemistry and U-Pb SHRIMP age of the Tacloban ophiolite complex, Leyte Island (central Philippines): implications for the existence and extent of the Proto-Philippine Sea Plate. Resource Geology, 55(3): 207-216.

Sun S S, Mc Donough W S. 1989. Chemical and isotopic systematics of oceanic basalts: implications for mantle composition and processes. Geological Society, London, Special Publications, 42(1): 313-345.

Sun T, Zhou X M, Chen P L, et al. 2005. Strongly peraluminous granites of Mesozoic in Eastern Nanling Range, southern China: petrogenesis and implications for tectonics. Science in China (Series D): Earth Sciences, 48(2): 165-174.

Sun W D. 2016. Initiation and evolution of the South China Sea: an overview. Acta Geochimica, 35(3): 215-225.

Sun Y, Ma C Q, Liu Y Y, et al. 2011. Geochronological and geochemical constraints on the petrogenesis of late Triassic aluminous A-type granites in Southeast China. Journal of Asian Earth Sciences, 42(6): 1117-1131.

Sun Z, Zhou D, Zhong Z H, et al. 2006. Research on the dynamics of the South China Sea opening: evidence from analogue modeling. Science in China Series D: Earth Sciences, 49(10): 1053-1069.

Sun Z, Jian Z, Stock J M, et al. 2018. The expedition 367/368 Scientists. In: Proceedings of the International Ocean Discovery Program, Vol 367/368, South China Sea Rifted Margin. International Ocean Discovery Program, College Station, TX.

Sun Z, Ding W W, Zhao X X, et al. 2019. The latest spreading periods of the South China Sea: new constraints from macrostructure analysis of IODP Expedition 349 cores and geophysical data. Journal of Geophysical Research: Solid Earth, 124, doi: 10.1029/2019JB017584.

Suppe J. 1984. Kinematics of arc-continent collision, flipping of subduction, and back-arc spreading near Taiwan. Memoir of the Geological Society of China, 6: 21-33.

Suppe J. 1988. Tectonics of arc-continent collision on both sides of the South China Sea: Taiwan and Mindoro. Acta Geologica Taiwanica, 26: 1-18.

Suzuki S, Asiedu D, Takemura S, et al. 2000a. Composition of sandstones from the Cretaceous to Eocene successions in Central Palawan, Philippines. Journal of the Geological Society of the Philippines, 56: 31-42.

Suzuki S, Takemura S, Yumul Jr G P, et al. 2000b. Composition and provenance of the Upper Cretaceous to Eocene sandstones in Central Palawan, Philippines: constraints on the tectonic development of Palawan. Island Arc, 9: 611-626.

Suzuki S, David S D, Takemura S, et al. 2001. Large scale overturned structure and associated cleavages of the sedimentary successions along northern Honda Bay, central Palawan. Journal of the Geological Society of the Philippinesp. 56: 43-49.

Suzuki T. 1986. Melange problem of convergent plate margins in the circum-pacific regions. Memoirs of the Faculty of Science, Kochi University, Series E Geology, 7: 23-48.

Takahashi N, Suyehiro K, Shinohara M. 1998. Implications from the seismic crustal structure of the northern Izu-Bonin arc. Island Arc, 7(3): 383-394.

Tamaki K, Suyehiro K, Allan J, et al. 1992.Tectonic synthesis and implications of Japan Sea ODP drilling. Proceedings of the Ocean Drilling Program. Scientific Results, 127-128: 1333-1348.

Tamayo R A Jr, Maury R C, Yumul G P, et al. 2004. Subduction-related magmatic imprint of most Philippine ophiolites: implications on the early geodynamic evolution of the Philippine archipelago. Bulletin de la Société Géologique de France, 175: 443-460.

Tang Q S, Zheng C. 2013. Crust and upper mantle structure and its tectonic implications in the South China Sea and adjacent regions. Journal of Asian Earth Sciences, 62: 510-525.

Tapponnier P, Peltzer G, Le Dain A Y, et al. 1982. Propagating extrusion tectonics in Asia: new insights from simple experiments with plasticine. Geology, 10(12): 611-616.

Tapponnier P, Peltzer G, Armijo R. 1986. On the mechanics of the collision between India and Asia. Geological Society, London, Special Publications, 19(1): 113-157.

Tapponnier P, Lacassin R, Leloup P H, et al. 1990. The Ailao Shan Red River metamorphic belt-tertiary left-lateral shear between Indochina and South China. Nature, 343(6257): 431-437.

Tate R B. 1991. Cross-border correlation of geological formations in Sarawak and Kalimantan. Bulletin of the Geological Society of Malaysia, 28: 63-96.

Taylor B. 1984. Rifting of the bonin arc. EOS Transactions American Geophysical Union, 65: 1006.

Taylor B. 1995. Backarc Basins: Tectonics and Magmatism. New York, London: Plenum Press.

Taylor B, Hayes D E. 1982. Origin and history of the South China Sea Basin. In: Hayes D E (ed). The Tectonic and Geologic Evolution of the Southeast Asian Seas and Islands. Washington D C: American Geophysical Union: 23-56.

Taylor B, Huchon P, Klaus A, et al. 1999. Continental rifting, low-angle normal faulting and deep biosphere: results of leg 180 drilling in the Woodlark Basin. JOIDES Journal, 25(1): 4-7.

Taylor W R, Jaques A L, Ridd M. 1990. Nitrogen-defect aggregation characteristics of some Australasian diamonds: time-temperature constraints on the source regions of pipe and alluvial diamonds. American Mineralogist, 75: 1290-1310.

Tejada M L G, Koppers A A P, Zhang G, et al. 2014. Petrology and geochemistry of igneous basement rocks, IODP Expedition 349, South China Sea. AGU Fall Meeting Abstracts, 1: 4694.

Teng L S. 1990. Geotectonic evolution of Late Cenozoic arc-continent collision in Taiwan. Tectonophysics, 183: 57-76.

Teng L S, Lee C T, Peng C H, et al. 2001. Origin and geological evolution of the Taipei Basin, northern Taiwan. Western Pacific Earth Sciences, 1(2): 115-142.

Thanh X N, Santosh M, Tran H T, et al. 2016. Subduction initiation of Indochina and South China blocks: insight from the forearc ophiolitic peridotites of the Song Ma suture zone in Vietnam. Geological Journal, 51(3): 421-442.

Tokuyama H, Kagami H, Nasu N. 1986. Marine geology and subcrustal structure of the Shikoku Basin and the Daito Ridges region in the northern Philippine Sea. Bulletin of the Ocean Research Institute, University of Tokyo, 22: 1-169.

Tongkul F. 1991. Tectonic evolution of Sabah, Malaysia. Journal Southeast Asian Earth Science, 6(3-4): 395-405.

Tran H Y. 2012. Heat flow study results and geothermal energy distribution in the Vietnam offshore sedimentary basins. Petroleum Exploration & Production, 10: 32-37.

Tran V T, Vu K. 2011. Geology and Earth Resources of Vietnam. Hanoi: Publishing House for Science and Technology. (in Vietnamese)

Tran V T, Tran K T, Truong C B. 1979. Geology of Vietnam (north part). General Department of Geology, Research Institute of Geology and Mineral Resources.

Trung N N, Lee S M, Que B C. 2004. Satellite Gravity Anomalies and their Correlation with the major tectonic features in the South China Sea. Gondwana Research, 7(2): 407-424.

Tu K, Flower M F J, Carlson R W, et al. 1992. Magmatism in the South China Basin, 1. isotopic and trace-element evidence for an endogenous Dupal mantle component. Chemical Geology, 97: 47-63.

Tung N T. 2015. Tectonic development of Nam Con Son Basin based on new seismic data interpretation. AAPG Datapages/Asia Pacific Region, Geoscience Technology Workshop, Tectonic Evolution and Sedimentation of South China Sea Region, Kota Kinabalu, Sabah, Malaysia.

Ueno K. 1999. Gondwana/Tethys divide in East Asia: solution from Late Paleozoic foraminiferal biostratigrapy. In: Ratanasthin B, Ried S L (eds). Proceedings of the International Symposium on Shallow Tehys. Chiang Mai: University of Chiang Mai: 45-54.

Ueno K, Hisada K I. 2001. The Nan-Uttaradit-Sa Kaeo suture as a Main Paleo-Tethyan suture in Thailand: Is it Real? Gondwana Research, 4(4): 804-806.

Ustaszewski K, Wu Y M, Suppe J, et al. 2012. Crust-mantle boundaries in the Taiwan-Luzon arc-continent collision system determined from local earthquake tomography and 1D models: implications for the mode of subduction polarity reversal. Tectonophysics, 578: 31-49.

Vail P R, Hardenbol J. 1979. Sea-level changes during the Tertiary. Oceanus, 22: 71-79.

Valley J W, Lackey J S, Cavosie A J, et al. 2005. 4.4 billion years of crustal maturation: oxygen isotope ratios of magmatic zircon. Contributions to Mineralogy and Petrology, 150: 561-580.

Van Hattum M W A, Hall R, Pickard A L, et al. 2013. Provenance and geochronology of Cenozoic sandstones of northern Borneo. Journal of Asian Earth Sciences, 76: 266-282.

Vannucchi P, Bettelli G. 2010. Myths and recent progress regarding the Argille Scagliose, Northern Apennines, Italy. In: Dilek Y (ed). Alpine Concept in Geology. International Geology Review, 52(10-12): 1106-1137.

Vijayan V R, Foss C, Stagg H. 2013. Crustal character and thickness over the Dangerous Grounds and beneath the Northwest Borneo Trough. Journal of Asian Earth Sciences, 76: 389-398.

Viola G, Anczkiewicz R. 2008. Exhumation history of the Red River shear zone in northern Vietnam: new insights from zircon and apatite fission-track analysis. Journal of Asian Earth Sciences, 33: 78-90.

Vu A T, Fyhn M B W, Xuan C T, et al. 2017. Cenozoic tectonic and stratigraphic development of the Central Vietnamese continental margin. Marine and Petroleum Geology, 86: 386-401.

Vượng N V, Hansen B T, Wemmer K, et al. 2013. U/Pb and Sm/Nd dating on ophiolitic rocks of the Song Ma suture zone (Northern Vietnam): evidence for upper Paleozoic Paleotethyan lithospheric remnants. Journal of Geodynamics, 69: 140-147.

Wakabayashi J, Dilek Y. 2011. Introduction: characteristics and tectonic settings of mélanges, and their significance for societal and engineering problems. Geological Society of America Special Papers, 480: v-x.

Wakita K. 2000. Cretaceous accretionary-collision complexes in central Indonesia. Journal of Asian Earth Sciences, 18(6): 739-749.

Wakita K. 2012. Mappable features of mélanges derived from ocean plate stratigraphy in the Jurassic accretionary complexes of Mino and Chichibu terranes in Southwest Japan. Tectonophysics, 568: 74-85.

Wakita K. 2015. OPS mélange: a new term for mélanges of convergent margins of the world. International Geology Review, 57(5-8): 529-539.

Wakita K, Metcalfe I. 2005. Ocean plate stratigraphy in East and Southeast Asia. Journal of Asian Earth Sciences, 6(Special): 679-702.

Wakita K, Munasri W B. 1994. Cretaceous radiolarians from the Luk-Ulo mélange complex in the Karangsambung area, Central Java, Indonesia. Journal of Southeast Asian Earth Sciences, 9: 29-43.

Wang D Z, Shu L S. 2012. Late Mesozoic basin and range tectonics and related magmatism in Southeast China. Geoscience Frontier, 3 (2):109-124.

Wang E, Burchfiel B C. 1997. Interpretation of Cenozoic tectonics in the right-lateral accommodation zone between the Ailao Shan shear zone and the eastern Himalayan syntaxis. International geology review, 39: 192-219.

Wang K L, Lo Y M, Chung S L, et al. 2012. Age and geochemical features of dredged basalts from offshore SW Taiwan: the coincidence of intra-plate magmatism with the spreading south China Sea. Terrestrial Atmoshperic and Oceanic Sciences, 23(6): 657-669.

Wang P C, Li S Z, Guo L L, et al. 2016. Mesozoic and Cenozoic accretionary orogenic processes in Borneo and their mechanisms. Geological Journal, 51: 464-489.

Wang P L, Lo C H, Chung S L, et al. 2000. Reply to comment on "Onset of the movement along the Ailao Shan-Red river shear zone: constraint from $^{40}Ar/^{39}Ar$ dating results for Nam Dinh area, northern Vietnam" by Wang et al., 2000. Journal of Asian Earth Sciences 18, 281-292. Journal of Asian   Earth Sciences, 21(1): 101-103.

Wang P X, Prell W, Blum P. 2000. Proceedings of Ocean Drilling Program, initial report, vol. 184. Ocean Drilling Program, Texas A&M University, College Station TX 77845-9547.

Wang P X, Huang C Y, Lin J, et al. 2019. The South China Sea is not a mini-atlantic: plate-edge rifting vs intra-plate rifting. National Science Review, 6(5): 902-913.

Wang Q, Li J W, Jian P, et al. 2005. Alkaline syenites in eastern Cathaysia (South China), link to Permian-Triassic transtension.Earth and Planetary Science Letters, 230(3-4): 339-354.

Wang T K, Chen M K, Lee C S, et al. 2006. Seismic imaging of the transitional crust across the northeastern margin of the South China Sea. Tectonophysics, 142: 237-254.

Wang Y J, Fan W M, Zhao G C, et al. 2007. Zircon U-Pb geochronology of gneissic rocks in the Yunkai massif and its implications on the Caledonian event in the South China Block. Lithos, 12(4): 404-416.

Wang Y J, Fan W M, Cawood P A, et al. 2008. Sr-Nd-Pb isotopic constraints on multiple mantle domains for Mesozoic mafic rocks beneath the South China Block hinterland. Lithos, 106: 297-308.

Wang Y L, Wang J, Yan P, et al. 2017. An Anomalous Seamount on the Southwestern Mid-Ridge of the South China Sea. Acta Geologica Sinica, 91(6): 1141-1142.

Weaver R, Roberts A P, Flecker R, et al. 2004.Tertiary geodynamics of Sakhalin (NW Pacific) from anisotropy of magnetic susceptibility fabrics and paleomagnetic data. Tectonophysics, 379(1-4): 25-42.

Weissel J K. 1982. Evidence for Late Paleocene to Late Eocene seafloor in the southern New Hebrides Basin. Tectonophysics, 87(1-4): 243-251.

Williams P R, Johnston C R, Almond R A, et al. 1988. Late Cretaceous to Early Tertiary structural elements of West Kalimantan. Tectonophysics, 148: 279-298.

Wintsch R P, Yang H J, Li X H, et al. 2011. Geochronologic evidence for a cold arc-continent collision: the Taiwan orogeny. Lithos, 125(1-2): 236-248.

Wolfart R, Cepek P, Graman F, et al. 1986. Stratigraphy of Palawan Island, Philippines. Newsletters on Stratigraphy, 16: 19-48.

Worrall D M, Kruglgak V, Kunst F, et al. 1996. Tertiary tectonics of the Sea of Okhotsk, Russia: far-field effects of the India-Eurasia collision. Tectonics, 15: 813-826.

Wu H, Chen J, Wang Q, et al. 2019. Spatial and temporal variations in the geochemistry of Cretaceous high-Sr/Y rocks in Central Tibet. American Journal of Science, 319(2): 105-121.

Wu J, Suppe J. 2018. Proto-South China Sea Plate tectonics using subducted slab constraints from tomography. Journal of Earth Science, 29(6): 1304-1318.

Wu J, Suppe J, Lu R, et al. 2016. Philippine Sea and East Asian Plate tectonics since 52 Ma constrained by new subducted slab reconstruction methods. Journal of Geophysical Research: Solid Earth, 121: 4670-4741.

Wu W N, Hsu S K, Lo C L, et al. 2009. Plate convergence at the westernmost Philippine Sea Plate. Tectonophysics, 466: 162-169.

Xiao M, Yao Y J, Cai Y, et al. 2019. Evidence of Early Cretaceous lower arccrust delamination and its role in the opening of the South China Sea. Gondwana Research, 76: 123-145.

Xiao W J, Windley B F, Badarch G, et al. 2004. Palaeozoic accretionary and convergent tectonics of the southern Altaids: implications for the growth of Central Asia. Journal of the Geological Society, 161(3): 339-342.

Xiao W J, Huang B C, Han C M, et al. 2010. A review of the western part of the Altaids: a key to understanding the architecture of accretionary orogens. Gondwana Research, 18(2): 253-273.

Xu J Y, Ben-Avraham Z, Kelty T, et al. 2014. Origin of marginal basins of the NW Pacific and their plate tectonic reconstructions. Earth-Science Reviews, 130: 154-196.

Xu Y G, Liu G R, Wu Z P, et al. 2011. Adaptive multilayer perceptron networks for detection of cracks in anisotropic laminated plates. International Journal of Solids and Structures, 38(32-33): 5623-5645.

Xu Y G, Wei J X, Qiu H N, et al. 2012. Opening and evolution of the South China Sea constrained by studies on volcanic rocks: preliminary results and a research design. Chinese Science Bulletin, 57(24): 3150-3164.

Yamazaki T, Murakami F, Saito E. 1993. Mode of seafloor spreading in the northern Mariana Trough. Tectonophysics, 221: 207-222.

Yamazaki T, Seama K, Okino K, et al. 2003. Spreading process of the northern Mariana Trough: rifting-spreading transition at 22°N. Geochemistry, Geophysics, Geosystems, 4(9): 1075.

Yamazaki T, Takahashi M, Iryu Y, et al. 2010. Philippine Sea Plate motion since the Eocene estimated from paleomagnetism of seafloor drill cores and gravity cores. Earth Planets Space, 62(6): 495-502.

Yan P, Zhou D, Liu Z S. 2001. A crustal structure profile across the northern continental margin of the South China Sea. Tectonophysics, 338(1): 1-21.

Yan Q S, Shi X F. 2011. Geological comparative studies of japan arc system and kyushu-palau arc. Acta Oceanologica Sinica, 30(4): 107-121.

Yan Q S, Shi X F, Castillo P R. 2014. The Late Mesozoic-Cenozoic tectonic evolution of the South China Sea: a petrologic perspective. Journal of Asian Earth Sciences, 85: 178-201.

Yan Q S, Castillo P, Shi X, et al. 2015. Geochemistry and petrogenesis of volcanic rocks from Daimao Seamount (South China Sea) and their tectonic implications. Lithos, 218-219: 117-126.

Yang F, Huang X L, Xu Y G, et al. 2019. Magmatic processes associated with oceanic crustal accretion at slow-spreading ridges: Evidence from plagioclases in mid-ocean ridge basalts at the South China Sea. Journal of Petrology, 60: 1135-1162.

Yang T F, Tien J L, Chen C H. 1995. Fission-track dating of volcanics in the northern part of the Taiwan-Luzon Arc: eruption ages and evidence for crustal contamination. Journal of Southeast Asian Earth Sciences, 11(2): 81-93.

Yang T F, Lee T, Chen C H, et al. 1996. A double island arc between Taiwan and Luzon: consequence of ridge subduction. Tectonophysics, 258: 85-101.

Yang T Y, Liu T K, Chen C H. 1988. Thermal event records of the Chimei igneous complex: constraint on the ages of magma activities and the structural implication based on fission track dating. Acta Geologica Taiwanica, 26: 237-246.

Yao Y J, Zhang J, Dong M, et al. 2022. Geodynamic characteristics in the southwest margin of South China Sea. Frontiers in Earth Science, 10: 832744.

Yeh K Y, Chen Y N. 2001. The first finding of early Cretaceous radiolarians from Lanyu, the Philippine Sea Plate. Bulletin of National Museum of Natural Science, 13: 111-145.

Yin A. 2010. Cenozoic tectonic evolution of Asia: a preliminary synthesis. Tectonophysics, 488: 293-325.

Yu J H, Yan P, Wang Y L, et al. 2018. Seismic evidence for tectonically dominated seafloor spreading in the southwest sub-basin of the South China Sea. Geochemistry, Geophysics, Geosystems, 19(9): 3459-3477.

Yu M M, Dilek Y, Yumul G P. 2020. Slab-controlled elemental-isotopic enrichments during subduction initiation magmatism and variations in forearc chemostratigraphy. Earth and Planetary Science Letters, 538: 116-217.

Yu S B, Chen H Y, Kuo L C. 1997. Velocity field of GPS stations in the Taiwan area. Tectonophysics, 274: 41-59.

Yu S B, Kuo L C, Punongbayan R S, et al. 1999. GPS observation of crustal deformation in the Taiwan-Luzon region. Geophys.Res.Lett, 26(7): 923-926.

Yu S B, Hsu Y J, Bacolcol T, et al. 2013. Present-day crustal deformation along the Philippine fault in Luzon, Philippines. Geophysical Research Abstracts, 14: EGU2012-1395.

Yui T F, Maki K, Lan C Y, et al. 2012. Detrital zircons from the Tananao metamorphic complex of Taiwan: implications for sediment provenance and Mesozoic tectonics. Tectonophysics, 541-543: 31-42.

Yui T F, Chu H T, Suga K, et al. 2017. Subduction-related 200 Ma Talun metagranite, SE Taiwan: an age constraint for Palaeo-Pacific Plate subduction beneath South China Block during the Mesozoic. International Geology Review, 59(3): 333-346.

Yumul G P. 1994. A Cretaceous to Paleocene-Eocene South China Sea Basin origin for the Zambales ophiolite complex, Luzon, Philippines. Island Arc, 3(1): 35-47.

Yumul G P. 1996. Varying mantle sources of supra-subduction zone ophiolites: REE evidence from the Zambales ophiolite complex, Luzon, Philippines. Tectonophysics, 262(1): 243-262.

Yumul G P. 2007. Westward younging disposition of Philippine ophiolites and its implication for arc evolution. Island Arc, 16: 306-317.

Yumul G P, Dimalanta C B. 1997. Geology of the southern Zambales ophiolite complex, (Philippines): juxtaposed terranes of diverse origin. Journal of Asian Earth Sciences, 15(4): 413-421.

Yumul G P, Dimalanta C B. 2004. Geology of the Zamboanga Peninsula, Mindanao, Philippines: an enigmatic South China continental fragment. Geological Society, London, Special Publications, 226: 289-312.

Yumul G P, Dimalanta C B, Tamayo R A Jr, et al. 2000. Contrasting morphological trends of islands in central Philippines: speculation on their origin. Island Arc, 9: 627-637.

Yumul G P, Dimalanta C B, Tamayo R A Jr, et al. 2003. Collision, subduction and accretion events in the Philippines: a synthesis. Island Arc, 12 (2):77-91.

Yumul G P, Dimalanta C B, Maglambayan V B. 2008. Tectonic setting of a composite terrane: a review of the Philippine island arc system. Geosciences Journal, 12(1): 7-17.

Yumul G P, Jumawan F T, Dimalanta C B. 2009a. Geology, geochemistry and chromite mineralization potential of the Amnay ophiolitic complex, Mindoro, Philippines. Resource Geology, 59(3): 263-281.

Yumul G P, Dimalanta B, Marquez E, Queaño K. 2009b. Onland signatures of the Palawan microcontinental block and Philippine mobile belt collision and crustal growth process: a review. Journal of Asian Earth Sciences, 34: 610-623.

Yumul G P, Armada L T, Gabo-Ratio J A S, et al. 2020. Subduction with arrested volcanism: compressional regime in volcanic arc gap formation along east Mindanao, Philippines. Journal of Asian Earth Sciences: X, doi: https://doi.org/10.1016/j.jaesx.2020.100030.

Zamoras L R, Matsuoka A. 2001. Malampaya Sound Group: a Jurassic-early Cretaceous accretionary complex in Busuanga Island, North Palawan Block. Journal of Geology Society Japan, 107: 316-336.

Zamoras L R, Matsuoka A. 2004. Accretion and postaccretion tectonics of the Calamian Islands, North Palawan block, Philippines. Island Arc, 13(4): 506-519.

Zaw K, Meffre S, Lai C K, et al. 2014. Tectonics and metallogeny of mainland Southeast Asia—a review and contribution. Gondwana Research, 26(1): 5-30.

Zhang C M, Gianrato Manatschal, Pang X, et al. 2020. Discovery of mega-sheath folds flooring the Liwan subbasin (South China Sea): implications for the rheology of hyperextended crust. Geochemmistry, Geophysics, Geosystems, 21(7): e2020GC009023.

Zhang G L, Luo Q, Zhao J. 2018. Geochemical nature of sub-ridge mantle and opening dynamics of the South China Sea. Earth and Planetary Science Letters, 489: 145-155.

Zhang G L, Zhang J, Dalton H, et al. 2022. Geochemical and chronological constraints on the origin and mantle source of Early Cretaceous arc volcanism on the Gagua Ridge in western Pacific. Geochemistry, Geophysics, Geosystems, https://doi.org/10.1029/2022GC010424.

Zhang J, Li J B, Ruan A G, et al. 2016. The velocity structure of a fossil spreading centre in the Southwest Sub-basin, South China Sea. Geological Journal, 51: 548-561.

Zhang R Y, Lo C H, Li X H, et al. 2014. U-Pb dating and tectonic implication of ophiolite and metabasite from the Song Ma suture zone, northern Vietnam. American Journal of Science, 314: 649-678.

Zhang X, Yan Y, Huang C Y. 2014. Provenance analysis of the Miocene accretionary prism of the Hengchun Peninsula, southern Taiwan, and regional geological significance. Journal of Asian Earth Sciences, 85: 26-39.

Zhang X C, Cawood P A, Huang C Y, et al. 2016. From convergent plate margin to arc-continent collision: formation of the Kenting mélange, Southern Taiwan. Gondwana Research, 38: 171-182.

Zhao D P. 2007. Seismic images under 60 hotspots: search for mantle plumes. Gondwana Res 12(4): 335-355.

Zhao G C, Cawood P A, Wilde S A, et al. 2002. Review of global 2.1-1.8 Ga orogens: implications for a pre-Rodinia supercontinent. Earth-Science Reviews, 59(1): 125-162.

Zhao K D, Jiang S Y, Chen W F, et al. 2013. Zircon U-Pb chronology and elemental and Sr-Nd-Hf isotope geochemistry of two Triassic A-type granites in South China, Implication for petrogenesis and Indosinian transtensional tectonism. Lithos, 160-161: 292-306.

Zhao Q, Yan Y, Zhu Z, et al. 2021. Provenance study of the Lubok Antu mélange from the Lupar Valley, West Sarawak, Borneo: implications for the closure of eastern Meso-Tethys? Chemical Geology, 581: 120415.

Zhou D, Ru K, Chen H Z. 1995. Kinematics of Cenozoic extension on the South China Sea continental margin and its implications for the tectonic evolution of the region. Tectonophysics, 251(1-4): 161-177.

Zhou D, Sun Z, Chen H Z, et al. 2008. Mesozoic paleogeography and tectonic evolution of South China Sea and adjacent areas in the context of Tethyan and Paleo-Pacific interconnections. Island Arc, 17(2): 186-207.

Zhou X M, Li W X. 2000. Origin of Late Mesozoic igneous rocks in southeastrn China: implications for lithosphere subduction and underplating of mafic magmas. Tectonophysics, 326: 269-287.

Zhou Y, Liu H L, Liu Q S, et al. 2021. Early Cretaceous compressive structures in the Nansha block (Dangerous Grounds): implication for the Late Mesozoic tectonic regime on the southern margin of the South China Sea. Journal of Asian Earth Sciences, 222: 104963.

Zhou Y, Carter A, Wu J, et al. 2023. Nature of the Paleo-Pacific subduction along the East Asian continental margin in the Mesozoic: insights from the sedimentary record of West Sarawak, Borneo. Geophysical Research Letters, 50(8): e2022GL102370.

Zhou Z C, Mei L F, Liu J, et al. 2018. Continentward-dipping detachment fault system and asymmetric rift structure of the Baiyun Sag, northern South China Sea. Tectonophysics, 726: 121-136.

Zhu S, Yao Y J, Li X J, et al. 2022. Spatio-temporal distribution and mechanism of Cenozoic magmatism in the South China Sea and adjacent areas: insight from seismic, geochemical and geochronological data. International Geology Review, 64(15): 2204-2231.

Zhu W L, Cui Y C, Shao L, et al. 2021. Reinterpretation of the northern South China Sea pre-Cenozoic basement and geodynamic implications of the South China continent: constraints from combined geological and geophysical records. Acta Oceanologica Sinica, 40(2): 12-28.